高等学校土木工程专业“十三五”系列教材

高等学校土木工程专业系列教材

土木工程施工（第二版）

主编　覃亚伟　吴贤国

中国建筑工业出版社

图书在版编目（CIP）数据

土木工程施工／覃亚伟，吴贤国主编．—2版．—北京：中国建筑工业出版社，2019.12（2023.3重印）

高等学校土木工程专业"十三五"系列教材 高等学校土木工程专业系列教材

ISBN 978-7-112-24433-1

Ⅰ．①土… Ⅱ．①覃… ②吴… Ⅲ．①土木工程一工程施工一高等学校一教材 Ⅳ．①TU7

中国版本图书馆CIP数据核字(2019)第247213号

本教材以高等学校土木工程学科专业指导委员会编制的《高等学校土木工程本科指导性专业规范》为依据，在第一版的基础上，结合新规范、新标准进行了相应调整和修订，更方便教学使用。内容满足21世纪高校土木工程专业的宽口径及建设人才培养目标的要求。全书以土木工程施工工艺流程为主线，着眼于综合运用各工种工程的施工工艺及施工组织原理，主要讲述土木工程施工技术与施工组织基础理论和方法，包括土方工程、深基础工程、砌体工程和新型墙体板材工程、混凝土结构工程、预应力混凝土工程、高层主体结构工程、结构安装工程、防水工程、装饰工程、地下工程、道路与桥梁工程、施工组织概论、流水施工原理、网络计划技术、单位工程施工组织设计、施工组织总设计等内容。

本书可作为高等学校土木工程专业和工程管理专业本科生教材，也可作为专科学校、职大、夜大、自学考试教学用书，并可作为土木工程施工技术人员的参考书。

本书作者制作了教材配套的教学课件，请有需要的任课老师发送邮件至jiangongkejian@163.com索取。

* * *

责任编辑：吉万旺　王　跃
责任校对：姜小莲

高等学校土木工程专业"十三五"系列教材
高等学校土木工程专业系列教材
土木工程施工（第二版）
主编　覃亚伟　吴贤国
*
中国建筑工业出版社出版、发行（北京海淀三里河路9号）
各地新华书店、建筑书店经销
北京红光制版公司制版
北京建筑工业印刷厂印刷
*
开本：787毫米×1092毫米　1/16　印张：32½　字数：789千字
2020年11月第二版　　2023年3月第八次印刷
定价：**78.00**元（赠课件）
ISBN 978-7-112-24433-1
(34920)

本书编写人员名单

主　　编：覃亚伟　吴贤国

编写人员：覃亚伟　吴贤国　陈跃庆　佘群舟　宋协清　仲景冰
杜　婷　陈虹宇　张立茂　姚春桥　曾铁梅　肖明清
孙文昊　熊朝晖　陈晓阳　曹化锦　章荣军　张　敏
王腾飞　梅江兵　王洪涛　戴晓松　段军朝　张旭东
侯铁明　王成龙　黄金龙　冯宗宝　李红民　丁　锐
李　红　储劲松　吴霁峰　张浩蔚　刘　洋　龚翔宇
陈　彬　王堃宇　王欣怡　王　雪　汤扬屹　柳海东
田金科　刘　琼　杨　赛　邓婷婷　刘　茜　王泽盛
刘　洋　曹君怡　雷永进　陈　飞　高　畅　琚旺来

第二版前言

《土木工程施工》第一版自出版以来，得到广大读者的喜爱和支持，非常感谢广大读者朋友对我们工作的支持和帮助。

当前施工新技术发展迅速，土木工程施工相关规范不断更新，导致教材许多重要内容需要及时更新：《岩土工程勘察规范》GB 50021—2001（2009 年版）导致原教材岩土分类表需要修订；《混凝土结构工程施工质量验收规范》GB 50204—2015 出现了钢筋新品种以及钢筋加工验收的要求出现了变化；《混凝土结构工程施工规范》GB 50666—2011 导致模板及支架的设计内容发生变化；《混凝土强度检验评定标准》GB/T 50107—2010 导致混凝土强度检验评定相关内容需要重新修订；《屋面工程技术规范》GB 50345—2012 及《地下工程防水技术规范》GB 50108—2008 导致屋面及地下工程防水等级划分及相关施工内容必须按照新规范进行修订；《建筑施工组织设计规范》GB/T 50502—2009 导致施工组织设计的内容需要按照相关规范修订。基于以上原因，需要对原教材中相关内容进行修订，并增加了深基坑土钉墙及型钢水泥土搅拌墙（SMW 法）支护等内容。

本书按照国家新颁布的土木工程设计规范和各种施工质量及验收规范进行编写，删除了已经废除和已经过时的施工技术和施工方法，反映现代土木工程施工的新技术、新工艺及新成就，以满足新时期人才培养的需要；在知识点的取舍上，保留一些常用工艺方法，注重纳入对工程建设有重大影响的新技术，突出综合运用土木工程施工及相关学科的基本理论知识，以解决工程实践问题的能力培养。本教材以高等学校土木工程学科专业指导委员编制的《高等学校土木工程本科指导性专业规范》为依据，力求适应“大土木”专业的教学要求，以建筑工程施工为基础，主要反映土木工程专业各主要专业方向都必须掌握的施工基础知识，同时兼顾道路与桥梁工程、地下工程专业方向的施工知识；既考虑土木工程的整体性，又结合现阶段课程设置的实际情况，在土木工程的框架内，建筑工程、道路与桥梁工程、地下工程等自成体系，便于组织教学，扩大学生的知识面和专业面，可满足不同专业的需要。本教材力求内容精练、结构合理、图文并茂、通俗易懂，每章附有学习要点、思考题及习题，便于教学和自学。通过本课程的学习，主要要求学生掌握土木工程施工中常用的施工技术和施工方法，掌握土木工程施工组织设计的编制方法，了解土木工程施工领域内国内外的新技术和发展动态，具有初步解决土木工程施工技术和施工组织设计问题的能力。

本书在编写过程中得到了许多单位和个人的支持和帮助，在此表示诚挚的谢意。在编写过程中参阅了许多文献，谨向有关作者表示感谢。

由于时间和水平所限，书中缺点和错误之处，衷心希望广大读者批评指正。

第一版前言

土木工程施工是土木工程专业和工程管理专业的一门主干课。本课程主要研究土木工程施工技术和管理的基本理论、方法和施工规律，具有涉及知识面广、交叉性强、发展迅速等特点。通过本课程的学习，主要要求学生掌握土木工程施工中常用的施工技术和施工方法，掌握土木工程施工组织设计的编制方法，了解土木工程施工领域国内外的新技术和发展动态，具有初步解决土木工程施工技术和施工组织设计问题的能力。

本教材阐述了土木工程施工的基本理论及其工程应用。在本书编写的过程中，按照国家新颁布的土木工程设计规范和各种施工质量及验收规范进行编写，删除了已经废除和已经过时的施工技术和施工方法，反映现代土木工程施工的新技术、新工艺及新成就，以满足新时期人才培养的需要；在知识点的取舍上，保留一些常用的工艺方法，注重纳入对工程建设有重大影响的新技术，突出综合运用土木工程施工及相关学科的基本理论知识，以培养解决工程实践问题的能力。本教材力求适应“大土木”专业的教学要求，以建筑工程施工为基础，主要反映土木工程专业各主要专业方向都必须掌握的施工基础知识，同时兼顾道路与桥梁工程、地下工程专业方向的施工知识；既考虑土木工程的整体性，又结合现阶段课程设置的实际情况，在土木工程的框架内，建筑工程、道路与桥梁工程、地下工程等自成体系，便于组织教学，扩大学生的知识面和专业面，可满足不同专业的需要。本教材力求内容精练、结构合理、图文并茂、通俗易懂，每章附有学习要点、思考题及习题，便于教学和自学。

参加编写本教材的教师都从事过多年教学工作，具有丰富的教学经验。其具体分工如下：第一章由李红编写，第二章、第九章由吴贤国编写，第三章、第六章、第七章由覃亚伟编写，第四章由陈跃庆、宋协清编写，第五章由吴贤国、仲景冰、陈晓阳编写，第八章由储劲松编写，第十章、第十二章、第十三章由余群舟编写，第十一章由丁锐编写，第十四章、第十五章由宋协清编写，第十六章由宋协清、李红民编写。全书由华中科技大学吴贤国教授统稿。

由于编者水平有限，时间仓促，不足之处在所难免，衷心希望广大读者批评指正。

目　　录

第一章　土 方 工 程

本章学习要点：

1. 了解土的分类和土的工程性质，掌握场地平整设计标高确定和土方量计算方法，掌握土方调配的原则和表上作业法进行土方调配的方法。

2. 熟悉土方边坡坡度确定方法，了解常见土壁与基坑支护形式及开挖。

3. 熟悉集水井降水法，掌握流砂产生的原因和防治方法；熟悉井点降水的类型，掌握轻型井点设计方法和步骤。

4. 熟悉土料选择与填筑要求、填土压实方法和影响因素；了解常用土方施工机械的性能及其选择与配合。

5. 了解爆破原理，熟悉起爆方法、爆破方法，了解电爆网路、爆破安全措施。

土木工程施工中，常见的土方工程有：场地平整、基坑（槽）和管沟开挖、地坪填土、路基填筑及基坑回填等；土方施工的准备工作和辅助工程有：排水、降水、土壁支撑等。

土方工程的特点是面广量大、劳动繁重、施工条件复杂、影响因素多、施工条件复杂，因而，应合理组织施工，尽量使用机械化作业，并做好施工机械的配套工作，以取得较好的施工效果。

第一节　土的工程分类和土的性质

一、土的工程分类

在土石方工程施工中，根据土的开挖难易程度分为一至四类土和极软岩至坚硬岩五类岩石（如表 1-1 所示），这也是确定劳动定额的依据。

土壤分类表　　**表 1-1 (a)**

土壤分类	土壤名称	开挖方法
一、二类土	冲填土、软土（淤泥质土、泥炭、泥炭质土）、粉土、粉质黏土、砂土（粉砂、细砂、中砂、粗砂、砂砾）、弱中盐渍土、软塑红黏土	用锹、少许用镐、条锄开挖；机械能全部直接铲挖满载者
三类土	素填土、黏土、碎石土（圆砾、角砾）混合土可塑红黏土、硬塑红黏土、强盐渍土、压实填土	主要用镐、条锄、少许用锹开挖；机械需部分刨松方能铲挖满载者或直接铲挖但不能满载者
四类土	杂填土、碎石土（卵石、碎石、漂石、块石）坚硬红黏土、超盐渍土	全部用镐、条锄挖掘、少许撬棍挖掘；机械须普遍刨松方能铲挖满载者

岩石分类表 **表 1-1（b）**

岩石分类		代表性岩石	开挖方法
极软岩		权风化的各种岩石； 各种平成岩	部分用手凿工具、部分用爆破法开挖
软质岩	软岩	强风化的坚硬岩或较硬岩； 中等风化-强风化的较软岩； 未风化-微风化的页岩、泥岩、泥质砂岩等	用风镐或爆破法开挖
	较软岩	中风化-强风化的坚硬岩或较硬岩； 未风化的凝灰岩、千枚岩、泥灰岩、砂质泥岩等	用爆破法开挖
硬质岩	较硬岩	微风化的坚硬岩； 未风化-微风化的大理岩、板岩、石灰岩、白云岩、钙质砂岩等	用爆破法开挖
	坚硬岩	未风化-微风化的花岗岩、闪长岩、辉绿岩、玄武岩、安山岩、片麻岩、石英岩、石英砂岩、硅质砾岩、硅质石灰岩等	用爆破法开挖

二、土的工程性质

1. 土的渗透性

土体孔隙中的自由水在重力作用下会透过土体而运动，这种土体被水透过的性质称为土的渗透性。土的渗透性通过渗透系数 K 来反映土透水性的大小，从达西公式 $V=Ki$ 可以看出渗透系数的物理意义是当水力坡度 i 等于 1 时的渗透速度 V 即为渗透系数 K。渗透系数 K 一般通过室内渗透试验或现场抽水或压水试验确定，表 1-2 为土的渗透系数 K 的参考值。土渗透系数的大小对土方工程中施工降水与排水的影响较大，施工时应加以注意。

渗透系数 K 的计算公式：

$$K = \frac{Q}{AV} = \frac{V}{i} \tag{1-1}$$

式中 K——渗透系数（m/d）；

Q——单位时间内渗透通过的水量（m^3/d）；

A——通过水量的总横断面积（m^2）；

V——渗透水流的速度（m/d）；

i——水力坡度（高水位 h_1 与低水位 h_2 之差与渗透距离 s 的比值）；

$$i = \frac{h_1 - h_2}{s} = \frac{h}{s} \tag{1-2}$$

土的渗透系数 *K* 参考值 **表 1-2**

名　称	渗透系数 K（m/d）	名　称	渗透系数 K（m/d）
黏土	<0.005	中砂	5.0～20
粉质黏土	0.005～0.1	均值中砂	25～50
粉土	0.1～0.5	粗砂	20～50
黄土	0.25～0.5	圆砾	50～100
粉砂	0.5～1.0	卵石	100～500
细砂	1.0～5.0	无充填物卵石	500～1000

2. 土的含水量

土的含水量是土中所含的水与土的固体颗粒质量之比的百分率：

$$W=\frac{G_1-G_2}{G_2} \tag{1-3}$$

式中 G_1——含水状态时土的质量（g）；

G_2——土烘干后的质量（g）。

土的含水量与土方边坡的稳定性及回填土的质量有直接关系。当土的含水量超过25%～30%时，采用机械施工就很困难，一般土的含水量超过20%就会使运土汽车打滑或陷车。回填土含水量过大，夯实时会出现橡皮土。各类土都存在一个最佳含水量，当土的含水量处于最佳时，回填土的密实度最大。砂土最佳含水量为8%～12%；砂质粉土为9%～15%；粉质黏土为12%～15%；黏土为19%～23%。

3. 土的可松性

自然状态下的土，经过开挖以后，其体积因松散而增加，后虽经回填压实，仍不能恢复到原体积，这种性质称为土的可松性。

土的可松性用可松性系数来表示。自然状态土经开挖后的松散体积与原自然状态下的体积之比，称为最初可松性系数 K_S；土经回填压实后的体积与原自然状态下的体积之比，称为最终可松性系数 K'_S。

$$K_S=\frac{V_2}{V_1} \tag{1-4}$$

$$K'_S=\frac{V_3}{V_1} \tag{1-5}$$

式中 K_S——土的最初可松性系数；

K'_S——土的最终可松性系数；

V_1——土在自然状态下的体积（m^3）；

V_2——土经开挖后的松散体积（m^3）；

V_3——土经回填压实后的体积（m^3）。

土的可松性是一个非常重要的工程性质，它对于场地平整，土方调配，土方开挖、运输和回填以及土方挖掘机械和运输机械的数量，斗容量的确定，都有很大影响。

4. 松散土的压缩性

压缩性是指松散土经压实后体积减小的性质，其影响填土土方量。在核实填土工程量时，一般应按填方实际体积增加10%～20%的方数考虑。土的压缩率参考值见表1-3。

土的压缩率参考值 **表1-3**

土的类别		土的压缩率	每立方米松散土压实后的体积（m^3）
一～二类土	种植土	20%	0.80
	一般土	10%	0.90
	砂土	5%	0.95

续表

土的类别		土的压缩率	每立方米松散土压实后的体积（m³）
三类土	天然湿度黄土	12%～17%	0.85
	一般土	5%	0.95
	干燥坚实土	5%～7%	0.94

第二节　场 地 平 整

大型工程项目一般都要先确定场地设计平面，然后计算挖、填方工程量，进行土方调配，选择土方机械、制定施工方案。由于地形复杂，土方工程的外形往往不规则，所以土方工程量计算一般为近似方法。

一、场地设计标高的确定

（一）确定场地设计标高应考虑因素

对较大面积的场地，合理选择设计标高对土方工程量和工程进度的影响很大。在确定场地设计标高时，必须结合现场实际情况选择设计标高。一般应考虑以下因素：① 与已有建筑的标高相适应，满足工艺和交通要求；② 尽量利用地形，减少填、挖工程量；③ 争取场区内挖、填平衡，降低土方运输费用；④ 有一定的泄水坡度（不小于 2‰），满足排水要求；⑤ 应考虑最高洪水位的影响。

对于地形复杂的大型场地，可设计成多个平面，设计时可根据工艺和地形预先划分几个平面，分别设计，再在边界处作一个调整即可。

场地设计标高一般应在设计文件中规定，若设计文件无规定时，可采用挖填平衡法确定。

（二）挖填平衡法确定场地设计标高

采用挖填平衡法确定场地设计标高步骤如下：

1. 初步计算场地设计标高

（1）在地形图上将施工区域划分为边长 a＝10～50m 的正方形网格（地形起伏大时取小值，小时取大值，一般情况取 20m），见图 1-1。

（2）根据等高线按比例用插入法确定各方格网点的自然标高 H_{ij}。

（3）按挖填平衡确定设计标高 H_0。

场地土方在平整前后相等，则：

$$H_0 N a^2 = \sum_1^N a^2 \frac{H_{11} + H_{12} + H_{21} + H_{22}}{4} \tag{1-6}$$

即

$$H_0 = \frac{\sum_1^N (H_{11} + H_{12} + H_{21} + H_{22})}{4N} \tag{1-7}$$

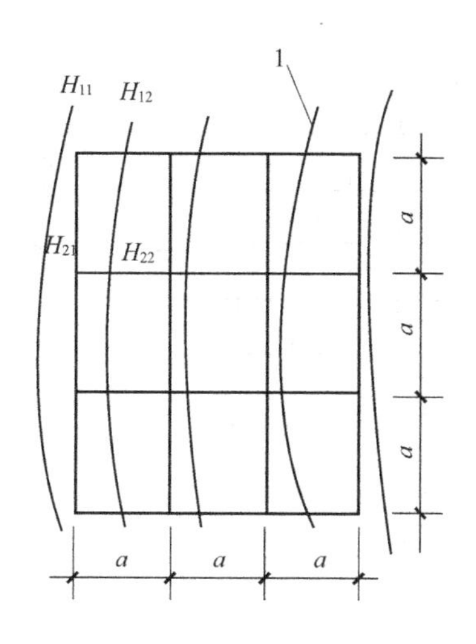

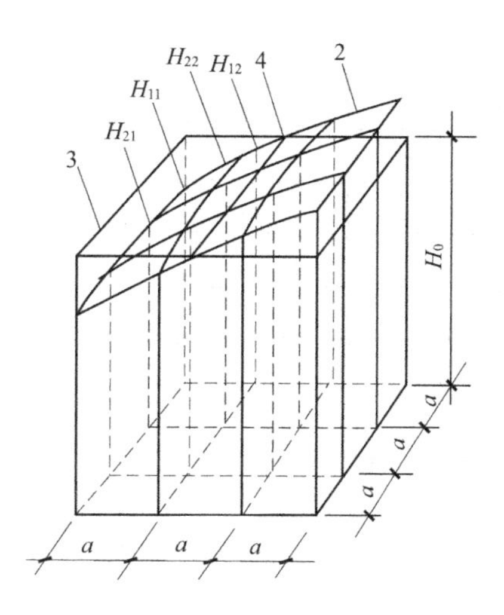

图 1-1　场地平整标高计算

1—等高线；2—自然地坪；3—设计标高平面；4—自然地面与设计标高平面的交线（零线）

式中　H_0——所计算的场地设计标高（m）；

a——方格边长（m）；

N——方格数量；

H_{11}、H_{12}、H_{21}、H_{22}——任一方格四个角点标高（m）。

由图 1-1 可见，H_{11}为一个方格独有，H_{12}、H_{21}为两个方格共有，H_{22}则为四个方格所共有，在用式（1-7）计算的过程中，类似 H_{11}的标高仅加一次，类似 H_{12}、H_{21}的标高加两次，类似 H_{22}的标高则加四次，在不规则场地中也有标高加三次的，这种在计算过程中被应用的次数，反映了各角点标高对计算结果的影响程度。考虑各角点标高的计算次数，式（1-7）可改写成更便于计算的形式：

$$H_0 = \frac{\Sigma H_1 + 2\Sigma H_2 + 3\Sigma H_3 + 4\Sigma H_4}{4N} \tag{1-8}$$

式中　H_1——一个方格独有的角点标高；

H_2、H_3、H_4——分别为二、三、四个方格所共有的角点标高。

2. 设计标高的调整

式（1-8）计算的 H_0 为一理论数值，实际尚需考虑以下因素的影响：

（1）泄水坡度的影响。设计标高的调整主要是泄水坡度的调整，由于按式（1-7）得到的设计平面是一水平的场地，而实际场地往往需有一定的泄水坡度。因此，应根据泄水要求计算出实际施工时所采用的设计标高。

以 H_0 作为场地中心的标高（图 1-2），则场地任意点的设计标高为：

$$H_n = H_0 \pm l_x \cdot i_x \pm l_y \cdot i_y \tag{1-9}$$

式中　H_n——考虑泄水坡度的角点设计标高；

i_x、i_y——分别为 x 方向和 y 方向的泄水坡度；

l_x、l_y——分别为计算点沿 x、y 方向距场地中心的距离。

（2）土的可松性影响。由于土的可松性，土在开挖后，实际体积会增加，需要提高设

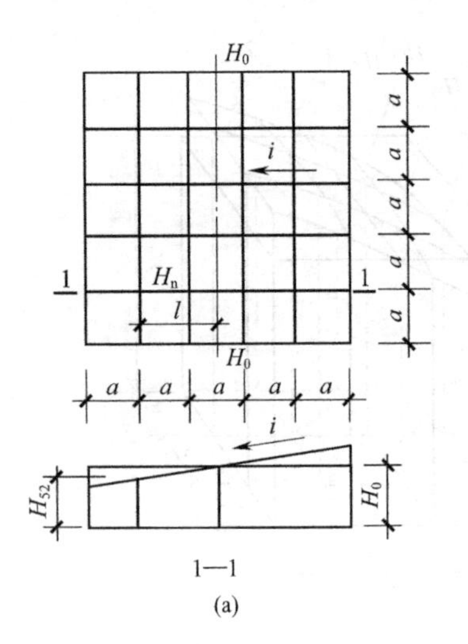

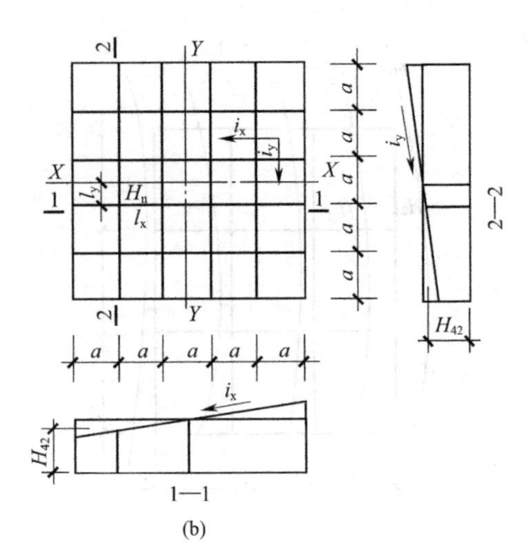

图 1-2　泄水坡度影响角点设计标高

（a）单向泄水；（b）双向泄水

计标高 Δh，以达到土方量的平衡，见图 1-3。

由

$$V_T + A_T \cdot \Delta h = (V_W - A_W \cdot \Delta h)K'_S \tag{1-10}$$

得

$$\Delta h = \frac{V_W(K'_S - 1)}{A_T + A_W \cdot K'_S} \tag{1-11}$$

图 1-3　土的可松性引起场地设计标高提高

式中　Δh——设计标高的增加值；

V_T、V_W——设计标高调整前的填、挖方体积；

A_T、A_W——设计标高调整前的填、挖方面积；

K'_S——土的最终可松性系数。

（3）部分挖方就近弃土于场外，或部分填方就近从场外取土等因素，引起设计标高的增、减。

（4）设计标高以下各种填方工程用土量，或设计标高以上的各种挖方工程量。

二、土方工程量计算

（一）方格网法

场地平整时，由于土方外形往往复杂、不规则，要得到精确的土方工程量计算结果很困难。一般情况下，可以按方格网将其划为一定的几何形状，并采用具有一定精度而又和实际情况近似的方法进行计算。

场地平整土方量的计算可按以下步骤进行：

1. 计算场地方格网各角点的施工高度

场地设计标高确定后，求出平整的场地方格网各角点的施工高度（即挖、填高度），施工高度按下式计算：

$$h_n = H_n - H'_n \tag{1-12}$$

式中　h_n——n 点的施工高度，若为正值，则该点为填方，为负值则为挖方；

H_n、H'_n——分别为设计平面标高和原地面标高。

图 1-4 为方格网角点原地面标高、设计标高和施工高度示意图。

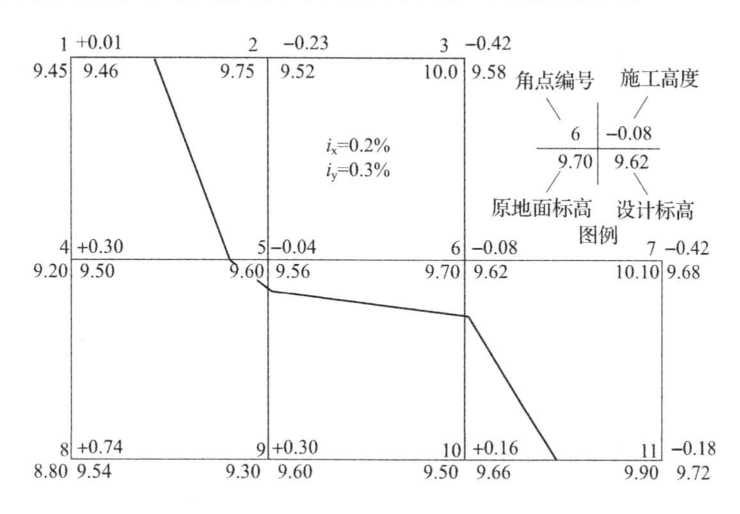

图 1-4　方格网角点标高和施工高度示意图

2. 确定“零线”，即挖、填区域分界线

当一个方格中同时有挖方和填方时，要确定挖、填方的分界线，即“零线”。在该线上，施工高度为零。零线的确定方法是：在相邻角点施工高度为一挖一填的方格边线上，用插入法求出“零点”，再将相邻边上的“零点”相连，即得“零线”。“零点”的位置按下式计算（图 1-5）：

$$x_1 = \frac{h_1}{h_1 + h_2}a \qquad x_2 = \frac{h_2}{h_1 + h_2}a \tag{1-13}$$

式中　x_1、x_2——角点至“零点”的位置；

h_1、h_2——挖填高度，均为绝对值；

a——方格边长。

3. 计算土方工程量

土方量计算的基本方法主要是近似的计算体积的几何方法，一般有四角棱柱体法、三角棱柱体法。

（1）四角棱柱体法

四角棱柱体法假定每一方格上的原始自然地面为一平面，用近似公式计算。

1）方格为全填或全挖

当方格为全填或全挖时（图 1-6），土体体积为：

$$V = \frac{a^2}{4}(h_1 + h_2 + h_3 + h_4) \tag{1-14}$$

式中　V——挖或填体积（m^3）；

h_1、h_2、h_3、h_4——方格四个角点的施工高度，取绝对值（m）；

a——方格网边长（m）。

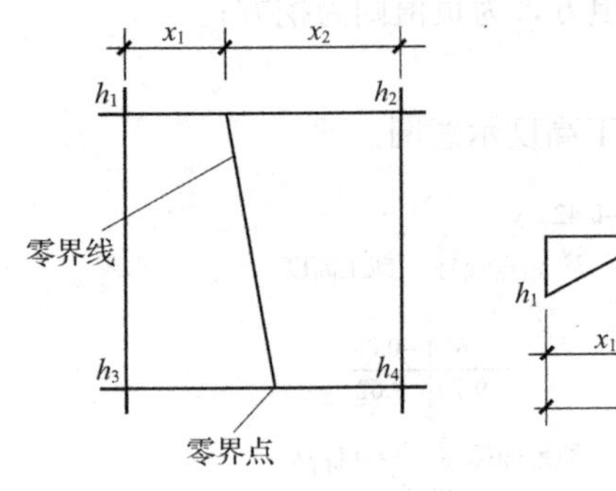

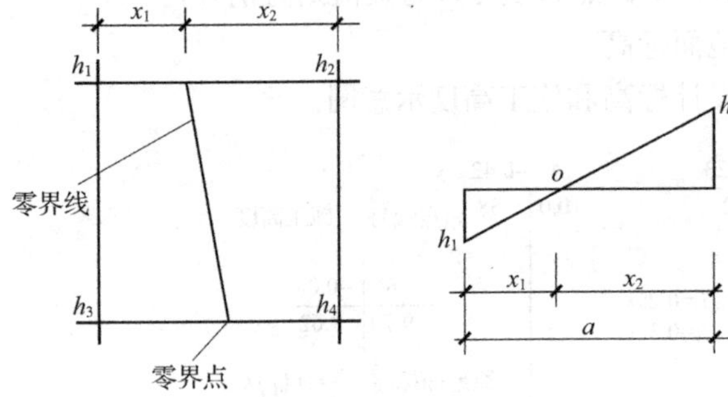

图 1-5　“零点”计算示意图

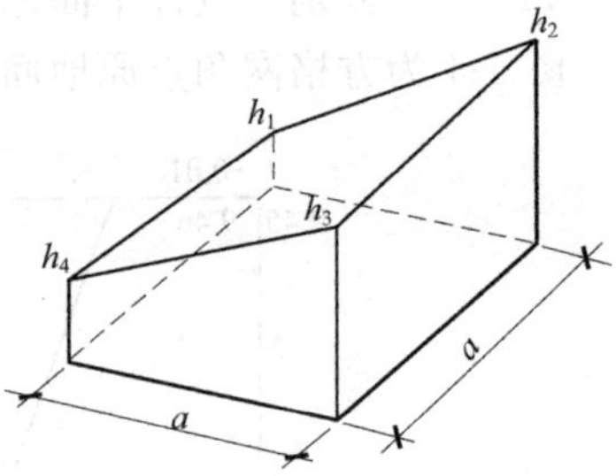

图 1-6　四角棱柱体体积
（方格为全填或全挖）

2）方格为部分挖、部分填

方格为部分挖、部分填时（图 1-7），土体体积为：

$$V_{填}=\frac{a^2}{4}\frac{(\Sigma h_{填})^2}{\Sigma h}\qquad V_{挖}=\frac{a^2}{4}\frac{(\Sigma h_{挖})^2}{\Sigma h}\tag{1-15}$$

式中　$\Sigma h_{挖(填)}$——方格中挖方（或填方）施工高度总和，取绝对值（m）；

Σh——四角点施工高度总和，取绝对值（m）；

a——方格边长（m）。

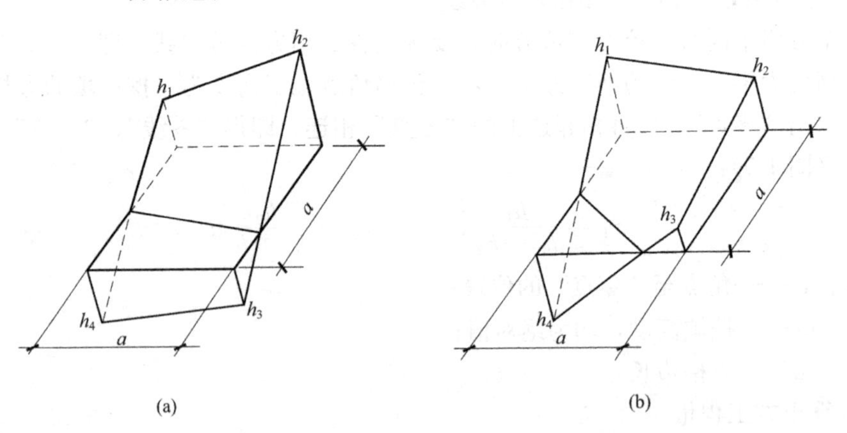

(a)　(b)

图 1-7　四角棱柱体体积（方格为部分挖、部分填）

（a）两挖两填；（b）三挖一填（或三填一挖）

（2）三角棱柱体法

将每个方格的对角点顺地形等高线连接起来，每个方格划分为两个等腰直角三角形，假定三角形内的原始自然地面为一平面，用立体几何近似公式计算每个三角棱柱体的土方。

1）三角形的三角点均为挖或填

三角形的三角点均为挖或填时（图 1-8），土体体积为：

$$V=\frac{a^2}{6}(h_1+h_2+h_3) \tag{1-16}$$

式中 h_1、h_2、h_3——三角形各角点的施工高度，取绝对值（m）；

a——方格边长（m）。

2）三角形部分挖、部分填

三角形部分挖、部分填时，分为锥体和楔体两部分（图 1-9），土体体积为：

$$V_{锥}=\frac{a^2}{6}\frac{h_3^3}{(h_1+h_3)(h_2+h_3)} \tag{1-17}$$

$$V_{楔}=\frac{a^2}{6}\left[\frac{h_3^3}{(h_1+h_3)(h_2+h_3)}-h_3+h_2+h_1\right] \tag{1-18}$$

式中 h_1、h_2、h_3——三角形各角点的施工高度（m），取绝对值，其中 h_3 指锥体顶点的施工高度。

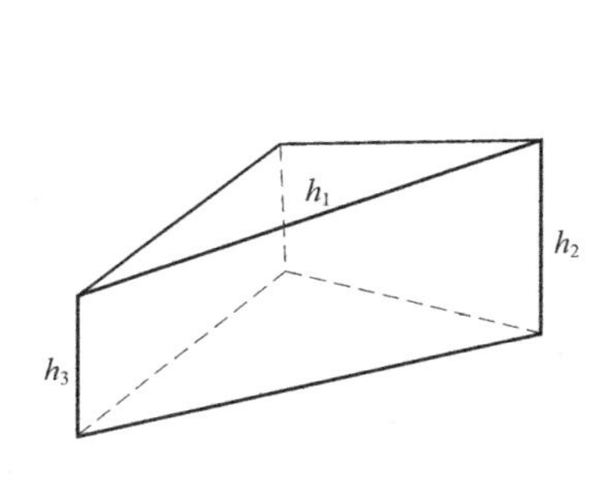

图 1-8 三角棱柱体体积（全填或全挖）

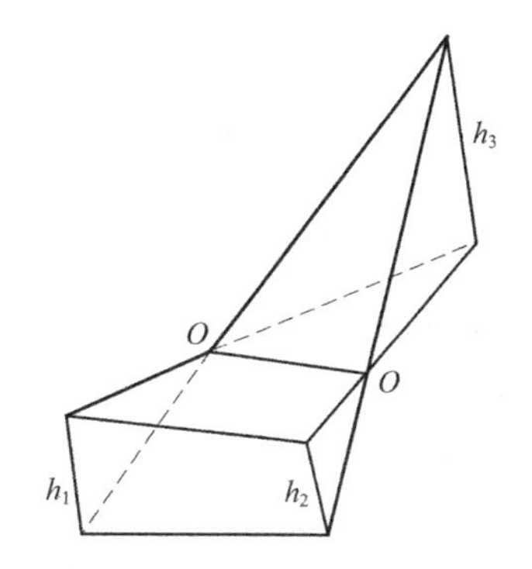

图 1-9 三角棱柱体体积（部分挖方）

4. 边坡土方量计算

对于平整场地、修筑路基、路堑的边坡挖、填土方量计算，常用图算法。图算法是根据地形图和边坡竖向布置图或现场测绘，将要计算的边坡划分为两种近似的几何形体（图 1-10），一种为三角棱体（如体积①～③、⑤～⑪）；另一种为三角棱柱体（如体积④），

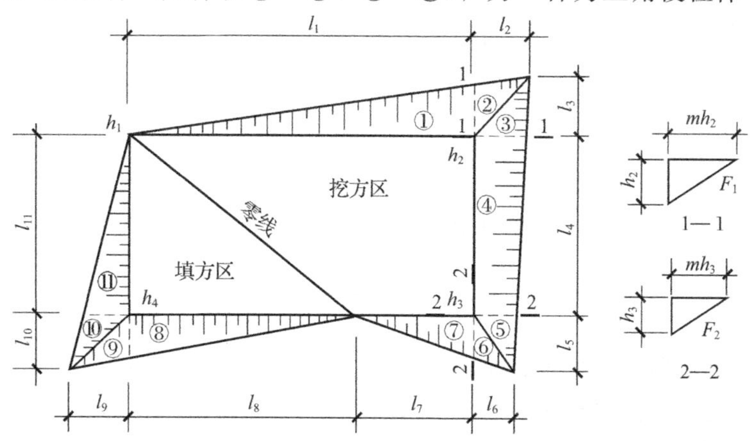

图 1-10 场地边坡计算简图

然后应用几何公式分别进行土方计算，最后汇总即得场地总挖土（一）、填土（+）的量。计算步骤如下：

（1）标出场地四个角点填、挖高度和零线位置；

（2）根据土质确定填、挖边坡的边坡率 m；

（3）计算出四个角点的放坡宽度，如 2 点放坡宽度为 mh_2，3 点放坡宽度为 mh_3；

（4）绘出边坡图；

（5）计算边坡土方量：

三角棱体的土方量按锥体计算（如体积②）：

$$V_2 = \frac{1}{3}(mh_2)^2 h_2 = \frac{1}{3}mh_2^3 \tag{1-19}$$

三角棱柱体土方量按平均断面法计算（如体积④）：

$$V_{2-3} = \left(\frac{F_2 + F_3}{2}\right) l_{2-3} = \frac{1}{4}m(h_2^2 + h_3^2) l_{2-3} \tag{1-20}$$

5. 土方量汇总

将每个方格及边坡的填、挖土方量汇总，得到整个场地的填、挖土方总量。

（二）横截面法

横截面法适用于地形起伏变化较大地区，或者地形狭长、挖填深度较大又不规则的地区采用，计算方法较为简单方便，但精度较低。其计算步骤和方法如下：

1. 划分横截面

根据地形图，将要计算的场地划分为若干个相互平行的横截面，使截面尽量垂直于等高线或主要建筑物的边长，各截面间的间距可以不等，一般可用 10m 或 20m，在平坦地区可大些，但最大不大于 100m。

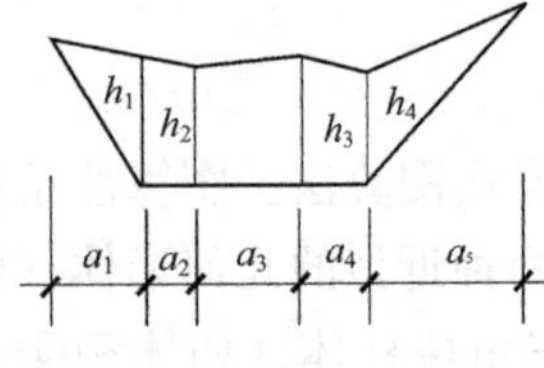

图 1-11　横截面示意图

2. 计算横截面面积

按比例绘制每个横截面的自然地面和设计地面的轮廓线。自然地面轮廓线与设计地面轮廓线之间的面积，即为挖方或填方的截面。将每一截面划分为若干个三角形或梯形，如图 1-11，计算每个截面的面积公式为：

$$A = h_1 \frac{a_1 + a_2}{2} + h_2 \frac{a_2 + a_3}{2} + h_3 \frac{a_3 + a_4}{2} + h_4 \frac{a_4 + a_5}{2} \tag{1-21}$$

3. 计算土方量

根据横截面面积按下式计算土方量：

$$V = \frac{A_1 + A_2}{2} \times s \tag{1-22}$$

式中　V——相邻两横截面间的土方量（m^3）；

A_1、A_2——相邻两横截面的挖（一）［或填（+）］的截面积（m^2）；

s——相邻两横截面的间距（m）。

第三节　土 方 调 配

土方平衡调配工作是土方规划设计的一项重要内容，一般在土方工程量计算完成后进行。土方调配就是对挖土的利用、堆弃和填土的取得这三者之间的关系进行综合协调处理，确定填、挖方区土方的调配方向和数量，使土方总运输量或土方总运输成本为最低，且又方便施工，从而达到缩短工期和提高经济效益的目的。在进行土方调配时，应综合考虑工程实际情况、有关技术经济资料、工程进度要求以及施工方案等，避免重复挖、填和运输，减少土方工程量。

一、土方调配区的划分

进行土方调配时首先要划分调配区，计算出各调配区的土方量，并在调配图上标明，在划分土方调配区时应注意下列几个方面：

（1）调配区的划分应与建筑物或构筑物的位置相协调，考虑工程施工顺序和分期、分区施工顺序的要求，使近期施工和后期利用相结合。

（2）调配区的大小，应考虑使土方机械和运输车辆的技术性能得到充分发挥。

（3）调配区的范围应与计算土方量用的方格网相协调，通常可由若干个方格网组成一个调配区。

（4）当一个局部场地不能满足填、挖平衡和总运输量最小时，考虑就近借土或弃土，这时每一个借土区或弃土区应作为一个独立的调配区。

二、计算调配区之间的平均运距或运输单价

用同类机械（如推土机或铲运机等）进行土方施工时，土方调配的目标是总的土方运输量最小，平均运距就是挖方区土方重心至填方区土方重心之间的距离。

求平均运距，需先求出每个调配区重心。其方法如下：

取场地或方格图中的纵横两边为坐标轴，分别求出各区土方的重心位置，即：

$$X_0=\frac{\Sigma V\cdot x}{\Sigma V};\qquad Y_0=\frac{\Sigma V\cdot y}{\Sigma V} \tag{1-23}$$

式中　X_0、Y_0——挖或填方调配区的重心坐标；

V——每个方格的土方量；

x、y——每个方格的重心坐标。

求出重心坐标后，可按下式计算平均运距：

$$L=\sqrt{(X_{OT}-X_{OW})^2+(Y_{OT}-Y_{OW})^2} \tag{1-24}$$

式中　L——挖、填方区之间的平均运距；

X_{OT}、Y_{OT}——填方区的重心坐标；

X_{OW}、Y_{OW}——挖方区的重心坐标。

当使用多种机械同时进行土方施工时，实际上是挖、运、填、夯等工序的综合施工过程，其施工单价为考虑挖、运、填、夯配套机械的综合施工单价。

三、土方调配线性规划数学模型

土方调配是以运筹学中线性规划问题的解决方法为理论依据的。假设某工程有 m 个挖

方区，用 W_i（$i=1$，2，…，m）表示，挖方量为 a_i；有 n 个填方区，用 T_j（$j=1$，2，…,n）表示，填方量为 b_j。挖方区 W_i 将土运输至填方区 T_j 的平均运距为 C_{ij}。如表 1-4 所示。

挖填方量及平均运距表 **表 1-4**

填方区 挖方区	T_1		T_2		……	T_n		挖方量（m^3）
W_1	x_{11}	C_{11}	x_{12}	C_{12}	……	x_{1n}	C_{1n}	a_1
W_2	x_{21}	C_{21}	x_{22}	C_{22}	……	x_{2n}	C_{2n}	a_2
……	……		……		……	……		……
W_m	x_{m1}	C_{m1}	x_{m2}	C_{m2}	……	x_{mn}	C_{mn}	a_m
填方量（m^3）	b_1		b_2		……		b_n	

注：表中 x_{ij} 表示从挖方区 W_i 调配给填方区 T_j 的土方量。

土方调配问题可以转化为这样一个数学模型，即要求出一组 x_{ij} 的值，使得目标函数

$$z=\sum_{i=1}^{m}\sum_{j=1}^{n}(C_{ij}\cdot x_{ij}) \tag{1-25}$$

为最小值，而且 x_{ij} 满足下列约束条件：

$$\sum_{i=1}^{m}x_{ij}=a_i \qquad (i=1,2,\cdots,m) \tag{1-26}$$

$$\sum_{j=1}^{n}x_{ij}=b_j \qquad (j=1,2,\cdots,n)$$

$$x_{ij}\geqslant 0$$

根据约束条件可知，未知变量有 $m\times n$ 个，而方程个数有 $m+n$ 个，由于填挖方量平衡，前面 m 个方程相加减去后面 $n-1$ 个方程之和得第 n 个方程，则独立方程的数量有 $m+n-1$ 个。

由于未知变量数多于独立方程数，满足约束条件的解有多个，要求出满足目标函数最小的最优解，这属于“线性规划”问题，采用“表上作业法”求解较为简单。

四、用“表上作业法”进行土方调配

采用“表上作业法”求解平衡运输问题，首先给出一个初始方案，并求出该方案的目标函数值，经过检验，若此方案不是最优方案，则可对方案进行调整、改进，直到求得最优方案为止。

下面通过一个例子来说明“表上作业法”求解平衡运输问题的方法步骤。

图 1-12 所示是一矩形场地，现已知各调配区的土方量和各填、挖区相互之间的平均运距，试求最优土方调配方案。

先将图中的数值填入填、挖平衡及运距表，见表 1-5。

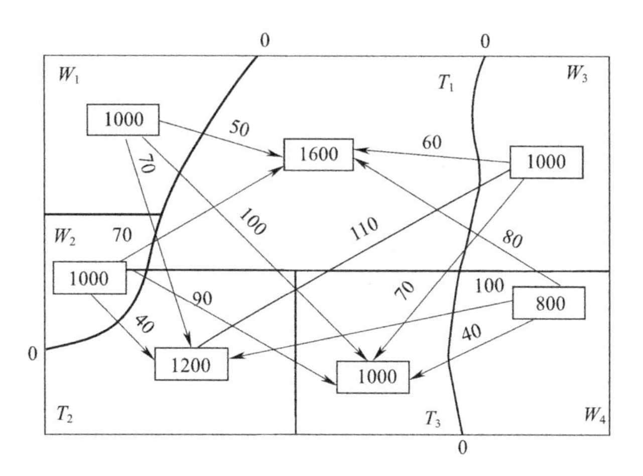

图 1-12　各调配区的土方量和平均运距

填、挖土方平衡及运距表　　**表 1-5**

填方区 / 挖方区	T_1	T_2	T_3	挖方量 (m^3)
W_1	50	70	100	1000
W_2	70	40	90	1000
W_3	60	110	70	1000
W_4	80	100	40	800
填方量 (m^3)	1600	1200	1000	3800 / 3800

1. 确定初始调配方案

初始方案的确定方法很多，目前常采用一种简单方便方法是“最小元素法”。所谓最小元素法，是根据运距表中最小的平均运距或价格系数（C_{ij}）的方格取尽可能大的土方调配量（x_{ij}）进行调配。

(1) 在表 1-4 中找到平均运距最小的值所在的方格，本例平均运距最小的方格有 $C_{22}=C_{43}=40$，任意取其中之一，如取 C_{22} 先确定 x_{22} 的值，使其尽可能最大，取 $x_{22}=\min(1000, 1200)=1000$，即将 W_2 中的 $1000m^3$ 土全部运到 T_2，则对应其他两个填方区的土方量 x_{21}、x_{23} 为 0，用×表示；

(2) 在其余的没有调配土方量和“×”号的方格内，再选一个运距最小的方格，即 $C_{43}=40$，让 x_{43} 值尽可能的大，即 $x_{43}=\min(1000, 800)=800$；同时使 $x_{41}=x_{42}=0$，用×表示；

(3) 按同样的原理，可依次确定 $x_{11}=1000$，$x_{12}=x_{13}=0$；$x_{31}=600$，$x_{32}=x_{33}=0$，并填入表 1-6，该表即为初始调配方案。

土方初始调配方案 表 1-6

挖方区 \ 填方区	T_1		T_2		T_3		挖方量 (m^3)
W_1	(1000)	50	×	70	×	100	1000
W_2	×	70	(1000)	40	×	90	1000
W_3	600	60	200	110	200	70	1000
W_4	×	80	×	100	(800)	40	800
填方量 (m^3)	1600		1200		1000		3800 \ 3800

2. 最优方案的判别

由于利用“最小元素法”编制初始调配方案，也就是优先考虑了就近调配的原则，所以求得的总的运输量是较小的，但并不能保证其运输总量是最小的，因此还需判别其是否是最优方案。

判别是否最优方案的方法有许多，其中采用“位势数法”求检验数较清晰直观，这里只介绍该法。

“位势数法”是设法求得无调配土方的方格（简称空格）的检验数 λ_{ij}，判别 λ_{ij} 是否非负，如所有 $\lambda_{ij} \geqslant 0$，则方案为最优方案，否则该方案不是最优方案，需要进行调整。具体方法和步骤如下：

(1) 求位势数。首先将初始调配方案中有调配数方格的平均运距 C_{ij} 列出，然后按下式求出两组位势数 u_i（$i=1, 2, 3 \cdots m$）和 v_j（$j=1, 2, 3 \cdots n$），并绘出平均运距与位势表（表 1-7）。

$$C_{ij} = u_i + v_j \tag{1-27}$$

(2) 求检验数。位势数求出后，可根据下式求出各空格的检验数：

$$\lambda_{ij} = C_{ij} - u_i - v_j \tag{1-28}$$

例如，本例两组位势数如表 1-7 所示。

位势、运距与检验数表 表 1-7

挖方区 \ 填方区	位势数 u_i \ v_j	T_1 $v_1=50$		T_2 $v_2=100$		T_3 $v_3=60$	
W_1	$u_1=0$	(1000)	50	−30	70	+	100
W_2	$u_2=-60$	+	70	(1000)	40	+	90
W_3	$u_3=10$	(600)	60	(200)	110	(200)	70
W_4	$u_4=-20$	+	80	+	100	(800)	40

先令 $u_1=0$，则

$v_1=C_{11}-u_1=50-0=50$

$u_3=60-50=10$

$v_2=110-10=100$

$v_3=70-10=60$

$u_2=40-100=-60$

$u_4=40-60=-20$

本例各空格的检验数如表 1-7 所示。如 $\lambda_{41}=C_{41}-u_4-v_1=80-(-20)-50=50$，检验数为正时，在表 1-7 中只写“+”，可不必填入数值，$\lambda_{12}=C_{12}-u_1-v_2=70-0-100=-30$，检验数为负时，将其填入表中，见表 1-7。

从表 1-7 中可以看出，$\lambda_{12}=-30<0$，即初始土方调配方案不是最优方案，需要进一步调整。

3. 调整方案

（1）在所有负检验数中选一个最小值，本例为 λ_{12}，将它所对应的变量 x_{12} 作为调整对象。

（2）找出 x_{12} 的闭回路：从 x_{12} 格出发，沿水平或竖直方向前进，遇到适当的有数字的方格作 90°转弯，然后依次继续前进，经有限步后回到出发点，形成一条闭回路。如图表 1-8 所示。

x_{12} 的闭回路 **表 1-8**

挖方区＼填方区	T_1	T_2	T_3
W_1	(1000) 1	0 x_{12}	
W_2		(1000)	
W_3	(600) 2	3 (200)	(200)
W_4			(800)

（3）从空格 x_{12} 出发，沿着闭回路（方向任意）一直前进，在各奇数转角点的数字中，挑选最小的土方量，将它调到 x_{12} 空格中。本例即在 x_{11}、x_{32} 中选出 min（1000，200）= 200，即 $x_{32}=200$ 。

（4）将 200 填入 x_{12} 方格中，则 $x_{32}=0$（变为空格），同时，其他奇数转角都减去 200，即 x_{11} 变成 1000－200＝800。偶数转角都增加 200，即 $x_{31}=600+200=800$ ，使得填挖方区的土方量仍保持平衡。这样调整后，可得新的土方调配方案，如表 1-9 所示。

4. 新方案的最优性判断

对新的方案仍用“位势法”进行检验，如检验数仍有负数出现，则按上述方法继续调整，直到找出最优方案为止。新的调配表中，所有检验数均为正（表 1-9），故该方案为最优方案。

其土方的总运输量为：

$$Q=800\times50+200\times70+1000\times40+800\times60+200\times70+800\times40$$
$$=188000\text{m}^3\cdot\text{m}$$

新的土方调配方案及其位势、检验数　　**表 1-9**

填方区 挖方区	位势数	T_1	T_2	T_3	挖方量
	v_j u_i	$v_1=50$	$v_2=70$	$v_3=60$	(m³)
W_1	$u_1=0$	800　50	200　70	+　100	1000
W_2	$u_2=-30$	+　70	1000　40	+　90	1000
W_3	$u_3=10$	800　60	+　110	200　70	1000
W_4	$u_4=-20$	+　80	+　100	800　40	800
填方量 (m³)		1600	1200	1000	3800 3800

5. 绘制土方调配图

最后将土方调配方案绘制成土方调配图（图 1-13），在图上应注明填挖调配区、调配方向、土方数量以及每对填挖之间的平均运距。

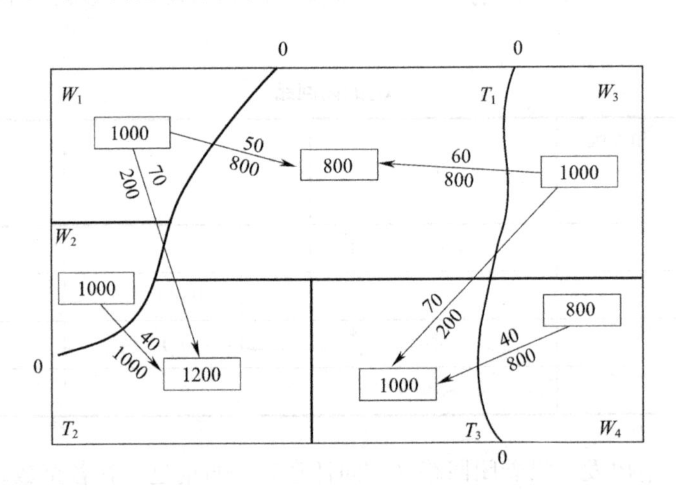

图 1-13　最优方案土方调配图

第四节　边坡及基坑支护工程

一、土方边坡

（一）土方边坡及其形式

土方施工中为了保持土壁稳定，防止塌方，在地质条件和周围条件允许时，将挖方和填方的边缘做成一定的坡度，即为边坡。合理地选择和留设土方边坡，是保证土方边坡稳定和减少土方量的有效措施。

土方边坡坡度以其挖方深度 h 与边坡底宽 b 之比来表示，如图 1-14 所示。

$$土方边坡坡度 = h/b = \frac{1}{b/h} = 1:m$$

式中　m——边坡系数，$m=b/h$。

土方边坡大小应根据土质、开挖深度、开挖方法、施工工期、地下水位、坡顶荷载及气候条件等因素确定。边坡可做成直线形、折线形或阶梯形，以减少工程量，见图1-14。

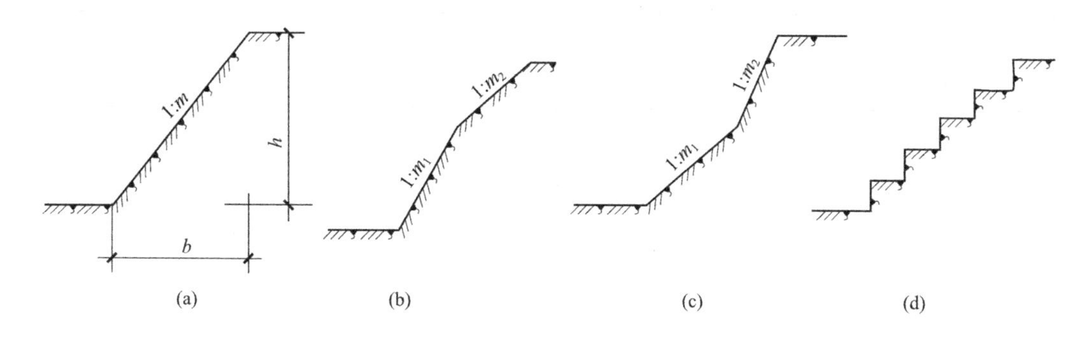

图 1-14　土方边坡

(a) 直线形；(b) 不同土层折线边坡；(c) 相同土层折线边坡；(d) 阶梯形

（二）边坡坡度确定

土方边坡应根据使用时间（临时或永久性）、土的种类、物理力学性质（内摩擦角、黏聚力、密度、湿度）、水文情况等确定。

1. 不放坡直槽高度

当地下水位低于基底，在湿度正常的土层中开挖基坑或管沟，且敞露时间不长，可做成直壁不加支撑，但挖方深度不宜超过表 1-10 规定。挖土深度超过表 1-10 规定时，应考虑放坡或做成直立壁加支撑。

直壁不加支撑挖方深度　　**表 1-10**

序号	土的类别	挖方深度
1	密实、中密的砂土和碎石土	≤1m
2	硬塑、可塑的黏质粉土及粉质黏土	≤1.25m
3	硬塑、可塑的黏土和碎石土	≤1.5m
4	坚硬的黏土	≤2m

2. 放坡坡度

如地质条件良好，土质较均匀，深度在 5m 内的边坡坡度可按表 1-11 确定。对于永久性场地，挖方边坡坡度应按设计要求放坡。

深度在 5m 以内不加支撑的边坡最大值边坡坡度　　**表 1-11**

土的类别	边坡坡度（高：宽）		
	坡顶无荷载	坡顶有静载	坡顶有动载
中密砂土	1：1.00	1：1.25	1：1.50
中密碎石类（填充物为砂土）	1：0.75	1：1.00	1：1.72
塑性的粉土	1：0.67	1：0.75	1：1.00

续表

土的类别	边坡坡度（高：宽）		
	坡顶无荷载	坡顶有静载	坡顶有动载
中密碎石土（填充物为黏性土）	1：0.50	1：0.67	1：0.75
硬塑的粉质黏土、黏土	1：0.33	1：0.50	1：0.67
老黄土	1：0.10	1：0.25	1：0.33
软土	1：1.00	—	—

（三）土方边坡的稳定

土方边坡的稳定，主要是由土体内摩擦阻力和粘结力来保持平衡的，一旦土体失去平衡，土体就会塌方，这不仅会造成人身安全事故，同时也会影响工期，甚至还会危及附近的建筑物。

1. 土壁塌方的原因

造成土壁塌方的原因主要有以下几点：(1) 边坡过陡，使土体的稳定性不够而引起塌方，尤其是在土质差、开挖深度大的坑槽中，常会遇到这种情况。(2) 雨水、地下水渗入基坑，使土体泡软、重量增大及抗剪能力降低，这是造成塌方的主要原因。基坑上边边缘附近大量堆土或停放机具、材料，由主动荷载的作用，使土体中的剪应力超过土体的抗剪强度造成塌方。

2. 防治塌方的措施

为了保证土体稳定、施工安全，针对上述塌方原因，可采取以下措施：

(1) 放足边坡。边坡的留设应符合规范的要求，其坡度的大小应根据土壤的性质、水文地质条件、施工方法、外挖深度、工期的长短等因素确定。

(2) 设置土壁支护。为了缩小施工面，减少土方，或受场地的限制不能放坡时则可设置土壁支护。

二、沟槽及浅基坑支护

当开挖基坑（槽）的土质条件较差或基坑较深，或受到周围场地限制而不能放坡或直立开挖时，可采用土壁支撑或支护，以保证施工的顺利和安全，并减少对相邻已有建筑物等的不利影响。

（一）沟槽的支撑

基槽和管沟的支撑方法一般采用横撑式支撑，横撑式支撑由挡土板、楞木和工具式横撑组成，用于宽度不大、深度较小沟槽开挖的土壁支撑。根据挡土板放置方式不同，分为水平挡土板和垂直挡土板两类，见表1-12。

（二）一般浅基坑的支撑

一般浅基坑的支撑方法可根据基坑的宽度、深度及大小采用不同形式，如表1-13所示。

三、深基坑支护

深基坑支护形式主要有型钢桩加横挡板支撑、钢板桩支撑、混凝土灌注桩支撑、土层锚杆支撑、深层搅拌法水泥土桩挡墙、地下连续墙支撑等。这里主要介绍前五种，地下连续墙支撑将在第二章介绍。

基槽、管沟的支撑方法　　表 1-12

支撑方式	简　　图	支撑方法及适用条件
断续式 水平支撑	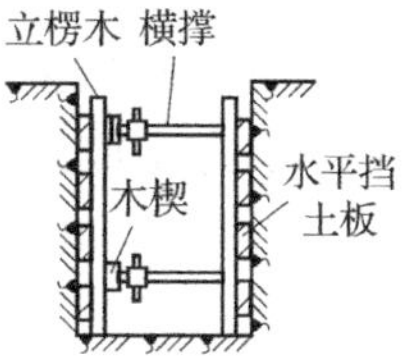 立楞木 横撑 木楔 水平挡土板	挡土板水平放置，中间留出间隔，并在两侧同时对称立竖枋木，然后用工具式或木横撑上、下顶紧； 适用于能保持直立壁的干土或天然湿度的黏土、深度在 3m 以内的沟槽
连续式 水平支撑	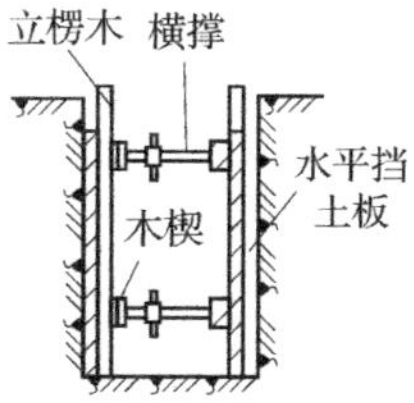 立楞木 横撑 木楔 水平挡土板	挡土板水平连续放置，不留间隙，在两侧同时对称立竖枋木，上、下各顶一根撑木，端头加木楔顶紧； 适用于较松散的干土或天然湿度的黏土、深度为 3～5m 的沟槽
垂直支撑	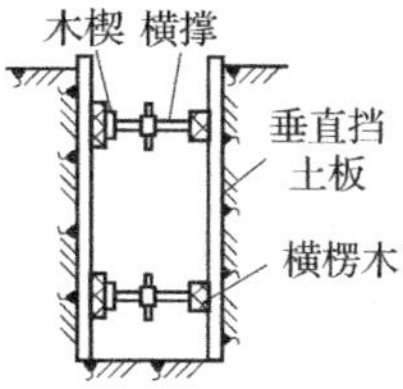 木楔 横撑 垂直挡土板 横楞木	挡土板垂直放置，可连续或留适当间隙，然后每侧上、下各水平顶一根枋木，再用横撑顶紧； 适用于土质较松散或湿度很高的土，深度不限

一般浅基坑的支撑方法　　表 1-13

支撑方式	简　　图	支撑方法及适用条件
临时挡土墙支撑	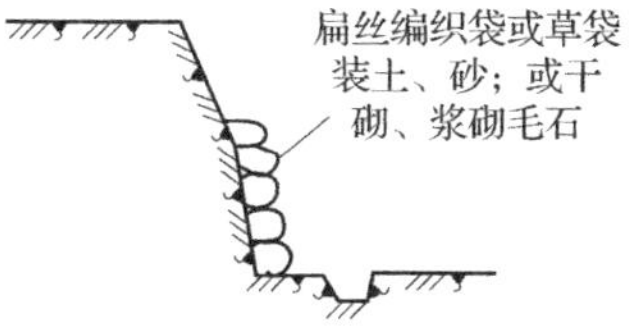 扁丝编织袋或草袋装土、砂；或干砌、浆砌毛石	沿坡脚用砖、石叠砌或用装水泥的聚丙烯扁丝编织袋、草袋装土、砂堆砌，使坡脚保持稳定； 适于开挖宽度大的基坑，当部分地段下部放坡不够时使用
斜柱支撑	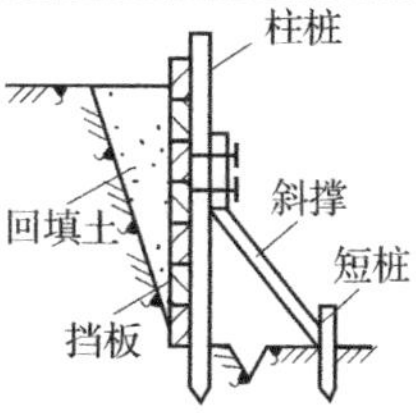 柱桩 斜撑 回填土 短桩 挡板	水平挡土板钉在柱桩内侧，柱桩外侧用斜撑支顶，斜撑底端支在木桩上，在挡土板内侧回填土； 适用于开挖较大型、深度不大的基坑或使用机械挖土时
锚拉支撑	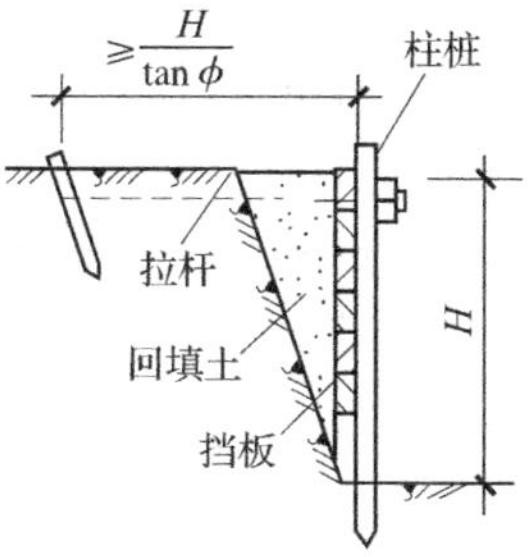 $\geq \frac{H}{\tan \phi}$ 柱桩 拉杆 回填土 挡板 H	水平挡土板放在柱桩的内侧，柱桩一端打入土中，另一端用拉杆与锚桩拉紧，在挡土板内侧回填土； 适于开挖较大型、深度不大的基坑或使用机械挖土，不能安设横撑时使用

（一）型钢桩加横挡板支撑

沿挡土位置预先打入钢轨、工字钢或 H 型钢桩，间距 1.0～1.5m，然后边挖土方，边将 3～6cm 厚的挡土板塞进钢桩之间挡土（随开挖逐步加设），并在横向挡板与型钢桩之间打上楔子，使横板与土体紧密接触，见图 1-15。这种支护类型的型钢桩和挡板可回收使用，较为经济。适于地下水位较低、深度不很大的一般黏土或砂土层中使用。

（二）钢板桩支撑

1. 钢板桩材料

钢板桩可采用槽形钢板桩和热轧锁口钢板桩。

槽形钢板桩是一种简易的钢板桩支护挡墙。槽钢长 6～8m，用于深度不超过 4m 的基坑。

热轧锁口钢板桩形式有：U 形、Z 形（又称波浪型或拉森型）、一字形（又称平板桩）。常用的为 U 形和 Z 形两种。由于一次性投资较大，钢板桩多以租赁方式租用，用后拔出。在软土地基地区钢板桩打设方便，有一定挡水能力，施工迅速，且打设后可立即开挖。适用于在饱和软弱土层中开挖深度 5～10m 的基坑。

2. 钢板桩施工

在开挖的基坑周围打钢板桩，在柱位置上打入暂设的钢柱，在基坑中挖土，每下挖 3～4m，装上一层构架支撑体系；挖土在钢构网格中进行时，亦可不预先打入钢柱，随挖随接长支柱。地下工程施工结束后拔出钢板桩，拔出的方法可采用振动锤拔桩法、重型起重机与振动锤共同拔桩法。图 1-16 为钢板桩支撑示意图。

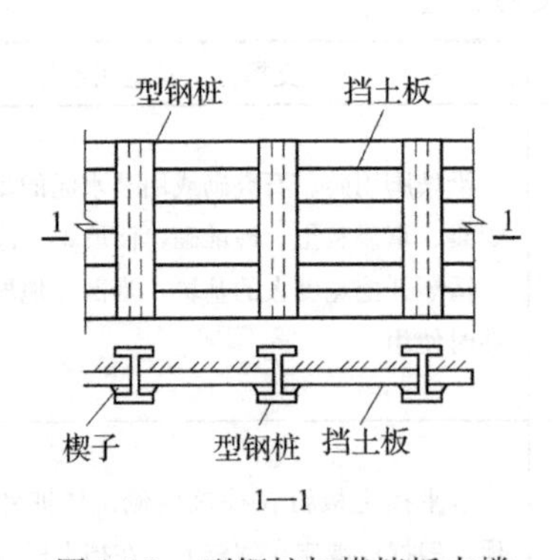

图 1-15　型钢桩加横挡板支撑

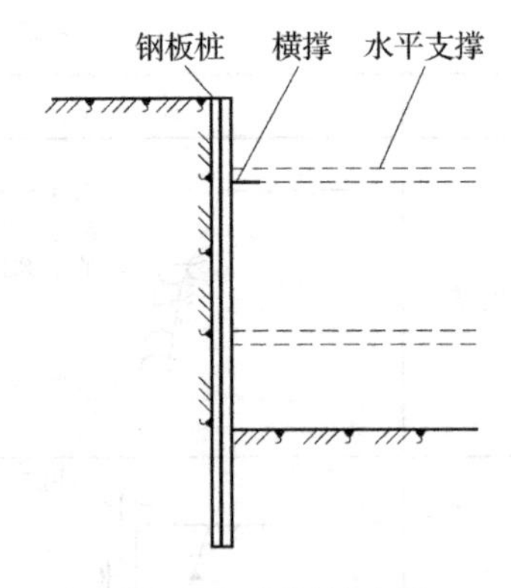

图 1-16　钢板桩支撑

（三）混凝土灌注桩支撑

混凝土灌注桩排桩挡墙布置及支撑见图 1-17～图 1-19。

在开挖基坑的周围，用钻机钻孔，现场灌注钢筋混凝土桩，顶部浇筑钢筋混凝土圈梁，达到强度后，在基坑中间用机械或人工挖土，下挖 1m 左右装上横撑，在桩背面装上拉杆与已设锚桩拉紧，然后继续挖土至要求深度。桩间土方挖成外拱形，使之起土拱作用。如基坑深度小于 6m，或邻近有建筑物，亦可不设锚拉杆，采取加密桩距或加大桩径处理。

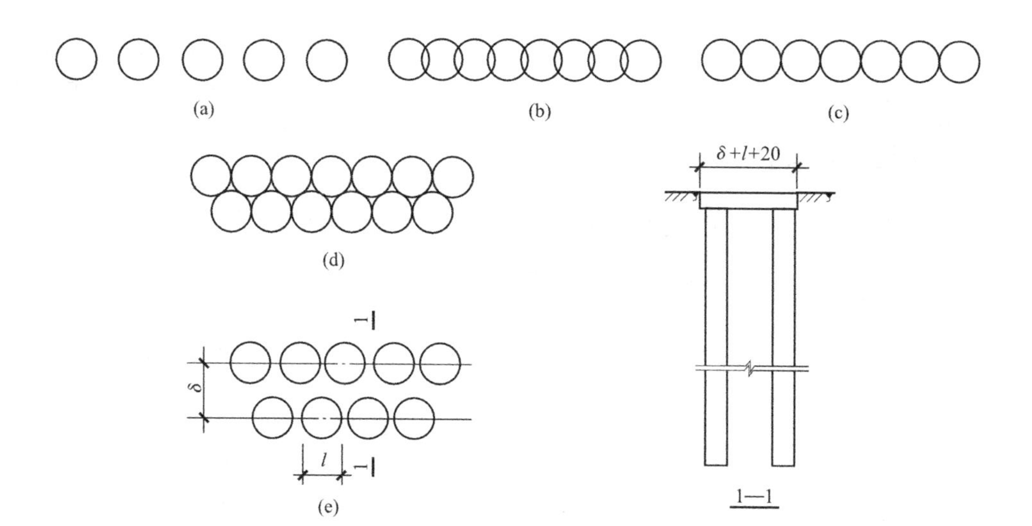

图 1-17　钢筋混凝土灌注桩布置形式

（a）一字相间排列；（b）一字相交排列；（c）一字相切排列；（d）交错相切排列；（e）交错相间排列

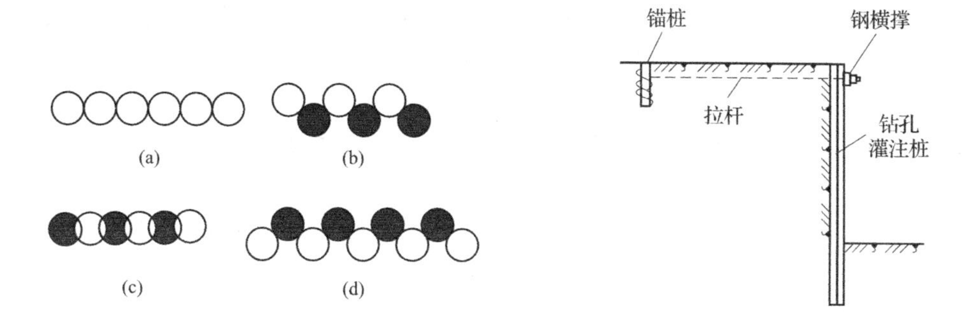

图 1-18　连续排桩挡土止水结构

（a）一字相接排列；（b）交叉相接排列
（c）一字搭接排列；（d）交叉大小桩排列

图 1-19　钢筋混凝土灌注桩支撑

混凝土灌注桩支撑适用于开挖较大、较深基坑，邻近有建筑物，不允许支护有变形、背面地基有下沉、位移时采用，悬臂桩高度不宜超过 6m；超过 6m 时通常结合多层锚杆或内支撑以减少支护变形。

当单排悬臂桩刚度不足且存在一定施工空间时，可采用双排桩，但采用双排桩的施工成本通常较高，双排桩的支护高度不宜超过 12.0m。除纵向冠梁之外，通常在前、后排之间设置足够刚度的横梁，组成门式刚架。当周边环境条件对双排桩变形控制有较高要求时，应对桩间软土进行加固处理，加固工艺可采用水泥土搅拌桩或高压旋喷桩。

（四）土层锚杆

土层锚杆由锚头、拉杆和锚固体组成。锚头由锚具、承压板、横梁和台座组成；拉杆采用钢筋、钢绞线制成；锚固体是由水泥浆或水泥砂浆将拉杆与土体连接成一体的抗拔构件，见图 1-20。

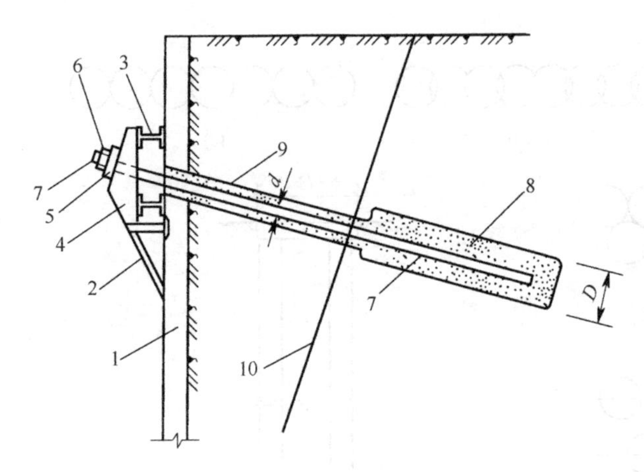

图 1-20　土层锚杆的构造

1—挡墙；2—承托支架；3—横梁；4—台座；5—承压板；6—锚具；7—钢拉杆；8—水泥浆或砂浆锚固体；9—非锚固段；10—滑动面；D—锚固体直径；d—拉杆直径

1. 土层锚杆的类型

(1) 一般灌浆锚杆。钻孔后放入受拉杆件，然后用砂浆泵将水泥浆或水泥砂浆注入孔内，经养护后即可承受拉力。

(2) 高压灌浆锚杆。其与一般灌浆锚杆的不同点是在灌浆阶段对水泥砂浆施加一定的压力，使水泥砂浆在压力下压入孔壁四周的裂缝并在压力下固结，从而使锚杆具有较大的抗拔力。

(3) 预应力锚杆。先对锚固段进行一次压力灌浆，然后对锚杆施加预应力后锚固并在非锚固段进行不加压二次灌浆，也可一次灌浆（加压或不加压）后施加预应力。这种锚杆可穿过松软地层而锚固在稳定土层中，并使结构物变形减小。我国目前大都采用预应力锚杆。

(4) 扩孔锚杆。用特制的扩孔钻头扩大锚固段的钻孔直径，或用爆扩法扩大钻孔端头，从而形成扩大的锚固段或端头，可有效提高锚杆的抗拔力。扩孔锚杆主要用在松软地层中。

灌浆材料可使用水泥浆、水泥砂浆、树脂材料、化学浆液等作为锚固材料。

2. 土层锚杆施工

土层锚杆的施工程序为：钻机就位→钻孔→清孔→放置钢筋（或钢绞线）及灌浆管→压力灌浆→养护→放置横梁、台座，张拉锚固。

(1) 钻孔。土层锚杆钻孔用的钻孔机械，按工作原理分，有旋转式钻孔机、冲击式钻孔机和旋转冲击式钻孔机三类。主要根据土质、钻孔深度和地下水情况进行选择。

锚杆孔壁要求平直，以便安放钢拉杆和灌注水泥浆。孔壁不得坍陷或松动，否则影响钢拉杆安放和土层锚杆的承载能力。钻孔时不得使用膨润土循环泥浆护壁，以免在孔壁上形成泥皮，降低锚固体与土壁间的摩阻力。

(2) 安放拉杆。土层锚杆用的拉杆，常用的有钢管、粗钢筋、钢丝束和钢绞线。主要根据土层锚杆的承载能力和现有材料的情况来选择。

(3) 灌浆。灌浆的作用是形成锚固段，将锚杆锚固在土层中；防止钢拉杆腐蚀；充填土层中的孔隙和裂缝。灌浆是土层锚杆施工中的一个重要工序，施工时应做好记录。灌浆有一次灌浆法和二次灌浆法。一次灌浆法宜选用灰砂比 1∶1～1∶2、水灰比 0.38～0.45 的水泥砂浆，或水灰比 0.40～0.50 的水泥浆；二次灌浆法中的二次高压灌浆，宜用水灰比 0.45～0.55 的水泥浆。

(4) 张拉和锚固。锚杆压力灌浆后，待锚固段的强度大于 15MPa 并达到设计强度等级的 75%后方可进行张拉。锚杆宜张拉至设计荷载的 0.9～1.0 倍后，再按设计要求锁定。

锚杆张拉控制应力，不应超过拉杆强度标准值的75%。张拉用设备与预应力结构张拉所用者相同。

（五）深层搅拌法水泥土桩挡墙

深层搅拌法是利用深层搅拌机在加固的范围内，将软土与固化剂强制拌合，使软土硬结成具有整体性、水稳性和足够强度的水泥加固土，又称为水泥土搅拌桩。深层搅拌水泥土桩挡墙属重力式挡墙，深度大时可在水泥土中插入加筋杆件，形成加筋水泥土挡墙，必要时还可辅以内支撑等。常见的布置形式有：壁式、格栅式、实体式，如图1-21所示。深层搅拌法利用的固化剂为水泥浆或水泥砂浆，水泥的掺量为加固土重的7%～15%，水泥砂浆的配合比为1∶1或1∶2。

深层搅拌桩的施工工艺流程如图1-22所示。

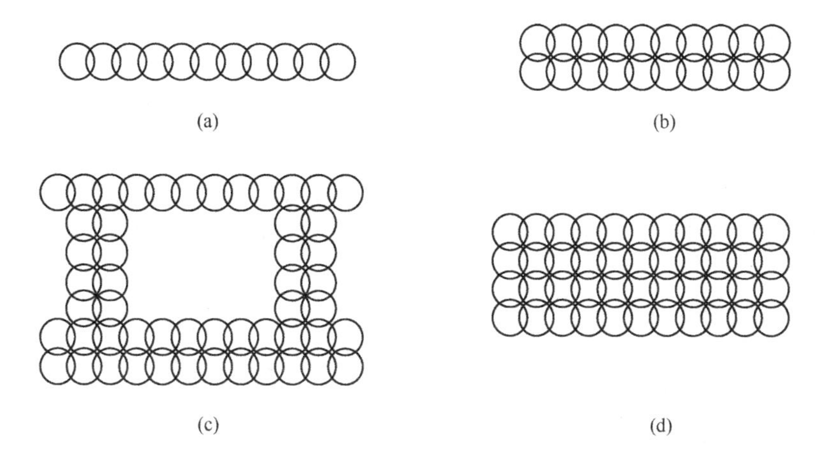

图1-21　深层搅拌水泥土桩平面布置形式

(a)、(b) 壁式；(c) 格栅式；(d) 实体式

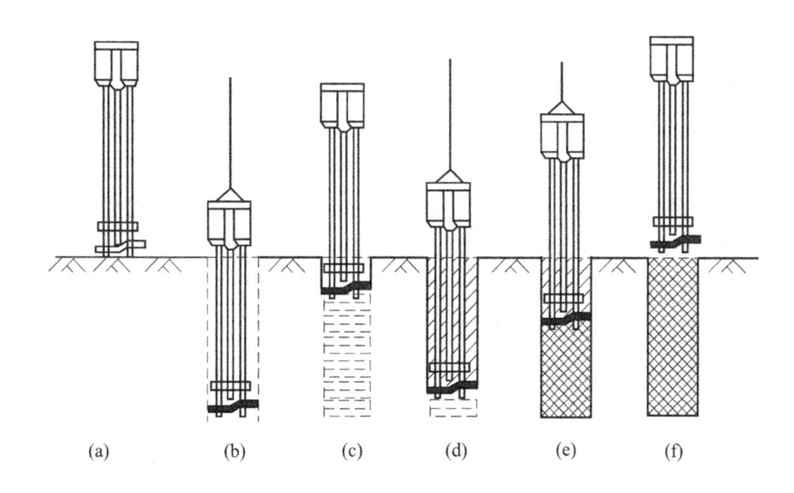

图1-22　施工工艺流程

(a) 定位；(b) 预搅下沉；(c) 喷浆搅拌上升；(d) 重复搅拌下沉；(e) 重复搅拌上升；(f) 完毕

1. 定位。用起重机悬吊搅拌机到达指定桩位，对准桩位。

2. 制备水泥浆。待深层搅拌机下沉到一定深度时，即开始按设计确定的配合比拌制水泥浆，压浆前将水泥浆倒入集料斗中。

3. 喷浆搅拌提升。待深层搅拌机下沉到设计深度后，开启灰浆泵将水泥浆压入地基，且边喷浆、边搅拌，按设计确定的提升速度提升深层搅拌机。

4. 重复搅拌下沉和喷浆提升。重复（2）、（3）步骤，桩体要互相搭接形成整体。

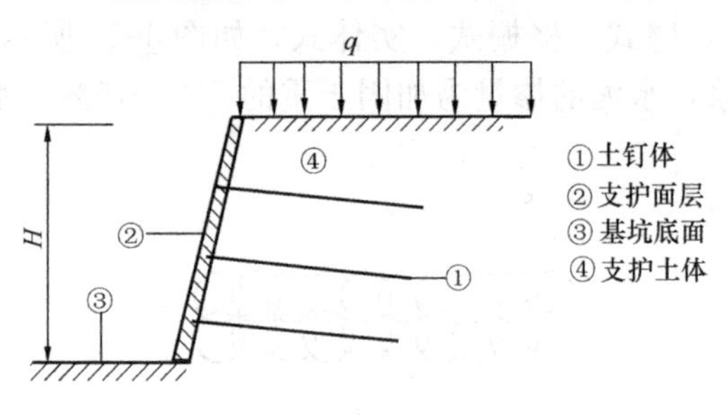

图 1-23　土钉支护示意图

5. 每天加固完毕，应用水清洗贮料罐、砂浆泵、深层搅拌机及相应管道，以备再用。

（六）土钉墙

1. 土钉墙的类型

土钉墙具有结构简单、施工方便、造价低廉等特点，因此在基坑工程中得到广泛应用。土钉墙是通过钢筋、钢管或其他型钢对原位土进行加固的一种支护形式（构造如图 1-23 所示）。在施工上，随着土方逐层开挖逐层将土钉体设置到土体中。此外，在土钉墙中复合水泥搅拌桩、微型桩、预应力锚杆等可形成复合土钉墙。

单一土钉墙适用于地下水以上或降水的非软土基坑，且基坑深度不宜大于 12m；复合土钉墙适用于地下水位以上或降水的非软土基坑，且基坑深度不大于 15m。

2. 土钉墙与喷锚网施工

土钉按设置的施工工艺可分为成孔注浆钉和打入钢管土钉。前者是先进行钻孔，而后植入土钉，再进行注浆。土钉注浆采用压力注浆，注浆材料可选用水泥浆或水泥砂浆。钻孔植入的土钉杆体可采用钢筋、钢绞线或其他型材。我国常采用打入式土钉，其杆体多为钢管，常采用 ϕ48/3mm 的钢管。土钉水平间距和竖向间距宜为 1～2m，土钉倾角宜为 5°～20°。

喷射混凝土面层的厚度一般为 80～100mm，混凝土强度等级不低于 C20，钢筋网的钢筋直径 ϕ6～10mm，网格尺寸 150～300mm。每层土钉及喷射混凝土面层施工后应养护一定时间，养护时间不应小于 48h。

土钉墙的施工一般从上到下分层构筑，施工中土方开挖应与土钉施工密切结合，并严格遵循“分层分段，逐层施作，限时封闭，严禁超挖”的原则。

（七）型钢水泥土搅拌墙（SMW 法）

型钢水泥土搅拌墙在国外成为 SMW（Soil Mixing Wall）工法。它是在水泥土桩中插入大型 H 型钢，形成围护墙。型钢水泥土搅拌墙由 H 型钢承受侧向水、土压力，水泥土桩作为截水帷幕。

型钢水泥土搅拌墙的施工流程如图 1-24 所示：(a) 样槽开挖→（b）铺设导向围檩→(c) 设定施工标志→（d）搅拌桩施工（工艺流程见图 1-22）→（e）插入型钢→（f）型钢水泥土搅拌墙完成。在基坑工程完成后还可将 H 型钢拔出回收。

（八）支撑及拉锚的拆除

支撑及拉锚的拆除在基坑工程整个施工过程中也是十分重要的工序，必须严格按照设

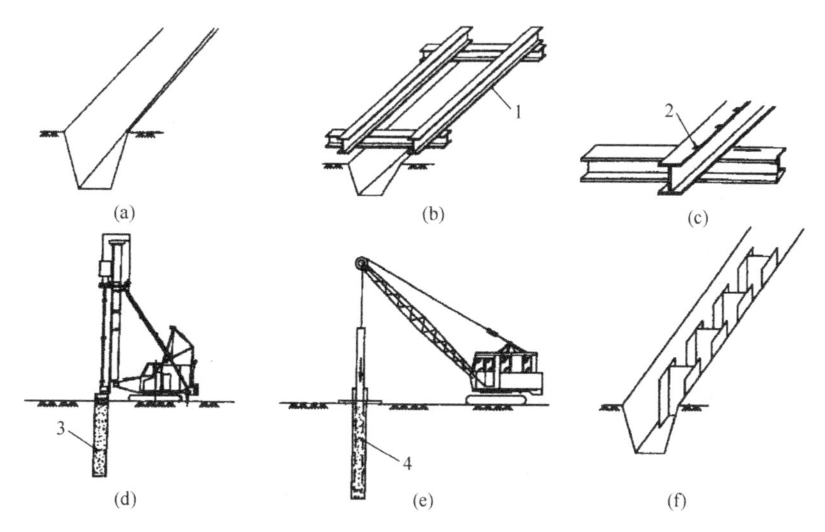

图 1-24　型钢水泥土搅拌墙工艺流程图

（a）样槽开挖；（b）铺设导向围檩；（c）设定施工标志；（d）搅拌桩施工；

（e）插入型钢；（f）型钢水泥土搅拌墙完成

1—导向围檩；2—型钢定位标志；3—搅拌桩；4—H 型钢

计要求的程序进行，应遵循“先换撑、后拆除”的原则，最上面一道支撑拆除后支护墙一般处于悬臂状态，位移也较大，应注意防止对周围环境带来的不利影响。

钢支撑拆除通常采用起重机并辅以人工进行，钢筋混凝土支撑则可采用人工凿除、切割或爆破方法。

如图 1-25 是一个两道支撑的工程支撑在竖向的拆除顺序。

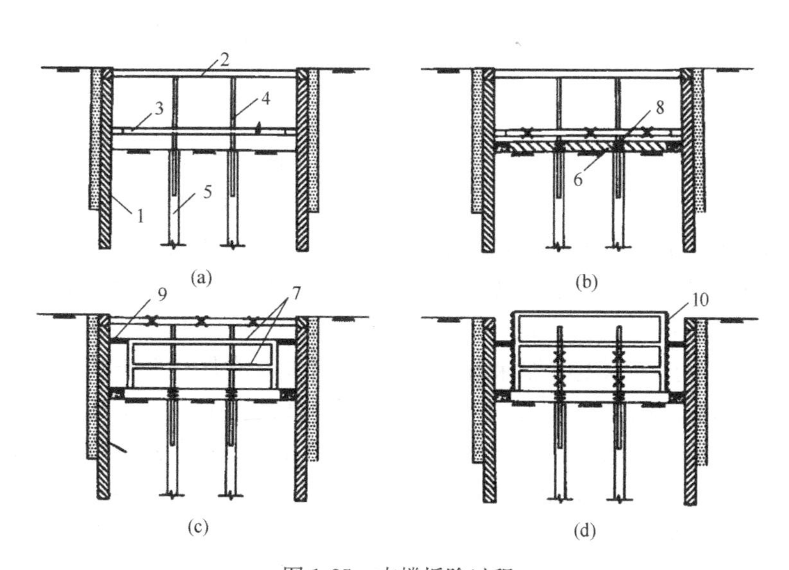

图 1-25　支撑拆除过程

（a）、（b）、（c）、（d）拆除顺序

1—支护墙；2—上道支撑；3—下道支撑；4—钢立柱；5—立柱桩；

6—地下室底板；7—中楼板；8—止水片；9—换撑；10—外墙防水层

第五节　施工排水与降水

开挖基坑或沟槽时，为了保持基坑干燥，避免施工条件恶化，防止由于水浸泡发生边坡塌方和地基承载力下降，必须做好排水、降水工作。常采用的措施可分为排除地面水和降低地下水两类，其中降低地下水的方法主要有集水井降水、井点降水。

一、排除地面水

排除地面水通常可采用设置排水沟、截水沟或修筑土堤等设施来进行。

设置排水沟时应尽量利用自然地形，以便将水直接排至场外，或流至低洼处再用水泵抽走。一般排水沟的横断面不小于 0.5m×0.5m，纵向坡度应根据地形确定，一般不应小于 3‰，平坦地区不小于 2‰，沼泽地区可减至 1‰。

在山坡地区施工，应在较高一面的山坡上，先做好永久性截水沟或设置临时截水沟，阻止山坡水流入施工现场。

在平坦地区施工时，除开挖排水沟外，必要时还需修筑土堤，以阻止场外水流入施工场地。

二、集水井降水

（一）集水井降水法

集水井降水是指在基坑开挖过程中，在基坑底设置集水井，并在基坑底四周或中央开挖排水沟，使水流入集水井内，然后用水泵抽走的一种施工方法（图 1-26）。本方法施工方便，设备简单，降水费用低，管理维护容易，应用普遍。主要适用于土质情况较好，地下水不很大，一般基础及中等面积基础群和建（构）筑物基坑（槽、沟）的排水。

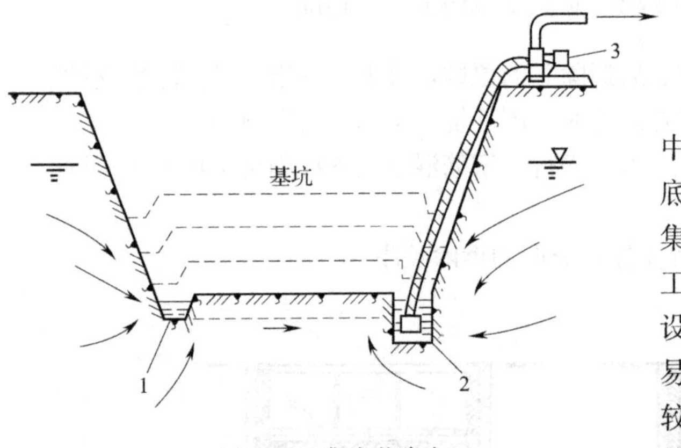

图 1-26　集水井降水
1—排水沟；2—集水井；3—水泵

排水沟和集水井随着挖土深度的加深而加深，并保持沟底低于基坑 0.3～0.5m，使水流畅通。集水井应设置在基础范围以外地下水的上游。根据地下水量大小、基坑平面形状及水泵能力，集水井每隔 20～40m 设置一个。集水井的直径或宽度一般为 0.6～0.8m。排水沟和集水井随着挖土深度的加深而加深，集水井要经常保持低于挖土面 0.7～1m。集水井壁用竹笼、木板加固。当基坑挖至设计标高后，集水井底应低于基坑底 1～2m，并铺设碎石滤水层，以免在抽水时间较长时将泥砂抽走，并防止集水井底的土被搅动。

在建筑工地上，基坑排水用的水泵主要有离心泵、潜水泵等。抽水应连续进行，直到基础施工完毕，回填后才停止。

明沟排水法适用于水流较大的粗粒土层的排水、降水，也可用于渗水量较小的黏性土层降水，但不适宜于细砂土和粉砂土层，因为地下水渗出会带走细粒而发生流砂现象。

（二）流砂及其防治

粒径很小、无塑性的土壤，在动水压力推动下，极易失去稳定而随地下水一起涌入坑内，形成流砂现象。发生流砂现象时，土完全丧失承载力，施工条件恶化，土边挖边冒，很难挖到设计深度。流砂严重时，会引起基坑边坡塌方，如果附近有建筑物，就会因地基被掏空而使建筑物下沉、倾斜，甚至倒塌。

1. 流砂发生的原因

产生流砂现象的原因有内因和外因。内因取决于土壤的性质，当土的孔隙度大、含水量大、黏粒含量少、粉粒多等均容易产生流砂现象。因此，流砂现象经常发生在细砂粉和砂质粉土中。会不会发生流砂现象，还应具备一定的外因条件，即地下水及其产生动水压力的大小。当水由高水位处流向低水位处时，水在土中渗流过程中受到土颗粒的阻力，同时水对土颗粒也作用一个压力，这个压力叫做动水压力 G_D。动水压力与水的重力密度和水力坡度有关：

$$G_D = \gamma_w i \tag{1-29}$$

式中 G_D——动水压力（kN/m^3）；

γ_w——水的重力密度；

i——水力坡度（等于水位差除以渗流路线长度）。

当地下水位较高，基坑内排水所造成的水位差较大时，动水压力也愈大；当 $G_D \geqslant \gamma'_w I$（浮土重度）时，就会推动土壤失去稳定，土颗粒被带出而形成流砂现象。

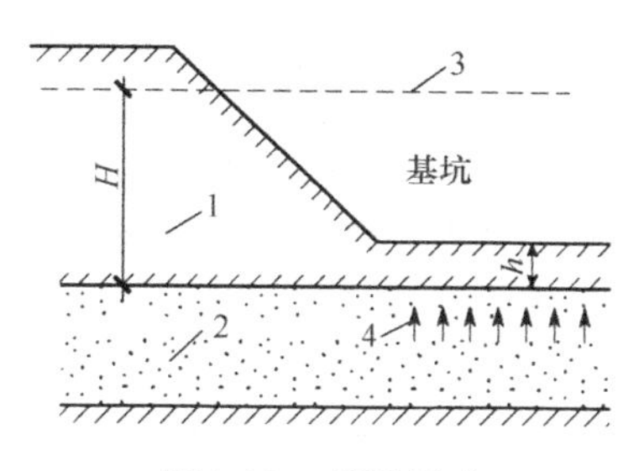

图 1-27 管涌冒砂

1—不透水层；2—透水层；3—压力水位线；4—承压水的顶托力

通常情况下，当地下水位愈高，坑内外水位差愈大时，动水压力也愈大，愈容易发生流砂现象。通常在可能发生流砂的土质中，当基坑挖深超过地下水位线 0.5m 左右时，就要注意防止流砂的发生。

当基坑坑底位于不透水层内，而其下面为承压水的透水层，基坑不透水层的覆盖厚度的重量小于承压水的顶托力时，基坑底部便可能发生管涌冒砂现象（图 1-27），即：

$$H \cdot \gamma_w > h \cdot \gamma \tag{1-30}$$

式中 H——压力水头（m）；

γ_w——水的重力密度（kg/m^3）；

h——坑底不透水层厚度（m）；

γ——土的重度（kg/m^3）。

2. 流砂的防治

发生流砂现象的重要条件是动水压力的大小与方向。因此，在基坑开挖中，防止流砂的途径有两类：（1）减小或平衡动水压力；（2）使动水压力的方向向下，或是截断地下水流。

其具体措施如下：

（1）在枯水期施工。因地下水位低，坑内外水位差小，动水压力小，此时不易发生流砂现象。

（2）井点降低地下水位。如采用轻型井点或管井井点等降水方法，使地下水的渗流向下，动水压力的方向也朝下，增大土粒间压力，从而可有效地防止流砂现象。这个方法采用较广泛并比较可靠。

(3) 设止水帷幕。将连续的止水支护结构（如连续板桩、深层搅拌桩、密排灌注桩、地下连续墙等）设置于基坑底面以下一定深度，形成封闭的止水帷幕，从而使地下水只能从支护结构下端向基坑渗流，增加地下水从坑外流入基坑内的渗流路径，减小水力坡度，降低动水压力，防止流砂发生。

(4) 水下挖土。即采用不排水施工，使基坑内水压与坑外水压相平衡，阻止流砂现象发生。

(5) 冻结法。将出现流砂区域的土进行冻结，阻止地下水的渗流，以防止流砂发生。

(6) 抛大石块。往基坑底抛大石块，增加土的压重，以平衡动水压力。用此法时应组织人力分段抢挖，使挖土速度超过冒砂速度，挖至标高后立即铺设芦席并抛大石块把流砂压住。

三、井点降水

井点降水是在基坑开挖前，先在基坑四周埋设一定数量的滤水管（井），在基坑开挖前和开挖过程中，利用抽水设备不断抽出地下水，使地下水位降到坑底以下，直至基础工程施工完毕为止。这样，可使基坑挖土始终保持干燥状态，从根本上消除了流砂现象，改善工作条件。同时，由于土层水分排出后，还能使土密实，增加地基土的承载能力。

井点降水的方法有：轻型井点、喷射井点、电渗井点、管井井点及深井井点等。其中以轻型井点、管井井点、深井井点采用较广。施工时可根据土层的渗透系数、要求降低水位的深度、设备条件及经济性等因素，参照表 1-14 选用。

常用地下水控制方法及使用条件 **表 1-14**

<table>
<tr><th colspan="2">方法名称</th><th>土类</th><th>渗透系数（cm/s）</th><th>降水深度（地面以下）（m）</th><th>水文地质特征</th></tr>
<tr><td colspan="2">集水明排</td><td rowspan="6">填土、黏性土、粉土、砂土</td><td rowspan="3">$1\times10^{-7}\sim2\times10^{-4}$</td><td>≤3</td><td rowspan="6">上层滞水或潜水</td></tr>
<tr><td rowspan="6">降水</td><td>轻型井点</td><td>≤6</td></tr>
<tr><td>多级轻型井点</td><td>6～10</td></tr>
<tr><td>喷射井点</td><td>$1\times10^{-7}\sim2\times10^{-4}$</td><td>8～20</td></tr>
<tr><td>电渗井点</td><td>$<1\times10^{-7}$</td><td>6～10</td></tr>
<tr><td>真空降水管井</td><td>$>1\times10^{-7}$</td><td>>6</td></tr>
<tr><td>降水管井</td><td>黏性土、粉土、砂土、碎石土、黄土</td><td>$>1\times10^{-5}$</td><td>>6</td><td>含水丰富的潜水、承压水和裂隙水</td></tr>
<tr><td colspan="2">回灌</td><td>填土、粉土、砂土、碎石土、黄土</td><td>$>1\times10^{-5}$</td><td>不限</td><td>不限</td></tr>
</table>

（一）轻型井点

轻型井点就是沿基坑周围或一侧以一定间距将井点管（下端为滤管）埋入蓄水层内，井点管上部与总管连接，利用抽水设备将地下水经滤管吸入井管，经总管不断抽出，从而将地下水位降至坑底以下，如图 1-28 所示。

1. 轻型井点设备

轻型井点设备主要是由井点管、滤管、弯联管、集水总管及抽水设备等组成。

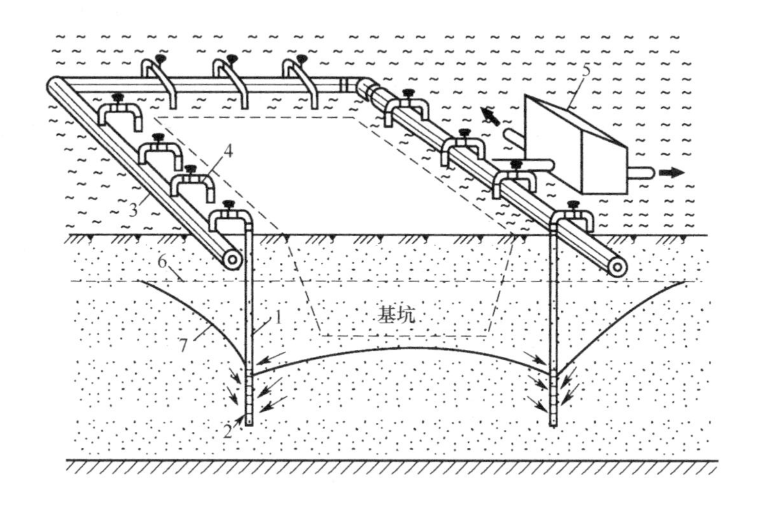

图 1-28　轻型井点全貌图

1—井点管；2—滤管；3—集水总管；4—弯联管；5—水泵房；
6—原地下水位线；7—降低后的地下水位线

井点管直径宜为 38～55mm、长 5～7m（一般为 6m）的无缝钢管。井点管下端配有外径为38～51mm 的无缝钢管作为滤管，长 1.0～1.2m，下端为一铸铁塞头，其构造如图 1-29 所示。井点管上端用弯联管与集水总管相连，弯联管可用塑料管连接或采用 90°弯头连接。集水总管一般为内径 100～127mm 的无缝钢管，每段长 4m，上面装有与井点管连接的短接头，接头间距为 0.8、1.0、1.2、1.6m 等。

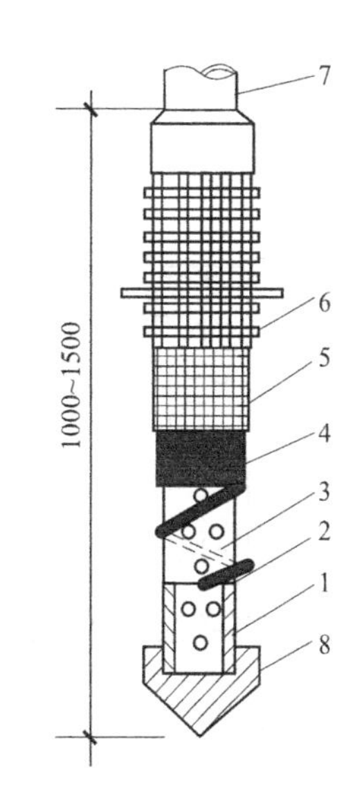

图 1-29　滤管构造

1—钢管；2—管壁上的孔；
3—塑料管；4—细滤网；
5—粗滤网；6—粗铁丝；
7—井点管；8—铸铁头

轻型井点设备的抽水机常用的有真空泵井点设备和射流泵井点设备两类。

真空泵井点设备是由真空泵、离心泵和水气分离器（又叫集水箱）等组成。真空泵井点真空度高，带动井点数多，降水深度较大，但设备复杂，维修管理困难，耗电多，适用于较大型的工程降水。

射流泵真空井点设备由离心水泵、射流器（射流泵）、水箱等组成，设备构造简单，制造容易，使用维修方便，耗能少，成本较低，便于推广。但射流泵井点排气量较小，真空度的波动较敏感，易于下降，所以施工时要特别注意管路密封，否则会降低抽水效果。

2. 轻型井点布置

轻型井点系统的布置，应根据基坑平面形状及尺寸、基坑的深度、土质、地下水位高低与流向、降水深度要求等因素确定。

（1）平面布置

当基坑或沟槽宽度小于 6m，且降水深度不超过 5m 时，可采用单排井点（图 1-30）。井点管应布置在地下水流的上游一侧，两端延伸长度以不小于坑（槽）的宽度为准。若基坑宽度大于 6m 或土质不良时，宜采用双排井点。对于面积较大的基坑，可采用环形井点，环形井点的四周应加密（图 1-31）。为防止抽水时发生局部漏气，要求井管距井壁边缘一般保持在 700～1000mm。

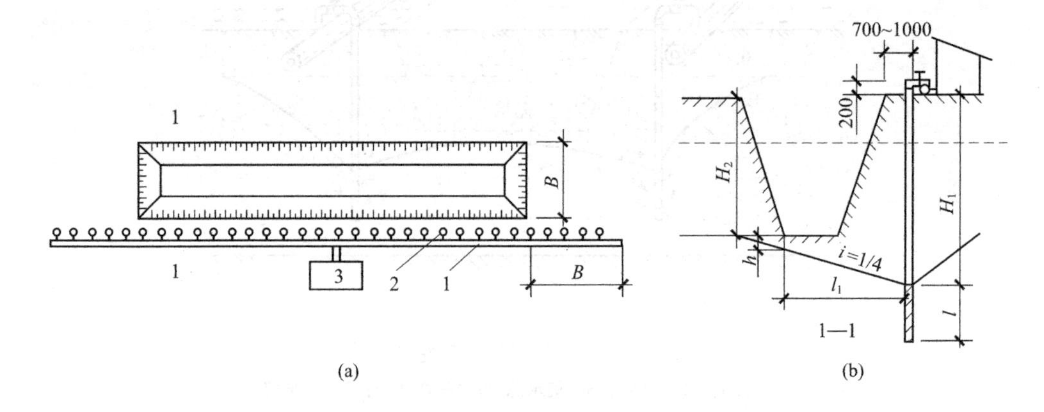

图 1-30　单排井点

（a）平面示意图；（b）剖面图

1—集水总管；2—井点管；3—抽水设备

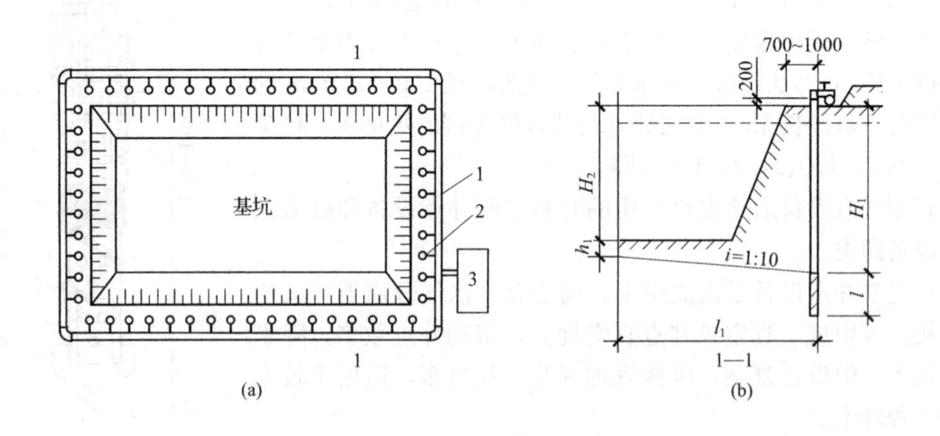

图 1-31　环形井点

（a）平面示意图；（b）剖面图

1—集水总管；2—井点管；3—抽水设备

（2）高程布置

对井点系统进行高程布置时，应考虑井点管的标准长度、井点管露出地面的长度（0.2～0.3m）以及滤管必须在透水层内。

井点管的埋设深度 H_1 可按下式计算（图 1-31）：

$$H_1 \geqslant H_2 + h_1 + i \cdot l_1 \tag{1-31}$$

式中　H_2——井点管埋置面至基坑底面的距离（m）；

h_1——基坑底面至降低后的地下水位线的距离，一般取 0.5～1m；

i——水力坡度，单排井点取 1/4～1/5，双排井点取 1/7，环形井点取 1/10；

l_1——井点管至基坑中心的水平距离（m），当基坑井点管为环形布置时，l_1 取短边方向的长度。

在考虑到抽水设备的水头损失以后，一级井点降水深度一般不超过 6m。按式（1-31）计算出的 H_1 值若小于降水深度 6m，则采用一级井点降水；H_1 值若稍大于降水深度 6m，如降低井点系统的埋置面后，可满足降水深度的要求时，仍可采用一级井点降水；当采用一级井点达不到降水深度时，则可采用二级井点降水（图 1-32）或喷射井点。

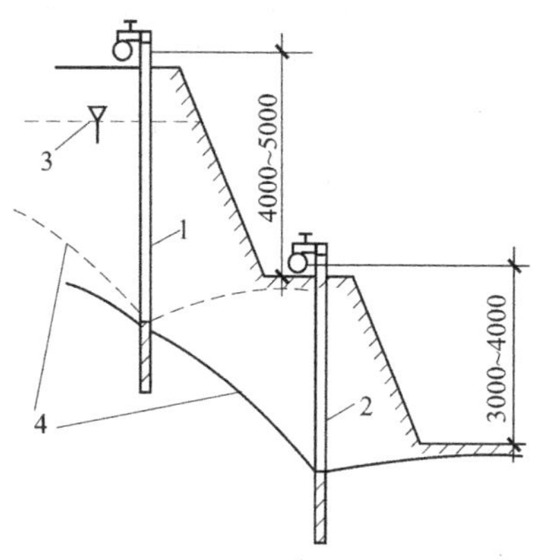

图 1-32　二级轻型井点

1—第一级井点管；2—第二级井点管；3—原地下水位线；4—降低后的地下水位线

3. 轻型井点计算

轻型井点的计算内容主要包括：涌水量计算、井点管数量与间距的确定、抽水设备的选择等。井点计算由于受水文地质条件和井点设备等许多不确定因素影响，目前计算出的数值只是近似值。

（1）涌水量计算

井点系统涌水量以水井理论为依据进行计算。水井根据其井底是否到达不透水层，分为完整井与非完整井。井底到达不透水层的称为完整井（图 1-33a、c），否则为非完整井

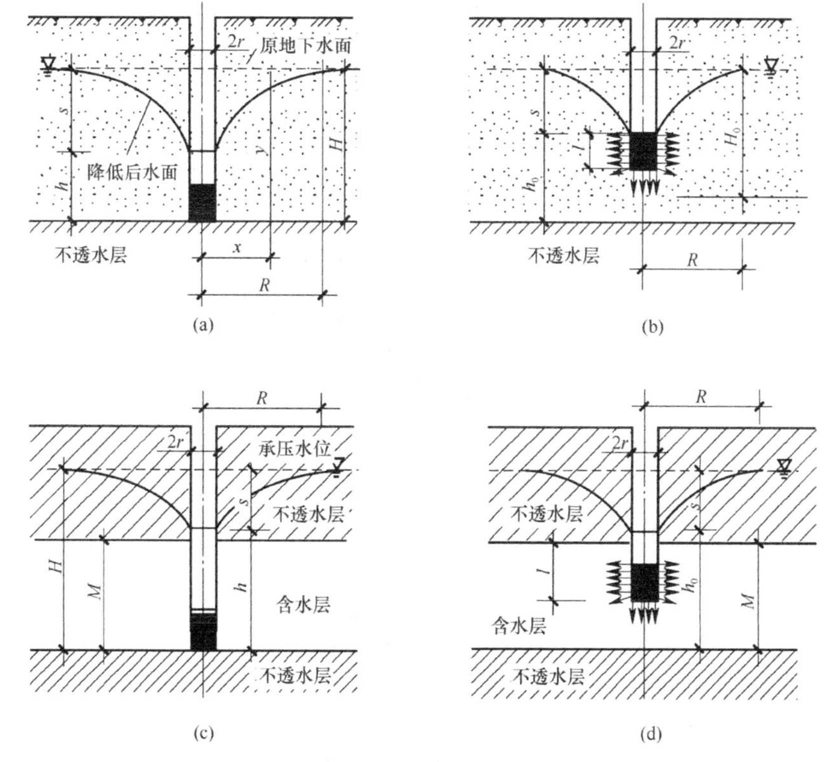

图 1-33　水井类型

（a）无压完整井；（b）无压非完整井；（c）承压完整井；（d）承压非完整井

（图 1-33b、d）。根据地下水有无压力，水井又有承压井与无压井（潜水井）之分。凡水井布置在两层不透水层之间充满水的含水层内，因地下水具有一定的压力，该井称为承压井（图 1-33c、d）；若水井布置在潜水层内，此种地下水无压力，这种井称为无压井（图 1-33a、b）。因此水井大致可分为四种：无压完整井、无压非完整井、承压完整井、承压非完整井。水井类型不同，其涌水量的计算方法也不相同。

1）无压完整井涌水量计算

无压完整井的涌水量 Q 为：

$$Q = \pi K \frac{(2H - S_d) \cdot S_d}{\lg\left(1 + \frac{R}{r_0}\right)} \tag{1-32}$$

$$R = 2S_W\sqrt{HK} \tag{1-33}$$

$$r_0 = \sqrt{\frac{A}{\pi}} \tag{1-34}$$

式中 Q——基坑降水总涌水量（m^3/d）；

K——渗透系数（m/d）；

H——潜水含水层厚度（m）；

S_d——基坑地下水位设计降深（m）；

R——抽水影响半径（m），可近似按经验公式（1-33）计算；

S_W——井水位降深（m）；当井水位降深小于 10m 时，取 $S_W=10m$；

r_0——基坑等效半径（m），可按式（1-34）计算；

A——基坑面积（m^2）。

2）无压非完整井环状井点系统涌水量计算

无压非完整井的井点系统降水时，地下水不仅从井的侧面流入，还从井底渗入。因此涌水量要比完整井大。精确计算比较复杂，为了简化计算仍可采用公式（1-32）。无压非完整井环状井点系统涌水量计算公式为：

$$Q = \pi K \frac{H^2 - h^2}{\ln\left(1 + \frac{R}{r_0}\right) + \frac{h_m - l}{l}\ln\left(1 + 0.2\frac{h_m}{r_0}\right)}$$

$$h_m = \frac{H + h}{2} \tag{1-35}$$

式中 h——降水后基坑内的水位高度（m）；

l——过滤器进水部分的长度（m）；

K、H、R、r_0 符号意义同前。

3）承压完整井环状井点系统涌水量计算

$$Q = 2\pi K \frac{MS_d}{\ln\left(1 + \frac{R}{r_0}\right)} \tag{1-36}$$

式中 M——承压含水层厚度（m）；

R——抽水影响半径（m），可近似按下述经验公式计算：

$$R = 10S_W\sqrt{K}$$

（2）确定井点管数量与井距

井点管的数量 n 根据井点系统涌水量 Q 和单根井点管最大出水量 q 按下式计算：

$$n = \lambda \frac{Q}{q} \tag{1-37}$$

式中 Q——基坑涌水量（m^3/d）；

q——单井出水能力（m^3/d），$q=120\pi r_s l \sqrt[3]{K}$；

λ——调整系数，一级安全等级取 1.2，二级安全等级取 1.1，三级安全等级取 1.0；

r_s——过滤器半径（m）；

l——过滤器进水部分的长度（m）；

K——含水层的渗透系数（m/d）。

井点管间距 D 按下式计算：

$$D = \frac{L}{n} \tag{1-38}$$

式中 L——总管长度（m）。

（3）选择抽水设备

轻型井点抽水设备一般多采用干式真空泵井点设备。干式真空泵的型号可根据所带的总管长度、井点管根数进行选用。采用 W_5 型泵时，总管长度不大于 100m，井点管数量约 80 根；采用 W_6 型泵时，总管长度不大于 120m，井点管数量约 100 根。当采用射流泵井点设备时，总管长度不大于 50m，井点管数量约 40 根。

4. 轻型井点施工

轻型井点系统的施工主要包括施工准备、井点系统安装与使用。

施工准备包括准备和检查井点设备，施工机具、砂滤料规格和数量、水源、电源等准备情况。挖好排水沟，以便于泥浆水的排放。为了检查降水效果，必须选择有代表性的地点设置水位观测孔。在附近建筑物设沉降监测点并制定防止附近建筑沉降的措施等。

井点系统的安装顺序是：根据降水方案放线、挖井点沟槽、铺设集水总管→冲孔、沉设井点管、灌填砂滤料→用弯联管将井点管与集水总管连接→安装抽水设备→试抽。其中井点管沉设是关键工作。

井点管的沉设方法常用的有下列两种：用冲水管冲孔后，沉设井点管；直接利用井点管水冲下沉。

采用冲水管冲孔法沉设井点管时，可分为冲孔与埋管两个过程（图 1-34）。冲孔时，冲管采用直径为 50～70mm 的钢管，长度比井点管长 1.5m 左右，冲管下端装有圆锥形冲嘴。用起重设备将冲管吊起并插在井点位置上，然后开动高压水泵，将土冲松，冲管则边冲边沉。冲孔所需的水压，根据土质不同而定，一般为 0.6～1.2MPa。冲孔孔径不应小于 300mm，并保持垂直，上下一致，使滤管有一定厚度的砂滤层。冲孔深度应比滤管底部低 0.5m 以上，以保证滤管埋设深度，并防止被井孔中的沉淀泥砂所淤塞。井孔冲成后，应立即拔出冲水管，插入井点管，并在井点管与孔壁之间，填灌干净粗砂做砂滤层，砂滤层厚度一般为 60～100mm，填灌高度至少达到滤管顶以上 1～1.5m，以保证水流畅通。

直接用井点管水冲下沉方法，是在井点管的底端，装上冲水装置来进行冲孔沉设井点

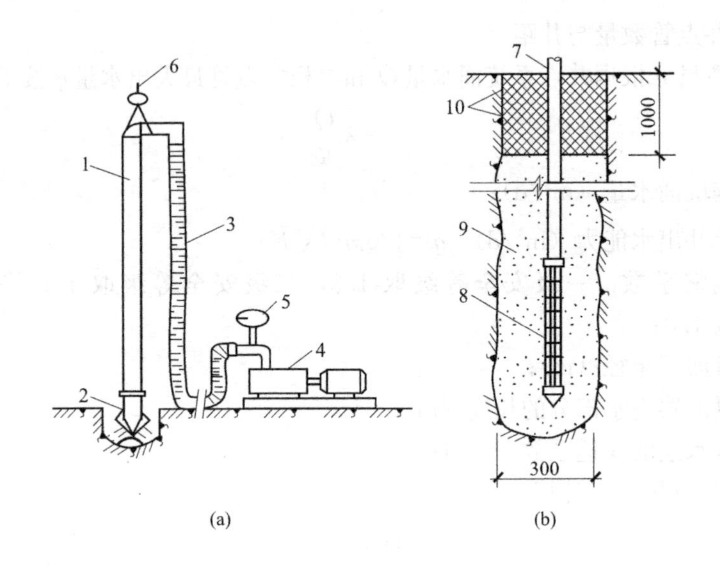

图 1-34　冲水管冲孔法沉设井点管

(a) 冲孔；(b) 埋管

1—冲管；2—冲嘴；3—胶皮管；4—高压水泵；5—压力表；6—起重机吊钩；

7—井点管；8—滤管；9—填砂；10—黏土封口

管。每根井点管沉设后应检查渗水性能。检查方法是：在正常情况下，当灌填砂做砂滤层时，井点管口应有泥浆水冒出，否则应从井点管口向管内灌清水，测定管内水位下渗快慢情况，如下渗很快，则表明滤管质量良好。

井点系统施工时，各部件连接接头均应安装严密，以防止接头漏气，影响降水效果。弯联管宜采用软管，以便于井点安装，减少可能漏气的部位，避免因井点管沉陷而造成管件损坏。南方地区可用透明的塑料软管，便于直接观察井点抽水状况，北方寒冷地区宜采用橡胶软管。

在第一组轻型井点系统安装完毕后，应立即进行抽水试验，检查管路接头质量、井点出水状况和抽水机运转情况等，若发现漏气、漏水现象，应及时处理。若发现滤管被泥砂堵塞，则属于“死井”，特别是在同一范围内有连续数根“死井”时，将严重影响降水效果。在这种情况下，应对“死井”逐根用高压水反向冲洗或拔出重新沉设。

轻型井点的正常出水规律是“先大后小，先混后清”，否则应立即检查纠正。在降水过程中，应按时观测流量并做好记录。

轻型井点系统使用时，应连续抽水，若时抽时停，滤管易堵塞，也容易抽出土粒，使出水混浊，严重时会引起附近建筑物由于土粒流失而沉降开裂；同时由于中途停抽，地下水回升，也会引起土方边坡坍塌或在建的地下结构（如地下室底板等）上浮等事故。

5. 降水对周围影响及防治措施

采用轻型井点降水时，由于土层水分排出后，土壤会产生固结，使得在抽水影响半径范围内引起地面沉降，这往往会给周围已有的建筑物带来一定危害。因此，在进行降低地下水位施工时，为避免引起周围建筑物产生过大的沉降，应尽可能采取止水帷幕，或采用回灌井点措施。

【例 1-1】 某工程基础开挖一矩形基坑，基坑底宽 15m，长 20m，基坑深 4.5m，挖土边坡 1∶0.5，基坑平、剖面如图 1-35 所示。经地质勘探，天然地面以下为 1.0m 厚的黏土层，其下有 8m 厚的中砂，渗透系数 K=26m/d。再往下即离天然地面 9m 以下为不透水的黏土层。地下水位在地面以下 1.5m。拟采用轻型井点降低地下水位，试进行井点系统设计。

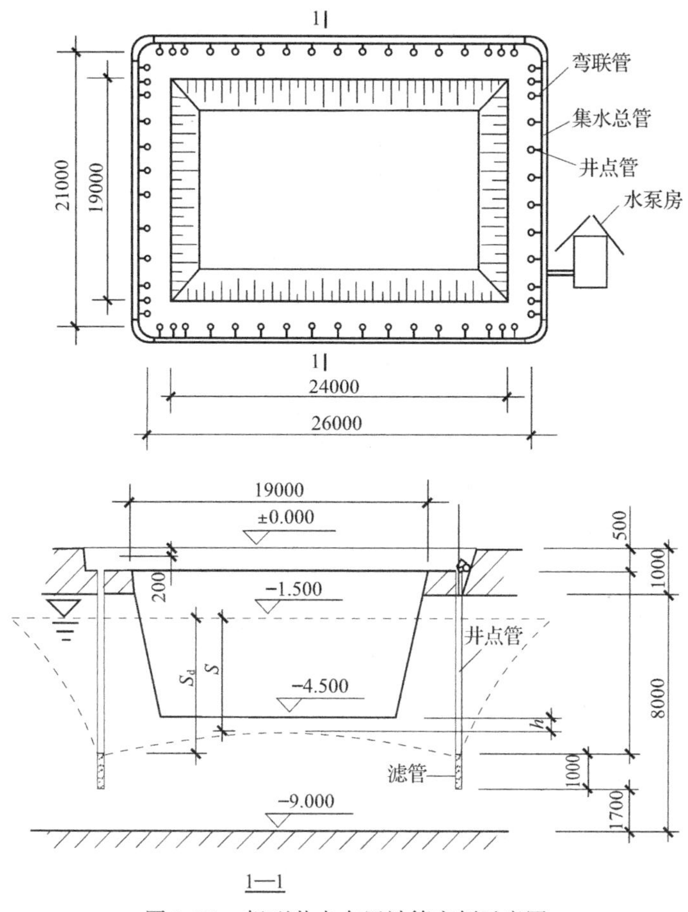

图 1-35　轻型井点布置计算实例示意图

【解】

（1）井点系统的布置：为使总管接近地下水位和不影响地面交通，考虑到天然地面以下有 1.0m 厚的黏土层，将总管埋设在地面下 0.5m 处，即先挖 0.5m 的沟槽，然后在槽底铺设总管。此时基坑上口平面尺寸（$a \times b$）为：

$$a \times b = [20 + 2 \times 0.5 \times (4.5 - 0.5)][15 + 2 \times 0.5 \times (4.5 - 0.5)] = 24 \times 19(\mathrm{m}^2)$$

采取环状井点布置，总管距基坑边缘 1.0m，则总管长度为：

$$L_{总} = (24 + 2) \times 2 + (19 + 2) \times 2 = 94\mathrm{m}$$

基坑中心要求降水深度：$s = 4.5 - 1.5 + 0.5 = 3.5\mathrm{m}$

采用一级轻型井点，井点管的埋设深度 H（不包括滤管）为：

$$H \geqslant H_1 + h + il_1 = (4.5 - 0.5) + 0.5 + \frac{1}{10} \times \frac{21}{2} = 5.6\mathrm{m}$$

采用井点管长 6.0m，直径 51mm，滤管长度 1.0m。井点管露出地面 0.2m，以便与总管相连接。则井点管实际埋置深度：$H=6-0.2=5.8\text{m}>5.6\text{m}$，符合要求。

故有：$(4.5-0.5)+h+\frac{1}{10}\times\frac{21}{2}=5.8$

则：$h=0.8\text{m}$

此时基坑中心实际降水深度为：

$$S=4.5-1.5+0.8=3.8\text{m}$$

(2) 基坑涌水量计算：

井点管及滤管总长 6.0+1.0=7.0m，滤管底部距不透水层为：

$$9-6.8-0.5=1.7\text{m}>0$$

故可按无压非完整井环形井点系统计算。

实际含水层厚度：$H=9-1.5=7.5\text{m}$

抽水影响半径 R 按式 (1-33)：

$$R=2S_{\text{W}}\sqrt{HK}=2\times10\times\sqrt{7.5\times26}=279.28\text{m}$$

矩形基坑环状井点系统的假想圆半径 r_0 按式 (1-34)：

$$r_0=\sqrt{\frac{A}{\pi}}=\sqrt{\frac{26\times21}{\pi}}=13.2\text{m}$$

将以上各值代入式 (1-35)，得群管的涌水量：

$$Q=\pi K\frac{H^2-h^2}{\ln\left(1+\frac{R}{r_0}\right)+\frac{h_{\text{m}}-l}{l}\ln\left(1+0.2\frac{h_{\text{m}}}{r_0}\right)}$$

$$=\pi\times26\frac{7.5^2-2.2^2}{\ln\left(1+\frac{279.28}{13.2}\right)+\frac{4.85-1}{1}\ln\left(1+0.2\frac{4.85}{13.2}\right)}$$

$$=1245.63\text{m}^3/\text{d}$$

(3) 确定井点管数量及井管间距

单根井点管的最大出水量为：

$$q=120\pi\cdot r_{\text{s}}\cdot l\cdot\sqrt[3]{K}=120\times\pi\times\frac{0.051}{2}\times1.0\times\sqrt[3]{26}=28.46\text{m}^3/\text{d}$$

井点管数量按式 (1-37) 为：

$$n=\lambda\frac{Q}{q}=1.1\times\frac{1245.63}{28.46}=44\text{ 根}$$

井点管最大间距按式 (1-38) 为：

$$D=\frac{L_{\text{总}}}{n}=\frac{94}{44}=2.14\text{m}$$

根据《建筑地基基础工程施工规范》GB 51004—2015，轻型井点管水平间距宜为 0.8～1.6m，考虑本工程土质情况，故取井距为 1.6m。则

井点管数量应为：

$$n_{\text{实}}=\frac{L_{\text{总}}}{D_{\text{实}}}=\frac{94}{1.6}=59\text{ 根}$$

在基坑四角处井点管应加密，如考虑每个角加两根管，最后实际采用 59+8=67 根。

(4) 选择抽水设备

抽水设备所带动的总管长度为 94m，可选用 W_5 型干式真空泵一套。

水泵所需流量：

$$Q_1 = 1.1Q = 1.1 \times 1245.63 = 1369.94 \text{m}^3/\text{d} = 57.08 \text{m}^3/\text{h}$$

水泵吸水扬程：

$$H_S \geqslant 6.0 + 1.0 = 7.0 \text{m}$$

根据 Q_1 及 H_S，选用 3B33 型离心泵。实际施工选用 2 台，1 台备用。

（二）管井井点

管井井点是沿基坑每隔一定距离设置一个管井，每个管井单独用一台水泵不断地抽水，以降低地下水位。当土层的地下水丰富，渗透系数很大（如 K=20～200m/d），一般采用管井井点的方法进行降水。

管井的间距一般为 20～50m，深度为 8～15m，管井井点的水位降低值一般为 3～5m，井内可达 6～10m。管井井点的设计计算参照轻型井点进行。

管井井点的设备主要是由管井、吸水管及水泵组成（图 1-36）。管井可用钢管管井和混凝土管管井等。钢管管井的管身采用直径为 150～250mm 的钢管，其过滤部分采用钢筋焊接骨架外缠镀锌铁丝并包滤网（孔眼为 1～2mm），长度为 2～3m。混凝土管管井的内径为 400mm，分实管与过滤管两种，过滤管的孔隙率为 20%～25%，吸水管可采用直径为 50～100mm 的钢管或胶管，其下端应沉入管井抽吸时的最低水位以下，为了启动水泵和防止在水泵运转中突然停泵时发生水倒灌，在吸水管底要装逆止阀。管井井点的水泵可采用潜水泵或单级离心泵。

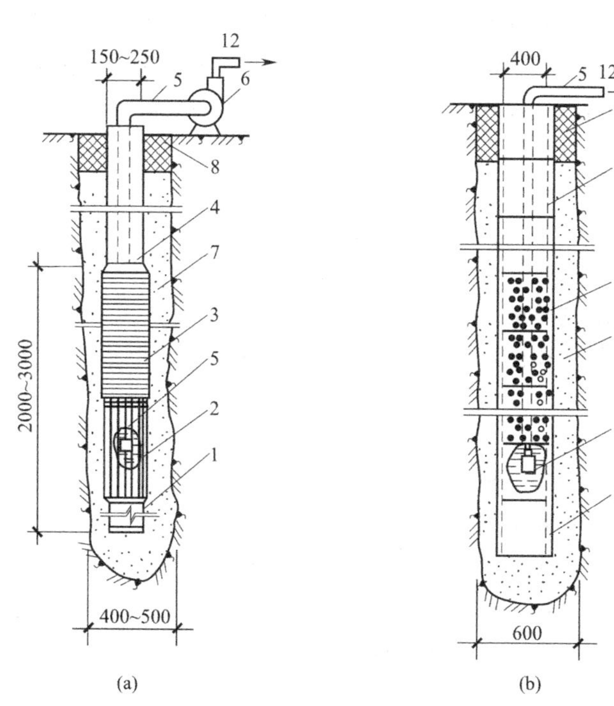

图 1-36 管井井点

（a）钢管井管；（b）混凝土管井管

1—沉砂管；2—钢筋焊接骨架；3—滤网；4—管身；5—吸水管；6—离心泵；7—小砾石过滤层；8—黏土封口；9—沉砂管（混凝土实管）；10—混凝土过滤管；11—潜水泵；12—出水管

滤水井管的埋设，可采用泥浆护壁钻孔法成孔。孔径应比井管直径大200mm以上。井管下沉前要进行清孔，并保持滤网的畅通，然后沉设井管并随即用粗砂或小砾石填充井管周围作为过滤层。

（三）深井井点

若施工要求降水深度较大，而且土的渗透系数又较大，在管井井点内采用一般的离心泵和潜水泵已不能满足要求时，可改用深井泵，即深井井点降水法。该方法是依靠水泵的扬程把深处的地下水抽到地面上来，它适用于土的渗透系数为10～80m/d、降水深度大于15m的情况。

（四）喷射井点

当要求降水深度大于6m，且土是渗透系数较小（K＝0.1～2.0m/d）的弱透水层时，适宜于采用喷射井点，其降水深度可达8～20m。如此时采用轻型井点就必须采用多层井点，不仅增加井点设备，而且增大基坑的挖土量，延长工期等，往往不经济。

喷射井点的设备，主要由喷射井管、高压水泵和管路系统组成。喷射井点的平面布置，当基坑宽度小于10m时，可用单排布置；大于10m时，可采用双排或环形布置。井点间距一般为2～3m，每一套喷射井点设备可带动30根左右喷射井管。

（五）电渗井点

对于渗透系数很小的土（K＜0.1m/d），单靠用真空吸力的井点降水方法效果不大，这种情况需用电渗井点法降水。

电渗井点是将井点管作为阴极，在井点内侧相应地插入钢筋或钢管作阳极，通入直流电流后，在电场作用下，使土中的水加速向阴极渗透，流向井点管，这种利用电渗现象与井点相结合的方法，称为电渗井点法。这种方法因耗电较多，只有在特殊情况下使用。

第六节　土方填筑与压实

一、土料选择与填筑要求

为了使填土满足强度和稳定性两方面的要求，保证填土工程的质量，必须正确选择土料和填筑方法。

1. 土料要求

（1）碎石类土、砂土和爆破石碴，可用于表层下的填料。

（2）含水量符合压实要求的黏性土，可作各层填料。

（3）碎块草皮和有机质含量大于8%的土，仅用于无压实要求的填方。

（4）淤泥和淤泥质土，一般不能用作填料，但在软土或沼泽地区，经过处理，含水量符合压实要求的，可用于填方中的次要部位。

2. 填筑要求

（1）回填以前，应清除填方区的积水、草皮和杂物，如遇软土、淤泥，则必须进行换土。应对填方基底和已完隐蔽工程进行检查和中间验收，并做好隐蔽工程记录。

（2）填土前，应根据工程特点、填料厚度和压实遍数、施工条件等合理选择压实机具，并确定填料含水量控制范围、铺土厚度和压实遍数等施工参数。

（3）填土施工应接近水平地分层填土、压实。压实后测定土的干密度，检验其压实系数和压实范围符合设计要求后，才能填筑上层。填土应尽量采用同类土填筑。若采用不同填料分层填筑时，上层宜填筑透水性较小的填料，下层宜填筑透水性大的填料；填方基土表面应做成适当的排水坡度，边坡不得用透水性较小的填料封闭，以免填方内形成水囊。若因施工条件限制，上层必须填筑透水性较大的填料时，应将下层透水性较小的土层表面做成适当的排水坡度或设置盲沟。

（4）填方应按设计要求预留沉降量，若设计无要求，可根据工程性质、填方高度、填料种类、压实系数和地基情况等与业主单位共同确定（沉降量一般不超过填方高度的3%）。

（5）填方施工应从场地最低处开始水平分层整片回填压实；分段填筑时，每层接缝处应做成斜坡形状，碾迹重叠0.5～1.0m。上、下接缝应错开不小于1.0m，且接缝部位不得在基础下、墙角、柱墩等重要部位。

二、填土压实方法

填土的压实方法一般有：碾压、夯实、振动压实，见图1-37。对于大面积填土工程，多采用碾压和利用运土工具压实。对较小面积的填土工程，则宜用夯实机具进行压实。

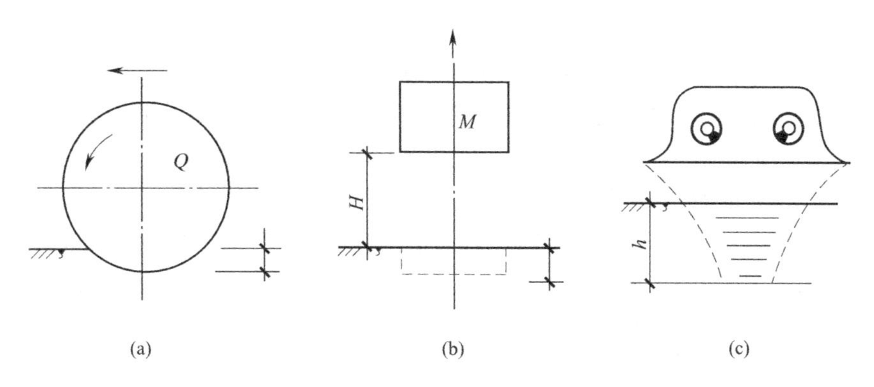

图1-37　填土压实方法

（a）碾压法；（b）夯实法；（c）振动压实法

1. 碾压法

碾压法是利用沿着表面滚动的鼓筒或轮子的压力压实土壤，使之达到所需的密实度。一切拖动和自动的碾压机械如平碾、羊足碾等，都属于这一类。碾压法主要用于大面积的填土，如场地平整、路基、堤坝等工程。

平碾按重量等级分为轻型（30～50kN）、中型（60～90kN）和重型（100～140kN）三种，适于压实砂类土和黏性土，适用土类范围较广。

羊足碾是在滚轮表面装有许多羊足形滚压件，用拖拉机牵引，其单位面积压力大，压实效果、压实深度均较平碾高。羊足碾适用于压实黏性土。

用碾压法压实填土时，铺土应均匀一致，碾压遍数要一样，碾压方向应从填土区的两边逐渐压向中心，每次碾压应有15～20cm的重叠；碾压机械开行速度不宜过快，一般平碾不应超过2km/h，羊足碾控制在3km/h之内，否则会影响压实效果。

2. 夯实法

常用的夯实机械有夯锤和蛙式打夯机等。蛙式打夯机具有体积小、操作轻便等优点，适用于基坑（槽）、管沟以及各种零星分散、边角部位的小型填方的夯实工作。对于松填的特厚土层亦可采用重锤夯、强夯等方法。

3. 振动压实法

振动压实法是将振动压实机放在土层表面，借助振动机构使压实机振动土颗粒，土的颗粒发生相对位移而达到紧密状态。振动的时间越长，效果越好。用这种方法振实非黏性土效果较好。

随着压实机械的发展，近年来，将碾压和振动法结合起来而设计和制造了振动平碾、振动凸块碾等新型压实机械。振动平碾适用于填料为爆破碎石碴、碎石类土、杂填土或黏质粉土的大型填方；振动凸块碾则适用于粉质黏土或黏土的大型填方。当压实爆破石碴或碎石类土时，可选用重 8～15t 的振动平碾，铺土厚度为 0.6～1.5m，先静压，后振动碾压，碾压遍数由现场试验确定，一般为 6～8 遍。

三、填土压实的影响因素

填土压实质量与许多因素有关，其中主要影响因素为压实功、土的含水量以及每层铺土厚度。

1. 含水量的影响

在一定的压实功下，填土土料含水量的大小，直接影响到压实质量（图 1-38）。含水量过小时，土颗粒之间的摩阻力较大，不容易夯压（碾压）实；含水量过大，土颗粒之间的空隙全部由水充满而成，压实土体时，由于水分的隔离，压实机械所作的功不能有效地作用在土颗粒上，土反而不易压实，变成橡皮土。

在夯实（碾压）前应先试验，以得到符合密实度要求条件下的最优含水量和最少夯实（或碾压）遍数。一般黏性土料施工含水量与最优含水量之差可控制在－4%～＋2%范围内（使用振动碾时，可控制在－6%～＋2%范围内）。当含水量过大，应采取翻松、晾干、风干、换土回填、掺入干土或其他吸水性材料等措施；如土料过干，则应预先洒水润湿。当含水量小时，亦可采取增加压实遍数或使用大功率压实机械等措施。

2. 压实功的影响

填土压实后的重度与压实机械在其上所施加的功有一定的关系，如图 1-39 所示，但并不呈正比例关系。

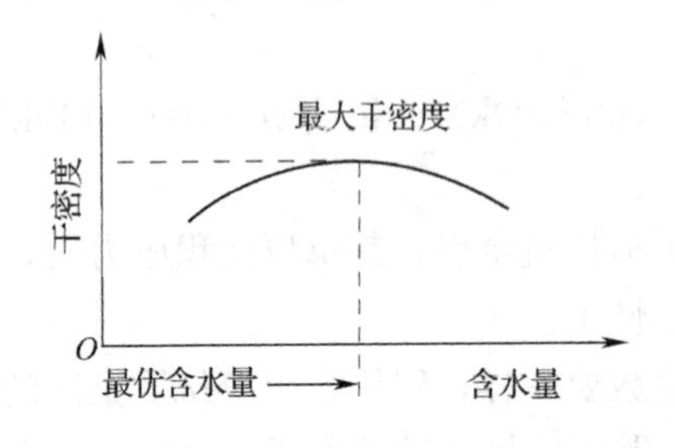

图 1-38　土的含水量与密度关系图

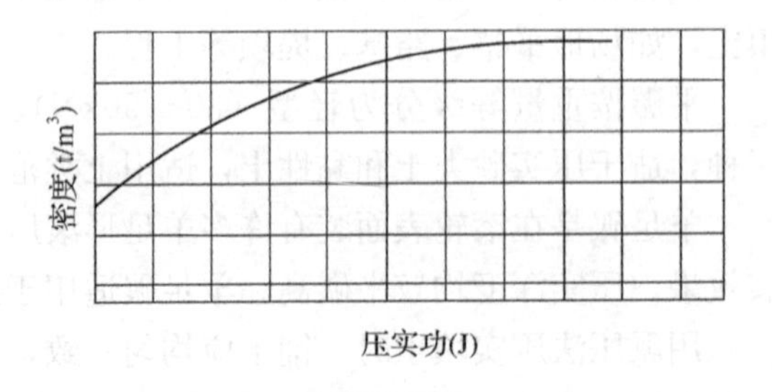

图 1-39　土的密实度与压实功的关系

当土的含水量一定．在开始压实时，土的密度急剧增加，到接近土的最大干密度时，压实功虽然增加很多，而土的密度则变化很小。因此，实际施工时，应根据不同的土料以及要求压实的密实程度和不同的压实机械来决定填土压实的遍数，表 1-15 是填土施工时的分层厚度及压实遍数的参考数据。

填土施工时的分层厚度及压实遍数　　　　表 1-15

压实机具	分层厚度（mm）	每层压实遍数
平碾	250～300	6～8
振动压实机	250～350	3～4
柴油打夯机	200～250	3～4
人工打夯	不大于 200	3～4

3. 铺土厚度的影响

在压实功作用下，土中的应力随深度增加而逐渐减小，其压实作用也随土层深度的增加而逐渐减小。铺得过厚，要压很多遍才能达到规定的密实程度，铺得过薄也会增加机械的总压实遍数。因此，填土压实时每层铺土厚度的确定应根据所选用的压实机械和土的性质，在保证压实质量的前提下，使填方压实机械的功耗最小。一般铺土厚度可按表 1-16 参考选用。

四、填土质量检查

填土压实后必须要达到密实度要求，填土密实度以设计规定的控制干密度 ρ_d 或规定的压实系数 λ_c 作为检查标准。土的控制干密度与最大干密度之比称为压实系数。

土的最大干密度乘以规范规定或设计要求的压实系数，即可计算出填土控制干密度 ρ_d 的值。

$$\rho_d = \lambda_c \rho_{dmax} \tag{1-39}$$

填方施工前，应先求得现场各种土料的最大干密度，土的最大干密度可由实验室击实试验确定。土的实际干密度可用“环刀法”测定，或用小轻便触探仪直接通过锤击数来检验干密度和密实度。

密实度要求一般由设计根据工程结构性质、使用要求以及土的性质确定。不同的填方工程，设计要求的压实系数不同，一般的场地平整，其压实系数为 0.9 左右，对地基填土压实系数为 0.91～0.97。

填土压实后所测得的实际干密度不应小于设计控制干密度；否则，应采取相应措施，提高压实质量。压实后的干密度应有 90％以上符合设计要求，其余 10％的最低值与设计值之差不得大于 0.08g/cm^3，且不得集中。

基坑和室内填土，每层按 100～500m^2 取样 1 组；场地平整填方，每层按 400～900m^2 取样 1 组；基坑和管沟回填每 20～50m 取样 1 组，但每层均不少于 1 组，取样部位在每层压实后的下半部。填方施工结束后应检查标高、边坡坡度、压实程度等符合规范要求。

第七节　土方工程机械化施工

由于土方工程面广量大、劳动繁重，施工时应尽可能采用机械化、半机械化施工，以减轻繁重的体力劳动，加快施工进度、降低工程造价。

一、常用土方施工机械

1. 推土机

推土机是土方工程施工的主要机械之一，是在动力机械的前方安装推土板等工作装置而成的机械，可以独立地完成铲土、运土及卸土等作业。按行走机构的形式，推土机可分为履带式和轮胎式两种。履带式推土机牵引力大，对地压应力小，但机动性不如轮胎式推土机。按推土板的操纵机构不同，可分为索式和液压式两种。液压式推土机的铲刀用液压操纵，能强制切入土中，切土较深，且可以调升铲刀和调整铲刀的角度，因此具有更大的灵活性，是目前常用的一种推土机（图 1-40）。

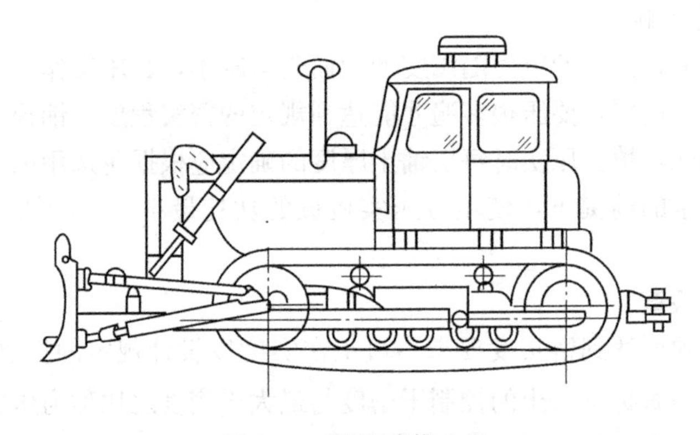

图 1-40　液压式推土机

推土机的特点是：操纵灵活，运转方便，所需工作面较小、行驶速度快、易于转移，能爬 30°左右的缓坡，因此应用范围较广。适用于开挖一～四类土。

推土机的运距宜在 100m 以内，效率最高的推运距离为 40～60m。推土机的生产率主要取决于推土板推移土的体积以及切土、推土、回程等工作的循环时间，为提高生产率，可采用下列作业方法：

（1）下坡推土。在斜坡上，推土机顺地面坡势沿下坡方向推土，借助机械往下的重力作用，可增大铲刀切土深度和运土数量，可提高推土机能力和缩短推土时间，一般可提高生产率 30％～40％。但坡度不宜大于 15°，以免后退时爬坡困难。

（2）槽形推土。推土机重复多次在一条作业线上切土和推土，使地面逐渐形成一条浅槽，以减少土从铲刀两侧漏散，可增加 10％～30％的推土量。

（3）并列推土。对于大面积的施工区，可用 2～3 台推土机并列推土。推土时两铲刀相距 15～30cm，这样可以减少土的散失而增大推土量，能提高生产率 15％～30％。但平均运距不宜超过 50～75m，亦不宜小于 20m；且推土机数量不宜超过 3 台，否则倒车不便，行驶不一致，反而影响生产率的提高。

（4）分批集中，一次推送。若运距较远而土质又比较坚硬时，或长距离分段送土时，由于切土的深度不大，宜采用多次铲土，分批集中，再一次推送的方法，使铲刀前保持满载，以提高生产率。堆积距离不宜大于30m，推土高度以2m内为宜。本法能提高生产效率15%左右。

2. 铲运机

铲运机不需其他机械配合能完成铲土、运土、卸土、填筑、压实等工序，行驶速度快，易于转移；需用劳动力少，动力少，生产效率高。按行走机构可分为拖式铲运机（图1-41）和自行式铲运机（图1-42）两种。拖式铲运机由拖拉机牵引，自行式铲运机的行驶和作业都靠本身的动力设备。

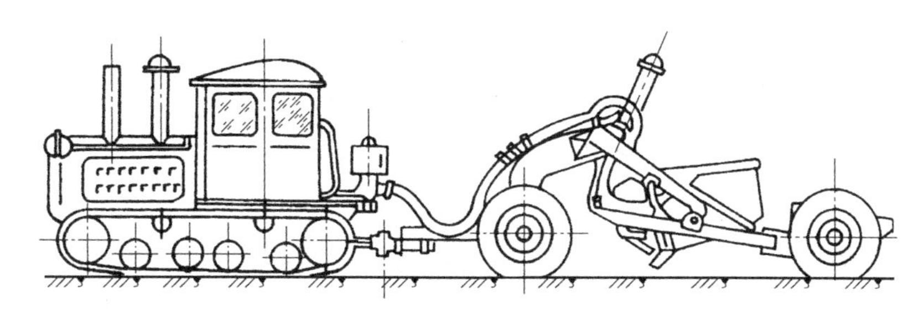

图1-41 C_6—2.5型拖式铲运机

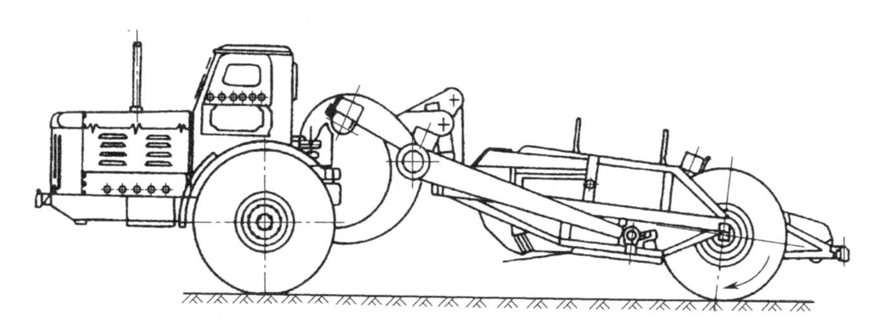

图1-42 C_3—6型自行式铲运机

铲运机操作简单灵活，不受地形限制，对行驶的道路要求较低，生产率较高。常被运用于大面积场地平整，开挖大型基坑、沟槽以及填筑路基、堤坝等工程。最适宜铲运含水量不大于27%的松土和普通土，但不适宜在砾石层、冻土地带及沼泽区工作，当铲运三、四类较坚硬的土壤时，宜用推土机助铲或选用松土机械配合把土翻松以提高生产率。自行式铲运机的经济运距为800～1500m。拖式铲运机的运距以600m为宜，当运距为200～300m时效率最高。

（1）铲运机的开行路线

铲运机的运行路线对提高生产效率影响很大，应根据挖、填方区的分布情况并结合施工现场的具体条件进行合理选择。一般有环形路线和“8”字形路线两种。

1）环形路线。当地形起伏不大，施工地段较短时，多采用环形路线（图1-43a）。环形路线每一循环只完成一次铲土和卸土，挖土和填土交替；挖填之间距离较短时，则可采用大循环路线（图1-43b），一个循环能完成多次铲土和卸土，这样可减少铲运机的转弯次数，提高工作效率。

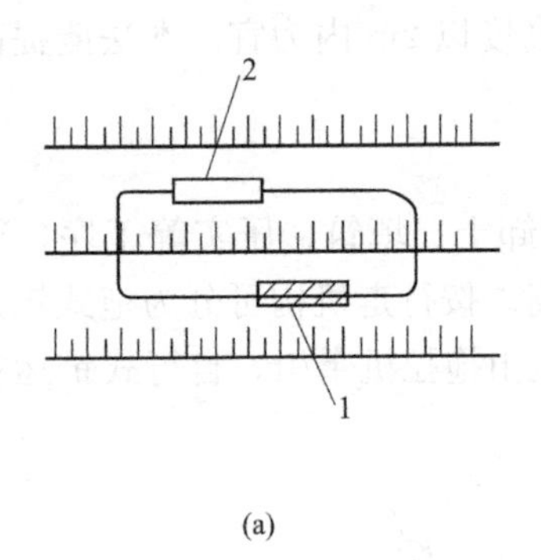

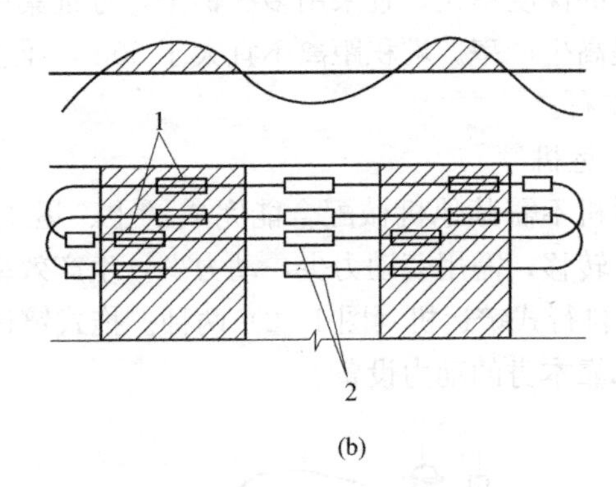

图 1-43 铲运机开行路线

（a）环形路线；（b）大循环形路线

1—铲土；2—卸土

2）“8”字形路线。装土、运土和卸土时按“8”字形运行，一个循环完成两次挖土和卸土作业（图 1-44）。施工地段较长或地形起伏较大时，多采用“8”字形开行路线。这种开行路线，铲运机在上下坡时是斜向行驶，受地形坡度限制小；一个循环中两次转弯方向不同，可避免机械行驶时的单侧磨损；一个循环完成两次铲土和卸土，减少了转弯次数及空车行驶距离，从而亦可缩短运行时间，提高生产率。适于开挖管沟、沟边卸土或取土坑较长（300～500m）的侧向取土、填筑路基以及场地平整等工程采用。

（2）作业方法

1）下坡铲土。铲运机利用地形进行下坡（坡度一般 3°～9°）推土，借助铲运机的重力，加深铲斗切土深度。

2）跨铲法（图 1-45）。铲运机间隔铲土，预留土埂。这样，在间隔铲土时由于形成一个土槽，减少向外撒土量；铲土埂时，铲土阻力减小。一般土埂高不大于 300mm，宽度不大于拖拉机两履带间的净距。适于较坚硬的土铲土回填或场地平整。

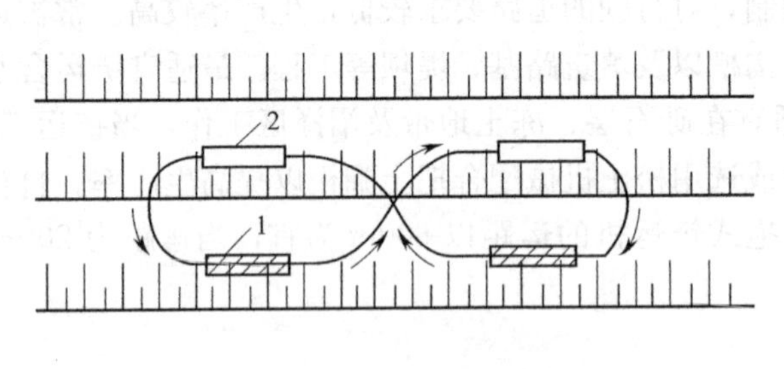

图 1-44 “8”字形路线

1—铲土；2—卸土

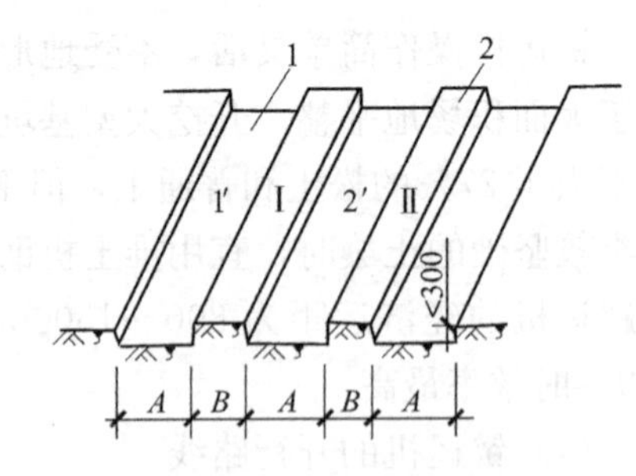

图 1-45 跨铲法

1—沟槽；2—土埂；A—铲土宽；

B—不大于拖拉机履带净距

3）双联铲运法。当拖式铲运机的动力有富裕时，可在拖拉机后面串联两个铲斗进行双联铲运。对坚硬土层，可用双联单铲，即一个土斗铲满后，再铲另一斗土；对松软土层，则可用双联双铲，即两个土斗同时铲土。前者可提高工效 20%～30%，后者可提高工效约 60%。适于较松软的土，进行大面积场地平整及筑堤时采用。

3. 单斗挖土机施工

单斗挖土机是土方开挖施工中常用的一种机械。按其工作装置的不同，分为正铲、反铲、拉铲和抓铲四种（如图 1-46 所示）。按其行走装置的不同，分为履带式和轮胎式两类。按其传动方式的不同，分为机械和液压传动两种。单斗挖掘机可挖掘基坑、沟槽，清理和平整场地。更换工作装置后还可以进行装卸、起重、打桩等作业任务，是施工中很重要的机械设备之一。

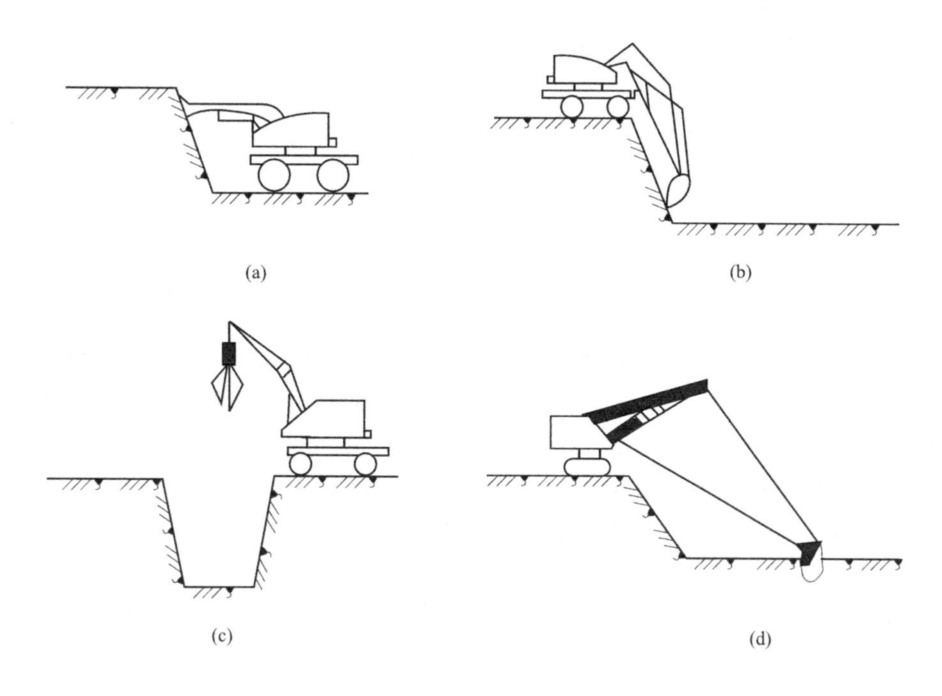

图 1-46 单斗挖土机工作装置的类型

(a) 正铲；(b) 反铲；(c) 抓铲；(d) 拉铲

(1) 正铲挖土机

正铲挖土机挖掘力大，能挖掘坚硬土层，易控制开挖尺寸，装车轻便灵活，回转速度快，移位方便。其挖土特点是：前进向上，强制切土。它适用于开挖停机面以上的一～四类土。开挖大型基坑时需设坡道，挖土机在坑内作业，因此适宜在土质较好、无地下水的地区工作；当地下水位较高时，应采取降低地下水位的措施，把基坑土疏干。

根据挖土机的开挖路线与汽车相对位置不同，其卸土方式有正向挖土、侧向卸土和正向挖土、后方卸土两种。

1) 正向挖土、侧向卸土（图 1-47a、b）。即挖土机沿前进方向挖土，运输车辆停在侧面卸土。此法挖土机卸土时动臂转角小，运输车辆行驶方便，循环时间短，故生产效率高。用于开挖工作面较大，深度不大的边坡、基坑（槽）、沟渠和路堑等。

2) 正向挖土、后方卸土（图 1-47c）。即挖土机沿前进方向挖土，运输车辆停在挖土机后方卸土。此法挖土机开挖工作面较大，卸土时动臂转角大、生产率低，运输车辆要倒车进入。一般用于窄而深的基坑（槽）、管沟和路堑等。

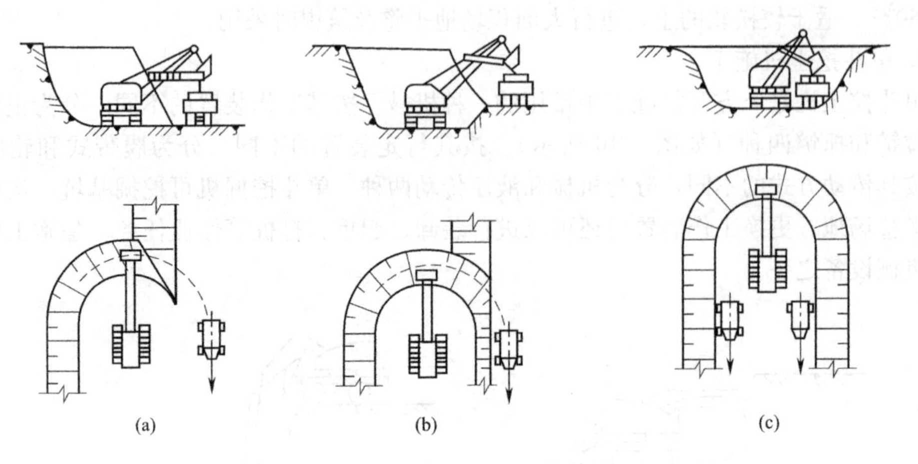

图 1-47 正铲挖土机开挖方式

(a)、(b) 正向挖土、侧向卸土；(c) 正向挖土、后方卸土

(2) 反铲挖土机

反铲挖土机的挖土特点是：后退向下，强制切土。其挖掘力比正铲小，操作灵活，挖土、卸土均在地面作业，能开挖停机面以下的一～三类土（机械传动反铲只宜挖一～二类土）。不需设置进出口通道，适用于一次开挖深度在 4m 左右的基坑、基槽、管沟，亦可用于地下水位较高的土方开挖；较大较深基坑可用多层接力挖土。

根据挖掘机的开挖路线与运输汽车的相对位置不同，一般有以下两种：

1) 沟端开挖（图 1-48a）。挖土机停在基坑（槽）的端部，向后倒退挖土，汽车停在基槽两侧装土。其优点是挖土机停放平稳，装土或甩土时回转角度小，挖土效率高，挖的深度和宽度也较大。基坑较宽时，可沟侧开挖（图 1-48b）。适于一次成沟后退挖土，挖出土方随即运走时采用，或就地取土填筑路基或修筑堤坝等。

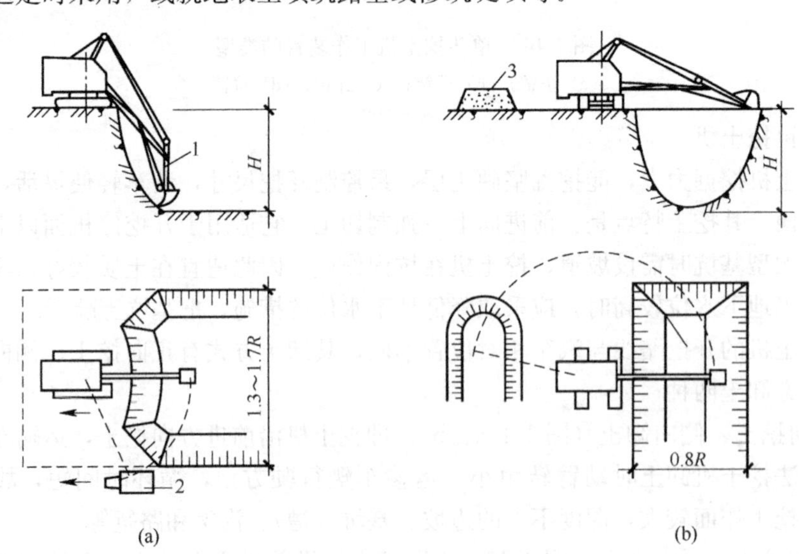

图 1-48 反铲挖土机开挖方式

(a) 沟端开挖；(b) 沟侧开挖

1—反铲挖土机；2—自卸汽车；3—弃土堆

2）沟侧开挖（图 1-48b）。挖土机沿基槽的一侧移动挖土，汽车停在机旁装土或往沟一侧卸土，本法铲臂回转角度小，能将土弃于距基槽较远处。沟侧开挖时开挖方向与挖土机移动方向相垂直，同时机身靠沟边停放，所以稳定性较差，挖土宽度比挖掘半径小，边坡不好控制，而且挖的深度和宽度均较小，一般只在无法采用沟端开挖或挖土不需运走时采用。

（3）拉铲挖土机

拉铲挖土机（图 1-49）的土斗用钢丝绳悬挂在挖土机长臂上，挖土时土斗在自重作用下落到地面切入土中。其挖土特点是：后退向下，自重切土；其挖土深度和挖土半径、卸土半径均较大，操纵灵活性较差，能开挖停机面以下的一～三类土。适用于开挖较深较大的基坑（槽）、沟渠，挖取水中泥土以及填筑路基、修筑堤坝等。拉铲挖土机的开挖方式与反铲挖土机的开挖方式相似，可沟侧开挖也可沟端开挖。

（4）抓铲挖土机

机械传动抓铲挖土机（图 1-50）是在挖土机臂端用钢丝绳吊装一个抓斗，钢绳牵拉灵活性较差，工效不高，不能挖掘坚硬土；可以装在简易机械上工作，使用方便。其挖土特点是：直上直下，自重切土。其挖掘力较小，能开挖停机面以下的一～二类土。适用于开挖软土地基基坑，特别是其中窄而深的基坑、深槽、深井采用抓铲效果理想；抓铲还可用于疏通旧有渠道以及挖取水中淤泥等，或用于装卸碎石、矿渣等松散材料。抓铲也有采用液压传动操纵抓斗作业，其挖掘力和精度优于机械传动抓铲挖土机。

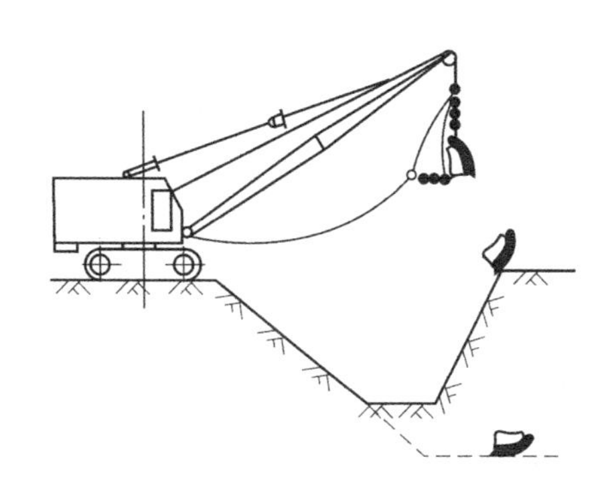

图 1-49　履带式拉铲挖土机

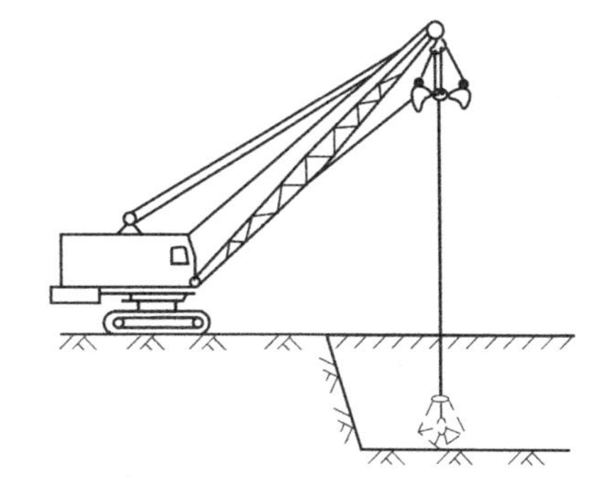

图 1-50　履带式抓铲挖土机

二、土方机械的选择和配合

1. 土方机械选择

（1）平整场地。平整场地一般常由土方的开挖、运输、填筑和压实等工序组成。地势较平坦、含水量适中的大面积平整场地，选用铲运机较适宜。地形起伏较大，挖方、填方量大且集中的平整场地，运距在 1000m 以上时，可选择正铲挖土机配合自卸车进行挖土、运土，在填方区配备推土机平整及压路机碾压施工。挖填方高度均不大，运距在 100m 以内时，采用推土机施工，灵活、经济。

（2）地面上的坑式开挖。单个基坑和中小型基础基坑开挖，在地面上作业时，多采用抓铲挖土机和反铲挖土机。抓铲挖土机适用于一、二类土质和较深的基坑；反铲挖土机适于四类以下土质，深度在 4m 以内的基坑。

(3) 长槽式开挖。在地面上开挖具有一定截面、长度的基槽或沟槽，如适于挖大型厂房的柱列基础和管沟，宜采用反铲挖土机；若为水中取土或土质为淤泥，且坑底较深，则可选择抓铲挖土机挖土；若土质干燥，槽底开挖不深，基槽长30m以上，可采用推土机或铲运机施工。

(4) 整片开挖。对于大型浅基坑且基坑土干燥，可采用正铲挖土机开挖。若基坑内土潮湿，则采用拉铲或反铲挖土机，可在坑上作业。

(5) 对于独立柱基础的基坑及小截面条形基础基槽的开挖，则采用小型液压轮胎式反铲挖土机配以翻斗车来完成浅基坑（槽）的挖掘和运土。

2. 挖土机和运土车辆配套计算

采用单斗（反铲等）挖土机施工时，需用运土车辆配合，将挖出的土随时运走。因此，挖土机的生产率不仅取决于挖土机本身的技术性能，而且还应与所选运土车辆的运土能力相协调。为使挖土机充分发挥生产能力，应配备足够数量的运土车辆，以保证挖土机连续工作。

(1) 挖土机数量的确定

挖土机的数量N，应根据土方量大小和工期要求来确定，可按下式计算：

$$N=\frac{Q}{P}\times\frac{1}{T\cdot C\cdot K}(\text{台}) \tag{1-40}$$

式中 Q——土方量（m^3）；

P——挖土机生产率（m^3/台班）；

T——工期（工作日）；

C——每天工作班数；

K——时间利用系数（0.8～0.9）。

单斗挖土机的生产率P，可查定额手册或按下式计算：

$$P=\frac{8\times3600}{t}\cdot q\cdot\frac{K_C}{K_S}\cdot K_B(m^3/\text{台班}) \tag{1-41}$$

式中 t——挖土机每斗作业循环延续时间（s），如W_{100}正铲挖土机为25～40s；

q——挖土机斗容量（m^3）；

K_C——土斗的充盈系数（0.8～1.1）；

K_S——土的最初可松性系数；

K_B——工作时间利用系数（0.7～0.9）。

(2) 运土车辆配套计算

运土车辆的数量N_1，应保证挖土机连续作业，可按下式计算：

$$N_1=\frac{T_1}{t_1} \tag{1-42}$$

式中 T_1——运土车辆每一运土循环延续时间（min）。

$$T_1=t_1+\frac{2l}{V_c}+t_2+t_3 \tag{1-43}$$

式中　l——运土距离（m）；

V_c——重车与空车的平均速度（m/min），一般取 20～30km/h；

t_2——卸土时间，一般为 1min；

t_3——操纵时间（包括停放待装、等车、让车等），一般取 2～3min；

t_1——运土车辆每车装车时间（min）。

$$t_1 = n \cdot t \tag{1-44}$$

式中　n——运土车辆每车装土次数。

$$n = \frac{Q_1}{q \cdot \frac{K_c}{K_s} \cdot \gamma} \tag{1-45}$$

式中　Q_1——运土车辆的载重量（t）；

γ——实土重度（t/m^3），一般取 $1.7t/m^3$。

3. 土方机械施工要点

(1) 土方开挖应绘制土方开挖图，确定开挖路线、顺序、范围、基底标高、边坡坡度、排水沟、集水井位置以及挖出的土方堆放地点等。绘制土方开挖图应尽可能使机械多挖，减少机械超挖和人工挖方。

(2) 大面积基础群基坑底标高不一，机械开挖次序一般采取先整片挖至平均标高，然后再挖个别较深部位。当一次开挖深度超过挖土机最大挖掘高度（5m 以上）时，宜分2～3 层开挖，并修筑 10%～15%的坡道，以便挖土及运输车辆进出。

(3) 基坑边角部位，机械开挖不到之处，应用少量人工配合清坡，将松土清至机械作业半径范围内，再用机械掏取运走。人工清土所占比例一般为 1.5%～4%，修坡以厘米作限制误差。大基坑宜另配一台推土机清土、送土、运土。

(4) 挖掘机、运土汽车进出基坑的运输道路，应尽量利用基础一侧或两侧相邻的基础（以后需开挖的）部位，使它互相贯通作为车道，或利用提前挖除土方后的地下设施部位作为相邻的几个基坑开挖地下运输通道，以减少挖土量。

(5) 机械开挖应由深而浅，基底及边坡应预留一层 150～300mm 厚土层用人工清底、修坡、找平，以保证基底标高和边坡坡度正确，避免超挖和土层遭受扰动。

(6) 做好机械的表面清洁和运输道路的清理工作，以提高挖土和运输效率。

(7) 基坑土方开挖可能影响邻近建筑物、管线安全使用时，必须有可靠的保护措施。

(8) 机械开挖施工时，应保护井点、支撑等不受碰撞或损坏，同时应对平面控制桩、水准点、基坑平面位置、水平标高、边坡坡度等定期进行复测检查。

(9) 雨期开挖土方，工作面不宜过大，应逐段分期完成。如为软土地基，进入基坑行走需铺垫钢板或铺路基箱垫道。坑面、坑底排水系统应保持良好；汛期应有防洪措施，防止雨水浸入基坑。冬期开挖基坑，如挖完土隔一段时间施工，基础需预留适当厚度的松土，以防基土遭受冻结。

第八节　爆 破 工 程

在土方工程施工中，当土的类别为岩石时，要采用爆破方法进行施工。爆破施工技术还可应用于灌注桩的施工、旧建筑物或构筑物的拆除等情况。

一、爆破和炸药

(一) 爆破的基本概念

爆破是炸药经引爆后，产生剧烈的化学反应，在瞬间体积急剧增加，形成极大的压力和冲击波，同时产生很高的温度，使周围介质遭受到不同程度的破坏。

1. 爆破作用圈

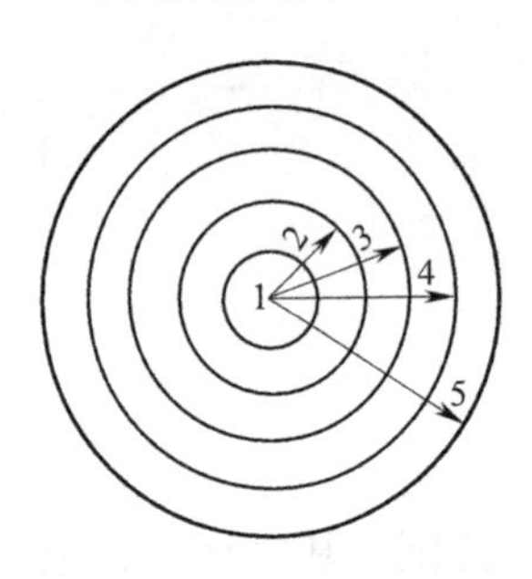

图 1-51 爆破作用圈

1—炸药包；2—压缩圈；3—抛掷圈；4—松动圈；5—震动圈

爆破时，介质距离爆破中心的远近，所受到的影响是不相同的。爆破时最靠近药包处的介质受到的压力最大，塑性土壤会被压缩成孔腔，坚硬的岩石会被粉碎，这个范围称为压缩圈或破碎圈；在压缩圈以外的介质受到的作用力虽然弱些，但足以使结构破坏，开裂成各种形状的碎块，这个范围称之为破坏圈或松动圈；在破坏圈以外的介质，因作用力只能使之产生震动现象，故称震动圈。以上爆破作用范围，可以用一些同心圆表示，称为爆破作用圈（图 1-51）。在压缩圈和松动圈内称为破坏范围，该范围的半径称为破坏半径或药包的爆破作用半径，以符号 R 表示。

2. 药包种类

药包埋置深度大于爆破作用半径，炸药的作用就不能达到地表，称为内部药包（图 1-52a）。如果药包埋置深度接近破坏目标或松动圈的外围，但爆破作用不可能使碎块产生抛掷运动，只能引起介质的松动，则称为松动药包（图 1-52b）。若药包爆炸时，将部分（或大部分）介质抛掷出去，则称为抛掷药包（图 1-52c）。药包放置在岩石表面用覆盖物覆盖，用于大石块的二次爆破等，则为裸露药包（图 1-52d）。

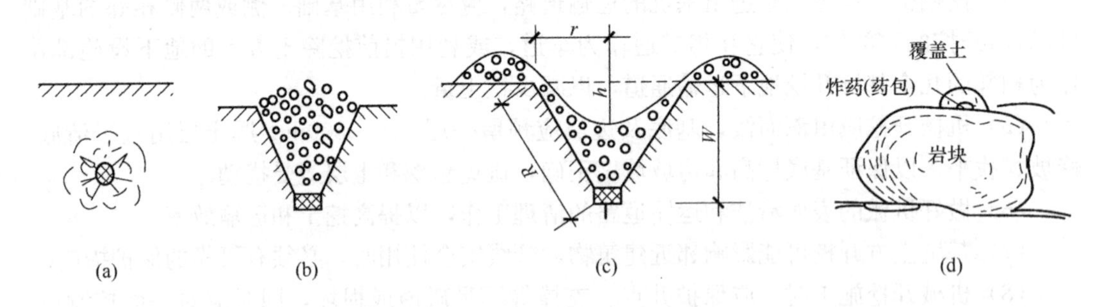

图 1-52 药包种类

(a) 内部药包；(b) 松动药包；(c) 抛掷药包；(d) 裸露药包

R—爆破作用半径；r—爆破漏斗半径；h—最大可见深度；W—最小抵抗线

3. 爆破漏斗

在抛掷爆破中，部分或大部分介质抛掷出去后，在地面形成一个爆破坑，其形状如漏斗称爆破漏斗，见图 1-52（c）。爆破漏斗的实际形状是多种多样的，其大小随介质的性质、炸药包的性质和大小以及炸药包的埋置深度（或称最小抵抗线）而不同。

爆破漏斗的主要参数有：

(1) 最小抵抗线 W：从炸药包中心线距离临空面的最短距离；

（2）爆破漏斗半径 r：漏斗上口的圆周半径；

（3）最大可见深度 h：从坠落在坑内介质表面距爆破漏斗上口边缘的距离；

（4）爆破作用半径 R：从炸药包中心距爆破漏斗上口边缘的距离。

4. 爆破作用指数

为了说明爆破漏斗的大小和抛掷介质的多少，一般用爆破作用指数 n 来表示：

$$n = \frac{r}{W} \tag{1-46}$$

当 $n=1$ 时，称为标准抛掷爆破漏斗；当 $0.75<n<1$ 时，称为减弱抛掷爆破漏斗；当 $n>1$ 时，称加强抛掷爆破漏斗；当 $n\leqslant 0.75$ 时，称松动爆破漏斗；当 $n\leqslant 0.2$ 时，称裸露爆破漏斗。n 是计算药包量、决定漏斗大小和药包距离的重要参数，炸药量计算是以标准爆破漏斗为理论依据的。

（二）炸药及其用量计算

1. 常用炸药

（1）岩石硝铵炸药。其主要成分为硝酸铵，有 1 号和 2 号两种型号，是一种低威力的炸药，适用于爆破中等硬度或软质岩石。这种炸药对冲击摩擦不敏感，使用安全。但此类炸药吸湿性强，吸湿达 3%后即不能充分爆炸或拒爆。适用于爆破中等硬度以下岩石，故要注意防潮。

（2）露天硝铵炸药。这种炸药因爆炸后产生有毒气体较多，只能在露天爆破工程中使用。

（3）铵萘炸药。也属硝铵炸药，具有良好的抗水性，可用于一般岩石爆破工程。

（4）铵油炸药。由硝酸铵与柴油混合而成，其爆炸威力低于 2 号岩石硝铵炸药。其原料及炸药的贮存比较安全，成本低。但不防水，吸湿结块性强，主要用于露天爆破施工。

（5）梯恩梯（TNT）炸药。其成分为三硝基甲苯，不溶于水，可用于水下爆破，但在水中时间太长会影响爆炸力。对冲击和摩擦的敏感度不大。爆炸后产生有毒的一氧化碳，适用于露天爆破。

（6）胶质炸药。属于硝化甘油类炸药，其爆速高、威力大，适用于爆破坚硬的岩石。此类炸药较敏感，并在 8～10℃时冻结，在半冻结时敏感度极高，不吸水，可以用于水下爆破。

（7）黑火药。为弱性炸药，易溶于水，吸湿性强，受潮后不能使用；对撞击和摩擦的敏感性高，易燃烧，适用于内部药包爆破松软岩石和土层，开采料石和制作导火索。在有瓦斯或矿尘危险的工作面不准使用。

2. 炸药量计算

药包按形状分为集中药包和延长药包，一般形状为球体，或高度不超过直径 4 倍的圆柱体及最长边不超过其他任意边 4 倍的长方体，称为集中药包；凡超过上述标准的药包，均属延长药包。

药包量的大小根据岩石的坚硬程度、岩石的缝隙、临空面的多少、炸药的性能、预计爆破的土石方体积以及现场施工经验确定。

炸药量的大小与爆破漏斗内的土石方体积和被爆破体的坚硬程度成正比。以标准抛掷爆破的理论计算为依据，炸药量的计算公式为：

$$Q = eqV \tag{1-47}$$

式中 Q——计算炸药量（kg）；

e——炸药换算系数（见表 1-16）；

q——爆破 1m^3 土石方所消耗的炸药量（kg/m^3，见表 1-17）；

V——被爆破土石方的体积（m^3）。

标准抛掷爆破漏斗是圆锥体，因为 $r=W$，其体积为：

$$V = \frac{1}{3}\pi r^2 W \approx \frac{1}{3}\pi W^3 \approx W^3 \tag{1-48}$$

因此，标准抛掷漏斗药包量的计算公式为：

$$Q = eqW^3 \tag{1-49}$$

当要求炸成加强抛掷漏斗时，药包量为：

$$Q = (0.4 + 0.6n^3)eqW^3 \tag{1-50}$$

当仅要求进行松动土石的爆破时，药包量为：

$$Q = 0.33eqW^3 \tag{1-51}$$

当为内部爆破时，其药包的炸药量为：

$$Q = 0.2eqW^3 \tag{1-52}$$

理论上的计算值还需要通过试爆复核，最后确定实际的用药量。

炸药换算系数 *e* 值表 **表 1-16**

炸药名称	型号	*e* 值	炸药名称	型号	*e* 值
岩石硝铵炸药	2 号	1.00	铵油炸药	—	1.14～1.36
露天硝铵炸药	1 号、3 号	1.14	胶质炸药	35%普通	1.06
TNT	—	1.05～1.14	胶质炸药	62%普通	0.89
黑火药	—	1.14～1.42	胶质炸药	62%耐冻	0.89

爆破土石方所消耗的炸药量 *q*（一个临空面的情况） **表 1-17**

土石类别	一	二	三	四	五	六	七	八
q（kg/m^3）	0.5～1.0	0.6～1.1	0.9～1.3	1.20～1.50	1.40～1.65	1.60～1.85	1.80～2.60	2.10～3.25

二、起爆方法

为了使用安全，主炸药敏感性都较低。使用时，要使炸药爆炸，必须给予一定的外界能量进行引爆或起爆。其主要方法有火花起爆法、电力起爆法、导爆索起爆法和导爆管起爆法等。

1. 火花起爆

火花起爆法是利用导火索燃烧时产生的火花引爆火雷管，先使药卷爆炸，从而使整个药包的炸药爆炸。火花起爆法使用的材料主要是：火雷管、导火索和起爆药卷。具有操作简单、准备工作少、不需特殊点火设备、仪表等优点；但存在准备工作不易检查，点燃导火索根数受限制、较难使多个起爆点同时起爆，操作人员处于爆破地点，不安全等缺点。

火雷管由外壳、正、副起爆炸药和加强帽三部分组成。雷管的规格有 1～10 号，号数愈大，威力愈大，其中以 6 号和 8 号应用最广，如图 1-53 所示。

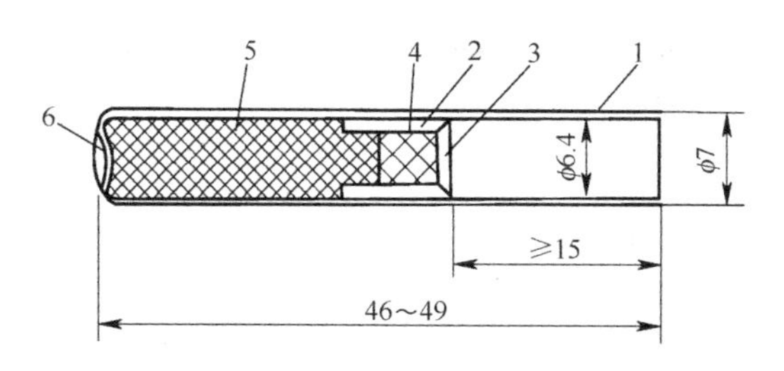

图 1-53 火雷管（单位：mm）

1—外壳；2—加强帽；3—帽孔；4—正起爆炸药；5—副起爆炸药；6—窝槽

导火索由黑火药药芯和耐水外皮组成。直径 5～6mm，正常燃速有 10mm/s 和 5mm/s 两种，使用前应当做燃烧速度试验，必要时还应做耐水性试验，以保证爆破安全。在使用前应将每盘导火线两端各切去 50mm，以防止药芯受潮和线头散落而造成瞎炮，然后根据所需用的长度剪切导火线（不得小于 1m），插入雷管使其紧靠雷管中的加强帽。

起爆药卷制作时，解开药卷的一端，使包皮敞开，将药卷捏松，用木棍轻轻地在药卷中插一个孔，然后将火线雷管插入孔内，收拢包皮纸并扎牢。如遇潮湿处，还应进行防潮处理。

2. 电力起爆

电力起爆法是利用电雷管中的电力引火剂通电发热燃烧使起爆药卷爆炸，从而引起整个药包爆炸。电力起爆法是工程上最常用的一种方法，在大规模爆破中，或在同时起爆多个炮眼时，多采用电力起爆法。电力起爆法所用材料除电雷管外，还有电线、电源及检查、测量仪表。

（1）电雷管。电雷管是由普通雷管和电力引火装置组成，有即发电雷管和延期电雷管两种，见图 1-54。延期电雷管是在电力引火与起爆药之间放上一段缓燃剂而成。延期雷管可以延长雷管爆炸时间。延长时间有 2s、4s、6s、8s、10s、12s 等。

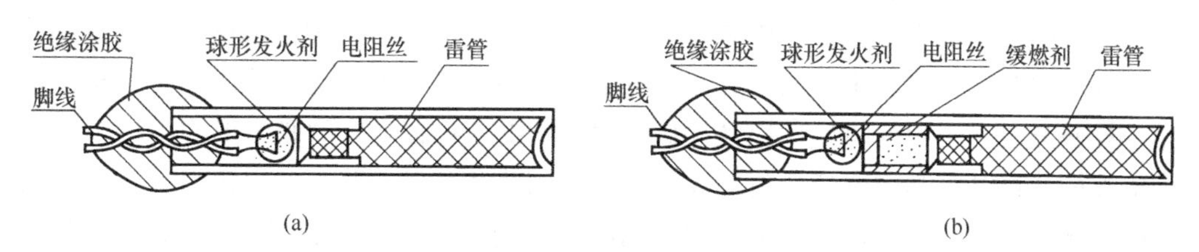

图 1-54 电雷管

（a）即发电雷管；（b）延期电雷管

(2) 电线。电线用来联结电雷管，组成电爆网路。按其在电爆网路中作用的不同，又分为脚线、端线、联结线和主线等。在电力起爆前，应将脚线全部连成短路，使用时方可分开，严禁与电源线路相碰或与干电池放在一起；主线末端也应连成短路，并用胶布包裹，以防误触电源而发生爆炸。

(3) 电源。电源可用普通照明电源，也可用于电池、蓄电池或专供电力起爆用的各类放炮起爆器。为了保证电雷管的爆炸，电爆网路中每个电雷管的最小准爆电流，不能小于相关规范规定的限值。

(4) 仪表。用作检查电雷管和电爆网路电阻、电压或电流的仪表有小型欧姆计、爆破电桥、伏特计和安培计、万能表等。

3. 导爆索起爆

用导爆索爆炸时产生的能量来引爆主药包的方法，称为导爆索起爆法。导爆索本身需要通过雷管引爆，因此，在爆破作业中，从装药、堵塞到连线等施工过程完成后、爆破之前才允许装上雷管起爆。导爆索的外形与导火索相似，直径 4.8～6.2mm，其药芯是由烈性炸药做成，爆速高达 6500～7000m/s，远远高于导火索的正常燃速 110～130m/s。导爆索与导火索起爆方式不同，导火索作用仅传递燃烧，引爆火雷管；而导爆索是传递爆炸，直接引爆炸药。

为了与导火索相区别，其外表绕有红色线条。导爆索有良好的防水性能，浸在水中 12h 后仍能爆炸。从安全角度出发，它优于其他爆破方法。而且这种方法操作简单，易于掌握，不怕雷电、杂电波等的影响。但这种方法成本较高，主要用于深孔爆破和大规模的药室爆破，不宜用于一般的炮眼法爆破。

4. 导爆管起爆

导爆管是一种高能混合炸药起爆材料，起爆时利用导爆管起爆药的能量来引爆雷管，然后使炸药包爆炸。主要器材有起爆元件（击发枪或雷管）、传爆元件（塑料导爆管、火雷管和连接块或胶带）和末端工作元件（塑料导管和即发或迟发电雷管）等。导爆管的爆速为 1650～2000m/s。能在气温为－40～80℃的条件下起爆，且传爆可靠，具有抗火、抗电、抗水、抗冲击以及导爆安全等特点。

导爆管网路的起爆是依靠安设在导爆管末端的火雷管或电雷管来实现的。使用导爆管时，导爆管打结会影响传爆。试验表明，在同一分支网路上只打一个结时，打结后的爆速将降低；打两个或两个以上的结，则拒爆；故应防止打结。

三、电爆网路

电爆网路是由电雷管起爆、由端线和联结线等导线组成的一种爆破网路。电爆网路的联结形式有串联、并联、串并联、并串联等数种。在土石方工程爆破施工中，可根据爆破规模、爆破方法、工程的重要性以及爆破器材等情况而选择合宜的联结形式。

电爆网路计算，其主要任务就是要算出整个网路及其各支路上的电阻，从而求出通过网路的电流以及通过各电雷管的电流，用以检验该电流是否满足各电雷管的准爆电流要求。

电爆网路的联结形式、计算公式及适用条件见表 1-18。

电爆网路的联结形式、计算公式及适用范围 **表 1-18**

名称	联结形式	网路计算	公式适用范围和特点
串联法	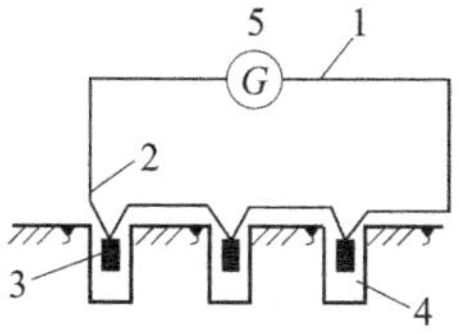	$R=R_{主}+R_{支}+nr+R'$ $L_{准}=i$ $E=RI=(R_{主}+R_{支}+nr+R')\ i$ $I=\frac{E}{R_{主}+R_{支}+nr+R'}\geqslant i$	1. 适用于爆破数量不多，炮孔分散，电源、电流不大的小规模爆破； 2. 接线简便，检查线路较易，导线消耗较少，需准爆电流小； 3. 易发生拒爆现象，一个雷管发生故障，便切断整个电线路，复式电线路可克复所有电雷管准爆的可靠性差的缺点； 4. 可用放炮器、干电池、蓄电池作起爆电源
并联法	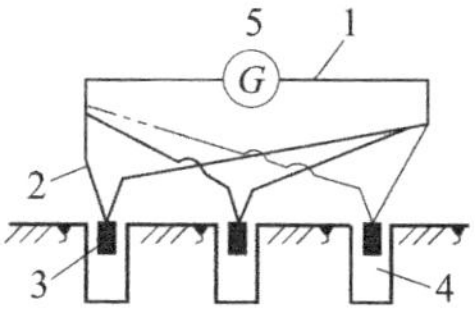	$R=R_{主}+\frac{1}{m}(R_{支}+r)+R'$ $I_{准}=mi$ $E=RI=mi\left[R_{主}+\frac{1}{m}(R_{支}+r)\right]$ $I=\frac{E}{R_{主}+\frac{1}{m}(R_{支}+r)+R'}\geqslant mi$	1. 适用于炮孔集中，电源容量较大及起爆少量电雷管时应用； 2. 导线电流消耗大，需较大截面主线； 3. 联结较复杂，检查不便； 4. 与串联相比，不易发生拒爆，但若分支线电阻相差较大时，可能产生不同时爆破或拒爆
串并联法	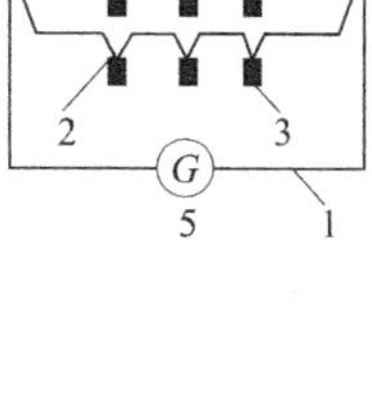	$R=R_{主}+\frac{1}{m}(R_{支}+nr)+R'$ $I_{准}=mi$ $E=RI=mi\left[R_{主}+\frac{1}{m}(R_{支}+nr)+R'\right]$ $I=\frac{E}{R_{主}+\frac{1}{m}(R_{支}+nr)+R'}\geqslant mi$	1. 适用于每次爆破的炮孔、药包组很多，且距离较远，或合部并联、电流不足时，或采取分层迟发布置药室时使用； 2. 需要的电流容量比并联小； 3. 线路计算和敷设复杂； 4. 同组中的电流互不干扰，各分支线路电阻宜接近平衡或基本接近

续表

名称	联结形式	网路计算	公式适用范围和特点
并串联法		先算出每一支线路的电阻 $R_i=\frac{mr}{N}+R_{2i}$ 然后以其中最大的分支线路电阻（$R_{最大}$）为标准，则电爆网路计算 $R=R_{主}+\frac{1}{N}R_{最大}+R^1$ $I_{准}=nNi$ $E=RI=nNi\left(R_{主}+\frac{1}{N}R_{最大}+R^1\right)$ $I=\frac{E}{R_{主}+\frac{1}{N}R_{最大}+R^1}\geqslant mNi$	1. 适用于一次起爆多数药包，且药室距离很长时，或每个药室设两个以上的电雷管而又要求进行迟发起爆时使用； 2. 可采用较小的电源容量和较低的电压； 3. 线路计算和敷设较复杂； 4. 电爆网路可靠性较串联强，但有一个雷管拒爆时，仍将切断一个分组的线路
表中符号	图中：1—主线；2—端线；3—雷管；4—药室；5—电源 公式中 R——电爆网路中的总电阻（Ω）； $I_{准}$——电爆网路分支线的准爆电流（A）； I——电爆网路中所需总的准爆电流（A）； E——电源电压或所需电源的电压（V）； $R_{主}$——主线的电阻（Ω）； $R_{支}$——端线、联结线、区域的电阻（Ω）； R'——电源的内电阻（Ω），当用照明线路或动力线路时，可忽略不计； n——线路中雷管的数目（个）； r——每个雷管的电阻（Ω），一般常用 $r=1.5\Omega$ 计算； m——为并联分支线路的组数（图例为 $m=3$）； i——通过每个电雷管所需的准爆电流（A），交流电为 2.5A；直流电为 2.0A； $R_{最大}$——电阻平衡后各分支线路中最大的电阻（Ω）； R_i——第 i 分支线路的电阻（Ω）； N——每药室并联雷管数目（个）； R_{2i}——第 i 分支线路上端线，联结线、区域线的电阻（Ω）； R——电爆网路中的总电阻（Ω）		

注：串并联法和并串联法，对于这两种电爆网路，都要求各分支线路的电阻基本相同，否则要进行电阻平衡。

四、爆破方法

1. 炮孔爆破

按照炮孔深度的不同，炮孔爆破法可分为浅孔爆破法和深孔爆破法两种。

(1) 浅孔爆破法

此法是在被爆破岩石上钻出直径为 25～50mm、深度为 0.5～5.0m 的圆柱形炮孔，如图 1-55 所示。装入延长药包进行爆破，是使用最普遍的一种爆破方法。

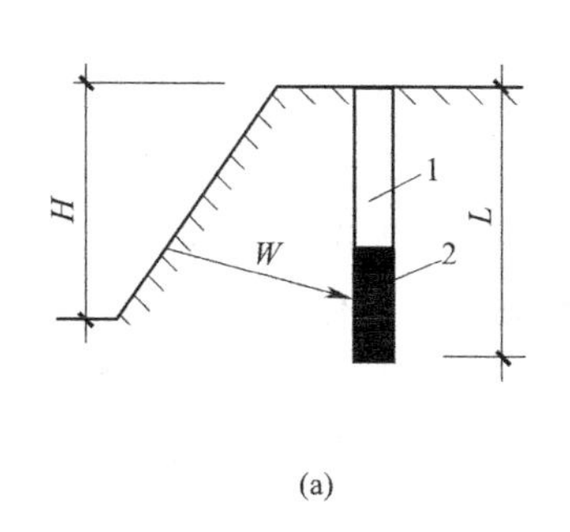

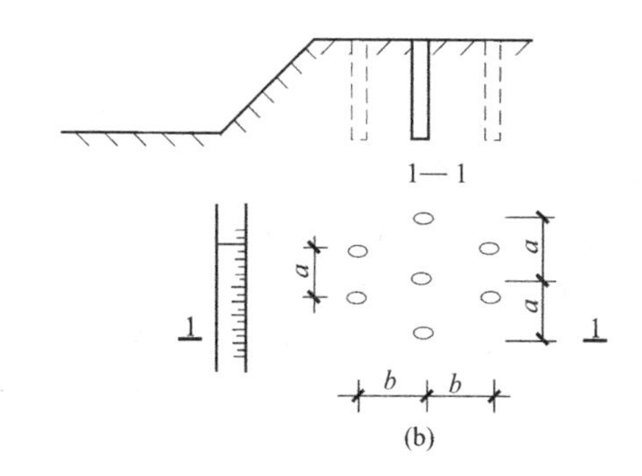

图 1-55　浅孔爆破示意图

(a) 炮孔深度；(b) 炮孔布置

1—堵塞物；2—炸药

1）炮孔设置

① 炮孔位置，要尽量利用临空面，或者有计划地改造地形，使前一次爆破为后一次爆破创造更多的临空面，以便提高爆破效果。

② 最小抵抗线随岩石硬度和爆破层阶梯高度而定，一般取为：$W=(0.4\sim1.0)H$，其中 H 为爆破层梯段高度。

③ 炮孔的深度 L 应根据岩石的坚硬程度、梯段高度和抵抗线的长度等确定。在坚硬岩石中：$L=(1.10\sim1.15)H$；在较软岩石中：$L=(0.85\sim0.95)H$。

④ 炮孔布置，一般为梅花形。炮孔间距 a（同排炮孔之间的距离）应根据岩石的特征、起爆方法、炸药种类、抵抗线长度和起爆顺序等确定，对于火花起爆，一般取为：$a=(1.4\sim2.0)W$；对于电力起爆，一般取为：$a=(0.8\sim2.0)W$。对多排炮孔时，炮孔排距 b，可取为等于第一排炮孔的计算最小抵抗线 W，若第一排各炮孔的 W 不相同时，则取其平均值。

2）药包量确定

在实际工作中，因为炮孔数量多，深度不全一致，不便逐一计算，往往根据炮孔深度和岩石情况来确定药包量。由于炮孔必须堵塞 1/3 的深度，否则容易出现冲天炮，所以装药量大致为炮孔深度的 1/3～1/2，最少不可少于炮孔深度的 1/4。

3）装药与堵塞方法

装药前应将炮孔内的石粉、泥浆除净，然后装填炸药。每装填适量的炸药后，即用木棍轻轻压实，将炸药装到 80%～85%以后，再装入起爆药卷。炸药装好后，炮孔要进行堵塞，一般可用干细砂土（1 份黏土 2 份砂）堵塞。在堵塞中注意不可碰坏导火索或雷管脚线。

（2）深孔爆破法

深孔爆破法的炮孔直径一般大于 50mm，深度则大于 5m。这种爆破方法需要大型机械进行钻孔，其特点是生产效率高，一次爆破的土石方量大，但爆落的岩石不均匀，往往有 10%～25%的大石块要进行二次爆破。深孔爆破法主要用于深基坑的开挖或高阶梯的场地平整和土石方爆破。

2. 定向爆破

定向爆破是利用爆破的作用，将岩土按照指定的方向和距离，准确地抛掷到预定的地点，并堆积成一定形状填方的一种抛掷爆破方法。

定向爆破的基本原理，就是炸药在岩土内爆炸时，岩土是沿着最小抵抗线，即沿着从药室中心到临空面最短距离的方向而抛掷出来的。因此，合理选择临空面而布置药室和炮孔是定向爆破的一个重要问题。临空面可以利用自然地形所具有的，也可以用人工方法造成任何需要的孔穴或沟槽作为临空面。这样，以便形成最小抵抗线的方向能够指向工程需要的方向，从而将爆破的岩土抛向指定的位置上去。图 1-56 为定向爆破示例。

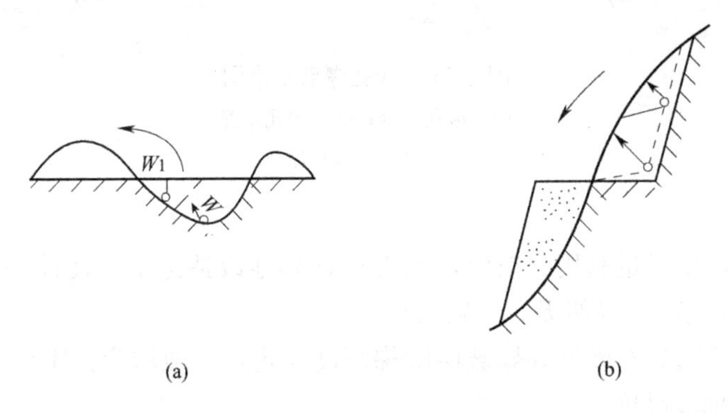

图 1-56 定向爆破示例

（a）地面单侧定向爆破；（b）斜坡地面集中堆积定向爆破

3. 光面爆破

光面爆破就是使爆破工程最终在开挖面上破裂成平整的光面，光面爆破法是随着深孔爆破技术的发展和钻孔机械日益完善而发展起来的爆破技术，在水利工程、交通工程等大型工程的高岩石边坡处理中运用较多。其爆破方法通常有：

（1）密集空孔爆破

在开挖轮廓线上布置密集空孔（不装药），靠近空孔布置一排减弱装药的加密炮孔。此排孔起爆后，在孔周围造成应力集中，沿密集空孔的连心线上爆裂形成光面，把爆破作用和地震效应限制在密集空孔的一侧。

（2）预裂爆破

沿岩体设计开挖面与主炮孔之间布置一排预裂炮孔，使预裂炮孔超前主炮孔起爆，便可在预裂孔的连接线上形成预裂缝。这样，在主爆孔爆破时，爆破范围外的岩石受到预裂缝的良好保护，具有较好的光面效果和减震作用。

光面爆破可使岩层不受明显破坏，且岩壁平整；可减少超挖、欠挖工程量和施工费用；可减少地震效应，以及飞石、冲击波的危险作用。

4. 裸露药包爆破

裸露药包爆破主要用于炸除孤石或大块石的二次破碎，以及对树根、水下岩石的爆破。操作时，药包宜放置在岩石的凹槽或裂隙部位，并应用黏土覆盖后引爆，其厚度应大于药包的高度。此法耗药量大，且其爆破效果不易控制，岩石易飞散较远造成事故。

5. 微差爆破法

微差爆破法是随着爆破器材的发展而出现的一种深孔爆破新技术。它使用特制的毫秒延期雷管，把一次爆破从时间上分成若干段，每段之间以毫秒级的时差进行爆破，所以也称毫秒爆破。微差爆破的主要优点，在于把普通齐发爆破的总炸药能量，分割为多个较小的能量，采取合理的装药结构、最佳的起爆顺序和微差间隔起爆时间，为每个药包创造多个临空面条件；同时，它能将齐发大量药包产生的震波，变成一长串长幅值的地震波，而且各个波相互干扰。从而降低了地震效应，把爆破震动控制在预定的水平之内。

6. 药壶爆破法

药壶爆破法是在已钻孔的炮孔底部放入少量炸药，经过几次爆破扩大成为圆球的形状，最后装入炸药进行爆破。此法与炮孔爆破法相比，具有爆破效果好、工效高、进度快、炸药消耗量少等优点。但爆扩药壶的操作较为复杂，爆落的岩石不均匀。由于在坚硬岩石中爆扩药壶较为困难，故此法主要用于硬土和软石中爆破，爆破层的阶梯高度 H 不大于 10～12m。

7. 静态爆破法

静态爆破又称无声爆破。它是一种采用静态破碎剂的控制性爆破，能做到无噪声、无飞石、无爆破地震波、无冲击波、无有毒气体以及无粉尘的情况下，将被爆破的岩土破碎。

静态破碎剂使用时，一般加入适量水，调成流动状浆体，灌入炮孔中，经过 10～24h（最快 1～4h），静态破碎剂与水反应，生成膨胀性的结晶体，体积增大到原来的几倍，在炮孔中产生膨胀压力，这种膨胀压力施加在被爆破的岩土上时，使岩土产生的拉应力，大大超过了岩土的抗拉强度或抗剪强度，使爆破过程在无噪声、无飞石、无有害气体扩散等情况下，岩土得到了破碎。因此，采用静态爆破法，既可达到爆破的目的，又可保证施工安全，并且不污染环境。

五、爆破安全技术

爆破施工是一种危险作业。因此，对于爆破安全问题，必须予以高度的重视。爆破的安全问题，贯穿于爆破材料的贮存、保管、运输、爆破作业等整个过程。为了防止爆破事故的发生，在整个爆破施工过程中，对于每一个环节，在技术和组织管理等各方面，都必须严格地贯彻执行爆破安全规程及有关安全规定。

1. 爆破材料的贮存和保管

对于炸药仓库和雷管仓库的库址选择要慎重，炸药仓库的安全距离和雷管仓库至炸药仓库的安全距离必须满足规定；即使是临时爆破材料仓库，同样也要按照安全距离的要求选定。仓库内应保持干燥、通风良好，温度应保持有 18～30℃之间。

2. 爆破材料的运输

爆破材料的装卸，均应轻拿轻放，不得有摩擦、撞击、抛掷、转倒、坠落发生。不同的爆破材料应分别装运。运输途中，不可在非指定地点休息或逗留。如中途需要停车，必须离开民房、桥梁、铁路 200m 以上。运输爆破材料，各种车辆、人力相隔的距离不得小于规定。

3. 爆破施工作业的安全措施

（1）若采用电力起爆，在雷闪时，要停止装药、安装电雷管和联结导线等操作，并迅速将雷管的脚步线和网路的主线连成短路。所有工作人员应立即离开装药地点，隐蔽于安全区。

（2）放炮前必须明确标划不定期警戒范围，立好标志，并有专人警戒。裸露药包、深孔、小洞室爆破法的安全距离不小于400m；浅孔、药壶爆破法不小于200m。必要时，爆破前还需事先计算地震和空气冲击波、飞石和毒气的安全距离。

（3）使用电力线路作起爆电源，必须有闸刀开关装置。区域线与闸刀主线的连接工作，必须是在所有爆破孔均已装药、堵塞完毕，现场作业人员已退至安全地区后方准进行。

（4）起爆之前应对爆破网路进行一次检查，防止接头与地面、岩石接触，造成短路。同时应用欧姆表检查电爆网路的电阻和绝缘，如与计算值相差10%以上时，应查明原因，并消除故障后方可起爆。爆破中若发现拒爆，亦必须查清原因再进行处理。

（5）禁止过早进入爆破后的工作面，以避免因炮孔误爆、迟爆引起事故、炮烟中毒事故。对于露天爆破后的工作面，从最后一个炮孔响后，不少于20min，才允许进入该范围检查和作业。在爆破网路中所出现拒爆的炮孔（药包）即瞎炮，需要慎重处理。

复习思考题

1. 土的基本性质有哪些？对土方施工有什么影响？
2. 确定场地平整设计标高时应考虑哪些因素？
3. 试述按填、挖平衡时确定场地平整设计标高的步骤与方法。
4. 在什么情况下对场地设计标高要进行调整？如何调整？
5. 试述场地土方量计算的步骤与方法。
6. 土方调配时，怎样使土方运输量最小？
7. 土方边坡塌方的原因是什么？如何防止？
8. 影响土方边坡大小的因素有哪些？
9. 流砂的主要成因是什么？防治流砂的途径和措施是什么？
10. 基坑降水有哪几种方法？各自的适用范围如何？
11. 试述轻型井点降水的设计计算方法和步骤。
12. 土方回填时对土料的选择有何要求？
13. 填土压实的方法有哪些？影响填土压实质量的因素有哪些？
14. 试述填土的一般要求，如何检查填土的质量？
15. 试述常用的土方机械类型、工作特点及适用范围。
16. 如何提高土方工程施工机械化效率？
17. 试述爆破原理，爆破漏斗有哪几个主要参数，药包的种类。
18. 常用的爆破方法有哪几种？其特点和适用范围是什么？起爆方法有哪几种？
19. 常用哪几种电爆网路？如何联结？
20. 爆破施工中应注意哪些安全措施？

计算题

1. 某建筑外墙采用钢筋混凝土条形基础，其断面尺寸如图1-57所示，已知建筑场地为三类土，试计算每50m长基槽的挖方量（按天然土计算）；留下回填土后，余土全部运走，试计算预留填土量（按松散体积计算）及弃土量（按松散体积计算）。（$K_S=1.27$，$K'_S=1.06$）

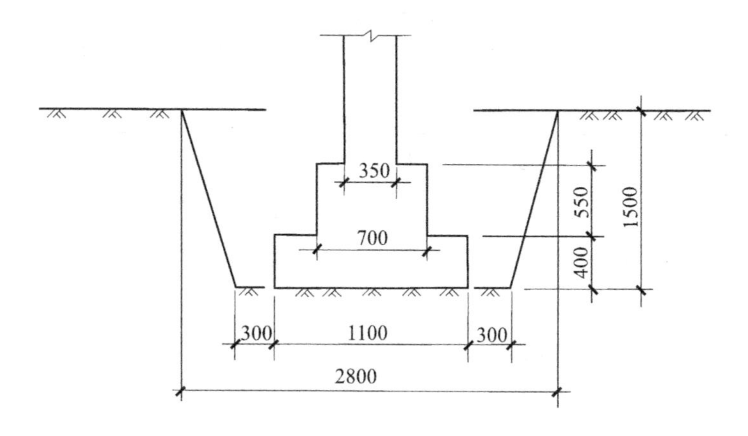

图 1-57　某条形基础剖面图

2. 某建筑场地地形图和方格网布置如图 1-58 所示，方格网边长为 20m。该场地系粉质黏土，地面设计泄水坡度为 i_x=0.3%，i_y=0.2%。建筑设计、生产工艺和最高洪水水位等方面均无特殊要求。试确定场地设计标高（不考虑土的可松性影响，如有余土，用以加宽边坡），并计算挖、填土方工程量。

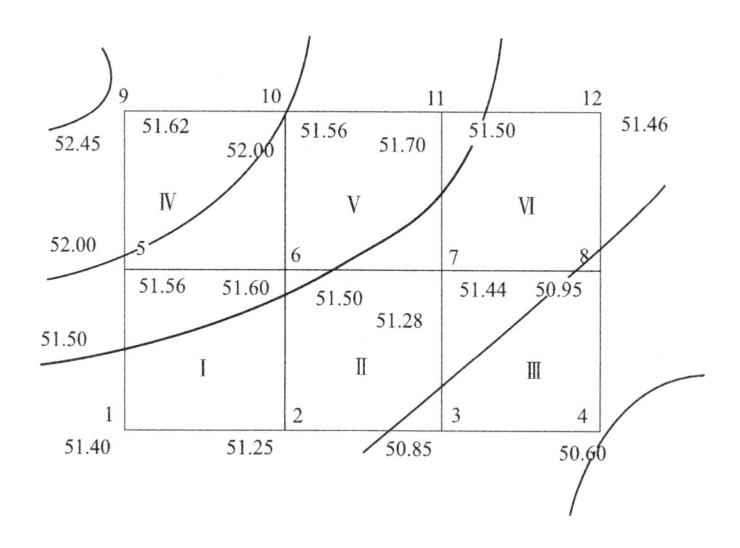

图 1-58　场地地形图和方格网布置图

3. 某工程基坑开挖，坑底平面尺寸为 18m×46m，基坑底标高为－5.2m，自然地面标高为－0.2m，地下水位标高为－1.8m，土质条件为：地面至－2.5m 为杂填土，－9.2m 以上为细砂土，土的渗透系数为 K=18m/d，－9.2m 以下为不透水层，土方边坡坡度为 1∶0.5，采用轻型井点降水法。试求：

（1）轻型井点的平面布置与高程布置；

（2）计算涌水量、井点管数量和间距；

（3）抽水设备选择。

4. 已知某场地的挖方调配区 W_1、W_2、W_3，填方调配区 T_1、T_2、T_3。其土方量和各调配区的运距见表 1-19。

（1）用“表上作业法”求土方的初始调配方案和总土方运输量。

（2）用“表上作业法”求土方的最优调配方案和总土方运输量，并与初始方案进行比较。

土方调配及运距表 **表 1-19**

挖方区 \ 填方区	T_1	T_2	T_3	挖方量 (m^3)
W_1	200	320	160	2100
W_2	400	280	360	3000
W_3	360	160	320	2100
填方量 (m^3)	1500	3900	1800	7200 / 7200

第二章　深基础工程

本章学习要点：

1. 了解钢筋混凝土预制桩的施工方法、起吊方法和要求、运输和堆放的方法；掌握锤击法施工过程和施工要点，熟悉桩锤选择，掌握打桩顺序、打桩方法和质量控制措施。

2. 了解灌注桩的种类；熟悉干作业钻孔灌注桩施工过程；掌握泥浆护壁成孔灌注桩施工过程和施工要点；掌握套管成孔灌注桩施工过程；掌握人工挖孔灌注桩施工过程及安全措施；掌握灌注桩常见质量问题及防治措施。

3. 了解地下连续墙施工过程；了解逆作法施工过程。

目前在土木工程建设中，各种大型建筑物、构筑物日益增多，规模越来越大，对基础工程的要求也越来越高。为了有效地把结构的上部荷载传递到周围土层深处或承载力较高的土层上，深基础被越来越广泛地运用到土木工程中。目前常见的深基础工程有桩基础、地下连续墙、沉井基础等，其中桩基础应用最广泛。

第一节　桩基础工程

桩基础是一种常用的深基础形式，它一般由基桩和连接于桩顶的承台（或承台梁）共同组成。若桩身全部埋于土中，承台底面与土体接触，则称为低承台桩基，若桩身上部露出地面而承台底位于地面以上，则称为高承台桩基。建筑物桩基一般为低承台桩基础，桥梁、码头工程中常用高承台桩基础。

按桩的承载性质不同，桩可分为端承桩和摩擦桩（图 2-1）。端承桩上部结构荷载主要由桩端阻力承担；摩擦桩上部结构荷载由桩端阻力和桩侧摩阻力共同来承担。

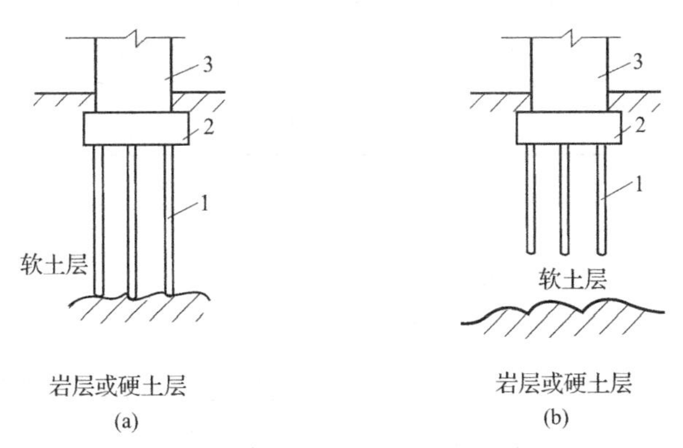

图 2-1　桩基础

(a) 端承桩；(b) 摩擦桩

1—桩；2—承台；3—上部结构

按桩的使用功能不同，桩可分为竖向抗压桩、竖向抗拔桩、水平受荷桩（主要承受水平荷载）以及复合受荷桩（竖向、水平荷载均较大）。

按桩身材料不同，桩可分为混凝土桩（包括钢筋混凝土桩或预应力钢筋混凝土制成桩）、钢桩（包括钢管桩和型钢桩）、木桩、砂石桩、水泥土桩、灰土桩。

按照施工方法的不同，桩可分为预制桩和灌注桩两大类。预制桩是在工厂或施工现场制成的各种形式的桩，然后按打入法、水冲法、振动法、旋入法和静力压桩法等方法进行沉桩。灌注桩是在施工现场的桩位上先成孔，然后在孔内放钢筋笼、浇筑混凝土而形成的桩。根据成孔方法的不同，可分为钻孔灌注桩、冲孔灌注桩、套管成孔灌注桩、挖孔灌注桩和爆扩灌注桩等。

按桩径大小不同，桩可分为小直径桩（桩径 $d \leqslant 250$mm）、中等直径桩（桩径 250mm$<d<$800mm）、大直径桩（桩径 $d \geqslant 800$mm 的桩）。

一、钢筋混凝土预制桩

钢筋混凝土预制桩常用的有实心钢筋混凝土方桩、预应力混凝土空心管桩。预制桩能承受较大的荷载、坚固耐久、施工速度快，是广泛应用的桩型之一。

实心混凝土方桩截面边长通常为 200～550mm，长 7～25m，可在现场预制或在工厂制作成单根桩或多节桩。

混凝土空心管桩外径一般为 300～550mm，每节长度为 4～12m，管壁厚为 80～100mm，在工厂内采用离心法制成，与实心桩相比可大大减轻桩的自重。

钢筋混凝土预制桩施工包括预制、起吊、运输、堆放、沉桩和接桩等过程。

（一）钢筋混凝土桩的预制、起吊、运输和堆放

1. 预制

实心混凝土方桩现场预制多采用工具式木模板或钢模板，支在坚实平整的地坪上，模板应平整牢靠，尺寸准确。制作预制桩的方法有并列法、间隔法、重叠法和翻模法等，现场多用间隔重叠法施工，如图 2-2 所示，一般重叠层数不宜超过四层。施工时，须待邻桩或下层桩的混凝土达到设计强度的 30％以后才能进行后续相邻桩的施工。

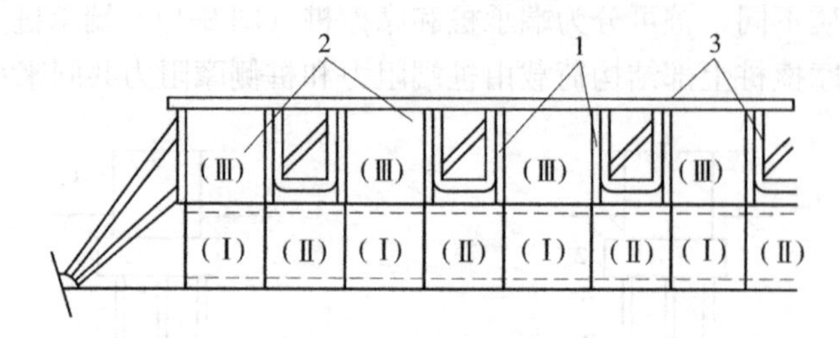

图 2-2　间隔重叠法施工

1—侧模板；2—隔离剂或隔离层；3—卡具

Ⅰ、Ⅱ、Ⅲ—第一、二、三批浇筑桩

钢筋混凝土桩预制程序为：压实、整平现场制作场地→场地地坪作三七灰土或浇筑混凝土→支模→绑扎钢筋骨架、安设吊环→浇筑混凝土→养护至 30％强度拆模→支间隔端头模板、刷隔离剂、绑扎钢筋→浇筑间隔桩混凝土→同法间隔重叠制作第二层桩→养护至 70％强度起吊→达 100％强度后运输、堆放。

长桩可分节制作，预制桩单节长度应根据桩架高度、制作场地条件、运输和装卸能力等方面情况来确定，并应避免桩尖处于硬持力层接桩。如在工厂制作，为便于运输，单节长度不宜超过 12m；如在现场预制，长度不宜超过 30m。

桩中的钢筋应严格保证位置的正确。桩身配筋与沉桩方法有关，锤击沉桩的纵向钢筋配筋率不宜小于 0.8%，静力压入桩不宜小于 0.6%，桩的纵向钢筋直径不宜小于 14mm，桩截面宽度或直径大于或等于 350mm 时，纵向钢筋不应少于 8 根。钢筋骨架主筋连接宜采用对焊或电弧焊；主筋接头配置在同一截面内的数量，对于受拉钢筋不得超过 50%；相邻两根主筋接头截面的距离应大于 35 倍的主筋直径，并不小于 500mm。桩顶一定范围内的箍筋应加密，并设置钢筋网片。

混凝土强度等级应不低于 C30，粗骨料用粒径 5～40mm 碎石或卵石，用机械拌制混凝土，坍落度不大于 60mm，混凝土浇筑应由桩顶向桩尖方向连续浇筑，不得中断，并应防止一端砂浆积聚过多。浇筑完毕应覆盖、洒水养护不少于 7d，如用蒸汽养护，在蒸养后，尚应适当自然养护，达到设计强度等级后方可使用。

2. 起吊

当桩的混凝土强度达到设计强度标准值的 70%后方可起吊，若须提前起吊，必须采取必要的措施并经强度和抗裂验算合格后方可进行。吊点应严格按设计规定的位置绑扎。若设计无规定时，应按照起吊弯矩最小的原则确定绑扎位置，如图 2-3 所示。起吊时应采取相应措施，保持平稳提升，保护桩身质量，防止撞击和受振动。

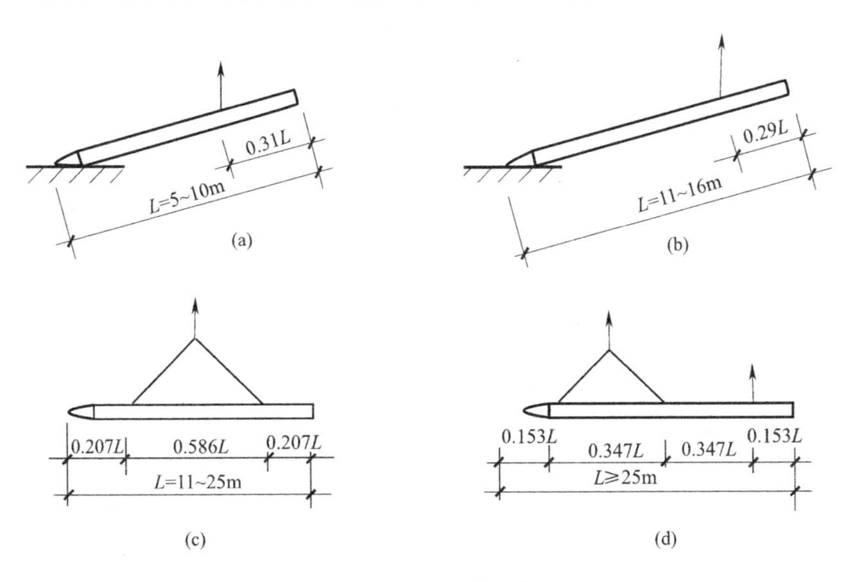

图 2-3　吊点的合理位置

(a)、(b) 一个吊点；(c) 两个吊点；(d) 三个吊点

3. 运输

桩运输时的混凝土强度应达到设计强度标准值的 100%。桩从制作处运到现场以备打桩，应根据打桩顺序随打随运、以避免二次搬运。短桩运输可采用载重汽车，现场运距较近时，可用起重机吊运，亦可采用轻轨平板车运输；长桩运输可采用平板拖车、平台挂车等运输。装载时桩支承点应按设计吊点位置设置，并垫实、支撑和绑扎牢固，以防止运输

中晃动或滑动。

4. 堆放

堆放桩的场地应平整坚实，排水良好。桩应按规格、桩号分层叠置，支承点垫木位置应与吊点位置相同，各层垫木应上下对齐，并位于同一垂直线上，支承平稳，堆放层数不宜超过4层。桩应堆置在打桩架附设的起重钩工作半径范围内，并考虑起重方向，避免空中转向。

（二）打桩机械设备及选用

打桩所用的机械设备主要由桩锤、桩架及动力装置三部分组成。桩锤是对桩施加冲击力，将桩打入土中的机具；桩架的主要作用是支持桩身和桩锤，并在打入过程中引导桩的方向不偏移；动力装置一般包括启动桩锤用的动力设施，取决于所选桩锤，如采用蒸汽锤时，则需配蒸汽锅炉、卷扬机等。

1. 桩锤

（1）选择桩锤类型

常用的桩锤有落锤、柴油桩锤、单动汽锤、双动汽锤、振动桩锤、液压锤桩等。桩锤的工作原理、适用范围和特点见表2-1。

各类桩锤的工作原理、适用范围及特点 **表2-1**

桩锤种类	工作原理	适用范围	特点
落锤	用人力或卷扬机提起桩锤，然后自由下落，利用锤的重力夯击桩顶，使桩沉入土中	1. 适宜于打木桩及细长尺寸的钢筋混凝土预制桩； 2. 在一般土层、黏土和含有砾石的土层均可使用	1. 装置简单，使用方便，费用低； 2. 冲击力大，可调整锤重和落距以简便地改变打击能力； 3. 锤击速度慢（每分钟约6～20次），桩顶部易打坏，效率低
柴油锤	以柴油为燃料，利用冲击部分的冲击力和燃烧压力为驱动力，引起锤头跳动夯击桩顶	1. 适宜于打各种桩； 2. 适宜于一般土层中打桩	1. 重量轻，体积小，打击能量大； 2. 不需外部能量，机动性强，打桩快，桩顶不易打坏，燃料消耗少； 3. 振动大，噪声高，润滑油飞散，遇硬土或软土不宜使用
单动汽锤	利用外供蒸汽或压缩空气的压力将冲击体托升至一定高度，配气阀释放出蒸汽，使其自由下落锤击打桩	1. 适宜于打各种桩，包括打斜桩和水中打桩； 2. 尤其适宜于套管法打灌注桩	1. 结构简单，落距小，精度高，桩头不易损坏； 2. 打桩速度及冲击力较落锤大，效率较高（每分钟25～30次）

续表

桩锤种类	工作原理	适用范围	特点
双动汽锤	利用蒸汽或压缩空气的压力将锤头上举及下冲，增加夯击能量	1. 适于打各种桩，并可打斜桩和水中打桩； 2. 适应各种土层； 3. 可用于拔桩	1. 冲击力大，工作效率高（每分钟100～200次）； 2. 设备笨重，移动较困难
振动桩锤	利用锤高频振动，带动桩身振动，使桩身周围的土体产生液化，减小桩侧与土体间的摩阻力，将桩沉入或拔出土中	1. 适于施打一定长度的钢管桩、钢板桩、钢筋混凝土预制桩和灌注桩； 2. 适用于粉质黏土、松砂、黄土和软土，不宜用于岩石、砾石和密实的黏性土层	1. 施工速度快，使用方便，施工费用低，施工无公害污染； 2. 结构简单，维修保养方便； 3. 不适宜于打斜桩
液压锤桩	单作用液压锤是冲击块通过液压装置提升到预定的高度后快速释放，冲击块以自由落体方式打击桩体；而双作用锤是冲击块通过液压装置提升到预定高度后，再次从液压系统获得加速度能量来提高冲击速度，打击桩体	1. 适宜于打各种桩； 2. 适宜于一般土层中打桩	1. 施工无公害污染，打击力峰值小，桩顶不易损坏，可用于水下打桩； 2. 结构复杂，保养与维修工作量大，价格高，冲击频率小，作业效率较低

（2）选择桩锤重量

桩锤类型确定以后，还必须合理选用锤重。施工中宜选择重锤低击。桩锤过重，所需动力设备也大，不经济，且易使桩顶锤击应力过大，造成混凝土破碎。桩锤过轻，必将加大落距，锤击功能很大一部分被桩身吸收，桩不易打入，使锤击次数过多，且桩容易被打坏；因此，应选择稍重的锤，用重锤低击和重锤快击的方法效果较好。锤重一般根据地质条件、桩型、桩的密集程度、单桩竖向承载力及现有施工条件等选择。表2-2为锤重选择表示例。

锤重选择表示例 **表2-2**

锤型		柴油锤（t）						
		D25	D35	D45	D60	D72	D80	D100
锤的动力性能	冲击部分质量（t）	2.5	3.5	4.5	6.0	7.2	8.0	10.0
	总质量（t）	6.5	7.2	9.6	15.0	18.0	17.0	20.0
	冲击力（kN）	2000～2500	2500～4000	4000～5000	5000～7000	7000～10000	>10000	>12000
	常用冲程（m）	1.8～2.3						
	预制方桩、预应力管桩的边长或直径（mm）	350～400	400～450	450～500	500～550	550～600	600以上	600以上
	钢管桩直径（mm）	400		600	900	900～1000	900以上	900以上

续表

锤型			柴油锤（t）						
			D25	D35	D45	D60	D72	D80	D100
持力层	黏性土粉土	一般进入深度（m）	1.5～2.5	2.0～3.0	2.5～3.5	3.0～4.0	3.0～5.0		
		静力触探比贯入阻力 P_s 平均值（MPa）	4	5	>5	>5	>5		
	砂土	一般进入深度（m）	0.5～1.5	1.0～2.0	1.5～2.5	2.0～3.0	2.5～3.5	4.0～5.0	5.0～6.0
		标准贯入击数 $N_{63.5}$（未修正）	20～30	30～40	40～45	45～50	50	>50	>50
锤的常用控制贯入度（cm/10击）			2～3		3～5	4～8		5～10	7～12
设计单桩极限承载力（kN）			800～1600	2500～4000	3000～5000	5000～7000	7000～10000	>10000	>10000

2. 桩架

桩架的形式有多种，常用的通用桩架（能适应多种桩锤）有两种基本形式：一种是沿轨道行驶的多功能桩架；另一种是安装在履带底盘上的履带式桩架。

多功能桩架由立柱、斜撑、回转工作台、底盘及传动机构组成，如图 2-4 所示。这种桩架机动性和适应性好，在水平方向可作 360°回转，立柱可前后倾斜，可适应各种预制桩及灌注桩施工。缺点是机构庞大，组装拆迁较麻烦。

履带式桩架以履带式起重机为底盘，增加立柱与斜撑用以打桩，如图 2-5 所示。此种桩架性能灵活，移动方便，适应各种预制桩及灌注桩施工。

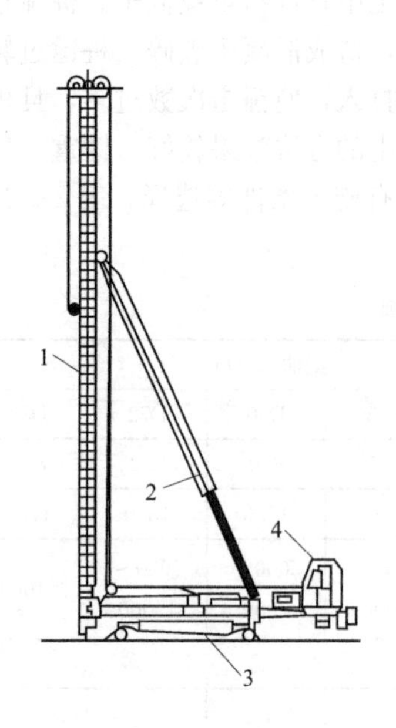

图 2-4　多功能桩架

1—立柱；2—斜撑；3—底盘；4—工作台

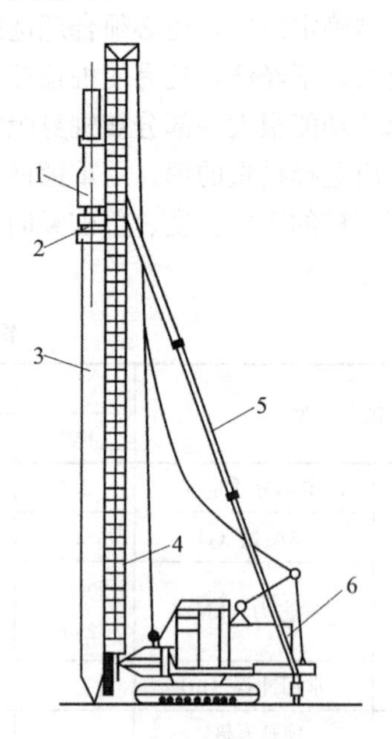

图 2-5　履带式桩架

1—桩锤；2—桩帽；3—桩；4—立柱；5—斜撑；6—车体

选择桩架时应考虑：(1) 桩的材料、材质、断面形状与尺寸、桩长和接桩方式；(2) 桩的种类、数量、桩施工精度要求；(3) 施工场地条件、作业环境、作业空间；(4) 所选定的桩锤的形式、质量和尺寸；(5) 投入桩架数量；(6) 施工进度要求。

桩架高度一般可按桩长需要分节接长，桩架高度应满足以下要求：桩架高度＝单节桩长＋桩帽高度＋桩锤高度＋滑轮组高度＋起锤位移高度 (1～2m)。

(三) 锤击沉桩法

1. 打桩前的准备工作

(1) 整平压实场地，清除打桩范围内的高空、地面、地下障碍物，架空高压线使其距打桩架不得小于 10m；修筑桩机进出、行走道路，平整压实场地，做好排水措施。

(2) 测量放线，定出桩基轴线并定出桩位，在不受打桩影响的适当位置设置不少于两个水准点，以便控制桩的入土标高。

(3) 接通现场的水、电管线，进行设备架立组装和试打桩。

(4) 打桩场地建筑物 (或构筑物) 有防震要求时，应采取必要的防护措施。

2. 打桩顺序

打桩顺序是否合理，会直接影响打桩速度、打桩工程质量及周围环境。当桩距小于 4 倍桩的边长或桩径时，打桩顺序尤为重要。打桩前应根据桩的密集程度、桩的规格、长短和桩架移动的方便性来正确选择打桩顺序。打桩顺序一般有逐排打、自中央向边缘打、自边缘向中央打和分段打等四种，如图 2-6 所示。

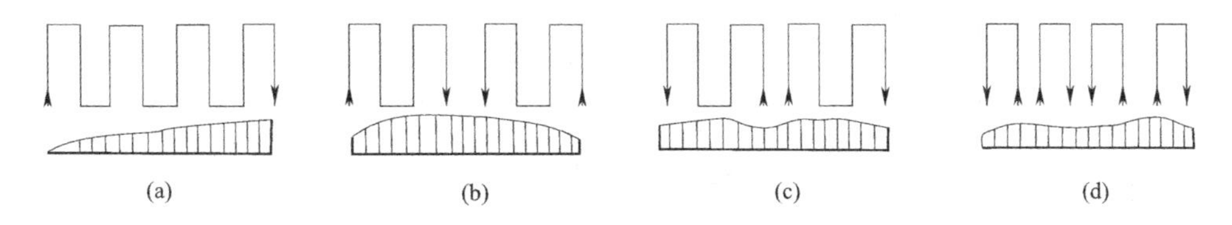

图 2-6　打桩顺序与土体挤密情况

(a) 逐排打；(b) 自边缘向中央打；(c) 自中央向边缘打；(d) 分段打

当桩不太密集、桩的中心距大于或等于 4 倍桩的直径时，可采取逐排打桩和自边缘向中央打桩的顺序。逐排打桩 (图 2-6a) 时，桩架单向移动，桩的就位与起吊均很方便，故打桩效率较高。但当桩较密集时，逐排打桩会使土体向一个方向挤压，导致土体挤压不均匀，后面的桩不容易打入，最终会引起建筑物的不均匀沉降。自边缘向中央打桩 (图 2-6b)，当桩较密集时，中间部分土体挤压较密实，桩难以打入，而且在打中间桩时，外侧的桩可能因挤压而浮起。因此这两种打设方法适用于桩不太密集时施工。

当桩较密集时，即桩的中心距小于 4 倍桩的直径时，一般情况下应采用自中央向边缘打 (图 2-6c) 和分段打 (图 2-6d)。按这两种打桩方式打桩时土体由中央向两侧或向四周均匀挤压，易于保证施工质量。

当桩的规格、埋深、长度不同，且桩较密集时，宜先大后小、先深后浅、先长后短打设，这样可避免后施工的桩对先施工的桩产生挤压而发生桩位偏斜。当一侧毗邻建筑物时，由毗邻建筑物处向另一方向打设。

3. 打桩施工

(1) 吊桩就位。打桩机就位后，将桩锤和桩帽吊起，然后吊桩并送至导杆内，垂直对准桩位，在桩的自重和锤重的压力下，缓缓送下插入土中，桩插入时的垂直度偏差不得超过0.5%。桩插入土后即可固定桩帽和桩锤，使桩、桩帽、桩锤在同一铅垂线上，确保桩能垂直下沉。在桩锤和桩帽之间应加弹性衬垫，如硬木、麻袋、草垫等；桩帽和桩顶周围四边应有5～10mm的间隙，以防损伤桩顶。

（2）打桩。打桩开始时，应选较小的桩锤落距，一般为0.5～0.8m，以保证桩能正常沉入土中。待桩入土一定深度（1～2m），桩尖不宜产生偏移时，再按要求的落距锤击。打桩时宜用重锤低击。用落锤或单动汽锤打桩时，最大落距不宜大于1m，用柴油锤时，应使锤跳动正常。在整个打桩过程中应做好测量和记录工作，遇有贯入度剧变、桩身突然发生倾斜、移位或有严重回弹、桩顶或桩身出现严重裂缝或破碎等异常情况时，应暂停打桩，及时研究处理。

（3）送桩。如桩顶标高低于地面，可用送桩管将桩送入土中时，桩与送桩管的纵轴线应在同一直线上，锤击送桩将桩送入土中，送桩结束，拔出送桩管后，桩孔应及时回填或加盖。锤击送桩深度不宜大于2.0m，当送桩深度超过2.0m时，打桩机应为三点支撑履带自行式或步履式柴油打桩机。

4. 接桩

钢筋混凝土预制长桩，受运输条件和桩架高度限制，一般分成若干节预制，分节打入，在现场进行接桩。常用的接桩方法有焊接法、法兰接法和硫磺胶泥锚接法等，如图2-7所示。此外，预应力混凝土管桩很多也采用机械快速连接（螺纹式、啮合式）。

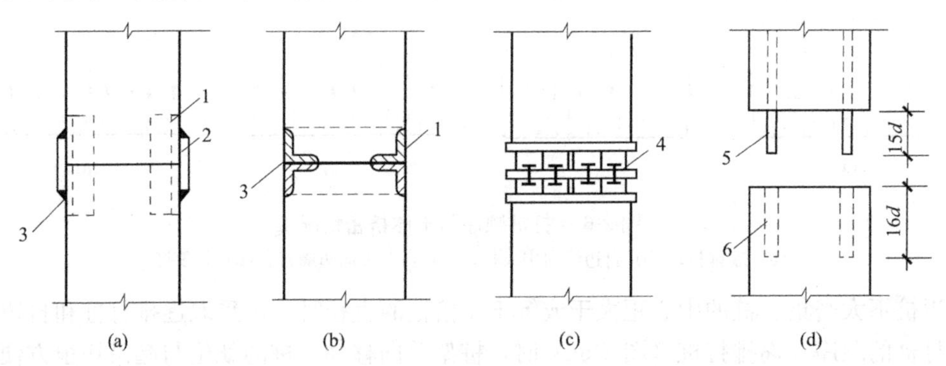

图2-7　桩的接头形式

(a)、(b) 焊接接合；(c) 法兰接合；(d) 硫磺胶泥锚筋接合

1—角钢与主筋焊接；2—钢板；3—焊缝；4—预埋法兰；5—预埋锚筋；6—浆锚孔；d—锚栓直径

（1）焊接法接桩。焊接法接桩的节点构造如图2-7（a）、（b）所示。接桩时，必须对准下节桩并垂直无误后，用点焊将拼接角钢连接固定，再次检查位置正确无误后，则进行焊接。施焊时，应两人同时对角对称地进行，以防止节点变形不均匀而引起桩身歪斜，焊缝要连续饱满，焊好后的桩接头应自然冷却8分钟以后方可继续锤击。

（2）法兰接桩法。法兰接桩法节点构造如图2-7（c）所示。它是用法兰盘和螺栓连接，其接桩速度快，但耗钢量大，多用于混凝土管桩。

（3）硫磺胶泥锚接法接桩。硫磺胶泥锚接法接桩节点构造如图2-7（d）所示。接桩时，首先将上节桩对准下节桩，使四根锚筋插入锚筋孔（孔径为锚筋直径的2.5倍），下落上节桩身，使其结合紧密。然后将桩上提约200mm（以四根锚筋不脱离锚筋孔为度），安设好施工夹箍（由四块木板，内侧用人造革包裹 40mm 厚的树脂海绵块而成），将熔化的硫磺胶泥注满锚筋孔和接头平面上，然后将上节桩下落。当硫磺胶泥冷却并拆除施工夹箍后，可继续加荷施压。硫磺胶泥锚接法接桩，可节约钢材，操作简便，接桩时间比焊接法要大为缩短，但不宜用于坚硬土层中。

5. 截桩

当预制钢筋混凝土桩的桩顶露出地面并影响后续桩施工时，应立即进行截桩头。截桩头前，应测量桩顶标高，将桩头多余部分凿去。截桩一般可采用人工或风动工具（如风镐）等方法来完成。截桩时不得把桩身混凝土打裂，并保证桩身主筋伸入承台内。其锚固长度必须符合设计规定。一般桩身主筋伸入混凝土承台内的长度：受拉时不少于 25 倍主筋直径；受压时不少于 15 倍主筋直径。主筋上粘着的混凝土碎块要清除干净。

6. 打桩质量要求及控制

（1）打桩停锤的控制原则

打桩的质量检查主要包括每米进尺锤击数、最后 1.0m 锤击数、总锤击数、最后三阵贯入度及桩尖标高等。为保证打桩质量，应遵循以下停打控制原则：① 摩擦桩以控制桩端设计标高为主，贯入度可作参考；② 端承桩以贯入度控制为主，桩端标高可作参考；③ 贯入度已达到而桩端标高未达到时，应继续锤击 3 阵，按每阵 10 击的平均贯入度不大于设计规定的数值加以确认，必要时施工控制贯入度应通过试验与相关单位会商确定。

（2）打桩允许偏差

桩平面位置的偏差，单排桩不大于 100mm，多排桩一般为 1/3～1/2 倍桩的直径或边长；桩的垂直偏差应控制在 0.5％之内；按标高控制的桩，桩顶标高的允许偏差为－50～＋100mm。

（3）承载力检查

施工结束后应对承载力进行检查。桩的静载荷试验根数应不少于总桩数的 1％，且不少于 3 根；当总桩数少于 50 根时，应不少于 2 根；当施工区域地质条件单一，又有足够的实际经验时，可根据实际情况由设计人员酌情而定。

（4）打桩过程控制

打桩时，如果沉桩尚未达到设计标高，而贯入度突然变小，则可能土层中央有硬土层，或遇到孤石等障碍物，此时应会同勘察设计部门共同研究解决，不能盲目施打。打桩时，若桩顶或桩身出现严重裂缝、破碎等情况时，应立即暂停，分析原因，在采取相应的技术措施后，方可继续施打。

打桩时，除了注意桩顶与桩身由于桩锤冲击被破坏外，还应注意桩身受锤击应力而导致的水平裂缝。在软土中打桩，桩顶以下 1/3 桩长范围内常会因反射的应力波使桩身受拉而引起水平裂缝，开裂的地方常出现在易形成应力集中的吊点和蜂窝处，采用重锤低击和较软的桩垫可减少锤击拉应力。

（5）打桩对周围环境影响控制

打桩时，邻桩相互挤压导致桩位偏移，产生浮桩，则会影响整个工程质量。在已有建筑群中施工，打桩还会引起已有地下管线、地面交通道路和建筑物的损坏和不安全。为避免或减小沉桩挤土效应和对邻近建筑物、地下管线等的影响，施打大面积密集桩群时，可采取下列辅助措施：① 预钻孔沉桩，预钻孔孔径比桩径（或方桩对角线）小 50～100mm，深度视桩距和土的密实度、渗透性而定，深度宜为桩长的 1/3～1/2，施工时应随钻随打，桩架宜具备钻孔、锤击双重性能；② 设置袋装砂井或塑料排水板消除部分超孔隙水压力，减少挤土现象；③ 设置隔离板桩或开挖地面防震沟，消除部分地面震动；④ 应限制打桩速率，沉桩结束后宜普遍实施一次复打；过程中应加强邻近建筑物、地下管线等的观测、监护。

（四）振动沉桩法

振动沉桩法与锤击沉桩法的原理基本相同，不同之处是用振动箱代替桩锤。振动沉桩机（图 2-8）由电动机、弹簧支承、偏心振动块和桩帽组成。振动机内的偏心振动块分左、右对称两组，其旋转速度相等、方向相反。所以，工作时，两组偏心块的离心力的水平分力相抵消，但垂直分力则相叠加，形成垂直方向的振动力。由于桩与振动机是刚性连接在一起的，故桩也随着振动力沿垂直方向振动而下沉。

振动沉桩法主要适用于砂石、黄土、软土和粉质黏土，在含水砂层中的效果更为显著，但在砂砾层中采用此方法时，尚须配以水冲法。沉桩工作应连续进行，以防间歇过久难以沉下。

（五）射水法沉桩

射水法沉桩又称水冲法沉桩，是将射水管附在桩身上，用高压水流束将桩尖附近的土体冲松液化，桩借自重（或稍加外力）沉入土中，如图 2-9 所示。

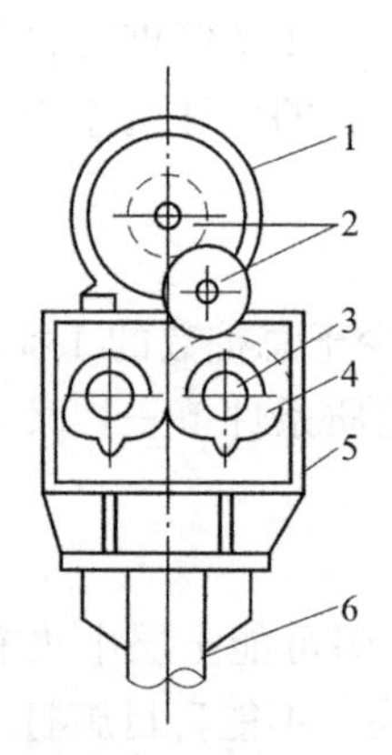

图 2-8 振动沉桩机

1—电动机；2—传动齿轮；3—轴；4—偏心块；5—箱壳；6—桩

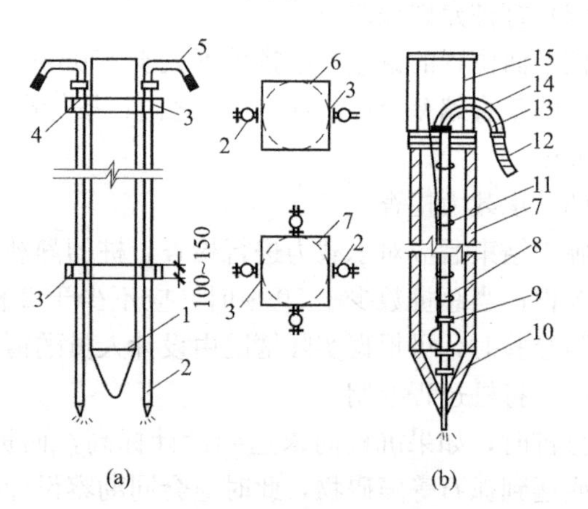

图 2-9 射水法沉桩装置

(a) 外射水管；(b) 内射水管

1—预制实心桩；2—外射水管；3—夹箍；4—木楔打紧；5—胶管；6—两侧外射水管夹箍；7—管桩；8—射水管；9—导向环；10—挡砂板；11—保险钢丝绳；12—弯管；13—胶管；14—电焊加强圆钢；15—钢管桩

射水法沉桩一般配以锤击或振动相辅使用。沉桩时，应使射水管末端经常处于桩尖以下 0.3～0.4m 处。射水进行中，射水管和桩必须垂直，并要求射水均匀，水冲压力一般为 0.5～1.6MPa。施工时，桩下沉缓慢时，可开锤轻击，下沉转快时停止锤击。当桩沉至距设计标高 1～2m 时应停止射水，拔出射水管，用锤击或振动打至设计标高，以免将桩尖处土体冲坏，降低桩的承载力。

在坚实的砂土中沉桩，桩难以打下时，使用射水法可防止将桩打断、打坏桩头，比锤击法可提高工效 2～4 倍，但需一套冲水装置。射水法沉桩最适用于坚实砂土或砂砾石土层中桩的施工，在黏性土中亦可使用。

（六）静力压桩法

静力压桩法是用静力压桩机将预制钢筋混凝土桩分节压入地基土层中成桩。该方法施工无噪声、无振动、无污染；不会打碎桩头，桩截面可以减小，混凝土强度等级可降低，配筋比锤击法可省 40%；桩定位精确，不易产生偏心，可提高桩基施工质量，施工速度快；自动记录压桩力，可预估和验证单桩承载力，施工安全可靠。但压桩设备较笨重，要求边桩中心到已有建筑物间距较大，压桩力受一定限制，挤土效应仍然存在等问题。适用于软土、填土及一般黏性土层中应用，特别适合于居民稠密及附近环境保护要求严格的地区沉桩；但不宜用于地下有较多孤石、障碍物或有厚度大于 2m 的中密以上砂夹层的情况。

静力压桩机目前主要使用的是液压式。液压式静力压桩机由液压吊装机构、液压夹持器、压桩机构、行走及回转机构等组成，如图 2-10 所示。

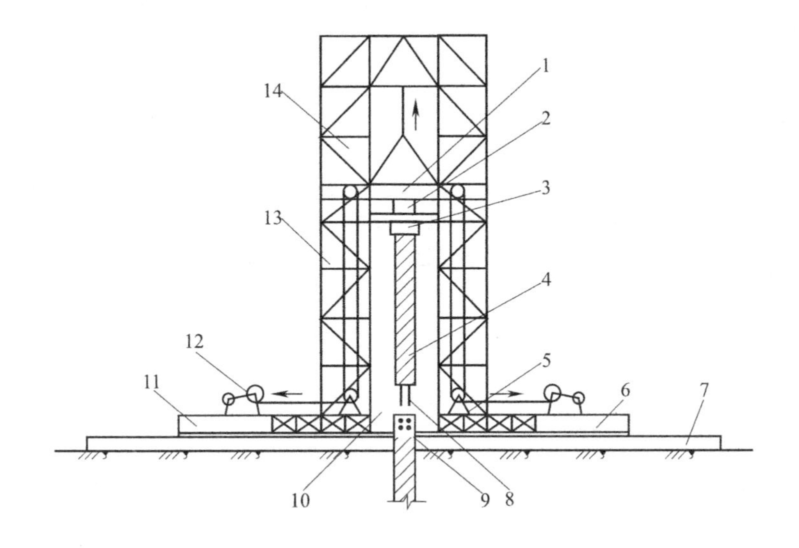

图 2-10　液压静力压桩机

1—活动压梁；2—油压表；3—桩帽；4—上段桩；5—加重钩；6—底盘；7—轨道；
8—上段桩锚筋；9—下段桩锚筋孔；10—导笼孔；11—操作平台；12—卷扬机；13—滑轮组；14—桩架

压桩时，一般都采取分段压入，逐段接长施工，静力压桩施工程序为：测量定位→压桩机就位→吊桩、插桩→桩身对中调直→静压沉桩→接桩→再静压沉桩→送桩→终止压桩→切割桩头。

施工时，压桩机应根据土质情况配足额定重量，桩帽、桩身和送桩的中心线应重合。第一节桩下压时垂直度偏差不应大于 0.5‰静压法施工沉桩速度不宜大于 2m/min，并配备专用送桩器，节点矢高不得大于 1‰桩长。如压桩时桩身发生较大移位、倾斜，桩身突然下沉或倾斜，桩顶混凝土破坏或压桩阻力剧变时，则应暂停压桩，及时研究处理。当桩歪斜，可利用压桩油缸回程，将压入土层中的桩拔出，实现拔桩作业。

压桩应控制好终止条件。摩擦桩与端承摩擦桩以桩端标高控制为主，终压力控制为辅。对于入土深度大于或等于 8m 的桩，复压次数可为 2～3 次；对于入土深度小于 8m 的桩，复压次数可为 3～5 次。稳压压桩力不得小于终压力，稳定压桩的时间宜为 5～10s。

（七）打（沉）桩施工常见问题及防治措施

打（沉）桩施工常见问题及防治措施见表 2-3。

打（沉）桩施工常见问题及防治措施　　表 2-3

问题	产生的主要原因	防治措施
桩顶击碎	1. 混凝土强度设计等级偏低； 2. 混凝土施工质量不良； 3. 桩锤选择不当，桩锤锤重过小或过大，造成混凝土破碎； 4. 桩顶与桩帽接触不平，桩帽变形倾斜或桩沉入土中不垂直，造成桩顶局部应力集中而将桩头打坏	1. 合理设计桩头，保证有足够的强度； 2. 严格控制桩的制作质量，支模正确、严密，使制作偏差符合规范要求； 3. 根据桩、土质情况，合理选择桩锤； 4. 经常检查桩帽与桩的接触面处及桩帽垫木是否平整，如不平整应进行处理后方能施打，并应及时更换缓冲垫
沉桩达不到设计控制要求（桩未达到设计标高或最后沉入度控制指标要求）	1. 桩锤选择不当，桩锤太小或太大，使桩沉不到或超过设计要求的控制标高； 2. 地质勘察不充分，持力层起伏标高不明，致使设计桩尖标高与实际不符；沉桩遇地下障碍物，如大块石、坚硬土夹层、砂夹层或旧埋置物； 3. 桩距过密或打桩顺序不当；打桩间歇时间过长，阻力增大	1. 根据地质情况，合理选择施工机械、桩锤大小； 2. 详细探明工程地质情况，必要时应作补勘，探明地下障碍物，并进行清除或钻透处理； 3. 确定合理的打桩顺序；打桩应连续打入，不宜间歇时间过长
桩倾斜、偏移	1. 桩制作时桩身弯曲超过规定；桩顶不平，致使沉入时发生倾斜； 2. 施工场地不平、地表松软，导致沉桩设备及导杆倾斜，引起桩身倾斜；稳桩时桩不垂直，桩帽、桩锤及桩不在同一直线上； 3. 接桩位置不正，相接的两节桩不在同一轴线上，造成歪斜； 4. 桩入土后，遇到大块孤石或坚硬障碍物，使桩向一侧偏斜； 5. 桩距太近，邻桩打桩时产生土体挤压	1. 沉桩前，检查桩身弯曲，超过规范允许偏差的不宜使用； 2. 安设桩架的场地应平整、坚实，打桩机底盘应保持水平；随时检查、调整桩机及导杆的垂直度，并保证桩锤、桩帽与桩身在同一直线上； 3. 接桩时，严格按操作要求接桩，保证上、下节桩在同一轴线上； 4. 施工前用钎或洛阳铲探明地下障碍物，较浅的挖除，深的用钻机钻透； 5. 合理确定打桩顺序； 6. 若偏移过大，应拔出，移位再打；若偏移不大，可顶正后再慢锤打入

续表

问题	产生的主要原因	防治措施
桩身断裂（沉桩时，桩身突然倾斜错位，贯入度突然增大，同时当桩锤跳起后，桩身随之出现回弹）	1. 桩身有较大弯曲，打桩过程中，在反复集中荷载作用下，当桩身承受的抗弯强度超过混凝土抗弯强度时，即产生断裂； 2. 桩身局部混凝土强度不足或不密实，在反复施打时导致断裂；桩在堆放、起吊、运输过程中操作不当，产生裂纹或断裂； 3. 沉桩遇地下障碍物，如大块石、坚硬土夹层、砂夹层或旧埋置物	1. 检查桩外形尺寸，发现弯曲超过规定或桩尖不在桩纵轴线上时，不得使用； 2. 桩制作时，应保证混凝土配合比正确，振捣密实，强度均匀；桩在堆放、起吊、运输过程中，应严格按操作规程，发现桩超过有关验收规定不得使用； 3. 施工前查清地下障碍物并清除； 4. 断桩可采取在一旁补桩的办法处理

二、钢筋混凝土灌注桩

灌注桩是直接在施工现场的桩位上先成孔，然后在孔内安放钢筋笼灌注混凝土而成。灌注桩具有节约材料、施工时无振动、无挤土、噪声小等优点。但灌注桩施工操作要求严格，施工后混凝土需要一定的养护期，不能立即承受荷载，施工工期较长，成孔时有大量土渣或泥浆排出，在软土地基中易出现颈缩、断裂等质量事故。

根据成孔方法的不同，灌注桩可分为干作业成孔的灌注桩、泥浆护壁成孔的灌注桩、套管成孔的灌注桩、人工挖孔灌注桩等。

（一）干作业成孔灌注桩

干作业成孔灌注桩适用于地下水位以上的黏性土、粉土、填土、中等密实以上的砂土、风化岩层，成孔时不必采取护壁措施而直接取土成孔。

干作业成孔机械采用螺旋钻机（图 2-11）。螺旋钻机是利用电动机带动钻杆转动，使钻头螺旋叶片旋转削土，土块沿螺旋叶片上升排出孔外。在软塑土层，含水量大时，可用疏纹叶片钻杆，以便较快地钻进。在可塑或硬塑黏土中，或含水量较小的砂土中应用密纹叶片钻杆，缓慢、均匀地钻进。成孔直径一般为 300～500mm，最大可达 800mm，钻孔深度 8～12m。

钻孔时钻杆应保持垂直稳固，位置正确，防止因钻杆晃动引起扩大孔径；钻孔过程中若发现钻杆摇晃或难钻进时，可能是遇到石块等异物，应立即停机检查，钻进速度应根据电流值变化及时调整。在钻进过程中，应随时清理孔口积土，遇到地下水、塌孔、缩孔等异常情况，应及时处理。当钻到设计标高时，应先在原位空钻清土，然后停钻，提出钻杆弃土。清孔后孔内灌注桩虚土厚度应满足规范要求。若孔底虚土超过相关规范允许的厚度，应掏土或二次投钻清孔，然后保护好孔口。清孔后应及时放入钢筋笼，浇筑混凝土，随浇随振，每次浇筑高度不得大于 1.5m。

（二）泥浆护壁成孔灌注桩

泥浆护壁成孔灌注桩是用泥浆来保护孔壁，防止孔壁塌落，排出土渣而成孔。适用于地下水位以下的黏性土、粉土、砂土、填土、碎（砾）石土及风化岩层，以及地质情况复杂、夹层多、风化不均、软硬变化较大的岩层，但在岩溶发育地区应慎重使用。

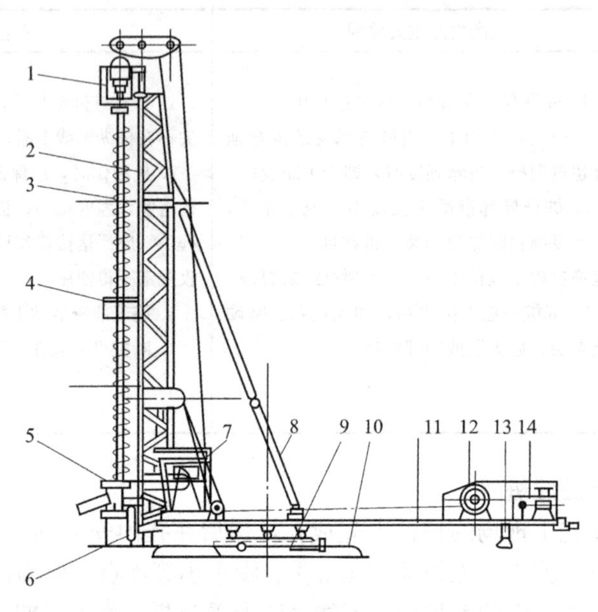

图 2-11 全叶螺旋钻机

1—减速箱总成；2—臂架；3—钻杆；4—中间导向套；5—出土装置；6—前支腿；7—操纵室；8—斜撑；9—中盘；10—下盘；11—上盘；12—卷扬机；13—后支腿；14—液压系统

1. 泥浆护壁成孔灌注桩成孔机械

常用的泥浆护壁成孔机械有回转钻机、潜水电钻机、冲击式钻孔机等。

(1) 回转钻机成孔

回转钻机是由动力装置带动钻机的回旋装置转动，再由其带动带有钻头的钻杆转动，由钻头切削土，切削形成的土渣，通过泥浆循环排出。

回转钻机成孔可用于各种地质条件、各种大小孔径和深度，护壁效果好，成孔质量可靠，施工无噪声、无振动、无挤压，设备简单，操作方便，费用较低，为国内最常用的成桩方法之一。但成孔速度慢、效率低，用水量大，泥浆排放量大，污染环境，扩孔率较难控制。适用于地下水位较高的软、硬土层，如淤泥、黏性土、砂土、软质岩层等。

根据泥浆循环方式的不同，回转钻机分为正循环回转钻机和反循环回转钻机。

1) 正循环回转钻机成孔

正循环回转钻机成孔的工艺如图 2-12 所示。由空心钻杆内部通入泥浆或高压水，从钻杆底部喷出，然后携带钻下的土渣沿孔壁向上流动，由孔口将土渣带出流入泥浆池，经沉淀的泥浆流入泥浆池再注入钻杆，由此进行循环。由于正循环工艺是依靠泥浆向上的流动将泥浆提升，提升力较小，孔底沉渣较多，适用于孔浅、孔径不大的情况。

2) 反循环回转钻机成孔

反循环回转钻机成孔的工艺如图 2-13 所示。泥浆由钻杆与孔壁间的环状间隙流入钻孔，然后由砂石泵在钻杆内形成真空，使钻下的渣土由钻杆内腔吸出至地面而流入沉淀池。反循环工艺通过泵吸作用提升泥浆，其泥浆提升速度快，排渣能力强，适用于孔深、孔径大的情况。

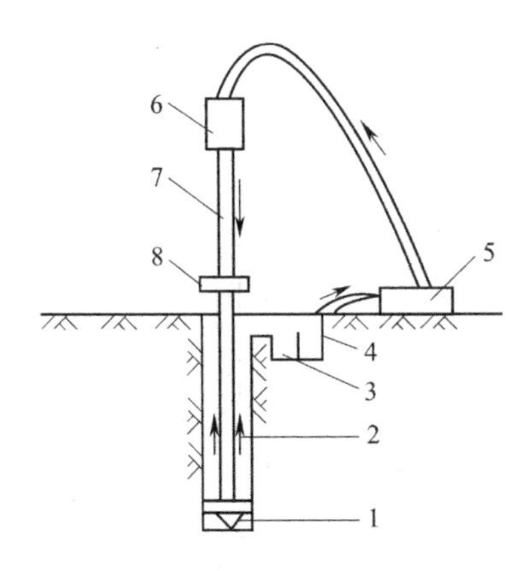

图 2-12　正循环回转钻机成孔工艺原理图

1—钻头；2—泥浆循环方向；3—沉淀池；
4—泥浆池；5—泥浆泵；6—水龙头；
7—钻杆；8—钻机回转装置

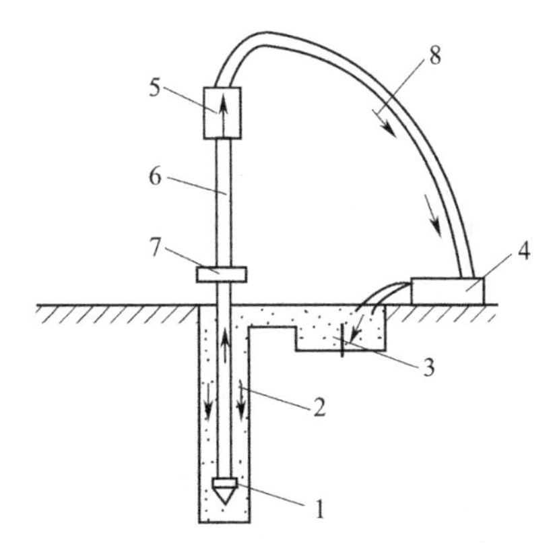

图 2-13　反循环回转钻机成孔工艺原理图

1—钻头；2—新泥浆流向；3—沉淀池；
4—砂石泵；5—水龙头；6—钻杆；
7—钻杆回转装置；8—混合液流向

(2) 潜水钻机成孔

潜水电钻机由潜水电机、齿轮减速器、钻头、密封装置、绝缘橡皮电缆，加上配套机具设备，如机架、卷扬机、泥浆配制系统设备、砂石泵等组成，如图 2-14 所示。潜水钻机动力、变速机构和钻头连在一起，加以密封，因而可以下放至孔中地下水位以下切削土成孔。潜水电钻成孔的特点是钻机设备定型，体积较小，重量轻，移动灵活，维修方便，可钻深孔，成孔精度和效率高，质量好，钻进速度快，施工无噪声、无振动，操作简便，劳动强度低；但设备较复杂，费用较高。适用于地下水位较高的软硬土层，如淤泥、淤泥质土、黏土、粉质黏土、砂土、砂夹卵石及风化页岩层中使用，不得用于漂石。钻孔直径 500～1500mm，钻孔深 20～30m，最深可达到 50m。

潜水电钻成孔是利用潜水电钻机构中密封的电动机、变速机构，直接带动钻头在泥浆中旋转削土，同时用泥浆泵压送高压泥浆（或用水泵压送清水）从钻头底端射出，与切碎的土颗粒混合，以正循环方式不断由孔底向孔口溢出，将泥渣排出，或用砂石泵或空气吸泥机采用反循环方式排除泥渣，如此连续钻进，直至形成需要深度的桩孔，浇筑混凝土成桩。

(3) 冲击钻成孔机

冲击钻成孔机由钻架、冲击钻头（又称冲锤）、转向装置、护筒、掏渣筒以及双筒卷扬机等组成，如图 2-15 所示。冲击成孔是用冲击式钻机或卷扬机悬吊冲击钻头上下往复冲击，将硬质土或岩层破碎成孔，部分碎渣和泥浆挤入孔壁中，大部分成为泥渣，用掏渣筒掏出成孔。

冲击钻成孔特点是设备构造简单，适用范围广，操作方便，所成孔壁较坚实、稳定，坍孔少，不受施工场地限制，无噪声和振动影响等，因此被广泛地采用。但掏泥渣较费工费时，不能连续作业，成孔速度较慢，泥渣污染环境，孔底泥渣难以掏尽，使桩承载力不够稳定。适用于黄土、黏性土或粉质黏土和人工杂填土层中应用，特别适于有孤石的砂砾石层、漂石层、坚硬土层、岩层中使用，对流砂层亦可克服，但对淤泥及淤泥质土，则要十分慎重；对地下水位高的土层，因会使桩端承载力和摩阻力大幅度降低，故不宜使用。

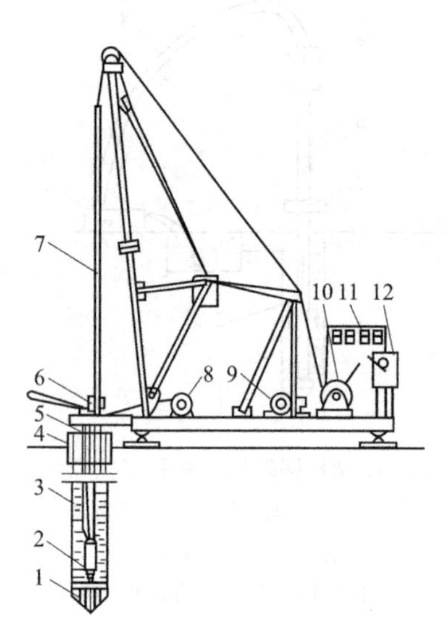

图 2-14　潜水钻机示意图

1—钻头；2—潜水钻机；3—电缆；
4—护筒；5—水管；6—滚轮（支点）；
7—钻杆；8—电缆盘；9—卷扬机；
10—卷扬机；11—电流压力表；
12—启动开关

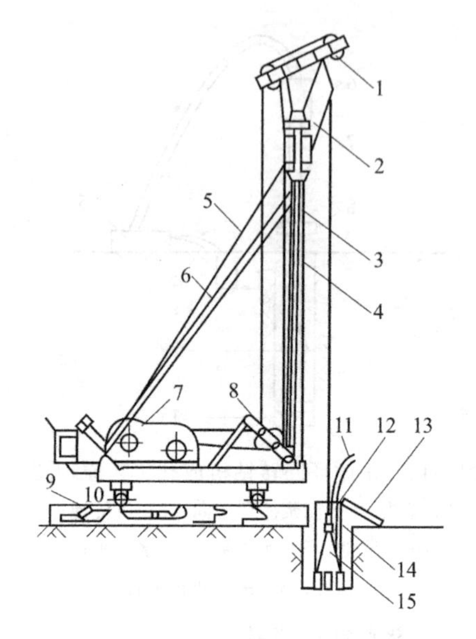

图 2-15　冲击钻孔机示意图

1—副滑轮；2—主滑轮；3—主杆；
4—前拉索；5—后拉索；6—斜撑；
7—双滚筒卷扬机；8—导向轮；9—垫木；
10—钢管；11—供浆管；12—溢流口；
13—泥浆流槽；14—护筒回填土；15—钻头

2. 泥浆护壁成孔灌注桩施工

泥浆护壁成孔灌注桩施工工艺为：桩位放线→护筒埋设→钻机就位→成孔、泥浆循环、清除废浆、泥渣→清孔换浆→终孔验收→下钢筋笼和钢导管→灌筑水下混凝土→成桩养护。

(1) 埋设护筒。首先测定桩位，然后在桩位上埋设护筒，护筒一般由 3～5mm 厚钢板做成，其内径应比钻头直径大 10cm，以便于钻头提升等操作。护筒的作用有三个：① 起导向作用，使钻头能沿着桩位的垂直方向工作；② 提高孔内泥浆水头，以防塌孔；③ 保护孔口。因此，护筒位置应准确，护筒中心线与桩位的中心线偏差不得大于 50mm。护筒的埋置应牢固密实，砂土中埋深不宜小于 1.5m，黏土中埋深不宜小于 1m，在护筒与坑壁间应用黏土分层夯实，必要时在面层铺设 20mm 厚水泥砂浆，以防漏水。在护筒上设有 1～2 个溢浆口，便于溢出泥浆并流回泥浆池进行回收，护筒露出地面 0.4～0.6m。

(2) 泥浆护壁。泥浆的作用是将孔内不同土层中的空隙渗填密实，使孔内渗漏水达最低限度，并维持孔内一定的水压以稳定孔壁，防止塌孔，施工期间护筒内的泥浆面应高出地下水位 1.0m 以上。在成孔过程中严格控制泥浆的相对密度很重要。

在黏土和粉质黏土层中成孔时只需注入清水，以原土造浆护壁。在其他土层中成孔，泥浆制备应选用高塑性黏性土或膨润土。在砂土和较厚的夹砂层中成孔时，泥浆相对密度应控制在 1.1～1.3；在穿过砂夹卵石层或容易塌孔的土层中成孔时，泥浆相对密度应控制在 1.3～1.5。施工中应经常测定泥浆相对密度，及时加以调整。

(3) 清孔。钻孔达到要求的深度后，应进行清孔。在清孔过程中应不断置换泥浆，直至浇筑水下混凝土。以原土造浆的钻孔，清孔可用射水法，此时钻具只转不进，待排出泥浆相对密度降到1.1左右即认为清孔合格；注入制备泥浆的钻孔，可采用换浆法清孔，置换出泥浆的相对密度小于1.25，含砂率不小于8%时方为合格。孔底沉渣允许厚度应符合灌注桩施工要求。

（4）放钢筋笼，水下浇筑混凝土。清孔后应及时吊放钢筋骨架并进行水下浇筑混凝土。水下浇筑的混凝土强度等级应不低于C25，粗骨料的最大粒径应小于40mm，混凝土坍落度18～22cm。为了改善混凝土和易性，可掺入减水剂和粉煤灰等掺合料。水泥强度等级不低于32.5级，每立方米混凝土水泥用量不小于360kg。

浇筑水下混凝土采用导管灌注，导管的分节长度视工艺要求确定，接头宜用法兰或双螺纹方扣快速接头。导管提升时，不得挂住钢筋笼。开始浇筑水下混凝土时，为使隔水栓能顺利排出，导管底部至孔底的距离宜为300～500mm，桩直径小于600mm时可适当加大导管底部至孔底距离；混凝土料斗中应有足够的混凝土储备量，混凝土灌注后能使导管一次埋入混凝土面下0.8m以上；混凝土浇筑中边灌注边提升导管，但应保证导管口始终埋置在混凝土内，导管埋深宜为2～6m，严禁导管提出混凝土面，应有专人测量导管埋深及管内外混凝土面的高差，填写水下混凝土浇筑记录。水下混凝土必须连续施工，每根桩的浇筑时间按混凝土的初凝时间控制。桩顶的浇筑标高比设计标高高出0.8～1.0m，以便凿除桩顶部的泛浆层后达到设计标高的要求。

3. 施工中常见问题及防治措施

泥浆护壁灌注桩施工常见问题及防治措施见表2-4。

泥浆护壁灌注桩施工常见问题及防治措施　　表2-4

问题	产生的主要原因	防治措施
坍孔	1. 土质松散； 2. 泥浆质量不好； 3. 护筒埋置太浅，护筒内水头压力不够； 4. 成孔速度太快，孔壁上来不及形成泥膜	1. 保持或提高孔内水位； 2. 加大泥浆稠度； 3. 提高护筒内水位；护筒周围用黏土填封紧密； 4. 成孔速度根据地质情况确定； 5. 轻度坍孔，加大泥浆密度和提高水位；对严重坍孔，应全部回填，待回填沉积密实后再钻进
钻孔偏移	1. 钻机成孔时，遇不平整的岩层，土质软硬不均，或遇孤石，钻头所受阻力不匀，造成倾斜； 2. 钻头导向部分太短，导向性差； 3. 地面不平或不均匀沉降，桩架不平稳	1. 在有倾斜状的软硬土层处钻进时，控制钻进速度以低速钻进，并提起钻头，上下反复扫钻几次，以便削去硬土层；如有探头石，宜用钻机钻透； 2. 设置足够长度的钻头导向； 3. 场地要平整，安装钻机时，调平桩架； 4. 偏斜过大时，填入石子黏土重新钻进，控制钻速，慢速上下提升、下降，往复扩孔纠正
护筒冒水	埋设护筒时若周围填土不密实，或者由于起落钻头时碰动了护筒，易造成护筒外壁冒水	初发现护筒冒水，可用黏土在护筒四周填实加固；若护筒严重下沉或位移，则返工重埋

（三）套管成孔灌注桩

套管成孔灌注桩又称沉管灌注桩，是用沉桩机将带有活瓣式桩尖（图 2-16）或钢筋混凝土预制桩靴（图 2-17）的桩管振动（或锤击）沉入土中，然后边浇筑混凝土，边振动（或锤击），边拔出桩管而成桩。根据使用桩锤和成桩工艺的不同，分为振动沉管灌注桩和锤击沉管灌注桩。

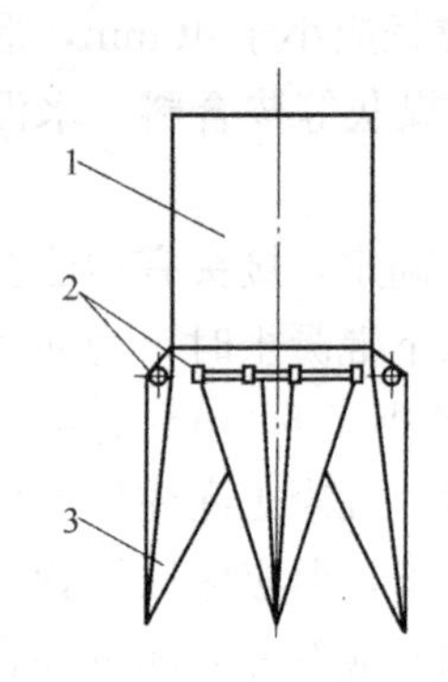

图 2-16　活瓣式桩尖示意图
1—桩管；2—锁轴；3—活瓣

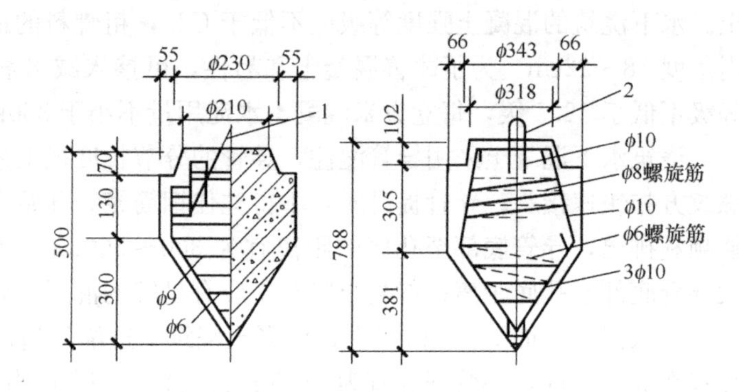

图 2-17　钢筋混凝土预制桩靴
1—吊钩；2—吊环

1. 振动沉管灌注桩

振动沉管灌注桩适于在一般黏性土、淤泥、淤泥质土、粉土、湿陷性黄土、稍密及松散的砂土及回填土中使用。但在坚硬砂土、碎石土及有硬夹层的土层中，易损坏桩尖，因此不宜采用。

振动沉管灌注桩成桩工艺过程如图 2-18 所示。施工时，用桩架吊起钢套管，关闭活瓣或套入桩靴，然后缓缓放下套管，把桩尖压进土中。然后，开动振动箱，使桩管在强迫振动下沉入土中。沉管过程中，应经常探测管内有无水或泥浆，若发现水或泥浆较多，应拔出桩管，用砂回填桩孔后重新沉管；若发现地下水和泥浆进入套管，一般在沉入前先灌入 1m 高左右的混凝土或砂浆，封住活瓣桩尖缝隙，然后再继续沉入。桩管沉到设计标高后，停止振动，放入钢筋骨架，灌入混凝土，混凝土一般应灌满桩管或略高于地面，然后边拔边振。沉管灌注桩的施工应根据土质情况和荷载要求，分别选用单打法、复打法、反插法等。单打法适用于含水量较小的土层，并采用预制桩尖；反插法及复打法适用于饱和土层。

（1）单打法，即一次拔管。桩管内灌满混凝土后，先振动 5～10s 再开始拔管，应边振边拔，每拔 0.5～1.0m 后，停拔并振动 5～10s，如此反复，直至桩管全部拔出；在一般土层内，拔管速度宜为 1.2～1.5m/min，用活瓣桩尖时宜慢，用预制桩尖时可适当加快；在软弱土层中，宜控制在 0.6～0.8m/min。

（2）复打法，即在同一桩位进行两次单打，或根据需要进行局部复打。复打施工必须在第一次浇筑的混凝土初凝之前完成，应随拔管随清除黏在管壁上和散落在地面上的泥土，同时前后两次沉管的轴线必须重合。复打法可消除混凝土缩颈，增大桩的断面，增加桩的承载力。

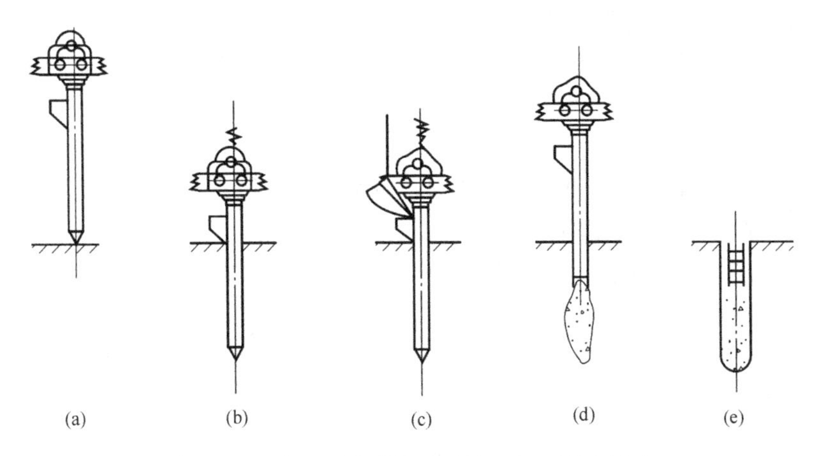

图 2-18　振动沉管灌注桩成桩工艺过程示意图

(a) 桩机就位；(b) 沉管；(c) 第一次浇筑混凝土；(d) 边拔管、边振动、边继续浇筑混凝土；(e) 成桩

(3) 反插法，在套管内灌满混凝土后，先振动再开始拔管，每次拔管高度 0.5～1.0m，向下反插深度 0.3～0.5m。如此反复进行并始终保持振动，拔管速度应小于 0.5m/min，直至套管全部拔出地面。反插法能消除混凝土缩颈，增大桩的断面，提高桩的承载能力。

通常情况下，单打法所成的桩截面比桩管可扩大 30%，复打法可扩大 80%，反插法可扩大 50%左右。

2. 锤击沉管灌注桩

锤击沉管灌注桩是用锤击打桩机，将带活瓣的桩尖或钢筋混凝土预制桩靴的钢管锤击沉入土中，然后边浇筑混凝土边拔桩管成桩。适于在黏性土、淤泥、淤泥质土、稍密的砂土及杂填土层中使用，但不能在密实的砂砾石、漂石层中使用。锤击沉管灌注桩成桩工艺如图 2-19 所示。

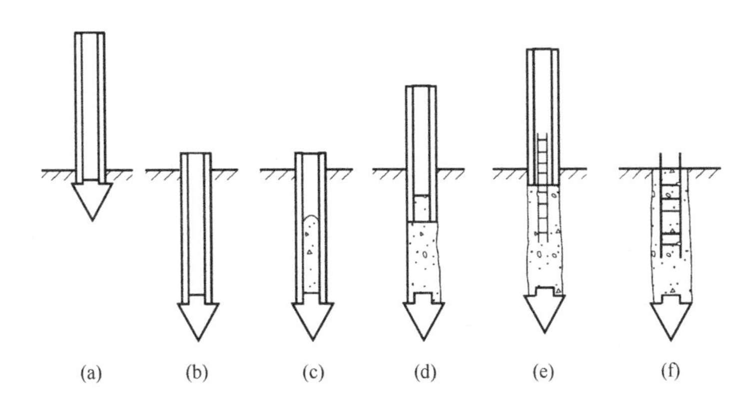

图 2-19　锤击沉管灌注桩成桩工艺原理图

(a) 就位；(b) 沉入套管；(c) 开始浇筑混凝土；(d) 边拔管、边锤击、边继续浇筑混凝土；
(e) 下钢筋笼，继续浇筑混凝土；(f) 成桩

施工中若沉管过程中桩尖损坏，应及时拔出桩管，用土或砂填实后另安桩尖重新沉管。沉管至设计标高，检查管内有无泥浆或水进入，即可浇筑混凝土。混凝土应尽量灌满

桩管，然后开始拔管。拔管时应保持连续密锤低击不停，不宜拔管过高，对一般土可控制在不大于1m/min，淤泥和淤泥质软土不大于0.8m/min，在软弱土层和软硬土层交界处宜控制在0.3～0.8m/min。拔管时还要经常探测混凝土落下的扩散情况，始终保持使管内混凝土量略高于地面。

为扩大桩径，提高承载力或补救缺陷时，也可采用复打法和反插法。

3. 施工常见问题及预防措施

沉管灌注桩施工常见问题及预防措施见表2-5。

沉管灌注桩施工常见问题及防治措施　　表2-5

问题	主要原因	防治措施
缩颈（瓶颈） （浇筑混凝土后的桩身局部直径小于设计尺寸）	1. 拔管速度过快或管内混凝土量过少； 2. 在地下水位以下或饱和淤泥或淤泥质土中沉桩管时，局部产生孔隙压力，把部分桩体挤成缩颈； 3. 混凝土和易性差； 4. 桩身间距过小，施工时受邻桩挤压	1. 施工时每次向桩管内尽量多灌混凝土，一般使管内混凝土高于地面或地下水位1.0～1.5m；桩拔管速度不得大于0.8～1.0m/min； 2. 在淤泥质土中采用复打或反插法施工； 3. 桩身混凝土应用和易性好的低流动性混凝土浇筑； 4. 桩间距过小时，宜用跳打法施工； 5. 桩缩颈，可采用反插法、复打法施工
断桩 （桩身局部残缺夹有泥土，或桩身的某一部位混凝土坍塌，上部被土填充）	1. 混凝土终凝不久，受振动和外力扰动； 2. 桩中心距过近，打邻桩时受挤压； 3. 拔管时速度过快或骨料粒径太大	1. 混凝土终凝不久避免振动和扰动； 2. 桩中心过近，可采用跳打或控制时间的方法，采用跳打法施工； 3. 控制拔管速度，一般以1.2～1.5m/min为宜； 4. 若已出现断桩，可采用复打法解决
桩靴进水、进泥 （套管活瓣处涌水或是泥砂进入桩管内）	地下水位高，含水量大的淤泥和粉砂土层	地下水量大，桩管沉到地下水位时，用水泥砂浆灌入管内约0.5m作封底，并再灌注1m高混凝土，然后打下； 桩靴进水、进泥后，可将桩管拔出，修复改正桩尖缝隙后，用砂回填桩孔重打
吊脚桩 （桩底部的混凝土隔空，或混凝土中混进泥砂而形成松软层的桩）	预制桩靴质量较差，沉管时桩靴被挤入套管内阻塞混凝土下落，或活瓣桩靴质量较差，沉管时被损坏	1. 严格检查桩靴的质量和强度，检查桩靴与桩管的密封情况，防止桩靴在施工时压入桩管； 2. 若已出现混凝土拒落，可在拒落部位采用反插法处理； 3. 桩靴损坏、不密合，可将桩管拔出，将桩靴活瓣修复，孔回填，重新沉入

（四）人工挖孔灌筑桩

1. 人工挖孔灌筑桩特点和适用范围

人工挖孔灌筑桩单桩承载力高，受力性能好，桩质量可靠。施工设备简单，无振动、无噪声、无环境污染，可多桩同时进行，施工速度快，节省设备费用，降低工程造价；但桩成孔工艺存在劳动强度较大，单桩施工速度较慢，安全性较差等问题。因此施工中应特别重视流砂、有害气体等影响，要严格按操作规程施工，制定可靠的安全措施。

挖孔及挖孔扩底灌筑桩桩直径范围为 0.8～5.0m，深度一般 20m 左右，最深可达 40m，适用于无地下水或地下水较少的黏土、粉质黏土，含少量的砂、砂卵石、姜结石的黏土层采用。图 2-20 为人工挖孔桩构造图。

2. 人工挖孔桩施工

人工挖孔桩的施工顺序：场地平整→防、排水措施→放线、定桩位、复核、验收→人工挖孔、绑扎护壁钢筋、支护壁模板、浇捣护壁混凝土（按节循环作业，直至设计深度）→桩底扩孔→全面终孔验收→清理桩底虚土、沉渣及积水→放置钢筋笼→浇筑桩身混凝土→检测和验收。

(1) 挖土。挖土是人工挖孔的一道主要工序，应事先编制好防治地下水方案，避免产生渗水、冒水、塌孔，挤偏桩位等不良后果。在挖土过程中遇地下水时：当地下水不大，可采用桩孔内降水法，用潜水泵将水抽出孔外；若出现流砂现象，首先考虑采用缩短护壁分节和抢挖、抢浇筑护壁混凝土的办法，若此方法不行，就必须沿孔壁打板桩或用高压泵在孔壁冒水处灌注水玻璃水泥砂浆；当地下水较丰富时，采用孔外布井点降水法，即在周围布置管井，在管井内不断抽水使地下水位降至桩孔底以下 1.0～2.0m。

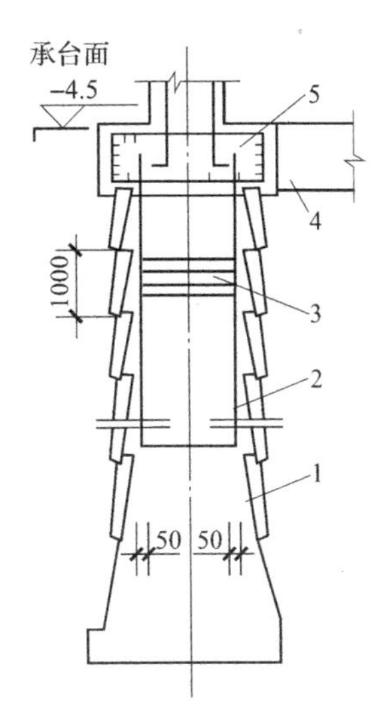

图 2-20　人工挖孔桩构造图

1—护壁；2—主筋；3—箍筋；4—地梁；5—承台

(2) 护壁措施。为防止坍孔和保证操作安全，直径 1.2m 以上桩孔多设混凝土支护，每节高 0.9～1.0m，厚度不小于 100mm，配置直径不小于 8mm 的构造钢筋，混凝土强度等级不应低于 C20。孔口第一节护壁应高出地面 10～15cm，以防止泥水、机具、杂物等掉进孔内。

(3) 放置钢筋笼。桩孔挖好并经有关人员验收合格后，即可根据设计的要求放置钢筋笼。钢筋笼在地面上绑扎好，通过吊装就位，并应满足钢筋焊接、绑扎的施工验收规范要求。钢筋笼放置前，要清除油污、泥土等杂物，防止将杂物带入孔内。

(4) 浇筑桩身混凝土。钢筋笼吊入验收合格后应立即浇筑桩身混凝土。当桩孔内渗水量不大时，抽除孔内积水后，用串筒法浇筑混凝土。如果桩孔内渗水量过大，积水过多不便排干，则应采用导管法水下浇筑混凝土。

3. 安全措施

人工挖孔桩在开挖过程中，还须专门制定安全措施：施工人员进入孔内必须戴安全帽；孔内有人时，孔上必须有人监督防护；挖出的土方不得堆在孔四周 1.0m 范围内，以防滚入孔内，并且机动车辆的通行不得对井壁的安全造成影响；孔周围要设置 0.8m 高的安全防护栏杆，每孔要设置安全绳及安全软梯；使用的电葫芦、吊笼等应安全可靠并配有自动卡紧保险装置，不得使用麻绳和尼龙绳，电葫芦宜用按钮式开关，使用前必须检验其安全起吊能力；孔下照明要用安全电压；使用潜水泵，必须有防漏电装置；每日开工前必须检测井下的有毒、有害气体，并应有足够的安全防护措施；桩孔开挖深度超过 10m 时，应设置鼓风机专门向井下输送洁净空气，风量不少于 25L/s 等。

（五）灌注桩施工质量控制

成孔的控制深度应符合下列要求：①摩擦桩：应以设计桩长控制成孔深度；端承摩擦桩必须保证设计桩长及桩端进入持力层深度。当采用锤击沉管法成孔时，桩管入土深度控制应以标高为主，以贯入度控制为辅。②端承型桩：当采用钻（冲），挖掘成孔时，必须保证桩端进入持力层的设计深度；当采用锤击沉管法成孔时，沉管深度控制以贯入度为主，以设计持力层标高对照为辅。

灌注桩施工中重点对成孔、钢筋笼制作与安装质量、（水下）混凝土灌注等各项质量指标进行控制，并且嵌岩桩还需对桩端的岩性和入岩深度进行检验。施工后对桩身完整性、混凝土强度及承载力进行检验。灌注桩的桩径、垂自度及桩位允许偏差应满足表 2-6 的要求。通常摩擦型灌注桩的沉渣允许厚度不得大于 100mm；对端承型灌注桩桩沉渣允许厚度不得大于 50mm；对抗拔、抗水平力灌注桩，不应大于 200mm。

灌注桩的桩径、垂直度及桩位允许偏差　　表 2-6

成孔方法		桩径偏差（mm）	垂直度允许偏差（%）	桩位允许偏差（mm）
泥浆护壁钻、挖、冲孔桩	D<1000mm	≥0	≤1	≤70+0.01H
	D≥1000mm			≤100+0.01H
套管成孔灌注桩	D<500mm	≥0	≤1	≤70+0.01H
	D≥500mm			≤100+0.01H
干成孔灌注桩		≥0	≤1	≤70+0.01H
现浇混凝土护壁人工挖孔桩		≥0	≤0.5	≤50+0.005H

注：H 为施工现场地面标高与桩顶设计标高的距离；D 为设计桩径。

通常可以采取灌注桩后注浆工艺提高单桩承载力。该工艺通过预设于桩身内的注浆导管（采用钢管）及与之相连的桩端、桩侧，在灌注桩成桩后一定时间后注入水泥浆，从而加固沉渣（虚土）、泥皮和桩底、桩侧一定范围内的土体，提高单桩承载力和减小沉降。对于风化岩、非饱和黏性土及粉土，注浆压力宜为 3～10MPa；对于饱和土层注浆压力宜为 1.2～4MPa。

第二节　地下连续墙工程

（一）概述

地下连续墙施工是在地面上采用挖槽机械，沿着深开挖工程的周边轴线，在泥浆护壁的条件下，开挖一定长度的槽段，挖至设计深度并清除沉渣后，插入接头管或接头型钢等，吊放入钢筋笼，然后用导管法浇筑水下混凝土，筑成一个单元槽段，如此逐段进行，在地下筑成一道连续的钢筋混凝土墙壁。地下连续墙可作为防渗墙、挡土墙、地下结构的边墙和高层建筑的深基础，还可用于逆作法施工。

地下连续墙具有刚度大、整体性好、施工时无振动、噪声低等优点。但地下连续墙施工需要较多的机具设备，一次性投资较高，施工工艺较为复杂，技术要求高，质量要求严，故要有适用于不同地质条件的护壁泥浆的管理方法以及发生故障时所须采取的各项措施。

（二）地下连续墙施工

地下连续墙施工工艺过程如图2-21所示。

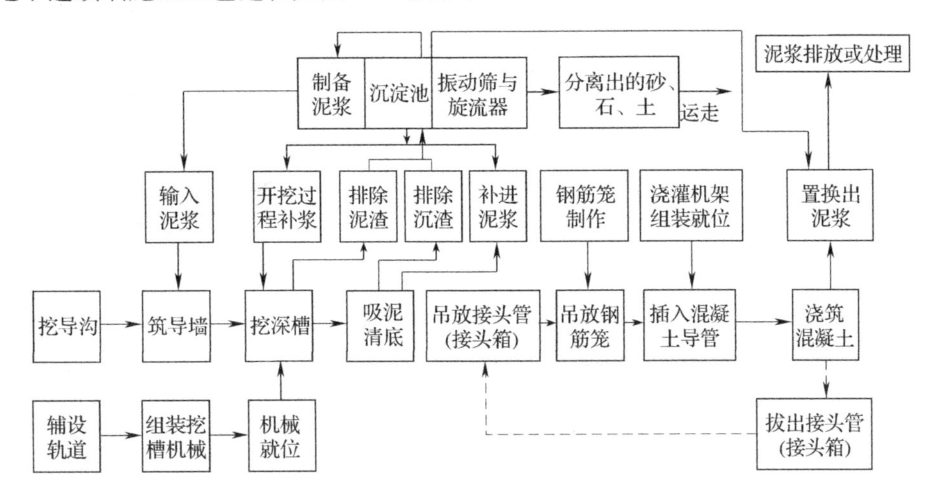

图2-21　现浇钢筋混凝土地下连续墙施工工艺过程框图

1. 导墙施工

深槽开挖前，须沿着地下连续墙设计的纵轴线位置建筑导墙。导墙的作用是挖槽导向、防止槽段上口塌方、存蓄泥浆和作为测量的基准。导墙多为现浇钢筋混凝土结构（图2-22）。

导墙深度一般为1～2m，厚度一般为0.15～0.25m，顶面高出施工地面，防止地面水流入槽段。墙背侧用黏性土回填并夯实，防止漏浆。为防止导墙产生位移，导墙拆模后，应在导墙内侧每隔2m设一木支撑，且在达到规定强度之前禁止重型机械在旁边行驶。

2. 挖槽与清槽

（1）挖槽

地下连续墙的槽段开挖，是保证成槽施工的关键，这不仅需要合理地选择成槽机械和控制泥浆指标，而且还要确定合理的成槽顺序。

目前我国常用的挖槽设备为导杆抓斗和多头钻成槽机。图2-23为导杆抓斗，图2-24为多头钻成槽机及其施工工艺。

挖槽按单元槽段进行，所谓单元槽段，是指地下连续墙在延长方向的一次混凝土浇筑单位。划分单元槽段时，应综合考虑现场水文地质条件、附近现有建筑物的情况、挖槽时槽壁的稳定性等因素。每槽段的成槽根据槽段的长短一般可分为一段式、二段式、三段式、四段式开挖，一般土质较差时，采用一段式开挖，土质较好时可采用2～4个挖掘单元组成一个槽段，长度4～8m。槽宽取决于设计墙厚，一般为600mm、800mm、1000mm等。

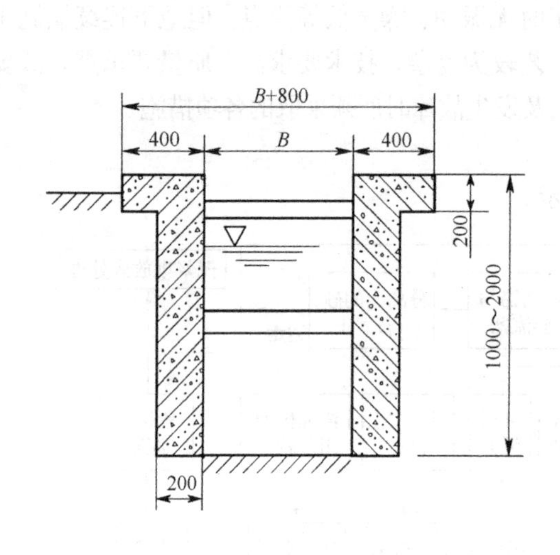

图 2-22　现浇钢筋混凝土导墙截面（单位：mm）

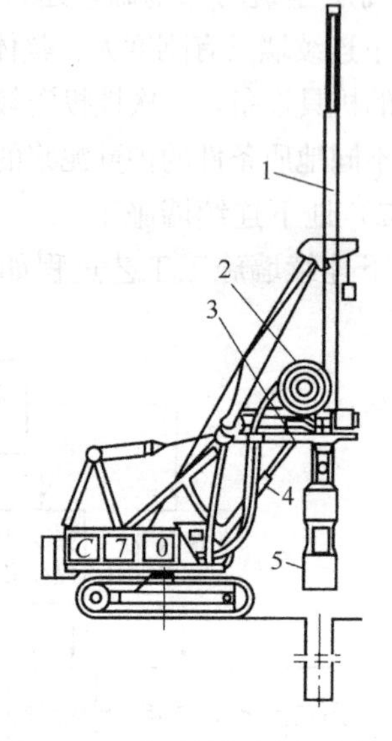

图 2-23　液压导杆抓斗示意图

1—导杆；2—液压管线回收轮；3—平台；4—千斤顶；5—抓斗

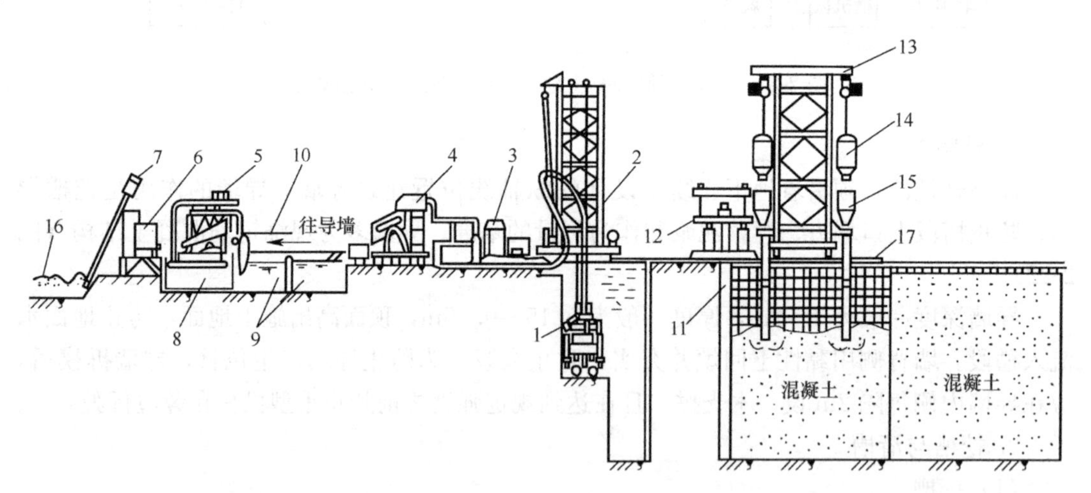

图 2-24　多头钻成槽机成槽及施工工艺图

1—多头钻；2—机架；3—吸泥泵；4—振动筛；5—水力旋流器；6—泥浆搅拌机；7—螺旋输送机；8—泥浆；9—泥浆沉淀池；10—补浆用输送管；11—接头管；12—接头管顶升架；13—混凝土浇筑机架；14—料斗；15—混凝土导管上面的料斗；16—膨润土；17—钢轨

挖槽是在泥浆中进行，泥浆的制备及施工与泥浆护壁灌注桩施工基本相同。泥浆一般采用膨润土，为加强泥浆的效能，可以加入增黏剂、加重剂、分散剂等掺合物。

(2) 泥浆制备与管理

泥浆在成槽过程中起液体支撑，保护开挖槽面的稳定，使开挖出的泥渣悬浮不沉淀，在掘削过程中起携渣的作用；同时，泥浆在槽壁面上形成一层泥皮，可保护槽壁面土颗粒稳定，防止地下水流入或浆液漏掉，还可冷却切削机具，对刀具切土进行润滑等作用，其中最重要的是固壁作用。

泥浆是由膨润土、羧甲基纤维素（又称化学浆糊，简称 CMC）、纯碱、铁铬木质磺酸钙（简称 FCL）等原料按一定的比例配合，并加水搅拌而成的悬浮液。

泥浆制备时，膨润土泥浆应以搅拌器搅拌均匀，拌好后在贮浆池内一般静置 24h 以上，最少不少于 3h，以便膨润土颗粒充分水化、膨胀，确保泥浆质量。一般新配泥浆相对密度控制在 1.04～1.05，循环过程中的泥浆密度控制在 1.25～1.30 以下。遇松散地层，泥浆密度可适当加大。浇筑混凝土前，槽内泥浆密度控制在 1.15～1.20 以下。在成槽过程中，要不断向槽内补充新泥浆，使其充满整个槽段。泥浆面应保持高出地下水位 0.5m 以上，亦不应低于导墙顶面 0.3m。在同一槽段钻进，若遇不同地质条件和土层，要注意调整泥浆的性能和配合比，以适应不同土质情况，防止塌方。在施工中，要加强泥浆的管理，经常测试泥浆性能和调整泥浆配合比，保证顺利地施工。

(3) 清槽

挖槽达到设计深度后必须对槽底泥浆进行置换和清除。清渣的方法有砂石吸力泵排泥法、潜水泥浆泵排泥法、抓斗直接排泥法等。清槽后尽快下放接头管和钢筋笼，并立即浇筑混凝土，以防槽段塌方。

3. 接头施工

地下连续墙每槽段之间依靠接头连接，接头通常要满足设计受力和抗渗要求，同时又要施工简单，便于操作，最常用的是接头管方式。

在单元槽段成孔后，于一端先吊放接头钢管入槽段内，再吊入钢筋笼，浇筑混凝土，在管外混凝土能够自立不塌时，即可用拔管机将锁口管拔出，形成半圆接头。拔管的时间必须选择适当，应根据混凝土的坍落度损失的速度、粘结力增长情况、拔管设备的能力等，通过现场试验确定。一般按第一斗混凝土注入 4～5h 后开始转动锁口管，浇筑完毕 5～6h 后进行试拔，当未出现其他情况时即可全部拔出，然后进行下一单元槽段的施工。地下连续墙利用接头管连接施工见图 2-25 所示。

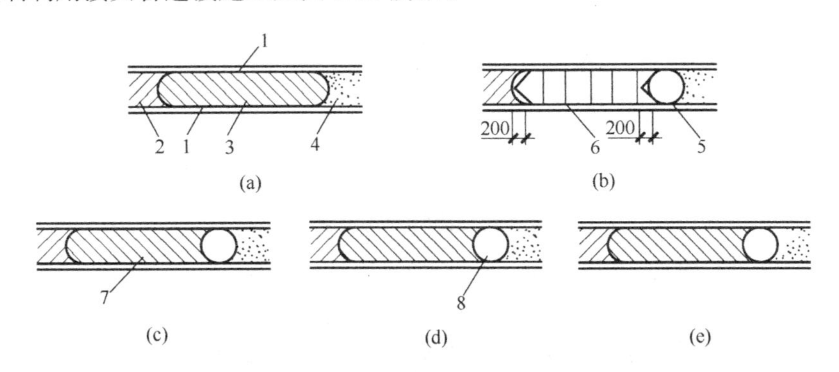

图 2-25　接头管施工程序图

(a) 槽段开挖；(b) 安放接头管及钢筋笼；(c) 混凝土灌筑；

(d) 接头管拔出；(e) 单个槽段竣工

1—导墙；2—已完工的混凝土地下墙；3—正在开挖的槽段；4—未开挖槽段；

5—接头管；6—钢筋笼；7—正完工的混凝土地下墙；8—接头管拔出后的孔洞

如果地下连续墙用做主体结构侧墙或结构的地下墙，则除要求接头抗渗外，还要求接头有抗剪能力，此时就需要在接头处增加钢板使相邻槽段有力地连成整体。

4. 钢筋笼制作与吊装

对长度小于 15m 的钢筋笼，一般采用整体制作，用履带式吊车一次整体吊放；对长度超过 15m 的钢筋笼，常采取分二段制作吊放，接头尽量布置在应力小的地方，先吊放一节，在槽上用帮条焊焊接（或搭接焊接）。钢筋笼插入槽段时要使吊头中心对准槽段中心，缓慢垂直落入槽内，防止碰撞槽壁造成塌方，加大清槽的工作量。为保证槽壁不塌，应在清槽完后 3～4h 以内下完钢筋笼，并立即开始浇筑混凝土。

5. 混凝土施工

采用导管法进行水下浇筑混凝土。根据单元槽段的长度可设几根导管同时浇筑混凝土，导管的水平间距不大于 4m，距槽段两侧端部不大于 1.5m。在混凝土浇筑过程中，导管下口总是埋在混凝土内 2～4m，相邻两导管内混凝土高差应小于 0.5m。混凝土浇筑宜尽量加快，一般槽内混凝土面上升速度不宜小于 0.3m/h，同时不宜大于 5m/h。混凝土高度往往需超浇 300～500mm，以便将设计标高以上的浮浆层凿去。

第三节　逆 作 法 施 工

逆作法施工是以地面为起点，先施工地下室的外墙和中间支撑桩，然后由上而下逐层施工梁、板或框架，利用它们作水平支承系统，然后再进行下部地下工程的结构施工，这种地下室施工不同于传统方法的先开挖土方到底，浇筑底板，然后自下而上逐层施工的方法，故称为“逆作法”，见图 2-26。与传统的施工方法相比，用逆作法施工多层地下室具有可节省支护结构的支撑、可以缩短工程施工的总工期、基坑变形减小、相邻建筑物沉降少等优点。

逆作法施工可分为封闭式逆作法施工（亦称全逆作法施工）和开敞式逆作法施工（亦

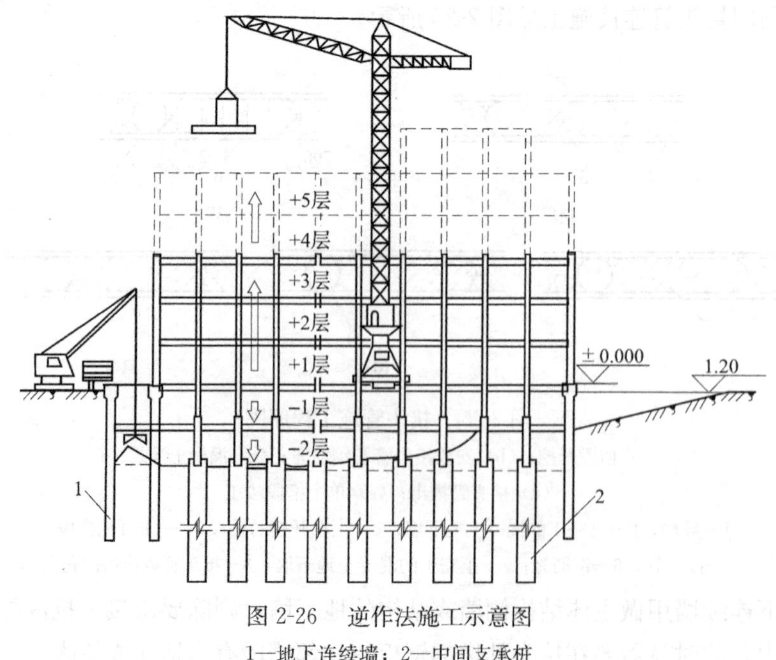

图 2-26　逆作法施工示意图

1—地下连续墙；2—中间支承桩

称半逆作法施工)，具体选用哪种施工方法，需根据结构体系、基础选型、建筑物周围环境以及施工机具与施工经验等因素确定。

1. 封闭式逆作法施工程序

在土方开挖之前，先浇筑地下连续墙，作为该建筑的基础墙或基坑支护结构的围护墙，同时在建筑物内部浇筑或打下中间支承柱（亦称中支桩）。然后开挖土方至地下一层顶面底的标高处，浇筑该层的楼盖结构（留有部分工作面），这样已完成的地下一层顶面楼盖结构即作为周围地下连续墙的水平支撑。然后由上向下逐层开挖土方和浇筑各层地下结构，直至底板封底。同时，由于地面一层的楼面结构已完成，为上部结构施工创造了条件，这样可以同时向上逐层进行地上结构的施工。

2. 开敞式逆作法施工程序

开敞式逆作法又称半逆作法施工，即在地面以下，从地面开始向地下室底面施工。地下部分施工方法与封闭式逆作法相同，只是不同时施工地上部分。

复 习 思 考 题

1. 按受力情况桩分为哪几类？
2. 钢筋混凝土预制桩吊点设置的原则是什么？如何设置？
3. 试述桩锤的类型及其适用范围，打桩时如何选择桩锤？
4. 试述打桩顺序有几种？如何确定合理的打桩顺序？
5. 钢筋混凝土预制桩接桩的方法有哪些？试问各自适用于什么情况？
6. 打桩过程中可能出现哪些情况？如何处理？
7. 钢筋混凝土预制桩的停打原则是什么？
8. 打桩对周围环境有什么影响？如何预防？
9. 灌注桩成孔方法有哪几种？各自适用于什么条件？
10. 试述泥浆护壁成孔灌注桩的施工工艺。
11. 套管成孔灌注桩施工方法有哪几种？如何进行施工？
12. 试述套管成孔灌注桩施工中常遇问题及处理方法有哪些？
13. 试述人工挖孔桩的施工过程及安全措施。
14. 试述地下连续墙施工过程。
15. 什么是逆作法施工？

第三章　砌体工程和新型墙体板材工程

本章学习要点：

1. 了解砌筑工程所用材料性能，熟悉砖砌体、砌块砌体、石砌体的施工工艺，掌握砖砌体、砌块砌体、石砌体的质量要求。

2. 了解脚手架类型，了解垂直运输设施的选用，熟悉脚手架安全使用要求。

3. 了解新型墙体板材材料和施工方法。

砌体工程系指用砖、石和各种砌块等块体与砌筑砂浆经组砌而成的砌体结构工程。这种结构具有就地取材、保温、隔热、隔声、耐火和耐久等良好性能，且具有节约钢材和水泥，不需大型机械、施工组织简单等优点。但是砖砌体由于均由手工砌筑，自重大、生产效率低、劳动强度高、能耗高、占用大量宝贵耕地资源，现阶段许多地区都采用工业废料和天然材料制作中、小型节能砌体以代替普通黏土砖。新型墙体材料以节能、节地、利废、工业化程度高、施工工期短和改善建筑功能为主要特点，今后需大力发展各种轻质板材和混凝土砌块，开发承重复合墙体材料。

第一节　砌 体 材 料

一、块材

砌体工程的块材包括砖、砌块、石三大类。

1. 砖

砌体工程常用的砖按生产方法分为烧结砖和蒸压砖。

(1) 烧结砖

烧结砖有烧结普通砖、烧结多孔砖和空心砖。烧结砖按主要原料分为页岩砖、煤矸石砖和粉煤灰砖等。黏土烧结普通砖因不符合节能、环保和保护农田的要求，正被限用或禁用。

1) 烧结普通砖。烧结普通砖的规格为240mm×115mm×53mm，习惯称为标准砖。烧结普通砖根据抗压强度分为MU30、MU25、MU20、MU15、MU10五个强度等级。

2) 烧结多孔砖。常用的规格尺寸为240mm×115mm×90mm，多用于多层房屋的承重墙体。烧结多孔砖根据抗压强度分为MU30、MU25、MU20、MU15、MU10五个强度等级。

(2) 蒸压砖

蒸压砖有蒸压粉煤灰砖和蒸压灰砂空心砖。

蒸压粉煤灰砖，是指以粉煤灰、石灰或水泥为主要原料，掺加适量石膏和集料，经混合、压制成型，蒸养或蒸压而成的实心砖。尺寸为：长240mm，宽115mm，高53mm，根据抗压强度分为 MU25、MU20、MU15 三个强度等级。

蒸压灰砂空心砖，是指以石灰、砂为主要原料，经坯料制备、压制成型、蒸压养护而制成的空心砖。尺寸为：长 240mm，宽 115mm，高有 53mm、90mm、115mm、175mm，根据抗压强度分为 MU25、MU20、MU15 三个强度等级。

2. 砌块材料

砌块一般是指普通混凝土小型空心砖块、轻骨料混凝土小型空心砌块、蒸压加气混凝土砌块、粉煤灰硅酸盐砌块。这些砌块用于墙体能保证建筑物具有足够的强度和刚度；能满足建筑物的隔声、隔热、保温要求；建筑物的耐久性和技术经济效果也较好。

砌块的品种较多，通常把高度为 115～380mm 的砌块称为小型砌块，380～980mm 的砌块称为中型砌块，980mm 以上的砌块称为大型砌块。

（1）普通混凝土小型空心砌块

普通混凝土小型空心砌块包括普通、承重和非承重砌块、装饰砌块、保温砌块、吸声砌块等类别。强度等级 MU7.5 以上的为承重砌块，MU10 以下的为非承重砌块。其主规格尺寸为 190mm×190mm×390mm。

（2）轻骨料混凝土小型空心砌块

轻骨料混凝土小型空心砌块具有轻质高强、保温隔热、抗震性能好等特点，在各种建筑的墙体中得到广泛应用。

（3）蒸压加气混凝土砌块

蒸压加气混凝土砌块具有质轻、保温、防火、可锯、能刨、加工方便等优点。一般作为内外墙的建筑砌块，也常用于框架填充墙的墙体和刚性屋面的保温层。蒸压加气混凝土砌块的规格尺寸：长度 600mm；宽度为 100mm、150mm、175mm、200mm、250mm、300mm；高度为 200mm、250mm、300mm。

（4）粉煤灰砌块

粉煤灰硅酸盐砌块，按密度情况可分为密实砌块和空心砌块两种，密实砌块一般用于低层或多层房屋建筑的墙体和基础。粉煤灰硅酸盐砌块不宜用于具有酸性介质侵蚀的建筑部位，不宜用于经常处于高温影响下的建筑物。其主规格尺寸为 880mm×380mm×240mm 和 880mm×430mm×240mm。

3. 石砌体材料

石材按其加工后的外形规则程度，可分为料石和毛石。料石按其加工面的平整程度分为细料石、半细料石、粗料石和毛料石四种，料石的宽度、厚度均不宜小于 200mm，长度不宜大于厚度的 4 倍。毛石分为乱毛石和平毛石。

石砌体所用的石材应质地坚实，无风化剥落和裂纹。用于清水墙、柱表面的石材，应色泽均匀。石砌体常用于基础、墙体、挡土墙及桥涵工程。

二、砂浆

砌筑砂浆是由水泥、砂、掺加料或外加剂和水按一定比例配制而成。砂浆在砌体内的作用主要是填充砖之间的空隙，并将其粘结成整体。

（1）砂浆的分类

常用的砌筑砂浆按组成可分为三类：

1）水泥砂浆。无塑性掺合料的纯水泥砂浆具有较高的强度和耐久性，但和易性差，多用于强度高和潮湿环境的砌体中。

2）混合砂浆。有塑性掺合料的水泥砂浆，如水泥白灰砂浆，具有一定的强度和耐久性，且和易性和保水性好，多用于一般墙体中。

3）非水泥砂浆。不含有水泥的砂浆，如白灰砂浆、黏土砂浆等，强度低且耐久性差，可用于简易或临时建筑的砌体中。

（2）砂浆强度等级

砂浆强度等级是以边长为70.7mm的立方体试块，龄期为28d抗压试验测得的抗压强度确定的。砌筑砂浆强度等级分为M20、M15、M10、M7.5、M5.0、M2.5六级。M代表砂浆强度等级，数字代表强度值，单位为“N/mm^2”。

（3）原材料要求

砂浆所用水泥的品种、强度等级应符合设计要求，并且检验合格后方可使用，不同品种的水泥，不得混合使用。砌筑砂浆用砂宜用中砂，不得含有有害杂物，其含泥量一般不应超过5%，对强度等级小于M5的水泥混合砂浆，不应超过10%。生石灰熟化成石灰膏时，应用网过滤，熟化时间不得少于7d，不得采用脱水硬化的石灰膏，消石粉不得直接使用于砌筑砂浆中。

（4）砂浆的拌制和使用

1）砂浆的原材料称量要求。水泥、有机塑化剂和冬期施工中掺用的氯盐等配料准确度应控制在±2%范围内；砂、水及石灰膏、电石膏、黏土膏、粉煤灰、磨细生石灰粉等组分的配料精确度应控制在±5%范围内。应考虑砂的含水率对配料的影响。

2）砂浆的搅拌及使用。砂浆试配时应采用机械搅拌。搅拌时间一般如下所示：水泥砂浆和水泥混合砂浆，不得小于2min；水泥粉煤灰砂浆和掺用外加剂的砂浆不得小于3min；掺用有机塑化剂的砂浆，应为3～5min。砂浆应随拌随用。水泥砂浆必须在拌成后3h，水泥混合砂浆必须在拌成后4h内使用完毕。如施工期间最高气温超过30℃时，必须在拌成后2h和3h内使用完毕。尤其不得使用过夜砂浆。

3）预拌砂浆。除现场拌制砂浆外，常用预拌砂浆。预拌砂浆是专业生产厂生产的湿拌砂浆或干混砂浆。湿拌砂浆应采用专用搅拌车运输，湿拌砂浆运至施工现场后，应进行稠度检验，除直接使用外，应储存在不吸水的专用容器内，并应根据不同季节采取遮阳、保温和防雨雪措施。

第二节 脚手架及垂直运输设施

一、脚手架

（一）脚手架的分类

脚手架是为建筑施工而搭设的上料、堆料与施工作业用的临时结构架，其种类很多。

（1）按材料分，脚手架按其使用材料可分为木脚手架、竹脚手架、金属脚手架等。

（2）按搭设位置分，脚手架按其搭设位置可分为外脚手架、里脚手架等。

（3）按构造形式分，脚手架按其构造形式可分为多立杆式脚手架（分单排、双排和满堂脚手架）、碗扣式钢管脚手架、挑式脚手架、框式脚手架、桥式脚手架、悬吊式脚手架、塔式脚手架、挂式脚手架、工具式里脚手架等。

（二）脚手架的搭设和使用要求

脚手架应有适当的宽度（不得小于 1.5m，一般 2m 左右）、一步架高度、离墙距离，能满足工人操作、材料堆放及运输的需要。构造简单，便于搭拆、搬运，能多次周转使用，尽量节省用料。应有足够的强度、刚度及稳定性，保证施工期间在使用荷载作用下不变形、不倾斜、不摇晃，脚手板应满铺、铺稳，不得探头。脚手架地基有足够的承载能力，避免脚手架发生整体或局部沉降。有可靠的安全防护措施，如安全网、防电避雷措施等。脚手架搭设后应进行检查和验收，合格才能使用。严格控制使用荷载，确保有较大的安全储备，普通脚手架荷载应不超过 $3kN/m^2$。使用过程中应经常检查安全与否。

（三）常用脚手架

1. 扣件式钢管脚手架

扣件式脚手架是由标准钢管杆件（立杆、横杆、斜杆）和特制扣件组成的脚手框架与脚手板、防护构件、连墙件等组成的。脚手架钢管宜采用外径 48.3mm、壁厚 3.6mm 的焊接钢管或无缝钢管；用于立杆、水平纵向杆、剪刀杆的钢管最大长度不宜超过 6.5m。扣件可用锻铸铁铸造或钢板压制，基本形式有三种（如图 3-1 所示）：供两根呈垂直相交钢管连接用固定的直角扣件、供两根呈任意角度相交钢管连接用的回转扣件和供两根对接钢管连接用的对接扣件。

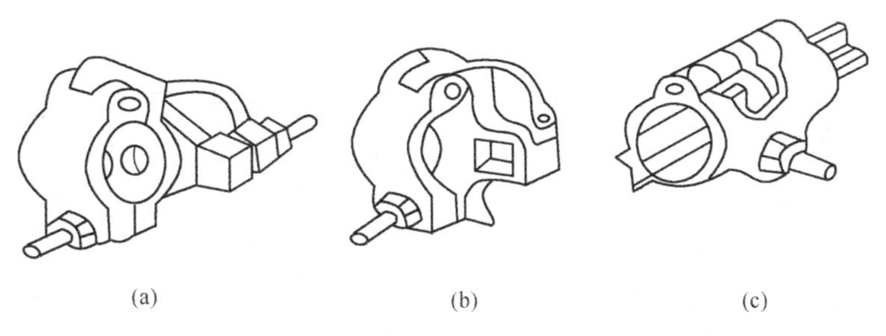

图 3-1　扣件形式

(a) 回转扣件；(b) 直角扣件；(c) 对接扣件

扣件式钢管脚手架沿建筑物外围从地面搭起，可搭设成双排式，也可搭设成单排式。单排脚手架搭设高度不应超过 24m；双排脚手架搭设高度不宜超过 50m，高度超过 50m 的双排脚手架，应采用分段搭设等措施。既可用于外墙砌筑，又可用于外墙装饰施工，也可作为内部满堂脚手架，是常用的一种脚手架。其特点是通用性强，搭设高度大，装卸方便，坚固耐用。图 3-2 是扣件式外脚手架示意图。

2. 门形组合式脚手架

门形组合式脚手架也称为框式脚手架，是目前应用最为普遍的脚手架之一。它不仅可作为外脚手架，且可作为内脚手架或满堂脚手架。具有几何尺寸标准化、结构合理、工作安全可靠、施工方便、经济实用等特点，如图 3-3 所示。

门式脚手架系一种由工厂生产、现场搭设的脚手架，一般只要根据产品目录所列的使用荷载和搭设规定进行施工，不必再进行验算。如果实际使用情况与规定有出入时，应采取相应的加固措施或进行验算。

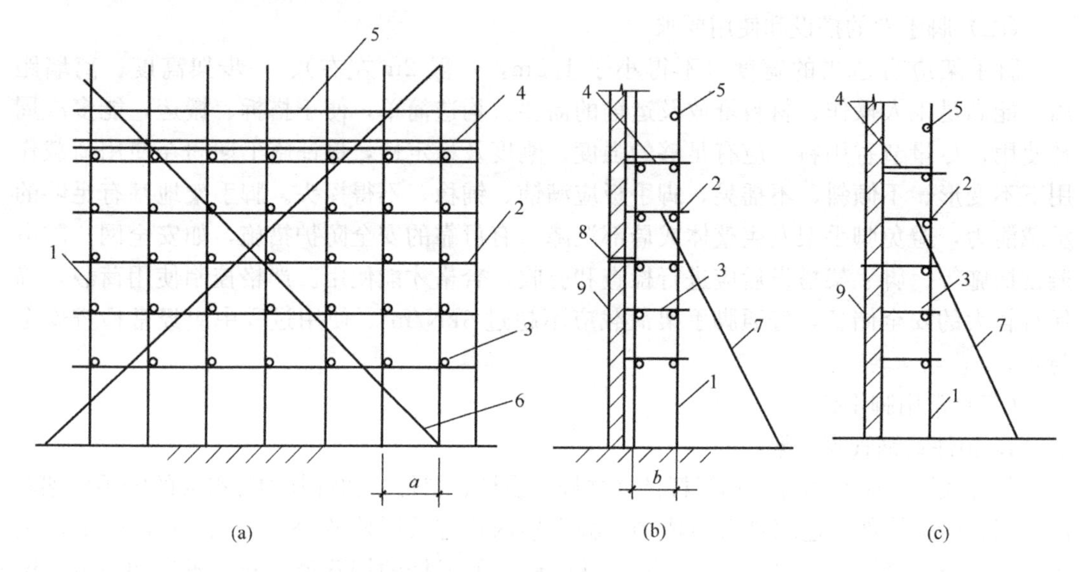

图 3-2　扣件式外脚手架

(a) 立面；(b) 侧面 (双排)；(c) 侧面 (单排)

1—立杆；2—纵向水平杆；3—横向水平杆；4—脚手板；
5—栏杆；6—剪刀撑；7—抛撑；8—连墙件；9—墙体

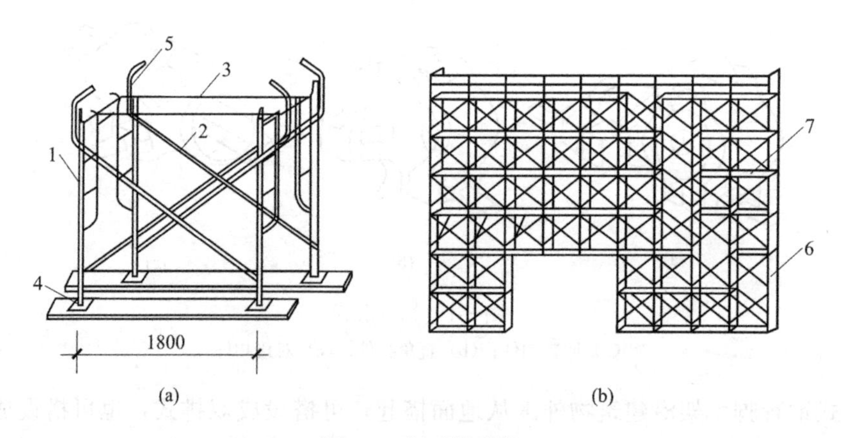

图 3-3　门式脚手架

(a) 基本单元；(b) 门式外脚手架

1—门式框架；2—剪力撑；3—水平梁架；4—螺旋基脚；5—梯子；6—栏杆；7—脚手板

常用的门式钢管脚手架搭设高度限制在 55m 以内，采取一定措施后可达到 80m 左右。其施工荷载一般为：均布荷载 $3kN/m^2$ (结构施工)、$2kN/m^2$ (装修施工)，或作用于脚手架板跨中的集中荷载 2kN。门式脚手架的地基应有足够的承载力。地基必须夯实找平，并严格控制第一步门式框架顶面的标高 (竖向误差不大于 5mm)，并应逐片校正门式框架的垂直度和水平度，以确保整体刚度，门式框架之间必须设置剪刀撑和水平梁架 (或脚手板)。

3. 悬挑脚手架

悬挑脚手架简称挑架，施工中遇到如下情况时采用：如高层建筑主体结构四周有裙房，脚手架不能直接支撑在地面上；超高层建筑施工，脚手架搭设高度超过其容许高度，需要将其分成几个高度段来搭设。

挑架是将脚手架支撑在悬挑的支撑结构上，支撑结构则固定在已建房屋结构的外缘，承担脚手架传来的荷载并将之传给房屋结构，因此挑架的关键是悬挑支撑结构，必须有足够的强度、刚度和稳定性，对于房屋结构也需作施工期承受这个外加荷载的验算。

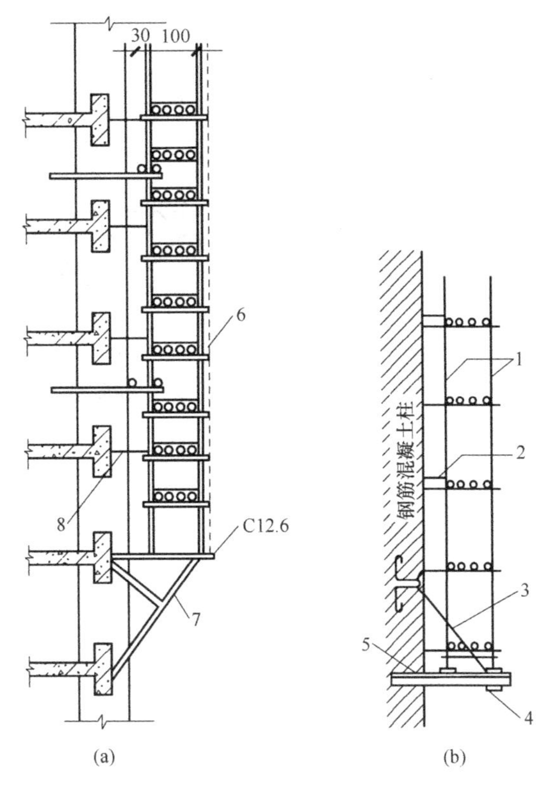

图 3-4 悬挑支撑结构的结构形式
(a) 下撑式；(b) 斜拉式
1—钢管脚手架；2—拉结铅丝；3—钢丝绳；4—轻型槽钢；5—悬挑梁；6—安全网；7—三角支架；8—8 号铁丝

悬挑支撑结构的结构形式有两类：

(1) 用型钢焊接而成三角形桁架。桁架的上下支点直接与房屋结构中的预埋件焊接，称为下撑式（图 3-4a）；

(2) 用型钢作为悬挑梁，端部加钢丝绳或装有花篮螺栓的拉杆，拉绳（杆）的另一端与房屋结构相连，称为斜拉式（图 3-4b）。

4. 升降式脚手架

升降式脚手架主要特点是：脚手架不需满搭，只搭设满足施工操作及安全各项要求的高度；地面不需做支撑脚手架的坚实地基，也不占施工场地：脚手架及其上承担的荷载传给与之相连的结构，对这部分结构的强度有一定要求；随施工进程，脚手架可随之沿外墙升降，结构施工时由下往上逐层提升，装修施工时由上往下逐层下降。升降式脚手架，包括自升降式、互升降式、整体升降式三种类型。图 3-5 为整体升降式脚手架。

5. 里脚手架

里脚手架，又称内脚手架，搭设于建筑物内部，用于室内墙体砌筑、内装修和砌筑围墙等。里脚手架装拆较频繁，要求轻便灵活、装拆方便。通常将其做成工具式的，结构形式有折叠式、支柱式和门架式。图 3-6 为折叠式里脚手架示意图。

二、垂直运输设施

常用的垂直运输设施有塔式起重机、井架、龙门架和建筑施工电梯等。

1. 井架（图 3-7）

井架是施工中最常用的、也是最为简便的垂直运输设施。它的稳定性好、运输量大，除用型钢或钢管加工的定型井架之外，还可采用许多种脚手架材料搭设起来，而且可以搭设较高的高度（达 50m 以上）。

2. 龙门架

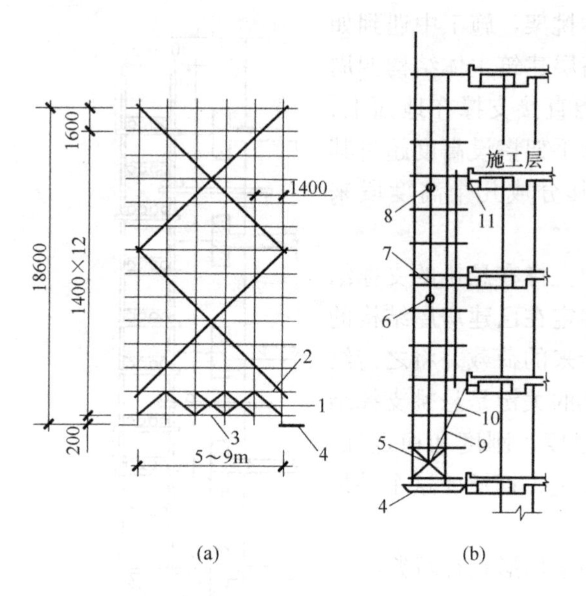

图 3-5　整体升降式脚手架

(a) 正立面；(b) 侧立面

1—承力桁架；2—上弦杆；3—下弦杆；4—承力架；

5—斜撑；6—电动倒链；7—挑梁；8—倒链；

9—花篮螺栓；10—拉杆；11—螺栓

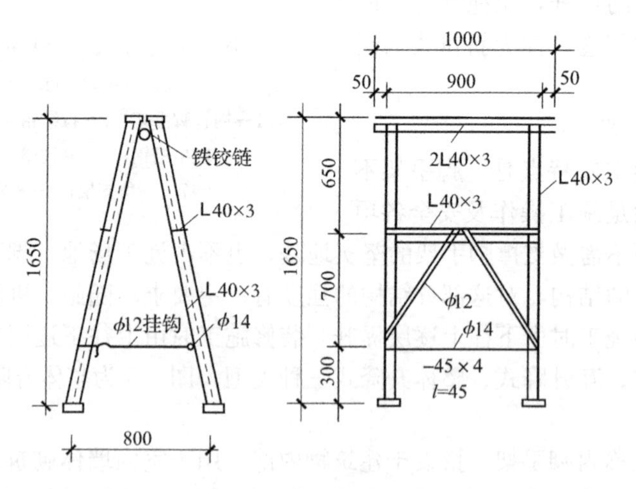

图 3-6　折叠式里脚手架示意图

龙门架是由两根立杆及天轮梁（横梁）构成的门式架。在龙门架上装设滑轮（天轮及地轮）、导轨、吊盘（上料平台）、安全装置以及起重索、缆风绳等即构成一个完整的垂直运输体系。图 3-8 是普通龙门架的基本构造。

3. 建筑施工电梯（图 3-9）

建筑施工电梯又称人货两用电梯，是一种安装于建筑物外部，施工期间用于运送施工人员及建筑器材的垂直提升机械，是高层建筑施工不可缺少的关键设备之一。它附着在外墙或其他结构部位上，随建筑物升高，架设高度可达 200m 以上。

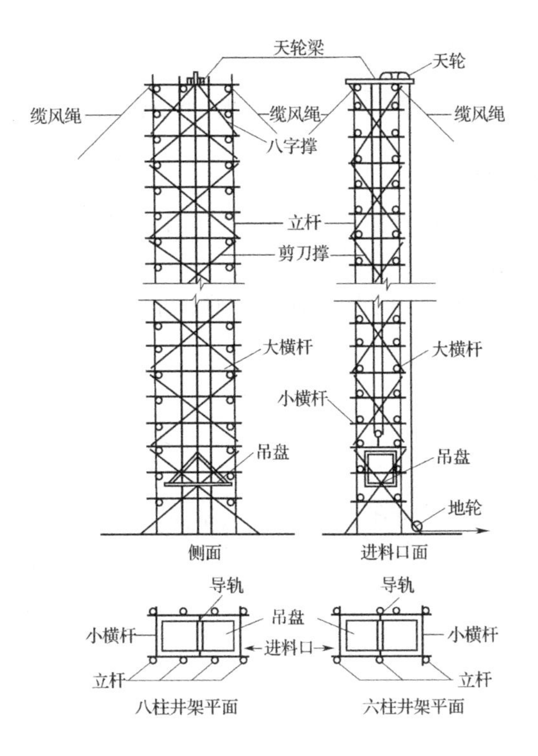

图 3-7　井架

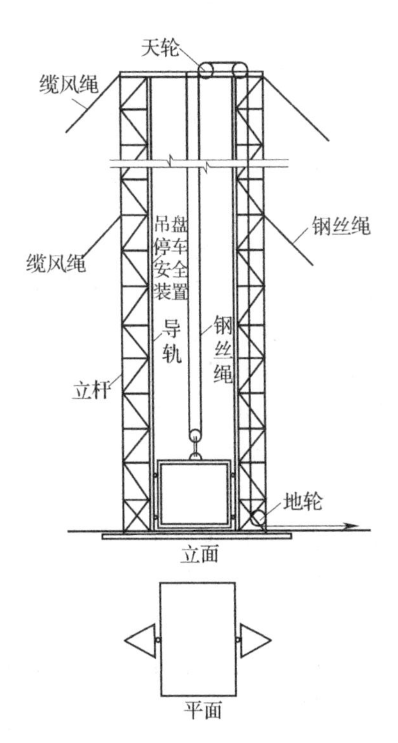

图 3-8　龙门架的基本构造形式

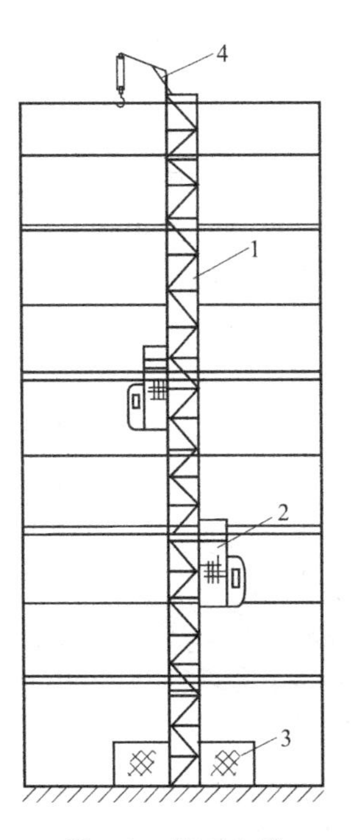

图 3-9　施工电梯

1—塔架；2—吊厢；3—底厢；4—小吊杆

第三节　砖砌体施工

一、砖砌体的组砌形式

砖砌体的组砌要求：砖块排列应遵守上下错缝，内外搭接，避免垂直缝出现；同时组砌要科学合理，尽量少砍砖，提高砌筑效率。

砖墙根据其厚度不同，可采用全顺、两平一侧、全丁、一顺一丁、梅花丁或三顺一丁的砌筑形式，如图 3-10 所示。

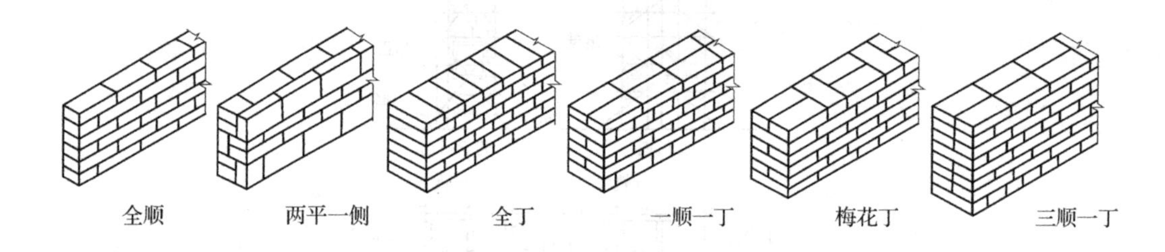

图 3-10　烧结普通砖组砌形式

二、砖砌体的砌筑工艺

砖砌体施工通常包括抄平、放线、摆砖样、立皮数杆、挂准线、铺灰、砌砖等工序。如果是清水墙，则还要进行勾缝。砖应提前 1～2d 浇水湿润。

(1) 抄平放线。先在基础面或楼面上按标准的水准点定出各层标高，并用水泥砂浆或细石混凝土找平。在抄平的墙基上，按龙门板上轴线定位钉为准拉麻线，弹出墙身中心轴线，并定出门窗洞口的位置。各楼层的轴线则可利用预先引测在外墙面上的墙身中心轴线，借助于经纬仪把墙身中心轴线引测到楼层上去。

(2) 摆砖样。按选定的组砌方法，在墙基顶面放线位置试摆砖样（生摆，即不铺灰），尽量使门窗垛符合砖的模数，偏差小时可通过竖缝调整，以减小斩砖数量，并保证砖及砖缝排列整齐、均匀，以提高砌砖效率。

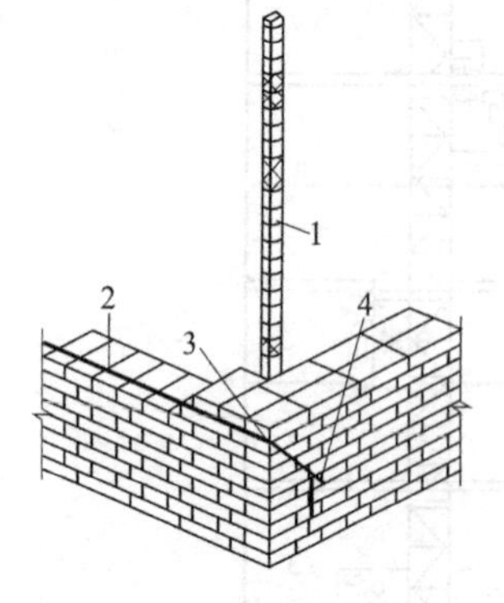

图 3-11　立皮数杆示意图
1—皮数杆；2—水平控制线；
3—转角处水平控制线及固定铁钉；
4—末端水平控制线及固定铁钉

(3) 立皮数杆。砌体施工应设置皮数杆，并应根据设计要求、砖的规格及灰缝厚度在皮数杆上标明砌筑的皮数及竖向构造变化部位的标高，如：门窗洞、过梁、楼板等（图 3-11）。皮数杆可以控制每皮砖砌筑的竖向尺寸，并使铺灰的厚度均匀，保证砖皮水平。皮数杆立于墙的转角处，其基准标高用水准仪校正。如墙的长度很大，可每隔 10～20m 再立一根。

(4) 铺灰砌砖。砌砖通常先在墙角按照皮数杆进行盘角，然后将准线挂在墙侧，作为墙身砌筑的依据，每砌一皮或两皮，准线向上移动一次。对墙厚等于或大于 370mm 的砌体，宜采用双面挂线砌筑，以保证墙面的垂直度与平整度。

砌筑宜采用一铲灰、一块砖、一揉压的“三一”砌筑法。当采用铺灰砌筑时，铺浆的长度不得超过750mm，如施工期间气温超过30℃时，铺浆长度不得超过500mm。

三、砖砌体的质量要求

砌筑工程质量着重控制灰缝质量，砌筑工程质量要求做到“横平竖直、砂浆饱满、组砌得当、接槎牢固”。具体要求如下：

（1）砖砌体的灰缝应横平竖直，厚薄均匀。水平灰缝厚度宜为10mm，但不应小于8mm，也不应大于12mm。

（2）砌体水平灰缝的砂浆饱满度不得低于80%。

（3）砖砌体的转角处和交接处应同时砌筑，严禁无可靠措施的内外墙分砌施工。对不能同时砌筑而又必须留置的临时间断处应砌成斜槎，斜槎水平投影长度不应小于高度的2/3，如图3-12所示。

（4）非抗震设防及抗震设防烈度为6度、7度地区的临时间断处，当不能留斜槎时，除转角处外，可留直槎，但必须做成凸槎。留直槎处，应加设拉结钢筋，拉结钢筋的数量为每120mm墙厚放置1ϕ6拉结钢筋（120mm厚墙放置2ϕ6拉结钢筋），间距沿墙高不应超过500mm；埋入长度从留槎处算起，每边均不应小于500mm；对抗震设防烈度6度、7度的地区，不应小于1000mm；末端应有90°弯钩，如图3-13所示。

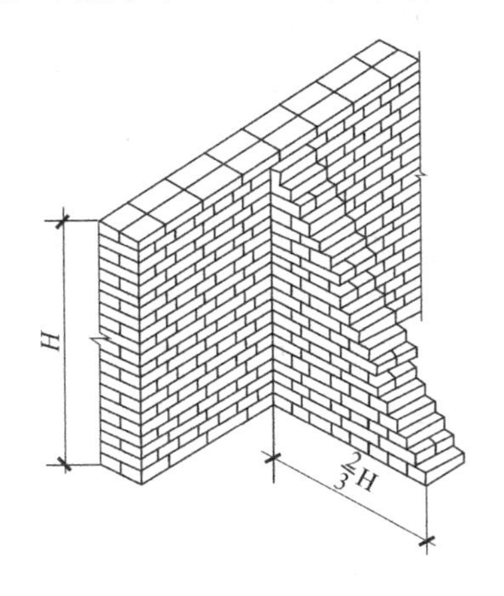

图3-12　砖砌体留斜槎

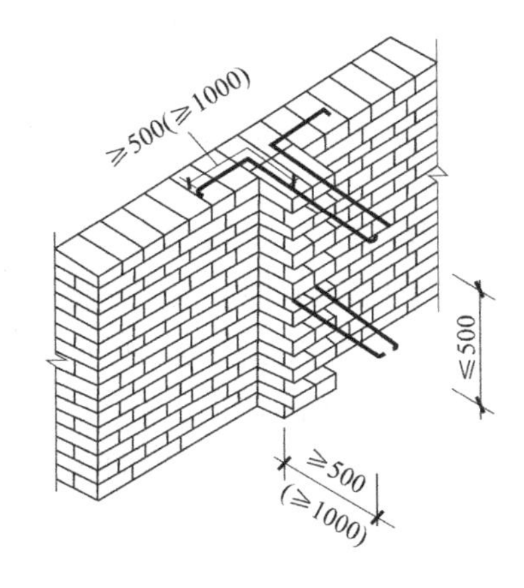

图3-13　砖砌体留直槎

（5）砖砌体组砌方法应正确，上、下错缝，内外搭砌，砖柱不得采用包心砌法。

（6）砖砌体的位置及垂直度允许偏差应符合规范要求。

四、砌体工程冬期施工

当室外日平均气温连续5d稳定低于5℃时，砌体工程应采取冬期施工措施，并应在气温突然下降时及时采取防冻措施。

1. 材料

冬期施工所用的材料应符合如下规定：

（1）砌块在砌筑前，应清除冰霜，遭水浸冻后的砌块不得使用；

（2）石灰膏、黏土膏和电石膏等应防止受冻，如遭冻结，应经融化后使用；

（3）拌制砂浆所用的砂，不得含有冰块和直径大于10mm的冰结块；

(4) 冬期施工不得使用无水泥配制的砂浆，砂浆宜采用普通硅酸盐水泥拌制；

(5) 拌合砂浆宜采用两步投料法。水的温度不得超过 80℃，砂的温度不得超过 40℃；

(6) 普通砖在正温度条件下砌筑应适当浇水润湿；在负温度条件下砌筑时，可不浇水，可适当加大砂浆的稠度；

(7) 冬期施工砂浆试块的留置，除应按常温规定要求外，尚应增留不少于 1 组与砌体同条件养护的试块，测试检验 28d 强度；

(8) 冬期施工中，每日砌筑后应及时在砌体表面覆盖保温材料。

2. 冬期施工常用方法

砌体工程冬期施工常用方法有掺外加剂法、冻结法、暖棚法等。

(1) 掺外加剂法

掺外加剂法是在水泥砂浆或水泥混合砂浆中，掺入一定数量的抗冻早强剂，降低冰点，使砂浆在一定负温下不致冻结，且砂浆强度还能继续增长与砖石形成一定的粘结力，从而在砌体解冻期间不必采用临时加固措施的一种冬期施工方法。该法能够保证工程质量，操作方便，经济适用，所以在我国冬期施工中应用最为广泛。

常用的抗冻早强剂有两种：① 氯化钠（单盐）或氯化钠和氯化钙（双盐），氯盐砂浆所用的盐类宜为氯化钠，气温在－15℃以下时，可掺用双盐；② 复合抗冻早强剂，为防止配筋和预埋铁件发生锈蚀，可采用氯化钠加亚硝酸钠复合抗冻早强剂。

为了便于施工，砂浆在使用时的温度不应低于 5℃，且当日最低气温小于等于－15℃时，对砌筑承重墙体的砂浆强度等级应比常温施工提高。

(2) 暖棚法

暖棚法是利用简易结构和廉价的保温材料，将需要砌筑的工作面临时封闭起来，使砌体在正温条件下砌筑和养护。采用暖棚法要求棚内块材的砌筑温度不得低于 5℃，距离所砌结构底面 0.5m 处棚内温度也不得低于 5℃。故应经常采用热风装置进行加热。由于搭暖棚需要消耗大量的材料、人工和能源，所以暖棚法成本高，效率低，一般不宜采用。主要适用于地下室墙、挡土墙、局部修复工程的砌筑。

第四节 砌块施工

一、砌块砌体的组砌

砌块砌体一般采用全顺的砌筑形式。砌块砌筑前，应根据建筑物的平面、立面图绘制砌块排列图。砌块排列图要求在立面图上绘出纵横墙，标出楼板、框架梁、过梁、洞口等位置，然后以主规格为主，其他型号为辅，按墙体错缝搭接的原则和竖缝大小进行排列。砌块排列应遵循下列原则：

1. 砌块墙错缝搭砌

砌块墙砌筑时应错缝搭砌，搭接长度不足时，应在水平灰缝内设置 2ϕ4 的钢筋网片或 2ϕ6 的拉结钢筋。

(1) 混凝土小型空心砖块应底面朝上反砌于墙上，砌块应对孔错缝搭砌。上下皮小砌块竖向灰缝相互错开 190mm；个别情况当无法对孔砌筑时，普通混凝土小砌块错缝长度不应小于 90mm，轻骨料混凝土小砌块错缝长度不应小于 90mm，竖向通缝不应大于2 皮。

（2）加气混凝土砌块墙、粉煤灰砌块上下皮的垂直灰缝错开长度应不小于砌块长度的1/3。

2. 纵横墙交接处理

外墙转角处及纵横墙交接处，应交错搭砌。砌块墙的转角处，应使纵横墙砌块相互搭砌，隔皮砌块露端面；砌块墙的T字交接处，应使横墙砌块隔皮露端面，如图3-14及图3-15所示。

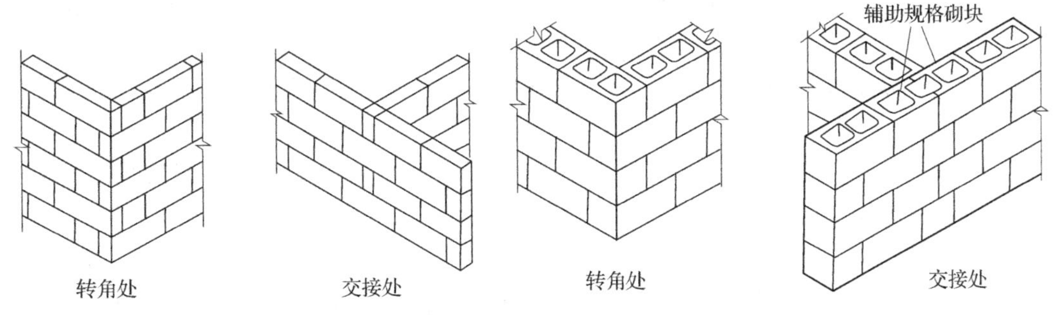

图3-14 加气混凝土砌块墙的转角处、交接处砌法

图3-15 混凝土小型砌块墙转角处及交接处砌法

3. 砌块墙局部镶砖

砌块墙局部必须镶砖时，应尽量使砖的数量达到最低，镶砖部分应分散布置。

4. 混凝土小型砌块墙体中芯柱设置

（1）芯柱宜设置的部位：① 在外墙转角、楼梯间四角的纵横墙交接处的三个孔洞，宜设置素混凝土芯柱；② 5层及5层以上的房屋，应在上述部位设置钢筋混凝土芯柱。

（2）芯柱的构造要求：① 芯柱截面不宜小于120mm×120mm，宜用不低于C20的细石混凝土浇灌；② 钢筋混凝土芯柱每孔内插竖筋不应小于1ϕ10，底部应伸入室内地面下500mm或与基础圈梁锚固，顶部与屋盖圈梁锚固；③ 在钢筋混凝土芯柱处，沿墙高每隔400mm应设ϕ4钢筋网片拉结，每边伸入墙体不小于600mm，如图3-16所示；④ 芯柱应沿房屋的全高贯通，并与各层圈梁整体现浇。

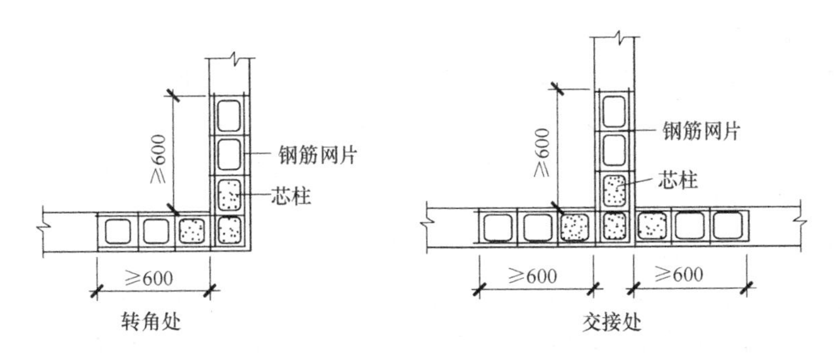

图3-16 混凝土芯柱

二、砌块砌体施工工艺

砌块砌筑的主要工序有：铺灰、砌块安装就位、校正、灌浆、镶砖等。

(1) 铺灰。采用稠度良好（5～7cm）的水泥砂浆，铺 3～5m 长的水平灰缝，铺灰应平整饱满，炎热天气或寒冷季节应适当缩短。

(2) 砌块安装就位。安装砌块采用摩擦式夹具，将所需砌块安装就位。砌块砌筑时应从转角处或定位砌块处开始，按施工段依次进行，其顺序为先远后近、先下后上、先外后内，在相邻施工段之间留阶梯形斜槎。

(3) 校正。用托线板检查砌块的垂直度，拉准线检查水平度，用撬棒、木槌调整偏差。混凝土小型空心砌块的砌体灰缝应为 8～12mm，蒸压加气混凝土砌块砌体的水平灰缝厚度及竖向灰缝宽度当采用水泥砂浆、水泥混合砂浆或蒸压加气混凝土砌块砌筑砂浆时宜为 15mm

(4) 灌浆。采用砂浆灌竖缝，两侧用夹板夹住砌块，超过 3cm 宽的竖缝采用不低于 C20 的细石混凝土灌缝，收水后用原浆勾缝；此后，一般不允许再撬动砌块，以防损坏砂浆粘结力。

(5) 镶砖。当砌块间出现较大竖缝或过梁找平时，应采用不低于 MU10 的砖镶砌，镶砖砌体的灰缝应控制 15～30mm 以内，镶砖工作必须在砌块校正后即刻进行，在任何情况下都不得竖砌或斜砌。一般填充墙砌至接近梁板底时应留一定空隙，待填充墙砌筑完并应至少间隔 7d 后，再将其补砌挤紧。

三、砌块砌体的质量要求

(1) 砌筑砂浆的强度等级应符合设计要求。

(2) 蒸压加气混凝土砌块砌体和轻骨料混凝土小型空心砌块砌体不应与其他块材混砌。

(3) 填充墙砌体留置的拉结钢筋或网片的位置应与块体皮数相符合。拉结钢筋或网片应置于灰缝中，埋置长度应符合设计要求，竖向位置偏差不应超过一皮高度。

(4) 填充墙砌筑时应错缝搭砌，填充墙砌体的灰缝厚度和宽度应正确。

(5) 填充墙砌体的砂浆饱满度（垂直及水平灰缝）均大于等于 90%。

(6) 填充墙砌体一般尺寸允许偏差应符合规范要求。

第五节　石 砌 体 施 工

一、石砌体组砌

石砌体应采用铺浆法砌筑，石材砌体的组砌形式应符合下列规定：(1) 内外搭砌，上下错缝，拉结石、丁砌石交错设置；(2) 毛石墙拉结石每 0.7m^2 墙面不应少于 1 块。

毛石砌体的灰缝厚度不宜大于 40mm，石块间不得有相互接触现象。石块间较大的空隙应先填塞砂浆，后用碎石块嵌实。

料石砌体的砂浆铺设厚度应略高于规定灰缝厚度，其高出厚度：细料石宜为 3～5mm；粗料石、毛料石宜为 6～8mm。料石砌体的灰缝厚度：细料石砌体不宜大于 5mm；粗料石和毛料石砌体不宜大于 20mm。料石砌体上下皮料石的竖向灰缝应相互错开，错开长度应不小于料石宽度的 1/2。

二、石砌体工艺

1. 毛石基础施工

(1) 砌筑毛石基础所用的毛石应质地坚硬、无裂纹，尺寸在 200～400mm，质量约为

20～30kg，强度等级一般为MU20以上，采用M2.5或M5水泥砂浆砌筑，灰缝厚度一般为20～30mm，稠度为5～7cm，但不宜采用混合砂浆。

（2）砌筑毛石基础的第一皮石块应坐浆，选大石块并将大面向下，然后分皮卧砌，上下错缝，内外搭砌；每皮高度不小于400mm，搭接不小于80mm；毛石基础扩大部分，如做成阶梯形，上级阶梯的石块应至少压砌下级阶梯的1/2，每阶内至少砌两皮，扩大部分每边比墙宽出距离不宜大于200mm，二层以上应采用铺浆砌法。

（3）毛石每日可砌高为1.2m，为增加整体性和稳定性，应大、中、小毛石搭配使用，并按规定设置拉结石，当基础宽度不大于400mm时，拉结石的长度应与基础宽度相等；当基础宽度大于400mm时，可用两块拉结石内外搭接，搭接长度不应小于150mm，且其中一块的长度不应小于基础宽度的2/3，毛石砌到室内地坪以下5cm，应设置防潮层。

2. 毛石墙施工

毛石墙施工前应先根据墙的位置及厚度在基础顶面放线、立皮数杆、拉准线，然后分层砌筑，其工艺同毛石基础砌法；每日可砌高度为1.2m，分段砌时所留踏步槎高度不超过一步架。

毛石墙的第一皮及转角处、交接处和洞口处，应用较大的平毛石砌筑。每个楼层墙体的最上一皮，宜用较大的毛石砌筑。毛石墙必须设置拉结石。

3. 料石墙施工

料石墙厚度等于一块料石宽度时，可采用全顺砌筑形式。料石墙厚度等于两块料石宽度时，可采用两顺一丁或丁顺组砌的砌筑形式。

料石墙的砌筑应采用铺浆法，垂直缝中应填满砂浆，并插捣至溢出为止，上下皮应错缝搭接，转角处或交接处应用石块搭砌，如确有困难，应在每层楼范围内至少设置钢筋网或拉结条两道。

在料石和毛石或砖的组合墙中，料石砌体和毛石砌体或砖砌体应同时砌筑，并每隔4～6皮料石层用2～3个丁砌层与毛石砌体或砖砌体拉结砌合。丁砌料石的长度宜与组合墙厚度相同（图3-17）。

4. 挡土墙施工

挡土墙可采用毛石或料石，施工时，除应满足上述石墙施工所述要求外，还应符合下列规定：

（1）砌毛石挡土墙，毛石的中部厚度不小于20cm，每砌3～4皮为一个分层，每个分层高度应找平一次，两个分层高度间的错缝不得小于80mm，外露面灰缝厚度不得大于40mm，如图3-18所示。

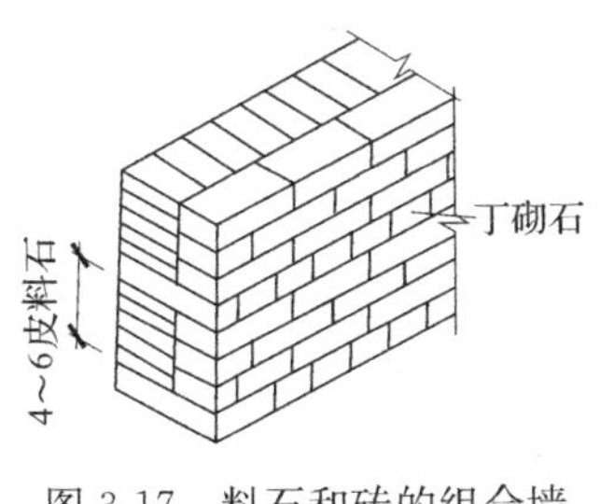

图3-17　料石和砖的组合墙

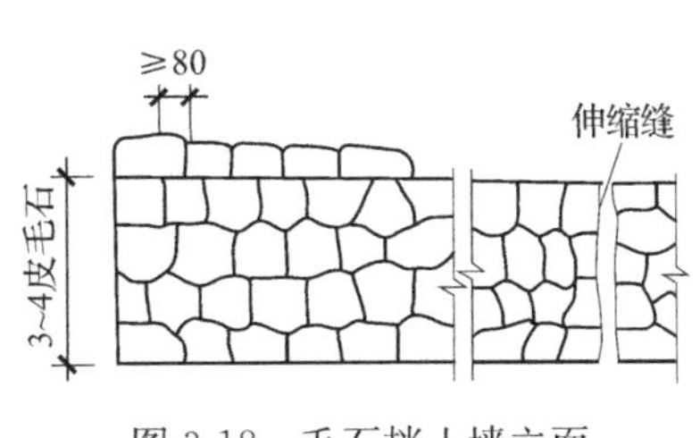

图3-18　毛石挡土墙立面

(2) 砌料石挡土墙，宜采用丁顺组砌的砌筑形式，当中间部分用毛石填筑时，丁砌料石伸入毛石部分的长度不应小于 20cm。

(3) 砌筑挡土墙，应按设计要求收坡和收石，并设置泄水孔。

(4) 挡土墙内侧回填土必须分层夯填，分层松土厚度应为 300mm，墙顶土面应有适当坡度使流水流向挡土墙外侧面。

三、石砌体的质量要求

(1) 石材及砂浆强度等级必须符合设计要求，砂浆饱满度不应小于 80%；石材砌体的组砌形式应符合有关规定。

(2) 石材砌体的轴线位置及垂直度允许偏差应符合规范要求。

第六节　新型墙体板材工程

新型墙体材料是指除黏土实心砖之外的各种新材料及新制品，主要包括：黏土空心砖、各种非黏土砖和利废制品、加气混凝土砌块及各类轻质板材和复合板材。新型墙体材料以节能、节地、利废、工业化程度高、施工工期短和改善建筑功能为主要特点，今后需大力发展各种轻质板材和混凝土砌块，开发承重复合墙体材料。加气混凝土砌块等墙体材料前述章节已经介绍，本节主要介绍新型轻质板材、复合墙板和复合墙体。

一、新型墙体板材

1. 轻质板材

轻质板材是以无机胶凝材料为主要基体材料组分，采用各种工艺预制而成的长度与宽度远大于厚度、板材体积密度或面密度与普通混凝土制品相比相对较低的建筑制品。常见的轻质板材如图 3-19 所示。

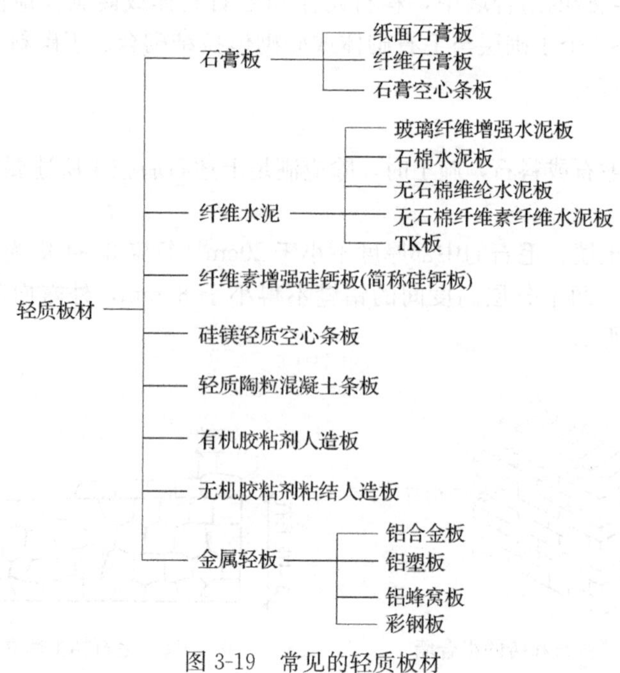

图 3-19　常见的轻质板材

2. 复合墙板

复合墙板是用两种或两种以上具有完全不同性能的材料，经过一定的工艺过程制造而成的建筑预制品。例如，依据建筑节能的需要，采用高效保温材料与墙体结构材料进行复合，可满足墙体的受力、围护、保温等多种功能；对于有隔声功能需要的建筑，采用高效吸声材料与墙体结构材料进行复合，可满足墙体的受力、围护、隔声等多种功能。复合墙板有复合外墙板和复合内墙板，复合外墙板一般为整开间板或条式板，复合内墙板一般为条式板。按照其组成材料的不同，复合墙板可分为如图 3-20 所示的形式。

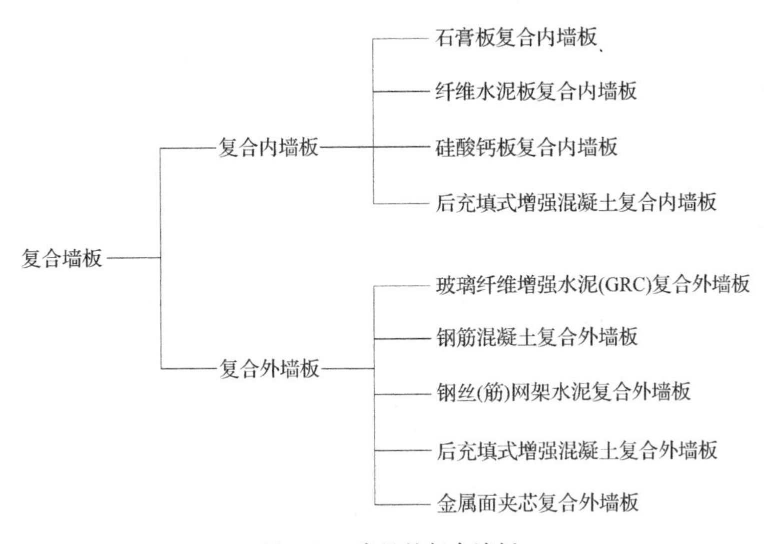

图 3-20　常见的复合墙板

3. 复合墙体

复合墙体是用两种或两种以上具有完全不同功能的材料，经过不同工艺复合而成的具备多种使用功能的建筑物立面围护结构，称为复合墙体。一般可将承受外力作用的结构材料与具有保温隔热或隔声作用的功能材料组合在一起形成复合墙体，充分发挥各种材料的优势，达到既能满足多功能要求又经济合理的目的。复合墙体分为复合外墙和复合内墙。

复合墙体的构造方法有现场一次复合方法、现场二次复合方法与工厂预制现场安装方法。① 现场一次复合方法为：用绝热材料作为永久件模板，在施工现场支撑固定后，浇筑混凝土主体结构或砌筑主体结构，绝热材料可置于外墙外侧（图 3-21），也可置于外墙内侧，或者将两层绝热材料支撑固定，在两绝热层之间浇筑混凝土结构材料。② 现场二次复合方法为：在已有的砌筑墙体上或混凝土墙体上，将预制保温板材安装在墙体外侧（图 3-22）或墙体内侧，或者是在现场将保温层固定在结构墙体上，然后作饰面层；或者是直接在结构墙体上涂抹保温料浆。③ 工厂预制现场安装方法为：按照墙体的结构与保温要求，在工厂预制复合墙板，然后运至现场进行固定安装。

下面重点介绍玻璃纤维增强水泥（GRC）复合墙板的施工。

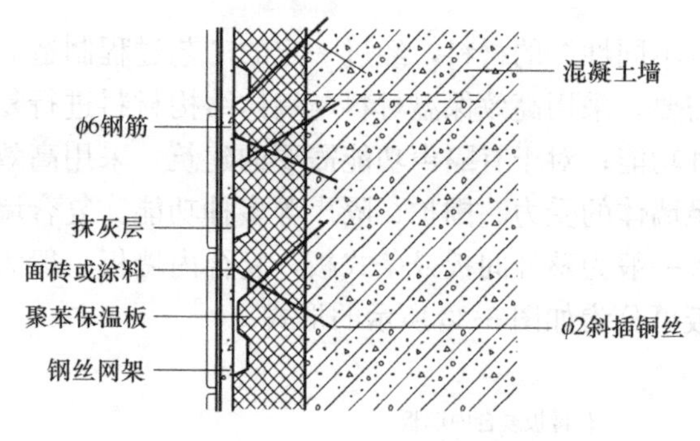

图 3-21　全现浇混凝土外墙外保温墙体构造

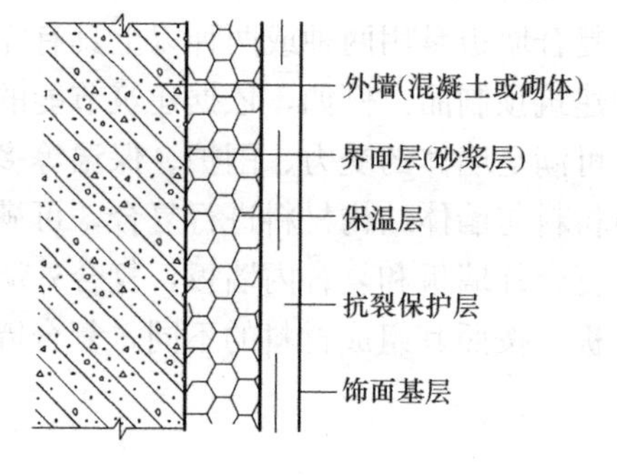

图 3-22　保温浆料外墙外保温墙体构造

二、玻璃纤维增强水泥（GRC）复合墙板施工

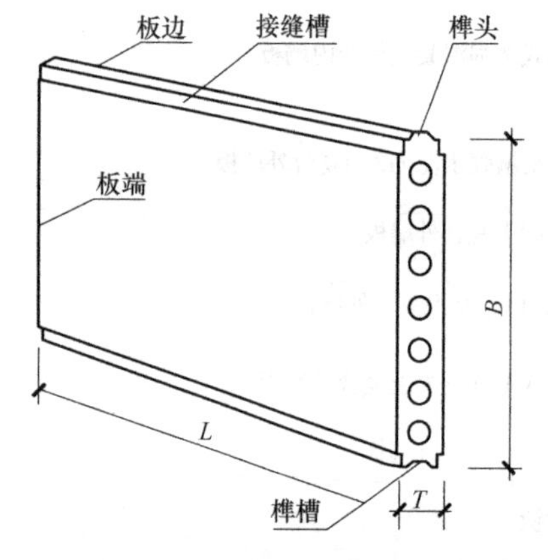

图 3-23　GRC 墙板构造示意图

GRC 是玻璃纤维增强水泥（Glass Fiber Reinforced Cement）的英语缩写。该墙板以耐碱玻璃纤维为增强材料，以低碱度高强水泥砂浆为胶结材料，以轻质无机复合材料为骨料（膨胀珍珠岩、膨胀蛭石和聚苯乙烯泡沫塑料板等），执行《玻璃纤维增强水泥轻质多孔隔墙条板》GB/T 19631—2005。GRC 具有构件薄，高耐伸缩性、抗冲击性能好，碱度低，自由膨胀率小，防裂性能可靠，质量稳定，防潮、保温、隔声、环保节能、施工速度快、易于操作等特点，近年来已在工程中广泛应用。GRC 轻质隔墙板主要安装在建筑物非承重部位，其构造如图 3-23 所示。

1. GRC 复合墙板的连接方式

（1）GRC 隔墙板之间的连接

GRC 轻质隔墙板的竖向两侧分别为倒“八”字形和正“八”字形企口，在安装时，将两块板的侧面正八字形企口和倒“八”字形企口处分别涂刷胶液和胶泥，然后将两块板拼接在一起，接缝表面处先刷一遍胶液、抹一道胶泥，然后粘贴玻纤网格布加强。常用的连接方式有“一字形”连接、“T 字形”连接、“L 形”连接、“十字形”连接（图3-24）。

（2）GRC 板与梁底面及顶棚面之间的连接

GRC 板与梁底面及顶棚面之间的连接采用胶泥加 U 形抗震钢板卡固定，U 形钢板卡采用 60mm 长、2mm 厚的钢板制成，钢板卡采用 4mm 膨胀螺栓固定在结构梁板处，墙板与梁板交接的阴角处采用涂抹胶液和胶泥一道，表面贴玻纤网格布加强（图 3-25）。

（3）GRC 板与墙体之间的连接

GRC 板与砖墙或砌块墙之间的连接采用胶液和胶泥固定，连接之前在砖墙或砌块墙与 GRC 板接触处均匀涂抹胶液和胶泥，阴角处涂抹胶液和胶泥一道，表面贴玻纤网格布加强（图 3-26）。

2. GRC 墙板施工工艺

（1）施工准备

做好 GRC 墙板施工的技术、材料、人员和施工机具的准备。按照施工平面图及结构图绘制墙板安装排板图。一般按照图纸及实际尺寸进行排板计算，GRC 板的长度按楼层净高尺寸减去 20～30mm 截取。墙板安装排板图应包括墙体的安装尺寸，预留孔洞、预埋件（盒）和暗管等具体位置及特殊部位的技术处理。

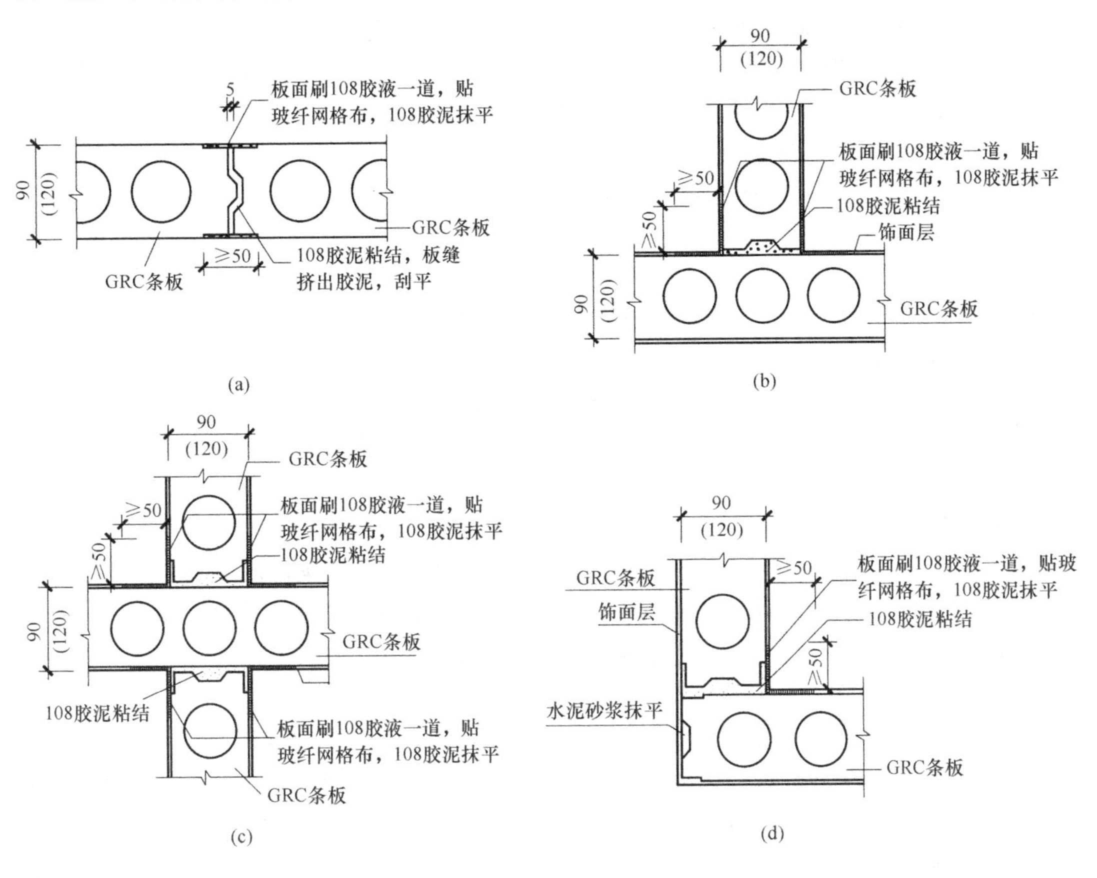

图 3-24　GRC 隔墙板之间的连接

（a）“一字形”连接　（b）“T 字形”连接　（c）“十字形”连接　（d）“L 形”连接

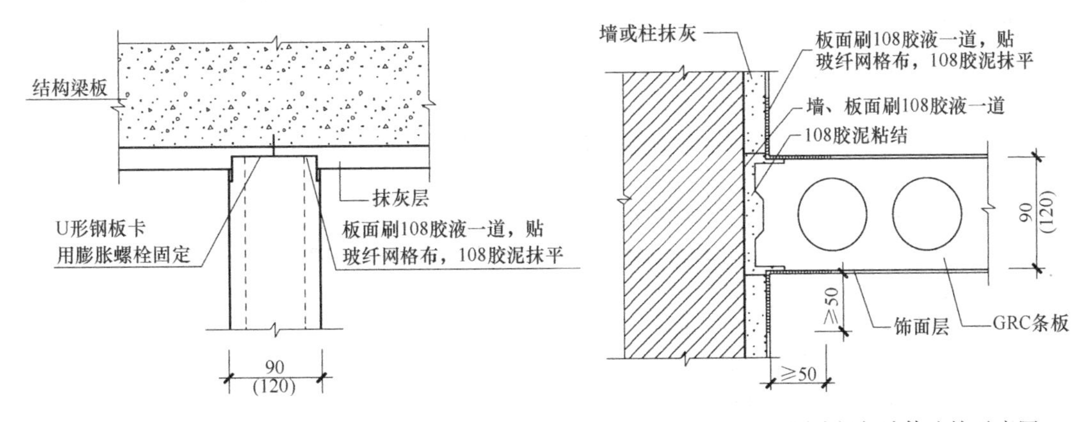

图 3-25　GRC 隔墙板与结构梁板连接示意图

图 3-26　GRC 隔墙板与墙体连接示意图

若GRC隔墙高度超过3m时，需错缝搭接，但是不宜超过6m高，补板最小长度不宜小于500mm，接板次数不超过一次；若隔墙长度超过12m时，应增设大于板厚的钢筋混凝土构造柱，或角钢做增强处理，以保证墙体的稳定性。

（2）清理施工作业面

将待安装GRC墙板的部位（墙板与顶板、墙面及地面）清理干净，将顶棚、墙面及柱面处凸出的砂浆块或混凝土等杂物剔除干净，最后清理地面；同时检查楼地面的平整度，对高低凹陷处大于40mm的部位应进行找平。

（3）隔墙板定位、弹线

在地面、墙面及顶面根据设计位置，弹好隔墙边线及门窗洞边线，并按板宽分档。

（4）配板、安装U形抗震卡

根据墙板安装排板图要求核对所选用墙板类型、规格和数量。在排板后，在梁底及顶棚的墨线内安装U形抗震卡，以固定板的上口。

（5）胶结材料的配制

GRC墙板之间、板与主体结构之间的接缝处用胶液和胶泥固定，在接缝外侧加一层玻璃纤维网格布增强。胶粘剂要随配随用，配制的胶粘剂应在30min内用完。

（6）安装墙板

墙板安装顺序应从与墙的结合处开始，依次顺序安装（当有门洞时，应从门洞处两端依次进行）。在结构墙面、顶面、板的顶面及侧面（相拼合面）满刮胶粘剂，按弹线位置安装就位，用木楔顶在板底，再用手平推隔板，使板缝冒浆（缝宽不得大于5mm），一个人用撬棍在板底部向上顶，另一人打木楔，使墙板挤紧顶实。在推挤时，应注意墙板的垂直度及平整度，并及时用线坠和靠尺校正。

将板顶及侧面挤出的胶泥用刮刀刮平，以安装好的第一块板为基准，按第一块板的安装方法，开始安装整墙墙板。当墙板全面校正固定后，在板下填塞1∶2水泥浆或细石混凝土。安装7d后，墙体底部砂浆强度达到1.5MPa，方可抽取木楔，并用砂浆填充木楔孔，填平墙板面。

（7）板缝处理

已粘结良好的所有墙体的各种竖向拼缝以及与其他墙、柱、板的连接处均应粘贴玻璃纤维网处理，再涂抹胶浆找平。安装好的墙体加强养护，在养护期内严禁敲凿，避免墙体受振动而出现开裂现象。

复习思考题

1. 简述砌体材料种类。砌筑工程对砂浆有什么要求？
2. 试简述脚手架、垂直运输设备的种类、特点、适用范围及安全使用要求。
3. 砖砌体的常见组砌形式有哪些？
4. 简述砖砌体的施工工艺及质量要求。
5. 简述砌体工程冬期施工的主要措施。
6. 简述砌块砌体施工工艺及其质量要求。
7. 简述常见的新型墙体材料的类型及其特点。
8. 简述GRC墙板施工工艺及质量要求。

第四章　混凝土结构工程

本章学习要点：

1. 了解钢筋的种类、性能及加工工艺，掌握钢筋连接与加工工艺，掌握钢筋配料和代换的计算方法。

2. 熟悉模板的基本要求，掌握模板设计、安装、拆除的方法。

3. 了解混凝土原材料、施工设备和机具的性能，掌握混凝土制备、运输、浇筑、捣实、养护的方法和要求；熟悉混凝土冬期施工方法；掌握混凝土质量检查和评定方法。

混凝土结构工程在土木工程施工中占主导地位，它对工程的造价、工期、人力、物力消耗均有很大的影响。钢筋混凝土工程按施工方法分主要有现浇整体式和预制装配式两大类。现浇整体式结构具有构件布置灵活、适应性强，施工时不需要大型起重机械，且结构的整体性和抗震性能好，因而在工业与民用建筑工程中得到了广泛的应用。但传统的现浇钢筋混凝土结构施工劳动强度大、模板消耗多、工期相对较长。预制装配式结构可大大缩短施工工期，降低工程费用，改善现场工人的作业条件，提高劳动效率，构件质量较好，但存在整体性和抗震性较差等不足，在有抗震要求的地区不宜使用。现浇施工和预制装配这两种方法各有所长，应根据实际技术条件合理选择。目前，商品混凝土的快速发展和泵送施工技术的进步，为现浇整体式钢筋混凝土结构的广泛应用带来了新的发展前景。

本章主要介绍现浇钢筋混凝土工程的施工技术。现浇钢筋混凝土工程是由钢筋、模板、混凝土等多个工种组成的，由于施工过程多，因此要加强施工管理、统筹安排、合理组织，以保证工程质量，加快施工进度，降低施工费用，提高经济效益。

混凝土工程的施工工艺流程如图 4-1 所示。

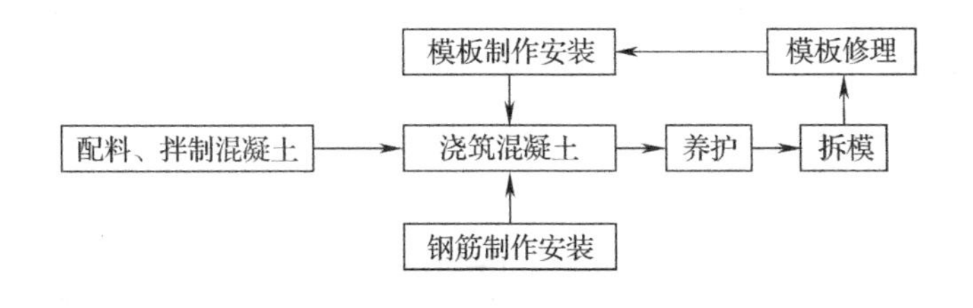

图 4-1　混凝土结构工程施工工艺流程图

第一节　钢 筋 工 程

钢筋工程是包括钢筋进场检验、钢筋加工、钢筋连接、钢筋安装等一系列技术工作和完成实体的总称。钢筋工程在钢筋混凝土结构中起着关键的作用，钢筋工程又属于隐蔽工程，在混凝土浇筑完成后其质量难以检查，因此需要在施工过程中进行严格的质量控制。

一、钢筋的种类与验收

（一）钢筋的种类

钢筋品种很多，在混凝土结构中所用的钢筋按其轧制外形、生产工艺、化学成分和钢筋强度等分为下列若干种类：

（1）按化学成分分：碳素钢筋和普通低合金钢筋。碳素钢筋按含碳量的多少又分为低碳钢（含碳量在0.25%以下）、中碳钢（含碳量在0.25%～0.6%之间）、高碳钢（含碳量在0.6%以上）；普通低合金钢钢筋是在低碳钢和中碳钢中加入某些合金元素（如钛、钒，锰等，其含量一般不超过总量的3%）冶炼而成，可提高钢筋的强度，改善其塑性、韧性和可焊性。

（2）按生产、加工工艺分：热轧钢筋和冷加工钢筋。

热轧钢筋分为热轧带肋钢筋（HRB，Hot-rolled Ribbed Bars）、热轧光圆钢筋（HPB，Hot-rolled Plain Bars）和余热处理钢筋（RRB）。热轧光圆钢筋如HPB300。热轧带肋钢筋如HRB335、HRB400、HRB500三个牌号。普通钢筋一般采用HPB300级、HRB335级、HRB400级、RRB400级热轧钢筋。

热轧钢筋力学性能和工艺性能应符合表4-1。余热处理钢筋其力学性能和工艺性能应符合表4-2。

热轧钢筋的力学性能和工艺性能 **表4-1**

表面形状	钢筋牌号	公称直径（mm）	冷弯180°、弯心直径	屈服点 σ_s（MPa）	抗拉强度 σ_b（MPa）	伸长率 δ_5（%）
				不小于		
光圆	HPB300	8～20	$d=a$	300	420	25
带肋	HRB300	6～25	$d=3a$	300	455	17
		20～50	$d=4a$			
	HRB400	6～25	$d=4a$	400	540	16
		20～50	$d=5a$			
	HRB500	6～25	$d=6a$	500	630	15
		20～50	$d=7a$			

注：d为弯心直径，a为钢筋公称直径。

余热处理钢筋的力学性能和工艺性能 **表4-2**

表面形状	钢筋牌号	公称直径（mm）	冷弯90°	屈服点 σ_s（MPa）	抗拉强度 σ_b（MPa）	伸长率 δ_5（%）
				不小于		
月牙肋	RRB400	8～20	$d=3a$	400	600	14
		28～40	$d=4a$			

注：d为弯心直径，a为钢筋公称直径。

冷加工钢筋分为冷轧带肋钢筋、冷轧扭钢筋、冷拔螺旋钢筋。冷拉钢筋和冷拔低碳钢丝已经逐步被淘汰。

（3）按轧制外形分：光圆钢筋和变形钢筋。

（4）按粗细分：钢丝（直径 3～5mm）、细钢筋（直径 6～10mm）、中粗钢筋（12～20mm）和粗钢筋（直径大于 20mm）。

（5）按供货方式分：盘圆钢筋和直条钢筋。

（二）钢筋进场验收

钢筋出厂应有出厂质量证书或试验报告单，每捆（盘）钢筋均应含标牌。运至工地后应分别堆存。钢筋进场时以及存放了较长时间使用前、应按炉罐（批）号及直径分批验收，检验批重量不应大于 30t。验收内容包括查对标牌、外观检查、力学性能试验和重量偏差检验，必要时还需进行化学成分分析或其他专项检验。

（1）外观检查

钢筋表面不得有裂纹、结疤和折叠。钢筋表面凸块不得超过横肋的高度，钢筋表面上其他缺陷的深度和高度不得大于所在部位尺寸的允许偏差。

（2）力学性能试验

从每批钢筋中任选两根钢筋，每根取两个试样分别进行拉伸试验（包括屈服点、抗拉强度和伸长率）、冷弯试验和反弯试验。

（3）重量检验

钢筋可按实际重量或理论重量交货。当钢筋按实际重量交货时，应随机从不同钢筋上截取，数量不少于 5 根（每支试样长度不少于 500mm）。钢筋实际重量与公称重量的偏差（%）按式（4-1）计算。直径 6～12mm 钢筋，其允许重量偏差±7%；直径 14～20mm 钢筋，其允许重量偏差±5%；直径 6～12mm 钢筋，其允许重量偏差±4%。

$$\text{重量偏差} = \frac{\text{试样实际重量} - (\text{试样总长度} \times \text{公称重量})}{\text{试样总长度} \times \text{公称重量}} \times 100\% \tag{4-1}$$

（4）合格判别

钢筋经各项检验（包括外形尺寸及偏差、重量、力学性能）均达到标准要求时即为合格。如有某一项检验不合格，可从同批钢筋中再任取双倍数量试样进行不合格项目的复验，复验结果如仍有一个试样不合格，就认为该批不合格。钢筋在加工过程中发现脆断、焊接性能不良或机械性能显著不正常等现象时，应进行化学成分分析或其他专项检验。

（三）钢筋隐蔽工程验收

在浇筑混凝土之前，应进行钢筋隐蔽工程验收，钢筋验收时，首先检查钢筋牌号、规格、数量，再检查位置偏差，验收内容包括：

（1）纵向受力钢筋的品种、规格、数量、位置等；

（2）钢筋的连接方式、接头位置、接头数量、接头面积百分率、搭接长度、锚固方式及锚固长度等；

（3）箍筋、横向钢筋的品种、规格、数量、间距，钢筋弯钩的弯折角度及平直段长度等；

（4）预埋件的规格、数量、位置等。

二、钢筋连接与加工

目前钢筋的连接方法有机械连接、焊接连接和绑扎连接三类。焊接连接和绑扎连接是传统的钢筋连接方法。与绑扎连接相比，焊接连接可节约钢材、改善结构受力性能、提高工效、降低成本，目前对直径大于 28mm 的受拉钢筋和直径大于 32mm 的受压钢筋已不推荐采用绑扎连接，而采用焊接连接或机械连接。机械连接由于其具有连接可靠、作业不受气候影响、连接速度快等优点，目前已广泛应用于粗钢筋的连接。

（一）钢筋焊接

焊接连接与机械连接相比最大的优点是接头成本低。但焊接是一项专门技术，要求对焊工进行专门培训，持证上岗；施工受气候、电流稳定性的影响；接头质量不如机械连接可靠。钢筋的焊接质量与钢材的可焊性、焊接工艺有关。可焊性与钢材的含碳量、合金元素的含量有关，含碳、锰数量增加，则可焊性差；而含适量的钛，可改善可焊性。焊接工艺（焊接参数与操作水平）亦影响焊接质量，即使可焊性差的钢材，若焊接工艺合宜，也可获得良好的焊接质量。

钢筋常用的焊接方式有闪光对焊、电渣压力焊、电弧焊和电阻点焊。此外，还有气压焊、埋弧压力焊等。

1. 闪光对焊

钢筋闪光对焊是将两根钢筋安放成对接形式，利用焊接电流通过两根钢筋接触点产生的电阻热，使接触点金属熔化，产生强烈飞溅，形成闪光，迅速施加顶锻力完成的一种压焊方法，如图 4-2 所示。

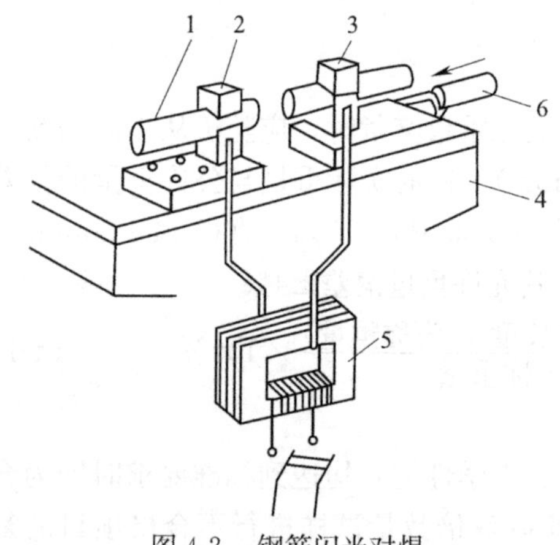

图 4-2　钢筋闪光对焊

1—钢筋；2—固定电极；3—可动电极；4—基座；5—变压器；6—动压力机构

闪光对焊是钢筋接头焊接中操作工艺简单、效率高、施工速度快、质量好、成本低的一种焊接方法。闪光对焊广泛用于钢筋的纵向连接。

（1）对焊工艺

钢筋闪光对焊工艺常用的有连续闪光焊、预热闪光焊和闪光一预热一闪光焊等三种工艺，应根据钢筋品种、直径和所用焊机功率大小等选用。对可焊性差的钢筋（如 45SiMV 钢筋），焊后尚应通电处理，以消除热影响区内的淬硬组织。钢筋闪光对焊适用范围及工艺过程见表 4-3。

钢筋闪光对焊适用范围及工艺过程　　　**表 4-3**

工艺名称	工艺过程	适用范围	工艺过程
连续闪光焊	连续闪光、顶锻	一般用于焊接直径在 22mm 以内的 HPB300、HRB335、HRB400 和 RRB400 级钢筋和直径在 16mm 以内的 HRB500 级钢筋。不同直径钢筋焊接时，截面比不宜超过 1.5	1. 先闭合一次电路，使两钢筋端面轻微接触，由于钢筋端部不平，接触点很快熔化并产生金属蒸气飞溅，形成闪光现象，徐徐移动钢筋，便形成连续闪光过程； 2. 当闪光达到预定程度（接头烧平、闪去杂质和氧化膜、白热熔化时），随即施加轴向压力迅速进行顶锻，使两根钢筋焊牢

续表

工艺名称	工艺过程	适用范围	工艺过程
预热闪光焊	预热、连续闪光、顶锻	适于钢筋端面较平整，且直径在 16～32mm 的 HRB335、HRB400 和 RRB400 级钢筋及直径 12～28mm 的 HRB500 级钢筋	1. 在连续闪光焊前增加一次预热过程，以扩大焊接热影响区； 2. 施焊时，先闭合电源，然后使钢筋端面交替地接触和分开，这时钢筋端面的间隙即发出断续的闪光，形成预热过程； 3. 当钢筋达到预热温度后，随后顶锻而成
闪光一预热一闪光焊	一次闪光、预热、二次闪光、顶锻	适于端面不平整，且直径 25mm 以上的钢筋	1. 一次闪光：将不平整的钢筋端部烧化平整，使预热均匀； 2. 施焊时，使钢筋端部闪平，然后同预热闪光焊
通电热处理	闪光一预热一闪光，通电热处理	适用于 RRB500 级钢筋	1. 焊毕稍冷却后松开电极，将电极钳口调至最大距离，重新夹住钢筋； 2. 待接头冷至暗黑色（焊后约 20～30s），进行脉冲式通电热处理（频率约 2 次/s，通电 5～7s）； 3. 待钢筋表面呈橘红色并有微小氧化斑点出现时即可

（2）工艺参数

为获得良好的对焊接头，应选择恰当的焊接参数。连续闪光焊的焊接参数包括：调伸长度、烧化留量、闪光速度、顶锻留量、顶锻速度、顶锻压力及变压器级数等。

（3）对焊接头质量检验

1）取样数量。① 钢筋闪光对焊接头的外观检查，每批抽查 10%的接头，且不得少于 10 个。② 钢筋闪光对焊接头的力学性能试验包括拉伸试验和弯曲试验，应从每批成品中切取 6 个试件，3 个进行拉伸试验，3 个进行弯曲试验。在同一台班内，由同一焊工，按同一焊接参数完成的 300 个同类型接头作为一批。一周内连续焊接时，可以累计计算。一周内累计不足 300 个接头时，也按一批计算。

2）外观检查。钢筋闪光对焊接头的外观检查，应符合下列要求：①接头处应呈圆滑，带毛刺状，不得有肉眼可见的裂纹；②与电极接触处的钢筋表面，不得有明显的烧伤；③接头处的弯折，不得大于 2°；④接头处的钢筋轴线偏移量不得大于钢筋直径的 0.1 倍，且不得大于 1mm；当有一个接头不符合要求时，应对全部接头进行检查，剔出不合格接头，切除热影响区后重新焊接。

3）拉伸试验。钢筋对焊接头拉伸试验时，按以下规定对实验结果进行评定：①3 个试件均断于钢筋母材，呈延性断裂，其抗拉强度大于或等于抗拉强度标准值。②2 个试件断于钢筋母材，呈延性断裂，其抗拉强度大于或等于抗拉强度标准值；另一试件断于焊缝，呈脆性断裂，其抗拉强度大于或等于钢筋母材抗拉强度标准值的 1.0 倍。

若拉伸检验结果满足要求应切取 6 个试件进行复验。试验结果，若有 4 个或 4 个以上试件断于钢筋母材，呈延性断裂，其抗拉强度大于或等于钢筋母材抗拉强度标准值，另 2 个或 2 个以下试件断于焊缝，呈脆性断裂，其抗拉强度大于或等于钢筋母材抗拉强度标准值的 1.0 倍，评定合格。

4）弯曲试验。钢筋闪光对焊接头弯曲试验时，应将受压面的金属毛刺和镦粗变形部分去掉，与母材的外表齐平。弯曲试验可在万能试验机、手动或电动液压弯曲机上进行。当弯曲至 90°时，2 个或 3 个试件外侧（含焊缝和热影响区）未发生宽度达到 0.5mm 的裂纹，评定合格。当有 2 个试件发生宽度达到 0.5mm 的裂纹，应进行复验。当有 3 个试件发生宽度达到 0.5mm 的裂纹，则评定为不合格。复验时，应再取 6 个试件进行复验，复验结果，当不超过 2 个试件发生宽度达到 0.5mm 的裂纹时，应评定该检验批合格。

当试验结果有 2 个试件发生破断时，应再取 6 个试件进行复验。复验结果，当仍有 3 个试件发生破断，应确认该批接头为不合格品。

2. 电渣压力焊

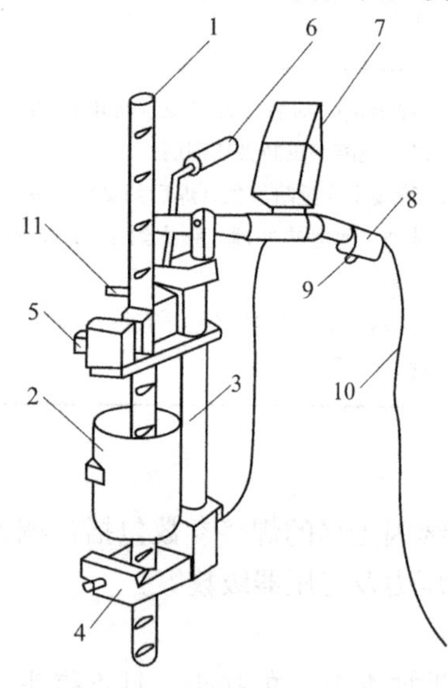

图 4-3　电渣压力焊
1—钢筋；2—焊剂盒；3—单导柱；
4—固定夹头；5—活动夹头；6—手柄；
7—监控仪表；8—操作把；9—开关；
10—控制电缆；11—电缆插座

电渣压力焊是利用电流通过渣池产生的电阻热将钢筋端部熔化，然后施加压力使钢筋焊合，如图 4-3 所示。主要用于现浇结构中直径差在 9mm 以内、直径为 14～40mm 的竖向或斜向（倾斜度在 4∶1 内）钢筋的接长。电渣压力焊操作简单、工作条件好、功效高、成本低，比电弧焊接头节约 80％以上，比绑扎连接和帮条焊接节约钢筋约 30％，提高工效 6～10 倍。

（1）焊接设备

电渣压力焊的主要设备是竖向钢筋电渣压力焊机，按控制方式分为手动式钢筋电渣压力焊机、半自动式钢筋电渣压力焊机和全自动式钢筋电渣压力焊机。钢筋电渣压力焊机主要由焊接电源、控制箱、焊接夹具、焊剂盒等几部分组成。

焊接电源可采用 BX_3-500 型与 BX_2-1000 型交流弧焊机，也可采用 JSD-600 型与 JSD-1000 型专用电源。焊机容量应根据所焊钢筋直径选定。

焊剂盒由两半圆形铁皮组成。内径为 80～100mm，与所焊钢筋的直径相适应。焊剂宜采用 431 型，含有高锰、高硅与低氟成分，其作用除起隔绝、保温及稳定电弧作用外，在焊接过程中还起补充熔渣、脱氧及添加合金元素作用。

焊接夹具应具有刚度，在最大允许荷载下应移动灵活，操作便利。焊剂筒的直径应与所焊钢筋直径相适应，电压表、时间显示器应配备齐全。

（2）焊接工艺

电渣压力焊的工艺过程包括：引弧、电弧、电渣和顶压过程。

1）引弧过程：宜采用铁丝圈引弧法，也可采用直接引弧法。

铁丝圈引弧法是将铁丝圈放在上、下钢筋端头之间，高约 10mm，电流通过铁丝圈与上、下钢筋端面的接触点形成短路引弧。

直接引弧法是在通电后迅速将上钢筋提起，使两端头之间的距离为2～4mm引弧。当钢筋端头夹杂不导电物质或过于平滑造成引弧困难时，可以多次把上钢筋移下与下钢筋短接后再提起，达到引弧目的。

2）电弧过程：靠电弧的高温作用，将钢筋端头的凸出部分不断烧化；同时将接口周围的焊剂充分熔化，形成一定深度的渣池。

3）电渣过程：渣池形成一定深度后，将上钢筋缓缓插入渣池中，此时电弧熄灭，进入电渣过程。由于电流直接通过渣池，产生大量的电阻热，使渣池温度升到近2000℃，将钢筋端头迅速而均匀熔化。

4）顶压过程：当钢筋端头达到全截面熔化时，迅速将上钢筋向下顶压，将熔化的金属、熔渣及氧化物等杂质全部挤出结合面，同时切断电源，焊接即告结束。

接头焊毕，应停歇后，方可回收焊剂和卸下焊接夹具，并敲去渣壳；四周焊包应均匀，凸出钢筋表面的高度，当钢筋直径为25mm及以下时不得小于4mm；当钢筋直径为28mm及以上时不得小于6mm。

（3）焊接参数

电渣压力焊的工艺参数为焊接电流、焊接电压、通电时间、钢筋熔化量等。电渣压力焊的工艺参数应根据钢筋直径选择，钢筋直径不同时，根据较小直径的钢筋选择参数。

（4）电渣压力焊接头质量检验

1）取样数量。电渣压力焊接头应逐个进行外观检查。当进行力学性能试验时，应从每批接头中随机切取3个试件做拉伸试验，且应按下列规定抽取试件：①在现浇混凝土结构中，应以300个同牌号钢筋接头作为一批；②在房屋结构中，应在不超过二层楼中取300个同级别钢筋接头作为一批，不足300个接头仍应作为一批。

2）外观检查。电渣压力焊接头外观检查结果应符合下列要求：①四周焊包凸出钢筋表面的高度，当钢筋直径为25mm及以下时，不得小于4mm；当钢筋直径为28mm及以上时，不得小于6mm；②钢筋与电极接触处，应无烧伤缺陷；③接头处的弯折角不得大于2°，接头处轴线偏移不得大于1mm。外观检查不合格的接头应切除重焊，或采用补强焊接措施。

3）拉伸试验。钢筋对焊接头拉伸试验时，按以下规定对实验结果进行评定：①3个试件均断于钢筋母材，呈延性断裂，其抗拉强度大于或等于抗拉强度标准值。②2个试件断于钢筋母材，呈延性断裂，其抗拉强度大于或等于抗拉强度标准值；另一试件断于焊缝，呈脆性断裂，其抗拉强度大于或等于钢筋母材抗拉强度标准值的1.0倍。

若拉伸检验结果满足要求应切取6个试件进行试验进行复验。试验结果，若有4个或4个以上试件断于钢筋母材，呈延性断裂，其抗拉强度大于或等于钢筋母材抗拉强度标准值，另2个或2个以下试件断于焊缝，呈脆性断裂，其抗拉强度大于或等于钢筋母材抗拉强度标准值的1.0倍，评定合格。

3. 电弧焊

（1）电弧焊及应用

电弧焊是利用弧焊机使焊条与焊件之间产生高温电弧，使焊条和电弧燃烧范围内的焊件熔化，待其凝固后便形成焊绕或接头。电弧焊应用较广，可用于钢筋的接长、钢筋与钢板的焊接等。

电弧焊焊接设备简单，价格低廉，维护方便，操作技术要求不高，可广泛用于钢筋接头、钢筋骨架焊接、装配式骨架接头的焊接、钢筋与钢板的焊接及各种钢结构的焊接。

电弧焊的主要设备为弧焊机，分交流、直流两类。交流弧焊机结构简单，价格低廉，保养维修方便；直流弧焊机焊接电流稳定，焊接质量高，但价格昂贵。

(2) 电弧焊接头形式

电弧焊焊接接头形式分为帮条焊、搭接焊和坡口焊，后者又分平焊和立焊。

1) 帮条接头。适用于直径 10～40mm 的 HPB300、HRB335、HRB400 和 HRB500 级钢筋连接。搭接长度 HPB300 级钢筋取图中括号外数值，其余钢筋取括号内数值。主筋端面间的间隙应为 2～5mm，帮条和主筋间用四点对称定位焊加以固定。帮条钢筋宜与被连接主筋同级别、同直径。定位焊缝与帮条端部的距离应大于或等于 20mm。焊缝厚度不应小于主筋直径的 0.3 倍和 4mm，焊缝宽度不应小于主筋直径的 0.7 倍和 10mm。接头形式如图 4-4 所示。

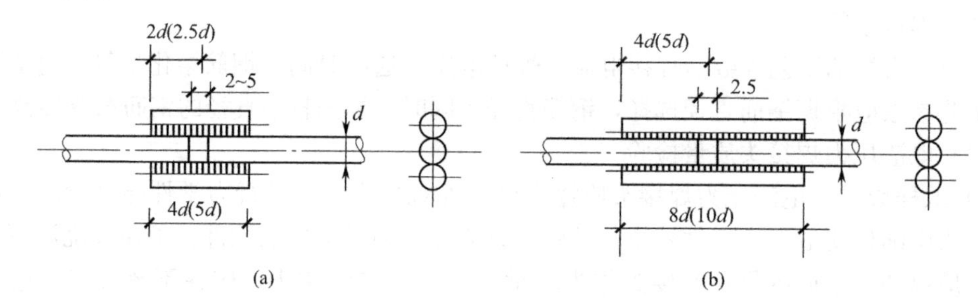

图 4-4　帮条接头

(a) 双面焊缝；(b) 单面焊缝

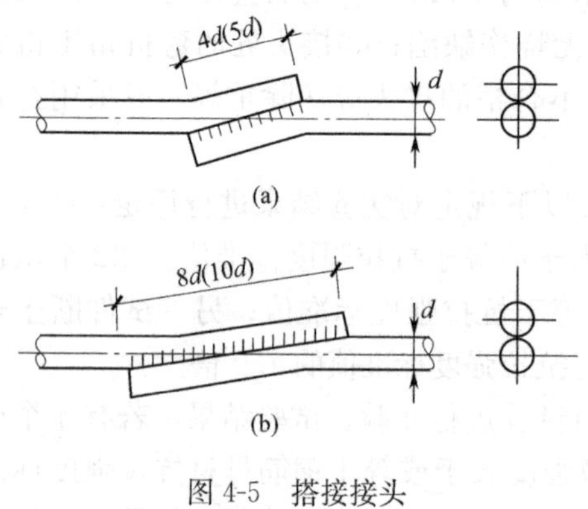

图 4-5　搭接接头

(a) 双面焊缝；(b) 单面焊缝

2) 搭接接头。适用于直径 10～40mm 的 HPB300、HRB335 级钢筋连接，搭接长度分别如图 4-5 中小括号外和括号内数值。焊接时先将主钢筋的端部按搭接长度预弯，应使两钢筋的轴线在一直线上，并采用两端点焊定位，焊缝宜采用双面焊，当双面施焊有困难时，也可采用单面焊。定位焊缝与搭接端部的距离应大于或等于 20mm。焊缝厚度不应小于主筋直径的 0.3 倍和 4mm，焊缝宽度不应小于主筋直径的 0.7 倍和 10mm。接头形式如图 4-5 所示。

3) 坡口（剖口）接头。坡口接头较帮条接头和搭接接头节约钢材。适用于直径 10～40mm 的 HPB300、HRB335、HRB400 和 HRB500 级钢筋连接。有平焊和立焊两种。当焊接 HRB500 级钢筋时，应先将焊件加温。钢垫板厚度宜为 4～6mm，长度为 40～60mm。坡口平焊时，垫板宽度应为钢筋直径加 10mm；立焊时，垫板宽度宜等于钢筋直径。接头形式如图 4-6 所示。

4. 钢筋电阻点焊

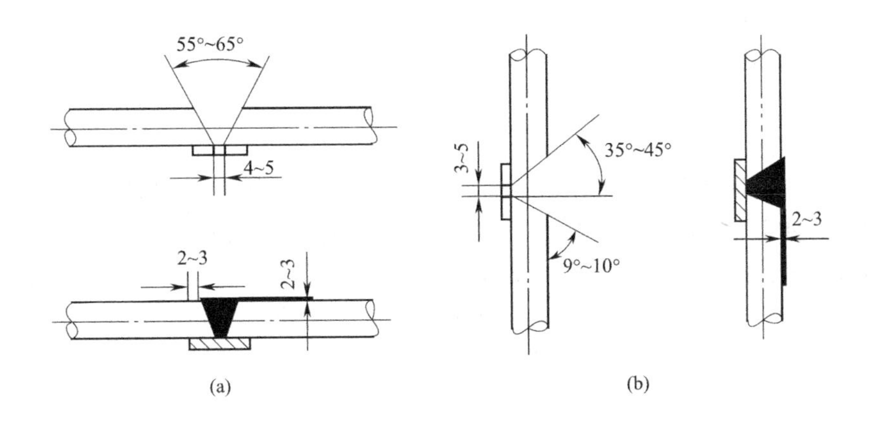

图 4-6　坡口接头

(a) 坡口平焊；(b) 坡口立焊

钢筋电阻点焊是将两根钢筋安放成交叉叠接形式，压紧于两电极之间，利用电阻热熔化母材金属，加压形成焊点的一种压焊方法，如图 4-7 所示。

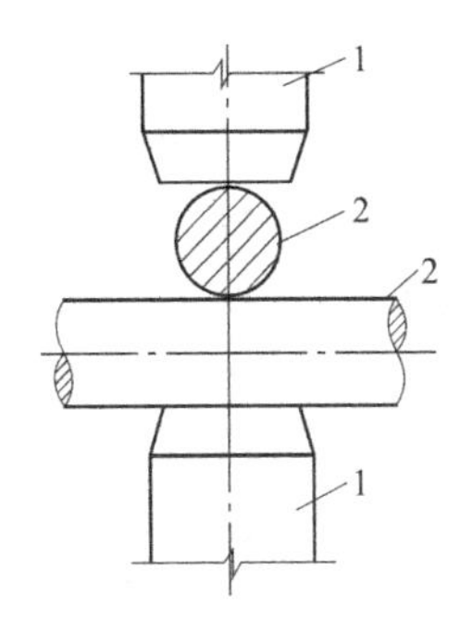

图 4-7　钢筋电阻点焊

1—电极；2—钢筋

电阻点焊主要用于钢筋的交叉连接，如用来焊接钢筋网片、钢筋骨架等，特别适于预制厂大量使用。它生产效率高、节约材料，应用广泛。

(1) 电阻点焊设备

常用的点焊机有单点电焊机、多点电焊机、悬挂式电焊机、手提式电焊机。其中多点电焊机一次可焊数点，用于焊接宽度大的钢筋网；悬挂式电焊机可焊接各种形状的大型钢筋网和钢筋骨架；手提式电焊机主要用于施工现场。

(2) 点焊工艺

点焊过程可分为预压、通电、锻压三个阶段。在通电开始一段时间内，接触点扩大，固态金属因加热膨胀，在焊接压力作用下，焊接处金属产生塑性变形，并挤向工件间隙缝中；继续加热后，开始出现熔化点，并逐渐扩大成所要求的核心尺寸时切断电流。

焊点应有一定的压入深度。点焊热轧钢筋时，压入深度为较小钢筋直径的 18%～25%；点焊冷拔低碳钢丝或冷轧带肋钢筋时，压入深度为较小钢（筋）丝直径的 25%～40%。

(3) 电阻点焊参数

电阻点焊的工艺参数包括：变压器级数、通电时间和电极压力。通电时间根据钢筋直径和变压器级数而定，电极压力则根据钢筋级别和直径选择。

(二) 机械连接

20 世纪 80 年代，钢筋机械连接在我国开始应用，到 90 年代机械连接技术发展迅猛，技术达到了国际先进水平，目前已形成规模化和产业化。钢筋机械连接相继出现了套筒挤压连接、锥螺纹套筒连接、直螺纹套筒连接、活塞式组合带肋钢筋连接等技术。在粗直径钢筋连接中，钢筋机械连接方法有广阔的发展前景。机械连接接头质量稳定可靠，不受钢筋化学成分的影响、人为因素的影响小；操作简便，施工速度快，且不受气候条件影响；无污染、无火灾隐患，施工安全。

1. 套筒挤压连接

套筒挤压连接是将需连接的变形钢筋插入特制的钢套筒内，利用液压驱动的挤压机进行径向挤压，使钢套筒产生塑性变形，依靠变形后的钢套筒与被连接钢筋纵、横肋产生的机械咬合成为整体的钢筋连接方法，如图 4-8 所示。与焊接相比，这种连接方法具有接头性能可靠、质量稳定、不受气候影响、无明火、施工简便、节能等优点。适用于直径为16～40mm带肋钢筋的连接，所连接的两根钢筋的直径之差不宜大于 5mm。

（1）套筒挤压连接设备

钢筋套筒径向挤压设备主要由超高压油泵、挤压机、压接钳、超高压软管等组成。

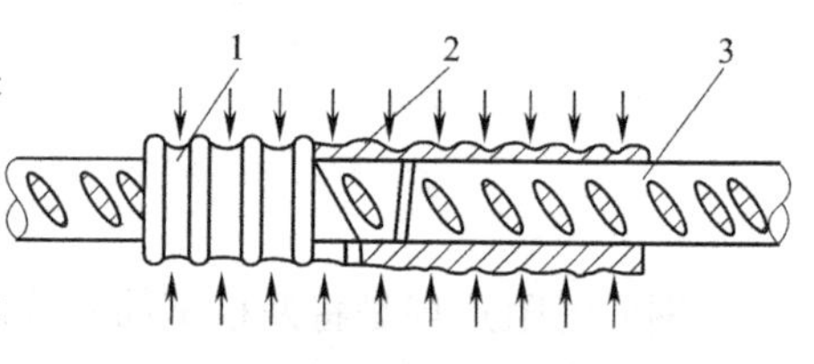

图 4-8 钢筋套筒挤压连接

1—压痕；2—钢套筒；3—未挤压的钢筋

（2）套筒挤压连接施工

施工时，先清理钢筋端头的锈、泥沙、油污等杂物；钢筋与套筒进行试套；钢筋端部应划出定位标记与检查标记；检查挤压设备情况，并进行试压，选择合适材质和规格的钢套筒及压接设备，确定工艺参数，包括挤压变形，挤压变形包括压痕最小直径和压痕总宽度。挤压作业时，钢筋挤压连接宜先挤压一端套筒，插入待接钢筋后再挤压另一端套筒；压力钳就位时，应对正钢套筒压痕位置的标记，并应与钢筋轴线保持垂直；压接钳施压应由钢套筒中部顺序向端部进行；每次施压时，主要控制压痕深度。

（3）套筒挤压连接质量检验

工程中应用钢筋套筒挤压接头时，应由技术提供单位提交有效的型式检验报告和套筒出厂合格证。钢筋套筒挤压接头现场检验，一般只进行接头外观检查和单向拉伸试验。

1）取样数量。同批条件为：材料、等级、形式、规格、施工条件相同。批的数量为500 个接头，不足此数时也作为一个验收批。对每一验收批，应随机抽取 10%的挤压接头作外观检查；抽取 3 个试件作单向拉伸试验。在现场检验合格的基础上，连续 10 个验收批抽样试件抗拉强度试验一次合格率为 100%时，验收批接头数量可扩大为 1000 个。

2）外观检查。挤压接头的外观检查，应符合下列要求：①挤压后套筒长度应为 1.10～1.15 倍原套筒长度，或压痕处套筒的外径为 0.8～0.9 原套筒的外径；②挤压接头的压痕道数应符合型式检验确定的道数；③接头处弯折不得大于 4°；④挤压后的套筒不得有肉眼可见的裂缝。如外观质量合格数大于等于抽检数的 90%，则该批为合格。如不合格数超过抽检数的 10%，可在本批外观检验不合格的接头中抽取 3 个试件做极限抗拉强度试验再判别。

3）单向拉伸试验。3 个接头试件的抗拉强度均应满足钢筋机械连接通用技术规程中 A级或 B 级抗拉强度的要求。如有一个试件的抗拉强度不符合要求，则加倍抽样复验。复验中如仍有一个试件检验结果不符合要求，则该验收批单向拉伸试验判为不合格。

2. 钢筋锥螺纹套筒连接

把钢筋的连接端加工成锥形螺纹（简称丝头），然后用带锥形内丝的钢套筒将钢筋两端拧紧的连接方法，如图 4-9 所示。该方法具有接头可靠、操作简单、质量稳定、不受气候影响、对中性好、施工速度快等优点。接头的价格适中（低于挤压套筒接头，高于电渣压力焊和气压焊接头）。适用于直径 16～40mm 的各种钢筋的连接，所连接钢筋的直径之差不宜大于 9mm。

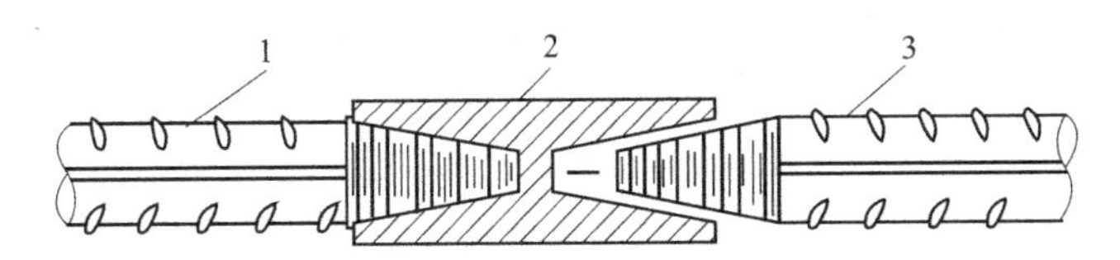

图 4-9　钢筋锥螺纹套筒连接

1—已连接的钢筋；2—锥螺纹套筒；3—未连接的钢筋

（1）钢筋锥螺纹套管连接设备

钢筋锥螺纹套筒连接机具设备包括钢筋套丝机、扭力扳手、量规等。钢筋套丝机是加工钢筋连接端的锥形螺纹用的一种专用设备，可套制直径 16～40mm 的钢筋。扭力扳手是保证钢筋连接质量的测力扳手，它可以按照钢筋直径大小规定的力矩值，把钢筋与连接套筒拧紧，并发出声响信号。量规包括牙形规、卡规和锥螺纹塞规。牙形规是用来检查钢筋连接端的锥螺纹牙形加工质量的量规。卡规是用来检查钢筋连接端的锥螺纹小端直径的量规。锥螺纹塞规是用来检查锥螺纹连接套筒加工质量的量规。

（2）钢筋锥螺纹套管连接施工

连接钢筋前，将钢筋未拧套筒一端的塑料保护帽拧下来露出丝扣，并将丝扣上的污物清理干净。钢筋规格和连接套的规格应一致，并确保钢筋和连接套的丝扣干净完好无损。将已拧套筒的钢筋拧到被连接的钢筋上，并用扭力扳手按规定的力矩值把钢筋接头拧紧，扭力扳手在调定的力矩值发出响声，并画上标记，以防有的钢筋接头漏拧。力矩扳手应每半年标定一次。

（3）钢筋锥螺纹套管连接质量检验

1）连接钢筋时，应检查连接套筒出厂合格证、钢筋锥螺纹加工检验记录。

2）钢筋连接工程开始前及施工过程中，应对每批进场钢筋和接头进行工艺检验：① 随机抽取同规格接头数的 10%进行外观检查。应满足钢筋与连接套的规格一致，接头丝扣无完整丝扣外露。② 接头的现场检验按验收批进行。同一施工条件下的同一批材料的同等级、同规格接头，以 500 个为一个验收批进行检验与验收，不足 500 个也作为一个验收批。③ 用质检的力矩扳手，按规定的接头拧紧值抽检接头的连接质量。对查出的不合格的接头验收批，应由工程有关各方研究后，提出处理方案。

3. 直螺纹套筒连接

直螺纹套筒连接是将两根待接钢筋端头切削或滚压出直螺纹，再用带内丝的钢套筒将钢筋两端拧紧的连接方法。该方法综合了套筒挤压连接和锥螺纹连接的优点，具有接头强度高、质量稳定、不用电源、对中性好、施工方便、施工速度快等优点，是目前工程应用最广泛的粗钢筋连接方法。适用于直径 16～40mm 的各种钢筋的连接。

直螺纹套筒连接按螺纹丝扣加工工艺不同，可分为钢筋镦粗直螺纹套筒连接和钢筋滚压直螺纹套筒连接等。

(1) 钢筋镦粗直螺纹套筒连接是先将钢筋端头镦粗，再切削成直螺纹，然后用带直螺纹的套筒将钢筋两端拧紧的钢筋连接方法。施工设备包括钢筋液压冷镦机、钢筋直螺纹套丝机、扭力扳手、量规等。镦粗直螺纹钢筋接头的特点为：钢筋端部经冷镦后不仅直径增大，使套丝后丝扣底部横截面积不小于钢筋原截面积，而且由于冷镦后钢材强度的提高，致使接头部位有很高的强度。这种接头的螺纹精度高，接头质量稳定性好，操作简便，连接速度快，价格适中。

(2) 钢筋滚压直螺纹套筒连接是利用金属材料塑性变形后冷作硬化增强金属材料强度的特性，使接头与母材等强的连接方法。根据滚压直螺纹成型方式，又可分为直接滚压螺纹、挤压肋滚压螺纹、剥肋滚压螺纹等类型。

（三）钢筋加工和绑扎安装

1. 钢筋加工

钢筋加工包括除锈、调直、下料剪切、弯曲等工作。随着施工技术的发展，钢筋加工已逐步实现机械化和联动化。

(1) 钢筋除锈

为了保证钢筋与混凝土之间的握裹力，在钢筋使用前，应清除其表面的油污、铁锈等。钢筋的除锈可采用：① 在钢筋调直过程中除锈，对大量钢筋除锈较为经济；② 采用电动除锈机除锈，对钢筋局部除锈较为方便；③ 采用手工除锈（用钢丝刷、砂盘）、喷砂和酸洗除锈等。

(2) 钢筋调直

钢筋调直可采用钢筋调直机、数控钢筋调直切断机或卷扬机拉直设备等进行。目前常用的钢筋调直机同时具有钢筋除锈、调直和切断三项功能。

(3) 钢筋切断

钢筋切断时采用的机具设备有钢筋切断机、手动液压切断器。钢筋切断时应将同规格钢筋根据不同长度长短搭配，统筹排料；一般应先断长料，后断短料，减少短头，减少损耗。断料时应避免用短尺量长料，防止在量料中产生累计误差。

(4) 钢筋弯曲

钢筋下料后，应按弯曲设备特点及钢筋直径和弯曲角度进行画线，以便弯曲成设计所要求的尺寸。当弯曲形状比较复杂的钢筋时，可先放出实样，再进行弯曲。钢筋弯曲宜采用弯曲机和弯箍机。

2. 钢筋绑扎和安装

钢筋绑扎一般采用 20～22 号铁丝，要求绑扎位置准确、牢固；在同一截面内，绑扎接头的钢筋面积在受压区中不得超过 50%，在受拉区中不得超过 25%；不在同一截面中的绑扎接头，中距不得小于搭接长度。

墙的钢筋网、基础钢筋网绑扎时，四周两行钢筋交叉点应每点扎牢，单向主筋中间部分交叉点可相隔交错扎牢；双向主筋的钢筋网，则须将全部钢筋相交点扎牢。墙、板采用双层钢筋网时，在两层钢筋间应设置撑铁，以固定钢筋间距。撑铁可用直径 6～10mm 的钢筋制成，长度等于两层网片的净距，间距约为 1m，相互错开排列。柱中的竖向钢筋搭接时，角部钢筋的弯钩应与模板呈45°；箍筋的接头（弯钩叠合处）应交错布置在四角纵向钢筋上；箍筋转角与纵向钢筋交叉点均应扎牢（箍筋平直部分与纵向钢筋交叉点可间隔扎牢），绑扎箍筋时绑扣相互间应呈八字形。板、次梁与主梁交叉处，板的钢筋在上，次梁的钢筋居中，主梁的钢筋在下；当有圈梁或垫梁时，主梁的钢筋在上。

钢筋在混凝土中保护层的厚度，可用水泥砂浆垫块（或塑料卡），垫在钢筋与模板之间进行控制。垫块应布置成梅花形，其互相间距不大于1m。

钢筋安装完毕后，应根据设计图纸检查钢筋的钢号、直径、根数、间距是否正确，特别要注意负筋的位置；同时检查钢筋接头的位置、搭接长度及混凝土保护层是否符合要求，钢筋绑扎是否牢固，有无松动变形现象，钢筋表面是否有不允许的油渍、漆污和颗粒状（片状）铁锈等。钢筋位置的偏差符合规范规定。

（四）钢筋套筒灌浆连接

钢筋套筒灌浆连接接头技术是《装配式混凝土结构技术规程》JGJ 1—2014所推荐的主要的接头技术，也是形成各种装配整体式混凝土结构的重要基础。

钢筋套筒灌浆连接技术就是将待连接热轧带肋钢筋插入内腔为凹凸表面的灌浆套筒，再通过向套筒与钢筋的间隙灌注专用高强水泥基灌浆料，当灌浆料硬化后将钢筋锚固在套筒内实现针对预制构件的一种钢筋连接技术。钢筋套筒灌浆连接接头由钢筋、灌浆套筒、灌浆料三种材料组成，其工作机理是基于灌浆套筒内灌浆料有较高的抗压强度，同时自身还具有微膨胀特性，当它受到灌浆套筒的约束作用时，在灌浆料与灌浆套筒内侧筒壁间产生较大的正向应力，钢筋借此正向应力在其带肋的粗糙表面产生摩擦力，借以传递钢筋轴向应力。这种连接方法已经多年工程实践的考验，在抗压强度、抗拉强度及可靠性方面均能满足要求。

灌浆套筒一般分为半灌浆套筒和全灌浆套筒（如图4-10所示），套筒早期形式即为全灌浆套筒，套筒两端钢筋均需插入套筒内并通过灌浆实现钢筋连接；套筒后期发展出半灌浆套筒形式，套筒一端钢筋采用机械连接与套筒连接，另一端钢筋则采用灌浆锚固于套筒内。钢筋套筒灌浆前，应在现场模拟构件连接接头的灌浆，每种规格钢筋应制作不少于3个套筒灌浆连接接头，进行灌注质量以及接头抗拉强度的检验，经检验合格后，方可进行灌浆作业。连接钢筋偏离套筒或孔洞中心线不宜超过3mm。其作业和检查验收应符合现行行业标准《钢筋套筒灌浆连接应用技术规程》JGJ 355—2015的有关规定。

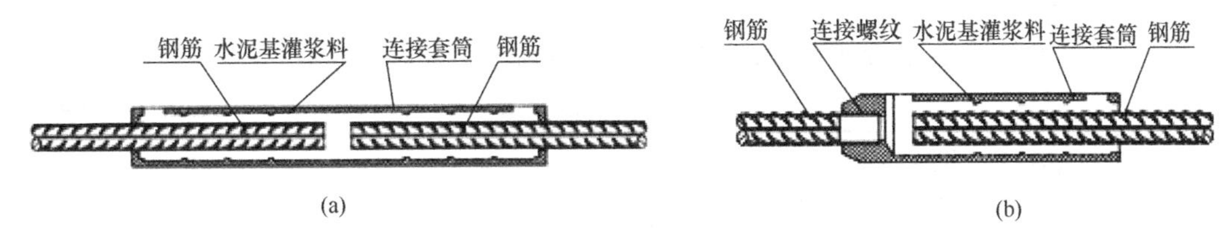

图4-10　灌浆套筒连接示意

（a）全灌浆接头；（b）半灌浆接头

三、钢筋的配料与代换

（一）钢筋配料

钢筋配料是根据构件配筋详图，将构件中各个编号的钢筋，分别计算出钢筋切断时的直线长度（简称为下料长度），统计出每个构件中每一种规格的钢筋数量，以及该项目中各种规格的钢筋总数量，填写配料单，以便进行钢筋的备料和加工。

1. 计算钢筋下料长度

由于结构施工图中注明的尺寸是钢筋的外轮廓尺寸（从钢筋外皮到外皮的尺寸），称为钢筋的外包尺寸，它与钢筋下料加工前的直线长度是不同的。钢筋的弯曲或弯钩会使其长度变化，钢筋弯曲时，其外壁伸长，内壁缩短，而中心线长度不改变，外包尺寸与中心线长度之间存在一个差值，称为“量度差值”。因此，各种钢筋下料长度计算如下：

直钢筋下料长度＝构件长度－保护层厚度＋弯钩增加长度

弯起钢筋下料长度＝直段长度＋斜段长度－弯曲量度差＋弯钩增加长度

箍筋下料长度＝箍筋周长＋箍筋调整值

上述钢筋需要搭接时，还应增加钢筋搭接长度。

（1）弯曲量度差

钢筋弯曲后的外包尺寸与其下料前的直线长度（轴线长度）之间存在一个差值，称量度差值。量度差计算公式如式（4-2）所示，其大小与钢筋直径、弯曲角度、弯心直径等因素有关（如图 4-11 所示）。弯心直径 D 一般为钢筋直径 d 的 2.5～5 倍。

$$量度差 = (D+2d)\tan(\alpha/2) - (d/2)/\sin\alpha + (d/2)/\tan\alpha - (D+d)\pi \times \alpha/360^\circ \quad (4\text{-}2)$$

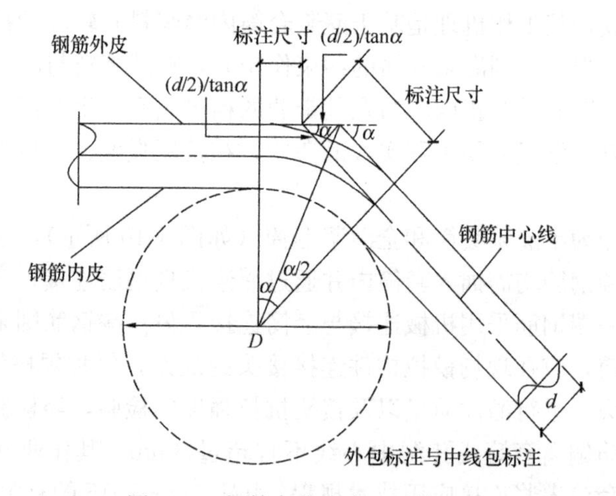

图 4-11　钢筋弯曲量度差计算示意

在实际工作中，为了方便计算，弯曲量度差值列于表 4-4 中。

钢筋弯曲量度差　　表 4-4

钢筋弯曲角度	30°	45°	60°	90°	135°
钢筋弯曲量度差	0.2d	0.35d	0.6d	1.75d	2.5d

注：d 为钢筋直径。

（2）弯钩增加长度

钢筋的弯钩形式有三种：半圆弯钩、直弯钩及斜弯钩。半圆弯钩是光圆钢筋最常用的一种弯钩。直弯钩只用在柱钢筋的下部、箍筋和附加钢筋中。斜弯钩只用在直径较小的钢筋中。按图 4-12 所示，弯心直径取 2.5d，钢筋弯钩平直长度取 3d，其弯钩增加长度：半圆弯钩为 6.25d，直弯钩为 3.5d，斜弯钩为 4.9d。

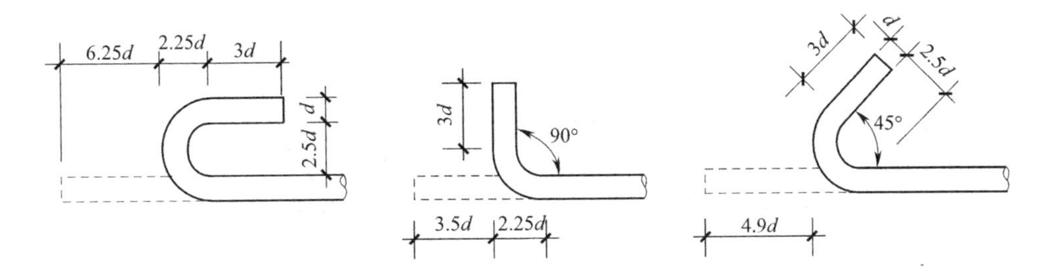

图 4-12 钢筋弯钩形式及计算简图

在生产实践中，由于实际弯心直径与理论弯心直径有时不一致，钢筋粗细和机具条件不同等而影响平直部分的长短，手工弯钩时平直部分可适当加长，机械弯钩时可适当缩短，因此在实际配料计算时，对弯钩增加长度常根据具体条件采用经验数据。

（3）箍筋下料长度计算

箍筋下料长度＝2×[（H－2 倍×保护层）＋(B－2×保护层)]－弯曲度量差＋弯钩增加值

箍筋采用光圆钢筋时，弯弧内直径为 2.5d，单个 90°弯曲量度差为 1.75d，单个 135°末端弯钩增加值为 6.9d(有抗震要求时为：11.9d 或 1.9d＋75mm 的较大值)。则：

单根钢筋的下料长度＝构件周长－8×保护层－3×1.75d＋2×6.9d

＝构件周长－8×保护层＋8.55d

有抗震要求时：

单根钢筋的下料长度＝构件周长－8×保护层－3×1.75d＋2×max{11.9d，（1.9d＋75mm)}

＝构件周长－8×保护层＋ max{18.55d，（－1.45d＋75mm)}

2. 编制钢筋配料单、制作钢筋料牌

根据下料长度的计算结果，汇总编制钢筋配料单。钢筋配料单内容包括：工程名称、构件名称、钢筋编号、钢筋简图及尺寸、钢筋直径、钢号、数量、下料长度及钢筋重量等。将每一编号的钢筋制作一块料牌，作为钢筋加工的依据与钢筋安装的标志，钢筋配料单和料牌，应严格校核，必须准确无误，以免返工浪费。

【例 4-1】 某现浇混凝土梁 L_1 的结构施工图如图 4-13 所示，试计算每根钢筋的下料长度，钢筋保护层厚度为 25mm。

【解】

① 号筋(2 根)

下料长度＝3900－2×25＝3850mm

② 号筋(2 根)

下料长度＝3850＋2×6.25×12＝4000mm

③ 号筋(1 根)

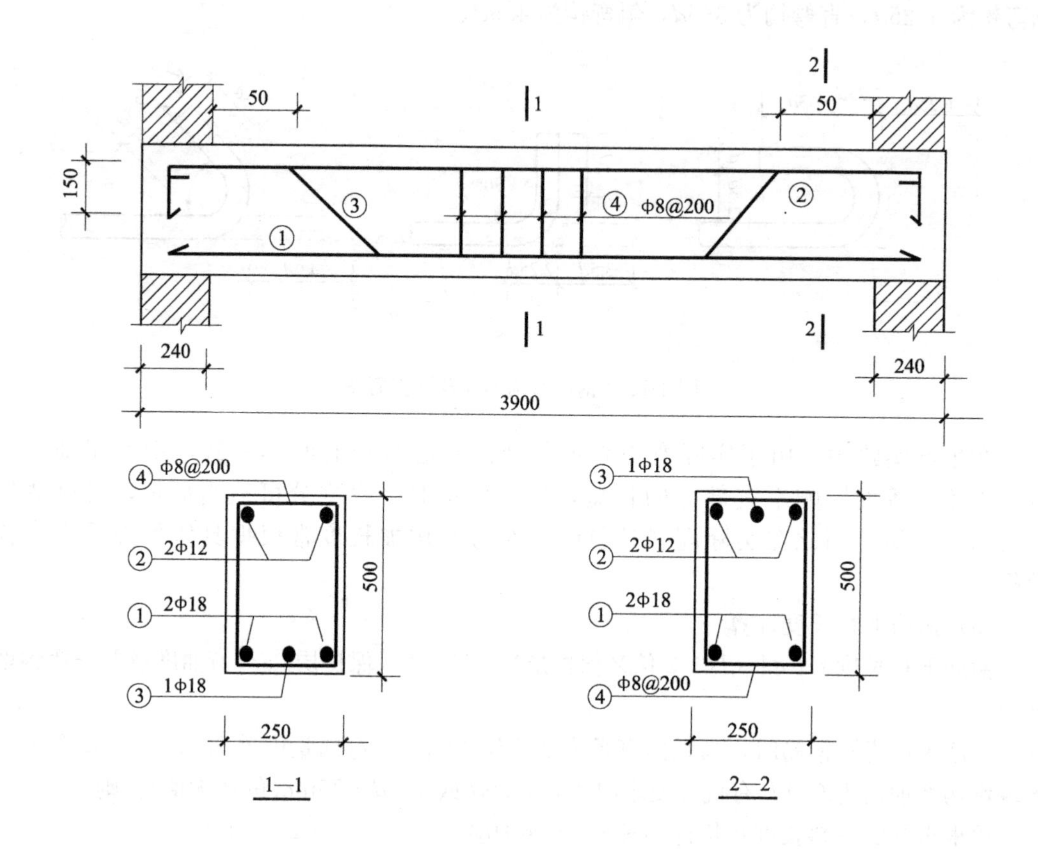

图 4-13　现浇混凝土梁结构施工图

下料长度=[3900−2×(240+50)−2×(500−2×25−2×8)]+2×(240+50−25)

+2×1.414×434+2×150−2×1.75×18(90°)−4×0.35×18(45°)

=2452+2×265+2×614+2×150−63−25

=4422mm

④ 号筋

根数 $n=\frac{L}{a}+1=\frac{3850}{200}+1=21$

下料长度=2×(250−2×25+500−2×25)+8.55×8(无抗震要求)

=1368mm

钢筋配料单见表 4-5。

（二）钢筋代换

在施工中如遇到有钢筋品种或规格与设计要求不符时，应经设计单位同意，并办理技术核定手续后方能进行钢筋代换。代换方法有等强代换方法和等面积代换两种。

1. 等强代换方法

当不同等级品种的钢筋进行代换，构件受强度控制时，钢筋可按强度相等原则进行代换，即只要代换钢筋的承载能力值和原设计钢筋的承载能力值相等，就可以代换。

钢筋配料单 **表 4-5**

构件名称	钢筋编号	简图	直径(mm)	钢号	下料长度(mm)	单位根数	合计根数	重量(kg)
L1 梁(共 5 根)	①	3850	18	Φ	3850	2	10	77
	②	3850	12	Φ	4000	2	10	36
	③	150 265 614 45° 2452 614 265 150	18	Φ	4422	1	5	44
	④	450 200	8	Φ	1368	21	105	57

代换后的钢筋根数可用下式计算：

$$n_2 \geqslant \frac{n_1 d_1^2 f_{y1}}{d_2^2 f_{y2}} \tag{4-3}$$

式中 n_2——代换钢筋根数；

n_1——原设计钢筋根数；

d_2——代换钢筋直径；

d_1——原设计钢筋直径；

f_{y2}——代换钢筋抗拉强度设计值；

f_{y1}——原设计钢筋抗拉强度设计值。

2. 等面积代换

当构件按最小配筋率配筋时，钢筋应按面积相等原则进行代换。用下面公式计算：

$$A_{s1} = A_{s2} \tag{4-4}$$

式中 A_{s1}——原设计钢筋的计算面积；

A_{s2}——拟代换钢筋的计算面积。

钢筋代换时，必须充分了解设计意图和代换材料性能，并严格遵守现行混凝土结构设计规范的各项规定；凡重要结构中的钢筋代换，应征得设计单位同意。钢筋代换应注意以下事项：

(1) 对某些重要构件，如吊车梁、薄腹梁、桁架下弦等，不宜用 HPB300 级光圆钢筋代替 HRB335 和 HRB400 级带肋钢筋。

(2) 钢筋代换后，应满足配筋构造规定，如钢筋的最小直径、间距、根数、锚固长度等。

(3) 同一截面内，可同时配有不同种类和直径的代换钢筋，但每根钢筋的拉力差不应过大（如同品种钢筋的直径差值一般不大于 5mm），以免构件受力不匀。

(4) 梁的纵向受力钢筋与弯起钢筋应分别代换，以保证正截面与斜截面强度。

（5）偏心受压构件（如框架柱、有吊车厂房柱、桁架上弦等）或偏心受拉构件作钢筋代换时，不取整个截面配筋量计算，应按受力面（受压或受拉）分别代换。

（6）当构件受裂缝宽度控制时，如以小直径钢筋代换大直径钢筋，强度等级低的钢筋代替强度等级高的钢筋，则可不作裂缝宽度验算。

第二节 模板工程

模板工程是混凝土浇筑成型使用的模板及其支架的设计、安装、拆除等一系列技术工作和完成实体的总称。在现浇混凝土结构施工中模板使用量大，据统计，模板工程费用占现浇混凝土结构造价的30％～35％，劳动用量占40％～50％，模板工程对施工质量、安全和工程成本有着重要的影响。因此，采用先进的模板技术，对于提高工程质量、加快施工速度、提高劳动生产率、降低工程成本和实现文明施工，具有十分重要的意义。

一、模板系统的基本要求与分类

（一）模板系统的基本要求

模板系统包括模板和支撑两部分。模板部分是指与混凝土直接接触使混凝土具有构件所要求形状的部分；支撑是指保证模板形状、尺寸及其空间位置的支撑体系，该体系既要保证模板形状、尺寸和空间位置正确，又要承受模板、混凝土及施工荷载。

模板及其支撑应符合下列基本要求：

（1）保证工程结构和构件各部分形状和相互位置的准确性；

（2）应具有足够的承载能力、刚度和稳定性，能可靠地承受浇筑混凝土的重量、侧压力以及施工荷载；

（3）构造简单，装拆方便，便于钢筋的绑扎与安装、混凝土的浇筑与养护；

（4）模板接缝严密，不漏浆；

（5）因地制宜，就地取材，周转次数多，损耗要小，成本低，技术先进；

（6）对清水混凝土工程及装饰混凝土工程，应使用能达到设计效果的模板。

（二）模板分类

1. 按材料分类

模板按所用材料分为木模板、钢模板、胶合板模板、钢框木（竹）胶合板模板、塑料模板、玻璃钢模板、铝合金模板、钢丝网水泥模板和钢筋混凝土模板等。

2. 按结构类型分类

各种现浇混凝土结构构件，由于其形状、尺寸、构造不同，模板的构造及组装方法也不同。模板按结构的类型不同，分为基础模板、柱模板、梁模板、楼板模板、楼梯模板、墙模板、壳模板、烟囱模板、桥梁墩台模板等。

3. 按施工方法分类

根据施工方法模板可分为现场装拆式模板、固定式模板、移动式模板和永久性模板等。

（1）现场装拆式模板。现场装拆式模板是按照设计要求的结构形状、尺寸及空间位置在施工现场组装的模板。

（2）固定式模板。固定式模板一般用来制作预制构件，如各种胎模（土胎模、砖胎模、混凝土胎模）即属固定式模板。

（3）移动式模板。移动式模板是指随着混凝土的浇筑，模板可沿水平或垂直方向移动，如滑升模板、提升模板、爬升模板、大模板、飞模等。

（4）永久性模板。又称一次性消耗模板，即在现浇混凝土结构浇筑后模板不再拆除，其中有混凝土薄板、玻璃纤维水泥模板、钢桁架型混凝土板、钢丝网水泥模板等。

（三）常用工具式模板

1. 钢模板

钢模板是一种定型的工具式模板，可用连接构件拼装成各种形状和尺寸，适用于多种结构形式。钢模板周转率高，在使用和管理良好的情况下，周转使用次数可达 100 次，但一次性投资费用大，一套组合钢模板需周转使用 50 次以上方能收回成本。在使用过程中应注意保护，防止生锈，延长其使用寿命。

钢模板主要包括平面模板（代号 P）、阴角模板（代号 E）、阳角模板（代号 Y）、连接角模（代号 J）等，如图 4-14 所示。钢模板采用模数制设计，宽度以 100mm 为基础，以 50mm 为模数进级；长度以 450mm 为基础，以 150mm 为模数进级，当长度超过 900mm 时，以 300mm 为模数进级，肋高 55mm。如 P2015 表示平面模板，其宽度为 200mm，长度为 1500mm。

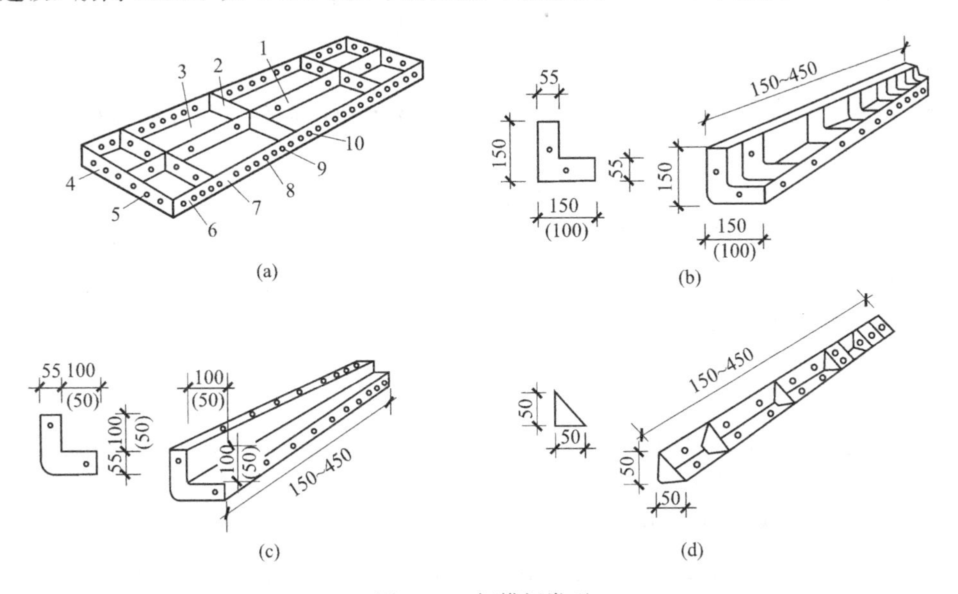

图 4-14　钢模板类型

(a) 平面模板；(b) 阴角模板；(c) 阳角模板；(d) 连接角模

1—中纵肋；2—中横肋；3—面板；4—横肋；5—插销孔；

6—边肋；7—凸棱；8—凸鼓；9—U 形卡孔；10—钉子孔

组合钢模板由具有一定模数和类型的钢模板、连接件和支承件组成。钢模板的连接件主要包括 U 形卡、L 形插销、钩头螺栓、紧固螺栓和对拉螺栓等。组合钢模板的支承件包括钢楞、柱箍、梁卡具、钢管架、钢管脚手架、平面可调桁架等。

2. 胶合板模板

胶合板模板有木胶合板模板和竹胶合板模板。木胶合板模板通常用 7、9、11 等奇数层准板（薄木片）经热压固化而胶合成型，相邻层的纹理方向相互垂直。竹胶合板和竹芯木面胶合板是在木胶合板基础上发展起来的新型模板，具有幅面大、自重轻、锯截方便、材质坚韧、不透水、不翘曲、不开裂、开洞容易等优点，浇筑出的混凝土外观比较清晰美观，应用广泛。尺寸一般为915mm×1830mm和1220mm×2440mm。

3. 钢框木（竹）胶合板模板

钢框木（竹）胶合板模板，是以热轧异型钢为钢框架，以覆面胶合板作板面的一种组合式模板。面板有木、竹胶合板，单片木面竹芯胶合板等。钢框木（竹）胶合板的规格尺寸有，长度：900～2400mm，宽度：200～900mm，级差为50mm或其倍数。钢框木（竹）胶合板模板具有自重轻、用钢量少、面积大，可以减少模板拼缝，提高结构浇筑后表面的质量和维修方便，周转次数可达50次以上，面板损伤后可用修补剂修补等特点。图4-15为钢框胶合板模板示意图。

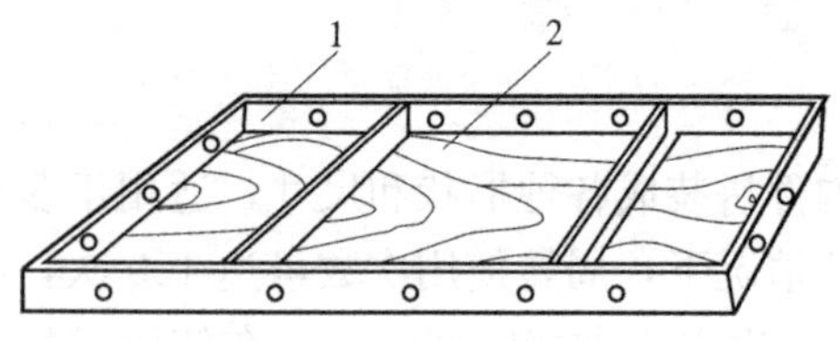

图4-15　钢框胶合板模板

1—钢框；2—胶合板

4. 大模板

平模是混凝土墙体施工大模板，其单块模板面积较大，通常是以一面现浇混凝土墙体为一块模板，主要用于剪力墙结构或框架-剪力墙结构中的剪力墙施工，施工方法是采用工具式大型模板，配以相应的起重吊装机械，通过各种合理的施工组织，以工业化生产方式在施工现场浇筑钢筋混凝土墙体。大模板具有安装和拆除简便、尺寸准确和板面平整等特点。

采用大模板进行建筑施工常以建筑物的开间、进深、层高的标准化为基础，以采用大模板为主要施工手段，以现浇钢筋混凝土墙体为主导工序，组织有节奏的均衡施工。这种施工方法速度快，劳动强度低，工程质量好，结构整体性和抗震性能好，混凝土表面平整光滑，并减少装修抹灰湿作业。由于该工艺的工业化、机械化施工程度高，综合经济技术效益好，因而受到普遍欢迎。

5. 隧道模

隧道模是一种用于在现场同时浇筑墙体和楼板混凝土的工具式定型模板，因为其外形像隧道，故称其为隧道模板。

隧道模分全隧道模和半隧道模两种。全隧道模的基本单元是一个完整的隧道模板，半隧道模则是由若干个单元角模组成，然后用两个半隧道模对拼而成为一个完整的隧道模。在使用上全隧道模不如半隧道模灵活，对起重设备的要求也较高，故其逐渐被半隧道模所取代。

6. 飞模

飞模是一种大型工具式模板，因其外形如桌，故又称桌模或台模。由于它可以借助起重机械从已浇筑完混凝土的楼板下吊运飞出转移到上层重复使用，故称飞模。

该工艺可以借助起重机械从已浇筑完混凝土的楼板下吊运飞出转移到上层重复使用，可一次组装重复使用，从而减少了逐层组装、支拆模板的工序，简化模板支拆工艺，节约模板支拆用工，加快施工进度。适用于大开间、大柱网、大进深的现浇钢筋混凝土楼盖施工，尤其适用于现浇板柱结构（无柱帽）楼盖的施工。

7. 滑升模板

滑升模板是随着混凝土的浇筑而沿结构或构件表面向上垂直移动的模板。滑动模板的施工是一种机械化程度较高的活动连续成型施工工艺。

滑升模板施工时，在建筑物的底部，按照建筑物或构筑物平面，沿其结构周边安装1.2m高的模板，随后在模板内不断分层绑扎钢筋和浇筑混凝土，利用液压提升设备不断向上滑升模板，连续完成混凝土的浇筑工作。利用该施工工艺，不但施工速度快、结构整体性强、施工占地少、节约模板和劳动力、改善劳动条件，而且有利于安全施工，提高工程质量。这种施工工艺不仅被广泛应用于贮仓、水塔、烟囱、桥墩、竖井壁、框架等工业构筑物，而且逐步向高层和超高层民用建筑发展。

8. 爬升模板

爬升模板即爬模，是一种适用于现浇钢筋混凝土竖直或倾斜结构施工的模板工艺。可分为“有架爬模”（即模板爬架子、架子爬模板）和“无架爬模”（即模板爬模板）两种。

该工艺将大模板工艺和滑升模板工艺相结合，既保持大模板施工墙面平整的优点，又保持了滑模利用自身设备使模板向上提升的优点，可用于高层建筑的墙体、桥梁、塔柱等的施工。

大模板、滑升模板、爬升模板等施工将在第七章详细介绍。

二、现浇结构模板构造

（一）基础模板

基础模板根据基础的形式可分为独立基础模板、杯形基础模板、条形基础模板等。独立基础支模方法和模板构造如图4-16所示。若是杯形基础，则在其中放入杯芯模板。如土质良好，阶梯形基础的最下一级可不用模板而进行原槽浇筑。在安装基础模板前，应核对地基垫层的标高及基础中心线，弹出基础边线。然后再校正模板上口的标高，使之符合设计要求。经检查无误后将模板钉（卡、栓）牢撑稳。安装阶梯形基础模板时，要保证上、下模板不发生相对位移。

（二）柱模板

矩形柱的模板由四面拼板、柱箍、连接角模等组成，如图4-17所示。柱模板主要需要

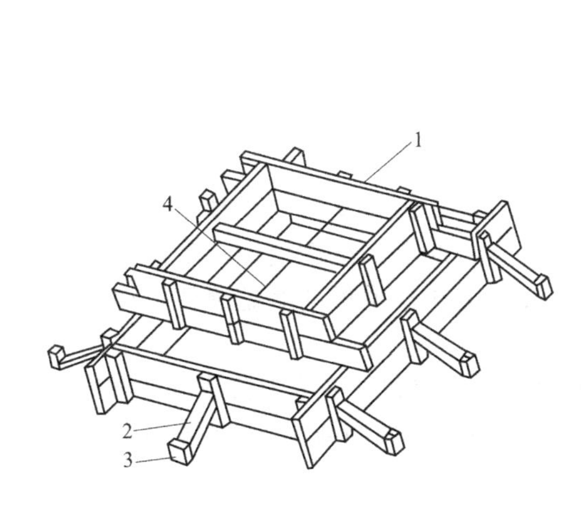

图4-16 独立基础模板

1—侧模；2—斜撑；3—木桩；4—钢丝

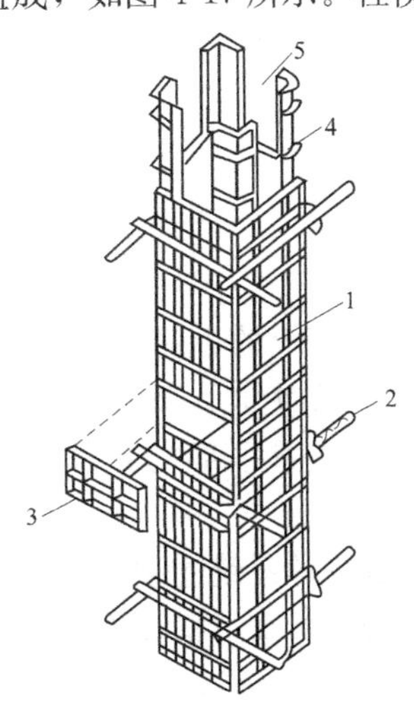

图4-17 柱模板

1—拼板；2—柱箍；3—盖板；4—连接角模；5—梁缺口

解决垂直度及抵抗侧压力问题。为了防止在混凝土浇筑时模板产生鼓胀变形，模外应设置柱箍，柱箍间距由计算确定，应上疏下密，一般不超过100mm。柱模板顶部根据需要开有与梁模板连接的缺口，底部开有清渣口以便于清理垃圾。当柱较高时，可根据需要在柱中设置混凝土浇筑口。对于独立柱模，其四周应加支撑，以免浇筑混凝土时产生倾斜。

在安装柱模板前，应先绑扎好钢筋，同时在基础面上或楼面上弹出纵横轴线和柱四周边线；然后立模板，并用临时斜撑固定；再由顶部用垂球校正，检查其标高位置无误后，即用斜撑卡牢固定。

（三）梁及楼板模板

梁模板主要由底模板、侧模板及支撑等组成，如图4-18所示。梁模板既承受混凝土横向侧压力，又承受垂直压力。因此梁模板及其支撑系统稳定性要好，有足够的强度和刚度，不致超过规范允许的变形。

梁模板应在复核梁底标高、校正轴线位置无误后进行安装。当梁的跨度大于4m时，应使梁底模中部略为起拱，以防止由于灌注混凝土后跨中梁底下垂；如设计无规定时，起拱高度宜为全跨长度的1/1000～3/1000。在梁底模板下每隔一定间距支设支柱（又称顶撑、琵琶撑）或桁架承托，支柱有木支柱和钢管支柱。

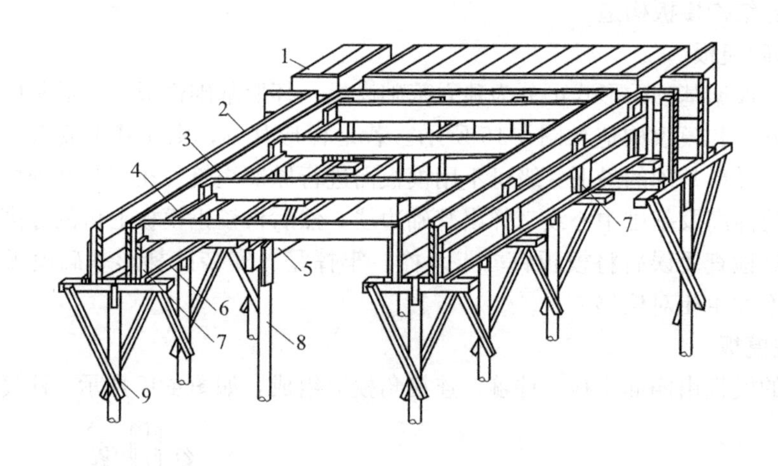

图4-18 梁及楼板模板

1—楼板模板；2—梁侧模板；3—搁栅；4—横档；5—牵杠；
6—夹条；7—短撑木；8—牵杠撑；9—支撑

为了调整梁模板的标高，在木支柱底部要垫木楔，钢管支柱宜用伸缩式的。在多层房屋施工中，应使上、下层支柱对准在同一条竖直线上。梁侧模板承受混凝土侧压力，底部用钉在支撑顶部的夹条夹住，顶部可由支撑楼板模板的搁栅顶住，或用斜撑顶住。

板模板及其支撑系统主要用于抵抗混凝土的垂直荷载和其他施工荷载。板模板安装时，首先复核板底标高，搭设模板支架，然后用阴角模板从四周与墙、梁模板连接再向中央铺设。

（四）墙模板

墙模板由两片侧板组成，如图4-19所示。每片侧板由若干块拼接板或定型板拼接而成。侧板外用纵、横檩木及斜撑固定，并装设对拉螺栓及临时撑木。对拉螺栓的间距由计算确定。墙模板主要承受混凝土的侧压力，因此必须加强墙体模板的刚度，并设置足够的支撑，以确保模板不变形和发生位移。墙模板安装时，先弹出墙中心线和两边线，钢筋绑扎好后，安装模板并设支撑，在顶部用线坠吊直，拉线找平后固定支撑。

（五）楼梯模板

板式楼梯的模板由楼梯底模板、侧板及梯级模板构成，其构造如图 4-20 所示。楼梯模板施工前应根据设计放样，先安装平台梁及基础模板，再装楼梯斜梁或楼梯底模板，然后安装楼梯外帮侧板。安装外帮侧板时应先在其内侧弹出楼梯底板厚度线，用套板画出踏步侧板位置线，钉好固定踏步侧板的档木，再安装侧板。

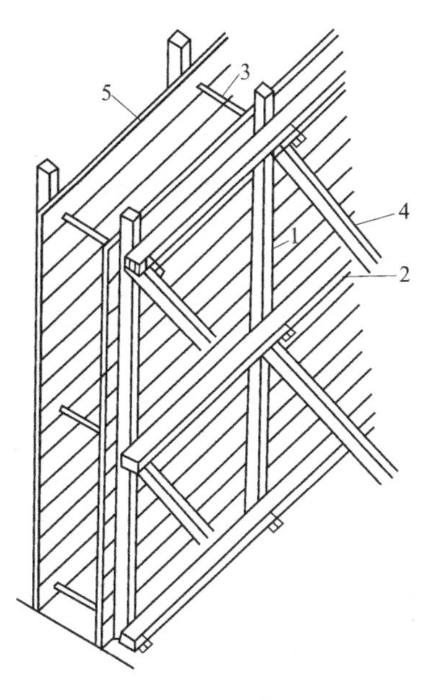

图 4-19　墙模板

1—纵檩；2—横檩；3—对拉螺栓；4—斜撑；5—墙模板

三、模板设计

模板设计的内容，主要包括选型、选材、配板、荷载计算、结构设计和绘制模板施工图以及拟定制作、安装、拆除方案等。各项设计的内容和详尽程度，可根据拟建结构的形式和复杂程度及具体施工条件来确定。这里主要介绍模板结构设计。

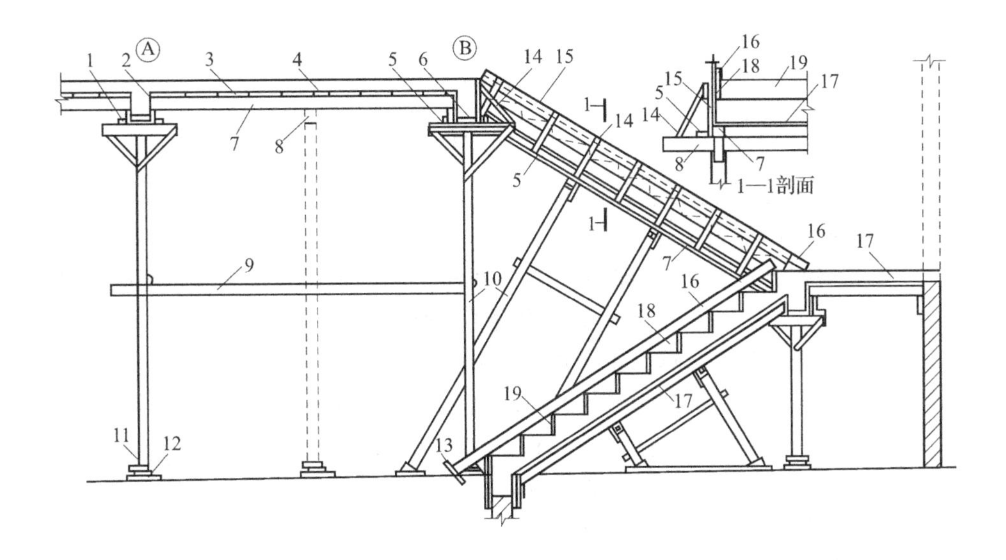

图 4-20　肋形楼盖及楼梯模板

1—横档木；2—梁侧板；3—定型模板；4—异形板；5—夹板；6—梁底模板；7—楞木；8—横木；9—拉条；10—支柱；11—木楔；12—垫板；13—木桩；14—斜撑；15—边板；16—反扶梯基；17—板底模板；18—三角木；19—梯级模板

模板结构设计，包括模板结构形式及模板材料的选择、模板及支架系各部件规格尺寸的确定以及节点设计等。模板设计应根据工程结构形式、施工组织设计、施工单位现有的技术物质条件、相关的设计、施工规范等条件进行。常用的木拼模板和定型组合钢模，一般按经验进行支设，不需要进行设计和验算。对一些重要结构的模板、特殊结构的模板，应进行设计和验算，以确保工程质量和施工安全，防止浪费。

（一）荷载

荷载分为荷载标准值和荷载设计值，荷载设计值等于荷载标准值乘以相应的荷载分项系数。

（1）模板及支架自重（G_1）。应根据设计图纸或实物计算确定，对肋形楼板及无梁楼板模板的自重，可参考表4-6确定。

横板及支架自重标准值（kN/m³） **表4-6**

模板构件名称	木模板	组合钢模板	钢框胶合板模板
平板的模板及小楞	0.30	0.50	0.40
楼板模板（包括梁的模板）	0.50	0.75	0.60
楼板模板及其支架（层高小于等于4m）	0.75	1.10	0.95

（2）新浇混凝土施加的竖向荷载（G_2）。对普通混凝土，取24kN/m³；对其他混凝土可根据实际密度确定。

（3）钢筋施加的荷载（G_3）。荷载值决定于结构构件的钢筋用量，可根据工程图纸确定。一般梁板结构钢筋自重标准值可按经验取值：楼板取1.1kN/m³，梁取1.5kN/m³。

（4）新浇筑混凝土对模板侧面的压力（G_4）。采用内部振捣器时，可按以下两式计算，并取其中较小值：

$$F = 0.28\gamma_c t_0 \beta v^{1/2} \tag{4-5}$$

$$F = \gamma_c H \tag{4-6}$$

式中 F——新浇筑混凝土对模板的最大侧压力（kN/m²）；

γ_c——混凝土的重力密度（kN/m³）；

t_0——新浇筑混凝土的初凝时间（h），可按实测确定，当缺试验资料时，可采用$t_0 = 200/(T+15)$计算（T为混凝土的温度，℃）；

β——混凝土坍落度影响修正系数：当坍落度大于50mm且不大于90mm时，β取0.85；坍落度大于90mm且不大于130mm时，β取0.9；坍落度大于130mm且不大于180mm时，β取1.0；

v——浇筑速度，取混凝土浇筑高度（厚度）与浇筑时间的比值（m/h）；

H——混凝土侧压力计算位置处至新浇筑混凝土顶面的总高度（m）。

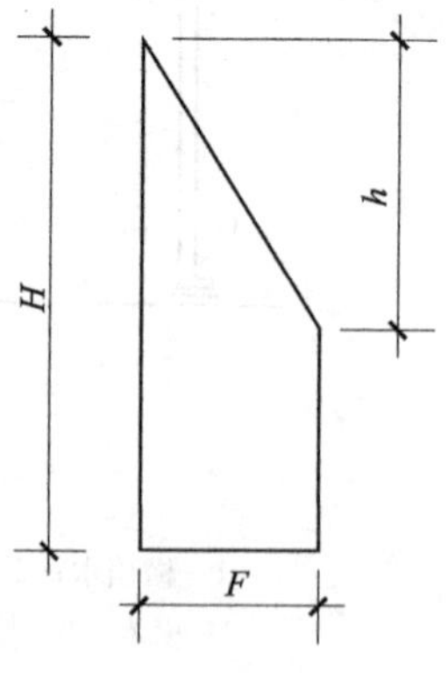

当浇筑速度大于10m/h，或混凝土坍落度大于180mm时，侧压力（G_4）的标准值可按式（4-6）计算。混凝土侧压力的计算分布图形如图4-21所示。

H h F

图4-21 侧压力计算分布图
[h为有效压头高度(m)，$h=F/\gamma_c$]

（5）施工人员及设备荷载（Q_1）。可按实际情况计算，且不应小于2.5kN/m^2。

（6）混凝土下料产生的水平荷载（Q_2）。可按表4-7采用，其作用范围可取为新浇混凝土侧压力的有效压头h之内。

倾倒混凝土时产生的水平荷载标准值（kN/m^2）　　**表4-7**

序号	供料方法	水平荷载
1	溜槽、串筒、导管或泵管下料	2.0
2	吊车配备斗容器下料或小车直接倾倒	4.0

（7）泵送混凝土或不均匀堆载等因素产生的附加水平荷载（Q_3）。可取计算工况下竖向永久荷载标准值的2%，并应作用在模板支架上端水平方向上；或直接以不小于1.5 kN/m的线荷载作用在模板支架上边缘的水平方向上计算。

（8）风荷载（Q_4）。可按现行国家标准《建筑结构荷载规范》GB 50009的有关规定确定，此时的基本风压可按10年一遇的风压取值，但基本风压不小于0.20 kN/m^2。

（二）荷载组合及效应计算

模板与支架计算的荷载组合见表4-8。

模板与支架计算的荷载组合　　**表4-8**

计算内容		参与荷载项
模板	底面模板的承载力	$G_1+G_2+G_3+Q_1$
	侧面模板的承载力	G_4+Q_2
支架	支架水平杆及节点的承载力	$G_1+G_2+G_3+Q_1$
	立杆的承载力	$G_1+G_2+G_3+Q_1+Q_4$
	支架结构的整体稳定性	$G_1+G_2+G_3+Q_1+Q_3$ $G_1+G_2+G_3+Q_1+Q_4$

模板及荷载基本组合的效应设计值，可按公式（4-7）计算。

永久荷载分项系数1.35，可变荷载分项系数1.4。

$$S=1.35\alpha\sum_{i\geqslant1}S_{Gik}+1.4\psi_{cj}\sum_{j\geqslant1}S_{Qjk} \tag{4-7}$$

式中　S_{Gik}——第i个永久荷载标准值产生的荷载效应值；

α——模板支架类型系数，侧模板取0.9，底模板和支架取1.0；

S_{Qjk}——第j个可变荷载标准值产生的荷载效应值；

ψ_{cj}——第j个可变荷载的组合值系数，宜取$\psi_{cj}\geqslant0.9$。

（三）承载能力计算

模板及支架结构构件应按短暂设计状况进行承载力计算，计算应符合下式要求：

$$\gamma_0 S\leqslant\frac{R}{\gamma_R} \tag{4-8}$$

式中　γ_0——结构重要性系数，对重要的模板及支架宜取$\gamma_0\geqslant1.0$；对一般的模板及支架应取$\gamma_0\geqslant0.9$；

S——模板及支架按荷载基本组合计算的效应设计值；

R——模板及支架结构构件的承载力设计值，按国家现行有关标准计算；

γ_R——承载力设计值调整系数，根据模板及支架重复使用情况取用，不应小于1.0。

（四）模板及支架的变形验算

模板面板的变形直接影响混凝土构件尺寸和外观质量。对于梁板等水平构件的变形验算以混凝土、钢筋、模板自重的标准值计算；墙、柱等竖向构件以新浇混凝土侧压力标准值计算。模板及支架的变形验算符合下列要求：

$$\alpha_{fG} \leqslant \alpha_{f,lim} \tag{4-9}$$

式中 α_{fG}——按永久荷载标准值计算的构件变形值；

$\alpha_{f,lim}$——构件变形值。

模板允许变形值为：结构表面外露时，模板允许变形值不大于1/400模板构件计算跨度；结构表面隐蔽时，模板允许变形值不大于1/250模板构件计算跨度；支架的轴向压缩变形限值或侧向挠度限值，宜取为计算高度或计算跨度的1/10000。

此外，支架的高宽比不宜大于3；当高宽比大于3时，应加强整体稳固性措施，整体稳固性措施包括支架体内加强竖向和水平剪刀撑的设置；支架体外设置抛撑、型钢桁架撑、缆风绳等。支架在搭设过程中风荷载（Q_4）以及混凝土浇筑时的附加水平荷载（Q_3）较大时，支架应按混凝土浇筑前和混凝土浇筑时两种工况进行抗倾覆验算。当支架结构与周边已浇筑混凝土具有一定强度的结构可靠拉结时，可以不验算整体稳定性。

【例4-2】 求某楼面外露单梁（300mm×600mm）的底模（木模板厚5cm）支撑间距。（木材 f_w=1.1×104kN/m^2，E=9×106kN/m^2，木材自重为0.5kN/m^2。模板设计中，一般可按三跨连续梁计算）

【解】

1. 计算简图

见图4-22。

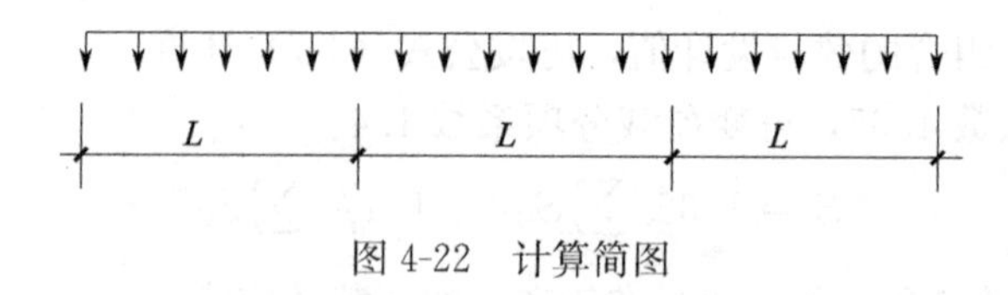

图4-22 计算简图

2. 求荷载

（1）模板自重：0.5×0.3=0.15kN/m

（2）混凝土自重：24 ×0.6 ×0.3=4.32kN/m

（3）钢筋重量：1.5 ×0.6 ×0.3=0.27kN/m

（4）施工人员及设备产生的荷载：3.0×0.3=0.9kN/m

3. 荷载组合

（1）计算承载力

荷载组合：$G_1+G_2+G_3+Q_1$，模板支架类型系数 α 取1.0

$$q_1=1.35\times1.0\times(0.15+4.32+0.27)+1.4\times0.9\times0.9=7.533\text{kN/m}$$

（2）计算刚度

荷载组合：$G_1 + G_2 + G_3$

$$q_2 = 0.15 + 4.32 + 0.27 = 4.74\text{kN/m}$$

4. 承载力验算

连续梁最大弯矩值为：$M_{\max} = \frac{1}{10}ql^2$

计算最大弯矩：$M = \frac{1}{10}q_1 l^2 = \frac{1}{10} \times 7.533 \cdot l^2 = 0.7533 \cdot l^2$ (kN·m)

抵抗弯矩：$M_T = [f_w]\ W = 1.1 \times 104 \times 0.3 \times 0.062/6 = 1.375\text{kN} \cdot \text{m}$

令：$\gamma_0 M = M_T/\gamma_r$，根据本工程特点 γ_0 与 γ_r 均取 1.0，即：

$0.7533l^2 = 1.375$，解得：$l = 1.35$m。

5. 刚度验算

连续梁最大变形为：$$u = 0.00677\frac{ql^4}{EI}$$

且最大变形限值为：$$[u] \leqslant l/400$$

令 $$0.00677\frac{ql^4}{EI} \leqslant l/400$$

代入数据：

$$0.0067\frac{4.74 \times l^4}{9 \times 10^6 \times \frac{1}{12} \times 0.3 \times 0.06^3} \leqslant \frac{l}{400}$$

解得： $$l = 1.30\text{m}$$

综合 4、5 两步取支撑间距为 1.3m。

【例 4-3】某高层建筑墙板采用大模板施工，墙板厚 180mm、高 3.0m、宽 3.3m，采用木胶合板模板，水平内楞间距为 750mm，竖直外楞间距为 900mm，内楞与外楞相交处采用对拉螺栓，如图 4-23 所示。已知混凝土的重力密度为 24kN/m³，浇筑温度为 20℃，不加外加剂，混凝土的坍落度为 7cm，混凝土浇筑速度为 1.8m/h，采用插入式振捣器，采用泵管下料。验算对销螺栓 M18 的内力（螺栓 M20 的容许拉力为 38.20kN）。

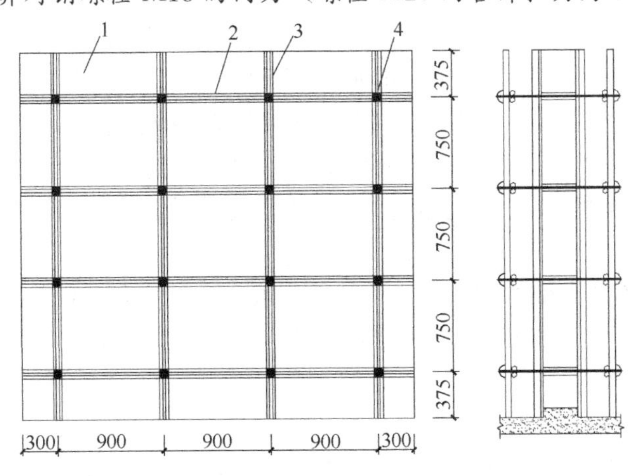

图 4-23 大模板拼装示意

1—大模板；2—内楞；3—外楞；4—对拉螺栓

【解】

1. 荷载设计值

(1) 新浇混凝土侧压力

1) 新浇混凝土侧压力标准值 G_4

根据式 (4-5):

$$F_1 = 0.28\gamma_c t_0 \beta v^{1/2}$$

其中: $t_0 = \frac{200}{T+15} = \frac{200}{20+15} = 5.71$

代入数据，得: $F_1 = 0.28 \times 24 \times 5.71 \times 0.85 \times 1.8^{\frac{1}{2}} = 43.76\text{kN/m}^2$

根据式 (4-6): $F_2 = \gamma_c H = 24 \times 3 = 72\text{kN/m}^2$

取两者中小值，即 $F_1 = 41.8\ \text{kN/m}^2$。

2) 新浇混凝土侧压力设计值

$$F'_1 = 1.35 \times \alpha \times F_1$$
$$= 1.35 \times 0.9 \times 43.76 = 53.17\text{kN/m}^2$$

(2) 混凝土下料产生的水平荷载 Q_2

根据表 4-7，取 $F_3 = 2\ \text{kN/m}^2$

设计值为: $F'_3 = 1.4 \times 0.9 \times 2 = 2.52\text{kN/m}^2$

(3) 荷载组合

$$F = F'_1 + F'_3 = 53.17 + 2.52 = 55.69\text{kN/m}^2$$

2. 对拉螺栓拉力计算

对拉螺栓的拉力值，该大模板为周转使用的工具式模板，γ_0取 1.0，γ_r取 1.2。

$N = \gamma_0 \times \gamma_r F \times$内楞间距$\times$外楞间距$= 1.0 \times 1.2 \times 55.69 \times 0.75 \times 0.9 = 45.11\text{kN} >$螺栓 M20 的容许拉力 38.20 kN，不安全。重新选择螺栓 M22，$N = 45.11\text{kN} <$ M22 的容许拉力 47.90kN，可行。

四、模板拆除

(一) 模板拆除时的混凝土强度

混凝土成型后，经过一段时间养护，当强度达到一定要求时，即可拆除模板。混凝土达到拆模强度所需时间与所用水泥品种、混凝土配合比、养护条件、气温、模板所在的结构部位等因素有关，可根据有关试验资料确定。及时的拆模，可提高模板的周转率，也可为其他工作创造条件，加快工程进度。但如过早拆模，混凝土又会因为未达到一定的强度不能承担本身重量或受外力而变形，甚至破坏，造成重大的事故。

现浇结构的模板及支架的拆除，如设计无要求时，应符合下列规定:

(1) 不承重的模板（如侧模），其混凝土的强度应在其表面及棱角不致因拆模而受损坏时，方可拆除;

(2) 底模及其支架拆除时的混凝土强度应符合设计要求；若设计无具体要求，混凝土强度应符合表 4-9 中规定的强度以后，才能开始拆除;

底模拆除时的混凝土强度要求 **表 4-9**

构件类型	构件跨度（m）	达到设计的混凝土立方体抗压强度标准值的百分率	构件类型	构件跨度（m）	达到设计的混凝土立方体抗压强度标准值的百分率
板	≤2	≥50%	梁、拱、壳	≤8	≥75%
	>2，≤8	≥75%		>8	≥100%
	>8	≥100%	悬臂构件	—	≥100%

（3）快速施工的高层建筑的梁和楼板模板，如 3～5d 完成一层结构，其底模及支柱的拆除时间，应对所用混凝土的强度发展情况进行核算，确保下层楼板及梁能安全承载。

（二）模板的拆除顺序和方法

模板的拆除顺序一般是先非承重模板，后承重模板；先侧板，后底板。框架结构模板的拆除顺序一般是：柱→楼板→梁侧板→梁底板。大型机构的模板，拆除时必须事前制定详细方案。

以框架结构模板拆除为例，其模板拆除要求：

（1）拆除竖直面模板，应自上而下进行；拆除跨度较大的梁下支柱时，应先从跨中开始，分别拆向两端。

（2）应按照配板设计的规定进行，遵循先支后拆，先支承重部位，后拆承重部位。拆模时，严禁用大锤和撬棍硬砸硬撬。

（3）多层楼板支柱的拆除应按下列要求进行：上层楼板正在浇筑混凝土时，下一层楼板的模板支柱不得拆除，再下一层楼板模板的支柱，仅可拆除一部分；跨度为 4m 或 4m 以上的梁下均应保留支柱，支柱间距不得大于 3m。

第三节 混 凝 土 工 程

混凝土工程是钢筋混凝土结构工程的一个重要组成部分，其质量的好坏直接影响到混凝土结构的承载力和耐久性。混凝土工程包括混凝土制备、运输、浇筑、振捣和养护等过程，各个施工过程相互联系和影响，在施工中对每一个环节都要认真对待，严把质量关，保证混凝土工程的质量。

一、混凝土的制备

混凝土配料，应保证结构设计所规定的强度等级及施工对和易性的要求，并应符合合理使用材料，节约水泥的原则。在特殊条件下，还应符合防水、抗冻、抗渗等要求。

（一）混凝土的原材料

混凝土的原材料有水泥、砂、石、水、外加剂和掺合料。

1. 水泥

在工业与民用建筑中常用的水泥有：硅酸盐水泥、普通硅酸盐水泥、矿渣硅酸盐水泥、火山灰质硅酸盐水泥和粉煤灰硅酸盐水泥等。水泥品种不同，其性能也不同，使用时可参考表 4-10 选用。

常用水泥的选用 **表 4-10**

混凝土工程特点或所处环境条件		优先选用	可以使用	不得使用
环境条件	在普通气候环境中的混凝土	普通硅酸盐水泥	矿渣硅酸盐水泥、火山灰质硅酸盐水泥、粉煤灰硅酸盐水泥	
	在干燥环境中的混凝土	普通硅酸盐水泥	矿渣硅酸盐水泥	火山灰质硅酸盐水泥、粉煤灰硅酸盐水泥
	在高湿度环境中或永远处在水下的混凝土	矿渣硅酸盐水泥	普通硅酸盐水泥、火山灰质硅酸盐水泥、粉煤灰硅酸盐水泥	
	严寒地区的露天混凝土、寒冷地区的处在水位升降范围内的混凝土	普通硅酸盐水泥	矿渣硅酸盐水泥	火山灰质硅酸盐水泥、粉煤灰硅酸盐水泥
	严寒地区处在水位升降范围内的混凝土	普通硅酸盐水泥		火山灰质硅酸盐水泥、粉煤灰硅酸盐水泥、矿渣硅酸盐水泥
	受侵蚀性环境水或侵蚀性气体作用的混凝土	根据侵蚀性介质的种类、浓度等具体条件按专门（或设计）规定选用		
	厚大体积的混凝土	粉煤灰硅酸盐水泥、矿渣硅酸盐水泥	普通硅酸盐水泥、火山灰质硅酸盐水泥	硅酸盐水泥、快硬硅酸盐水泥
工程特点	要求快硬的混凝土	快硬硅酸盐水泥、硅酸盐水泥	普通硅酸盐水泥	矿渣硅酸盐水泥、火山灰质硅酸盐水泥、粉煤灰硅酸盐水泥
	高强（大于 C60）的混凝土	硅酸盐水泥	普通硅酸盐水泥、矿渣硅酸盐水泥	火山灰质硅酸盐水泥、粉煤灰硅酸盐水泥
	有抗渗性要求的混凝土	普通硅酸盐水泥、火山灰质硅酸盐水泥		不宜使用矿渣硅酸盐水泥
	有耐磨性要求的混凝土	硅酸盐水泥、普通硅酸盐水泥	矿渣硅酸盐水泥	火山灰质硅酸盐水泥、粉煤灰硅酸盐水泥

水泥在进场时必须有出厂合格证或进场试验报告，并按相关内容进行验收。水泥进场时应对其品种、级别、包装或散装仓号、出厂日期等进行检查，并应对其强度、安定性及其他必要的性能指标进行复验，其质量必须符合现行国家标准的规定。

此外，水泥在储存、运输过程中容易受潮和损失强度，一般袋装水泥在干燥仓库中储存时间超过 3 个月，其强度将损失 20%左右。所以，水泥出厂时间超过 3 个月以上时，应经鉴定试验后，按试验得出的强度使用。如发现水泥有受潮、结块、变质现象时，其出厂或储存时间虽不足3个月，亦应经鉴定试验，确定其强度后方可使用。受潮和过期水泥应尽量避免用于高强度等级混凝土和重要结构部位中。

2. 砂

砂按其产源可分天然砂、人工砂。按砂的粒径可分为粗砂、中砂和细砂。混凝土用砂的质量须符合细度模数、孔隙率、坚固性、有害杂质最大含量等方面的要求。混凝土用砂一般以细度模数为2.5～3.5的中、粗砂最为合适；孔隙率不宜超过45%。砂的坚固性用硫酸钠溶液来检验，试样经5次循环后，其重量损失不大于10%。砂的有害杂质最大含量限制见表4-11。

砂中有害杂质的含量要求 **表4-11**

含量	项目		质量指标
含泥量（按重量计%）	混凝土强度等级	≥C30	≤3.0
		<C30	≤5.0
有害物质限量	云母含量（按重量计，%）		≤2.0
	轻物质含量（按重量计，%）		≤1.0
	硫化物及硫酸盐含量（折算成 SO_3 按重量计，%）		≤1.0
	有机物含量（用比色法试验）		颜色不应深于标准色，如深于标准色，则应按水泥胶砂强度试验方法，进行强度对比试验，抗压强度比不应低于0.95

3. 石子

混凝土中常用的石子有卵石和碎石。由天然岩石或卵石经破碎、筛分而得的粒径大于5mm的岩石颗粒，称为碎石；由自然条件作用而形成的粒径大于5mm的岩石颗粒，称为卵石。石子的级配和最大粒径对混凝土质量影响较大。级配越好，其孔隙率及表面积越小。这样不仅能节约水泥用量，而且混凝土的和易性、密实性和强度也较高。碎石和卵石的颗粒级配一般应符合表4-12的规定。

混凝土所用的粗骨料，其最大粒径不得超过结构截面最小尺寸的1/4，且不得超过钢筋最小净距的3/4。对混凝土实心板，骨料的最大粒径不宜超过板厚的1/2，且不得超过50mm。

碎石或卵石的颗粒级配范围 **表4-12**

级配情况	公称粒径（mm）	累计筛余按重量计（%）											
		筛孔尺寸（圈孔筛，mm）											
		2.36	4.75	9.5	16.0	19.0	26.5	31.5	37.5	53.0	63.0	75.0	90
连续粒级	5～10	95～100	80～100	0～15	0	—	—	—	—	—	—	—	—
	5～16	95～100	85～100	30～60	0～10	0	—	—	—	—	—	—	—
	5～20	95～100	90～100	40～80	—	0～10	0	—	—		—	—	—
	5～25	95～100	90～100	—	30～70	—	0～5	0	—		—	—	—
	5～31.5	95～100	90～100	70～90	—	15～45	—	0～5	0		—	—	—
	5～40	—	95～100	70～90	—	30～65	—	—	0～5	0	—	—	—

续表

级配情况	公称粒径（mm）	累计筛余按重量计（%）											
		筛孔尺寸（圈孔筛，mm）											
		2.36	4.75	9.5	16.0	19.0	26.5	31.5	37.5	53.0	63.0	75.0	90
单粒级	10～20	—	95～100	85～100	—	0～15	0	—	—	—	—	—	—
	16～31.5	—	95～100	—	85～100	—	—	0～10	0	—	—	—	—
	20～40	—	—	95～100	—	80～100	—	—	0～10	0	—	—	—
	31.5～63	—	—	—	95～100	—	—	75～100	45～75	—	0～10	0	—
	40～80	—	—	—	—	95～100	—	—	70～100	—	30～60	0～10	0

4. 水

凡是可饮用的水，都可以来拌制和养护混凝土，要求水中不能含有影响水泥正常硬化的有害杂质、油脂和糖料物质。因此，污水、工业废水及 pH 值小于 4 的酸性水和硫酸盐含量（按 SO_4 记）超过水量 1%的水，均不得用于混凝土中。海水对钢筋有腐蚀作用，不能用来拌制配筋结构的混凝土。

5. 外加剂

常用外加剂品种有：减水剂、早强剂、缓凝剂、引气剂、防冻剂、膨胀剂等。选择外加剂的品种，应根据使用外加剂的主要目的，通过技术经济比较确定。

（二）混凝土的配料

1. 混凝土配制强度

为了保证混凝土的实际强度基本不低于结构设计要求的强度等级，混凝土的施工配制强度应比设计的混凝土的强度标准值提高一个数值，以达到 95%的保证率，即

$$f_{cu,0} \geqslant f_{cu,k} + 1.645\sigma \tag{4-10}$$

式中 $f_{cu,0}$——混凝土的施工配制强度（MPa）；

$f_{cu,k}$——设计的混凝土立方体抗压强度标准值（MPa）；

σ——施工单位的混凝土强度标准差（MPa）。

σ 的取值，如施工单位具有近期混凝土强度的统计资料时，可按下式求得：

$$\sigma = \sqrt{\frac{\sum_{i=1}^{N} f_{cu,i}^{2} - N\mu_{fcu}^{2}}{N-1}} \tag{4-11}$$

式中 $f_{cu,i}$——统计周期内同一品种混凝土第 i 组试件强度值（MPa）；

μ_{fcu}——统计周期内同一品种混凝土 N 组试件强度的平均值（MPa）；

N——统计周期内同一品种混凝土试件总组数，$N \geqslant 30$。

（1）当混凝土强度等级为 C20 或 C25 时，如计算得到的 $\sigma < 3.0$MPa，取 $\sigma = 3.0$MPa；当混凝土强度等级等于或高于 C30 时，如计算得到的 $\sigma < 4.0$MPa，取 $\sigma = 4.0$MPa。

（2）对预拌混凝土厂和预制混凝土构件厂，其统计周期可取为一个月；对现场拌制混凝土的施工单位，其统计周期可根据实际情况确定，但不宜超过 3 个月。

（3）施工单位如无近期混凝土强度统计资料时，可按表 4-13 取值。

σ取值表 **表 4-13**

混凝土强度等级	<C20	C25～C45	C50～C55
σ（N/mm²）	4	5	6

（4）当设计强度等级大于或等于 C60 时，配置强度按下式计算：

$$f_{cu,0} \geqslant 1.15 f_{cu,k} \quad (4\text{-}12)$$

2. 混凝土施工配合比的确定

一般混凝土的配合比是实验室配合比（理论配合比），即假定砂、石等材料处于完全干燥状态。但在现场施工中，砂、石一般都露天堆放，因此不可避免地含有一些水分，并且含水量随气候而变化。配料时必须把材料的含水率加以考虑，以确保混凝土配合比的准确，从而保证混凝土的质量。根据施工现场砂、石含水率调整以后的配合比称为施工配合比。

若混凝土的实验室配合比为水泥∶砂∶石∶水＝1∶s∶g∶w，水灰比为 w/c，施工现场测出的砂的含水率为 w_s，石的含水率为 w_g，则换算后的施工配合比为：水泥∶砂∶石∶水＝1∶s（1＋w_s）∶g（1＋w_g）∶（$w-w_s \cdot s-w_g \cdot g$），水灰比 w/c 保持不变，即用水量要减去砂石中的含水量。

【例 4-4】 已知某混凝土的实验室配合比为 1∶2.93∶3.93，水灰比为 $w/c=0.63$，每立方米混凝土水泥用量 $c=280$kg，现场实测砂含水率为 $w_s=3.5\%$，石子含水率为 $w_g=1.2\%$，求施工配合比及每立方米混凝土各种材料用量。

【解】

（1）施工配合比

水泥∶砂∶石＝1∶s（1＋w_s）∶g（1＋w_g）∶（$w-w_s \cdot s-w_g \cdot g$）

＝1∶2.93（1＋3.5%）∶3.93（1＋1.2%）∶（0.63－2.93×3.5%－3.93×1.2%）

＝1∶3.03∶3.98∶0.48

（2）按施工配合比每立方米混凝土各种组成材料用量

水泥：$c=280$kg

砂：$s=280\times3.03=848.4$kg

石：$g=280\times3.98=1114.4$kg

水：$w=0.48\times280=134.4$kg

（三）混凝土的拌制

混凝土的拌制是将水泥、水、粗细骨料和外加剂等原材料搅拌成质地均匀、颜色一致、具备一定流动性的混凝土拌合物。混凝土的拌制，除工程量很小且分散而用人工拌制外，一般均应采用机械搅拌。

1. 混凝土搅拌机

搅拌机按其搅拌原理分为自落式和强制式两类。

（1）自落式搅拌机

自落式搅拌机主要是按重力机理设计的。自落式搅拌机的搅拌筒内壁焊有弧形叶片，当搅拌筒绕水平轴旋转时，弧形叶片不断将物料提高，然后自由落下而互相混合，如图

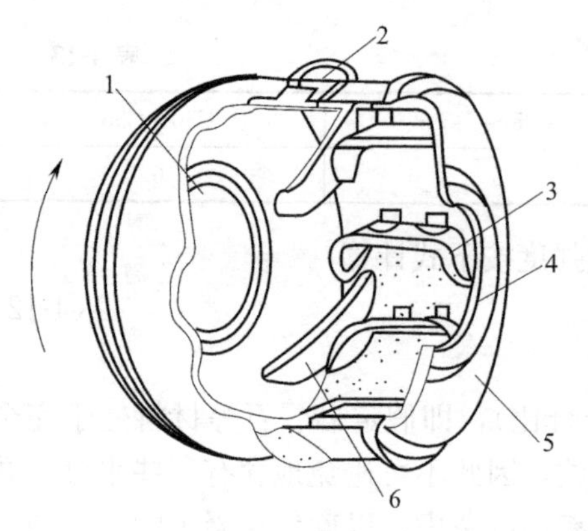

图 4-24　自落式搅拌机原理

1—进料口；2—大齿轮；3—弧形叶片；4—卸料口；5—搅拌鼓筒；6—斜向叶片

4-24所示。由于下落时间、落点和滚动距离不同，使物料颗粒相互穿插、翻拌、混合而达到均匀。

自落式搅拌机适宜于搅拌塑性混凝土和低流动性混凝土。筒体和叶片磨损较小，易于清理，但动力消耗大，效率低，搅拌机对混凝土骨料有较大的磨损，从而影响混凝土质量，现已逐步被强制式搅拌机所取代。

（2）强制式搅拌机

强制式搅拌机是利用拌筒内运动的叶片对物料施加剪切、挤压、翻滚和抛出等组合作用进行拌合，从而在很短的时间内，使物料拌合均匀。其类型如表 4-14 所示。强制式搅拌机搅拌作用强烈，适宜于搅拌干硬性混凝土和轻骨料混凝土，也可搅拌流动性混凝土，具有搅拌质量好、搅拌速度快、生产效率高、操作简便及安全等优点。但机件磨损严重，一般需用高强合金钢或其他耐磨材料做内衬，多用于集中搅拌站。

强制式搅拌机类型　　　　**表 4-14**

立轴式				卧轴式	
涡桨式	行星式				
	定盘式	盘转式		单轴	双轴
		同向旋转	反向旋转		

2. 混凝土搅拌站

混凝土搅拌站是将混凝土拌合物在搅拌站集中搅拌，然后用混凝土运输车分别输送到施工现场进行浇筑使用。混凝土搅拌站能提高混凝土质量和取得较好的经济效益。

混凝土搅拌站根据其组成部分在竖向方式的不同分为单阶式和双阶式。在单阶式混凝土搅拌站中，原材料经皮带机、螺旋输送机等运输设备一次提升后经过贮料斗，然后靠自重下落进入称量和搅拌工序。在双阶式混凝土搅拌站中，原材料第一次提升后，依靠自重进入贮料斗，下落经称量配料后，再经第二次提升进入搅拌机。

3. 混凝土的搅拌制度

为了获得质量优良的混凝土拌合物，必须正确确定搅拌制度，即投料顺序、搅拌时间和进料容量。

（1）投料顺序

投料顺序不同对提高搅拌质量，减少叶片和衬板的磨损，减少拌合物与搅拌筒的粘结，减少水泥飞扬和改善工作环境等方面有影响。混凝土的投料方法可分为一次投料法和二次投料法等。

1）一次投料法。一次投料法是在上料斗中先装石子，再加水泥和砂子，投料时砂压住水泥，水泥不致飞扬，然后一次加入搅拌筒内进行搅拌的方法。

2）二次投料法。二次投料法是分两次加水，两次搅拌。这种方法是先将全部水泥进行造壳搅拌 30s 左右，然后加入 30%的水再进行糊化搅拌 60s 左右即完成。二次投料法又称裹砂石法。与普通搅拌工艺相比，该搅拌工艺可使混凝土强度提高 10%～20%，或节约水泥 5%～10%，有很好的经济效益。

（2）装料容量

不同类型的搅拌机具有不同的装料容积，装料容积指的是搅拌一罐混凝土所需各种原材料松散体积之和。一般取装料容积为搅拌机拌筒几何容积的 1/3～1/2。搅拌完毕混凝土的体积称为出料容积，一般为搅拌机装料容积的 0.60～0.75 倍。我国搅拌机以出料容量来标定其规格，如 JZC-500 型混凝土搅拌机，其出料容量为 500L，进料容量为 800L。一般搅拌机不能任意超载，进料容量超过 10%，就会使材料在搅拌筒内无充分的空间进行拌合，影响混凝土拌合物的均匀性。装料容积也不必过少，否则会降低搅拌机的工作效率。

（3）搅拌时间

混凝土搅拌时间是指从原材料全部投入搅拌筒时起，至开始卸料时为止所经历的时间。它随搅拌机的类型、搅拌机的回转速度和混凝土的坍落度等因素而变化。在一定范围内搅拌时间的延长有利于混凝土强度的提高。但搅拌时间过长会使不坚硬的粗骨料脱角、破碎，使加气混凝土含气量下降等而影响混凝土的质量。混凝土的搅拌时间应根据混凝土拌合料要求的均匀性、混凝土强度增长的效果以及生产效率等因素确定。混凝土搅拌的最短时间见表 4-15。

混凝土的最短搅拌时间（s） **表 4-15**

	搅拌机类型	搅拌机出料量（L）		
		<250	250～500	>500
≤40	强制式	60	90	120
>40 且<100	强制式	60	60	90
≥100	强制式	60		

注：1. 当掺有外加剂时，搅拌时间应适当延长；

2. 全轻混凝土宜采用强制式搅拌机搅拌，砂轻混凝土可采用自落式搅拌机搅拌，但搅拌时间应延长 30s；

3. 当采用其他形式的搅拌设备时，搅拌的最短时间应按设备说明书的规定或经试验确定；

4. 冬期的搅拌应比表中规定的时间延长 50%。

二、混凝土的运输

混凝土运输方案的选择，应根据建筑结构特点、混凝土工程量、运输距离、地形、道路、气候条件以及现有设备情况等进行考虑。

（一）混凝土运输的基本要求

（1）保证混凝土的浇筑量，尤其是在滑模施工和不允许留施工缝的情况下，混凝土运输必须保证其浇筑工作能够连续进行。为此，应按照混凝土最大浇筑量和运距来选择运输机具设备的数量及型号。

（2）应使混凝土在初凝之前浇筑完毕。为此，应以最少的转动次数和最短的时间将混凝土从搅拌地点运至浇筑现场，混凝土从搅拌机卸出后到浇筑完毕的延续时间不宜超过表4-16的规定。若需进行长距离运输可选用混凝土搅拌运输车。

混凝土从搅拌机中卸出到输送入模的延续时间（min）　　**表 4-16**

气温	条件	
	不掺外加剂	掺外加剂
≤25℃	180	240
＞25℃	150	210

（3）混凝土在运输中，应保持其均匀性，做到不分层离析、不漏浆。运到浇筑地点时，应具有要求的坍落度，当有离析现象时，应进行二次搅拌方可入模。已经凝结的混凝土不得用于工程中。

（4）尽可能使运输线路短直、道路平坦、车辆行驶平稳，防止造成混凝土分层离析。同时还应考虑布置环形回路，以免车辆阻塞。

（二）混凝土运输工具

混凝土运输分为水平运输和垂直运输两种情况，水平运输又分为地面运输和楼面运输两种情况。

1. 水平运输设备

（1）手推车。一般常用的双轮手推车的容积为 0.07～0.1m^3，载重约 200kg，主要用于工地内的水平运输，还能在脚手架、施工栈道上使用；也可与塔吊、井、架等配合使用，进行垂直运输。

（2）机械式翻斗车。容量约 0.45m^3，载重量约 1000kg，具有轻便灵活、结构简单、转弯半径小、速度快、能自动卸料、操作维护简便等特点。适用于短距离水平运输混凝土以及砂、石等散装材料。应仅限用于运送坍落度小于 80mm 的混凝土拌合物。

（3）混凝土搅拌运输车。混凝土搅拌输送车是用于长距离输送混凝土的高效能机械。在运输途中，混凝土搅拌筒始终在不停地慢速转动，从而使筒内的混凝土拌合物可连续得到搅动，以保证混凝土通过长途运输后，仍不致产生离析现象。在运输距离很长时，也可将混凝土干料装入筒内，在运输途中加水搅拌，这样能减少由于长途运输而引起的混凝土坍落度损失。预拌混凝土从搅拌机卸入搅拌运输车至卸料时的运输时间不宜大于 90min，如需延长运送时间，则需采取相应的有效措施，并应通过试验验证。

2. 垂直运输设备

（1）塔式起重机。塔式起重机可通过料斗将混凝土直接送到浇筑地点。塔式起重机主要用于大型建筑和高层建筑的垂直运输。但由于提升速度较慢，一般用于 30～35 层以下的建筑物为宜。

（2）井架。井架主要用于高层建筑混凝土浇筑时的垂直运输，由塔架、动力卷扬系统和料斗组成。井架具有一机多用、构造简单、装拆方便等优点。起重高度一般为25～40m。

（3）混凝土提升机。混凝土提升机是供快速输送大量混凝土的垂直提升设备。一般每台容量为0.5m^3×2的双斗提升机，当其提升速度为75m/min，最高高度达120m，混凝土输送能力可达20m^3/h。因此对于混凝土浇筑量较大的工程，特别是高层建筑，是很经济适用的混凝土垂直运输机具。

3. 混凝土泵送机械

混凝土泵送机械是利用混凝土泵的压力将混凝土通过管道输送到浇筑地点，一次完成水平运输和垂直运输。该方法具有输送能力大、速度快、效率高、节省人力、能连续输送等特点。适用于现浇高层建筑、水下与隧道、大型设备基础、坝体等工程的垂直与水平运输。

泵送混凝土的主要设备是：混凝土泵、输送管和布料装置。

（1）混凝土泵

混凝土泵有活塞泵、气压泵和挤压泵等几种不同的构造和输送形式，目前应用较多的是活塞泵。活塞泵按其构造原理的不同，又可以分为机械式和液压式两种。液压活塞泵是一种较为先进的混凝土泵，其工作原理如图4-25所示。

活塞泵工作时，利用活塞的往复运动，将混凝土吸入或压出。将搅拌好的混凝土倒入料斗，分配阀开启、另一分配阀关闭，液压活塞在液压作用下通过活塞杆带动活塞后移，料斗内的混凝土在重力和吸力作用下进入混凝土缸。液压系统中压力油的进出方向相反，活塞右移，同时分配阀关闭，而另一分配阀开启，混凝土缸中的混凝土拌合物被压入输送管，送至浇筑地点。由于有两个缸体交替进料和出料，因而能连续稳定的排料。不同型号的混凝土泵，其排量不同，水平运距和垂直运距亦不同，常用的泵混凝土排量为30～90m^3/h，水平运距200～900m，垂直运距50～300m，更高的高度可用接力泵输送。

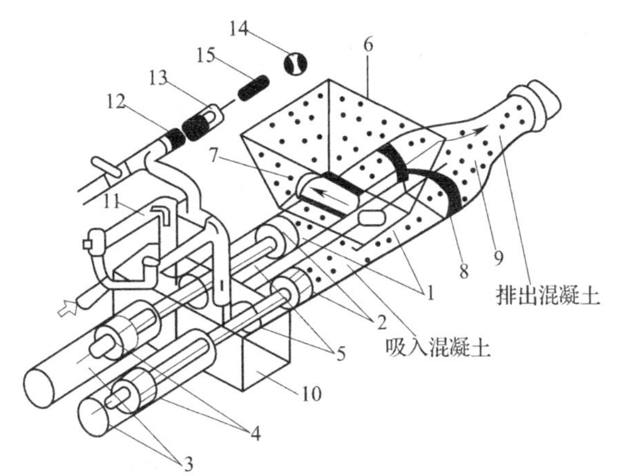

图4-25　液压活塞式混凝土泵工作原理图

1—混凝土缸；2—推压混凝土的活塞；3—液压缸；4—液压活塞；5—活塞杆；6—料斗；7—吸入阀门；8—排出阀门；9—Y形管；10—水箱；11—水洗装置换向阀；12—水洗用高压软管；13—水洗用法兰；14—海绵球；15—清洗活塞

在泵送混凝土的施工中，混凝土泵和泵车的停放布置是一个关键，这不仅影响输送管的配置，同时也影响到泵送混凝土的施工能否按质按量地完成，必须着重考虑。混凝土泵车设置处，应场地平整、坚实，具有重车行走条件；应尽可能靠近浇筑地点，在使用布料杆工作时，应使浇筑部位尽可能地在布料杆的工作范围内，尽量少移动泵车即能完成浇筑。

（2）混凝土输送管

混凝土输送管是泵送混凝土主作业中的重要配件，包括直管、弯管、锥形管和浇筑软管以及管接头、截止阀等。管径80～200mm，每段长约3m，弯管的角度有15°、30°、45°、60°和90°五种，以适应管道改变方向的需要。弯管、锥形管和软管的流动阻力大，计算输送距离时要换算成水平换算长度。垂直输送时，在立管的底部要增设逆流阀，以防止停泵时立管中的混凝土反压回流。

三、混凝土浇筑与捣实

（一）浇筑前的准备工作

（1）对模板及其支架进行检查，应确保标高、位置尺寸正确，强度、刚度、稳定性及严密性满足要求；模板中的垃圾、泥土和钢筋上的油污应加以清除；木模板应浇水润湿，但不允许留有积水。

（2）对钢筋及预埋件应请工程监理人员共同检查钢筋的级别、直径、排放位置及保护层厚度是否符合设计和规范要求，并认真做好隐蔽工程记录。

（3）准备和检查材料、机具等；混凝土拌合物入模温度不应低于5℃，且不应高于35℃；现场环境温度高于35℃时，宜对金属模板进行洒水降温。注意天气预报，不宜在雨雪天气浇筑混凝土。

（4）做好施工组织工作和技术、安全交底工作。

（二）混凝土浇筑施工要点

1. 控制混凝土的自由下落高度

浇筑混凝土时，为避免发生离析现象。溜槽运输的坡度不宜大于30°，混凝土移动速度不宜大于1m/s。当溜槽太斜，或用皮带运输机运输，混凝土流动太快时，应在末端设置串筒和挡板（图4-26a、b）以保证垂直下落和落差高。对于粗骨料粒径大于25mm的混凝土其倾落高度不大于3m；对于粗骨料粒径小于25mm的混凝土其倾落高度不大于6m。当混凝土浇筑倾落高度不能满足要求时，应使用溜槽或串筒，应采用成组串筒（图4-26c）。当混凝土浇筑高度超过8m时，则应采用带节管的振动串筒（图4-26d）。

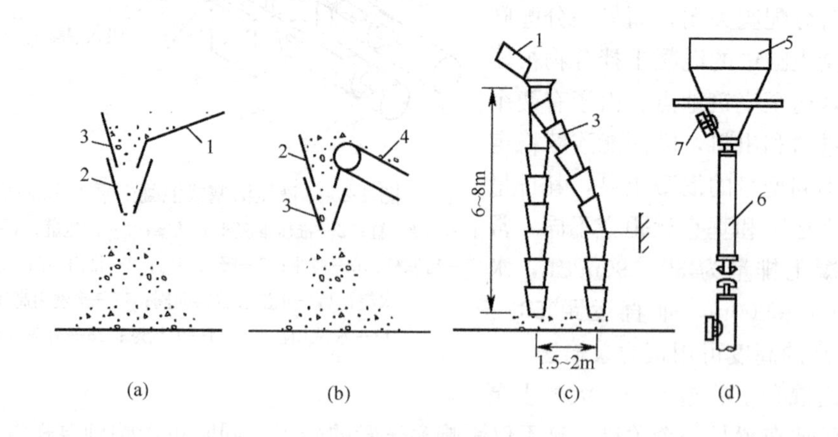

图4-26　混凝土浇筑措施

（a）溜槽运输浇筑；（b）皮带运输浇筑；（c）串筒浇筑；（d）振动串筒浇筑

1—溜槽；2—挡板；3—串筒；4—皮带运输机；5—漏斗；6—节管；7—振动器

2. 混凝土分层浇筑和间歇时间

为保证混凝土的整体性，浇筑工作原则上要求一次完成。由于振捣机具性能、配筋影响等原因，需分层浇筑。其浇筑层的厚度应符合表4-17的规定。当由于技术上或施工组织上原因必须间歇时，其间歇时间尽可能缩短，并应在前层混凝土凝结之前，将次层混凝土浇筑完毕。间歇的最长时间应按所用水泥品种及混凝土条件确定，且不超过表 4-18 的规定，当超过时应留施工缝。

混凝土浇筑层厚度 **表 4-17**

捣实混凝土的方法		浇筑层的厚度（mm）
插入式振捣		振捣器作用部分长度的 1.25 倍
表面振动		200
人工捣固	在基础、无筋混凝土或配筋稀疏的结构中	250
	在梁、墙板、柱结构中	200
	在配筋密列的结构中	150
轻骨料混凝土	插入式振捣	300
	表面振动（振动时需加荷）	200

混凝土浇筑允许间歇时间（min） **表 4-18**

混凝土拌合要求	气温	
	≤25℃	>25℃
不掺外加剂	180	150
掺外加剂	240	210

3. 竖向结构混凝土的浇筑

柱、墙浇筑前，或新混凝土与下层混凝土结合处，应在底面上均匀浇筑不大于 30mm 厚与混凝土内砂浆成分相同的水泥砂浆。砂浆应用铁铲入模，不应用料斗直接倒入模内。柱、墙混凝土设计强度比梁、板混凝土设计强度高两个等级及以上时，应在交界区域采取分隔措施；分隔位置应在低强度等级的构件中，且距高强度等级构件边缘不应小于 500mm。宜先浇筑强度等级高的混凝土，后浇筑强度等级低的混凝土。

浇筑墙体洞口时，要使洞口两侧混凝土高度大体一致。振捣时，振动棒应距洞口边 300mm 以上，并从两侧同时振捣，以防止洞口变形。大洞口下部模板应开口并补充振捣。

浇筑完毕，如果柱、墙顶部有较大厚度的砂浆层，应加以处理。并间隔 1～1.5h，待混凝土拌合物初步沉实后，再浇筑上面的梁、板结构。

4. 梁、板混凝土浇筑

肋形楼板的梁、板应同时浇筑，应由一端开始用“赶浆法”向前推进，先将梁分层浇筑成阶梯形，当达到楼板位置时，再与板的混凝土一起浇筑。与板连成整体的大断面梁允许单独分层浇筑。楼板浇筑的虚铺厚度应略大于板厚，用平板振动器或内部振动器来回振捣，用铁插尺检查混凝土厚度，控制混凝土板厚。振捣完毕，用刮尺或拖板抹平表面。

5. 楼梯混凝土浇筑

楼梯段混凝土自下而上浇筑。先振实板底混凝土，达到踏步位置与踏步混凝土一起浇筑，不断连续向上推进，并随时用木抹子将踏步上表面抹平。楼梯混凝土宜连续浇筑完成。

（三）混凝土施工缝设置

浇筑混凝土多要求整体浇筑，如因技术或组织上的原因不能连续浇筑，且停顿时间有可能超过混凝土的初凝时间，则应事先确定在适当的位置留置施工缝。

1. 施工缝的设置

（1）施工缝的位置

施工缝留设位置的原则是：应设置在结构受剪力较小且便于施工的部位，施工缝需留设界面，应垂直于结构构件和纵向受力钢筋。留缝应符合下列规定：

1）柱、墙水平施工缝：柱、墙施工缝可留设在基础、楼层结构顶面，柱施工缝与结构上表面的距离宜为0～100mm，墙施工缝与结构上表面的距离宜为0～300mm。柱、墙施工缝也可留设在楼层结构底面，施工缝与结构下表面的距离宜为0～50mm；当板下有梁托时，可留设在梁托下0～20mm，如图4-27所示。高度较大的柱、墙、梁以及厚度较大的基础，可根据施工需要在其中部留设水平施工缝。

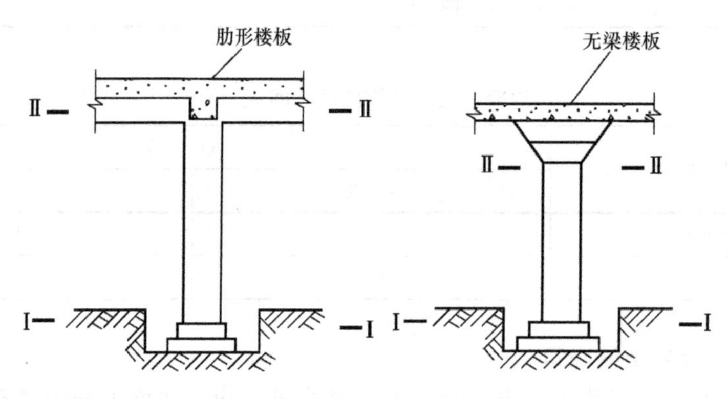

图4-27　柱子施工缝留设位置

2）竖向施工缝。

① 有主次梁的楼板：宜顺着次梁方向浇筑，施工缝应留置在次梁跨度的中间1/3范围内，如图4-28所示。

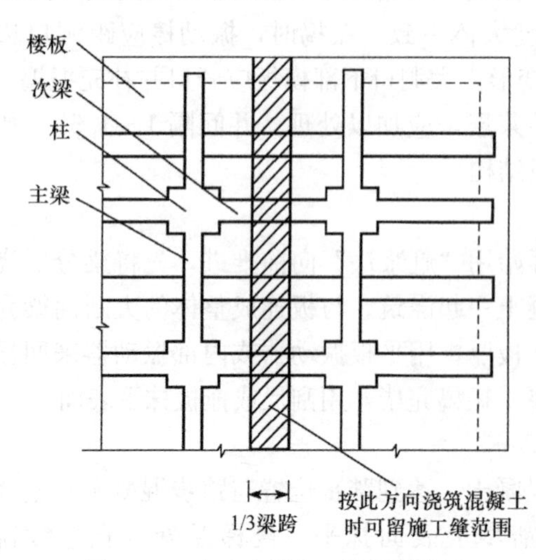

图4-28　有主次梁施工缝留设位置

② 单向板：施工缝留置在平行于板的短边的任何位置。

③ 墙：留置在门洞口过梁跨中1/3范围内，也可留在纵横墙的交接处。

④ 楼梯：施工缝宜设置在梯段板跨度端部1/3范围内

3）双向受力楼板、大体积混凝土结构、拱、弯拱、薄壳、蓄水池、斗仓、多层刚架及其他结构复杂的工程：施工缝的位置应按设计要求留置。

（2）施工缝的处理

在留置施工缝处继续浇筑混凝土时，已浇筑混凝土的抗压强度应不小于1.2MPa。应清除已硬化的混凝土表面的水泥薄膜和松动石子以及软弱混凝土层，并加以充分润湿和冲洗干净，不得积水。在浇筑混凝土前宜先铺抹水泥砂浆接浆层，其厚度不应大于30mm，接浆层水泥砂浆应与混凝土浆液成分相同。浇筑时混凝土应细致捣实，使新旧混凝土紧密结合。

2. 后浇带的设置

后浇带是为在现浇钢筋混凝土结构施工过程中，克服由环境温度变化、混凝土收缩、结构不均匀沉降而可能产生有害裂缝，在梁、板（包括基础底板）、墙等结构中预留的具有预留的具有一定宽度且经过一定时间后再浇筑的混凝土带。后浇带宜留设在结构受剪力较小且便于施工的位置，后浇带中的钢筋应采取防锈或阻锈等保护措施。

后浇带的设置距离，应考虑在有效降低温差和收缩应力的条件下，通过计算来确定。在正常的施工条件下，有关规范对此的规定是，如混凝土置于室内和土中，则为30m；如在露天，则为20m。后浇带的保留时间应根据设计确定，若设计无要求时，一般至少保留28d以上且差异沉降稳定。后浇带的宽度应考虑施工简便，避免应力集中。一般其宽度为700～1000mm。

后浇带在浇筑混凝土前，必须将整个混凝土表面按照施工缝的要求进行处理。填充后浇带混凝土可采用微膨胀或无收缩水泥，也可采用普通水泥加入相应的外加剂拌制，但宜比两侧混凝土提高一级，并宜采用减少收缩的技术措施，并保持至少14d的湿润养护。

（四）泵送混凝土施工

泵送时混凝土配合比要求：碎石最大粒径与输送管内径之比不宜大于1∶3，卵石则不宜大于1∶2.5，以免堵塞。砂宜用中砂，泵送混凝土应掺用泵送剂或减水剂，并宜掺用矿物掺合料，胶凝材料用量不宜小于300kg/m³，砂率宜为35%～45%，泵送混凝土的坍落度宜为100～180mm，坍落度经时损失宜控制在30mm/h以内。

采用泵送混凝土应保证混凝土采连续工作，输送管线宜直，转弯宜缓，接头应严密，少用锥形管，输送管的固定应可靠稳定。对于粗骨料粒径小于25mm的泵送混凝土输送管最小内径不得小于125mm，同一管路宜采用相同管径的输送管。采用输送管浇筑混凝土时，宜由远而近浇筑；同一区域的混凝土，应按先竖向结构后水平结构的顺序分层连续浇筑。采用多根输送管同时浇筑时，其浇筑速度宜保持一致。垂直向上配管时，地面水平管折算长度不宜小于15m，也不宜小于垂直管长度的1/5。垂直泵送混凝土高度超过100m时，混凝土泵机出料口应该设置截止阀，以防混凝土拌合物反流。倾斜或垂直向下泵送施工时，且高度大于20m时，应在倾斜或垂直管下端设置弯管或水平管，弯管和水平管折算长度不宜小于1.5倍高差，可采取斜管上端设置排气阀等措施防止混入空气，产生管路堵塞。

泵送前应先用适量的与混凝土内成分相同的水泥浆或1∶2水泥砂浆润滑输送管内壁，混凝土泵送浇筑应连续进行，混凝土运输、输送、浇筑及间歇的全部时间不应超过有关规定（表4-16）；若超过规定时间，需临时设置施工缝。当混凝土不能及时供应时，应采取间歇泵送方式。间歇泵送采用每隔4～5min进行两个行程反泵，再进行两个行程正泵的泵送方式。若泵送间歇延续时间超过45min或当混凝土出现离析现象时，应立即用压力水或其他方法冲洗管内残留的混凝土，保持正常输送。在泵送过程中受料斗内应具有足够的混凝土，以防止吸入空气，产生堵塞。

（五）大体积混凝土浇筑

大体积混凝土指结构物实体最小尺寸不小于 1m 的大体量混凝土，或预计会因混凝土中胶凝材料水化引起的温度变化和收缩而导致有害裂缝产生的混凝土。在工业建筑中多为设备基础，在高层建筑中多为厚大的桩基承台或基础底板等。大体积混凝土整体性要求较高，通常不允许留施工缝，要求一次连续浇筑完毕。另外，大体积混凝土结构浇筑后水泥的水化热量大，水化热聚积在内部不易散发，混凝土内部温度显著升高，而表面散热较快，形成较大的内外温差，内部产生压应力，而表面产生拉应力，若温差过大则易在混凝土表面产生裂纹。当混凝土内部逐渐散热冷却产生收缩时，由于受到基底或已浇筑的混凝土约束，接触处将产生很大的拉应力，当拉应力超过混凝土的极限抗拉强度时，与约束接触处会产生裂缝，甚至会贯穿整个混凝土块体，由此带来严重的危害。

若要保证混凝土的整体性，不留施工缝，则要保证使每一浇筑层在初凝前就被上一层混凝土覆盖并捣实成为整体。因此，必须保证混凝土搅拌、运输、浇筑、振捣各工序协调配合，并在此基础上，根据结构大小、钢筋疏密等具体情况，确定合适的浇筑方案和浇筑强度。

1. 浇筑方案

大体积混凝土浇筑方案有全面分层、分段分层、斜面分层三种，见图 4-29，①全面水平分层适用于面积小而厚度大时；②分段分层适用于平面尺寸大、但厚度不大的情况；③斜面分层适用于长度超过厚度 3 倍的情况。分层的厚度决定于振动器的棒长和振动力的大小，也要考虑混凝土的供应量大小和混凝土的和易性，整体连续浇筑时宜为 300～500mm。

此外，对超长大体积混凝土施工，可留置变形缝、后浇带或跳仓方法分段施工，可减轻外部约束程度，减少每次浇筑段的蓄热量，防止水化热的积聚，减少温度应力。当采用跳仓法时，跳仓的最大分块单向尺寸不宜大于 40m，跳仓间隔施工的时间不宜小于 7d。

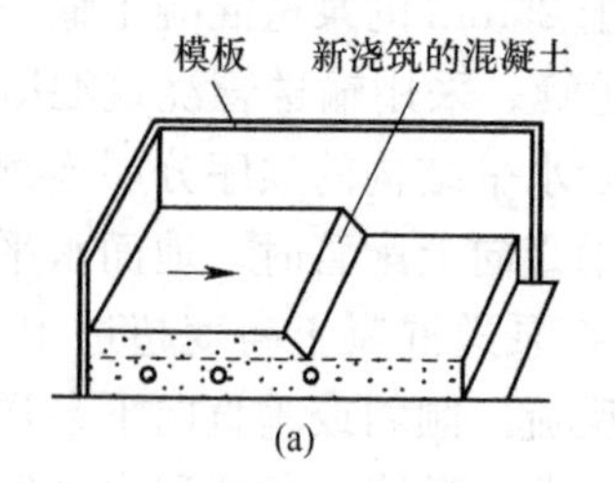

(a)

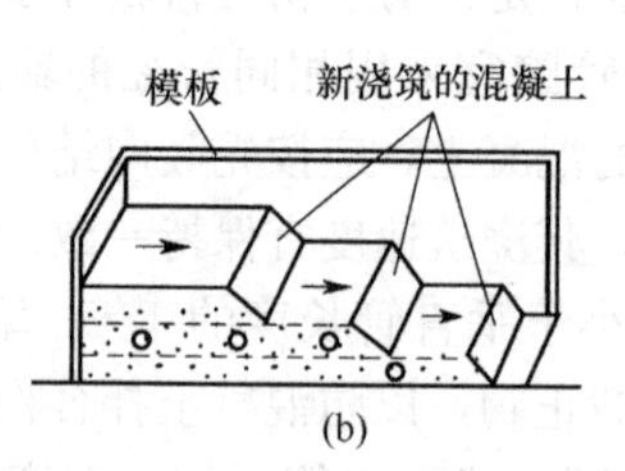

(b)

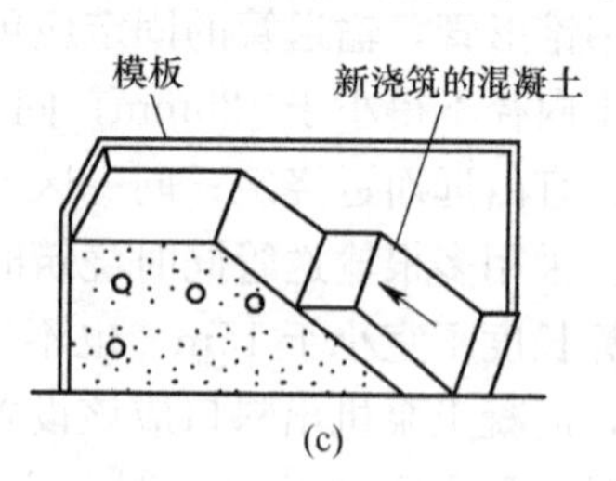

(c)

图 4-29　大体积混凝土浇筑方案

(a) 全面分层；(b) 分段分层；(c) 斜面分层

2. 浇筑强度（每小时混凝土最小浇筑量）

$$Q=Fh/(t_1-t_2) \tag{4-13}$$

式中　Q——混凝土最小浇筑强度（m^3/h）；

F——每个浇筑层（段）的面积（m^2）；

h——浇筑层厚度（m）；

t_1——混凝土初凝时间（h）；

t_2——运输时间（h）。

根据所计算的每小时混凝土浇筑强度来选择混凝土搅拌运输车、混凝土输送泵等建筑机械及安排人力、物力，以满足每小时混凝土浇筑强度的需要。

3. 防止大体积混凝土裂缝措施

要防止大体积混凝土浇筑后产生裂缝，就要降低混凝土的温度应力，这就必须控制混凝土浇筑体温升值（不宜大于50℃）、浇筑体的内外温差（不宜超过25℃）和浇筑体的降温速率（不宜大于2.0℃/d）。为此，在施工中可采取以下措施：

（1）优先选用水化热低的水泥，如矿渣硅酸盐水泥、粉煤灰硅酸盐水泥和火山灰质硅酸盐水泥等。

（2）掺缓凝剂或缓凝型减水剂，也可掺入适量粉煤灰等外掺料，降低水泥用量，减少放热量。混凝土的设计强度等级宜为C25～C40，并可采用混凝土60d或90d的强度作为混凝土配合比设计、混凝土强度评定及工程验收的依据。

（3）采用粒径较大、级配良好的粗骨料，其粒径宜为5.0～31.5mm；当采用非泵送施工时，其粒径可适当增大。细骨料宜采用中砂，细度模数宜大于2.3。

（4）降低混凝土入模温度，在气温较高时，可在砂、石堆场和运输设备上搭设简易遮阳装置或覆盖草包等隔热材料，采用低温水或冰水拌制混凝土，混凝土入模温度不宜大于30℃。

（5）扩大浇筑面和散热面，减少浇筑层厚度和浇筑速度。大体积混凝土拆模后，地下结构应及时回填土；地上结构不宜长期暴露在自然环境中。

（6）加强混凝土保温、保湿养护，严格控制大体积混凝土的内外温差，当设计无具体要求时，温差不宜超过25℃，故可采用草包、炉渣、砂、锯末、油布等不易透风的保温材料或蓄水养护，以减少混凝土表面的热扩散和延缓混凝土内部水化热的降温速度。保湿养护持续时间不宜少于14d。

（7）必要时在混凝土内部埋设冷却水管，用循环水来降低混凝土温度。同时，应对大体积混凝土浇筑体里表温差、降温速率及环境温度进行相关监测，根据监测数据进行信息化施工控制。

（六）混凝土密实成型

混凝土入模板时里面含有大量的空洞和气泡，必须采用适当的方法在初凝之前对混凝土振捣密实，才能使构件或结构满足使用要求。

1. 振捣密实法

振捣密实法主要采用机械振捣。振动机械按其工作方式不同，可分为内部振动器、表面振动器、外部振动器和振动台四种，如图4-30所示。

（1）内部振动器，又称插入式振动器或振动棒，是工地用得最多的一种振动器。其工作部分是一棒状空心圆柱体，内部装有偏心振子，在电动机带动下高速转动而产生高频微幅的振动。内部振动器只用一人操作，具有振动密实、效率高、结构简单、使用维修方便等优点，但劳动强度大。主要适用于梁、柱、墙、厚板和大体积混凝土等结构的振捣。当钢筋十分稠密或结构厚度很薄时，其使用会受到一定的限制。

内部振动器的操作要点：振动棒宜垂直插入混凝土中，并插入下层尚未初凝的混凝土中50～100mm，以促使上下层混凝土结合成整体；振动棒移动间距不宜大于作用半径的1.4倍；振动棒距离模板，不应大于振动棒作用半径的1/2，并应避免碰撞钢筋、模板、

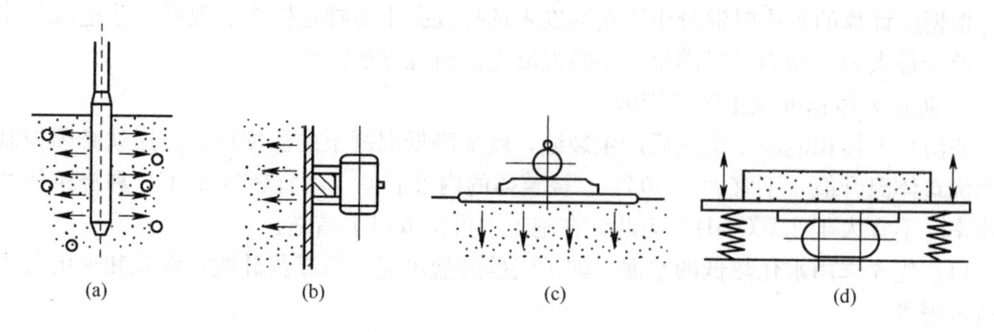

图 4-30 振动机械示意图

(a) 内部振动器；(b) 外部振动器；(c) 表面振动器；(d) 振动台

芯管、吊环或预埋件。

使用插入式振动器有两种方法，一种是垂直插入，另一种是斜向插入（与混凝土表面呈 40°～45°），垂直振捣使用较多。使用插入式振动器垂直振捣操作要点是：直上和直下，快插与慢拔；插点均布，切勿漏点插。

每次插入应将振动棒头插进下层未初凝的混凝土中 50mm 左右，使上、下层结合密实。由于振动棒下部的振幅比上部大得多，因此在每一插点振捣时应将振动棒上下抽动 50～100mm,使振捣均匀。操作时，要快插慢拔。“快插”是为了防止先将表面混凝土振实而与下面混凝土发生分层、离析现象；“慢拔”是为了使混凝土能填满振动棒抽出时所造成的空洞。插点的分布有行列式和交错式两种，如图 4-31 所示。各插点的间距要均匀，对普通混凝土插点间距不大于 1.4R（其中 R 为振动棒的作用半径），对轻骨料混凝土，则不大于 1.0R。振捣时振捣器应避免碰撞钢筋、模板、芯管、吊环、预埋件等。混凝土振捣时间要掌握好，若振捣时间过短，混凝土不能充分捣实，时间过长，则可能使混凝土发生离析。一般每点振捣时间为 20～30s，使用高频振动器时亦应大于 10s，从现象上来判断，以混凝土不再显著下沉，基本上不再出现气泡，表面泛浆为准。钢筋密集区域或型钢与钢筋结合区域，应选择小型振动棒辅助振捣、加密振捣点，并应适当延长振捣时间。

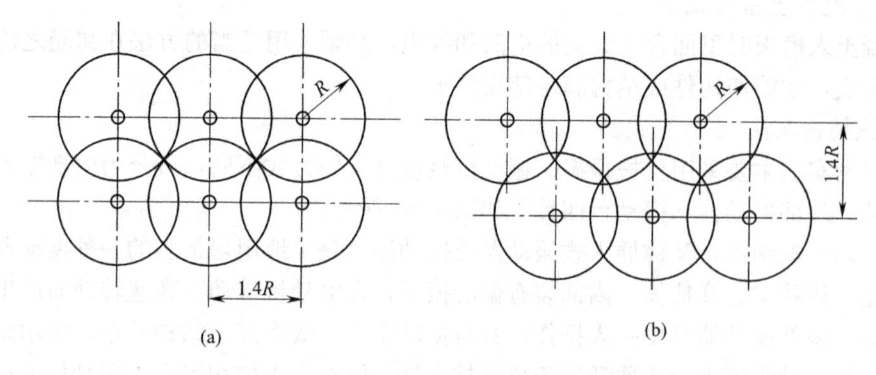

图 4-31 插入式振捣器的插点分布

(a) 行列式；(b) 交错式

R——振动棒的作用半径

（2）表面振动器，又称平板式振动器。是将振动器安装在底板上，振捣时将振动器底板放在浇筑好的混凝土结构表面，振动力通过底板传给混凝土。由于其振动作用较小，仅适用于面积大且平整、厚度小的结构或构件，如楼板、地面、屋面等薄型构件，不适于钢筋稠密、厚度较大的构件使用。振捣时，每一个位置振捣到混凝土不再下沉，表面泛出水泥浆时为止。

(3) 外部振动器，又称附着式振动器。这种振动器通常是利用螺栓或钳形夹具固定在模板外侧，通过模板将振动力传递到混凝土拌合物，因而模板应有足够的刚度。由于振动作用不能深远，仅适用于振捣钢筋较密集、厚度较小以及不宜使用插入式振动器的结构构件。

(4) 振动台，是一个支撑在支座上的由型钢焊成的钢框架平台，平台下设振动机构，是混凝土制品厂中的固定生产设备，适用于混凝土预置构件的振捣。

2. 混凝土真空作业法

混凝土真空作业法是采用真空机组在混凝土表面产生真空负压，借助于真空负压，将游离水和气泡从刚浇筑成型的混凝土拌合物中吸出，同时使混凝土密实的一种成型方法。适用于楼板、预制混凝土平板、道路、机场跑道等工程。图 4-32 是混凝土真空吸水设备示意图。

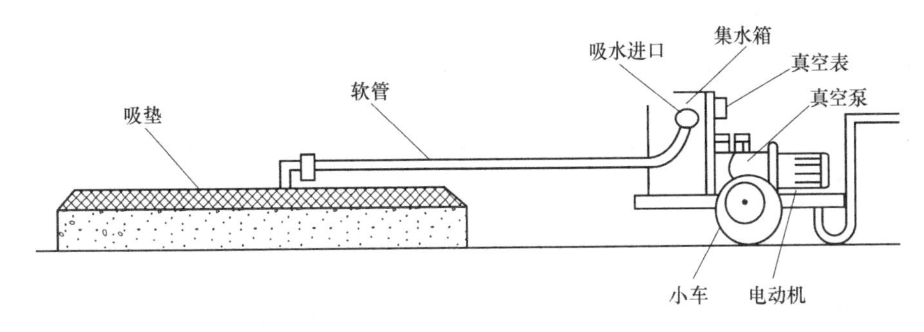

图 4-32 混凝土真空吸水设备示意图

采用真空作业法，可使混凝土强度提高 20%～50%，抗冻性提高 2～2.5 倍，耐磨性提高 0.5～1 倍，收缩小，地面无裂缝，节约水泥 10%～25%。

真空作业法操作要点：

(1) 振捣混凝土，提浆刮平。

(2) 铺吸垫：尼龙布→塑料网片→橡胶布盖垫（中间有吸管）。

(3) 真空吸水：约 15min，至指压无陷痕，踩只留轻微脚印。

(4) 机械抹面。

四、混凝土的养护

混凝土浇捣成型后，经过水泥水化作用逐渐凝结硬化，而水化作用需要适当的温度和湿度条件。为了促使水泥水化作用充分发展，保证混凝土有适宜的硬化条件，使其强度不断增长，必须对混凝土进行养护。如果混凝土养护不及时、不充分，混凝土则易产生收缩裂缝、降低强度，并会影响到混凝土的耐久性及其他性能。实验表明，未养护的混凝土与经充分养护的混凝土相比，其 28d 抗压强度将降低 30%左右。因此养护条件对于混凝土强度的增长有重要影响，在施工过程中，应根据原材料、配合比、浇筑部位和季节等具体情况，制定合理的施工技术方案，采取有效的养护措施，保证混凝土强度的正常增长。

混凝土的养护方法可分为自然养护和加热养护两大类。在混凝土初凝、终凝抹面处理后，应及时进行养护工作。对于一般塑性混凝土应在浇筑后10～12h内（炎夏时2～3h）进行养护，对于干硬性混凝土应在浇筑后1～2h内进行养护。混凝土必须养护至其强度达到1.2N/mm²以上，方才允许人在其上行走或安装模板和支架。

（一）自然养护

自然养护是指在平均气温高于+5℃的条件下，对混凝土采用覆盖、浇水湿润、挡风、保温等养护措施，使混凝土在一定时间内保持温湿状态的养护方法。该方法具有养护简单，不消耗能源等优点，适用于各种混凝土构件的养护，但养护时间长。

自然养护分为洒水养护、塑料薄膜养护和喷涂薄膜养护液养护三种。

1. 混凝土养护时间

混凝土养护时间应根据所采用的水泥种类、外加剂类型、混凝土强度等级及结构部位进行确定。混凝土的养护时间应符合下列规定：

(1) 采用硅酸盐水泥、普通硅酸盐水泥或矿渣硅酸盐水泥配制的混凝土，不应少于7d；采用其他品种水泥时，养护时间应根据水泥性能确定；

(2) 采用缓凝型外加剂、大掺量矿物掺合料配制的混凝土，不应少于14d；

(3) 抗渗混凝土、强度等级C60及以上的混凝土，不应少于14d；

(4) 后浇带混凝土的养护时间不应少于14d；

(5) 地下室底层墙、柱和上部结构首层墙、柱，宜适当增加养护时间。地下室底层和上部结构首层柱、墙混凝土带模养护时间，不应少于3d；带模养护结束后，可采用洒水养护方式继续养护，也可采用覆盖养护或喷涂养护剂养护方式继续养护。

2. 洒水养护

洒水养护是在混凝土浇筑完毕后3～12h内用草帘等将混凝土覆盖，并经常浇水保持湿润。混凝土养护用水应与拌制用水相同。当平均气温低于5℃时，不得洒水养护。大面积结构如地坪、楼板、屋面等可采用蓄水养护。贮水池一类工程可于拆除内模混凝土达到一定强度后注水养护。

3. 塑料薄膜养护

塑料薄膜养护是用薄膜布（不透水、气）把混凝土表面敞露的部分全部严密地覆盖起来，保证混凝土在不失水的情况下得到充足的养护。这种养护方法的优点是不必浇水，操作方便，能重复使用，能提高混凝土的早期强度，加速模具的周转。但应该保持薄膜布内有凝结水。

4. 薄膜养护液养护

薄膜养液养护是将可成膜的溶液（如过氯乙烯树脂）用喷枪喷涂在混凝土表面，待溶液挥发后，在混凝土表面结合成一层塑料薄膜，使混凝土与空气隔绝，阻止其中水分的蒸发，以保证水化作用的正常进行，这种养护方法一般适用于不易洒水养护的高耸构筑物和大面积混凝土结构和缺水地区。但应注意薄膜的保护。

（二）加热养护

加热养护是在较高湿度和较高温度下，使混凝土的强度得到增长，适用于工厂生产预制构件或冬期施工现场养护预制构件，以蒸汽养护为主。施工现场由于条件限制，现浇预制构件一般可采用临时性地面或地下的养护坑，上盖养护罩或用简易的帆布、油布覆盖。

蒸汽养护过程一般有静停、升温、恒温和降温四个阶段。

（1）静停阶段：指混凝土浇筑完毕至升温前在室温下先放置一段时间。以增强混凝土对升温阶段结构破坏作用的抵抗能力。一般需2～6h（干硬性混凝土为1h）。

（2）升温阶段：指混凝土从原始温度上升到恒温阶段的过程。为避免温度急速上升使混凝土表面产生裂缝，必须控制升温速度，一般为10～25℃/h。

（3）恒温阶段：恒温阶段：是混凝土强度增长最快的阶段。恒温的温度应随水泥品种不同而异，普通水泥的养护温度不得超过80℃，矿渣水泥、火山灰水泥可提高到85～90℃。一般恒温时间为5～8h，恒温加热阶段应保持90%～100%的相对湿度。

（4）降温阶段：在降温阶段内，混凝土已经硬化，如降温过快，混凝土会产生表面裂缝，因此降温速度应加控制。一般情况下，构件厚度在10cm左右时，降温速度每小时不大于20～30℃。

为了避免由于蒸汽温度骤然升降而引起混凝土构件产生裂缝变形，必须严格控制升温和降温的速度。出槽的构件温度与室外温度相差不得大于40℃，当室外为负温度时，不得大于20℃。

五、混凝土的冬期施工

（一）混凝土的冬期施工原理

新浇混凝土由于水泥和水进行水化作用使之凝结、硬化并获得强度。水化作用的速度在一定湿度条件下主要取决于温度，若处于低温环境中，其硬化速度非常慢，迟迟不能达到设计强度。当温度降至0℃以下时，水化作用基本停止，温度再继续降至－2～－4℃，混凝土内的大量的游离水开始结冰，体积膨胀，使强度很低的水泥石结构内部产生微裂纹，混凝土组织松散，同时减弱了水泥与砂石和钢筋之间的粘结力，从而使混凝土强度降低。为防止新浇筑混凝土受冻，须采取一系列防范措施，提前做好各种准备，以保证混凝土的质量。

1. 冬期施工定义

根据当地多年气温资料，室外日平均气温连续5d低于5℃时，即进入冬期施工阶段，应采取冬期施工技术措施进行混凝土施工。当室外日平均气温连续5d高于5℃即解除冬期施工。

2. 冬期施工临界强度

混凝土遭受冻结后，水化反应基本停止，强度停止增长，当转入正温环境后，游离水解冻，混凝土强度又开始增长，但其最终强度会由于前期混凝土遭冻结的原因，而有所降低，强度降低值的大小与混凝土遭冻结时已经建立的强度大小有关，遭冻结时强度越低，则其最终强度损失越大。

若混凝土在受冻前已具有一定的抗拉强度，混凝土内剩余游离水结冰产生的冰晶应力若不超过其抗拉强度，则混凝土内就不会产生微裂缝，早期冻害就很轻微。一般把遭冻结后其抗压强度损失在5%以内的预养强度值，定为“混凝土受冻临界强度”。由试验得知，临界强度与水泥品种、混凝土强度等级有关。普通混凝土采用硅酸盐水泥、普通硅酸盐水泥配制时，其受冻临界强度不应小于设计混凝土强度等级值的30%；采用矿渣硅酸盐水泥、粉煤灰硅酸盐水泥、火山灰质硅酸盐水泥、复合硅酸盐水泥时，不应小于设计混凝土强度等级值的40%。对强度等级等于或高于C50的混凝土，不宜小于设计混凝土强度等级值的30%；对有抗渗要求的混凝土，不宜小于设计混凝土强度等级值的50%；对有抗冻耐久性要求的混凝土，不宜小于设计混凝土强度等级值的70%。

（二）混凝土的制备

冬期混凝土施工时，混凝土的配制和搅拌必须符合下列规定：

（1）混凝土的配制，应优先选用硅酸盐水泥或普通硅酸盐水泥。混凝土最小水泥用量不宜低于280kg/m^3，水胶比不应大于0.55。使用矿渣硅酸盐水泥，宜采用蒸汽养护；使用其他品种水泥，应注意其中掺合材料对混凝土抗冻、抗渗等性能的影响。掺用防冻剂的混凝土，严禁使用高铝水泥。进行大体积混凝土的施工，混凝土最小水泥用量应根据实际情况确定。

（2）施工中可掺加防冻剂和减水剂。混凝土宜使用无氯盐类防冻剂，对抗冻性要求高的混凝土，宜使用引气剂或引气减水剂。掺用防冻剂、引气剂或引气减水剂的混凝土的施工，应符合现行国家标准的规定。在钢筋混凝土中掺用氯盐类防冻剂时，氯盐掺量按无水状态计算不得超过水泥重量的1%。掺用氯盐的混凝土必须振捣密实，且不宜采用蒸汽养护。若采用素混凝土，氯盐掺量不得大于水泥重量的3%。此外非加热养护法混凝土施工，所选用的外加剂应含有引气组分或掺入引气剂，含气量宜控制在3.0%～5.0%。

（3）冬期施工中要保证混凝土结构不受破坏，至少需要混凝土在受冻前达到临界强度，因此需要混凝土早期具备较高的温度，以满足强度较快增长的需要。温度升高需要热量，一部分热量来源是水泥的水化热，另外一部分则只有采用加热的方法获得。目前比较通用的方法就是加热原材料。

加热原材料最有效、最经济的方法是加热水，因水易于加热，而且比热也大。当加热水不能获得足够的热量时，可加热粗、细骨料，一般采用蒸汽加热，水及骨料的加热温度应根据热工计算确定。当采用42.5、42.5R及以上强度等级水泥，拌合水加热最高温度为60℃，骨料加热最高温度为40℃。水泥不得直接加热，袋装水泥宜在使用前运入暖棚内存放。

（4）混凝土搅拌。适当延长冬期混凝土搅拌时间，混凝土搅拌的最短时间应满足相关规范要求。此外，采用预拌混凝土时，应较常温下预拌混凝土搅拌时间延长15～30s。

（三）混凝土的运输和浇筑

混凝土在运输和浇筑阶段的温度损失与运输时间、转运次数、环境气温、运输工具的保温能力等因素有关。为了减少热量损失，应采取相关措施。

（1）混凝土在浇筑前，应清除模板和钢筋上的冰雪和污垢。运输和浇筑混凝土用的容器应具有保温措施。

（2）混凝土在运输、浇筑过程中的温度，应与热工计算的要求相符，若与要求不符，应采取措施进行调整，入模温度不应低于5℃。当采用加热养护时，混凝土养护前的温度不得低于2℃。

（3）冬季不得在强冻胀性地基土上浇筑混凝土；在弱冻胀性地基土上浇筑混凝土，应采取保温措施，保障基土不受冻。

（4）对加热养护的现浇混凝土结构，应合理确定混凝土的浇筑程序和施工缝的位置，以防止在加热养护时产生较大的温度应力。当停止加热养护后，结构处于降温阶段，应避免混凝土不能自由收缩导致结构开裂。当加热温度在45℃以上时，应进行温度应力核算，并采取防范措施，如梁支座可处理成活动支座、允许其自由伸缩，或设置后浇带、分段浇筑与加热等措施。

(5) 分层浇筑大体积结构，已浇筑层的混凝土在被上一层混凝土覆盖前，其温度不得低于按热工计算的温度，且不得低于2℃。

(四) 混凝土冬期施工及养护

混凝土冬期施工方法主要有三类，蓄热法、掺外加剂法和外部加热法。蓄热法工艺简单，冬期施工费用增加不多，但为使混凝土达到要求的设计强度，所需的养护时间较长。掺外加剂法虽然施工简便，但混凝土强度增长缓慢，有些外加剂对混凝土尚有某些副作用。外部加热法能使构件在较高温度下养护，混凝土强度增长较快，但设备复杂，能源消耗较多，且热效率低。

冬期选择混凝土施工方法应考虑自然气温条件、结构类型、水泥品种，工期限制和经济指标等因素。一般情况下，对工期不紧和无特殊限制的工程，从节约能源和降低冬期施工费用着眼，应优先选用蓄热法或掺外加剂法。否则要经过经济比较才能确定，比较时不应只比较冬期施工增加费，还应考虑对工期影响等综合经济效益。

1. 蓄热法

蓄热法是将混凝土组成材料（水泥除外）进行适当加热、搅拌，使浇筑后构件具有一定温度，混凝土成型后在外围用保温材料严密覆盖，利用混凝土预加的热量及水泥的水化热量进行保温，使混凝土缓慢冷却，并在冷却过程中逐渐硬化，当混凝土冷却到0℃前，已经达到抗冻临界强度或预期的强度。

蓄热法保温材料应选用导热系数小、就地取材、价廉耐用的材料，如稻草板、草垫、草袋、稻壳、麦秸、稻草、锯末、炉渣、岩棉毡、聚苯乙烯板等，并要保持干燥。蓄热法具有方法简单，不需混凝土加热设备，节省能源，混凝土耐久性较高，质量好，费用较低等优点，但强度增长较慢。该方法适用于室外最低温度不低于−15℃，地面以下工程，或表面系数不大于$5m^{-1}$的结构。

蓄热法虽是简单易行且费用较低的一种养护方法，但因受到外界气温及结构类型条件的约束，而影响了它的应用范围。目前国内在混凝土冬期施工中，较普遍采用的是综合蓄热法，即根据当地的气温条件及结构特点，将其他的有效方法与蓄热法综合应用，以扩大其所用范围。这些方法包括：掺入适当的外加剂，用以降低混凝土的冻结温度并加速其硬化过程，采用高效能保温隔热材料如泡沫塑料等；与外部加热法合并使用，如早期短时间加热或局部加热，以棚罩加强围护保温等。目前工程实施中，以蓄热法加用外加剂的综合法应用较多。外加剂一般采用早强剂、抗冻剂，以加速混凝土硬化和降低冻结温度。

2. 掺外加剂法

混凝土冬期施工中使用的外加剂有四种类型：早强剂、防冻剂、减水剂和引气剂，掺外加剂可使混凝土产生抗冻、早强、催化、减水等效用，降低混凝土的冰点，使之在负温下加速硬化以达到要求的强度。掺外加剂法具有施工简便，使用可靠，加热和保温方法较简单，费用较低等优点，但混凝土强度增长较慢。适用于截面较厚大的结构及一般低温（−10℃以上）和冻结期较短的情况下使用，在严寒条件下，可与原材料加热、蓄热法以及其他方法结合使用。

外加剂种类的选择取决于施工要求和材料供应，其掺量应由试验确定。目前新型外加剂不断出现，其效果愈来愈好。常用外加剂的性能及效用如表 4-19 所示。

常用外加剂的效用分类　　表 4-19

外加剂名称	效用					
	早强	抗冻	缓凝	减水	塑化	阻锈
氯化钠	+	+				
氯化钙	+	+				
硫酸钠	+		+			
硫酸钙			+	+	+	+
亚硝酸钠		+				
碳酸钾	+	+				
三乙醇胺	+					
硫代硫酸钠	+					
重铬酸钾		+				
氨水		+	+		+	
尿素		+	+		+	
木质素磺酸钙			+	+	+	+

3. 蒸汽加热法

蒸汽加热法是利用低压饱和蒸汽对新浇筑的混凝土构件进行加热，使混凝土保持一定的温度和湿度，以加速混凝土的硬化。

蒸汽加热法多为采用蒸汽养护窑养护预测构件，需要锅炉管道等设备，耗能较高，费用高。在现浇结构中有蒸汽养护窑法、蒸汽套法、热模法和构件内部通气法等。蒸汽加热法通常采用低压饱和蒸汽（工作压力小于 70kPa）养护混凝土，以防止表面出现脱水现象和产生裂纹。蒸汽养护的混凝土，不宜采用高强度等级水泥，采用普通硅酸盐水泥时最高养护温度不得超过 80℃，采用矿渣硅酸盐水泥时可提高到 85℃。但采用内部通汽法时，最高加热温度不应超过 60℃。整体浇筑的结构，采用蒸汽加热养护时，升温和降温速度不得过快。

(1) 蒸汽养护窑法。蒸汽养护窑法是在结构或构件周围用保温材料加以围护，构成密闭空间（蒸汽窑）或利用坑道、地槽上部遮盖，四周压严，然后通入蒸汽加热混凝土。该法施工方便简单、养护时间短，但蒸汽耗用量大，适于现场预制数量较多，尺寸较大的大、中型构件或现浇地面以下墙、柱、基础、沟道和构筑物等的加热养护。

(2) 蒸汽套法。蒸汽套法是在构件模板外再加密封的套板，模板与套板间的空隙不宜超过 150mm，在套板内通入蒸汽加热养护混凝土。该方法加热均匀，但设备复杂，费用大，只在特殊条件下养护水平结构的梁、板等。

(3) 热模法。热模法是在混凝土木模板内侧沿高度方向开设通长的通汽沟槽，将蒸汽通在模板内进行养护。此法蒸汽用量少，利用率高，加热均匀，温度易控制，养护时间短，但模板制作较复杂，耗料多，费用大，适用于垂直结构。大模板也可在模板背面加装蒸汽管道，再用薄铁皮封闭并适当加以保温，用于大模板工程冬期施工。

（4）构件内部通气法。构件内部通汽法，即在构件内部预留管道孔，将蒸汽通入孔道内加热养护混凝土。预留孔管可采用钢管、橡皮管的方法进行。成孔后将管抽出，蒸汽养护完毕，孔道用水泥砂浆填塞。内部通气法节省蒸汽，温度易控制，费用较低但要注意冷凝水的处理。内部通气法通常用于空心截面的构件及捣制独立基础和厚度较大的构件。

此外，冬期混凝土施工也可采用电加热养护法、暖棚养护法、负温养护法等方法。

六、混凝土的质量检查

混凝土的质量检查包括施工过程中的检查和施工结束后的检查。施工中的检查主要是对混凝土拌制和浇筑过程中所用材料的质量及用量、混凝土的搅拌、运输和浇筑的全过程进行检查；施工结束后的检查主要是对已施工完的混凝土的外观质量及强度进行检查，对有抗冻、抗渗要求的混凝土，尚应进行抗冻、抗渗性能的检查。混凝土质量检查应贯穿于工程施工的全过程，只有对每个施工环节认真施工、加强监督，才能保证最终获得合格的混凝土产品。

（一）施工过程中的检查

（1）原材料。施工中应随时检查各种原材料的品种、规格、质量和用量，每一工作班内至少检查两次。如水泥的品种、强度等级是否与设计一致；使用时是否已超过 3 个月的有效期；配合比是否严格执行，砂石的级配、含泥量、杂质含量是否满足要求等。

（2）混凝土搅拌。主要检查坍落度是否满足设计要求，要求一个工作班至少检查两次。混凝土运至浇筑地点的坍落度与要求坍落度的差值不得超过规定。混凝土搅拌时间也应随时检查，不宜过短或过长。

（3）混凝土运输。运输途中一方面是时间问题，应保证混凝土在运到浇筑地点后在混凝土初凝以前有充足时间进行浇筑、振捣。另一方面就是运输中需保持混凝土的匀质性、不分层、不离析、坍落度不过分减少等。

（4）混凝土浇筑。混凝土浇筑按要求分层浇筑、分层振捣密实，浇筑过程易产生质量问题，如蜂窝、麻面、露筋露心等问题一般多是由振捣不密实造成。

（5）混凝土拆模后。混凝土结构拆除模板后应进行下列检查：①构件或结构的轴线位置、标高、截面尺寸、表面平整度、垂直度（或全高垂直度）；②预埋件的数量、位置；③构件的外观缺陷；④构件的连接及构造做法。

（二）混凝土外观质量检查

1. 外观质量缺陷检查

现浇结构的外观质量缺陷，应由监理（建设）单位、施工单位等各方根据其对结构性能和使用功能影响的严重程度，按表 4-20 确定。

现浇结构外观质量缺陷 **表 4-20**

名称	现象	严重缺陷	一般缺陷
露筋	构件内钢筋未被混凝土包裹而外露	纵向受力钢筋有露筋	其他钢筋有少量露筋
蜂窝	混凝土表面缺少水泥砂浆而形成石子外露	构件主要受力部位有蜂窝	其他部位有少量蜂窝

续表

名称	现象	严重缺陷	一般缺陷
孔洞	混凝土中孔穴深度和长度均超过保护层厚度	构件主要受力部位有孔洞	其他部位有少量孔洞
夹渣	混凝土中夹有杂物且深度超过保护层厚度	构件主要受力部位有夹渣	其他部位有少量夹渣
疏松	混凝土中局部不密实	构件主要受力部位有疏松	其他部位有少量疏松
裂缝	缝隙从混凝土表面延伸至混凝土内部	构件主要受力部位有影响结构性能或使用功能的裂缝	其他部位有少量不影响结构性能或使用功能的裂缝
连接部位缺陷	构件连接处混凝土缺陷及连接钢筋、连接件松动	连接部位有影响结构传力性能的缺陷	连接部位有基本不影响结构传力性能的缺陷
外形缺陷	缺棱掉角、棱角不直、翘曲不平、飞边凸肋等	清水混凝土构件有影响使用功能或装饰效果的外形缺陷	其他混凝土构件有不影响使用功能的外形缺陷
外表缺陷	构件表面麻面、掉皮、起砂、沾污等	具有重要装饰效果的清水混凝土表面有外表缺陷	其他混凝土构件有不影响使用功能的外表缺陷

(1) 现浇结构的外观质量不应有严重缺陷。对已经出现的严重缺陷，应由施工单位提出技术处理方案，并经监理（建设）单位认可后进行处理。对经处理的部位，应重新检查验收。

(2) 现浇结构的外观质量不宜有一般缺陷。对已经出现的一般缺陷，应由施工单位按技术处理方案进行处理，并重新检查验收。

2. 尺寸偏差检查

现浇结构拆模后，应由监理（建设）单位、施工单位对尺寸偏差进行检查，作出记录，并应及时按施工技术方案对缺陷进行处理。

现浇结构不应有影响结构性能和使用功能的尺寸偏差。混凝土设备基础不应有影响结构性能和设备安装的尺寸偏差。对超过尺寸允许偏差且影响结构性能和安装、使用功能的部位，应由施工单位提出技术处理方案，并经监理（建设）单位认可后进行处理。对经处理的部位，应重新检查验收。

现浇结构和混凝土设备基础拆模后的尺寸偏差应符合表 4-21 的规定。

现浇结构尺寸允许偏差和检验方法　　表 4-21

项目			允许偏差（mm）	检验方法
轴线位置	基础		15	尺量
	独立基础		10	
	墙、柱、梁		8	
垂直度	柱、墙层高	≤6m	10	经纬仪或吊线、尺量
		＞6m	12	经纬仪或吊线、尺量

续表

项目		允许偏差（mm）	检验方法
$H/30000+20$	全高≤300m	$H/30000+20$	经纬仪、尺量
	全高＞300m	$H/10000$ 且≤80	经纬仪、尺量
标高	层高	±10	水准仪或拉线、尺量
	全高	±30	
截面尺寸	基础	＋15，－10	尺量
	柱、梁、板、墙	＋10，－5	尺量
	楼梯相邻踏步高差	±6	尺量
电梯井	中心位置	10	尺量
	长、宽尺寸	25，0	经纬仪、尺量
表面平整度		8	2m 靠尺和塞尺量测
预埋设施中心线位置	预埋件	10	尺量
	预埋螺栓	5	
	预埋管	5	
	其他	10	
预留洞中心线位置		15	尺量

注：检查轴线、中心线位置时，应沿纵、横两个方向量测，并取其中的较大值；H 为全高，单位为“mm”。

（三）混凝土强度检验

1. 试件制作

用于检验结构构件混凝土强度等级的试件，应在混凝土浇筑地点随机制作，采用标准养护，再进行抗压强度试验。当有特殊要求时，还需做混凝土的抗冻性、抗渗性等试验。试件应用钢模制作。

2. 混凝土取样

试件的取样频率和数量应符合下列规定：

（1）每 100 盘，但不超过 100m^3 的同配合比混凝土，取样次数不应少于一次；

（2）每一工作班拌制的同配合比混凝土不足 100 盘和 100m^3 时其取样次数不应少于一次；

（3）当一次连续浇筑的同配合比混凝土超过 1000m^3 时，每 200m^3 取样不应少于一次；

（4）对房屋建筑，每一楼层、同一配合比的混凝土，取样不应少于一次。

每次取样应至少制作一组标准养护试件，同条件养护试件的留置组数应根据实际需要确定，每组三个试件应由同一盘或同一车的混凝土中取样制作。

3. 每组试件强度代表值

按下列规定确定该组试件的混凝土强度的代表值：

（1）取 3 个试件强度的算术平均值作为每组试件的强度代表值；

（2）当一组试件中强度的最大值或最小值与中间值之差超过中间值的 15%时，取中间值作为每组试件的强度代表值；

（3）当 3 个试件强度中的最大值和最小值与中间值之差均超过 15%时，该组试件不应作为强度评定的依据。

4. 混凝土强度评定

混凝土强度应分批进行验收。同一验收批的混凝土应由强度等级相同、龄期相同以及生产工艺和配合比基本相同且不超过3个月的混凝土组成，并按单位工程的验收项目划分验收批。同一验收批的混凝土强度，应以同批内全部标准试件的强度代表值来评定。

（1）当混凝土的生产条件在较长时间内能保持一致，且同一品种混凝土的强度变异性能保持稳定时，应由连续的3组试件组成一个验收批，其强度应同时满足下列要求：

$$m_{f_{cu}} \geqslant f_{cu,k} + 0.7\sigma_0 \tag{4-14}$$

$$f_{cu,min} \geqslant f_{cu,k} - 0.7\sigma_0 \tag{4-15}$$

检验批混凝土立方体抗压强度的标准差应按下式计算：

$$\sigma_0 = \sqrt{\frac{\sum_{i=1}^{n} f_{cu,i}^2 - n m_{f_{cu}}^2}{n-1}} \tag{4-16}$$

当混凝土强度等级不高于C20时，其强度的最小值尚应满足下式要求：

$$f_{cu,min} \geqslant 0.85 f_{cu,k} \tag{4-17}$$

当混凝土强度等级高于C20时，其强度的最小值尚应满足下式要求：

$$f_{cu,min} \geqslant 0.90 f_{cu,k} \tag{4-18}$$

式中 $m_{f_{cu}}$——同一验收批混凝土立方体抗压强度的平均值（N/mm^2）；

$f_{cu,k}$——混凝土立方体抗压强度标准值（N/mm^2）；

σ_0——验收批混凝土立方体抗压强度的标准差（N/mm^2）；当验收批混凝土强度标准差σ_0计算值小于$2.5N/mm^2$时，应取$2.5N/mm^2$；

$f_{cu,min}$——同一验收批混凝土立方体抗压强度的最小值（N/mm^2）；

$f_{cu,i}$——前一个检验期内同一品种、同一强度等级的第i组混凝土试件的立方体抗压强度代表值；

n——前一个检验期内的样本容量，在该期间内样本容量不应少于45。

（2）当混凝土的生产条件不能满足第（1）条的要求，或在前一个检验期内的同一品种混凝土没有足够的数据用以确定验收批混凝土立方体抗压强度标准差时，应由不少于10组的试件代表一个验收批，其强度应同时满足下列要求：

$$m_{f_{cu}} \geqslant f_{cu,k} + \lambda_1 \cdot s_{f_{cu}} \tag{4-19}$$

$$f_{cu,min} \geqslant \lambda_2 \cdot f_{cu,k} \tag{4-20}$$

同一验收批混凝土立方体抗压强度的标准差应按下式计算：

$$s_{f_{cu}} = \sqrt{\frac{\sum_{i=1}^{n} f_{cu,i}^2 - nm_{f_{cu}}^2}{n-1}} \tag{4-21}$$

式中 $s_{f_{cu}}$——同一验收批混凝土立方体抗压强度的标准差（N/mm^2），当$s_{f_{cu}}$的计算值小于$2.5N/mm^2$时，应取$2.5N/mm^2$；

λ_1、λ_2——合格判定系数，按表4-22取用；

n——一个验收批混凝土试件的总组数。

混凝土强度的合格判定系数 **表 4-22**

试件组数	10～14	15～19	≥20
λ_1	1.15	1.05	0.95
λ_2	0.90	0.85	

(3) 对零星生产的构件的混凝土或现场搅拌的批量不大的混凝土，可采用非统计方法评定。此时，验收批混凝土的强度必须同时满足下列要求：

$$m_{f_{cu}} \geqslant \lambda_3 \cdot f_{cu,k} \tag{4-22}$$

$$f_{cu,min} \geqslant \lambda_4 \cdot f_{cu,k} \tag{4-23}$$

式中　λ_1、λ_2——合格判定系数，按表 4-23 取用。

混凝土强度的非统计法合格判定系数 **表 4-23**

混凝土强度等级	<C60	≥C60
λ_3	1.15	1.10
λ_4	0.95	

(四) 混凝土缺陷与处理

混凝土缺陷与处理见表 4-24。

混凝土缺陷与处理 **表 4-24**

名称	产生原因	处理办法
麻面	模板表面粗糙或清理不干净；浇筑混凝土前模板湿润不够；模板漏浆；混凝土振捣不密实，混凝土中的气泡未排出	1. 结构表面作粉刷的，可不处理； 2. 表面无粉刷的，应在麻面部位浇水充分湿润后，用水泥素浆或 1∶2 水泥砂浆抹平压光
露筋	1. 浇筑混凝土时，钢筋保护层垫块发生位移，或垫块太少或漏放； 2. 钢筋过密，石子卡在钢筋上，使水泥砂浆不能充满钢筋周围； 3. 混凝土配合比不当，产生离析，靠模板部位缺浆或模板漏浆	1. 表面露筋：刷洗净后，在表面抹 1∶2 或 1∶2.5 水泥砂浆，将露筋部位抹平； 2. 露筋较深：凿去薄弱混凝土和突出颗粒，洗刷干净后，用比原来高一级的细石混凝土填塞压实，养护时间不应少于 7d（以下相同）
蜂窝	1. 混凝土配合比不当，砂浆少、石子多； 2. 混凝土搅拌时间不够，未拌合均匀，和易性差，振捣不密实； 3. 未按操作规程浇筑混凝土，造成石子砂浆离析，振捣不实，或漏振； 4. 模板漏浆	1. 小蜂窝：洗刷干净后，用 1∶2 或 1∶2.5 水泥砂浆抹平压实； 2. 较大蜂窝：将松动石子和突出颗粒剔除，刷洗干净后，用高一级细石混凝土仔细填塞捣实，加强养护； 3. 较深蜂窝：如清除困难，可埋压浆管、排气管，表面抹砂浆或浇筑混凝土封闭后，进行水泥压浆处理
孔洞	由于混凝土捣空，砂浆严重分离，石子成堆，砂子和水泥分离而产生；混凝土受冻，泥块杂物掺入等	将孔洞周围的松散混凝土和软弱浆膜凿除，用压力水冲洗，洒水充分湿润后，用高强度等级的细石混凝土仔细浇筑捣实

续表

名称	产生原因	处理办法
缝隙夹层	浇筑混凝土时没有认真处理施工缝表面	将松散混凝土凿去，洗刷干净后，用1：2或1：2.5水泥砂浆填嵌密实
缺棱掉角	1. 混凝土浇筑前模板未充分湿润，造成棱角处混凝土中水分被模板吸去，水化不充分，强度降低，拆模时棱角损坏； 2. 拆模过早或拆模后保护不好造成棱角损坏	将该处用钢丝刷刷净，清水冲洗充分湿润后，用1：2或1：2.5的水泥砂浆抹补修正
裂缝	裂缝有温度裂缝、干缩裂缝和外力引起的裂缝。原因主要是结构和构件的支承产生不均匀沉陷，模板支撑固定不牢固；拆模时受到剧烈振动；温差过大；养护不良；水分蒸发过快等	1. 表面裂缝较细，数量不多时，可将裂缝用水冲洗并用水泥抹补，对宽度和深度较大的裂缝应将裂缝附近的混凝土表面凿毛或沿裂缝方向凿成深为15～20mm、宽为100～200mm的V形凹槽，扫净并洒水润湿，先刷水泥浆一层，然后用1：2～1：2.5的水泥浆涂抹2～3层，总厚控制在10～20m左右，并压实抹光； 2. 当裂缝宽度在0.1mm以上时，可用环氧树脂灌浆修补。修补时先用钢丝刷清除混凝土表面的灰尘、浮渣及散层，使裂缝处保持干净，然后把裂缝做成一个密闭性空腔，有控制地留出进出口，借助压缩空气把浆液压入缝隙，使它充满整个裂缝。这种方法具有很好的强度和耐久性，与混凝土有很好的粘结作用
强度不足	混凝土强度不足的原因是多方面的，主要有原材料达不到规定的要求、配合比不准、搅拌不均、振捣不实及养护不良等	对混凝土强度严重不足的承重构件应拆除返工。对强度降低不大的混凝土可不拆除，但应与设计单位协商，研究处理方案，采取相应的加固或补强措施

复习思考题

1. 模板由哪几部分组成？对模板有何要求？
2. 模板结构设计应考虑哪些荷载？如何确定这些荷载？如何考虑荷载分项系数？
3. 新浇筑混凝土对模板的侧压力是怎样分布的？如何确定侧压力最大值？
4. 结合工程实际，总结各种模板的类型、构造、支模和拆模的方法。
5. 现浇混凝土结构拆模时应注意哪些问题？
6. 试述钢筋的种类。
7. 钢筋进场验收主要有哪些内容？
8. 钢筋的连接有哪些方法？简述各种方法的适用范围、连接工艺和接头质量检验。
9. 为什么要计算钢筋的下料长度？如何计算？
10. 简述钢筋代换的方法及适用情况。钢筋代换应注意哪些事项？
11. 混凝土配制强度如何确定？
12. 混凝土配料时为什么要将混凝土的理论配合比换算成施工配合比？如何换算？

13. 如何才能使混凝土搅拌均匀？为什么要控制搅拌机的转速和搅拌时间？搅拌机为什么不宜超载？

14. 如何确定搅拌混凝土时的投料顺序？

15. 混凝土运输有何要求？

16. 混凝土浇筑的基本要求是什么？

17. 简述施工缝留设原则和处理方法。柱、梁、板的施工缝应如何留置？

18. 大体积混凝土施工应注意哪些问题？大体积混凝土的浇筑方案有哪些？

19. 混凝土成型方法有哪几种？其适用范围如何？

20. 常用的混凝土自然养护方法有几种？

21. 何谓“混凝土受冻临界强度”？冬期施工应采取哪些措施？

22. 影响混凝土质量有哪些因素？在施工中如何才能保证质量？

23. 如何检查和评定混凝土质量？

计 算 题

1. 某建筑物第一层楼共有 20 根 L_1 梁，梁的配筋如图 4-33 所示，试确定该梁的钢筋配料单。

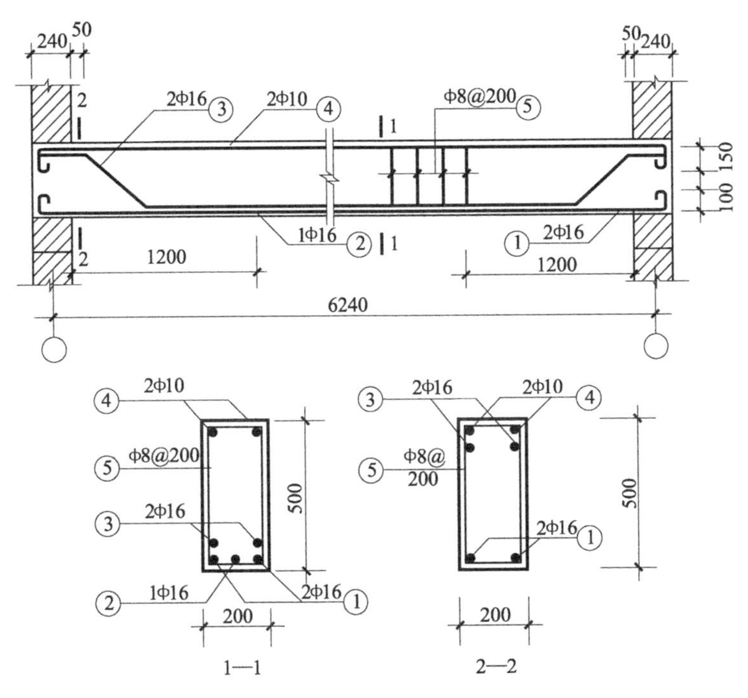

图 4-33　梁配筋图

2. 某建筑物的现浇钢筋混凝土柱，断面为 500mm×600mm，楼面至上层梁底的高度为 3m，混凝土的坍落度为 30mm，不掺外加剂。混凝土浇筑速度为 3m/h，混凝土入模温度为 20℃，试进行模板设计。

3. 已知混凝土的理论配合比（实验室配合比）为：1∶2.4∶4.7，水灰比 $w/c=0.6$，每立方米混凝土的水泥用量为 287kg。现测得砂的含水率为 3.0%，石子的含水率为 1.1%，试确定：施工配合比。若每次投料 200kg 水泥，试问其他材料各用多少？

4. 某钢筋混凝土设备基础，其平面尺寸为长×宽×高＝40m×30m×3m，要求连续浇筑混凝土。搅拌站设有 3 台搅拌机，每台实际生产率为 $5m^3/h$，若混凝土运输时间为 30min，每浇筑层厚度为 300mm，试确定：

(1) 混凝土浇筑方案；

(2) 每小时混凝土浇筑量；

(3) 完成整个浇筑工作所需时间。

5. 某施工单位承接的某工程主体结构混凝土强度等级为C30，对其现场混凝土搅拌系统近期抽样统计结果，配制同一品种混凝土标准偏差为$\sigma=4.0$MPa，第一批抽取了10组样本，其强度值如表4-25所示。

样本混凝土强度值 **表4-25**

组号	1	2	3	4	5	6	7	8	9	10
强度（MPa）	36.6	37.5	33.6	40.2	36.4	38.2	39.1	32.4	25.0	38.2

试计算并评定该批混凝土强度质量是否合格，为什么？

第五章　预应力混凝土工程

本章学习要点：

1. 熟悉预应力钢筋的种类和检验方法，了解锚具、常用张拉设备。

2. 掌握先张法工艺流程，了解先张法台座的类型，掌握先张法预应力钢筋张拉方法、张拉程序，熟悉先张法预应力筋的放张方法和顺序。

3. 掌握后张法工艺流程，熟悉孔道留设方法和穿束方法，掌握后张法预应力钢筋张拉方法、张拉程序，熟悉预应力钢筋张拉伸长值校核方法，熟悉孔道灌浆施工。

4. 熟悉无粘结预应力筋铺设方法、无粘结预应力筋张拉方法。

5. 熟悉预应力框架结构施工顺序，了解现浇预应力混凝土结构预应力筋张拉施工。

预应力混凝土工程是一门新兴的科学技术，1928 年由法国弗来西奈首先研制成功以后，在世界各国广泛推广应用，我国 1950 年开始采用预应力混凝土结构，随着钢材和预应力张拉锚固技术的发展和施工工艺的不断革新，以及预应力混凝土理论的不断完善，使得预应力混凝土技术得到广泛的应用。近年来，随着高强钢材和高强度等级混凝土的不断出现，更推动着预应力施工工艺的不断发展和完善，预应力技术已经从开始的单个构件发展到预应力结构新阶段。

预应力混凝土是在外荷载作用前，在混凝土受拉区预先建立起有预压应力的混凝土。当结构或构件受力后，受拉区混凝土的拉应力和拉伸变形，首先与预压应力和压缩变形相互抵消，然后随着外力的增加，混凝土才产生拉应力和拉伸变形，从而推迟裂缝的出现和限制裂缝的开展，提高结构或构件的抗裂性能和刚度。

预应力混凝土能充分发挥钢筋和混凝土的各自特性，可有效地利用高强度钢筋和高强度混凝土。预应力混凝土与普通钢筋混凝土相比，具有构件截面小、自重轻，刚度大、抗裂性与裂缝闭合性好，耐久性好和材料省等优点，特别是在大开间、大跨度与荷载大的结构中使用，综合效益更加显著。

预应力混凝土按预应力度大小可分为全预应力混凝土和部分预应力混凝土。按施工方式不同可分为预制预应力混凝土、现浇预应力混凝土和叠合预应力混凝土等。按预加应力的方法不同可分为先张法预应力混凝土和后张法预应力混凝土。按预应力筋的粘结状态的不同可分为有粘结预应力混凝土和无粘结预应力混凝土。

第一节　预 应 力 钢 筋

预应力钢筋必须采用高强度钢材，以减少预应力构件在长期使用过程中，由于混凝土的收缩徐变等原因而造成预应力损失，并且要有较好的焊接性能和塑性。

一、预应力钢筋的种类

预应力钢材常用的主要有钢丝、钢绞线和精轧螺纹钢筋三种，以钢绞线与钢丝采用最多。预应力钢材的发展趋势为高强度、粗直径、低松弛和耐腐蚀。

1. 钢丝

预应力钢丝按加工方式和表面外形可分为冷拔光面钢丝、冷压刻痕钢丝、冷拔螺旋钢丝、冷轧带肋钢丝和热处理钢丝。按加工要求不同，可分为冷拉钢丝和消除应力钢丝，其中消除应力钢丝（低松弛型）是目前采用的主要钢丝，它是冷拔后在张力状态下经回火处理的钢丝。这种钢丝已逐步在房屋、桥梁、市政、水利等大型工程中推广应用。

2. 钢绞线

钢绞线（符号为 ϕ^{s}）是由高强钢丝扭结而成，有 2 股（1×2）、3 股（1×3）、7 股（1×7）钢绞线。其中，2 股、3 股仅用于先张法施工预应力构件，7 股钢绞线是用 6 根冷拉钢丝围绕一根中心钢丝绞成，用途广泛。表 5-1 为 1×7 钢绞线的有关技术参数。钢绞线的整根破断力大、柔性好、施工方便，具有广阔的应用前景。为了减少应力损失，预应力混凝土结构设计应考虑钢丝和钢绞线的松弛率的影响，宜选择低松弛钢材，提高结构的有效预应力值。

1×7 钢绞线的有关技术参数　　　　表 5-1

<table>
<tr><th>钢绞线公称直径（mm）</th><th>直径允许偏差（mm）</th><th>钢绞线公称截面积（mm²）</th><th>公称抗拉强度（MPa）≥</th><th>整根钢绞线的破坏荷载（kN）≥</th><th>0.2%屈服力（kN）≥</th><th>最大力总伸长率（%）≥</th></tr>
<tr><td>12.70</td><td rowspan="2">+0.40
−0.15</td><td>98.7</td><td>1720</td><td>170</td><td>150</td><td rowspan="2">3.5</td></tr>
<tr><td>15.20</td><td>140</td><td>1720</td><td>241</td><td>212</td></tr>
</table>

3. 精轧螺纹钢筋

精轧螺纹钢筋是用热轧方法在整根钢筋的表面上轧出不带纵肋的螺纹外形的钢筋。这种钢筋进行连接时，直接采用带有内螺纹的连接器，端头锚固直接用螺母，无须冷拉与焊接，施工方便，主要用于房屋、桥梁和构筑物等直线钢筋。

4. 无粘结预应力筋

无粘结预应力筋主要采用高强钢丝和钢绞线两种钢材，以专用防腐润滑脂作涂料层，由聚乙烯（或聚丙烯）塑料作护套制作而成。除保证力学性能外，特别要注意其防腐和耐久性应符合规定。

二、预应力钢筋的检验

1. 外观检查

预应力钢筋使用前应进行外观检查，采用全数检查。要求有粘结预应力筋展开后应平顺，不得有弯折，表面不应有裂纹、小刺、机械损伤、氧化铁皮和油污等；无粘结预应力筋应光滑、无裂缝、无明显褶皱。无粘结预应力筋的涂包质量应符合无粘结预应力钢绞线标准的规定。当无粘结预应力筋的护套出现轻微破损时，应采用外包防水塑料胶带修补；当出现严重破损时，则不得使用。

2. 力学性能检验

预应力钢筋进场时，应按现行国家标准的相关规定抽取试件做力学性能试验，包括：

屈服强度、抗拉强度、伸长率、松弛性能和冷弯性能等，其质量必须符合国家相关标准的规定。

钢绞线、钢丝等应成批检查和验收，每批由同一牌号、同一规格、同一强度等级、同一生产工艺制度或同一加工状态的钢绞线或钢丝等组成，每批重量不大于 60 t，并按国家现行相关标准的规定抽取试件做力学性能检验。当某一项检验结果不符合相应标准规定时，则该盘钢绞线或钢丝不得交货。从同一批未经试验的材料盘卷中取双倍数量的试样进行该不合格项目的复验，复验结果即使有一个试样不合格，则整批钢绞线或钢丝不得交货，或进行逐盘检验合格者交货。

三、预应力钢材的存放

预应力钢材由于其塑性低与强度高，在无应力状态下对腐蚀作用比普通钢筋敏感，在运输与存放过程中如遭受雨露、潮气或腐蚀性介质的侵蚀，易发生锈蚀，不仅降低质量，而且将出现腐蚀坑，有时甚至会造成钢材脆断。

预应力筋运输和储存时，应满足下列要求：

（1）成盘卷的预应力筋，宜在出厂前加防潮纸、麻布等材料包装。

（2）装卸无轴包装的钢绞线、钢丝时，宜采用C形钩、三根吊索，或叉车。每次吊运一件，避免因碰撞而损害钢绞线。

（3）在室外存放时，不得直接堆放在地面上，必须采取垫枕木并用苫布覆盖等有效措施，防止雨露和各种腐蚀性气体、介质的影响。

（4）长期存放应设置仓库，仓库应干燥、防潮、通风良好、无腐蚀气体和介质。

（5）如储存时间过长，宜用乳化防锈剂喷涂预应力筋表面。

第二节　预应力张拉锚固体系

预应力张拉锚固体系包括锚具和夹具。锚具是后张法结构或构件中为保持预应力筋拉力并将其传递到混凝土上用的永久性锚固装置。夹具是先张法构件施工时为保持预应力筋拉力并将其固定在张拉台座（或钢模）上用的临时性锚固装置。后张法张拉用的夹具又称工具锚，是将千斤顶（或其他张拉设备）的张拉力传递到预应力筋的装置。锚（夹）具应具有可靠的锚固性能，并且不能超过规定的滑移值。此外，锚（夹）具还应构造简单、加工方便、体形小、成本低、全部零件互换性好。

一、锚具

目前常用的锚具按其锚固的原理可分为夹片式、支承式、锥塞式和握裹式等四种。按其锚固钢筋或钢丝的数量，又分为单根钢筋的锚具、成束钢筋锚具、钢绞线锚具及钢丝束锚具等。

1. 夹片式锚具

夹片式锚具系列应用非常普遍，无论在先张法和后张法中，还是在有粘结和无粘结预应力混凝土结构中都普遍采用。

（1）JM 型锚具

JM 型锚具由锚环与夹片组成，如图 5-1 所示。在每个锥形孔内装一副夹片，夹片的两个侧面具有带齿的半圆槽，每个夹片卡在两根钢绞线或钢筋之间，这些夹片与钢绞线共同形成组合式锚塞，将钢绞线楔紧。这种锚具的优点是预应力筋束的外径比较小，构件和结构端部的孔道不必扩大，设计施工比较方便，但一个夹片损坏会引起整束预应力筋失效。

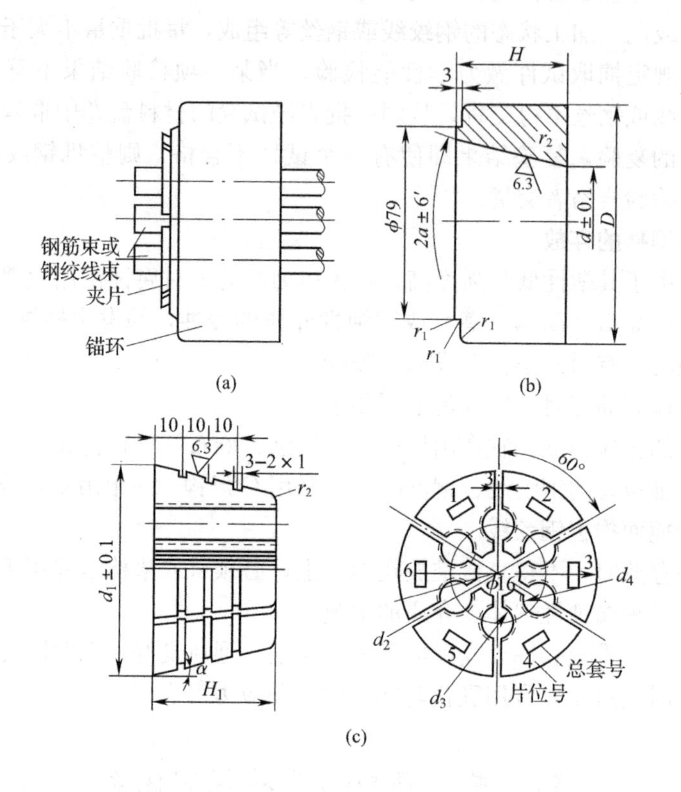

图 5-1 JM 型锚具

(a) 装配图；(b) 锚环；(c) 夹片

根据夹片数量和锚固钢筋的根数，JM 型锚具可分为光 JM12 系列、螺 JM12 系列、绞 JM12 和绞 JM15 系列等，分别用于锚固 3～6 根冷拉光圆热轧钢筋、冷拉螺纹热轧钢筋、$\phi^{s}12$ 及 $\phi^{s}15$ 钢绞线。JM 型锚具根据所锚固的预应力筋的种类、强度及外形的不同，其尺寸、材料、齿形及硬度等有所差异。

(2) 单孔夹片锚具

该锚具由锚环和夹片组成，适用于锚固 $\phi^{j}12$ 和 $\phi^{j}15$ 钢绞线，如图 5-2 所示。锚环顶面为平面，锚孔垂直于锚环顶面，沿锚环圆周排列。夹片有直开缝三片式、斜开缝三片式和直开缝两片式三种。直开缝三片式和直开缝两片式夹片用于锚固钢绞线；斜开缝三片式用于锚固钢丝束。

(3) XM 型锚具

XM 型锚具适用于锚固 3～37 根 $\phi^{j}15$ 钢绞线，也可用于锚固钢丝束。既可锚固单根预应力筋，又可锚固多根预应力筋，既可单根张拉，逐根锚固，又可成组张拉，成组锚固，既可用作工作锚，又可用作工具锚，具有通用性，锚固性能可靠，施工方便。

XM 型锚具由锚板与夹片组成，见图 5-3。锚板的锥形孔沿圆周排列，对 $\phi^{j}15$ 钢绞线，

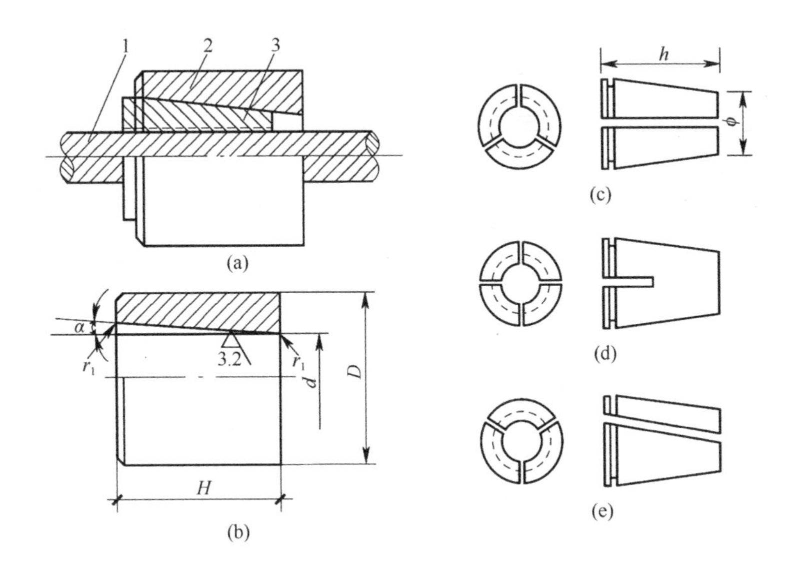

图 5-2　单孔夹片锚具

(a) 组装图；(b) 锚环；(c) 三夹片；(d) 二夹片；(e) 斜开缝夹片

1—钢绞线；2—锚环；3—夹片

间距不小于 36mm。锚板顶面应垂直于锥形孔中心线，以利夹片均匀塞入。夹片采用三片斜开缝形式。

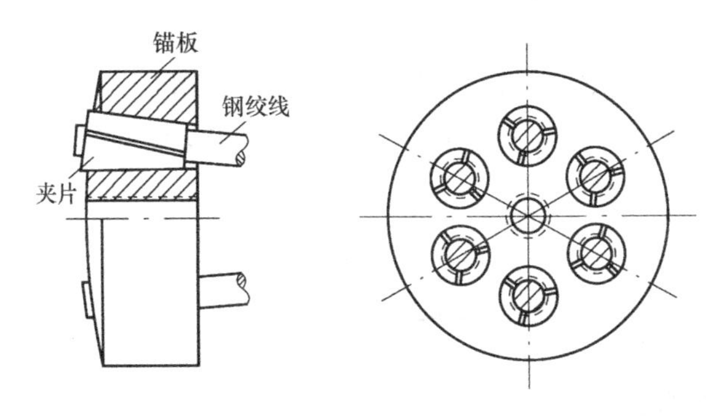

图 5-3　XM 型锚具

2. 支承式锚具

(1) 镦头锚具

镦头锚具是利用钢丝两端的镦粗头来锚固预应力钢丝的一种锚具，见图 5-4。镦头锚具加工简单，张拉方便，锚固可靠，成本较低，但对钢丝束的等长要求较严。这种锚具可根据张拉力大小和使用条件，设计成多种形式和规格，能锚固任意根数的 ϕ^s5 和 ϕ^s7 钢丝束。

(2) 精轧螺纹钢筋锚具

精轧螺纹钢筋锚具适用于锚固直径 25mm 和 32mm 的高强精轧螺纹钢筋。由于钢筋本身轧有外螺纹，不需专门的螺杆，可以直接拧上螺母进行锚固，也可以拧上连接器进行钢筋连接，避免了焊接。

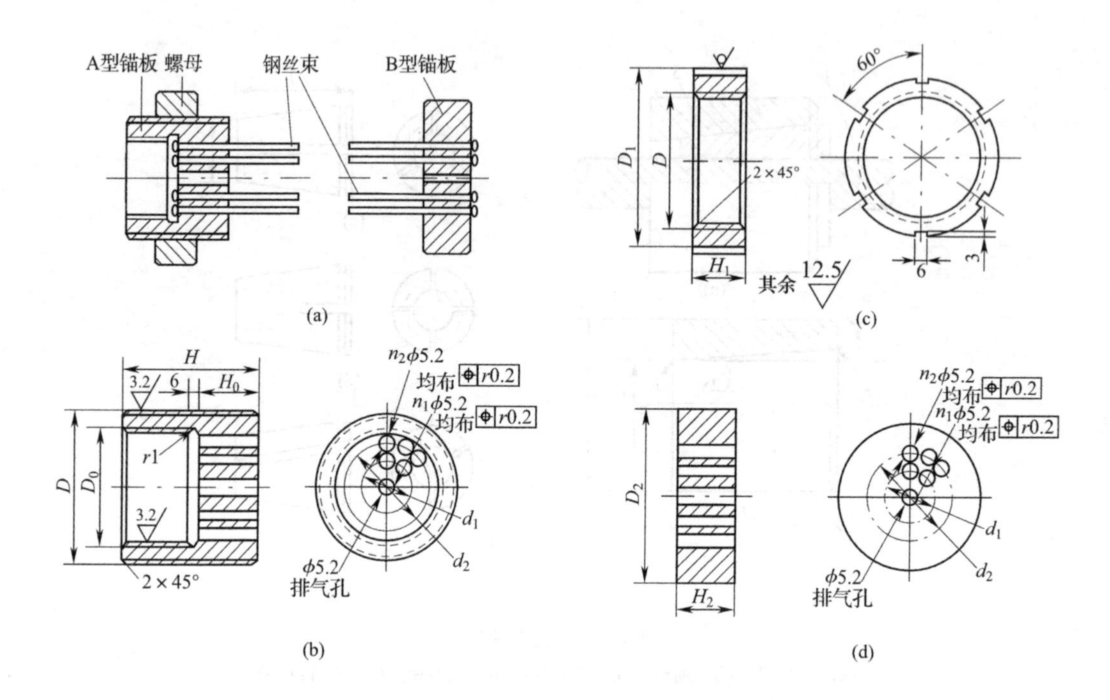

图 5-4　钢丝束镦头锚具

(a) 装配图；(b) A 型螺环；(c) 螺母；(d) B 型锚板

3. 锥塞式锚具

(1) GZ 型钢质锥形锚具

钢质锥形锚具由锚环与锚塞组成，见图 5-5。锚环采用 45 号钢，锥度为 5°。锚塞也采用 45 号钢或 T7、T8 碳素工具钢，表面刻有细齿。适用于锚固 12～24 根 ϕ^s5 钢丝束。

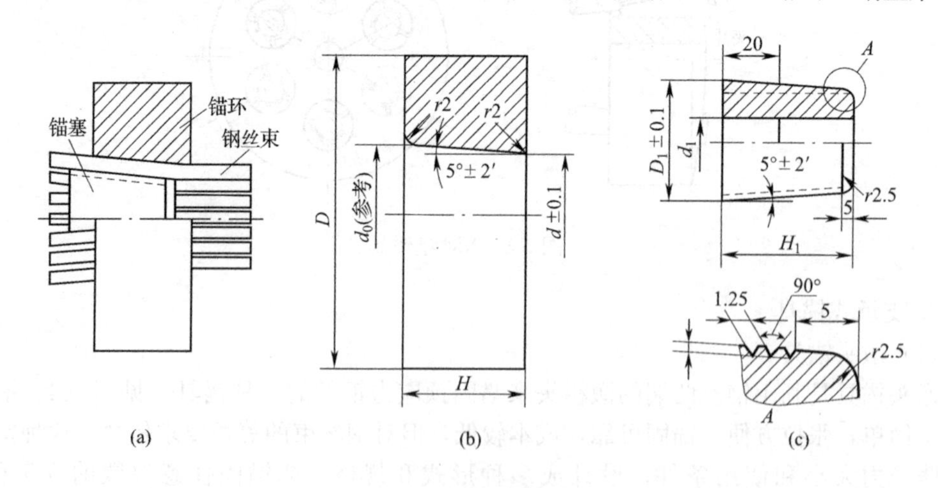

图 5-5　钢质锥形锚具

(a) 装配图；(b) 锚塞；(c) 锚环

这类锚具应满足自锁和自锚条件。自锁就是使锚塞在顶压后不致弹回脱出，自锚就是使钢丝在拉力作用下带着锚塞楔紧而又不发生滑移。

钢质锥形锚具使用时，应保证锚环孔中心、预留孔道中心和千斤顶轴线三者同心，以防止压伤钢丝或造成断丝。锚塞的预应力宜为张拉力的 50%～60%。

（2）KT-Z 型锚具

KT-Z 型锚具是可锻铸铁锥形锚具的简称，是由锚环与锚塞组成，见图 5-6。锚环与锚塞均用可锻铸铁铸造成型。适用于锚固 3～6 根直径 12mm 的冷拉Ⅲ、Ⅳ级钢筋，直径 8mm 的Ⅴ级钢筋及 7 支 4mm 的钢绞线。

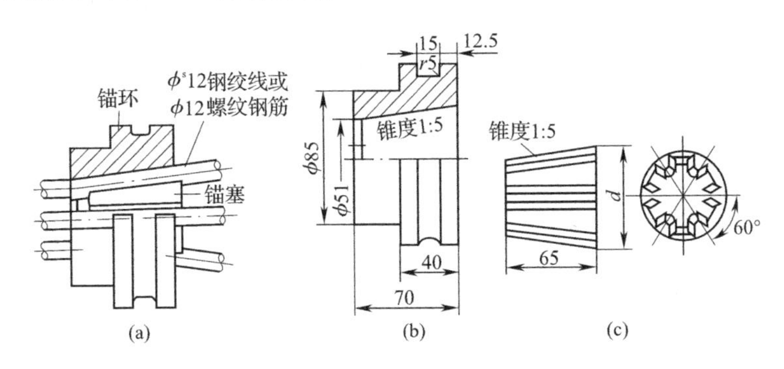

图 5-6 KT-Z 型锚具示意图（单位：mm）

（a）组装图；（b）锚环；（c）锚塞

4. 握裹式锚具

（1）挤压式锚具

挤压式锚具是在钢绞线端部安装异形钢丝衬圈和挤压套，利用专用挤压机将挤压套挤过模孔后，使其产生塑性变形而握紧钢绞线，形成可靠的锚固，主要由挤压套筒、垫板、螺旋筋及硬钢丝衬圈组成，见图 5-7。挤压式锚具组装时，挤压机的活塞杆推动套筒通过喇叭形挤压模，使套筒变细，硬钢丝衬圈碎断，咬入钢绞线表面，夹紧钢绞线，形成挤压头。

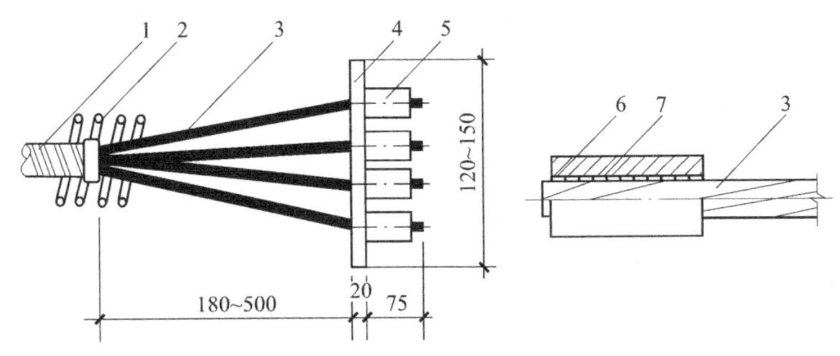

图 5-7 挤压锚具、钢垫板、螺旋筋

1—螺旋管；2—螺旋筋；3—钢绞线；4—钢垫板；5—挤压锚具；6—套筒；7—硬钢丝螺旋圈

这种锚具的锚固性能可靠，主要适用于固定单根无粘结钢绞线与多根有粘结钢绞线。

（2）压花型锚具

压花型锚具是利用专用压花机将钢绞线端头压成梨形散花头的一种握裹式锚具，见图 5-8。多根钢绞线的梨形头应分排埋置在混凝土内。为提高压花锚四周混凝土及散花头根部混凝土抗裂强度，在散花头头部配置构造筋，在散花头根部配置螺旋筋。

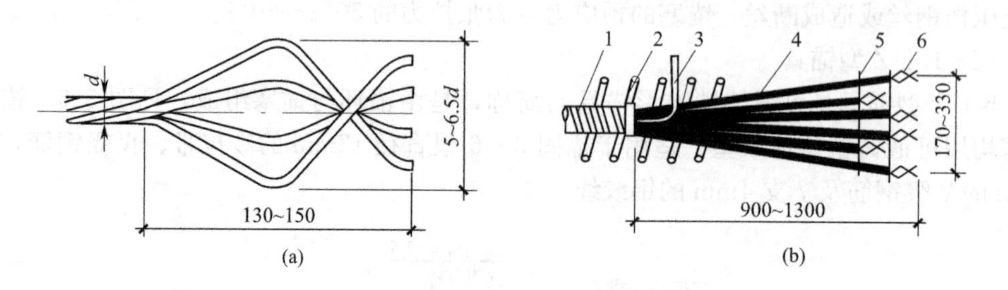

图 5-8 压花锚具

(a)、(b) 两种压花锚具

1—波纹管；2—螺旋筋；3—排气管；4—钢绞线；5—构造筋；6—压花锚具

二、夹具

夹具是在张拉施工中，为保持预应力筋的拉力并将其固定在张拉设备上所使用的临时性锚固装置。

1. 卡片式夹具

卡片式夹具具有多种形式。圆套筒三片式夹具用于夹持直径为 12mm 与 14mm 的单根冷拉Ⅱ～Ⅳ级钢筋，由套筒与夹片组成，如图 5-9 所示。方套筒二片式夹具用于夹持单根热处理钢筋，由方套筒、夹片、方弹簧、插片及插片座等组成。单根钢绞线夹具由锚环、退楔片和夹片组成，退楔片为合缝对开二片式。夹片与单根钢绞线锚具的夹片相同，可以通用。适用于夹持 φʲ12 和 φʲ15 钢绞线，也可作为千斤顶的工具锚使用。

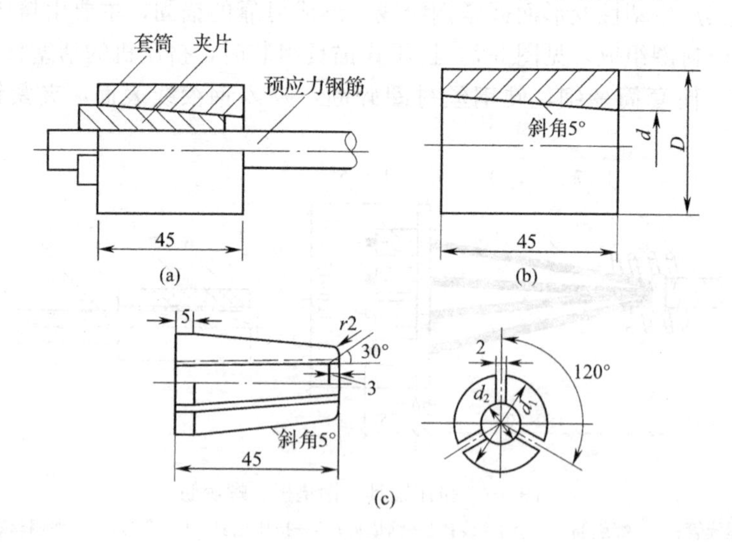

图 5-9 卡片式夹具

(a) 夹具示意；(b) 套筒；(c) 夹片

2. 圆锥齿板式夹具

该夹具由套筒与齿板组成，见图 5-10。适用于夹持 φᵇ3～5 冷拔低碳钢丝和 φᵏ5 碳素

（刻痕）钢丝。

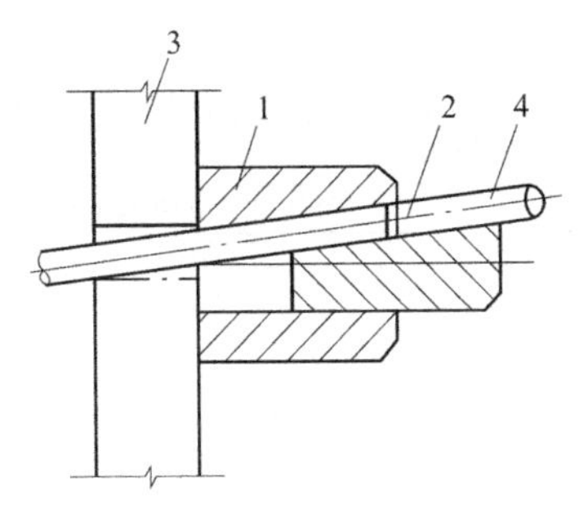

图 5-10　圆锥齿板式夹具

1—套筒；2—齿板；3—定位板；4—钢丝

第三节　张拉设备

一、液压千斤顶

常用的预应力液压千斤顶有穿心式千斤顶（代号力 YC）和锥锚式千斤顶（代号为 YZ）等。

（一）穿心式千斤顶

穿心式千斤顶的构造特点为沿千斤顶轴线有一穿心孔道，供穿预应力筋或张拉杆之用；利用双液缸张拉预应力筋和顶压锚具的双作用千斤顶分别负责张拉和顶压锚固。这种千斤顶适应性强，它既适用于张拉并顶锚带有夹片锚具的钢丝线、钢丝束，当配上撑力架、拉杆等附件后，也可以作为拉杆式千斤顶使用。根据使用功能不同可分为 YC 型、YCD 型与 YCQ 型等系列产品。该系列产品有：YC20D、YC60 和 YC120 型千斤顶等，见表 5-2。

YC 型穿心式千斤顶技术性能　　**表 5-2**

项　　目	单位	YC20D 型	YC60 型	YC120 型
额定油压	MPa	40	40	50
张拉缸液压面积	cm^2	51	162.6	250
公称张拉力	kN	200	600	1200
张拉行程	mm	200	150	300
顶压缸活塞面积	cm^2	—	84.2	113
顶压行程	mm	—	50	40
张拉缸回程液压面积	cm^2	—	12.4	160
穿心孔径	mm	31	55	70

（1）YC60 型千斤顶。这种千斤顶是一种用途最广的穿心式千斤顶，主要用于张拉带有 JM 型锚具的 3～6 根直径为 12mm 的Ⅳ级钢筋束和 ϕ^j12 钢绞线束；配上撑脚与拉杆后，也可张拉带有螺杆锚具的粗钢筋或带有镦头锚具的钢丝束，见图 5-11。此外，在千斤顶的前后端分别装上分束顶压器和工具锚后，还可张拉带有缸子锥形锚具的钢丝束。

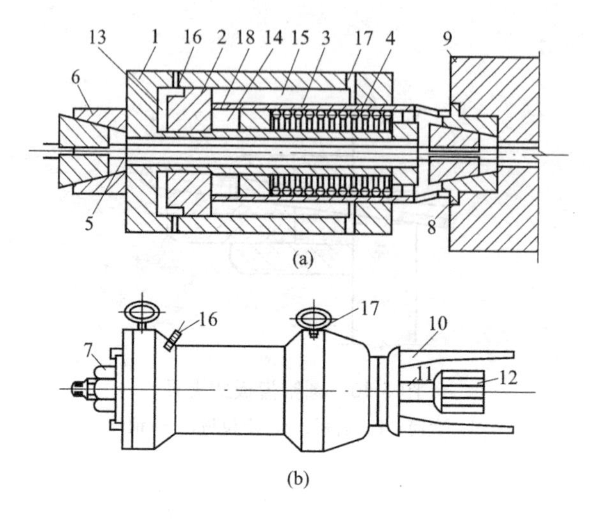

图 5-11　YC60 型千斤顶

(a) 工作原理图；(b) 配装撑脚和拉杆后的外貌图

1—张拉油缸；2—张拉活塞；3—顶压活塞；4—弹簧；5—预应力钢筋；6—工具锚；7—螺帽；8—锚环；9—构件；10—撑脚；11—张拉杆；12—连接器；13—张拉工作油室；14—顶压工作油室；15—张拉回程油室；16—张拉缸油嘴；17—顶压缸油嘴；18—油孔

(2) YCD 型千斤顶。这种类型的千斤顶具有大口径穿心孔，其前端安装顶压器，后端安装工具锚。张拉时，活塞杆带动工具锚与钢绞线向左移；锚固时，采用液压顶压器或弹性顶压器。YCD 型千斤顶主要用于张拉带有 XM 型锚具的 4～12ϕ^{j}15 钢绞线束。

(3) YCQ 型千斤顶。YCQ 型千斤顶也是一种大孔径的单作用穿心式千斤顶。具有构造简单、造价低、无须预锚、操作方便等特点，但要求锚具的自锚性能可靠，主要用于张拉带有 QM 型锚具 4～31ϕ^{j}12 和 3～19ϕ^{j}15 钢绞线。

(4) YCW 型千斤顶。YCW 型千斤顶是在 YCQ 型千斤顶的基础上发展起来的，其通用性强。YCW 型千斤顶加撑杆与拉杆后，可用于镦头锚具和冷铸镦头锚具。

(二) 锥锚式千斤顶

YZ 锥锚式千斤顶主要用于张拉采用钢质锥型锚具的预应力钢丝束和 KY-Z 型锚具的预应力钢筋束或钢绞线束，常用型号有 YZ38、YZ60 和 YZ85。YZ 型锥锚式千斤顶主要由张拉缸、顶压油缸、退楔缸、楔块、锥形卡环、锥形锚具等组成，其构造见图 5-12。

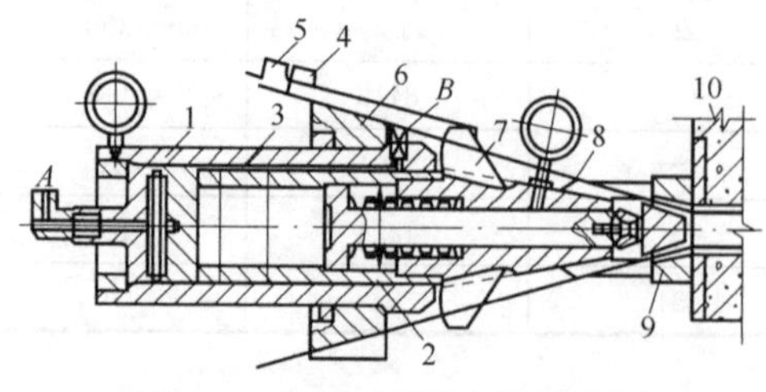

图 5-12　锥锚式千斤顶构造简图

1—主缸；2—副缸；3—退楔缸；4—楔块（张拉时位置）；5—楔块（退出时位置）；6—锥形卡环；7—退楔翼片；8—钢丝；9—锥形锚具；10—构件；A、B—进油嘴

二、高压油泵

高压油泵是预应力液压机具的动力源。油泵的额定油压和流量必须满足配套机具的要求，油泵的额定压力应大于或等于千斤顶的额定压力。大部分预应力液压千斤顶等液压机具都要求油压在 50MPa 以上，要求能连续高压供油，油压稳定，操作方便。预应力油泵主要为轴向柱塞泵，型号有 ZB4-500、

ZB3/63、ZB10/32～4/80、ZB. 8-50 和 ZB. 64-63等。

ZB4-500 型电动油泵是目前通用的预应力油泵，主要与额定压力不大于 50MPa 的中等吨位的预应力千斤顶配套使用，也可供对流量无特殊要求的大吨位千斤顶和对油泵自重无特殊要求的小吨位千斤顶使用。主要用于预应力筋张拉、镦头、结构试验加载、液压顶升和提升等工作。其优点为性能稳定、与液压千斤顶配套性好、适用范围广、加工性能好和价格低廉。但也有吊运不便、油箱容量较小等缺点。表 5-3 列出 ZB4-500 型电动油泵技术性能。

ZB4-500 型电动油泵技术性能 **表 5-3**

<table>
<tr><td rowspan="3">柱塞</td><td>直径（mm）</td><td>$\phi 10$</td><td rowspan="2">电动机</td><td>功率（kW）</td><td>3</td></tr>
<tr><td>行程（mm）</td><td>6.8</td><td>转数（r/min）</td><td>1420</td></tr>
<tr><td>个数（个）</td><td>2×3</td><td>用油种类</td><td colspan="2">10 号或 20 号机械油</td></tr>
<tr><td colspan="2">额定油压（MPa）</td><td>50</td><td colspan="2">油箱容量（L）</td><td>42</td></tr>
<tr><td colspan="2">额定流量（L/min）</td><td>2×2</td><td colspan="2">外形尺寸（mm）</td><td>745×4×94×1052</td></tr>
<tr><td colspan="2">出油嘴数（个）</td><td>2</td><td colspan="2">重量（kg）</td><td>120</td></tr>
</table>

三、张拉设备标定

（一）张拉设备标定一般要求

用千斤顶张拉预应力筋时，张拉力的大小主要由油泵上的压力表读数来表达。压力表所指示的读数，表示千斤顶主缸活塞单位面积上的压力值。理论上，将压力表读数乘以活塞面积，即可求得张拉力的大小。设定预应力钢筋张拉力为 N，千斤顶活塞面积为 F，则理论上压力表读数 p 可用公式计算：$p=\frac{N}{F}$。

但是，实际张拉力往往比用上述公式的计算值小，其主要原因是一部分力被活塞与油缸之间的摩阻力所抵消，而摩阻力的大小又与许多因素有关，具体数值很难通过计算确定。因此，施工中常采用张拉设备（尤其是千斤顶和压力表）配套校验的方法，直接测定千斤顶的实际张拉力与压力表读数之间的关系，制成表格或绘制 p 与 N 的关系曲线或回归成线性方程，供施工中使用。标定张拉设备用的试验机或测力计精度，不得低于±2%。压力表的精度不宜低于 1.6 级，最大量程不宜小于设备额定张拉力的 1.3 倍。标定时，千斤顶活塞的运行方向，应与实际张拉工作状态一致。张拉设备的标定期限，不宜超过半年。当发生千斤顶使用出现异常、经过拆卸修理、更换压力表等情况时，应对张拉设备重新标定。

（二）液压千斤顶标定

千斤顶与压力表应配套标定，以减少累积误差，提高测力精度。

（1）用标准测力计标定

用测力计标定千斤顶是一种简单可靠的方法，准确程度较高。常用的测力计有水银压力计、压力传感器或弹簧测力环等。

（2）用试验机标定

穿心式、锥锚式和台座式千斤顶标定时，将千斤顶放在试验机上并对准中心。开动油泵向千斤顶供油，使活塞运行可在压力试验机上进行。至全部行程的1/3左右，开动试验机，使压板与千斤顶接触。当试验机处于工作状态时，再开动油泵，使千斤顶张拉或顶压试验机。此时，如同用测力计标定一样，分级记录试验机吨位数和对应的压力表读数，重复三次，取其平均值，即可绘出油压与吨位的标定曲线，供张拉时使用。如果需要测试孔道摩擦损失，则标定时将千斤顶进油嘴关闭，用试验机压千斤顶，得出千斤顶被动工作时油压与吨位的标定曲线。

根据液压千斤顶标定方法的试验研究得出：① 用油膜密封的试验机，其主动与被动工作时的吨位读数基本一致；因此，用千斤顶试验机时，试验机的吨位读数不必修正。② 用密封圈密封的千斤顶，其正向与反向运行时内摩擦力不相等，并随着密封圈的做法、缸壁与活塞的表面状态、液压油的黏度等变化。③ 千斤顶立放与卧放运行时的内摩擦力差异小。因此，千斤顶立放标定时的表读数用于卧放张拉时不必修正。

第四节　先张法预应力混凝土施工

先张法是先张拉钢筋，后浇筑混凝土的施工方法，如图5-13所示。施工时，在浇筑混凝土之前张拉预应力钢筋，并将其固定在台座或钢模上，然后浇筑混凝土。当混凝土强度达到要求的放张强度后，放松端部锚固装置或切断端部外露钢筋，钢筋回缩，使原来由台座或钢模板承受的张拉力传给构件的混凝土，使混凝土内产生预压应力，这种预应力主要依靠混凝土与预应力筋的粘着力和握裹力。常用于生产预制构件，需要有张拉台座或承受张拉的钢模板，以便临时锚固张拉好的预应力筋。图5-14为先张法工艺流程图。

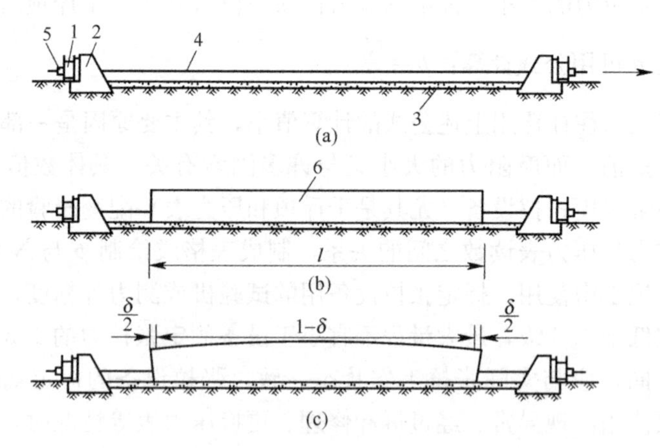

图5-13　先张法施工示意图

(a) 张拉预应力钢筋；(b) 浇筑混凝土；(c) 放松预应力钢筋

1—台座承力结构；2—横梁；3—台面；4—预应力钢筋；5—夹具；6—构件

先张法生产可采用台座法或机组流水法。

台座法，又称长线生产法，预应力筋的张拉、锚固、混凝土构件的浇筑、养护和预应力筋的放松等工序皆在台座上进行，预应力钢筋的张拉力由台座承受。台座法不需复杂的机械设备，能适宜多种产品生产，可露天生产，自然养护，也可采用湿热养护，故应用范围较广。

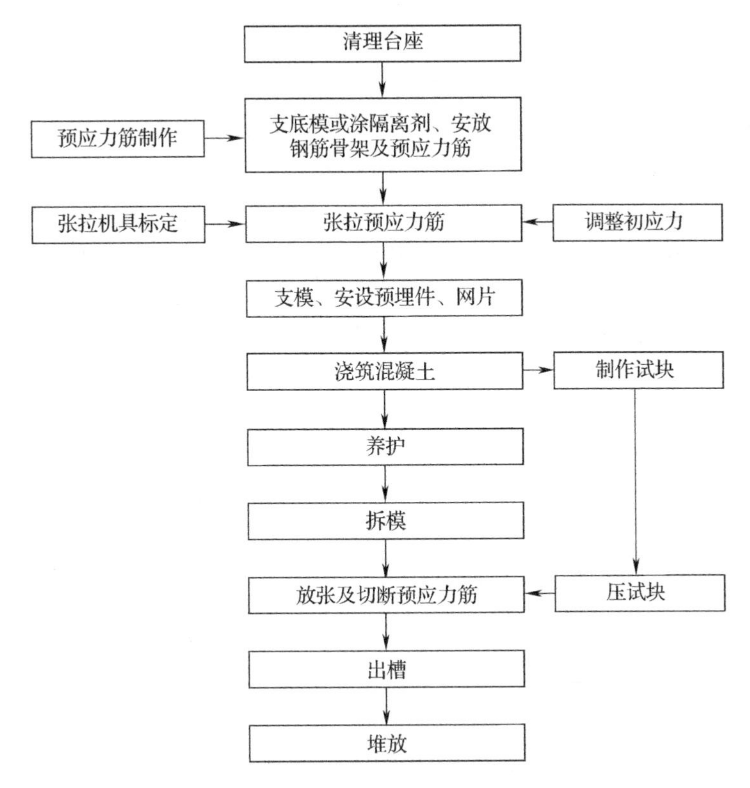

图 5-14　先张法工艺流程图

机组流水法，又称模板法，是利用钢模作为固定预应力筋的承力架，构件连同钢模通过固定的机组，按流水方式完成张拉、浇筑、养护等生产过程，生产效率高，机械化程度较高，一般用于生产各种中小型构件。但该法模板耗钢量大，需蒸汽养护，建厂一次性投资较大，且又不适合大、中型构件的制作。

一、台座

台座在先张法构件生产中是主要的承力构件，它承受预应力筋的全部张拉力，因此必须具有足够的承载能力、刚度和稳定性，以避免台座的变形、倾覆和滑移而引起预应力的损失。台座的形式有多种，选用时根据构件种类、张拉吨位和施工条件确定。

1. 墩式台座

墩式台座一般由台墩、台面与横梁组成。墩式台座一般用于平卧生产的中小型构件，如屋架、空心板、平板等。台座的尺寸由场地条件、构件类型和产量等因素确定。常用的是台墩与台面共同受力的墩式台座，如图 5-15 所示。

台座的长度一般为 100～150m，台座的宽度主要取决于构件的布筋宽度、张拉与浇筑混凝土是否方便，一般不大于 2m。在台座的端部应留出张拉操作用地和通道，两侧要有构件运输和堆放的场地。

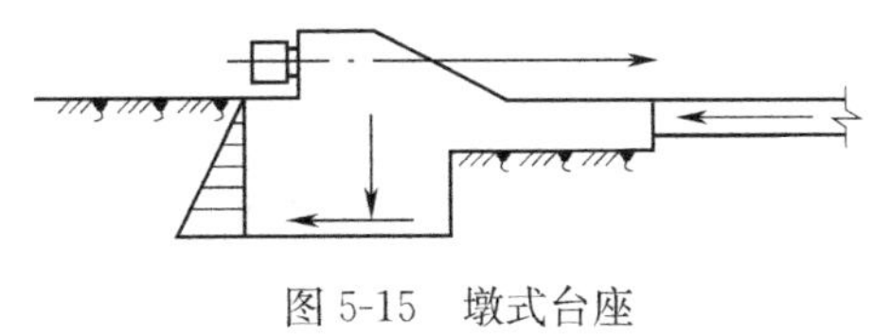

图 5-15　墩式台座

（1）台墩。承力台墩，一般由现浇钢筋混凝土做成。台墩应有合适的外伸部分，以增大力臂而减少台墩自重。台墩应具有足够的强度、刚度和稳定性。稳定性验算一般包括抗倾覆验算与抗滑移验算。

（2）台面。台面一般是在夯实的碎石垫层上浇筑一层厚度为6～10cm的混凝土而成。台面伸缩缝可根据当地温差和经验设置，一般约10m设置一条，也可采用预应力混凝土滑动台面，不留施工缝。

2. 构架式台座

构架式台座一般采用装配式预应力混凝土结构，由多个1m宽、重约2.4t的三角形块体组成，见图5-16（a），每一块体能承受的拉力约130kN。可根据台座需要的张拉力，设置一定数量的块体组成台座。为提高抗拉力和抗倾覆力矩，亦可在构架底部设短桩或爆扩灌注桩，见图5-16（b）、（c）。

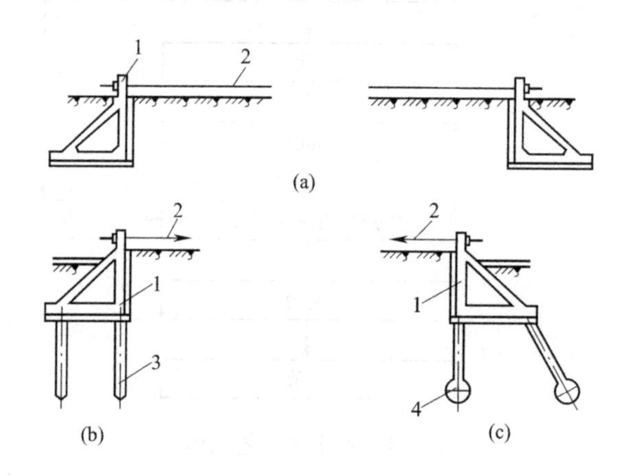

图5-16　构架式台座构造

（a）构架式台座；（b）构架用预制短桩加固；（c）构架用爆扩灌注桩加固

1—构架；2—预应力钢筋；3—预制短桩；4—爆扩灌注桩

该台座拆除转移方便，可周转使用，但张拉力较小，适用于生产张拉力不大的中、小型构件。

3. 槽式台座

槽式台座由端柱、传力柱、柱垫、横梁和台面等组成，既可承受张拉力，又可作为蒸汽养护槽，适用于张拉吨位较高的大型构件，如吊车梁、屋架等。

槽式台座构造见图5-17。台座的长度一般不大于76m，宽度随构件外形及制作方式而定，一般不小于1m。槽式台座一般与地面相平，以便运送混凝土和蒸汽养护，但需考虑地下水位和排水等问题。端柱、传力柱的端面必须平整，对接接头必须紧密；柱与柱垫连接必须牢靠。

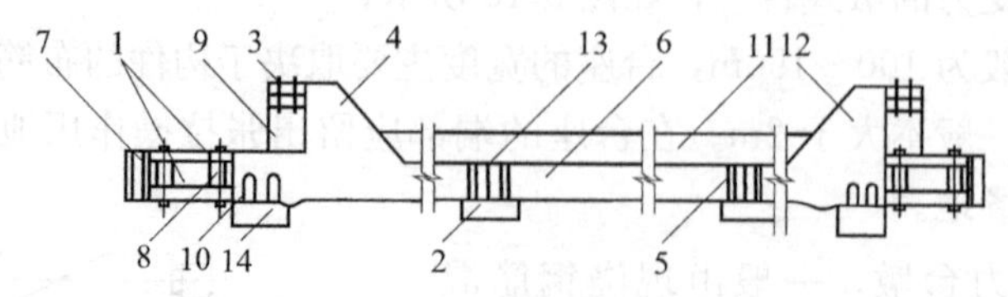

图5-17　槽式台座构造示意图

1—下横梁；2—基础板；3—上横梁；4—张拉端柱；5—卡环；6—中间传力柱；7—钢横梁；8、9—垫块；10—连接板；11—砖墙；12—锚固端柱；13—砂浆嵌缝；14—支座底板

二、先张法施工工艺

（一）预应力筋的铺设

在铺设预应力筋前，对台面及模板应先刷隔离剂，以便于脱模。隔离剂不应沾污钢丝，以免影响钢丝与混凝土的粘结。如果预应力筋被污染，应立即清理干净，在生产过程中应防止雨水等冲刷台面上的隔离剂。

预应力钢丝宜用牵引车铺设。如果钢丝需要接长，可借助于钢丝拼接器用 20～22 号铁丝密排绑扎。预应力筋与工具式螺杆连接时，可采用套筒式连接器。

（二）预应力筋的张拉

预应力筋张拉应根据设计要求，采用合适的张拉方法、张拉顺序和张拉程序进行，并应有可靠的保证质量措施和安全技术措施。

（1）张拉方法

先张法预应力筋的张拉有单根张拉与多根成组张拉。当预应力筋数量不多，张拉设备拉力有限时常采用单根张拉。单根张拉所用设备构造简单，易于保证应力均匀，但生产效率低，而且对预应力筋过密或间距不够大时，单根张拉和锚固较困难。当预应力筋数量较多且密集布筋，另外张拉设备拉力较大时则可采用多根同时张拉。多根预应力筋成组张拉能提高工效，减轻劳动强度，但所用设备构造较复杂，且需用较大的张拉力。因此，应根据实际情况选取张拉方法，一般预制厂常选用成组张拉方法，施工现场常选用单根张拉方法。在确定预应力筋张拉顺序时，应考虑尽可能减少台座的倾覆力矩和偏心力，光张拉靠近台座截面重心处的预应力筋。

（2）张拉控制应力

《混凝土结构设计规范》GB 50010—2010（2015 年版）规定，预应力筋张拉控制应力 σ_{con} 取值：消除应力钢丝、钢绞线取值≤$0.75f_{ptk}$；中强度预应力钢丝取值≤$0.70f_{ptk}$；预应力螺纹钢筋取值≤$0.85f_{pyk}$。消除应力钢丝、钢绞线、中强度预应力钢丝的张拉控制应力值不应小于 $0.4f_{ptk}$；预应力螺纹钢筋的张拉应力控制值不宜小于 $0.5f_{pyk}$。规范规定当要求提高构件在施工阶段的抗裂性能而在使用阶段受压区内设置的预应力筋，或者要求部分抵消由于应力松弛、摩擦、钢筋分批张拉以及预应力筋与张拉台座之间的温差等因素产生的预应力损失时，上述张拉控制应力限值可相应提高 $0.05f_{ptk}$ 或 $0.05f_{pyk}$。《混凝土结构工程施工规范》GB 50666—2011 规定当施工中需要超张拉时，调整后的张拉控制应力 σ_{con} 应符合表 5-4 的规定。

预应力筋张拉控制应力 σ_{con} 取值（N/mm²）　　**表 5-4**

预应力筋种类	张拉控制应力 σ_{con}	
	一般情况	超张拉情况
消除应力钢丝、钢绞线	≤$0.75f_{ptk}$	≤$0.80f_{ptk}$
中强度预应力钢丝	≤$0.70f_{ptk}$	≤$0.75f_{ptk}$
预应力螺纹钢筋	≤$0.85f_{pyk}$	≤$0.90f_{pyk}$

注：f_{ptk} 为预应力钢丝和钢绞线极限抗拉强度标准值；f_{pyk} 为预应力螺纹钢筋的屈服强度标准值。

（3）张拉程序

预应力筋的张拉是根据施工方案使预应力筋达到设计预应力值的工艺过程，对预应力筋的施工质量影响较大。预应力筋张拉程序一般按照下列程序之一进行，减少应力松弛损失：

$$0 \rightarrow 1.05\sigma_{con}（持荷 2min）\rightarrow \sigma_{con} \quad 或者 \quad 0 \rightarrow 1.03\sigma_{con}$$

（4）张拉

多根预应力筋同时张拉时，应预先调整初始应力，使其相互之间的应力一致，初应力值一般取10%。多根钢丝同时张拉时，应避免预应力筋断裂或滑脱，当发生断裂或滑脱时，应予以更换。张拉过程中，应按混凝土结构工程施工及验收规范要求填写施加应力记录表。

对于长线台座生产，构件的预应力筋为钢丝时，一般常用弹簧测力计直接测定钢筋的张拉力。钢筋张拉锚固后，应采用钢筋测力仪检查钢筋的预应力值。预应力筋张拉锚固后，实际预应力值与工程设计规定检验值的相对允许偏差在±5%以内。张拉完毕，预应力筋对设计位置的偏差不得大于5mm，且不得大于构件截面最短边长的4%。

张拉时，台座两端应有防护设施，沿台座长度方向每隔4～5m放一个防护架，两端严禁站人，也不准进入台座。冬期张拉预应力筋时其温度不宜低于－15℃，且应考虑预应力筋容易脆断的危险。

（三）混凝土的浇筑与养护

混凝土强度等级不低于C30，混凝土的用水量和水泥用量必须严格控制，混凝土必须振捣密实以减少混凝土由于收缩徐变而引起的预应力损失。每条生产线混凝土应一次浇筑完毕。构件应避开台面的温度缝，当不可能避开时，在温度缝上可先铺薄钢板或垫油毡，然后浇筑混凝土。为保证钢丝与混凝土有良好的粘结，浇筑时，振动器不应碰撞钢丝，混凝土未达一定强度前，不允许碰撞或踩动钢丝。

混凝土养护可采用自然养护、蒸汽养护或太阳能养护等方法。当采用蒸汽养护时，应采用二阶段升温法，第一阶段升温的温差控制在20℃以内（一般以不超过10～20℃/h为宜），待混凝土强度达10MPa以上时，再按常规升温制度养护。

（四）预应力筋的放张

当构件混凝土强度达到设计规定的要求时，才可放松预应力筋，不应低于设计强度等级值的75%，先张法预应力筋放张时不应低于30MPa。预应力筋放张时，宜缓慢放松锚固装置，使各预应力筋同时缓慢放松。

1. 放张顺序

预应力筋的放张顺序，应符合设计要求；当设计无专门要求时，应符合下列规定：

（1）轴心受预压构件（如拉杆、桩等），所有预应力筋同时放张；

（2）偏心受预压构件（如梁等），应先同时放张预应力较小区域的预应力筋，再同时放张预压力较大区域的预应力筋；

（3）如不能满足（1）、（2）两项要求时，应分阶段、对称、相互交错地进行放张，以防止放张过程中构件发生弯曲、裂纹和预应力筋断裂。

放张后预应力筋的切断顺序，一般由放张端开始依次切向另一端。

2. 放张方法

放张前应拆除模板，使放张时构件能自由压缩，避免损坏模板或使构件开裂。预应力筋的放张工作，应缓慢进行，防止冲击。常用的放张方法有：

(1) 千斤顶放张。用千斤顶拉动单根钢筋，松开螺母。放张时由于混凝土与预应力筋已连成整体，松开螺母所需的间隔只能是最前端构件外露钢筋的伸长，因此，所施加的应力往往超过控制应力约10%，比较费力。采用此法放张时，应拟定合理的放张顺序并控制每一循环的放张吨位，以免构件在放张过程中受力不均，并使先放张的钢筋引起后放张的钢筋内力增大而造成最后几根拉不动或拉断。

(2) 砂箱放张。砂箱装置由钢制的套箱和活塞组成。内装石英砂或铁砂，装砂量宜为砂箱长度的1/3～2/5。砂箱放置在台座与横梁之间，预应力筋张拉时。箱内砂被压实，承受横梁的反力。预应力筋放张时，将出砂口打开，砂慢慢流出，从而使整批预应力筋徐徐放张。采用砂箱放张，能控制放张速度，工作可靠，施工方便，可用于张拉力大于1000kN的情况。

(3) 楔块放张。楔块装置放置在台座与横梁之间。预应力筋放张时，旋转螺母使螺杆向上运动，带动楔块向上移动，钢块间距变小，横梁向台座方向移动，从而同时放张预应力筋。楔块放张一般用于张拉力不大于300kN的情况。

(4) 钢丝钳或氧乙炔焰切割。对预应力筋为钢丝或细钢筋的板类构件，放张时可直接用钢丝钳或氧炔焰切割，并宜从生产线中间处切断，以减少回弹量，且有利于脱模；对每一块板，应从外向内对称放张，以免构件扭转时两端部开裂。

(5) 预热熔割。对预应力筋为数量较少的粗钢筋的构件，可采用氧炔焰在烘烤区轮换加热每根粗钢筋，使其同步升温，此时钢筋内力徐徐下降，外形慢慢伸长，待钢筋出现缩颈，即可切断。此法应采取隔热措施，防止烧伤构件端部混凝土。

为了检查构件放张时钢丝与混凝土的粘结是否可靠，切断钢丝时应测定钢丝往混凝土内的回缩情况。钢丝回缩值的简易测试方法是在板端贴玻璃片和在靠近板端的钢丝上贴胶带纸用游标卡尺读数，其精度可达0.1mm，一般不宜大于1.0mm。否则应加强构件端部区域的分布钢筋、提高放张时混凝土强度等。

第五节　后张法预应力混凝土施工

后张法是先制作构件或结构，待混凝土达到一定强度后，在构件或结构上张拉预应力筋的方法。后张法预应力施工，不需要台座设备，灵活性大，广泛用于施工现场生产大型预制预应力混凝土构件和就地浇筑预应力混凝土结构。

后张法施工过程是混凝土构件或结构制作时，在预应力筋部位预先留设孔道，然后浇筑混凝土并进行养护；制作预应力筋并将其穿入孔道；待混凝土达到设计要求的强度后，张拉预应力筋并用锚具锚固；最后进行孔道灌浆与封锚。其详细的施工工艺流程见图5-18。

后张法通过孔道灌浆，使预应力筋与混凝土相互粘结，减轻了锚具传递预应力作用，提高了锚固的可靠性与耐久性，施工不需要台座设备，大型构件可分块制作，运到现场拼装，利用预应力筋连成整体。因此，灵活性较大，适用于现场预制或工厂预制块体，现场拼装的大中型预应力构件、特种结构和构筑物等。但后张法施工工序较多，且锚具不能重复使用，耗钢量较大。

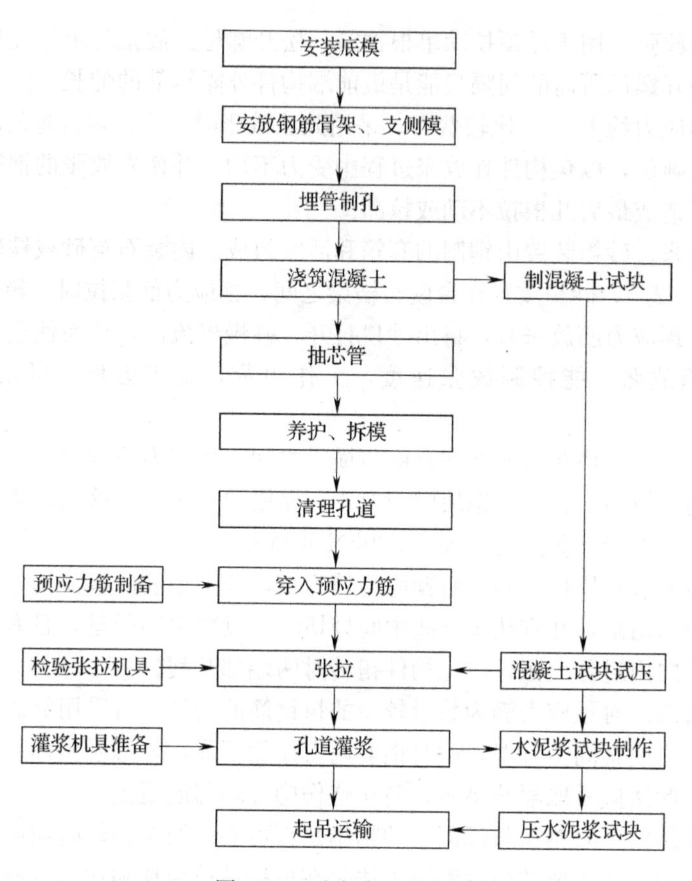

图 5-18　后张法工艺流程

一、预应力筋的制作

（一）预应力筋的下料长度计算

预应力筋的下料长度，应按张拉方法详细计算，计算时要相应考虑以下因素：钢筋品种、结构构件的直线或曲线长度、锚夹具厚度、千斤顶长度、镦头预留量、冷拉伸长率、弹性回缩率、张拉伸长值、台座长度和构件间的间隔距离以及张拉设备、施工方法等各种因素。下面介绍目前常用的预应力筋钢丝束、钢绞线。

预应力钢丝束一般由几根或几十根直径为3～5mm的碳素钢丝组成。由于其锚具不同，其下料长度计算分别如下：

1. 钢丝束下料长度

（1）采用锥形锚具

以锥锚式千斤顶张拉时，钢丝束的下料长度 L，按图 5-19 计算。

1）两端张拉

$$L = l + 2(l_1 + l_2 + 80) \tag{5-1}$$

2）一端张拉

$$L = l + 2(l_1 + 80) + l_2 \tag{5-2}$$

式中　l——构件的孔道长度；

　　l_1——锚环厚度；

l_2——千斤顶分丝头至卡盘外端距离。

（2）采用镦头锚具

以拉杆式或穿心式千斤顶在构件上张拉时，见图5-20，钢丝的下料长度为：

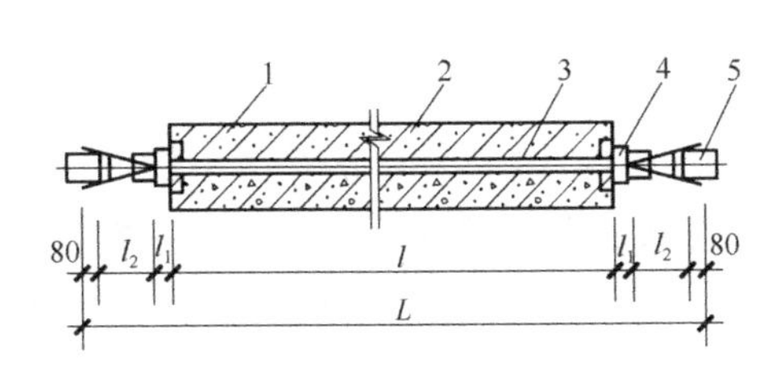

图5-19　采用锥形锚具时钢丝下料长度计算简图

1—混凝土构件；2—孔道；3—钢丝束；4—钢质锥形锚具；5—锥锚式千斤顶

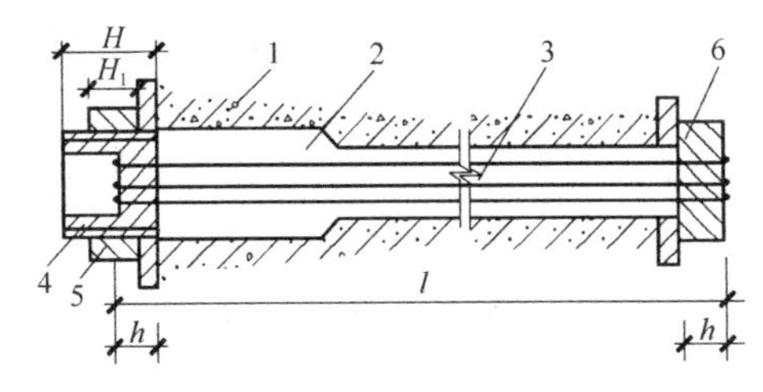

图5-20　采用镦头锚具时钢丝下料长度计算简图

1—混凝土构件；2—孔道；3—钢丝束；4—锚杯；5—螺母；6—锚板

1）两端张拉时

$$L = l + 2(h + \delta) - (H - H_1) - \Delta L - C \tag{5-3}$$

2）一端张拉时

$$L = l + 2(h + \delta) - 0.5(H - H_1) - \Delta L - C \tag{5-4}$$

式中　l——构件的孔道长度；

h——锚杯底部厚度或锚板厚度；

δ——钢丝镦头留量，对ϕ^s5取10mm；

H——锚环高度；

H_1——螺母高度；

ΔL——钢丝束张拉伸长值；

C——张拉时构件混凝土的弹性压缩值。

2. 钢绞线束

以常见的一端张拉另一端固定时为例，钢绞线束的下料长度为：

$$L = l + l_1 + l_2 \tag{5-5}$$

式中　l——构件的孔道长度；

l_1——张拉端预应力筋的外露工作长度，应考虑工作锚厚度、千斤顶长度与工具锚厚度等因素，一般取600～900mm；

l_2——固定端预应力筋的外露的工作长度，一般取150～200mm。

（二）下料

预应力钢筋采用的钢材一般为高强钢材，若局部过热或急剧冷却，将引起该部位产生脆性变化，危险性很大。因此，对钢丝、钢绞线、热处理钢筋，宜采用砂轮锯或切断机切断，不得采用电弧切割。用砂轮切割机下料具有操作方便、效率高、切口规则无毛头等优点。

钢丝下料前先调直，矫直回火钢丝放开后是直的，可直接下料。为了减少下料长度误差，可采用应力下料或管道内下料的方法。当钢丝束两端均采用镦头锚具时，同一束中各根钢丝长度的极差不应大于钢丝长度的1/5000，且不应大于5mm；当成组张拉长度不大于10m的钢丝时，同组钢丝长度的极差不得大于2mm。

钢绞线在出厂前经过低温回火处理，因此在进场后无须预拉。钢绞线下料前应在切割两侧各 50mm 处用 20 号铁丝绑扎牢固，以免切割后松散。

钢筋束的钢筋直径一般为 12mm 左右，成盘供料，下料前应经开盘、冷拉、调直、镦粗（仅用镦头锚具），下料时每根钢筋长度应一致，误差不超过 5mm。

（三）镦头

采用镦头锚时，钢丝镦头要在穿入锚环或锚板后进行，镦头采用钢丝镦头机冷镦成型。镦头的头形分为鼓形和蘑菇形两种。鼓形受锚环或锚板的硬度影响较大，若硬度较小，镦头易陷入锚孔而断于镦头处。蘑菇形因有平台，受力性能较好。对镦头的技术要求为：镦头的直径为 7.0～7.5mm，高度为 4.8～5.3mm，头形应圆整，不偏歪，颈部母材不受损伤（纵向不贯通的钢丝镦头裂纹是允许的），钢丝的镦头强度不得低于钢丝标准抗拉强度的 98%。

（四）编束

钢丝编束应按每束根数摆放平直，一端对齐，梳顺成束，用 20 号细铁丝以 2m 左右间距捆绑。

1. 钢丝编束

钢丝编束随所用锚具形式不同，编束方法也有差异。

采用镦头锚具时，根据钢丝分圈布置的特点，首先将内圈和外圈钢丝分别用铁丝顺序编扎，然后将内圈钢丝放在外围钢丝内扎牢。为了简化编束，钢丝的一端可直接穿入锚环，另一端在距端部约 200mm 处编束，以便穿锚板时钢丝不紊乱，钢丝束的中间部分可根据长度适当编扎几道。

采用钢质锥形锚具或锥形螺杆锚具时，钢丝编束可分为空心束和实心束两种，但都需圆盘梳丝板理顺钢丝，并在距钢丝端部 50～100mm 处编扎一道，使张拉分丝时不致紊乱。采用空心束优点是束内空心，灌浆时每根钢丝都被水泥包裹，握裹力好，但钢丝束外径大，穿束困难，钢丝受力也不均。采用实心束可简化工艺、减少孔道摩擦损失。

2. 钢绞线的编束

钢绞线编束时应先将钢筋或钢绞线理顺，然后用 20 号铁丝绑扎，间距 1～1.5m，并尽量使各根钢绞线松紧一致。

二、后张法施工工艺

（一）孔道留设

孔道留设是预应力后张法构件制作中的关键工序之一。有粘结预应力筋预留孔道的规格、数量、位置和形状应符合设计要求。孔道的留设方法有钢管抽芯法、胶管抽芯法和预埋管法等。

1. 钢管抽芯法

钢管抽芯法仅适用于留设直线孔道。该方法是制作后张法预应力混凝土构件时，在预应力筋位置预先埋设钢管，待混凝土初凝后再将钢管旋转抽出的留孔方法。

为了保证孔道质量，施工时钢管必须平直、表面光滑，使用前应除锈，刷油，安装位置要准确。钢管在构件中应用钢筋井字架固定，其间距一般在 1～2m 左右，并与钢筋骨架扎牢。每根管长不宜超过 15m，两端应各伸出构件外 500mm 左右，较长的构件留孔可采用两根管连接使用，接头处用厚 0.5mm，长 300～400mm 套管连接。混凝土浇筑后，应每隔 10～15min 转管一次，在混凝土初凝后、终凝前抽管，常温下抽管时间约在混凝土浇筑后 3～5h。抽管顺序宜先上后下，抽管可用人工或卷扬机，抽管后，应及时检查孔道，做好孔道的清理工作，以免孔道中有水泥浆等从而增加以后穿筋的困难。

2. 胶管抽芯法

胶管抽芯法不仅可以留设直线孔道、亦可留设曲线孔道。该方法是制作后张法预应力混凝土构件时，在预应力筋的位置处预先埋设胶管，待混凝土结硬后再将胶管抽出的留孔方法。

留孔用胶管一般采用有 5～7 层帆布夹层、壁厚 6～7mm 的普通橡胶管。固定胶管亦用钢筋井字架，直线孔道其井字架间距为 0.4～0.5m，曲线孔道应适当加密，其间距为 0.3～0.4m。曲线孔道的曲线波峰部位，宜设置泌水管。胶管两端应有密封装置，在浇筑混凝土前，向阀门内充水或充气加压到 0.5～0.8MPa，使胶管外径增大 3mm 左右。抽管时将阀门松开放水（或放气）降压，待胶管断面回缩自行脱离，即可抽出。抽管时间比钢管略迟，顺序先上后下，先曲后直。待浇筑的混凝土初凝后，放出压缩空气或压力水，管径缩小，混凝土脱开，随即拔出胶管。

3. 预埋管法

预埋管法是将与孔道直径相同的导管埋在构件中，无需抽出。预埋管可采用金属螺旋管（简称波纹管）、薄钢管、塑料波纹管等。其中金属波纹管具有重量轻、刚度好、弯折方便、连接容易，与混凝土连接良好等优点，可形成各种形状的孔道，并可省去抽管工序，是目前用预埋管法形成预应力孔道的首选管材，孔管道进场时，应进行径向刚度和抗渗性能检验。

对连续结构中呈波浪状布置的曲线束，且高差较大时（大于 300mm），应在孔道的每个峰顶处设置泌水排气孔；起伏较大的曲线孔道，应在弯曲的低点处设置排水孔；对于较长的直线孔道，应每隔 12～15m 左右设置排气孔，泌水孔、排气孔必要时可考虑作为灌浆孔用。预埋波纹管灌浆孔间距不宜大于 30m。其做法是在波纹管上开口，用带嘴的塑料弧形压板与海绵垫片覆盖并用铁丝扎牢，再接塑料管。波纹管安装后应检查管壁有无破损，接头是否密封等，并及时用胶带修补，其做法如图 5-21 所示。外接管道伸出构件顶面长度不宜小于 300mm。

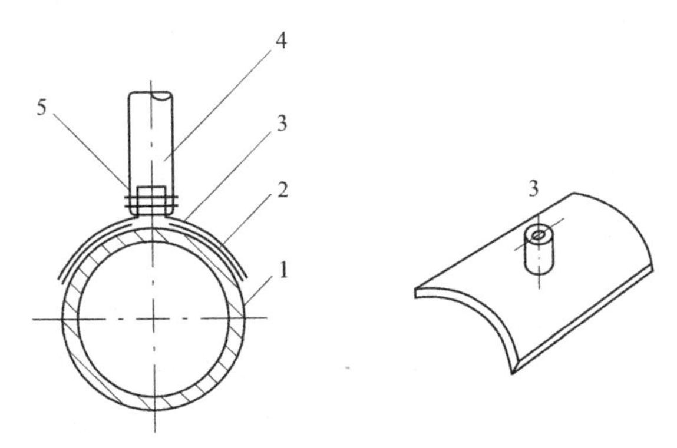

图 5-21　波纹管上留灌浆孔示意图

1—波纹管；2—海绵垫；3—塑料弧形压板；4—塑料管；5—铁丝扎紧

（二）穿束

预应力筋穿入孔道，简称穿束。根据穿束与浇筑混凝土之间的先后关系，可分为先穿束和后穿束两种。先穿束法即在浇筑混凝土之前穿束，此法穿束省力，但穿束占用工期，束的自重引起的波纹管摆动会增大摩擦损失，束端保护不当易生锈。后穿束法即在浇筑混凝土之后穿束，此法可在混凝土养护期内进行，不占工期，便于用通孔器或高压水通孔，穿束后即行张拉，易于防锈，但穿束较为费力。对采用蒸汽养护的预制构件，预应力筋应在蒸汽养护结束后穿入孔道。

根据一次穿束数量，可分为整束穿和单根穿。钢丝束应整束穿；钢绞线宜采用整束穿，也可用单根穿。穿束工作可由人工、卷扬机或穿束机进行。对长度不大于 60m 的曲线束，人工穿束方便。人工穿束可利用起重设备将预应力筋吊起，工人站在脚手架上逐步穿入孔内。束的前端应扎紧并裹胶布，以便顺利通过孔道。对多波曲线束，宜采用特制的牵引头，工人在前头牵引，后头推送，用对讲机保持前后两端同时出现。束长 60～80m 也可采用人工先穿束，但在梁的中部留设约 3m 长的穿束助力段。助力段的波纹管应加大一号，在穿束前套接在原波纹管上留出穿束空间，待钢绞线穿入后再将助力段波纹管旋出接通，该范围内的箍筋暂缓绑扎。对束长大于 80m 的预应力筋，采用卷扬机穿束。钢绞线与钢丝绳间用特制的牵引头连接。每次牵引 2～3 根钢绞线，穿束速度快。

用穿束机穿束适用于大型桥梁与构筑物单根穿钢绞线的情况。穿束机有两种类型：一种是由油泵驱动链板夹持钢绞线传送，速度可任意调节，穿束可进可退，使用方便。另一种是由电动机经减速箱减速后由两对滚轮夹持钢绞线传送，进退由电动机正反转控制。穿束时，钢绞线前头应套上一个子弹头形壳帽。

（三）准备工作

1. 块体拼装

后张法如分段制作，则在张拉前应进行拼装。块体拼装，混凝土的强度应符合设计要求，若无设计要求，不应低于设计强度的 75%；拼装质量满足要求。

2. 构件检验

预应力钢筋张拉前，应对预应力混凝土构件的混凝土强度进行检验，当混凝土强度满足设计要求后，才可施加预应力。预应力钢筋张拉时，预应力混凝土构件的混凝土强度应符合设计要求，当设计无具体要求时，不应低于设计强度标准值的 75%。张拉前，应将构件端部预埋钢板与锚具接触处的焊渣、毛刺、混凝土残渣等清除干净。

3. 安装张拉设备

张拉设备应事先配套标定。安装张拉设备时，对直线预应力筋，应使张拉力的作用线与孔道中心线重合；对曲线预应力筋，应使张拉力的作用线与孔道中心线末端的切线重合。

（四）张拉控制应力及张拉程序

预应力张拉控制应力应符合设计要求，最大张拉控制应力不能超过表 5-4 的规定。后张法控制应力值低于先张法，这是因为后张法构件在张拉钢筋的同时，混凝土已受到弹性压缩，而先张法构件是在预应力筋放松后混凝土才受到弹性压缩。因此，同样的张拉力，后张法最后建立的预应力值比先张法要高。此外，混凝土的收缩、徐变引起的预应力损失值，后张法也比先张法小，所以后张法的控制应力为略低于先张法。

（1）采用低松弛钢丝和钢绞线时，张拉操作程序为：

$0 \rightarrow \sigma_{con}$锚固

(2) 采用普通松弛预应力筋时，张拉操作程序为：

对镦头锚具等可卸载锚具　$0 \rightarrow 1.05\sigma_{con} \xrightarrow{\text{持荷2min}} \sigma_{con}$锚固

对夹片锚具等不可卸载锚具　$0 \rightarrow 1.03\sigma_{con}$锚固

以上各种张拉操作程序，均可分级加载。对曲线预应力束，一般以（0.2～0.25）σ_{con}为量测伸长起点，分 3 级加载（$0.2\sigma_{con}$，$0.6\sigma_{con}$及$1.0\sigma_{con}$）或 4 级加载（$0.25\sigma_{con}$，$0.50\sigma_{con}$，$0.75\sigma_{con}$及$1.0\sigma_{con}$），每级加载均应量测张拉伸长值。

超张拉并持荷 2min，其目的是为了减少预应力筋松弛的早期发展，减少松弛应力损失。所谓“松弛”即钢材在常温、高应力状态下具有不断产生塑性变形的特性。松弛的数值与张拉控制应力和延续时间有关，控制应力高，松弛也大。松弛损失还随着时间的延续而增加，但在第一分钟内可完成损失总值的 50%，24h 内则可完成 80%。所以采用超张拉工艺，先超张拉 5%再持荷 2min，则可减少 50%以上的松弛应力损失，而采用一次张拉锚固工艺，因松弛损失大，故张拉力应比原设计控制应力提高 3%。

（五）张拉顺序

预应力筋的张拉顺序应符合设计要求，当设计无具体要求时，可采用分批、分阶段对称张拉，以免构件承受过大的偏心压力。根据预应力混凝土结构特点、预应力筋形状与长度，以及施工方法的不同，预应力筋张拉方式可分为以下几种：

1. 一端张拉

有粘结预应力筋长度不大于 20m 时可一端张拉；无粘结预应力筋长度不大于 40m 时可一端张拉。

2. 两端张拉

有粘结预应力筋长度不大于 20m 时宜两端张拉；无粘结预应力筋长度不大于 40m 时宜两端张拉。采用两端张拉时，宜两端同时张拉，也可一端先张拉，另一端补张拉。

3. 分批张拉

对配有多束预应力筋的构件或结构可分批进行张拉，分批张拉施工时张拉端设置如图 5-22 所示。

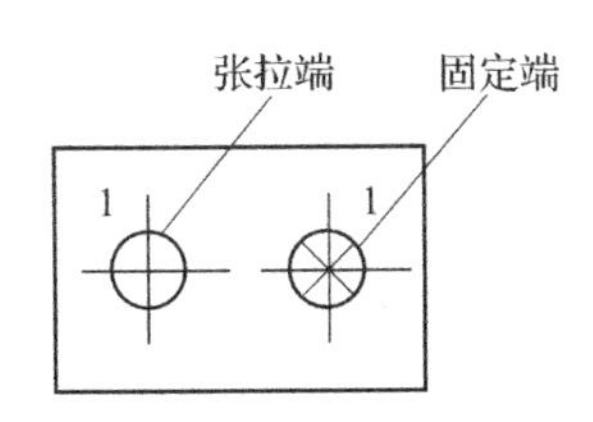

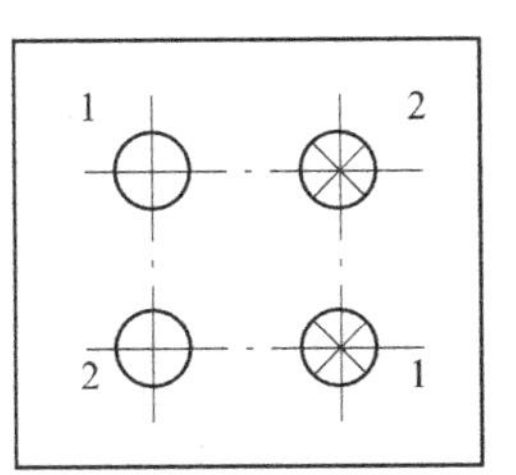

图 5-22　分批张拉施工时张拉端设置

1—第一批张拉钢筋；2—第二批张拉钢筋

若采用分批张拉方案，后批预应力筋张拉时对混凝土构件产生弹性压缩变形，从而引起前批张拉并锚固好的预应力筋的应力值降低，因此，前批张拉预应力筋的张拉应力值应增加，增加值 $\alpha_E\sigma_{pc}$，即

$$\sigma_{con}^{1} = \sigma_{con} + \alpha_E\sigma_{pc} \tag{5-6}$$

$$\sigma_{pc}=\frac{(\sigma_{con}-\sigma_{l1})A_p}{A_n} \tag{5-7}$$

式中 σ^1_{con}——第一批预应力筋的张拉控制应力（N/mm^2）；

σ_{con}——设计控制应力（N/mm^2）；

α_E——钢筋与混凝土的弹性模量比值，$\alpha_E=\frac{E_S}{E_c}$；

E_S——预应力筋的弹性模量；

E_c——混凝土的弹性模量；

σ_{pc}——第二批预应力筋张拉时，在已张拉预应力筋重心处对混凝土产生的应力（N/mm^2），$\sigma_{pc}=\frac{(\sigma_{con}-\sigma_{l1})A_p}{A_n}$。

其中：σ_{l1}为预应力筋的第一批应力损失，包括锚具变形和摩擦损失；A_p为第二批张拉的预应力筋的截面积（mm）；A_n为构件折算混凝土的净截面面积，包括构件钢筋的折算面积（mm）。

当$\alpha_E\sigma_{pc}$较大时，可能使实际张拉控制应力高于表5-4中的规定，这是相关规范所不允许的。因此，在实际施工中也可采取下列办法解决分批张拉预应力损失问题：① 采用同一张拉值，逐根复拉补足；② 采用同一张拉值，在设计中扣除弹性压缩损失平均值。

平卧重叠浇筑的构件，宜先上后下逐层进行张拉。为了减少上下层构件之间因摩阻力引起的预应力损失，可采用逐层加大张拉力的方法，但不得超过表5-4中规定的最大允许应力值。当隔离层效果较好时，可采用同一张拉值。对现浇预应力混凝土楼盖，宜先张拉楼板、次梁的预应力筋，后张拉主梁的预应力筋。

（六）张拉伸长值校核

张拉采用应力控制方法，同时应校核预应力筋的伸长值。通过伸长值的校核，可以综合反映张拉力是否足够，孔道摩阻损失是否偏大，以及预应力筋是否有异常现象等。预应力筋张拉中应避免预应力筋断裂或滑脱。对后张法预应力结构构件，断裂或滑脱的数量严禁超过同一截面预应力筋总根数的3%，且每束钢丝不得超过一根。

预应力筋的实际伸长值，宜在初应力约为10%时开始量测，但必须加上初应力以下的推算伸长值，并扣除混凝土构件在张拉过程中的弹性压缩值。若实际伸长值与设计的理论伸长值的相对允许偏差超出±6%范围，应暂停张拉，在采取措施予以调整后，方可继续张拉。

（七）孔道灌浆

预应力筋张拉后，孔道应及时灌浆，以免预应力筋锈蚀，增加结构的耐久性；同时亦使预应力筋与构件混凝土有效的粘结，以提高结构抗裂性、承载能力。

灌浆前应切除锚具外多余预应力筋，其外露长度不宜小于预应力筋直径的1.5倍，且不宜小于30mm。并且灌浆前应确认孔道、排气兼泌水管及灌浆孔畅通，对预埋管成型孔道，可采用压缩空气清孔；采用真空灌浆工艺时，应确认孔道的密封性。

1. 灌浆材料

孔道灌浆所用的水泥浆，应具有足够的强度和粘结力，较大的流动性和较小的干缩性及泌水性。按规范规定，孔道灌浆用水泥宜采用普通硅酸盐水泥，其强度等级不应低于42.5，水胶比不应大于0.45。灌浆用水泥浆的抗压强度一般不应低于30MPa。为了使灌浆更加密实，一般都在浆体中增加外加剂，灌浆所使用外加剂应对预应力筋及混凝土无腐蚀作用，且应符合环保要求。严禁掺入各种含氯化物或对预应力钢筋有腐蚀作用的外加剂。

2. 灌浆设备

灌浆设备包括：砂浆搅拌机、灌浆泵、贮浆桶、过滤器、橡胶管和喷浆嘴等。灌浆泵使用前应检查球阀是否损坏或存有干灰浆等；启动时应进行清水试车，检查各管道接头和本体盘根是否漏水；用完后，泵和管道必须清理干净，不得留有余灰。

3. 灌浆工艺

灌浆前孔道应湿润、洁净；灌浆应缓慢均匀地进行，不得中断，并应排气通顺；在孔道两端冒出浓浆并封闭排气孔后，宜继续加压 0.5～0.7MPa，并稳压 1～2min 后封闭灌浆口。当泌水较大时，宜进行二次灌浆或泌水孔重力补浆。

灌浆顺序应先下后上，以免上层孔道漏浆把下层孔道堵塞；直线孔道灌浆，应从构件的一端到另一端；在曲线孔道中灌浆，应从孔道最低处开始向两端进行。用连接器连接的多跨连接预应力筋的孔道灌浆，应张拉完一跨随即灌注一跨，不得在各跨全部张拉完毕后，一次连续灌浆。因故停止灌浆时，应用压力水将孔道内已注入的水泥浆冲洗干净。

三、无粘结预应力混凝土施工

无粘结预应力是后张预应力技术的一个重要分支，于 20 世纪 50 年代起源于美国，我国于 20 世纪 70 年代开始研究，80 年代初成功地应用于实际工程中，现已广泛应用于土木工程。

无粘结预应力混凝土施工方法是在预应力筋表面涂防腐油脂并包覆塑料套管后，如同普通钢筋一样铺设在支好的模板内，然后浇筑混凝土，待混凝土达到设计规定强度后进行张拉锚固。这种预应力工艺的特点是无滞留孔与灌浆，施工简便，张拉时摩阻力小，预应力筋具有良好的抗腐蚀性，并易弯成多跨曲线形状，适用于曲线配筋的结构，常用于多层及高层建筑大柱网板柱结构（平板或密肋板），大荷载的多层工业厂房楼盖体系，大跨度梁类结构等。但预应力筋强度不能充分发挥（一般要降低 10%～20%），锚具的要求也较高。

（一）无粘结预应力筋的铺设

铺设前，应对无粘结预应力筋逐根进行外包层检查。对有轻微破损者，可包塑料带修补，对破损严重者应予报废。对配有镦头式锚具的钢丝束应认真检查锚环内外螺纹，镦头外形尺寸及是否漏镦，并将定位连杆拧入锚环内。

1. 铺设顺序

在单向板中，无粘结预应力筋的铺设比较简单，与非预应力筋铺设基本相同。

在双向板中，无粘结预应力筋需要配置成两个方向的悬垂曲线。无粘结筋相互穿插，施工操作较为困难，必须事先编出无粘结筋的铺设顺序。施工时可将各向无粘结筋各搭接点的标高标出，对各搭接点相应的两个标高分别进行比较，若一个方向某一无粘结筋的各点标高均分别低于与其相交的各筋相应点标高时，则此筋可先放置。按此规律编出全部无粘结筋的铺设顺序。

无粘结预应力筋的铺设，通常是在底部钢筋铺设后进行。水电管线一般宜在无粘结筋铺设后进行，且不得将无粘结筋的竖向位置抬高或压低。支座处负弯矩钢筋通常在最后铺设。

2. 就位固定

无粘结预应力筋的铺设应严格按设计要求的曲线形状，正确就位并固定牢靠。无粘结筋的垂直位置，宜用支撑钢筋或钢筋马凳控制，其间距为 1～2m，并应用铁丝与无粘结筋扎紧。无粘结筋的水平位置应保持顺直。在双向连续平板中，各无粘结筋曲线高度的控制点用铁马凳垫好并扎牢。在支座部位，无粘结筋可直接绑扎在梁或墙的顶部钢筋上；在跨中部位，无粘结筋可直接绑扎在板的底部钢筋上。

（二）无粘结预应力筋的张拉

无粘结预应力筋的张拉与后张法带有螺丝端杆锚具的有粘结预应力钢丝束张拉相似。张拉程序一般采用 0→103%σ_{con}进行锚固。由于无粘结预应力筋一般为曲线配筋，故应采用两端同时张拉。无粘结预应力筋的张拉顺序，应根据其铺设顺序，先铺设的先张拉，后铺设的后张拉。

无粘结曲线预应力筋的长度超过 70m 时，宜采取分段张拉。无粘结预应力混凝土楼盖结构的张拉顺序，宜先张拉楼板，后张拉楼面梁。板中的无粘结筋，可依次张拉。梁中的无粘结筋宜对称张拉。

成束的无粘结预应力筋在正式张拉前，宜先用千斤顶往复抽动 1～2 次，以降低张拉摩擦损失。在张拉过程中，当有个别钢丝发生滑脱或断裂时，可相应降低张拉力，但滑脱或断裂的数量，不应超过结构同一截面无粘结预应力筋总数的 3%。无粘结筋张拉完成后，应立即用防腐油或水泥浆通过锚具或其附件上的灌注孔，将锚固部位张拉成形的空腔全部灌注密实，以防预应力筋发生局部锈蚀。

无粘结筋的锚固区，必须有严格的密封保护措施，严防水汽进入，锈蚀预应力筋。对外露的预应力筋应分散弯折后，再浇筑在封头混凝土内。无粘结筋及端头锚固区的保护措施，尚应符合有关专门规定。

（三）锚固区防腐处理

锚具是无粘结预应力筋的关键部分，对锚固区的保护是至关重要的，必须有严格的密封防护措施，严防水汽进入，锈蚀预应力筋。

无粘结预应力筋的外露长度不应小于 30mm，多余部分可用手提砂轮切去。锚具等锚固部位应及时进行密封处理。一般应在锚具与承压板的表面涂抹防水涂料，以防止水汽进入。为了使无粘结预应力筋端头全密封，在锚具端头涂抹防腐润滑油脂，罩上封端塑料盖帽，以防止预应力筋发生局部锈蚀。对于凹入式锚固区，锚具经上述处理后，再用微胀混凝土或低收缩防水砂浆密封，见图 5-23。对凸出式锚固区，可采用外包钢筋混凝土圈梁封闭。对留有后浇带的锚固区，可采取二次浇筑混凝土的方法封锚，见图 5-24。

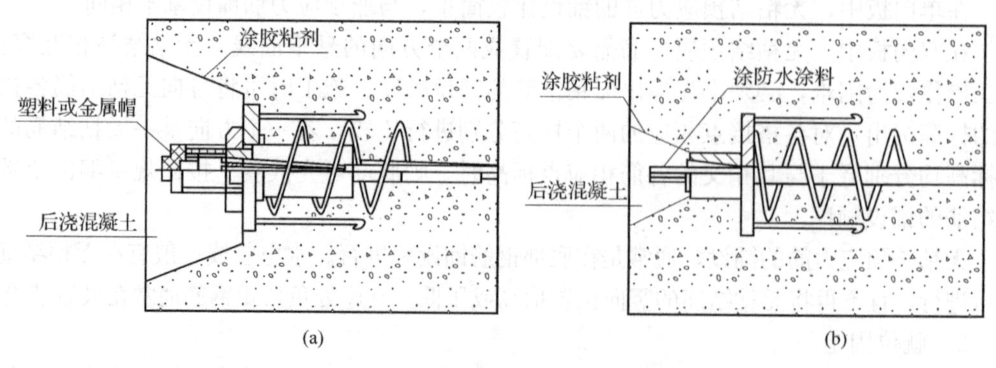

图 5-23　凹入式锚固区的处理示意图

（a）用盖子密封的锚头；（b）防腐蚀锚头

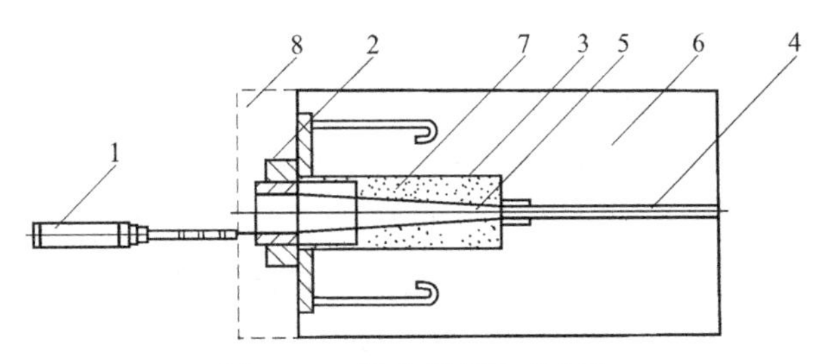

图 5-24　锚头端部处理方法

1—锚具；2—锚具；3—端部孔道；4—有涂层无粘结预应力筋；5—无涂层的端部钢丝；6—构件；7—注入孔道的油脂；8—混凝土封闭

第六节　现浇预应力混凝土结构施工

房屋建筑中，现浇预应力混凝土结构有部分预应力混凝土框架和无粘结预应力混凝土楼板。部分预应力混凝土现浇框架是在框架梁中施加部分预应力的一种结构体系。框架柱一般是非预应力的；对顶层边柱，有时为了解决配筋过多，也有施加预应力的。这种结构兼有全预应力混凝土结构和钢筋混凝土结构两者的优点，既能有效地控制使用条件下的裂缝和挠度，破坏前又有较高的延性和能量吸收能力，具有跨度大、内柱少、工艺布置灵活、结构性能好等优点，已广泛用于大跨度多层工业厂房、仓库及公共建筑。无粘结预应力混凝土现浇楼板有单向平板、无柱帽双向平板、带柱帽双向平板、梁支承双向平板、密肋板、扁梁等形式。无粘结预应力混凝土现浇楼板体系以往都采用无粘结预应力技术，施工方便，但用钢量大，且不利于房屋的更新改造、开洞等。现在可采用扁锚体系开发出有粘结预应力平板、扁梁。

一、预应力筋布置

1. 框架梁的预应力筋布置

预应力混凝土框架梁的预应力筋布置的外形应尽可能与弯矩图一致，尽可能减少孔道摩擦损失，方便施工，预应力筋长度应尽量多跨连续，以减少端部锚固体系。

（1）单跨框架梁的预应力筋布置

单跨预应力混凝土框架梁中的预应力筋有以下几种布置形式：

1）正反抛物线布置。见图 5-25(a)，常用于支座弯矩与跨中弯矩基本相等的单跨框架梁。

2）直线与抛物线相切布置。见图 5-25（b），宜用于支座弯矩较小的单跨框架梁。

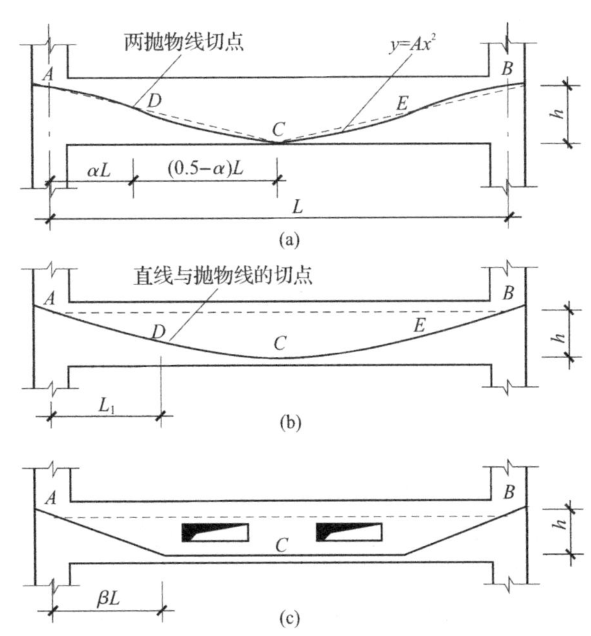

图 5-25　单跨框架梁的预应力筋布置方案图

(a) 正反抛物线布置；(b) 直线与抛物线相切布置；(c) 折线形布置

3）折线形布置。见图 5-25（c），宜用于集中荷载作用下的框架梁或开洞梁。

（2）多跨框架梁的预应力筋布置

多跨框架梁预应力筋的跨度和长度应使有效预应力值不低于 $0.45f_{ptk}$。因此，两端张拉的有粘结预应力筋跨数宜为 3～5 跨，长度为 45～75m；无粘结预应力筋跨数宜为 4～6 跨，长度为 60～90m。多跨框架梁预应力筋布置和搭接方式见图 5-26。

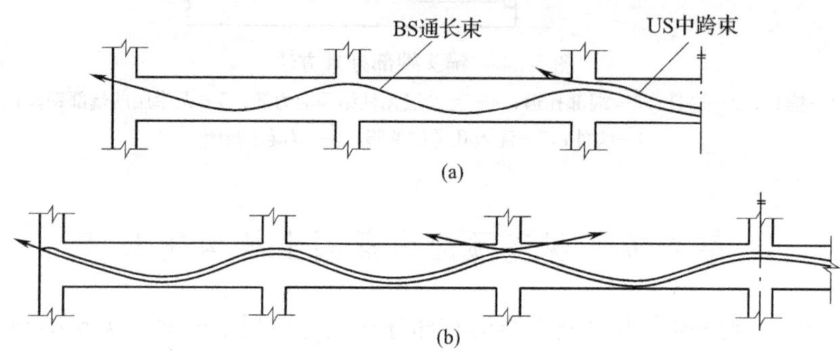

图 5-26　多跨框架梁预应力筋布置

（a）通长布置；（b）搭接方式

2. 跨框架梁柱预应力筋布置

大跨度顶层预应力混凝土框架边柱的纵向预应力筋布置方式有：二段抛物线与折线两种，如图 5-27 所示。二段抛物线布筋方式优点是能与使用弯矩图相吻合，施工也较方便，但孔道摩阻损失较大。折线筋方式优点是能与使用弯矩图基本吻合，摩阻损失可小些。

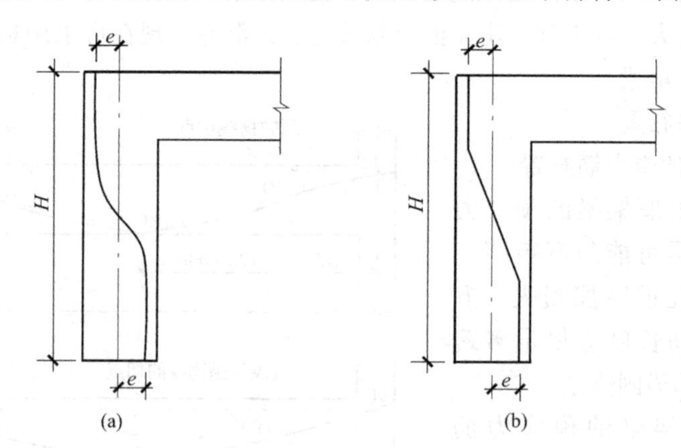

图 5-27　跨框架梁柱预应力筋布置方式图

（a）二段抛物线式；（b）折线式

3. 楼板预应力筋布置

多跨单向平板预应力筋采取纵向多波连续曲线配筋方式。曲线预应力筋的形状与板承受的荷载形式及活荷载与恒荷载的比值等因素有关。

多跨双向平板的跨中弯矩大，预应力筋采取双向跨中带状集中布置方式，每条带状预应力筋一般为几根钢绞线并列，采用带状布筋，可避免编网穿束，简化施工。

二、锚固区构造

锚固区是指后张预应力混凝土结构端部锚具下的局部高应力扩散到正常允许压应力所

需的区段。锚固区段的截面尺寸和承载力取决于锚具与垫板尺寸，锚具间距与锚具至边缘距离、混凝土强度等级、钢筋网片或螺旋筋等。

1. 框架梁预应力筋锚固

（1）框架梁预应力筋的张拉端可设置在柱的外侧，分为凸出式和凹入式两种类型。凸出式张拉端节点构造简单，但一般需采取装饰处理。凹入式张拉端用细石混凝土封堵后可与柱面齐平，不易积水，但节点构造较复杂，对柱截面有所削弱。

（2）在平板中单根无粘结预应力筋的张拉端可设置在边梁或墙体外侧，有凸出式或凹入式作法。前者可利用外包钢筋混凝土圈梁封裹，后者利用细石混凝土封口。

（3）预应力筋固定端，可采取内埋式作法。对多束预应力筋的固定端，宜交错布置于梁的两端。当内埋式固定端位于梁体内时，应采取错开布置，间距不小于 300mm，且离梁侧面不小于 40mm。当固定端位于梁柱节点内时，应尽量伸至柱外侧，上下错开布置。

框架梁预应力筋锚固端如图 5-28 所示。

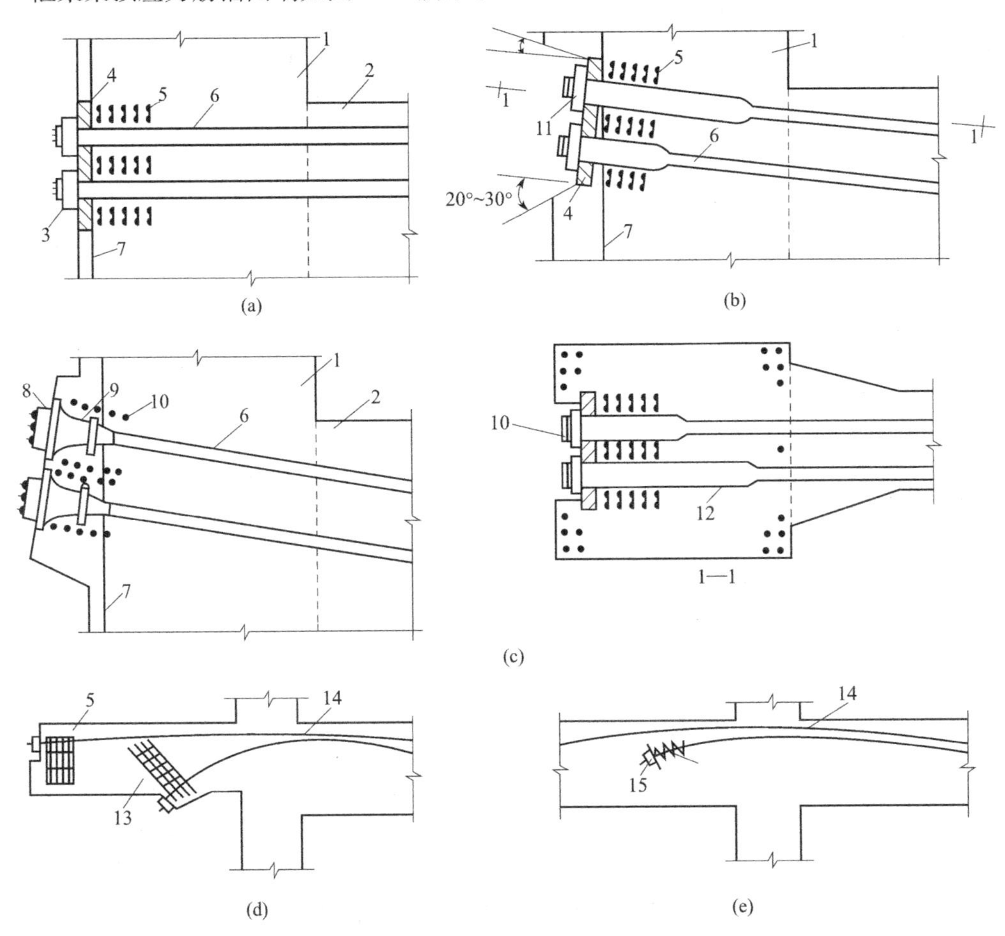

图 5-28　框架梁预应力筋锚固端

（a）、（c）预应力筋锚固于柱的外侧；（b）预应力筋锚固在柱的凹槽内；

（d）预应力筋锚固在悬臂梁端；（e）预应力筋固定端埋设在梁体内

1—柱；2—梁；3—JM 型锚具；4—预埋钢板；5—网片；

6—孔道；7—柱纵筋；8—QM 型锚具；9—喇叭形铸铁垫板；10—螺旋筋；

11—DM 型锚具；12—扩大孔；13—附加钢筋；14—预应力筋；15—内埋式锚具

2. 框架柱预应力筋锚固

框架柱预应力筋下端的锚固，可根据预应力筋种类不同，采用半粘结式锚具或全粘结式锚具。

半粘结式锚具（图 5-29a）是柱的预应力筋下端部分靠粘结锚固，部分靠机械零件锚固。如果单靠部分长度钢丝粘结不能满足要求，钢丝束下端还需设置镦头锚板进行锚固。

全粘结式锚具（图 5-29b）是柱的预应力筋下端全部靠粘结锚固。若采用钢绞线束体系时，由于钢绞线粘结性能好，钢绞线下端可采用压花头进行锚固。

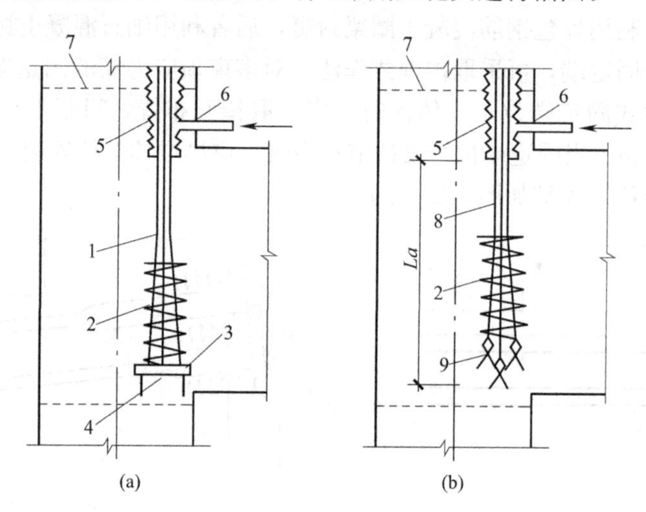

图 5-29　柱脚固定端构造图

（a）半粘结式锚具；（b）全粘结式锚具

1—钢丝束；2—螺旋筋；3—锚板；4—薄钢板；5—波纹管；6—灌浆孔；7—施工缝；8—钢绞线束；9—压花锚具

三、预应力框架结构施工顺序

多层现浇预应力混凝土框架结构施工，对框架混凝土施工与预应力筋张拉顺序，可分为“逐层浇筑、逐层张拉”和“数层浇筑、顺向张拉”等。

1. 逐层浇筑、逐层张拉

该方案的施工顺序为浇筑一层框架梁的混凝土，张拉一层框架梁的预应力筋，“逐层浇筑、逐层张拉”，施工顺序如图 5-30 所示。

（1）第一层框架柱及第二层框架梁混凝土施工，如图 5-30（a）所示。

（2）第二层框架柱混凝土施工及第三层框架梁支模、绑扎钢筋与孔道留设，第二层框

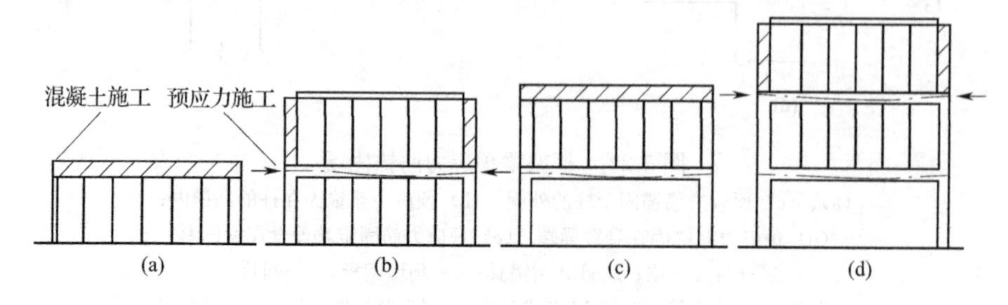

图 5-30　“逐层浇筑、逐层张拉”施工顺序示意图

架梁混凝土达到设计要求后，张拉第一层框架梁预应力筋，孔道灌浆，如图 5-30（b）所示。

（3）第三层框架梁混凝土浇筑，第二层框架梁孔道灌浆强度达到设计要求后，拆除第二层梁下的支撑与底模，如图 5-30（c）所示。

（4）第三层框架柱混凝土施工及第四层框架梁支模、绑扎钢筋与孔道留设，第三层框架梁混凝土强度达到设计要求后，张拉第二层框架梁预应力筋，孔道灌浆，如图 5-30（d）所示。

重复进行以上过程，直至屋面梁施工完毕。

采用“逐层浇筑、逐层张拉”施工时，由于框架梁下支撑只承受一层施工荷载，预应力筋张拉后即可拆除，因此占用模板、支撑的时间和数量均较少。但每层框架梁混凝土浇筑后都必须养护到设计规定强度时方可张拉预应力筋，预应力张拉专业队伍每层需要进场一次，花费时间较多。对于平面尺寸较大的工程，可划分施工段组织流水施工，以减少混凝土养护对工期的影响。

2. 数层浇筑、顺向张拉

多层现浇预应力混凝土框架结构施工时，在浇筑 2～3 层框架梁混凝土之后，自下而上（顺向）逐层张拉框架梁预应力筋的施工顺序称为“数层浇筑、顺向张拉”，如图 5-31 所示。

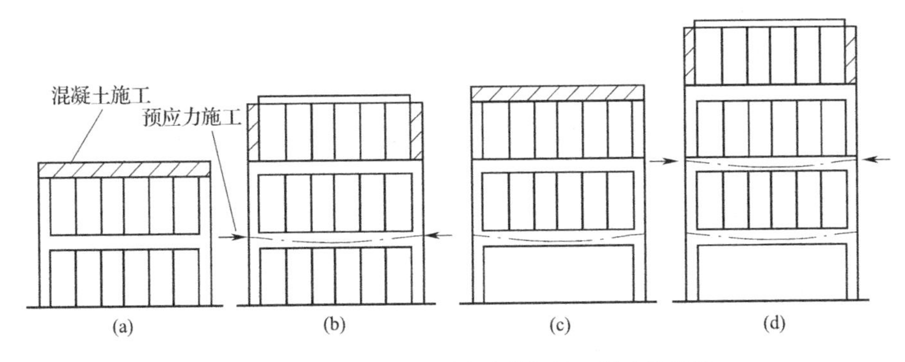

图 5-31 “数层浇筑、顺向张拉”施工程序示意图

主要施工顺序为：

（1）第一层框架柱至第三层框架梁混凝土施工，如图 5-31（a）所示。

（2）第三层框架柱混凝土施工及第四层框架梁支模、绑扎钢筋与孔道留设。第二层框架梁混凝土强度达到设计要求、第三层框架梁的混凝土也具有一定强度之后，张拉第二层框架梁预应力筋，进行孔道灌浆，如图 5-31（b）所示。

（3）第四层框架梁混凝土浇筑，如图 5-31（c）所示。第二层框架梁孔道灌浆强度达到设计要求后，拆除第二层梁下的支撑与底模。

（4）第四层框架柱混凝土施工及第五层框架梁支模、绑扎钢筋与孔道留设，第三层框架梁预应力筋张拉，如图 5-31（d）所示。

按照以上施工顺序，依次完成全部工作。

采用数层浇筑、顺向张拉时，框架结构混凝土施工可按普通钢筋混凝土结构一样逐层连续施工，框架梁预应力筋张拉可错开一层，自下而上逐层跟着张拉。采用这种施工顺序，立体交叉作业，工作紧凑，可缩短工期，但占用支撑和模板较多。

四、预应力筋施工

1. 框架梁曲线预应力筋施工

(1) 穿束方案

预应力筋穿束方案是采用先穿或后穿应综合考虑穿束的难易程度、工期要求、到货情况、穿束方法以及习惯做法等因素确定。一般在预应力筋曲线形状比较简单，穿束难度不大的情况下，应优先采用后穿法；预应力筋曲线形状复杂，无法后穿的情况，可先铺预应力筋再套上螺旋管。

(2) 预应力筋张拉

在现浇后张预应力混凝土框架结构中，框架梁混凝土达到强度等级的75%以上，且不低于C30后，方可进行张拉。

单向预应力混凝土框架梁结构中，其张拉顺序宜左右对称进行，并使相邻梁张拉力差值不宜大于总拉力的50%，张拉设备移动路线较短。当框架结构的主次梁均采用预应力时，应先张拉次梁，后张拉主梁。预应力混凝土井式梁结构中，其张拉顺序宜双向对称进行。

对于单跨框架梁的曲线筋可采用一端张拉。在多波曲线预应力筋中为了减少内支座处的摩擦损失可采用超张拉回松技术，即通过超张拉，可提高内支座处的应力，随后再回松，张拉端应力下降，使预应力筋沿梁的长度方向建立的应力比较均匀。

2. 框架柱预应力筋施工

框架柱预应力筋，宜采用一端张拉方式。其张拉端一般设置在柱的顶部，也有设置在柱的下部。由于张拉端设置不同，引起施工方法不同。

(1) 下层框架梁浇筑混凝土前、将预应力筋组装件的固定端按设计位置埋入下层梁柱节点内固定；预应力筋组装件上部可用支架进行临时固定。待混凝土浇筑至梁面时，将预应力筋组装件的波纹管轻轻压入新浇筑的混凝土内约100mm。

(2) 框架柱钢筋绑扎后，将预应力筋组装件按设计位置进行固定，并在距下层梁面约100mm处用塑料弧形压板留设灌浆孔，再用塑料管引出柱外，再浇筑混凝土至上层梁底的施工缝处。

(3) 顶层框架梁柱节点钢筋绑扎的同时，将预应力筋张拉端锚垫板等就位固定。然后，浇筑顶层框架梁混凝土。

3. 张拉端位于柱下部的施工过程

(1) 下层框架柱钢筋绑扎后，将预应力筋张拉端锚垫板等按设计位置就位固定，并将金属波纹管伸至下层框架梁面以上，灌浆孔位于锚垫板上。

待下层框架柱浇筑混凝土后，绑扎下层框架梁钢筋的同时，将金属波纹管按设计位置固定，接着浇筑下层框架梁混凝土。

(2) 上层框架柱钢筋绑扎后，将金属波纹管接长并按设计位置进行固定，再浇筑框架。在下层框架梁浇筑混凝土前，应将预应力筋组装件的固定端按设计位置埋入柱内固定，端部锚板应与柱钢筋焊牢。并在距下层梁面约50～100mm处用塑料弧形压板留设灌浆孔，再用塑料管引出柱外。待混凝土浇筑至梁面时，将组装件的波纹管轻轻压入新浇筑混凝土内约 100mm。

完成框架梁预应力筋张拉后，再张拉框架柱预应力筋；每根框架柱内的预应力筋应对称张拉，两束预应力筋的张拉力相差不应大于 50%。

预应力筋张拉时，将千斤顶立放，配有专用张拉套筒与锚板式镦头锚具相连接，张拉到相应吨位后，在锚板与垫板之间加入两片半圆环垫片。两半圆环垫片间应留出 5mm 左右孔隙，作为灌浆时的泌水孔。

柱的预应力筋较短，夹片锚具的锚固损失大，应采取超张拉或塞垫片等措施以减少预应力损失。

竖向孔道灌浆可按常规方法进行。为使柱顶孔道灌浆饱满密实，在灌浆嘴处装一阀门，灌浆完毕后在稳压的情况下，关闭灌浆嘴上阀门，弯折并扎紧灌浆孔处的塑料管，以防止竖向孔道内水泥浆倒流。此外，灌浆前在柱顶锚具处还应设置简易灌浆罩，灌浆时水泥浆从锚具的排气孔和半圆环垫片缝隙处喷出水泥浆，填满灌浆罩。停止灌浆后，罩内水泥浆能补充因泌水引起的孔隙，使竖向孔道水泥浆饱满。

复习思考题

1. 施加预应力的方法有几种？其预应力值是如何建立和传递的？
2. 如何对预应力钢筋进行检查？对预应力钢筋进行检查应包括哪些指标？
3. 夹具和锚具有哪些种类？其适用的范围是什么？
4. 预应力钢筋张拉千斤顶有哪些？
5. 先张法和后张法的施工有何不同，各适用什么范围？
6. 预应力钢筋的张拉程序有几种？为什么要超张拉？
7. 先张法放松预应力筋时，应注意哪些问题？
8. 后张法分批张拉时，如何弥补混凝土弹性压缩应力损失？
9. 后张法施工时孔道的留设方法有哪几种？各适用什么范围？留设孔道时应注意哪些问题？
10. 如何计算预应力筋的下料长度？
11. 后张法预应力筋张拉时为什么要校核其伸长值？如何测量？理论上伸长值如何计算？
12. 后张法为什么要进行孔道灌浆？孔道灌浆对原材料有何要求？
13. 无粘结预应力筋的施工特点是什么？如何进行无粘结预应力筋的施工？
14. 预应力框架结构施工顺序有哪两种？如何进行施工？

计 算 题

某预应力屋架预应力孔道长 28m，混凝土强度等级为 C40，预应力钢筋为 2 束 $\varphi^s 15.2$ 的钢绞线，$f_{ptk}=1860\text{N/mm}^2$，每束钢绞线截面积为 139mm^2，弹性模量为 $1.95\times10^5\text{N/mm}^2$，张拉力为 $\sigma_{con}=0.7f_{ptk}$，分两批张拉，张拉程序为 $0\rightarrow1.03\sigma_{con}$ 锚固，设第二批预应力筋张拉时对第一批张拉的预应力筋造成的应力损失 $\alpha_E\sigma_{pc}=12.2\text{N/mm}^2$，试：

（1）计算第一批和第二批预应力筋的张拉力；

（2）计算 $0\rightarrow0.1\sigma_{con}$ 预应力钢筋的张拉伸长值。

第六章 高层主体结构工程

本章学习要点：

1. 了解大模板的构造和大模板的主要形式，熟悉大模板的安装和拆除。

2. 了解滑模施工原理和滑模装置的组成，熟悉液压滑升模板的组装、支承杆布设、混凝土配置与浇筑、模板滑升施工要点；了解滑框倒模施工方法；了解滑模施工工艺的楼板结构施工方法。

3. 了解爬升模板的构造和施工工艺。

4. 熟悉钢结构构件安装方法，了解工程钢结构安全施工措施。

根据我国《民用建筑设计通则》GB 50352—2005、《建筑设计防火规范》GB 50016—2014（2018 年版）中规定，高层建筑是指 10 层及 10 层以上（建筑高度大于 27m）的住宅建筑或高度超过 24m 的公共建筑及综合性建筑。20 世纪 80 年代之前，我国的高层建筑多采用钢筋混凝土框架结构、框架-剪力墙结构和剪力墙结构。随着高层建筑的发展，目前筒中筒结构、筒体结构、底部大空间的框支剪力墙结构、大底盘多塔楼结构、多筒体结构、带加强层的框架-筒体结构、连体结构、巨型结构、钢结构、钢-混凝土混合结构体系等已经广泛在工程中采用。全国已建成的高层建筑和超高层建筑达数亿平方米，其中一些甚至是世界著名的高层建筑（如上海中心大厦、天津 117 大厦、深圳平安金融中心等）。

高层建筑由于对抗震和抗风的要求高，其主体结构主要采用全现浇钢筋混凝土施工方法。采用大模板、滑模和爬模等施工方法具有标准化、机械化和工具化程度高等优点，在提高工程质量、加快施工进度和提高施工效益等方面发挥了重要作用。

本章主要介绍高层主体结构施工方法中的大模板施工、滑模施工、爬模施工和高层钢结构施工等内容。

第一节 大 模 板 施 工

大模板（即大面积模板、大块模板）是一种工具式大型模板，其尺寸通常是以建筑物的开间、进深、层高为标准化的基础，与整个房间或房间的面墙及楼地面的大小相吻合，主要用于剪力墙结构、框架-剪力墙结构中的剪力墙和楼板施工。大模板施工具有的特点是：机械化程度高，模板装拆快，可减轻劳动强度，施工进度快，结构性能好，混凝土表面质量好，减少装修的工作量等；但大模板的一次性投资较大，且安装时需要起吊设备。采用大模板施工，要求建筑结构设计标准化，以便能够使大模板通用，提高重复使用次数，降低施工中模板的摊销费。

目前我国的大模板工程大体分为三类：内外墙全现浇（简称“全现浇”）、内墙现浇外墙预制（简称“内浇外板”）、内墙现浇外墙砌砖（简称“内浇外砌”）。

一、大模板的构造

大模板通常由板面系统、支撑系统和附件组成，图 6-1 为横墙大模板的构造示意图。

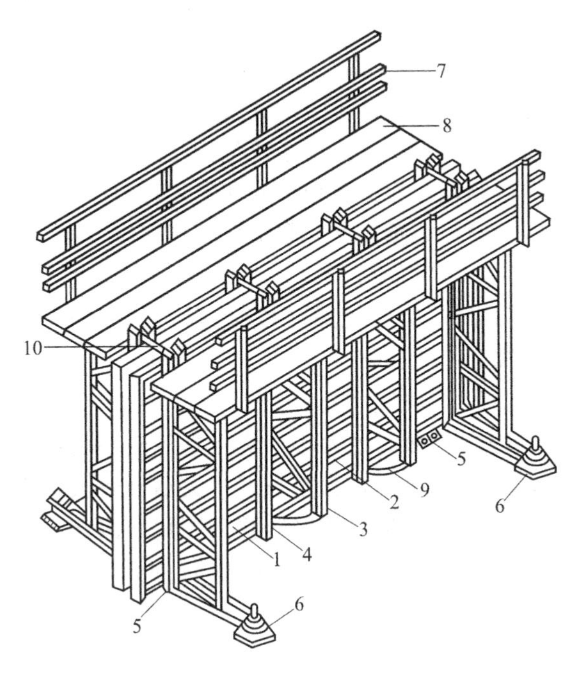

图 6-1　横墙大模板的构造

1—面板；2—水平加劲肋；3—支撑桁架；4—竖楞；5—调整水平度的螺旋千斤顶；6—调整垂直度的螺旋千斤顶；7—栏杆；8—脚手板；9—穿墙螺栓；10—上口卡具

（一）板面系统

板面系统由面板、横肋和竖肋以及竖向（或横向）龙骨所组成。

1. 面板

面板的作用是使混凝土墙面成型，具有设计所要求的外观。制造面板可选用钢板、木（竹）胶合板以及化学合成材料等，常用的为前两种。

（1）钢面板

一般用 4～6mm（以 6mm 为宜）钢板拼焊而成。这种面板具有良好的强度和刚度，能承受较大的混凝土侧压力及其他施工荷载，重复利用率高，一般周转次数在 200 次以上。但耗钢量大，重量大（40kg/m^2），易生锈，不保温，一次性投资大。

（2）胶合板面板

1）木胶合板。木胶合板是用胶粘剂将多层单板纵横交错压制成厚度为 12mm、15mm 或 18mm 的多层胶合板。木胶合板的自重轻，仅为 9～14kg/m^2，可周转 20 次左右。为保护板边不受损坏，可用铜皮或铁皮强力胶粘镶边。木胶合板板面很平整，可用作清水混凝土模板。

2）竹胶合板。竹胶合板是以竹片互相垂直编织成单板，并以多层放置经胶粘热压而成的芯板，表面再覆以木单板而成。具有较高的强度和刚度、耐磨、耐腐蚀性能并且阻燃性好、吸水率低。其厚度一般有 9mm、12mm 和 15mm 几种。

2. 骨架

骨架的作用是固定面板，保证其刚度，并将所受到的荷载传递到支撑系统。通常由薄壁型钢、槽钢、扁钢、钢管等制成的横肋和竖肋组成。在采用木（竹）胶合板面板时，也可以用木楞作骨架。

（二）支撑系统

支撑系统的作用是将荷载传递到楼板、地面或下一层的墙体上，并调整面板到设计位置，在堆放时用以保持模板的稳定性。支撑系统包括支撑架和地脚螺栓。其作用是承受风荷载和水平力，以防止模板倾覆，保持模板堆放和安装时的稳定。一块大模板至少要设两个地脚螺栓，用于调节整个模板的垂直度和水平标高等工作。

（三）附件

大模板的主要附件包括操作平台、爬梯、穿墙螺栓、上口卡板等。

二、大模板的主要形式

（一）平模

平模尺寸一般相当于房间每面墙的大小，优点是每面墙的大面上无接缝，充分体现大模板墙面平整的特点，与筒模相比，自重较轻，灵活性较大，因此平模是各类大模板中被采用最多的一种。但平模将模板的接缝转移到墙角，因此，需要妥善处理墙角的模板。另外，还需要解决平模在支拆、运输和堆放时的稳定性，保证不发生倾覆等安全事故。

平模按拼装的方式分以下三种：

(1) 整体式平模。整体式平模是将大模板的面板、骨架、支撑系统和操作平台组拼焊成一体。这种模板由于是按建筑物的开间、进深尺寸加工制造的，通用性差，目前已不多用。

(2) 组合式平模。组合式平模主要由板面（包括面板和骨架）、支撑系统和操作平台三部分用螺栓连接而成，并可适应不同开间、进深尺寸的需要，不用时可以解体，以便运输和堆放，是目前最常用的一种模板形式。

(3) 装拆式平模，装拆式平模不仅支撑系统和操作平台与板面用螺栓固定，而且板面的面板与钢边框、横肋、竖肋之间也是用螺栓连接，用完后可完全拆散，灵活性较大。

（二）隧道模

隧道模是在大模板施工的基础上，将现浇墙体的模板和现浇楼板的模板结合为一体的大型空间模板，由三面模板组成一节，形状如隧道。隧道模施工的结构整体性好，墙体和顶板平整，模板拆装速度快，生产效率较高，施工速度较快。但是这种模板的体形大，灵活性小，一次投资较多，比较适用于大批量标准定型的高层、超高层板墙结构。采用隧道模施工需要配备起重能力较大的塔式起重机。图 6-2 为钢架隧道模构造图。

（三）筒模

筒模是在平模的基础上发展起来的，将现浇墙面各自独立的模板连接成空间整体模板。筒模的结构如图 6-3 所示。筒模的优点是模板的稳定性好，可以整间吊装，减少吊次，施工条件较好，常用于电梯井、管道井等，由于其尺寸较小，自重较轻，装拆较平模方便。

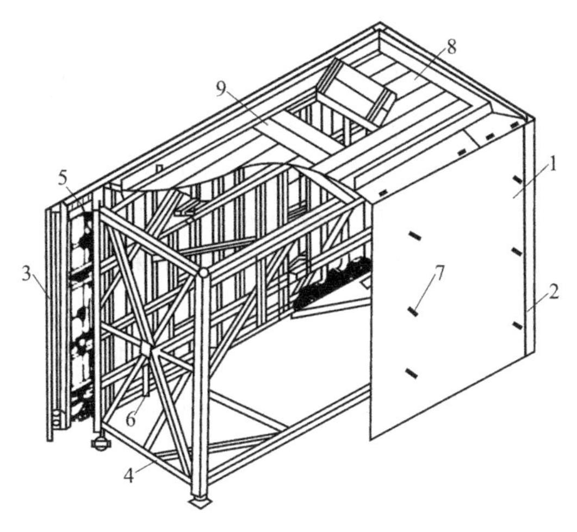

图 6-2 钢架隧道模构造图
1—模板；2—内角模；3—外角模；
4—钢架；5—吊环；6—支杆；
7—穿墙螺栓；8—操作平台；9—出入孔

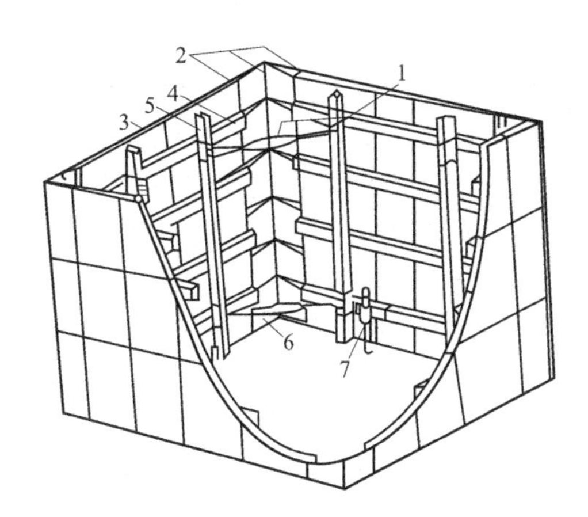

图 6-3 组合式铰接筒模
1—脱模器；2—铰链；3—组合模板；
4—方钢横肋；5—方钢纵肋；
6—角撑；7—地脚螺栓

三、大模板施工方法

1. 抄平放线

抄平放线包括弹轴线、墙身线、模板就位线、门口、隔墙、阳台位置线和抄平水准线等工作。

每栋建筑物的四大角和流水段分段处，应设置标准轴线控制桩。根据标准轴线桩用经纬仪引测各层控制轴线，然后用钢尺放出其他轴线和墙身、门窗洞口位置线。每层墙体在拆模后应弹两道水平线。一道离地面 500mm 高，供楼面、地面、装饰工程等用。另一道距楼板下皮 100mm，作控制墙体找平层和楼板安装高度用。另外，还可在墙体钢筋上弹水平线，用以控制墙体顶部的找平层、楼板的安装标高和控制大模板的水平度。

2. 敷设钢筋

墙体钢筋应尽量预先在加工厂按图纸要求点焊成网片，以减少现场工作量。构造柱钢筋也应尽量在加工厂统一下料、弯钩、编号。在运输、堆放和吊装过程中，要采取措施防止钢筋产生弯折变形或焊点脱开。双排钢筋网片之间应设足够的定位连接筋，钢筋与模板之间应用砂浆垫块定位，其间距不宜大于 1m，以保证钢筋位置的准确和保护层厚度。在施工段的分界处，应按设计规定留出墙体连接钢筋，可预先弯折于模板内，待拆模板后理直，与下一施工段墙体钢筋绑扎连接。

3. 大模板的安装和拆除

（1）大模板的安装

大模板进场后要核对型号，清点数量，清除表面锈蚀，用醒目的字体在模板背面注明标号。模板就位前敷设钢筋还应认真涂刷脱模剂，将安装处楼面清理干净，检查墙体中心线及边线，准确无误后方可安装模板。模板合模前，还要检查墙体钢筋、水暖电器管线、预埋件、门窗洞口模板和穿墙螺栓套管是否遗漏，位置是否正确，安装是否牢固，是否影响墙体强度，并清除在模板内的杂物。

安装模板时，应按顺序吊装，按墙身线就位。先安装横墙一侧的模板，靠吊垂直后，放入穿墙螺栓和塑料套管，然后安装另一侧的模板，并经靠吊垂直后才能旋紧穿墙螺栓。横墙模板安装完毕后，再安装纵墙模板。墙体的厚度主要靠塑料套管和导墙来控制，因此塑料套管的长度必须和墙体厚度一致。靠吊模板的垂直度，可采用2m长双“十”字靠尺检查。如板面不垂直或横向不水平时，必须通过支撑架地脚螺栓或模板下部地脚螺栓进行调整。安装模板时，要将模板与模板之间的缝隙堵严，防止漏浆。模板校正合格后，在模板顶部安放上口卡子，并紧固穿墙螺栓或销子。

门洞模板的安装方法有先立和后立两种。先立门洞是在支模时即将正式门洞固定好，可省工省料，而且比较牢固，但在立门洞时必须位置准确，在浇捣混凝土时要防止将门洞挤歪。后立门洞是先用木方作假口，拆模后再立正式门洞，采用该方法立门洞不易牢固，门洞两侧的砂浆容易发生空鼓和裂缝。

（2）大模板的拆除

当墙体混凝土强度达到$1N/mm^2$以上时，可以拆除墙体大模板，但在冬期施工时应视冬期施工方法和混凝土强度增长情况决定拆模时间。

1）单片大模板的拆除

单片大模板的拆模顺序是：先拆纵墙模板，后拆横墙模板和门洞模板及组合柱模板。

每块大模板的拆模顺序是：先将连接件，如花篮螺栓、上口卡子、穿墙螺栓等拆除，再松动地脚螺栓，使模板与墙面逐渐脱离。

2）筒形大模板的拆除

筒形大模板拆除时，先将操作平台上的挡灰板收起，然后拆除穿墙螺栓等连接件，再拆除外角模，松开内角模连接件，收紧模架与大模板的支撑连杆，使模板向内移动，逐步脱离混凝土墙面。当上端离墙面10cm，下端离墙面4cm，四面模板都离开墙面后，再将筒模吊出，最后拆除内角模。

4. 混凝土浇筑

常用的浇筑方法是料斗浇筑法，即用塔式起重机吊运料斗至浇筑部位，料斗口直对模板上口进行浇筑。当采用混凝土泵进行浇筑时，要注意混凝土的可泵性和混凝土的布料。为保证新旧混凝土结合面处混凝土浇筑密实、饱满，在混凝土浇筑前，应先铺一层50～100mm厚与混凝土内砂浆成分相同的砂浆。墙体混凝土浇筑应分层进行，每层厚度不应超过600mm。当浇筑到门窗洞口两侧时，应由门窗洞口正上方下料，两侧同时浇筑，高度应一致，振捣棒应距洞口边300mm以上，以防止门窗口的模板走动与变形。

常温施工时，拆模后应及时喷水养护，连续养护3d以上。也可采取喷涂氯乙烯-偏氯乙烯共聚乳液薄膜保水的方法进行养护。混凝土强度需达到$1.0N/mm^2$方可拆模。宽度大于1m的门洞口的拆模强度，应与设计单位商定，以防止其产生裂缝。模板拆除后，应及时对墙面进行清理和修补。

第二节　滑升模板施工

滑模施工是按照施工对象的平面图形，在地面上预先将滑模装置安装就位，随着向模板内不断地分层浇筑混凝土和绑扎钢筋，利用液压提升设备使滑模不断地向上滑升，直至需要浇筑的高度为止。

滑模施工工艺不仅广泛应用于高耸构筑物的施工，如储仓、水塔、烟囱、桥墩、竖井壁、甚至双曲线冷却塔等，而且在高层和超高层房屋建筑的施工中也有一定的应用规模。近年来，其工艺方法也向多样化方向发展，如滑框倒模工艺、液压爬模工艺及用于长度较大工程的横向滑模工艺，有的工程还将网架屋盖顶升与柱滑模同步施工。

与常规施工方法相比，滑模施工具有施工速度快、机械化程度高、可节省支模和搭设脚手架所需的工料、能较方便地将模板进行拆散和灵活组装并可重复使用、结构整体性好等优点。但模板装置一次性投资较多，对结构物立面造型有一定限制，结构设计上也必须根据滑模施工的特点予以配合，在施工组织管理上要有一套严密的科学管理制度，还要有一支熟练的专业队伍，才能保证施工的顺利进行。

一、滑模装置的组成

滑模装置主要由模板系统、操作平台系统、液压系统以及施工精度控制系统等部分组成，如图 6-4 所示。

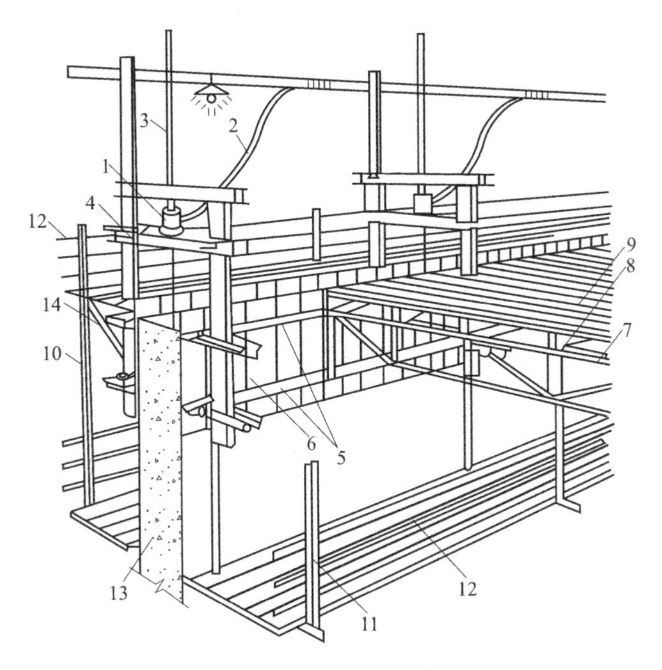

图 6-4　滑模装置示意图

1—液压千斤顶；2—高压油管；3—支承杆；4—提升架；5—围圈；6—模板；7—桁架；8—搁栅；9—铺板；10—外吊架；11—内吊架；12—栏杆；13—混凝土墙体；14—挑三脚架

（一）模板系统

1. 模板

模板的作用是使新浇混凝土按设计要求的截面形状成型。模板主要承受混凝土的侧压力、冲击力和滑升时的摩阻力。围圈向上运动时，带动模板沿混凝土表面向上滑动。

模板的材料可采用钢材和木材，目前以钢材为主。钢模板一般采用 2～2.5mm 的钢板压轧成型，也可采用定型组合钢模板。

模板的高度主要取决于模板的滑升速度和混凝土的凝结时间，一般为 0.9～1.2m。若滑升速度较快或气温较低，可适当加大模板的高度。为了防止混凝土在浇灌时向外溅出，外模板的上端一般应比内模板高100～200mm。

模板支承在围圈上，为了减少滑升时的摩阻力，便于脱模，模板安装后，内外模板应上口小、下口大，单边模板的倾斜度一般取0.2%～0.5%。可以取从模板上口以下1/3～1/2模板高度处作为结构截面的设计宽度。

2. 围圈

围圈又称围檩，主要作用是固定模板位置，承受模板传来的水平荷载和垂直荷载，使模板保持组装的平面形状，并将模板与提升架连接成为一个整体。围圈沿模板横向布置在内外模板外侧，一般上、下各布置一道，形成闭合框，分别支承在提升架的立柱上。

为保证模板的几何形状不变，围圈要有一定的强度和刚度，其截面应根据荷载大小由计算确定。一般采用角钢、槽钢或工字钢制作。上下围圈的距离视模板高度而定，以使模板在受力时产生的变形最小为原则，对高度为1.0～1.2m的模板，一般为500～700mm。上围圈距模板上口不宜大于250mm，以确保模板上口的刚度。当提升架的间距较大时，或操作平台直接支撑在围圈上时，可在上下围圈之间加设垂直和斜向腹杆，形成桁架式围圈，以提高承载能力。在施工荷载作用下，两个提升架之间围圈的垂直与水平方向的变形不应大于跨度的1/500。

3. 提升架

提升架又称千斤顶架。它是安装千斤顶，并与围圈、模板连接成整体的主要构件。提升架的主要作用是固定围圈的位置，控制模板、围圈因混凝土的侧压力和冲击力而产生的向外变形；承受全部竖向荷载并传给千斤顶，并将荷载通过千斤顶传给支撑杆；通过它带动围圈、模板和操作平台系统一起滑升。

提升架由横梁和立柱组成，可用槽钢或角钢制作。立柱上设有支撑围圈和操作平台的支托，以承受它们传来的全部竖向荷载，并通过横梁传递到千斤顶及支撑杆；同时立柱又承受围圈传来的水平侧压力，并以横梁作为其支座。提升架按横梁数目可分为单横梁提升架和双横梁提升架，目前一般采用双横梁式，其刚度较好。提升架的内净宽应根据结构断面的最大宽度、模板的厚度、围圈的厚度、支承围圈的支托宽度和由于模板的倾斜度等要求而放宽的尺寸确定。

（二）操作平台系统

1. 操作平台

操作平台既是施工人员绑扎钢筋、浇筑混凝土、提升模板的操作场所，又是材料、工具和液压控制设备等的堆放场所，有时还利用它架设垂直运输机械。因此，操作平台应有足够的强度和刚度。

操作平台一般由承重钢桁架（或梁）、楞木和铺板组成。承重钢桁架支撑在提升架的立柱上，也可通过托架支撑在桁架式围圈上。图6-5为操作平台平面构造图。

按楼板施工工艺的不同要求，操作平台板可采用固定式或活动式。对于逐层空滑楼板并进施工工艺，操作平台板宜采用活动式，以便平台板揭开后，进行现浇楼板的支模、绑扎钢筋和浇筑混凝土，或进行预制楼板的安装等。

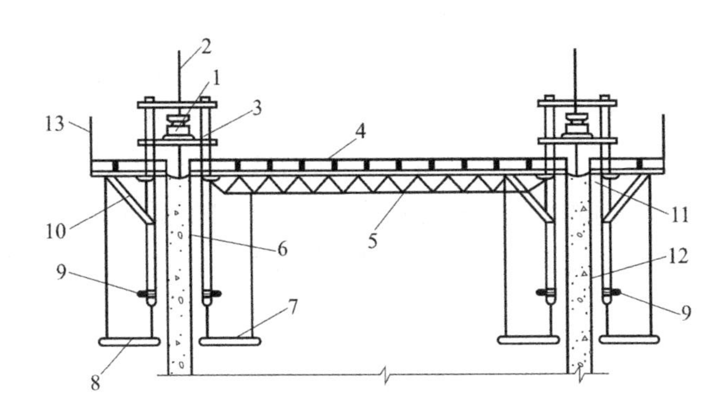

图 6-5　操作平台结构示意图

1—千斤顶；2—支承杆；3—提升架；4—平台铺板；5—桁架；6—模板；
7、8—吊脚手架；9—支托；10—三脚挑架；11—上围圈；12—下围圈；13—栏杆

2. 吊脚手架

吊脚手架又称挂脚手架。吊脚手架供修整混凝土表面、检查质量、调整和拆除模板、支设梁底模等之用。外吊脚手架挂在提升架和外挑三脚架上，内吊脚手架挂在提升架和操作平台上。吊杆可采用圆钢或扁钢制作，吊杆的上端通过螺栓悬吊于挑三脚架或提升架的主柱上。吊脚手架外侧必须设置防护栏杆，并张挂安全网到底部，其铺板宽度一般为500～800mm。

（三）液压滑升系统

1. 支承杆

支承杆又称爬杆，埋设在混凝土内，它既是液压千斤顶爬升的轨道，又是滑模装置的承重支柱，承受施工过程中的全部荷载。支撑杆的规格与直径要与选用的千斤顶相适应，目前使用的额定起重量为30kN的滚珠式卡具千斤顶，其支撑杆一般采用ϕ25的Q235圆钢，用楔块式卡具的千斤顶，亦可采用ϕ25～28的螺纹钢筋。为便于施工，支承杆的长度宜为3～5m。近年来，随着一批大吨位千斤顶的研制成功，与之配套的支撑杆可采用48mm×3.5mm的钢管，即常用脚手架钢管。其允许脱空长度较大，且可采用脚手架扣件进行连接，作为工具式支撑杆和在混凝土体外布置时，比较容易处理。

2. 液压千斤顶

滑模工程中所用的千斤顶为穿心式液压千斤顶，支撑杆从其中心穿过。液压千斤顶按其卡头构造形式的不同，可分为钢珠式和楔块式。楔块式卡头液压千斤顶，具有加工简单，自锁能力强，承载力大，压痕小等特点，可用于螺纹钢筋等作支承杆爬升。钢珠式千斤顶体积小，动作灵活，但钢珠对支承杆的压痕较深，不利于工具式支承杆的重复使用，而且还会引起钢珠卡头的回缩下降现象。此外，钢珠还有可能被杂质卡死在斜孔内，导致卡头失灵等。

液压千斤顶按其起重能力的大小，可分为小型，起重能力为30～50kN；中型，起重能力为60～120kN；大型，起重能力为120kN以上。目前我国以小型千斤顶应用最为广泛。千斤顶的允许承载力，即工作起重量一般不应超过其额定起重量的1/2。

液压千斤顶的工作原理如图6-6所示。工作时，先将支撑杆由上向下插入千斤顶中心

孔，然后开动油泵由油嘴进油，千斤顶进油时，在缸体与活塞之间加压，下压活塞，上卡头卡紧，故活塞不能下行，在油压作用下，缸体连带底座和下卡头一起向上运动，相应地带动提升架及整个滑升模板一起上升，直至完成一个提升行程。这时回油弹簧处于压缩状态，上卡头承受滑模的荷载。当油泵停止供油并回油时，油压消失，在回油弹簧的作用下，将活塞向上运动，缸内液压油从进油口排出。排油开始瞬间，下卡头卡紧，接替上卡头承受的荷载，使缸体和底座不能下降。如此不断循环，千斤顶就沿支承杆不断上升，模板也随之上升。

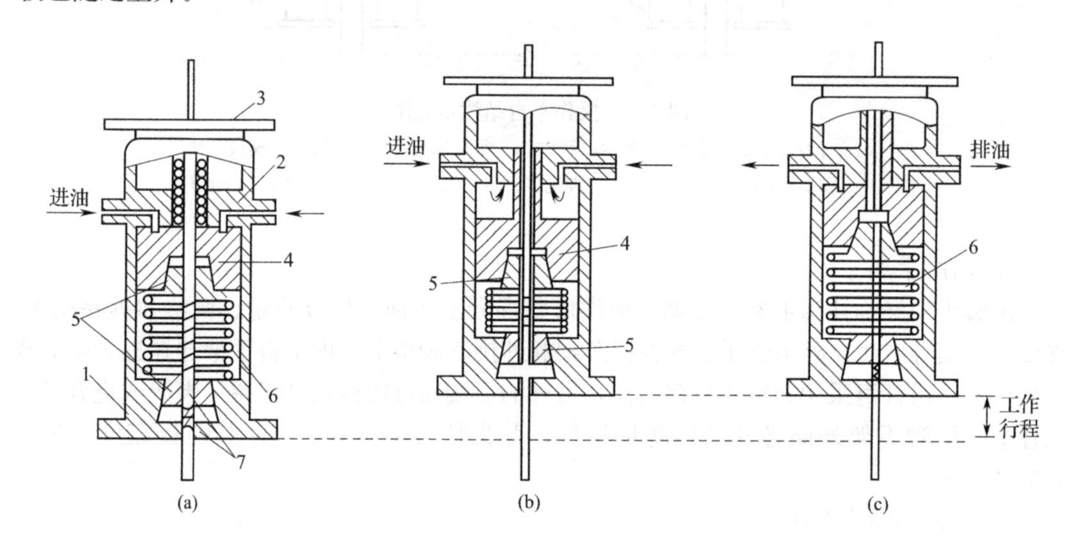

图 6-6　液压千斤顶工作原理图

(a) 进油；(b) 上升；(c) 排油复位

1—底座；2—缸体；3—缸盖；4—活塞；5—上、下卡头；6—排油弹簧；7—下卡头弹簧

3. 液压控制台

液压控制台是液压传动系统的控制中心，主要由电动机、油泵、换向阀、溢流阀、液压分配器和油箱等组成。其工作过程是电动机带动油泵运转，将油箱中的油液通过溢流阀控制压力后，经换向阀输送到液压分配器，然后，经油管将油液输入各千斤顶，使千斤顶沿支承杆爬升。当活塞走满行程之后，换向阀变换油液的流向，千斤顶中的油液从输油管、液压分配器，经换向阀返回油箱，每一个工作循环，可使千斤顶带动模板系统爬升一个行程，历时约 3～5min。

4. 油路系统

油路系统是连接控制台到千斤顶的液压通路，主要由油管、管接头、分油器和截止阀等组成。油管可采用高压胶管或无缝钢管制作。一般不经常拆改的油路，可采用无缝钢管，需经常拆改的油路，宜采用高压胶管。滑模的油路系统可按工程具体情况和千斤顶布置的不同，组装成串联式、并联式和混合式等，一般宜采用并联式。

5. 施工精度控制系统

施工精度控制系统主要包括水平度和垂直度观测与控制装置以及通信联络设施等。

(1) 水平度和垂直度观测设备，可采用水准仪、自动安平激光测量仪、经纬仪、激光铅直仪以及线坠等，其精度不应低于 1/10000；

（2）施工精度的控制装置；

（3）通信联络设施，可采用有线或无线电话（对讲机）以及其他声光信号联络设施。

二、液压滑升模板施工工艺

（一）滑板装置的设计

1. 滑模装置设计主要内容

滑模装置设计的主要内容包括：① 绘制各层结构平面的投影叠合图；② 确定模板、围圈、提升架及操作平台的布置，进行各类部件设计，提出规格和数量；③ 确定液压千斤顶、油路及液压控制台的布置，提出规格和数量；④ 制定施工精度控制措施，提出设备仪器的规格和数量；⑤ 特殊部位处理及特殊措施（附着在操作平台上的垂直和水平运输装置等）的布置与设计等；⑥ 绘制滑模装置的组装图，提出材料、设备、构件一览表。

2. 确定千斤顶的数量

千斤顶的数量应依据液压滑模的总荷载、单个千斤顶的允许承载力、支承杆的允许承载力大小计算确定。

液压千斤顶系统所需的千斤顶和支撑杆的最少数量可按下式计算：

$$n = \frac{N}{P}$$

式中 N——总竖向荷载（kN）；

P——单个千斤顶的计算承载力（kN），取支撑杆允许承载力和千斤顶的允许承载力的较小值。

3. 千斤顶的布置

千斤顶的布置应根据结构特点，并应尽量使千斤顶受力均衡和合理。一般情况下，筒壁结构宜沿筒壁均匀布置或成组等间距布置；框架结构宜集中布置在柱子上；墙板结构宜沿墙体布置，并应避开门、窗洞口。提升架的布置应与千斤顶的位置相适应。

（二）液压滑升模板的组装

滑升模板一经组装好直至施工完毕中途一般不再拆、装，因此，模板组装要认真、细致，严格符合允许误差的要求。模板组装前，要检查起滑线以下已施工好的基础或结构的标高和几何尺寸，并标出结构的设计轴线、边线和提升架的位置等。

滑模装置的组装顺序一般为：（1）安装提升架，并检查其水平和垂直度。（2）安装围圈。将围圈按先内后外、先上后下的顺序与提升架立柱锁紧固定。若采用改变围圈间距的方法形成模板倾斜度时，应调整好上、下围圈的倾斜度。（3）绑扎竖向结构钢筋和提升架横梁以下的水平结构钢筋，安设预埋件。（4）安装模板。模板宜按照先内后外、先角模后其他的顺序进行安装。（5）安装内操作平台的桁架（梁）、支撑和平台铺板。（6）安装外操作平台的三角挑架、铺板、防护栏杆等。（7）安装液压提升系统、垂直运输系统及精度控制和观测装置等，并进行空载试车及对油路加压排气。（8）装支撑杆并校核其垂直度。（9）待滑升施工开始后模板升至约 3.0m 时，安装内、外吊脚手架及挂安全网。

（三）钢筋绑扎和预埋件施工

钢筋绑扎的速度应与混凝土浇筑及模板的滑升速度相配合，为保证钢筋位置准确，钢筋绑扎时，应符合下列规定：每层混凝土浇筑完毕后，在混凝土表面以上至少应有一道绑扎好的横向钢筋；竖向钢筋绑扎后，其上端应用箍筋临时固定，或在提升架上部设置钢筋定位架，定位架可采用木材或钢筋焊接而成。应有保证钢筋保护层的措施，可在模板上口设置带钩的圆钢筋进行控制。

预埋件的留设位置与型号必须准确。预埋件的固定，一般可采用短钢筋与结构主筋焊接或绑扎等方法连接牢固，但不得突出模板表面。模板滑过预埋件后，应立即清除表面的混凝土，使其外露，其位置偏差不应大于 20mm。

（四）布设支承杆

支承杆的布置应均匀、对称且与千斤顶一致，相邻支承杆的接头，要相互错开，使在同一标高的接头数量不超过 25%。因此，最初第一段支承杆应做成四种不同的长度，每一种长度相差为 500mm，以后用同一长度支承杆接长，便能保证接头位置错开。工具式支撑杆的下端应套钢靴，非工具式支撑杆的下端宜垫小钢板。支撑杆上如有油污应及时清除干净。

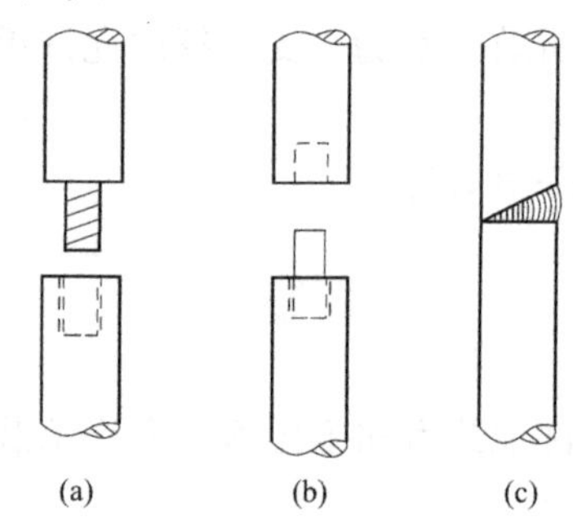

图 6-7　支承杆连接示意图
（a）丝扣连接；
（b）榫接连接；（c）焊接连接

支承杆的连接方法常用的有丝扣连接、榫接和剖口焊接，如图 6-7 所示。丝扣连接操作简单，安全可靠，但加工量大，承受弯曲能力差，该连接多用于支承杆外加套管的滑模施工；榫接连接操作简单、施工方便，但机械加工量大，在滑升过程中易被液压千斤顶的卡头带起；焊接连接加工简单，承受弯曲能力好，但现场焊接量较大，接口处若略有偏斜或凸疤，要用手提砂轮机处理平整，使其能通过千斤顶孔道。

对于模板空滑或支撑杆穿过门窗洞口等原因使脱空长度过长时，应对支撑杆采取有效的加固措施。支撑杆的加固一般可采用钢管、拼装柱盒等方法，随支撑杆边脱空一定高度进行夹紧加固。拼装柱盒为用槽钢或钢板预制的工具，将左右两个半只的柱盒夹住支撑杆拼拢楔紧，即起到加固作用。

对采用平头对接、榫接或丝扣接头的非工具式支撑杆，当千斤顶通过接头部位后，应及时对接头进行焊接加固。用于筒壁结构施工的非工具式支撑杆，当千斤顶滑过后，应与横向钢筋点焊连接，焊点间距不宜大于 500mm。当发生支撑杆失稳、被千斤顶带起或弯曲等情况时，应立即进行加固处理。支撑杆兼作结构受力钢筋时，其加固和接头处的焊接质量还应同时满足受力钢筋的有关要求。当支撑杆穿过较高洞口或模板滑空时，应对支撑杆进行加固。

（五）混凝土施工配合比的选择

滑模施工所用混凝土的配合比，除应满足设计所规定的强度、抗渗性、耐久性等要求外，还应满足滑模施工的工艺要求。

混凝土早期强度的增长速度，必须满足模板滑升速度的要求。混凝土的出模强度宜控制在 0.2～0.4N/mm^2范围内，以保证混凝土出模后既能易于抹光表面，不致拉裂或带起，又能支承上部混凝土的自重，不致流淌、坍落或变形，或由于摩阻力过大损坏提升设备或模板等部件。

模板的滑升速度，取决于混凝土的出模强度、支承杆的受压稳定性和施工过程中结构的整体稳定性。在浇筑上层混凝土时，下层混凝土应处于塑性状态。故要求初凝时间控制在 2h 左右，在出模时混凝土应接近终凝，故要求终凝时间控制在 4～6h。

用于滑模施工的混凝土要求具有良好的和易性。混凝土的粗骨料最好采用卵石，并控制最大粒径。另外在颗粒级配中，可适当加大细骨料的用量，以提高混凝土的工作度，减少模板滑升时的摩阻力。为便于浇筑，滑模施工应尽量选用较大的混凝土坍落度。

（六）混凝土的浇筑与养护

混凝土必须分层均匀对称交圈浇灌，每个浇筑区段中混凝土的布料应尽量均匀，各层浇筑方向要交错进行，每一浇灌层的混凝土表面应在一个水平面上，并应有计划均匀地变换浇灌方向，防止结构的倾斜或扭转。混凝土分层浇筑的厚度以 200～300mm 为宜，各层混凝土浇灌的间隔时间（包括混凝土运输、浇筑及停歇的全部时间）不得大于混凝土的凝结时间，当间隔时间超过规定，接槎处应按施工缝的要求处理。在气温高的季节，宜先浇灌内墙，后浇灌阳光直射的外墙；先浇灌墙角、墙垛及门窗洞口等的两侧，后浇灌直墙；先浇灌较厚的墙，后浇灌较薄的墙。预留孔洞、门窗口、烟道口、变形缝及通风管道等两侧的混凝土应对称均衡浇灌。振捣混凝土时振捣器不得直接触及支承杆、钢筋或模板；振捣器插入前一层混凝土内深度不应超过 50mm。每次提升后，应对脱出模板下口的混凝土表面进行检查。情况正常时，对混凝土表面先作常规修整，然后进行设计规定的水泥砂浆抹面；若有裂缝或坍塌，应及时研究处理。混凝土出模后应及时进行修整，必须及时进行养护；养护期间，应保持混凝土表面湿润，除冬期施工外，养护时间不少于 7d；养护方法宜选用连续喷雾养护或喷涂养护液。

（七）模板的滑升

滑模施工工艺中，模板的滑升分为初试滑升、正常滑升和完成滑升三个阶段。

1. 初试滑升阶段

初试滑升阶段系指混凝土浇筑开始至模板第一次滑升结束这一阶段。本阶段只进行混凝土浇筑和模板滑升两项工作（钢筋已在模板组装时绑扎），混凝土分 2～3 层在 3h 内浇筑完毕，浇筑高度一般为 500～700mm（或模板高度的 1/2～2/3）。当混凝土达到出模强度（0.2MPa 左右）时，将模板试升 50mm，若混凝土不坍落，用手指按压出模的混凝土表面，压出指印且不粘浆，随即将模板滑升 200～300mm，并对滑模装置和混凝土凝结状态进行检查，确定正常后，方可转为正常滑升。

2. 正常滑升阶段

模板初升并经检查调整后，即可进入正常滑升阶段。本阶段内混凝土浇筑、钢筋绑扎、模板滑升三项工作相互交替连续进行。

正常滑升时混凝土的浇筑和滑升速度一般控制在 200mm/h 左右。正常滑升过程中，两次提升的时间间隔不应超过 0.5h。随时注意千斤顶的工作状况，尽量减少升差，提升过程中，应使所有的千斤顶充分地进油、排油。提升过程中，如出现油压增至正常滑升工作压力值的 1.2 倍，尚不能使全部千斤顶升起时，应停止提升操作，立即检查原因，及时进行处理。在正常滑升过程中，操作平台应保持基本水平。每滑升 200～400mm，应对各千斤顶进行一次调平（如采用限位调平卡等），特殊结构或特殊部位应按施工组织设计的相应要求实施。各千斤顶的相对标高差不得大于 40mm。相邻两个提升架上千斤顶升差不得大于 20mm。连续变截面结构，每滑升 200mm 高度，至少应进行一次模板收分。模板一次收分量不宜大于10mm。当结构的坡度大于3.3%时，应减小每次提升高度，当设计支承杆数量时应适当降低其设计承载能力。在滑升过程中，应检查和记录结构垂直度、水平度、扭转及结构截面尺寸等偏差数值。在滑升过程中，应随时检查操作平台、支承杆的工作状态及混凝土的凝结状态等，若发现异常，应及时分析原因并采取有效的处理措施。结构垂直度、扭转度及结构截面尺寸等偏差必须符合规范的规定。在纠正结构垂直度偏差时，应缓缓进行，避免出现明显弯折。当采用倾斜操作平台的方法纠正垂直度偏差时，操作平台的倾斜度应控制在1%之内。

3. 完成滑升阶段

模板的完成滑升阶段，又称末升阶段。当模板滑升至距建筑物顶部标高1m左右时，滑模即进入完成滑升阶段，此时应放慢滑升速度，并进行准确的抄平和找正工作，以使最后一层混凝土能够均匀地交圈，保证顶部标高及位置的正确。

（八）停滑措施

如因施工需要、气候或其他原因，不能连续滑升时，应采取如下可靠的停滑措施：停滑时混凝土应浇筑到同一水平面上；混凝土浇筑完毕以后，模板应每隔0.5～1h整体提升一次，每次提升30～60mm，如此连续进行4h以上，直至混凝土与模板不会粘结为止，但模板的最大滑空量不得大于模板高度的1/2；在继续施工时，应对液压系统进行全面检查；对于因停滑造成的水平施工缝，应认真进行处理，以保证继续浇筑的混凝土与已结硬混凝土的粘结质量。

（九）滑模施工的水平度和垂直度控制

1. 滑模施工的水平度控制

滑模施工应保持整个模板系统的水平同步滑升，如果千斤顶不同步，误差累积起来就会使模板系统产生很大的升差，若不及时加以控制，不仅建筑物的垂直度难以保证，同时也会使模板结构产生变形，影响工程质量。因此，必须随时观测水平度，并采取有效的水平度控制与调平措施。

水平度的控制方法，主要是采取控制千斤顶的升差来实现，目前主要有限位调平法和激光自动调平控制法。

(1) 限位调平器控制法。

限位调平法是在支撑杆上按调平要求的水平尺寸线安装限位卡挡，并在液压千斤顶上增设限位装置。限位装置随千斤顶向上爬升，当升到与限位卡挡相顶时，该千斤顶即停止爬升，起到自动限位的作用。模板滑升过程中，每当千斤顶全部升至限位卡挡处一次，模板系统即可自动限位调平一次。而向上移动限位卡挡时，应认真逐个检查，保证其标高准确和安装牢固。

(2) 激光自动调平控制法。

激光自动调平控制法是利用激光平面仪和信号元件。控制电磁阀动作，用以控制每个千斤顶的油路，使千斤顶达到调平的目的。将激光平面仪安装在施工操作平台的适当位置，每个千斤顶都配备一个光电信号接收装置。激光平面仪收到的脉冲信号，通过放大以后，控制千斤顶进油口处的电磁阀的开启或关闭，用以控制每个千斤顶的爬升，使之达到调平的目的。

2. 滑模施工的垂直度控制

在滑模施工中，影响建筑物垂直度的因素很多，如千斤顶不同步引起的升差、滑模装置刚度不够出现变形、操作平台荷载不匀、混凝土的浇灌方向不变以及风力、日照的影响等。在施工中还应经常加强观测，并及时采取纠偏、纠扭措施，以使建筑物的垂直度始终得到控制。垂直度观测可采用线坠法、经纬仪法、激光铅直仪、激光经纬仪以及导电线坠等设备进行观测。

垂直度的控制常用的方法有平台倾斜法、顶轮纠偏法和外力法等。

平台倾斜法：平台倾斜法又称做调整高差控制法，当建筑物向某侧倾斜时，可将该侧的千斤顶升高，使该侧的操作平台高于其他部位，然后将整个操作平台滑升一段高度，其垂直偏差即可随之得到纠正。当采用该方法纠正垂直度偏差时，操作平台的倾斜度应控制在1%之内。

顶轮纠偏控制法：顶轮纠偏装置由撑杆顶轮和倒链组成，通过改变顶轮纠偏装置的几何尺寸而产生一个外力，在滑升过程中，逐步顶移模板或平台，以达到纠偏的目的。顶轮纠偏工具加工简单，拆换方便，操作灵巧，效果显著，是滑模纠偏、纠扭的一种有效工具。

外力法：当建筑物出现扭转偏差时，可沿扭转的反方向施加外力，使平台在滑升过程中，逐渐向回扭转，直至达到要求为止。

三、滑框倒模施工

滑框倒模施工工艺是在滑模施工工艺的基础上发展而成的一种施工方法。这种方法兼有滑模和倒模的优点，因此，易于保证工程质量。但由于操作较为烦琐，施工中劳动量较大，速度略低于滑模。滑框倒模技术虽然可以解决一般滑模施工无法解决的问题，但模板的拆倒多，消耗人工，与滑模施工相比增加了一道模板拆倒的工序，因此，一般只应用于滑模施工存在无法克服的缺陷的情况下，否则，应优先选用滑模施工。

滑框倒模施工工艺的提升设备和模板装置与一般滑模基本相同，由液压控制台、油路、千斤顶及支承杆和操作平台、围圈、提升架、模板等组成。滑框倒模施工如图6-8所示，与滑模施工不同点在于围圈内侧增设控制模板的竖向滑道，该滑道随滑升系统一起滑升，而模板留在原地不动，模板在施工时与混凝土之间不产生滑动，而与滑道之间相对滑动，即只滑框，不滑模，待滑道滑出模板，再将模板拆除倒在滑道上重新插入施工。因此，模板的脱模时间不受混凝土硬化和强度增长的制约，不需考虑模板滑升时的摩阻力。

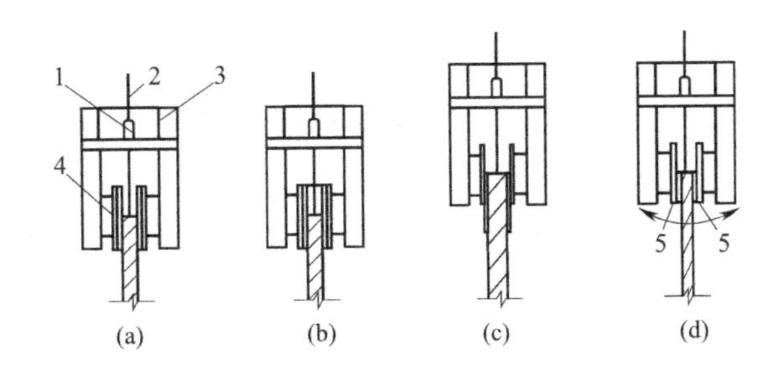

图6-8　滑框倒模示意图

(a) 插模板；(b) 浇筑混凝土；(c) 提升；(d) 拆倒模板

1—千斤顶；2—支承杆；3—提升架；4—滑道；5—向上倒模板

滑框倒模施工墙体结构的程序为：绑一步横向钢筋→安装上一层模板→浇灌一步混凝土→提升一层模板高度→拆除脱出的下层模板，清理后，倒至上层使用。如此循环进行，层层上升。

在滑框倒模施工中，滑道的滑升时间，以不引起支承杆失稳、混凝土坍落为准，一般混凝土强度以达到 0.5～1.0N/mm^{2}为宜。滑框倒模施工，虽然可以从容地处理各种因素引起的施工停歇，但仍应以做到连续滑升为主。

四、楼板结构施工

采用滑模工艺施工的高层建筑或构筑物等工程，其楼板等横向结构的施工方法，目前主要有：逐层空滑楼板并进法、先滑墙体楼板跟进法和先滑墙体楼板降模法等。这些方法各有特点，可按不同的施工条件与工程情况选用。

（一）逐层空滑楼板并进法

逐层空滑楼板并进法，又称为“逐层封闭”或“滑一浇一”施工法，这种方法是当每层墙体用滑模浇筑至上层楼板底标高时，停止混凝土的浇筑，将模板继续向上空滑至下口与墙体脱空一定高度，一般至楼板面以上 50～100mm。然后进行现浇楼板的施工，如此逐层进行。

逐层空滑楼板并进施工工艺的特点是将滑模连续施工改变为分层间断周期性施工。因此，每层墙体混凝土都有初试滑升、正常滑升和完成滑升三个阶段。

模板空滑过程中，提升速度应尽量缓慢、均匀。开始空滑时，由于混凝土强度较低，提升的高度不宜过大，使模板与墙体保持一定的间隙，不致粘结即可。待墙体混凝土达到脱模强度后，方可将模板继续提升至要求的空滑高度。另外，支承杆的接头应躲开模板的空滑自由高度。

当墙体混凝土浇灌完毕后，必须及时进行模板的清理工作。即模板脱空后，应趁模板面上水泥砂浆未凝固时，立即用长把钢丝刷等工具将模板面清除干净，并涂刷一道隔离剂。在涂刷隔离剂时，应避免污染钢筋，以免影响钢筋的握裹力。

采用逐层空滑楼板并进法施工时，现浇楼板施工的具体做法是：当墙体模板向上空滑一段高度，待模板下口脱空高度等于或稍大于现浇楼板的厚度后，吊开活动平台板，进行现浇楼板支模、绑扎钢筋和浇灌混凝土的施工。

（二）先滑墙体楼板跟进法

该施工方法是当墙体连续滑升至数层高度后，再自下而上地逐层进行楼板的施工。楼板施工用模板、钢筋、混凝土等，可由设置在外墙门窗洞口处的受料平台转运至室内；亦可经滑模操作平台上吊开的活动平台处运入。

墙体与楼板的连接，可以采用钢筋混凝土键连接法和钢筋销与凹槽连接法。

钢筋混凝土键连接法：沿墙体每隔一定距离预留孔洞。一般情况下，孔洞的宽度可取 200～400mm，孔洞的高度为楼板的厚度，或楼板厚上下各加 100mm 以便操作。相邻孔洞的最小净距应大于 500mm。相邻两间楼板的主筋可由孔洞穿过，并与楼板的钢筋连成一体，楼板混凝土浇筑后，孔洞处即构成钢筋混凝土键。采用钢筋混凝土键连接的现浇楼板，其结构形式可作为双跨或多跨连续结构。

钢筋销与凹槽连接法：当墙体滑升至每层楼板标高时，沿墙体间隔一定的距离预埋插筋，并留设通长的水平嵌固凹槽。待预留插筋及凹槽脱模后，扳直钢筋、修整凹槽，并与楼板钢筋连成一体，再浇筑楼板混凝土。这种连接方法，楼板的配筋可均匀分布，整体性好。但扳直钢筋时，容易损坏墙体混凝土，因而一般只用于一侧有楼板的墙体工程。

现浇楼板的模板，除可采用支柱和模板等一般支模方法外，多采用悬承式模板。即在梁或墙体的预留孔洞处设置一些钢销或挂钩作为临时牛腿支承，在其上支设模板逐层施工。

（三）先滑墙体楼板降模法

先滑墙体楼板降模法是当墙体连续滑升到顶或滑升至8～10层左右高度后，将事先在底层按每个房间组装好的模板，用卷扬机或其他提升机具，徐徐提升到要求的高度，再用吊杆、钢丝绳悬吊在墙体预留的孔洞中，即可进行该层楼板的施工。当该层楼板的混凝土达到拆模强度时（不得低于15MPa），可将模板降至下一层楼板的位置进行下一层楼板的施工。如此反复进行，直至底层。对于楼层较少的工程，可当滑模滑升到顶后，将滑模的操作平台改制作为降模使用。若建筑物高度很大，为保证建筑物施工时的稳定性，则在墙体滑升至8～10层左右后，即组装降模模板从上而下进行楼板施工；同时滑模也逐层向上浇筑墙体，待其到顶后再用操作平台作为降模，从建筑物顶部向下逐层施工楼板。

第三节　爬　模　施　工

爬升模板（简称爬模）是一种在楼层间翻转自行爬升，不需要起重机吊运的工具式模板。该模板同时具备滑模和大模板的优点，模板不需要装拆，可整体自行爬升，一次可浇筑一个楼层的混凝土。采用爬模施工，可减少起重机械的吊运工作量；爬升平稳，工作安全可靠；模板与爬架的爬升、安装、校正等工序可与楼层施工的其他工序平行作业，可有效地缩短施工工期。因此，爬模施工是一种高效施工技术，爬模是一种适用于现浇钢筋混凝土竖直或倾斜结构施工的模板工艺，如墙体、桥梁、塔柱等，尤其适用于超高层建筑施工。

我国的爬模技术始于20世纪70年代后期，目前已逐步发展形成“模板与爬架互爬”和“模板与模板互爬”等工艺，其中“模板与爬架互爬”最为普遍。

一、爬升模板的构造

（一）模板与爬架互爬

模板与爬架互爬模板又称有爬架爬升模板，由模板、爬架和爬升设备三部分组成，如图6-9所示。

（1）模板。爬模的模板与大模板相似，构造亦相同，其高度一般为层高加100～300mm，增加部分为模板与下层已浇筑墙体的搭接高度。在模板外侧须设悬挂脚手架，供模板装拆、墙面清理及嵌填穿墙螺栓洞等工作之用。

（2）爬架。爬架的作用是悬挂模板和爬升模板。爬架为一格构式钢架，由上部支承架和下部附墙架两部分组成。支承架部分的长度大于两块爬模模板的高度。支承架的顶端装有挑梁，用来安装爬升设备。附墙架由螺栓固定在下层墙壁上。只有当爬架提升时，才暂时与墙体脱离。

（3）爬升装置。爬升装置有手拉葫芦以及滑模用的千斤顶，还有用电动提升设备。当使用千斤顶时，在模板和爬架上分别增设爬杆，以便使千斤顶带着模板或爬架上下爬动。

（二）模板与模板互爬

模板与模板互爬又称无爬架爬模。这种爬模的特点是取消了爬架，模板由 A 型、B 型两类组成，爬升时两类模板互为依托，用提升设备使两类相邻模板交替爬升。图 6-10 为无爬架爬模示意图。

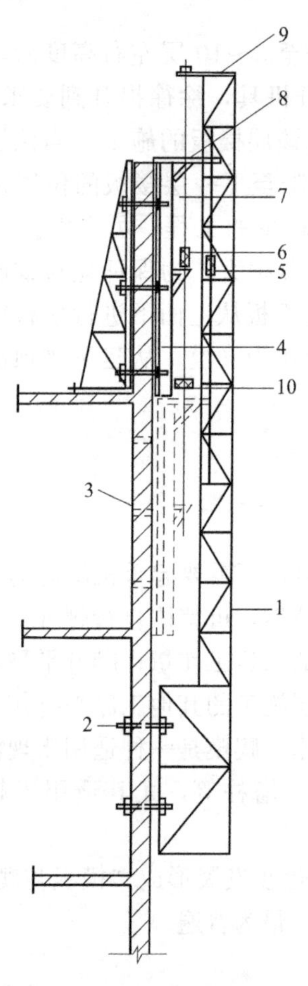

图 6-9　有爬架爬升模板

1—爬架；2—螺栓；3—预留爬架孔；4—爬模；5—爬架千斤顶；6—爬模千斤顶；7—爬杆；8—模板挑横梁；9—爬架挑横梁；10—脱模千斤顶

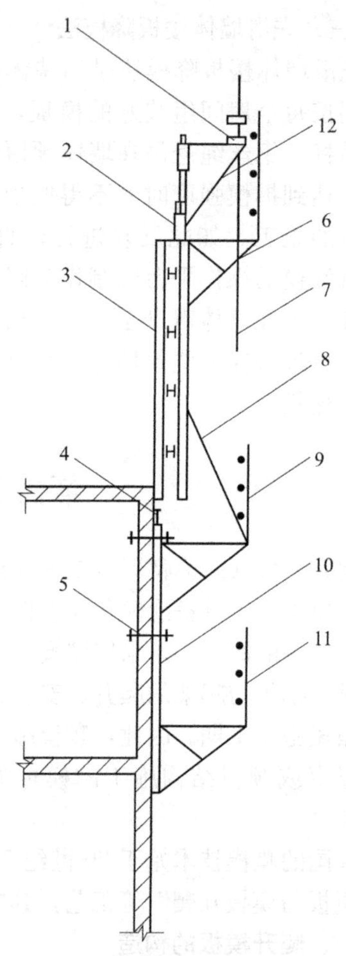

图 6-10　无爬架爬模示意图

1—卡座；2—液压千斤顶；3—模板；4—连接板；5—螺栓；6—上挑架；7—爬杆；8—支撑；9—中挑架；10—生根背楞；11—下挑架；12—三角爬架

（1）模板。在无爬架爬模的模板中，A 型模板为窄板，高度大于两个层高；B 型模板要按建筑物外墙尺寸配制，高度要略大于层高，与下层外墙稍有搭接，避免漏浆和错台。模板背面设有竖向背楞，作为模板爬升的依托，并能加强模板的整体刚度。内、外模板用穿墙螺栓连接固定。模板爬升时，要以其相邻的模板为支承，所以模板均要有足够的刚度。

（2）爬升装置。爬升装置由三角爬架、爬杆、卡座和液压千斤顶等组成。三角爬架插在模板上口两端套筒内，套筒用U形螺栓与竖向背楞连接，三角爬架可自由回转，用以支承卡座和爬杆。每块模板上装两台液压千斤顶。

（3）操作平台挑架。操作平台用三角挑架作支撑，安装在B型模板竖向背楞和它下面的生根背楞上，共设置三道，上面铺脚手板，外侧设护栏和安全网。上、中层平台供安装、拆除模板时使用。在中层平台上加设一道模板支撑，使模板、挑架和支撑形成稳固的整体，并用来调整模板的角度，也便于拆模时松动模板。下层平台供修理墙面用。

二、爬模施工工艺

（一）模板与爬架互爬施工工艺

模板与爬架互爬施工原理是以建筑物的钢筋混凝土墙体为支承主体，通过附着于已完成的钢筋混凝土墙体上的爬升支架或大模板，利用连接爬升支架与大模板的爬升设备，使一方固定，另一方作相对运动，交替向上爬升，以完成模板的爬升、下降、就位和校正等工作。其施工程序见图6-11。

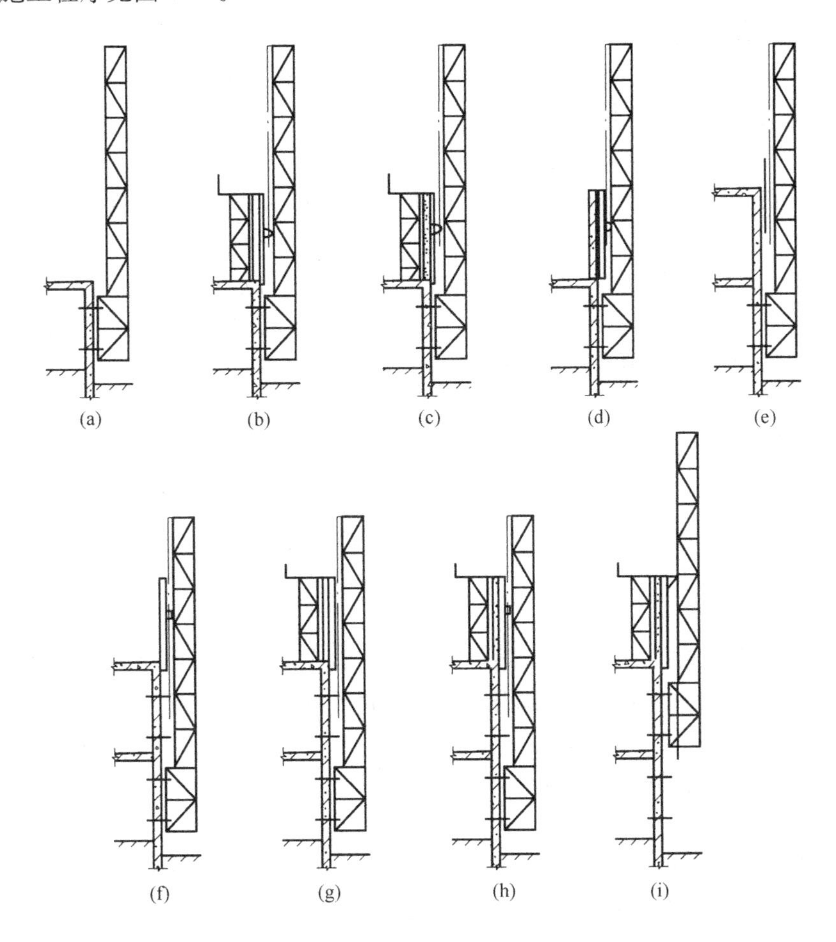

图6-11　爬升模板的爬升施工程序图

（a）底层墙施工完成后安装爬架；（b）安装外模和窗洞口模、绑扎钢筋、安装内模；
（c）浇筑二层墙体混凝土；（d）拆除外、内模板；（e）三层楼板施工；
（f）爬升外模并校正固定、安装窗洞口模；（g）绑扎三层墙钢筋、安装三层墙内模；
（h）浇筑三层墙体混凝土；（i）以外模为支承爬升爬架，固定在二层墙体上施工顺序为：底层墙体施工完成后安装爬架→安装外模（悬挂在爬架上）及窗洞口模板→绑扎外墙钢筋→隐蔽工程验收→安装内侧模板→浇筑二层墙体混凝土→拆除外、内模板→三层楼板施工→爬升外模板并校正固定，安装窗洞口模板→绑扎三层墙体钢筋→隐蔽工程验收→安装内侧模板→浇筑三层墙体混凝土→以外模为支承爬升爬架并固定在二层墙体上……按照上述施工顺序的规律进行施工，直至完成最后一层。

1. 爬升模板安装

爬升模板的安装顺序是：底座→立柱→爬升设备→大模板。底座安装时，先临时固定部分穿墙螺栓，待校正标高后，方可固定全部穿墙螺栓。立柱宜采取在地面组装成整体，在校正垂直度后再固定全部与底座相连接的螺栓。大模板在组装前，其表面应除锈并涂刷隔离剂。首层大模板的安装用起重机吊装就位，大模板的重量应与起重机的起重能力相适应，否则应采取分块、分批吊装。模板安装时，先加以临时固定，待就位校正后，方可正式固定。在第一层墙体模板拆除后，即开始在墙体的预留穿墙螺栓孔内安装爬架的固定螺栓，因此，预留孔之间的相互位置偏差不得超过±2mm。绑扎钢筋时，要注意留出大模板的对拉螺栓位置。模板安装完毕后，应对所有连接螺栓和穿墙螺栓进行紧固检查。并经试爬升验收合格后，方可投入使用。

2. 爬升

爬升前，首先要仔细检查爬升设备，在确认符合要求后方可正式爬升。正式爬升前，应先拆除与相邻大模板及脚手架间的连接杆件，使爬升模板各个单元体分开。在爬升大模板时，先拆卸大模板的穿墙螺栓；在爬升支架时，先拆卸底座的穿墙螺栓，同时还要检查卡环和安全钩。调整好大模板或爬升支架的重心，使保持垂直，防止晃动与扭转。爬升时操作人员不准站在爬升件上爬升。爬升要稳起、稳落和平稳地就位，防止大幅度摆动和碰撞。注意不使爬升模板与其他构件卡住，若发现此现象，应立即停止爬升，待故障排除后，方可继续爬升。每个单元的爬升，应在一个工作台班内完成，不宜中途交接班。爬升完毕应及时固定。爬升完毕后，应将小型机具和螺栓收拾干净，不可遗留在操作架上。模板和爬架的爬升应由专业小组完成，统一指挥，遇六级以上大风，一般应停止作业。

3. 拆除

拆除爬升模板要有拆除方案，拆除爬升模板的顺序是：拆爬升设备→拆大模板→拆爬升支架。拆除爬升模板的设备，可利用施工用的起重机。拆下的爬升模板要及时清理、整修和保养，以便重复利用。

（二）无爬架爬升模板施工工艺

1. 爬模组装

爬模的组装在地面进行，即将模板、三角爬架、千斤顶等一并在地面组装好。由于B型模板要支设在“生根”背楞和连接板上，故可先采用大模板常规施工方法完成首层结构，然后再安装爬升模板。

A、B型模板按图6-12的要求交替布置。先安设B型模板下部的“生根”背楞和连接板。“生根”背楞用穿墙螺栓与首层已浇筑墙体拉结，再安装中间一道。平台挑架，加设支撑，铺好平台板。然后吊运B型模板，置于连接板上，并用螺栓连接。

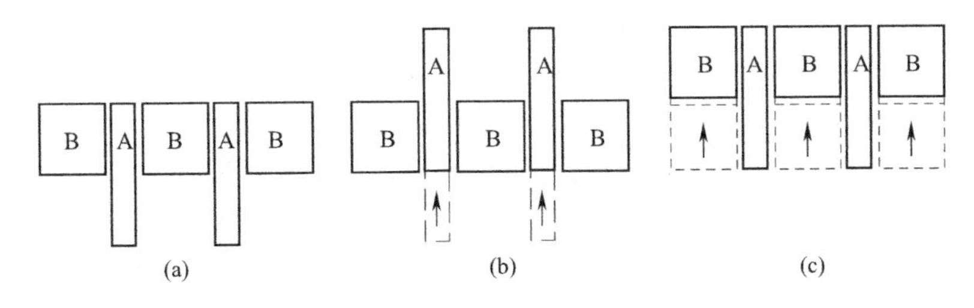

图 6-12 无架爬模施工爬升程序

(a) 模板就位，浇筑混凝土；(b) A 型模板爬升；(c) B 型模板爬升就位，浇筑混凝土，回复 (a)

首次安装 A 型模板时，由于模板下端无“生根”背楞和连接板，可用临时方木支托，用临时支撑校正稳固，随即涂刷脱模剂和绑扎钢筋，安装门窗洞口模板。外墙内侧模板吊运就位后，即用穿墙螺栓将内、外侧模板紧固，并校正其垂直度。最后安装上、下两道平台挑架、铺放平台板，挂好安全网，即可浇筑混凝土。

2. 爬升

在爬升施工前，先松开穿墙螺栓，拆除内模板，并使外墙外侧 A、B 型模板与混凝土墙体脱离，但不拆除穿墙螺栓。调整 B 型模板三角爬架的角度，装上爬杆，用卡座卡紧。爬杆的下端穿入 A 型模板中部的千斤顶中。拆除 A 型模板底部的穿墙螺栓，装好限位卡，启动液压泵，将 A 型模板爬至预定高度，随即用穿墙螺栓与墙体固定。待 A 型模板爬升后，再爬升 B 型模板。首先松开卡座，取出 B 型模板上的爬杆。然后调整 A 型模板三角爬架的角度，装上爬杆，用卡座卡紧。爬杆下端穿入 B 型模板上端的千斤顶中，再拆除 B 型模板上口的穿墙螺栓，使模板与墙体脱离，装好限位卡，启动液压泵，将 B 型模板升至预定高度并加以固定。校正 A、B 两种模板，安装好内模板，装好穿墙螺栓并紧固，即可浇筑混凝土。施工时，应使每个流水段内的 B 型模板同时爬升，不得单块模板爬升。

模板的爬升，可以安排在楼板支模、绑钢筋的同时进行，故不占用施工工期，有利于加快工程进度。

第四节 高层钢结构施工

钢结构具有强度高、抗震性能好、施工速度快等优点，因而广泛用于高层和超高层建筑。其缺点是用钢量大、造价高、防火要求高。用于高层建筑的钢结构体系有：框架体系、框架-剪力墙体系、框筒体系、组合筒体系、交错钢桁架体系等。筒体体系抗侧力的性能好，高度很大的钢结构高层建筑多采用框架筒体系和组合筒体系。

一、钢结构材料与构件

1. 钢结构材料的种类

目前，在我国钢结构工程中所采用的钢材有普通碳素钢、普通低合金钢和热处理低合金钢三类。其中以 Q235、16Mn、16Mnq、15MnVq 等几种钢材应用最普遍。Q235 钢属于普通碳素钢，其屈服点为 235N/mm，具有良好的塑性和韧性。16Mn 钢属于普通低合金钢，其屈服点可达 345N/mm，强度较高，塑性及韧性好。16Mnq 钢、15MnVq 钢为我国的桥梁结构工程用钢材，具有强度高，韧性好且具有良好的耐疲劳性能。高层建筑钢结构钢材应保证抗拉强度、伸长率、屈服点、冷弯试验、冲击韧性合格和硫、磷含量符合限值。对焊接结构尚应保证碳含量符合限值。抗震结构钢材的屈强比不应小于1.2；应有明显的屈服台阶；伸长率应大于20%；有良好的可焊性。用焊接连接时，当板厚等于或大于50mm，并承受沿板厚方向的拉力作用时，应符合国家标准《厚度方向性能钢板》GB 5313的规定。

钢材的钢种、钢号、强度、机械性能、化学成分以及连接所用的焊接材料、螺栓紧固件等材料必须符合设计要求，必须符合《钢结构工程施工质量验收规范》GB 50205—2001和《高层民用建筑钢结构技术规程》JGJ 99—2015的相关规定。此外，Q235A级普通碳素结构钢只宜作次要的非焊接构件。

抗震高层建筑钢结构的钢材性能，还应符合下列要求：① 钢材屈强比不低于1.2，按8度和8度以上抗震设防的结构不低于1.5；② 钢材应具有明显的屈服台阶，伸长率大于20%，且有保持延性的良好可焊性；③ 甲、乙类高层建筑钢结构的钢材屈服点不宜超过其标准值的10%。

承重结构处于外露和低温环境时，其钢材应符合耐大气腐蚀和避免低温冷脆的要求。梁-柱采用焊接连接时，当节点约束较强，板厚大于50mm，并承受沿板厚方向的拉力作用时，应符合板厚方向的伸长率大于或等于20%～25%的要求，以防止层状撕裂。

2. 钢结构构件

(1) 钢结构构件的截面形式

1) 柱。柱常用的截面形状有H形、箱形、十字形、圆形等。应按高度及荷载大小选择柱截面，H形柱一般采用H型钢制作。箱形柱与梁的连接较简单，受力性能与经济效果较好，因此应用最为广泛。十字形柱是由两个轧制工字型钢或钢板组合而成适宜于承受双向弯矩。矩形、方形、圆形钢管中可浇筑混凝土，形成钢管混凝土组合柱，是一种技术经济性能较好的组合构件。

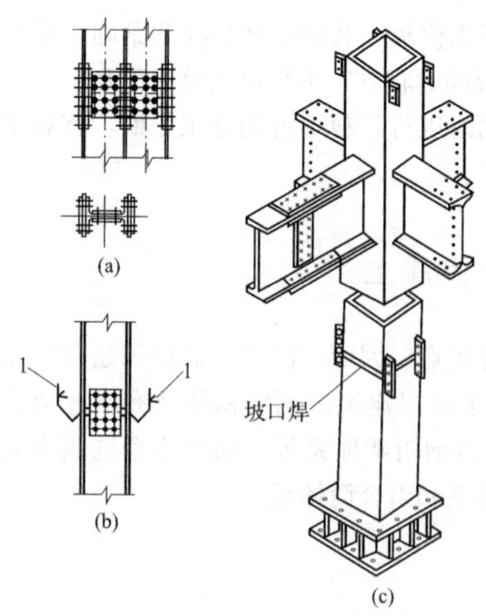

图6-13 钢柱连接节点

(a) H型钢柱的高强度螺栓连接；

(b) H型钢柱的混合连接；

(c) 箱形截面柱的焊接连接

1—坡口焊

2) 梁。梁多为轧制或焊接的H型钢梁，需要时也可使用复合截面。若高度受限制，可在型钢梁的最大弯矩区焊接附加翼缘板，或在型钢梁的上翼缘焊接槽钢以增加侧向刚度。对于荷载较大的梁可采用焊接箱形截面梁。

(2) 钢结构构件的连接方式

钢结构构件的连接方式主要有高强度螺栓连接和焊接等。

1) 柱与柱的连接：如为H型钢柱可用高强度螺栓连接或高强度螺栓与焊接共同使用的混合连接；如为箱形截面柱，则多用焊接连接，如图6-13所示。

2) 梁与柱的连接：由于梁截面多为H型钢梁，与柱的连接可用高强度螺栓连接、焊接或混合连接，如图6-14所示。

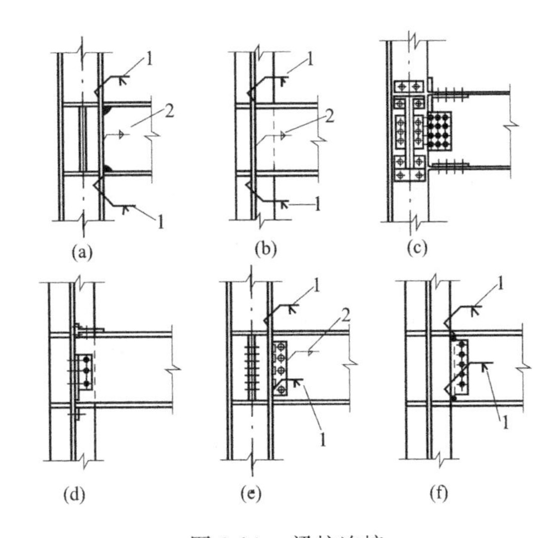

图 6-14　梁柱连接

(a)、(b) 焊接连接；(c)、(d) 高强度螺栓连接；(e)、(f) 混合连接

1—坡口焊；2—角焊

3）梁与梁的连接

梁与梁的刚接连接：采取翼缘焊接、腹板高强度螺栓连接或者腹板、翼缘均焊接连接，如图 6-15 所示。

梁与梁的铰接连接：梁与梁的铰接连接：腹板高强度螺栓连接，翼缘不连接，如图 6-16所示。

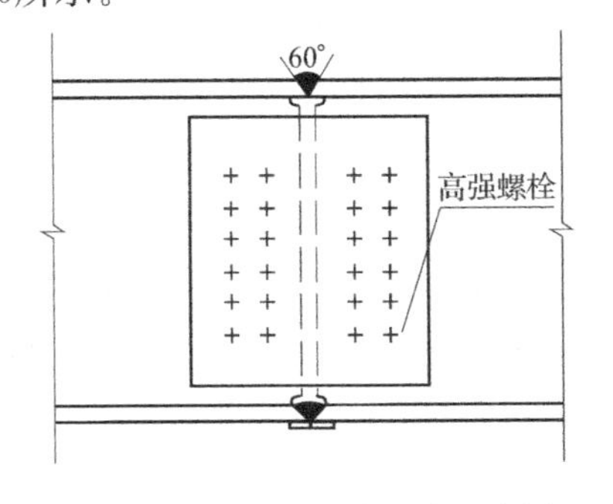

图 6-15　梁与梁刚接连接示意图

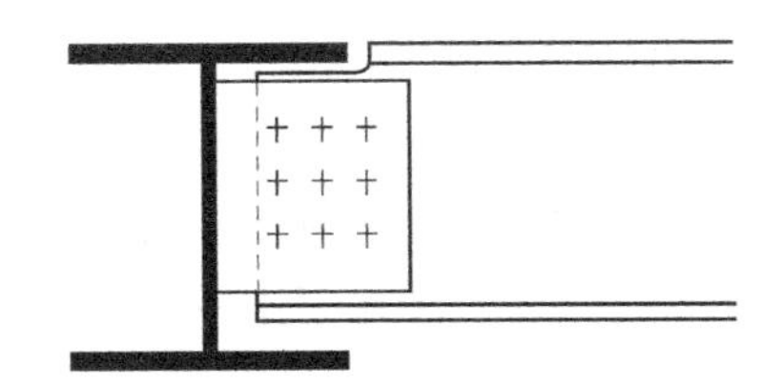

图 6-16　梁与梁铰接连接示意图

4）支撑与柱连接。通常做法是将支撑的一段作为柱的牛腿在工厂事先制作成型，而牛腿通过栓焊或高强度螺栓与支撑现场连接。

5）支撑与梁连接：通常做法是将支撑的一段作为梁的牛腿在工厂事先制作成型，而牛腿通过栓焊或高强度螺栓与支撑现场连接。

3. 钢构件的制作

钢结构工程与混凝土结构工程的最大不同在于其构件的绝大部分是在加工厂完成的，因此，钢构件的制作质量特别是尺寸精度直接影响钢结构的现场安装。

钢构件在加工厂制作的流程为：制作前的准备工作→原材料矫正→放样、号料、切割→制孔→边缘加工→组装和焊接→端部加工和摩擦面处理→除锈和涂装→验收和发运。

（1）制作前的准备工作

钢结构加工制作前的准备工作主要有：详图设计和审查图纸、对料、编制工艺流程、布置生产场地、安排生产计划等。

（2）矫正

钢结构型材在轧制、运输、装卸、堆放过程中，可能会产生表面不平、弯曲等缺陷。这些缺陷有的需要在画线下料之前矫正，有的则需在切割之后矫正。碳素结构钢和低合金结构钢应注意矫正的环境温度和加热温度，碳素结构钢在环境温度低于－16℃、低合金结构钢在环境温度低于－12℃时不得进行冷矫正和冷弯曲。在加热矫正时，加热温度应根据钢材性能选定，但不得超过900℃。矫正后的钢材表面，不应有明显的凹面或损伤，划痕深度不得大于0.5mm，且不应大于该钢材厚度负允许偏差的1/2。钢材矫正和成型的质量应符合《钢结构工程施工质量验收规范》GB 50205—2001和《高层民用建筑钢结构技术规程》JGJ 99—2015的相关规定。

（3）放样、号料和切割

1）放样

放样的主要工作如下：核对图纸的安装尺寸和孔距；以1∶1的大样放出节点；核对各部分的尺寸；制作样板和样杆作为下料弯曲、铣、刨、制孔等加工的依据。

放样时，铣、刨的工件要考虑加工余量，一般为5mm，焊接构件要按工艺要求放出焊接收缩量，焊接收缩量应根据气候、结构断面和焊接工艺等确定。高层钢结构的框架柱尚应预留弹性压缩量，相邻柱的弹性压缩量相差不超过5mm，

2）号料

号料的主要工作如下：检查核对材料；在材料上划出切割、铣、刨、弯曲、钻孔等加工位置；打冲孔；标出零件编号等。号料时，其零件外形尺寸允许偏差为±1.0mm，孔距允许偏差为±0.5mm。

3）切割

常用切割下料的方法：气割、机械切割和等离子切割。一般情况下钢板厚度12～16mm以下的直线性切割常采用机械剪切。气割多数是用于带曲线的零件和厚板的切割。各类中小规格的型钢和钢管一般采用机械切割，较大规格的型钢和钢管可采用气割的方法。等离子切割主要用于不锈钢材料及有色金属切割。

（4）边缘加工和制孔

1）边缘加工

切割后的钢板或型钢在焊接组装前需作边缘加工，形成焊接坡口；支座支承面等图纸有要求的加工面，以及尺寸要求严格的加劲板、隔板、腹板和有孔眼的节点板等也需要进行边缘加工。边缘加工可采用刨边机（刨床）刨边、端面铣床铣边、型钢切割机切边、气割机切割坡口、坡口机坡口等方式。边缘加工需用样板控制坡口角度和各部尺寸，采用气割或机械剪切的零件，其边缘加工的刨削量不应小于2.0mm。

2）制孔

孔的加工在钢结构制造中占有一定的比例，尤其是高强度螺栓的采用，使孔加工不仅在数量上，而且在精度要求上都有了很大的提高。

螺栓孔分为精制螺栓孔（A、B级螺栓孔－Ⅰ类孔）和普通螺栓孔（C级螺栓孔－Ⅱ

类孔）。对于A、B级螺栓孔应具有H12的黏度，孔壁表面粗糙度 R_a 不应大于12.5μm；对于C级螺栓孔壁表面粗糙度 R_a 不应大于25μm。应保证摩擦型高强度螺栓孔径比杆径大1.5～2.0mm；承压型高强度螺栓孔径比杆径大1.0～1.5mm。凡量规检查不能通过的孔，必须经设计院同意后，方可扩钻或补焊后重新钻孔。

(5) 组装和焊接

1) 组装

板材、型材由于长度（板材包括宽度）受到限制，往往需要在工厂进行拼接。一个较复杂的构件是由很多零件或部件（组合牛腿等）组成的。为减少构件的焊接残余应力，应先进行材料拼接和部件组装，待焊接、矫正后再进行构件的组装、焊接。钢构件的组装方法有地样法、仿形复制装配法、立装、卧装、胎膜装配法等。选择构件组装方法时，必须根据构件的结构特性和技术要求，结合制造厂的加工能力、机械设备等情况，选择能有效控制组装精度、效率高的方法进行。焊接H型钢和柱均先在拼装台座上进行焊接小组装，框架短梁与柱身再进行焊接大组装，形成梁柱的框架节点。

2) 焊接

焊接是钢结构加工制作中的关键步骤。钢构件的板件间焊接接头形式主要有对接接头、T形接头、角接接头、十字形接头等。对接接头、T形接头和要求全熔透的角部焊缝，应在焊缝两端设置引弧和引出板，其材料应与焊件相同或通过试验选用。主要的焊接方法有手工电弧焊、气体保护焊、自保护电弧焊、埋弧焊、电渣焊、等离子焊、激光焊、电子束焊、栓焊等。在钢结构制作和安装领域中，广泛使用的是电弧焊。在电弧焊中又以药皮焊条手工电弧焊、自动埋弧焊、半自动与自动 CO_2 气体保护焊和自保护电弧焊为主。在某些特殊应用场合，则必须使用电渣焊和栓焊。

焊接工艺评定是保证钢结构焊缝质量的前提，通过焊接工艺评定选择最佳的焊接材料、焊接方法、焊接工艺参数、焊后热处理等，以保证焊接接点的力学性能达到设计要求。对于任何施工单位首次使用的钢材、焊材及改变焊接方法、焊后热处理等，必须进行焊接工艺评定，工艺评定合格后写出正式的焊接工艺评定报告和焊接工艺指导书，用以指导构件的焊接组装。焊工应经过考试并取得合格证后方可从事焊接工作。

(6) 端部加工和摩擦面处理

钢构件的端部加工应在矫正合格后进行，铣平端面应与轴线垂直。端部铣平面的允许偏差分别为：两端铣平时构件长度：±2mm；两端铣平时零件长度：±0.5mm；铣平面的平面度：0.3mm；两端倾斜度（正切值）：不大于1/1500；表面粗糙度：0.03mm。

钢构件摩擦面处理是指使用高强度螺栓连接时构件接触面的钢材表面加工，经过加工使其接触处表面的抗滑移系数达到设计要求额定值，一般取0.45～0.55。摩擦面的处理可采用喷砂、喷丸、酸洗、砂轮打磨等方法，一般应按设计要求进行。采用砂轮打磨处理摩擦面时，打磨范围不应小于螺栓孔径的4倍，打磨方向宜与构件受力方向垂直。高强度螺栓的摩擦连接面不得涂装，高强度螺栓安装完后，应将连接板周围封闭，再进行涂装。

(7) 除锈、涂装、编号与发运

钢构件表面的除锈方法和除锈等级应符合规范的规定。构件表面除锈方法和除锈等级应与设计采用的涂料相适应。

在钢材表面涂刷防护涂层是防止腐蚀的主要手段。其涂料、涂装遍数、涂层厚度均应符合相关设计要求。当设计对涂层厚度无要求时，宜涂装4～5遍，涂层干漆膜总厚度：室外应为150μm，室内应为125μm，其允许偏差为－25μm。涂装时环境温度宜在5～38℃之间，相对湿度不应大于85%，构件表面有结露时不得涂装，涂装后4h内不得淋雨。施工图中注明不涂装的部位和安装焊缝处的30～50mm宽范围内以及高强度螺栓摩擦连接面不得涂装。

钢构件涂装完毕后，应在构件上标注构件的原编号。大型构件还应标明质量、重心位置和定位标记。

包装应在涂层干燥后进行。包装应保护构件涂层不受损伤，保证构件、零件不变形、不损坏、不散失，并应符合运输的相关规定。包装箱上应标注构件、零件的名称、编号、质量、重心和吊点位置等，并应填写包装清单。包装和发运应按照吊装顺序配套进行。

二、高层钢结构安装

（一）钢结构安装前的准备

高层钢结构安装前的准备工作主要有：编制施工方案，拟定技术措施，构件检查，施工设备、工具、材料准备及施工人员组织等。

1. 钢结构安装顺序

在制定钢结构安装方案时，主要应根据建筑物的平面形状、高度、单个构件的质量、施工现场条件等来确定施工顺序。

高层钢结构安装的平面流水段划分应考虑钢结构在安装过程中的对称性和整体稳定性。其安装顺序一般应由中央向四周扩展，以利焊接误差的减少和消除。立面流水以一节钢柱为单元，每个单元以主梁或钢支撑、带状桁架安装成框架为原则；然后是次梁、楼板及非结构构件的安装。

2. 起重机械的选择

高层钢结构安装皆用塔式起重机，要求塔式起重机有足够的起重能力、起重幅度与起重高度，满足不同部位构件起吊要求；钢丝绳要满足起吊高度的要求；起吊速度应能满足安装要求。多机作业时，臂杆要有足够的高差，能不碰撞的安全运转，且塔机之间应保持足够的安全距离，确保臂杆不与塔身相碰。

此外，选配1～2台人货两用垂直运输机（人货电梯），供施工人员上下及各种连接、焊接材料、零星工具的垂直运输，人货两用电梯随钢框架的安装进度而逐渐增加高度。

3. 钢构件质量验收与吊装准备工作

（1）钢构件质量验收

钢结构安装前，必须对所使用的构件进行检查与验收，其主要内容为：① 构件尺寸与外观检查：根据施工图，测量构件长度、宽度、高度、层高、坡口位置与角度、节点位置，高强度螺栓的开孔位置、间距、孔数，以及检查是否有构件弯曲、变形、扭曲和碰伤等现象；② 构件加工精度的检查：包括切割面的位置、角度及粗糙度、毛刺、变形及缺陷，弯曲构件的弧度和高强度螺栓摩擦面等；③ 焊缝的外观检查和无损探伤检查。

验收后的钢构件堆放构件应确保不变形，无损伤，稳定性好，一般梁、柱叠放不宜超过6层。

(2) 吊装准备工作

1) 钢构件弹线。在钢构件上根据就位和校正的需要，弹好轴线安装位置线及安装中心线等，对不对称的构件还应标注安装方向，对大型构件应标注出重心和吊点，标注可采用不同于构件涂装涂料颜色的油漆作标记，做到清楚、准确、醒目。钢柱及钢柱标注如图6-17所示。

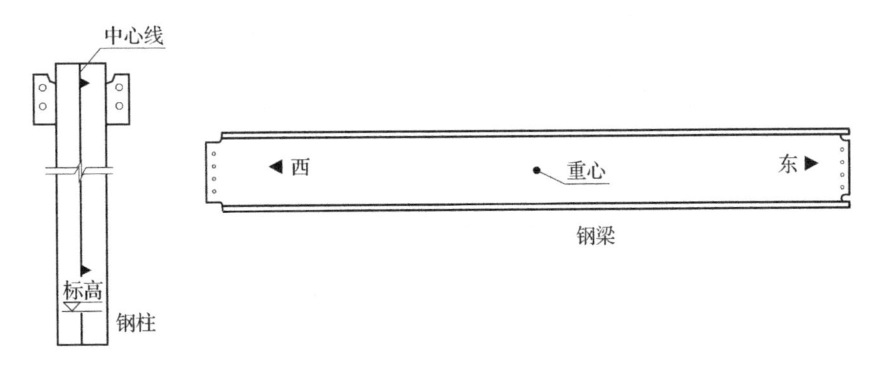

图 6-17　钢柱及钢柱标注示意图

2) 钢柱基础验收

钢结构安装前应对建筑物的定位轴线、基础中心线和标高、地脚螺栓位置等进行检查，并应进行基础检测和办理交接验收。

(二) 钢结构构件安装

1. 安装流水段的划分

钢结构安装需按照建筑物平面形状、结构形式、安装机械数量和位置等，在平面上划分流水施工段。在竖向一般以一节钢柱（一般为2～3个楼层高）为一个施工层。

(1) 平面流水段划分应考虑钢结构安装过程中的整体稳定性和对称性，安装顺序一般由中央向四周扩展，以减少焊接误差。

(2) 一节钢柱范围内的构件安装顺序：先安装柱子→安上层主梁→安中层主梁与下层主梁→在四根主梁围成的一个区域内，先安上层次梁，再安中、下层次梁。

(3) 立面流水段划分，以一节钢柱高度内所有构件作为一个流水段。一个立面流水段内的安装顺序为：第 N 节钢框架安装准备→安装登高爬梯→安装操作平台、通道→安装柱、梁、支撑等形成钢框架→节点螺栓临时固定→检查垂直度、标高、位移→拉校正用缆索→整体校正→中间验收→高强度螺栓终拧紧固→接柱焊接→梁焊接→超声探伤→拆除校正用缆索→塔式起重机爬升→第 $N+1$ 节钢框架安装准备

2. 钢构件吊装

(1) 钢柱吊装。钢柱的吊点可利用柱上端连接板上螺栓孔作为吊装孔或设置吊耳。当由多个构件在地面组装为扩大单元进行安装时，吊点应由计算确定。根据钢柱的重量和起重机的起重量，钢柱的吊装用单机吊装或双机抬吊。单机吊装时需在柱子根部垫以垫木，以回转法起吊，严禁柱根拖地，通过吊钩上升与变幅以及吊臂回转，逐步将钢柱大致扶直，等钢柱停止晃动后再继续提升，将钢柱吊装到位。钢柱吊装就位后，通过上、下柱头的临时耳板和连接板，用M22×90mm的大六角头高强度螺栓进行临时固定。图6-18为

钢柱的单机起吊与双机抬吊示意图。

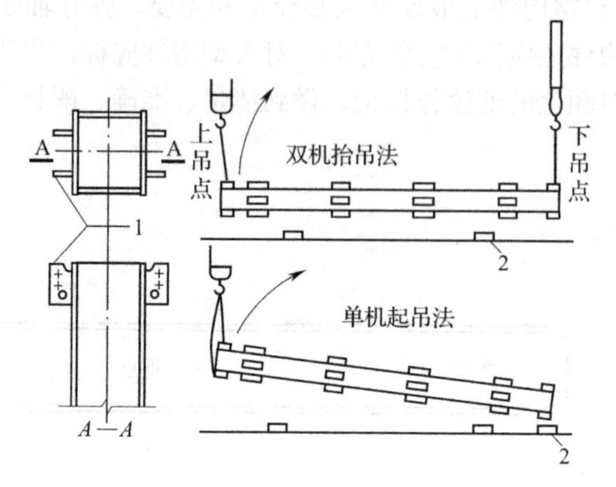

图 6-18　钢柱的单机起吊与双机抬吊

1—吊耳；2—垫木

(2) 钢梁吊装。钢梁吊装时一般在钢梁上翼缘处开孔，作为吊点。吊点位置取决于钢梁的跨度。为加快吊装速度，对重量较小的次梁和其他小梁，多利用多头吊索一次吊装数根。有时将梁、柱在地面组装成排架进行整体吊装。一节钢柱之间有三层钢梁，可采取“三梁一吊”。先安上层梁，再装中、下层梁。安装框架主梁时，要根据焊缝收缩量预留焊缝变形量。

(3) 压型钢板（楼板）安装

待一节钢柱范围内的所有柱、梁安装完毕，高强度螺栓终拧、顶层（上层）梁柱节点焊接完成后，复测安装精度，即可开始放线，铺设压型钢板。安装楼层压型钢板时，先在梁上画出压型钢板铺钢的位置线。铺放时要对正相邻两排压型钢板的端头坡形槽口，以便使现浇层中的钢筋能顺利通过。压型钢板吊装到位后，先铺顶层板，然后铺下层板，最后铺中层压型钢板。

3. 钢结构构件高强度螺栓连接

高强度螺栓连接是目前建筑钢结构最主要的连接方式之一，在国内许多著名的超高层建筑中，均大量采用。高强度螺栓连接具有传力均匀、接头承载能力大、抗疲劳强度高、结构安全可靠、施工方便等特点。

(1) 高强度螺栓连接副

高强度螺栓连接副由螺栓杆、螺母和垫圈组成。高强度螺栓连接副分扭矩型和扭剪型两类。扭矩型高强度螺栓连接副由一个螺栓杆、一个螺母和两个垫圈组成，用定扭矩扳手进行初拧和终拧。扭剪型高强度螺栓连接副由一个螺栓杆、一个螺母和一个垫圈组成，用定扭矩扳手初拧，用扭剪型高强度螺栓扳手终拧。高强度螺栓应符合现行国家标准《钢结构用高强度大六角头螺栓、大六角螺栓、螺母、垫圈与技术条件》GB/T 1228～1231 或《钢结构用扭剪型高强度螺栓连接副》GB 3632、GB 3633 的规定。

(2) 高强度螺栓连接副的安装和紧固

① 高强度螺栓的穿孔，先用冲子穿入节点的螺栓孔，锤击冲子使各螺孔对正。一般每节点用冲子两只。待螺孔对正后，先穿入不少于 1/3 的普通螺栓固定，其余穿入高强度

螺栓，穿孔后用扳手将其拧紧。然后再将普通螺栓换成高强度螺栓。次梁吊装就位后，直接投放高强度螺栓。同一节点螺孔方向应保持一致。严禁螺孔未对正而强行穿孔。

② 高强度螺栓宜通过初拧、复拧和终拧达到拧紧。终拧前应检查接头处各层钢板是否充分密贴。如钢板较薄，板层较少，也可只作初拧和终拧。初拧扭矩为施工扭矩的50%左右，复拧扭矩等于初拧扭矩。终拧扭矩等于施工扭矩，施工扭矩按下式计算：

$$T_c = K \cdot P_c \cdot d$$

式中 T_c——施工扭矩值（N·m）；

K——高强度螺栓连接副的扭矩系数，按出厂批复验连接副的扭矩系数，每批随机抽取复验8套，8套扭矩系数的平均值应在0.110～0.150范围之内，其标准偏差（0.010）；

P_c——高强度螺栓施工预拉力标准值（kN），见表6-1；

d——高强度螺栓螺杆直径（mm）。

大六角头高强度螺栓施工预拉力（单位：kN） **表6-1**

螺栓性能等级	螺栓公称直径（mm）					
	M16	M20	M22	M24	M27	M30
8.8S	90	140	165	195	225	310
10.9S	110	170	210	250	320	390

扭剪型高强度螺栓的初拧扭矩为 $0.065P_C \cdot d$，复拧扭矩等于初拧扭矩。用专用扳手进行终拧，直至拧掉螺栓尾部梅花头。个别不能用专用扳手进行终拧的，取终拧扭矩为 $0.13P_c \cdot d$。

（3）高强度螺栓连接副的施工质量检查与验收

对于大六角头高强度螺栓，先用小锤（0.3kg）敲击法进行普查，以防漏拧。然后对各节点螺栓数的10%（不少于2个）进行扭矩检查。检查时先在螺杆端面和螺母上画直线，然后将螺母拧松约60°，再用扭矩扳手重新拧紧，使两线重合，测得此时的扭矩在 $0.9T_{ch}$～$1.1T_{ch}$（检查扭矩值）范围内。如有不符合规定的，应再扩大检查10%，如仍有不合格者，则整个节点的高强度螺栓应重新拧紧。扭矩检查应在螺栓终拧1h以后、24h之前完成。

4. 钢构件现场焊接连接

钢结构现场焊接主要是：柱与柱、柱与梁、主梁与次梁、梁拼接、支撑、楼梯等的焊接。接头形式、焊缝等级由设计确定。焊接工艺流程为：焊接设备、材料、安全设施准备→定位焊接衬板、引弧板→坡口检查与清理→气象条件检测→预热→焊接→焊缝外观及超声波检查→气象条件检测→焊接验收。

（1）钢结构焊接顺序

焊接顺序的正确确定，能减少焊接变形，保证焊接质量。一般情况下应：从中心向四周扩展，采用结构对称、节点对称的焊接顺序；先焊收缩量大的焊缝，再焊收缩量小的焊缝；同一根梁的两端不能同时焊接（先焊一端，待其冷却后再焊另一端）。

立面一个流水段（一节钢柱高度内所有构件）的焊接顺序，一般是：① 上层主梁→

压型钢板；② 下层主梁→压型钢板；③ 中层主梁→压型钢板；④ 上、下柱焊接。

（2）焊接工艺

厚度大于 50mm 的碳素结构钢和厚度大于 36mm 的低合金结构钢，施焊前应进行预热，焊后应进行后热。预热温度宜控制在 100～150℃；后热温度应由试验确定。预热区在焊道两侧，每侧宽度均应大于焊件厚度的 1.5 倍，且不应小于 100mm。环境温度低于 0℃时，预热、后热温度应根据工艺试验确定。

柱与柱的对接焊宜在本层梁与柱连接完成之后进行，应由两名焊工在两相对面等温、等速对称焊接。加引弧板时，先焊第一个两相对面，焊层不宜超过 4 层，然后切除引弧板。清理焊缝表面，再焊第二个两相对面，焊层可达 8 层，再换焊第一个两相对面，如此循环直到焊满整个焊缝。不加引弧时，应由两名焊工在相对位置以逆时针方向在距柱角 50mm 处起焊。焊完第一层后，第二层及以后各层均在离前一层起点 30～50mm 处起焊。每焊一遍应认真清渣，焊到柱角处要稍放慢速度，使柱角焊缝饱满。最后一层盖面焊缝，可采用直径较小的焊条和较小的电流进行焊接。H 型钢柱节点的焊接顺序为：先焊翼缘焊缝，再焊腹板焊缝，翼缘板焊接时两名焊工对称、反向焊接。

梁和柱接头的焊接，应设长度大于 3 倍焊缝厚度的引弧板。引弧板的厚度应和焊缝厚度相适应，焊完后割去引弧板时应留 5～10mm。

梁和柱接头的焊缝，一般先焊梁的下翼缘板，再焊上翼缘板。梁的两端先焊一端，待其冷却至常温后再焊另一端，不宜对一根梁的两端同时施焊。

（3）焊缝质量检验

钢结构的焊缝质量应满足《钢结构工程施工质量验收规范》GB 50205—2001 以及《高层民用建筑钢结构技术规程》JGJ 99—2015 的相关规定。

1）外观检查。焊缝质量的外观检查，应按设计文件规定的标准在焊缝冷却后进行，由低合金结构钢焊接而成的大型梁、柱结构以及厚板焊接件，应在完成焊接 24h 以后进行。要求焊缝表面均匀、平滑、无折皱、无间断和无未满焊，并与基本金属平缓连接，严禁有裂纹、夹渣、焊瘤、烧穿、弧坑、针状气孔和熔合性飞溅等缺陷。若发现有裂纹疑点时，可用磁粉探伤或着色渗透探伤进行复检。

2）无损伤检验。图纸和技术要求全熔透的焊缝，应进行 x 射线检验或超声波检验。

5. 钢结构安装校正

高层钢结构安装的校正是以钢柱为主。钢柱就位后，先调整标高，后调整位移，最后调整垂直度。直到柱的标高、位移、垂直度符合要求。

（1）钢柱校正

柱子安装的允许误差为：底层柱柱底轴线与定位轴线偏移 3mm；柱子轴线与定位轴线偏移 1mm；单节柱的垂直度 $h/1000$（h 为柱高），且不大于 10mm。

1）标高调整。上柱与下柱对正后，用连接板与高强度螺栓将下柱柱头与上柱柱根连起来，螺栓暂不拧紧；量取下柱柱头标高线与上柱柱根标高线之间的距离，量取四面；通过吊钩升降以及撬棍的拨动，使标高线间距离符合要求。

2）扭转调整。在上柱和下柱耳板的不同侧面加垫板，再夹紧连接板，即可以达到校正扭转偏差的目的。

3）垂直度调整。垂直度通过千斤顶与铁楔进行调整，在钢柱偏斜的同侧锤击铁楔或微微顶升千斤顶，便可将垂直度校正至零。

（2）钢梁校正

钢梁的校正主要包括标高调整，纵横轴线和垂直度调整。

1）标高调整。当钢梁吊装完毕后，用一台水准仪（精度在±3mm/km）架在梁上或专门搭设的平台上，进行校正。如果水平度超标，主要原因是柱子吊耳位置或螺孔位置有偏差。可针对不同情况或割除耳板重焊或填平螺孔重新制孔。

2）纵横轴线校正。柱子安装完后，及时将柱间支撑安装好形成排架，首先要用经纬仪在柱子纵向侧端部从柱基控制轴线引到牛腿顶部，定出轴线距离钢梁中心线的距离，在钢梁顶面中心线拉一通长钢丝，逐根钢梁端部调整到位，可用千斤顶或手拉葫芦进行轴线位移。

3）钢梁垂直度校正。从钢梁上翼缘挂锤球下来，测量线绳至梁腹板上下两处的水平距离，根据距离不同进行相应调整。

6. 安全施工措施

高层钢结构安装，多为高处和悬空作业，应特别注意操作安全：

（1）在钢结构吊装时，为防止人员、物料和工具坠落或飞出造成安全事故，需铺设安全网。安全网分平网和竖网：安全平网设置在梁面以上2m处，当楼层高度小于4.5m时，安全平网可隔层设置，安全平网要求在建筑平面范围内满铺。安全竖网铺设在建筑物外围，防止人和物飞出造成安全事故，竖网铺设的高度一般为两节柱的高度。

（2）在柱、梁安装后而未设置浇筑楼板用的压型钢板时，为便于柱子螺栓等施工的方便，需在钢梁上铺设适当数量的走道板。为便于接柱施工，在接柱处要设操作平台。平台固定在下节柱的顶部。需在刚安装的钢梁上设置存放设备（如电焊机、空压机、氧气瓶、乙炔瓶等）用的平台。设置平台的钢梁，不能只投入少量临时螺栓，而需将紧固螺栓全部投入并加以拧紧。

（3）附在柱、梁上的爬梯、走道、操作平台、高空作业吊篮、临时脚手架等，应与钢构件连接牢固。

（4）操作人员需在水平钢梁上行走时，必须系好安全带，安全带要挂在钢梁上设置的安全绳上，安全绳的立杆钢管必须与钢梁连接牢固。高空操作人员携带的手动工具、螺栓、焊条等小件物品，必须放在工具袋内。

（5）施工用的电动机械和设备均须接地，各种用电设备和电缆要经常检查，以保证其绝缘性。施工用电器设备和机械的电缆，须集中在一起，并随楼层的施工而逐节升高。每层楼面须分别设置配电箱，供每层楼面施工用电需要。

（6）风力大于5级、雨、雪等天气和构件上有积雪、结冰、积水时，应停止高空钢结构的安装作业。

复习思考题

1. 模板主体结构建筑体系分为哪几种形式？什么叫内墙现浇外墙预制？
2. 大模板混凝土浇筑后强度达到多少可以拆模？
3. 滑模装置主要有哪几部分组成？各有什么作用？

4. 支承杆有哪几种接长方法？采用什么方法可以使支承杆反复接长？
5. 如何控制滑模施工混凝土最佳出模强度？最佳混凝土出模强度为多少？
6. 爬升模板分为哪几种形式？什么叫无爬架爬模？
7. 我国钢结构工程中使用的钢材有哪几类？
8. 试简述钢结构构件的制作流程。
9. 如何进行钢结构构件的吊装与校正？
10. 高层钢结构焊接应遵循什么样的焊接顺序？
11. 如何进行高强度螺栓连接的质量检查？

第七章　结构安装工程

本章学习要点：

1. 了解起重机的类型，掌握起重参数及相互关系，能够正确地选择起重机。

2. 了解单层工业厂房结构安装工作的全过程，掌握柱、吊车梁、屋架等主要构件的安装工艺及平面布置，并能拟定吊装方案。

3. 了解多层装配式框架结构安装的特点及吊装方案。

4. 了解大跨度网架结构的施工方法。

第一节　起重机械与设备

常用的起重机械有桅杆式起重机、履带式起重机、汽车式起重机、塔式起重机等。常用的辅助设备有卷扬机、钢丝绳、滑轮组、横吊梁等。正确选用起重机械是完成结构安装工程的主导因素。起重机的选择应综合考虑结构的跨度、高度，构件重量和吊装工程量，施工现场条件，本企业和本地区现有起重设备状况等因素。

一、桅杆式起重机

桅杆式起重机又称为拔杆，一般用木材或钢材制作。这类起重机具有制作简单、装拆方便、起重量大、受施工场地限制小的特点。特别是吊装大型构件而又缺少大型起重机械时，这类起重设备更显示出它的优越性。但这类起重机需设较多的缆风绳，移动困难。另外，其起重半径小，灵活性差。因此桅杆式起重机一般多用于构件较重、吊装工程比较集中、施工场地狭窄、大型起重机械进场困难时。

桅杆式起重机按其构造不同，可分为独脚拔杆、人字拔杆和牵缆式拔杆等。

1. 独脚拔杆

独脚拔杆是由拔杆、起重滑轮组、卷扬机、缆风绳及锚锭等组成，见图 7-1。其中，缆风绳数量一般为 6～12 根，最少不得少于 4 根，起重时拔杆保持不大于 10°的倾角，独脚拔杆的移动靠其底部的拖橇进行。

独脚拔杆按材料分有木独脚拔杆、钢管独脚拔杆和格构式独脚拔杆。木独脚拔杆起重量在 100kN 以内，起重高度一般为 8～15m；钢管独脚拔杆起重量可达 300kN，起重高度在 30m 以内；格构式独脚拔杆起重量可达 1000kN，起重高度可达 70m。

2. 人字拔杆

人字拔杆一般是由两根圆木或两根钢管用钢丝绳绑扎或铁件铰接而成，见图 7-2。人字拔杆底部设有拉杆或拉绳以平衡水平推力，两杆夹角一般为 30°左右。人字拔杆起重时拔杆向前倾斜，在后面有两根缆风绳。人字拔杆的优点是侧向稳定性比独脚拔杆好，所用缆风绳数量少，但构件起吊后活动范围小。圆木人字拔杆起重量为 40～140kN，钢管人字拔杆起重量约 100kN。

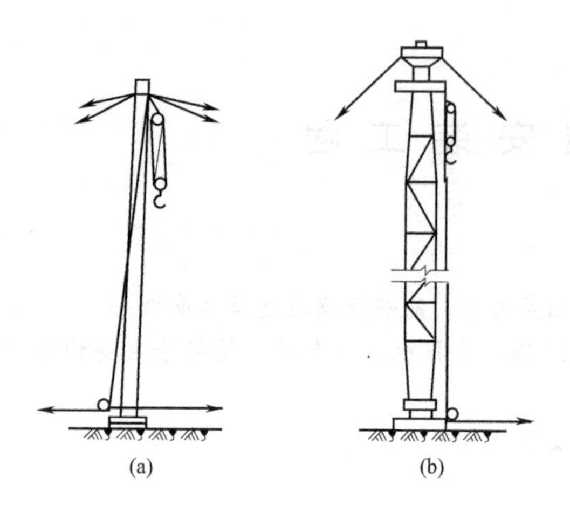

图 7-1　独脚拔杆

（a）木拔杆；（b）格构式钢拔杆

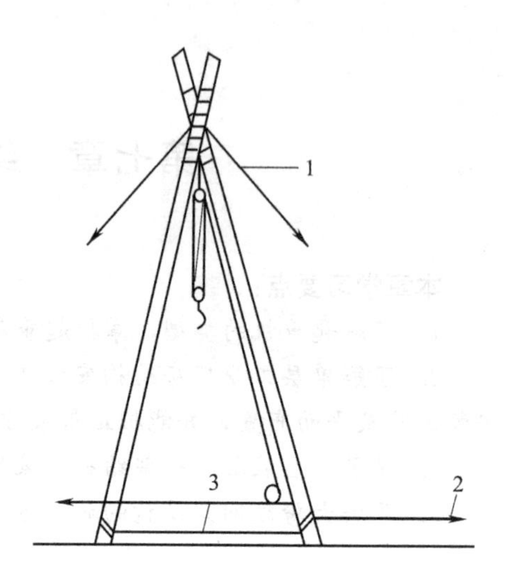

图 7-2　人字拔杆

1—缆风绳；2—锚锭；3—拉绳

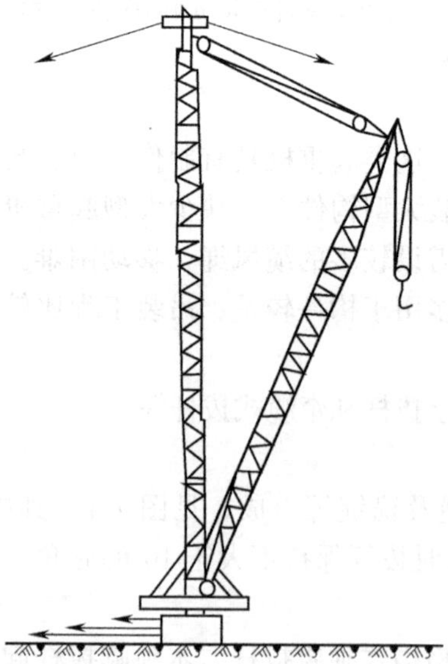

3. 牵缆式拔杆起重机

牵缆式拔杆起重机是在独脚拔杆下部装一根起重臂而成，见图 7-3。这种起重机的起重臂可以起伏，机身可回转 360°，可以在起重半径范围内把构件吊到任何位置。用圆木制作的桅杆，高度可达 25m，起重量 50kN 左右；用角钢组成的格构式桅杆，高度可达 80m，起重量 100kN 左右。

图 7-3　牵缆式拔杆起重机

二、自行杆式起重机

自行杆式起重机包括履带式起重机、汽车式起重机、轮胎式起重机。

（一）履带式起重机

1. 履带式起重机的特点及构造

履带起重机是在行走的履带底盘上装有起重装置的起重机械，是一种自行式、全回转起重机。履带式起重机操作灵活，使用方便，活动范围大，有较大的起重能力和工作速度。在平整坚实的道路上尚可负重行走，在结构安装特别是单层工业厂房结构安装中广泛应用。履带起重机由动力系统、传动系统、行走系统、卷扬机、操作系统和工作系统等组成（图 7-4）。

2. 履带式起重机的技术性能

常用履带式起重机有：W_1-50、W_1-100、W_1-200 等型号，其外形尺寸见表 7-1。

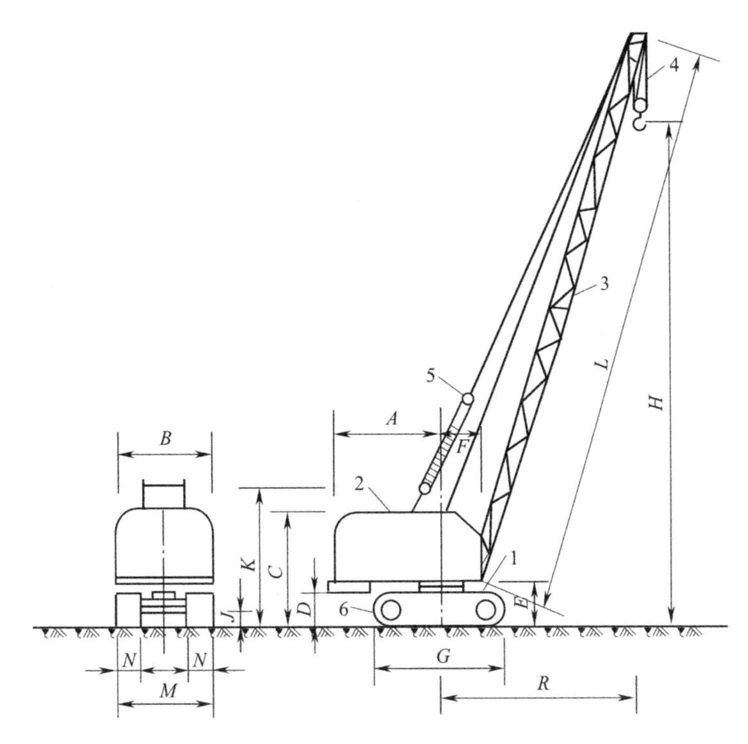

图 7-4　履带式起重机

1—底盘；2—机棚；3—起重机臂；4—起重滑轮组；5—变幅滑轮组；6—履带

A、*B*、*C*、*D*、*G*、*E*、*K*、*M*、*N*—外形尺寸符号；*L*—起重臂长度；*H*—起升高度；*R*—工作幅度

履带式起重机外形尺寸（mm）　　　**表 7-1**

符号	名　称	型　号		
		W_1-50	W_1-100	W_1-200
A	机身尾部到回转中心距离	2900	3300	4500
B	机身宽度	2700	3120	3200
C	机身顶部到地面高度	3220	3675	4125
D	机棚尾部底部距地面高度	1000	1045	1190
E	吊杆枢轴中心距离地面高度	1555	1700	2100
F	吊杆枢轴中心至回转中心距离	1000	1300	1600
G	履带长度	3420	4005	4950
I	履带板宽度	550	675	800
J	行走底架距地面高度	300	275	390
K	机身上部支架距地面高度	3480	4170	6300

履带式起重机的技术性能包括起吊重量 *Q*、起重半径 *R*、起吊高度 *H* 三个主要参数。起重量一般不包括吊钩、索具重量。起吊高度是指从停机面到吊钩中心的距离。起重机技术性能的 3 个参数是相互关联的。例如确定一个起重半径 *R*，起吊的最大高度即随之而确

定，同时有一对应的起吊重量 Q，相对于起重半径从最小到最大（R_{min}～R_{max}称为工作幅度），起吊高度从最大到最小，起重量也从最大到最小。履带式起重机械的工作性能可用表和曲线图表示，图 7-5 为 W_1－100 型起重机性能曲线，表 7-2 列示了 W_1－50、W_1－100、W_1－200 等型号起重机的工作性能参数。

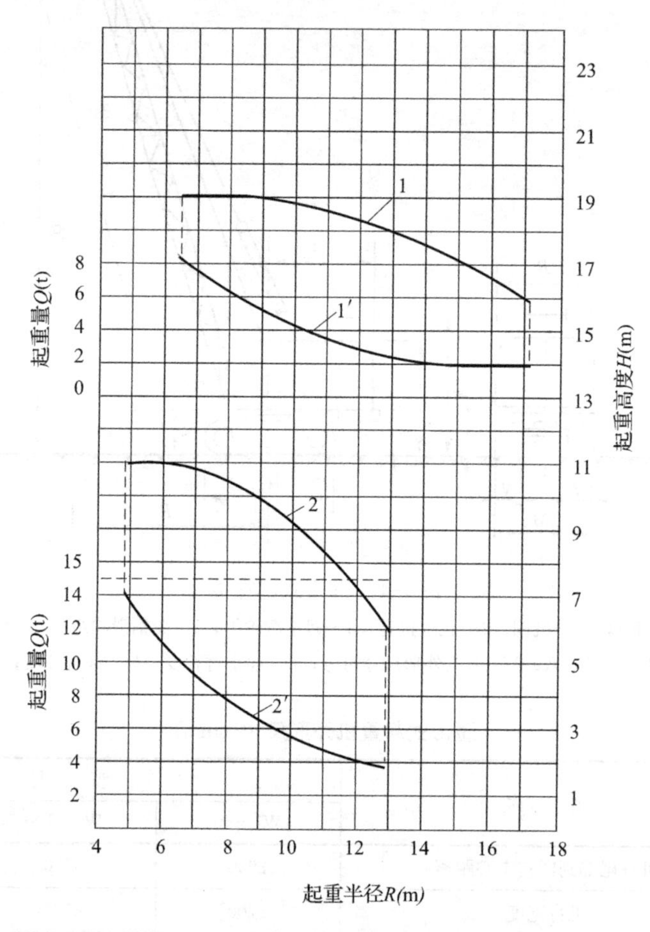

图 7-5　W_1－100 型履带式起重机性能曲线

1、1′—L=23m；R—H 曲线、Q—R 曲线

2、2′—L=13m；R—H 曲线、Q—R 曲线

履带式起重机技术性能表　　**表 7-2**

参数	单位	型号							
		W_1－50			W_1－100		W_1－200		
起重臂长度	m	10	18	18 带鸟嘴	13	23	15	30	40
最大起重半径	m	10.0	17.0	10.0	12.5	17.0	15.5	22.5	30.0
最小起重半径	m	3.7	4.5	6.0	4.23	6.5	4.5	8.0	10.0

续表

参数		单位	型号							
			W_1-50			W_1-100		W_1-200		
起重量	最小起重半径时	t	10.0	7.5	2.0	15	8.0	50.0	20.0	8.0
	最大起重半径时	t	2.6	1.0	1.0	3.5	1.7	8.2	4.3	1.5
起重高度	最小起重半径时	m	9.2	17.2	17.2	11.0	19.0	12.0	26.8	36.0
	最大起重半径时	m	3.7	7.6	14.0	5.8	16.0	3.0	19.0	25.0

履带式起重机工作时，为了安全，应注意使用上的一些要求：① 吊装时起重机吊钩中心到定滑轮中心之间应保持一定的安全距离。一般为 2.5～3.5m；② 施工场地应满足履带对地面的压强要求，空车停置时为 78～98kPa，空车行走时为 98～186kPa，起重时为 167～294kPa；③ 起重机工作时地面允许的最大坡度不应该超过 3%；④ 履带式起重机一般不宜同时进行起重与旋转的操作，也不宜边起重边改变臂架幅度；⑤ 起重机臂杆的倾角不宜超过规定值，最大允许值若无资料时最大倾角不超过 78°；⑥ 起重机如必须负重行驶，荷载不得超过允许起重量的 70%，重物应在起重机行走的正前方，重物离地不得超过 500mm，并拧好拉绳。

3. 起重机工作最小臂长验算

履带式起重机在进行结构吊装时，为了保证能够将所有的构件吊到指定的安装位置，对起重机的臂长提出了要求。当臂长不满足时则必须接长，这时需进行稳定性验算，以保证起重机在吊装中不会发生倾覆事故。

起重机接长起重臂后的稳定性计算，可近似地按力矩等量换算原则求出起重臂接长后的允许起重量 Q'（图 7-6），这样，接长起重臂后，如吊装荷载不超过 Q'，起重机即可满足稳定性的要求。

由 $\sum M_A=0$，得

$$Q'\left(R'-\frac{M-N}{2}\right)+G'\left(\frac{R'+R}{2}-\frac{M-N}{2}\right)\leqslant Q\left(R-\frac{M-N}{2}\right)$$

化简，得

$$Q'\leqslant\frac{1}{2R'-M+N}[Q(2R-M+N)-G'(R'+R-M+N)] \tag{7-1}$$

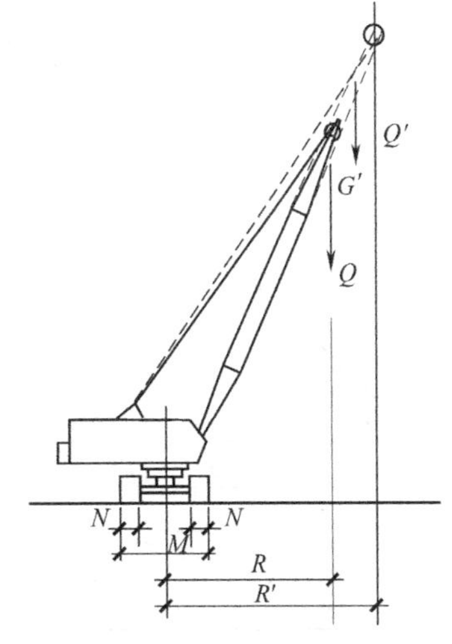

图 7-6 起重臂接长

式中 R'——接长起重臂后的最小回转半径；

R——起重机原有最大臂长的最小回转半径；

G'——起重臂在中部接长后，端部增长部分的重力；

Q——起重机原有性能表规定的最大臂长时的最大起重力。

（二）汽车式起重机

汽车式起重机是把起重机构安装在通用或专用汽车底盘上的一种自行式全回转起重机（图 7-7）。其行驶的驾驶室与起重机操纵室是分开的。可用于一般厂房的结构吊装。汽车式起重机的优点是行驶速度快，转移迅速，对路面破坏小。其缺点是起重时必须使用支腿，因而不能负荷行驶。

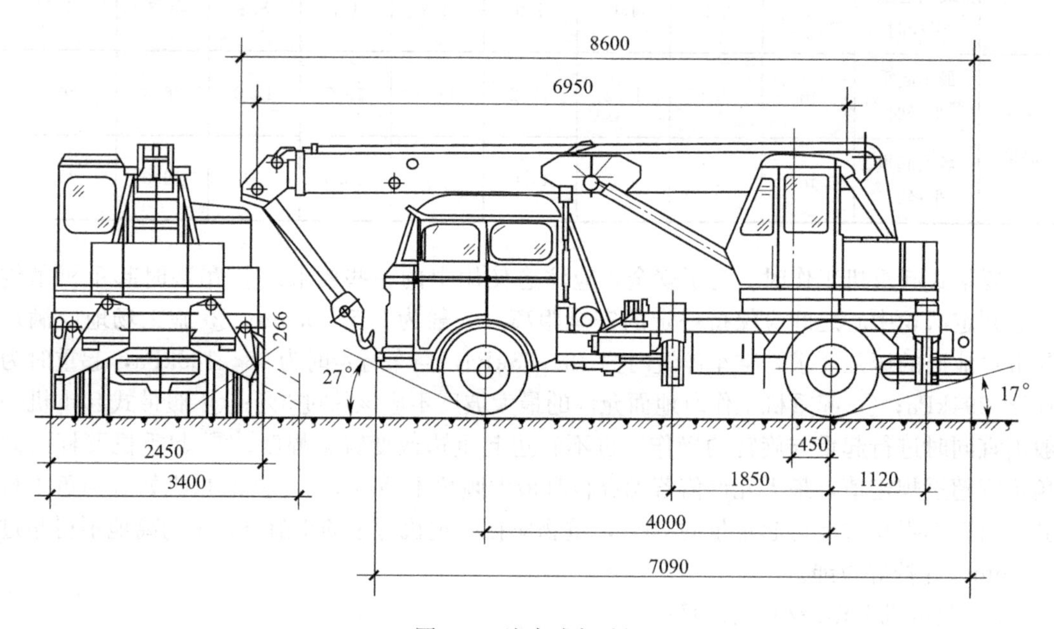

图 7-7　汽车式起重机

汽车式起重机按起重量大小分为轻型、中型和重型三种。起重量在 20t 以内的为轻型，20～50t 的为中型，50t 及以上的为重型；按起重臂形式分为桁架臂或箱形臂两种；按传动装置形式分为机械传动、电力传动、液压传动三种。常用的汽车式起重机有 Q1 型（机械传动和操纵）、Q2 型（全液压传动和伸缩式起重臂）、Q3 型（多电动机驱动各工作机构）以及 YD 型随车起重机四种。

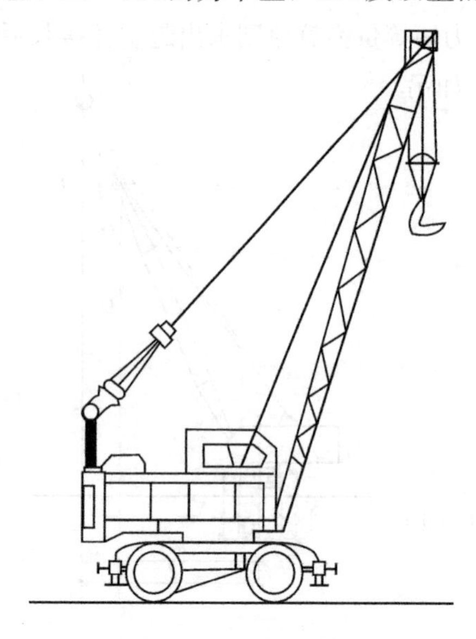

图 7-8　轮胎式起重机

（三）轮胎式起重机

轮胎式起重机是一种装在专用轮胎式行走底盘上的起重机（图 7-8），其横向尺寸较大，故横向稳定性好，能全回转作业，并能在允许载荷下负荷行驶。它与汽车起重机有很多相同之处，主要差别是行驶速度慢，故不宜作长距离行驶，适宜于作业地点相对固定而作业量较大的场合。

轮胎式起重机按传动方式分为机械式（QL）、电动式（QLD）和液压式（QLY）。液压式发展快，已逐渐替代了机械式和电动式。

三、塔式起重机

塔式起重机是一种塔身直立，起重臂安在塔身顶部且可360°回转的起重机。一般具有较大的起重高度和较长的起重臂。目前，塔式起重机起重量可达40t左右，起重高度可达70～80m，广泛用于多层及高层装配式及现浇式结构的施工。

塔式起重机可按行走机构、变幅方式、回转机构位置及爬升方式的不同而分成若干类型，如轨道式、爬升式和附着式塔式起重机等，见表7-3。

塔式起重机的分类 **表7-3**

分类方式	类　别
按固定方式划分	固定式；轨道式；附着式；爬升式
按架设方式划分	自升；分段架设；整体架设；快速拆装
按塔身构造划分	非伸缩式；伸缩式
按臂构造划分	整体式；伸缩式；折叠式
按回转方式划分	上回转式；下回转式
按变幅方式划分	小车移动；臂杆仰俯；臂杆伸缩
按控速方式划分	分级变速；无级变速
按操作控制方式划分	手动操作；电脑自动监控
按起重能力划分	轻型（≤80t·m）；中型（≥80t·m，≤250t·m） 重型（≥250t·m，≤1000t·m）；超重型（≥1000t·m）

1. 轨道式塔式起重机

轨道式塔式起重机能负荷行走，能同时完成水平运输和垂直运输，且能在直线和曲线轨道上运行，使用安全，生产效率高，可增减塔身互换节架来调解起重高度；缺点是装拆及转移耗费工时多，台班费较高。

常用的轨道式塔式起重机有QT_1－2型、QT_1－6型、QT－60/80型、QT_1－15型、QT－25型等多种；轨道式塔式起重机的主要性能参数有：起重幅度、起重量、起升速度及行走速度等。

图7-9为QT－60/80型起重机，它是一种上旋式塔式起重机，起重量30～80kN，幅度7.5～20m，是建筑工地使用得较多的一种塔式起重机。QT－60/80型塔式起重机由塔身、底梁、塔顶、塔帽、吊臂、平衡臂和起升、变幅、回旋、行走机构及电气系统等组成。其特点是塔身可以按需要增减互换而改变长度，并且可以转弯行驶。

2. 附着式塔式起重机

附着式塔式起重机是现代高层建筑施工最常用的一种垂直运输机械，其直接固定在建筑物的混凝土基础上，依靠爬升系统，随着建筑施工进度而自行向上接高。每隔20m左右将塔身与建筑物的框架用锚固装置连接起来。图7-10为附着式塔式起重机示意图。附着式塔式起重机能适应多种工作情况还可装在建筑物内部作爬升式塔式起重机使用或作轨道式塔式起重机使用。

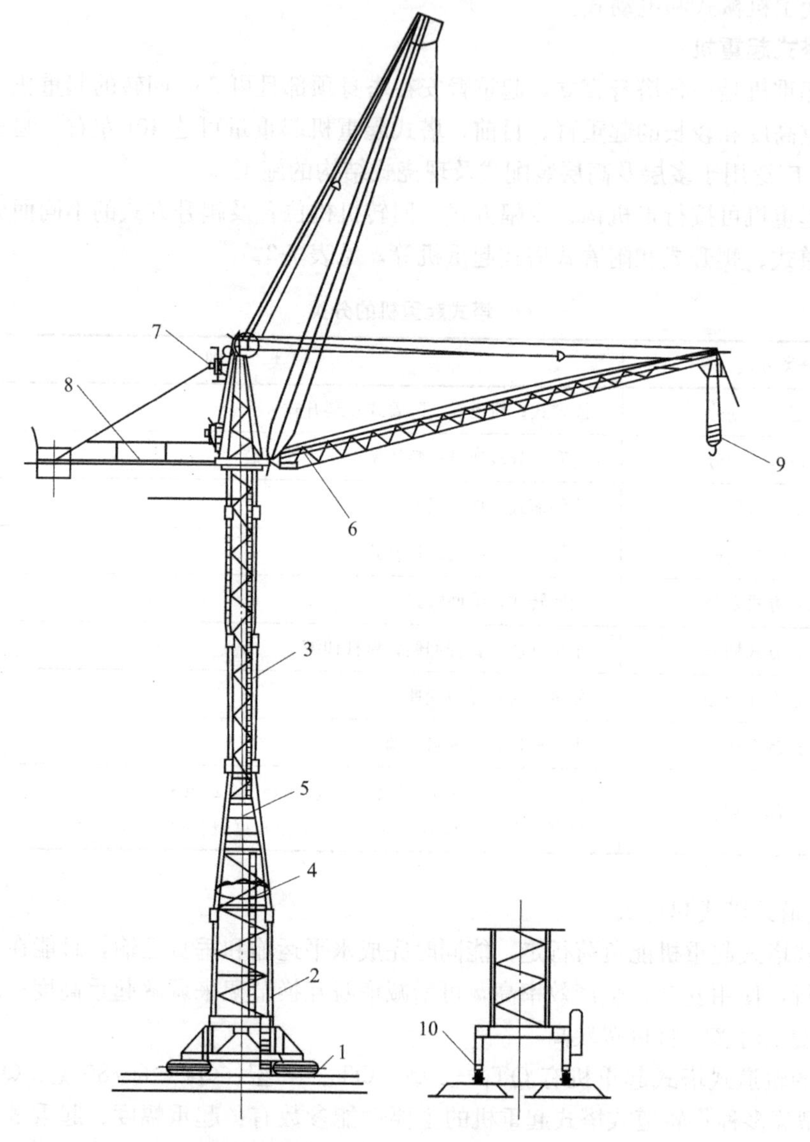

图 7-9　QT—60/80 型塔式起重机

1—从动台车；2—下节台身；3—上节台身；4—卷扬机构；5—操纵室；
6—吊臂；7—塔顶；8—平衡臂；9—吊钩；10—驱动台车

附着式塔式起重机顶升接高的过程如图 7-11 所示。可以分五个步骤：① 吊运一个标准节到摆渡小车上，并将过渡节与塔身标准节相连的螺栓松开，准备顶升（图 7-11a）。② 开动液压千斤顶，将塔机上部结构上升到超过一个标准节的高度；然后用定位销将套架固定，起重机上部结构的重量通过定位销传递到塔身（图 7-11b）。③ 液压千斤顶回缩，形成引入空间，将装有标准节的摆渡小车开进引进空间内（图 7-11c）。④ 利用液压千斤顶稍微提起待接高的标准节，退出摆渡小车，然后将待接高的标准节平稳落在下面的塔身上，并用螺栓连接（图 7-11d）。⑤拔出定位销，下降过渡节，使之与已接高的塔身连成整体（图 7-11e）。

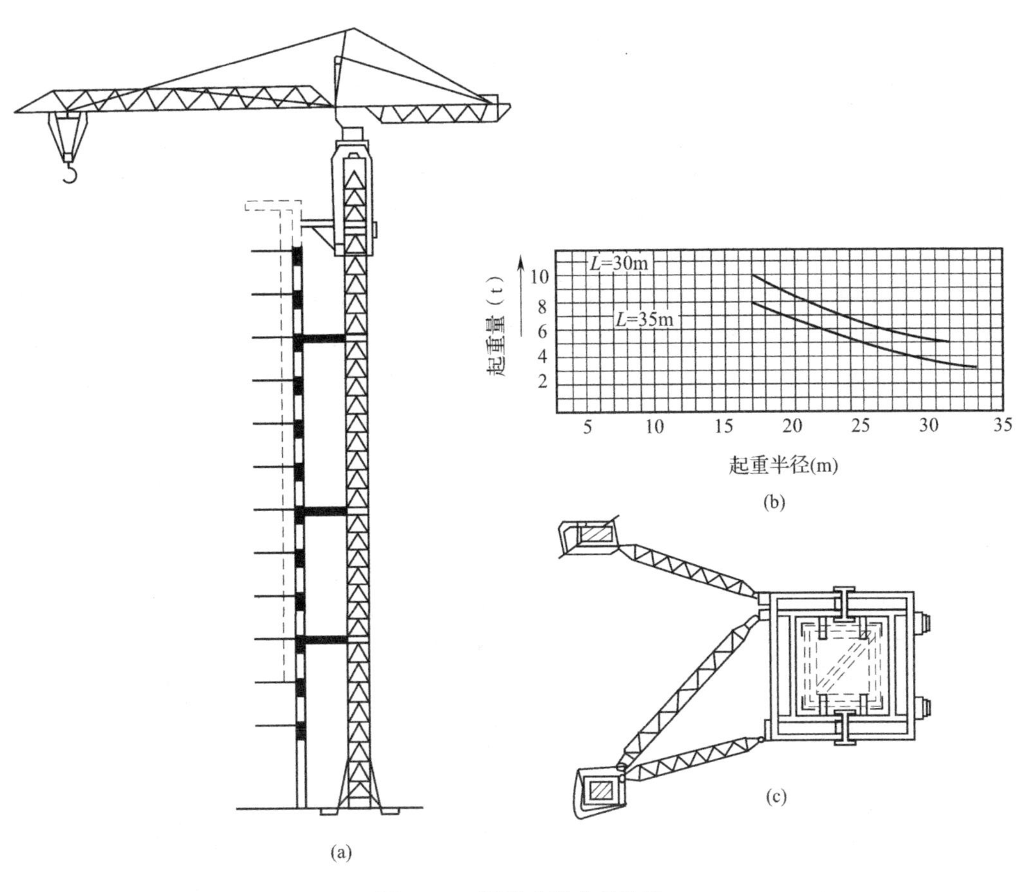

图 7-10　附着式塔式起重机

（a）立面图；（b）性能曲线；（c）锚固装置

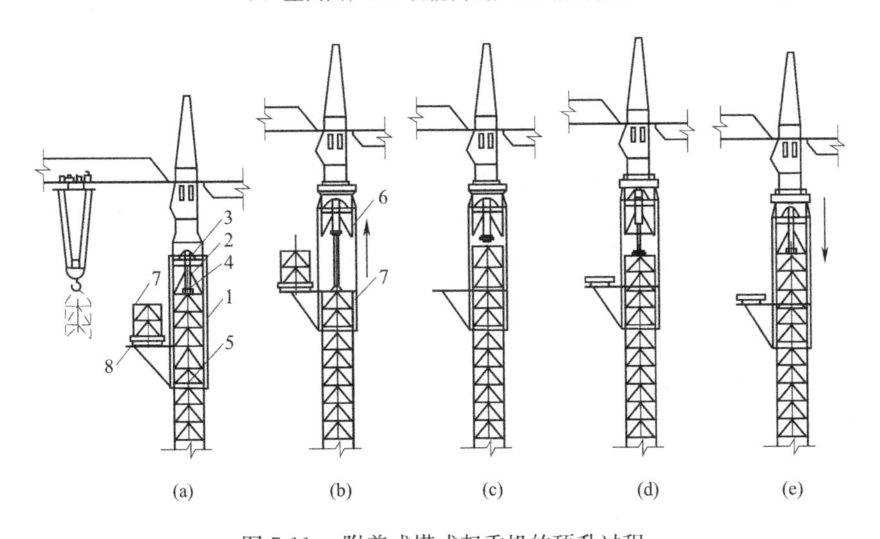

图 7-11　附着式塔式起重机的顶升过程

（a）准备状态；（b）顶升塔顶；（c）推入塔身标准节；（d）安装塔身标准节；（e）塔顶与塔身连成整体

1—顶升套架；2—液压千斤顶；3—支座；4—顶升横梁；

5—定位销；6—过渡节；7—标准节；8—摆渡小车

3. 爬升式塔式起重机

在高层结构施工中，一般轨道式塔式起重机起重高度已不能满足构件的吊装要求，需用爬升式塔式起重机。

爬升式塔式起重机又称内爬式起重机，由底座套架、塔身、塔顶、行车式起重臂、平衡臂等部分组成。通常安装在建筑物的电梯井或特设的开间内，一般每两层爬升一次，依靠套架托架和爬升系统自己爬升。

塔式起重机的爬升过程如图 7-12 所示，先用起重钩将套架提升到一个塔位处予以固定（图 7-12a、b），然后松开塔身底座梁与建筑物骨架的连接螺栓，收回支腿，将塔身提到需要位置（图 7-12c），最后旋出支腿，扭紧连接螺栓，即可再次进行安装作业。

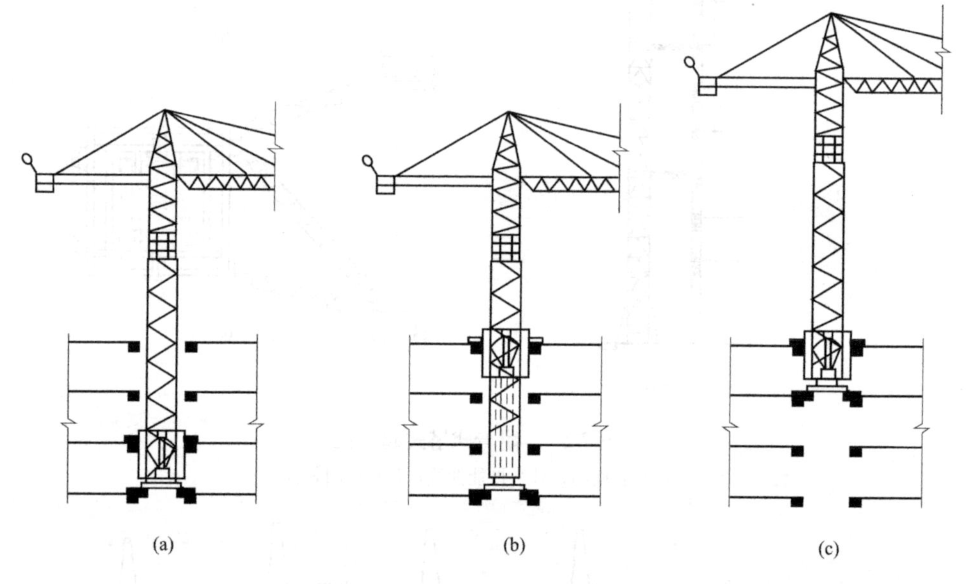

图 7-12　爬升式塔式起重机爬升过程

爬升式塔式起重机优点是机身体积小，重量轻，安装简单，不需要铺设轨道，不占用施工场地。但塔基作用于楼层，建筑结构需要相应的加固，拆卸时需在屋面架设辅助起重设备。适用于高层建筑及高耸构筑物的施工。目前使用的型号主要有 QT5－4/40 型、QT3－4 型等。

四、索具设备

结构安装工程施工中除了起重机外，还要使用许多辅助工具及设备。如钢丝绳、滑轮组、卷扬机及吊具等。

1. 钢丝绳

钢丝绳是由若干根钢丝扭合为一股，再由若干股围绕于绳芯而构成。通常规格是以“股数×每股根数＋芯数”表示，如“6×37＋1”即表示由 6 股（每股为 37 根钢丝）围绕一根绳芯扭结而成的。每股钢丝越多，其柔性越好。常用钢丝绳主要数据见表 7-4。

钢丝绳主要数据表 **表 7-4**

结构形式	直径（mm）		钢丝总断面积（mm²）	参考重量（kg·m）	钢丝绳公称抗拉强度（10N/mm²）				
	钢丝绳	钢丝			140	155	170	185	200
					钢丝破断拉力总和不小于（10N）				
钢丝绳 6×37 (GB 1102—74)	11.0	0.5	43.57	40.96	6090	6750	7400	8060	8710
	13.0	0.6	62.74	58.98	8780	9720	10650	11600	12500
	15.0	0.7	85.39	80.27	11950	13200	14500	15750	17050
	17.5	0.8	111.53	104.8	15600	17250	18950	20600	22300
	19.5	0.9	141.16	132.7	19750	21850	23950	26100	28200
	21.5	1.0	174.27	163.8	24350	27000	29600	32200	34850
	24.0	1.1	210.87	198.2	29500	32650	35800	39000	42150
	26.0	1.2	250.95	235.9	35100	38850	42650	46400	50150
	28.0	1.3	294.52	276.8	41200	45650	50050	54450	58900
	30.0	1.4	341.57	321.1	47800	52900	58050	63150	68300
	32.5	1.5	392.11	368.6	54850	60750	66650	72500	78400
	34.5	1.6	446.13	419.4	62450	69150	75800	82500	89200
	36.5	1.7	503.64	473.4	70500	78050	85600	96150	100500
	39.0	1.8	564.63	530.8	79000	87500	95950	104000	112500
	43.0	2.0	697.08	655.3	97550	108000	118500	128500	139000

钢丝绳使用时应该注意，钢丝绳穿过滑轮组时，滑轮直径应比绳径大 1～1.25 倍，应定期对钢丝绳加油润滑，以减少磨损和腐蚀；使用前应检查核定，每一断面上断丝不超过 3 根，否则不能使用。

2. 滑轮组

滑轮组在建筑工程中广泛使用，它既可省力又可根据需要改变用力方向。滑轮组是由若干个定滑轮、若干个动滑轮和绳索所组成。

滑轮组中共同负担构件重量的绳索根数称为工作线数，也就是在动滑轮上穿绕的绳索根数。滑轮组能省多少力主要取决于共同负担吊重的工作线数的多少。由于滑轮轴承处存在摩擦力，因此滑轮组在工作时每根工作线的受力并不相同。滑轮组钢丝绳的跑头拉力按式（7-2）计算：

$$S = kQ \tag{7-2}$$

式中 Q——计算荷载；

k——滑轮组省力系数。

当钢丝绳从定滑轮绕出：

$$k = \frac{f^n(f-1)}{f^n-1} \tag{7-3}$$

当钢丝绳从动滑轮绕出：

$$k = \frac{f^{n-1}(f-1)}{f^n-1} \tag{7-4}$$

式中 f——单个滑轮的阻力系数，对青铜轴套轴承：$f=1.04$，对无轴套轴承：$f=1.06$；

n——工作线数。

3. 卷扬机

卷扬机又称绞车，分为快速、慢速两种。快速卷扬机又分为单筒和双筒两种，其设备能力为4.0～50kN，主要用于垂直、水平运输和打桩作业。慢速卷扬机多为单筒式，其设备能力为30～200kN，主要用于结构吊装。

卷扬机在使用时应注意：① 缠绕在卷筒上的钢丝绳不能放尽，至少应留2～3圈的安全储备，以免钢丝绳脱钩造成事故；② 卷扬机的安装位置应距第一个导向轮15倍的卷筒长度，以利钢丝绳能自行在卷筒上反复缠绕；③ 钢丝绳应水平地从筒下引入，以减小倾覆力矩；④ 卷扬机使用时必须可靠固定，以防止滑动和倾覆。

4. 横吊梁（铁扁担）

用于减小吊索对构件的轴向压力和起吊高度，分为钢板横吊梁和钢管横吊梁两种类型，见图7-13（a）、（b）。

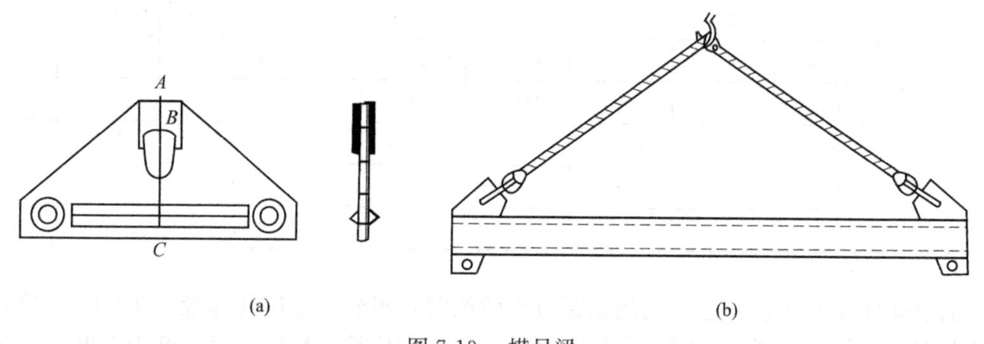

图7-13 横吊梁

（a）钢板横吊梁；（b）钢管横吊梁

第二节 单层工业厂房结构安装

一、吊装前的准备工作

吊装前的准备工作主要包括场地清理、构件的检查、弹线及编号、基础准备等工作。

1. 场地清理

根据施工平面图的要求，在起重机进场前，标出起重机的开行线路和构件堆放位置，清理场地，平整及压实道路，做好场地排水措施，以利起重机的外行和构件的堆放。

2. 构件的检查

构件吊装前，需对构件的质量进行全面的检查。检查混凝土强度是否达到设计要求，若设计无要求时，不应低于设计强度的75%；对于屋架和薄壁构件应达到100%。预应力混凝土构件孔道灌浆的强度不应低于15N/mm²。检查构件的外形和截面尺寸、预埋件及吊环的位置与规格应符合设计的要求。

3. 弹线及编号

构件在吊装前要在构件表面弹线，作为吊装、对位、校正的依据。具体要求如下：

（1）柱子。在柱身的三个面上弹出几何中心线；在柱顶与牛腿上弹出屋架及吊车梁的安装中心线；还应在柱身上标出地坪标高线、基础顶面线（图 7-14）。

（2）屋架。在屋架上弦弹出几何中心线，并从跨中向两端标出天窗架、屋面板的安装控制线；在屋架端头弹出安装中心线。

（3）吊车梁。在吊车梁两端及顶面弹出安装中心线。

在对构件弹线的同时，应按设计图纸对构件进行编号，避免搞错。对不易分辨上下左右的构件还应在构件上标明记号。

4. 基础准备

装配式钢筋混凝土柱基础一般设计成杯形基础，施工时杯底标高应比设计标高低 30～50mm。为了保证柱安装好后牛腿面的设计标高，在吊装前应对杯底标高进行一次调整。调整的方法是：测出杯底的实际标高，再量出柱脚底面至牛腿面的实际长度，算出杯底标高的调整值，在杯口侧面标出，然后用水泥砂浆或细石混凝土将杯口底垫平至标识处。此外，还要在杯口的面上弹出建筑结构的纵横定位轴线和柱的中心线位置，作为柱对位、校正的依据。

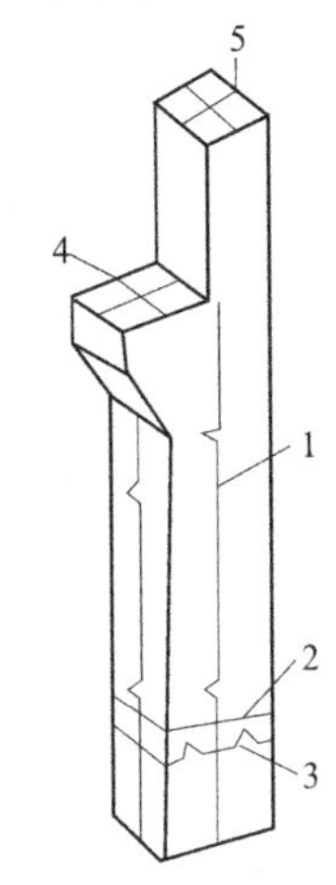

图 7-14　柱子弹线图

1—柱中心线；2—地坪标高线；3—基础顶面线；4—吊车梁顶面线；5—柱顶中心线

二、构件吊装工艺

混凝土结构需安装的构件有：柱、吊车梁、屋架、屋面板、天窗架等，构件的吊装工序一般包括：绑扎、起吊、对位、临时固定、校正和最后固定等。

（一）柱的安装

1. 柱的绑扎

柱的绑扎位置和绑扎点数应根据柱的形状、断面、长度、配筋、起吊方法及起重机性能等因素而定。吊装时应对柱的受力进行验算，其最合理的绑扎点应在柱因自重产生的正负弯矩绝对值相等的位置。一般中小型柱（自重 13t 以下）大多采用一点绑扎；重型柱或配筋小而细长的柱（如抗风柱），为防止在起吊过程中柱身断裂，常采用两点或三点绑扎。有牛腿的柱，一点绑扎的位置常选在牛腿以下 200mm 处。工字形断面和双肢柱应选在矩形断面处，否则应在绑扎位置用方木加固翼缘，以免翼缘在起吊时损坏。柱吊装按起吊时柱身是否垂直，分为直吊法和斜吊法，其绑扎方法亦不相同。

（1）斜吊绑扎法。当柱平卧起吊时的抗弯能力满足需要时，可采用斜吊绑扎，如图 7-15所示。该方法的特点是柱不翻身，起重钩可低于柱顶，当柱身较长，起重机臂长不够时用此方法比较方便，但因柱身倾斜，就位、对中较困难。

（2）直吊绑扎法。当柱平卧起吊的抗弯能力不足时，吊装需先将柱身翻身后再绑扎起吊。这时就要采用直吊绑扎法，图 7-16 为柱的翻身和直吊绑扎法示意图。该方法的吊索从柱的两侧引出，上端通过卡环或滑轮挂在横吊梁上。起吊时，横吊梁位于柱顶上，柱身呈垂直状态，便于柱垂直插入杯口和对中校正，但由于横吊梁高于柱顶，需较长的起重臂。

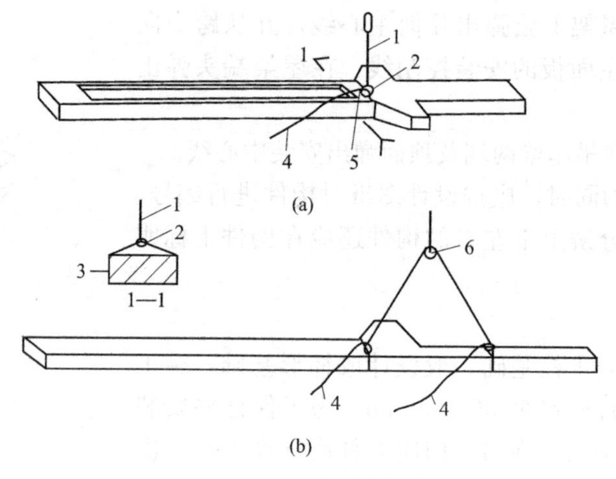

图 7-15　斜吊绑扎法示例

（a）一点绑扎；（b）两点绑扎

1—吊索；2—活络卡环；3—柱；4—白棕绳；5—铅丝；6—滑车

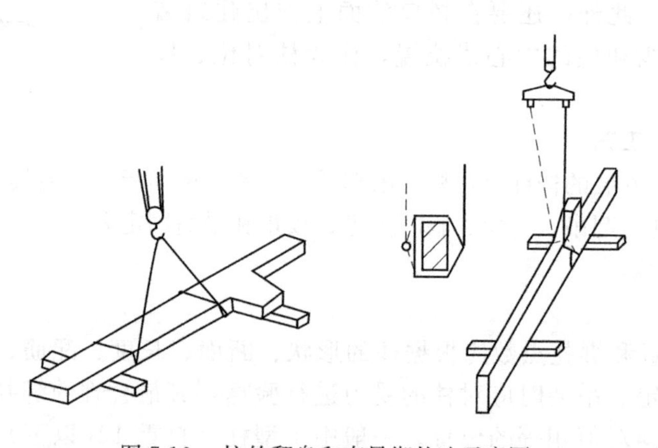
图 7-16　柱的翻身和直吊绑扎法示意图

2. 柱的起吊

根据柱在吊升过程中的特点，柱的吊升可分为旋转法和滑行法两种。对于重型柱还可采用双机抬吊的方法。

（1）单机吊装

1）旋转法。起重机边升钩边回转，使柱子绕柱脚旋转而呈直立状态，然后转臂将其插入杯口中，如图 7-17 所示。其特点是：柱在平面布置时柱脚靠近基础，应使柱的绑扎点、柱脚中心和杯口中心三点共圆弧。该圆弧的圆心即为起重机的回转中心，半径为停机点至绑扎点的距离。旋转法吊升柱振动小，生产效率高，但对起重机的机动性要求较高，多用于中小型柱的吊装。

2）滑行法。柱起吊时，起重机只升钩，起重臂不转动，使柱脚沿地面滑行逐渐直立，然后插入基础杯口，如图 7-18 所示。用滑行法起吊柱时，在预制或堆放柱时，应将柱的绑扎点（两点以上绑扎时为绑扎中心）布置在杯口附近，并使绑扎点和基础杯口中心两点共圆弧，以便将柱子吊离地面后，稍转动起重臂杆即可就位。其特点是起重机只需转动起重臂，即可将柱子吊装就位，比较安全。但柱在滑行过程中受到振动，使构件、吊具和起重机产生附加内力。为减少滑行阻力，可在柱脚下面设置托木或滚筒。滑行法用于柱较重、较长或起重场地狭窄，柱无法按旋转法排放布置等情况。

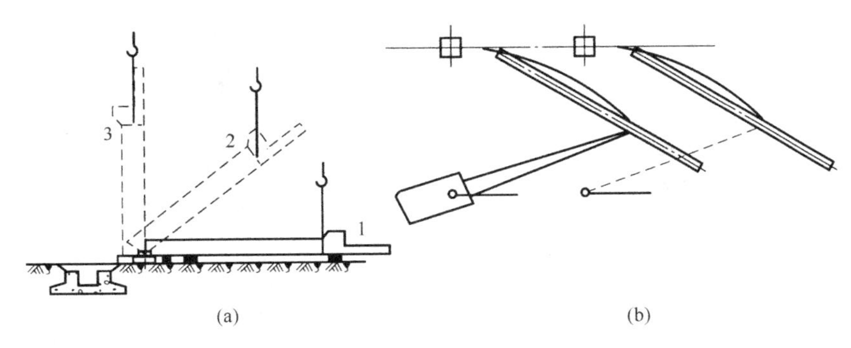

图 7-17　用旋转法吊柱

（a）旋转过程；（b）平面布置

1—柱平放时；2—起吊中途；3—直立

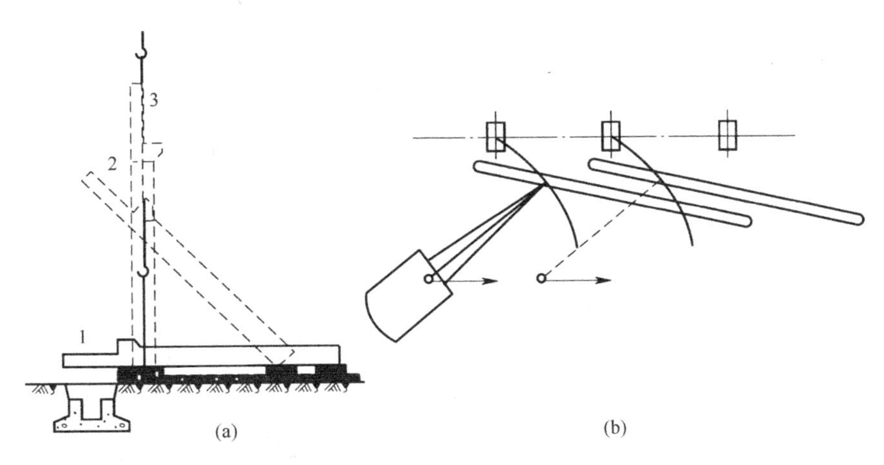

图 7-18　用滑行法吊柱

（a）旋转过程；（b）平面布置

1—柱平放时；2—起吊中途；3—直立

（2）双机抬吊

当柱子体形、重量较大，一台起重机的起重能力有限，不能满足吊装要求时，可采用两台起重机联合起吊。其起吊方法分滑行法和递送法两种。

1）滑行法。双机抬吊滑行法柱的平面布置与单机起吊滑行法基本相同。柱应斜向布置，并使起吊绑扎点尽量靠近基础杯口，如图 7-19 所示。两台起重机相对而立，同时起钩，将柱吊离地面；同时旋转、降钩，将柱插入杯口。

2）递送法。柱应斜向布置，主机起吊绑扎点尽量靠近基础杯口，如图 7-20 所示。主机起吊柱头，副机起吊柱脚，配合主机起钩，随着主机起吊，副机进行跑车和回转，将柱脚递送到基础杯口上面。一般情况下，副机递送柱脚到杯口后，即卸去吊钩，让主机单独将柱子就位。此时，主机承担了柱子的全部重量。如主机不能承受柱子的全部重量，则需主、副机同时将柱子落到杯底后副机才卸钩。此时，为防止起吊柱子下端的副机减载，在抬吊过程中，应始终使柱子保持倾斜状态，直到将柱子落到设计位置后，再由主机徐徐旋转吊杆将柱子转直。

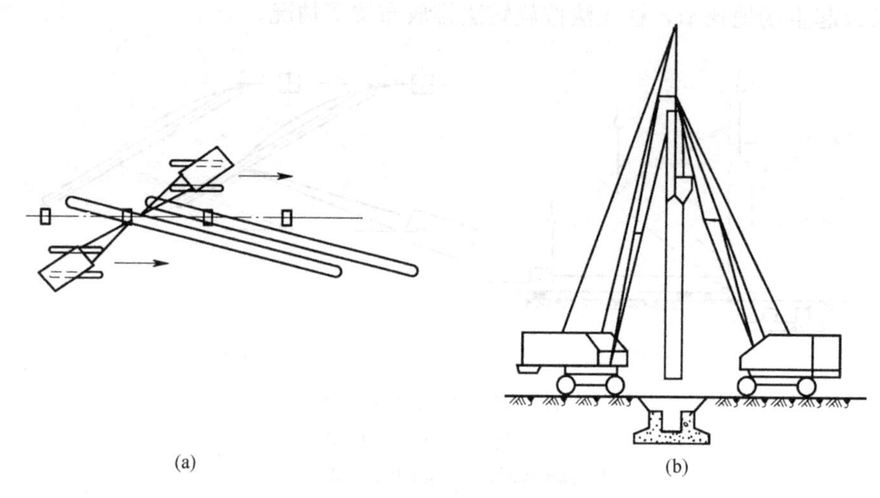

图 7-19　双机抬吊滑行法

(a) 平面布置；(b) 将柱吊离地面

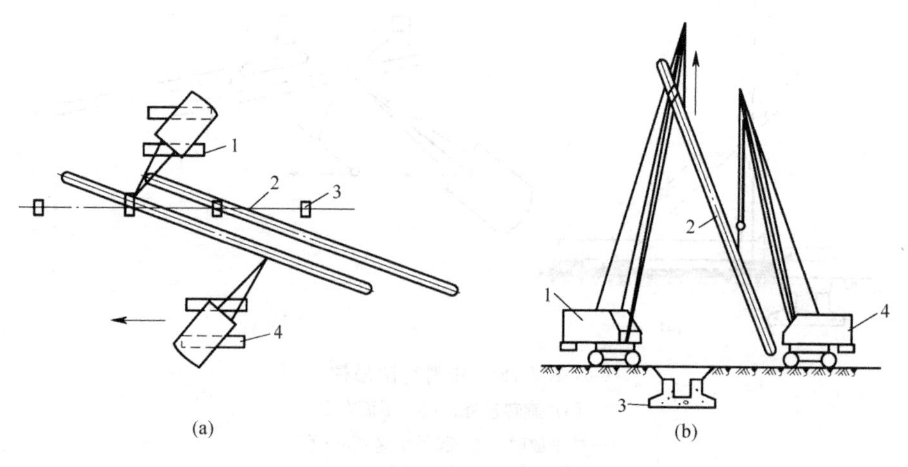

图 7-20　双机抬吊递送法

(a) 平面布置；(b) 递送过程

1—主机；2—柱；3—基础；4—副机

3. 柱的对位和临时固定

柱脚插入杯口时，应悬离杯底 30～50mm 处进行对位。对位时，先沿柱子四周对称向杯口放入 8 只楔块，并用撬棍拨动柱脚，使柱子安装中心线对准杯口上的安装中心线，保持柱子基本垂直。当对位完成后，即可落钩将柱子放入杯底，并复查中线，待符合要求后，即可将楔子打紧，使之临时固定，见图 7-21。吊装重型、细长柱时，除采用以上措施进行临时固定之外，必要时增设缆风绳或加斜撑等措施加强柱临时固定时的稳定性。

4. 柱的校正和最后固定

柱的校正包括平面位置、垂直度和标高。标高的校正应在与柱基杯底找平时同时进行。平面位置校正要在对位时进行。垂直度的校正，则应在柱临时固定后进行。

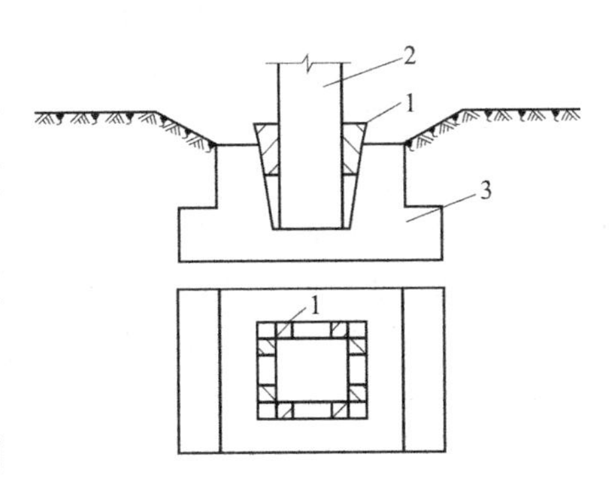

图 7-21 柱的临时固定
1—楔块；2—柱子；3—基础

平面位置校正可采用钢钎校正法。钢钎校正法是将钢钎插入基础杯口下部，两边垫以钢板，然后敲打钢钎移动柱脚。

垂直度校正时，对重量在 20t 以内的柱子采用敲打杯口楔子或敲打钢钎等专用工具校正；重量在 20t 以上的柱子则需采用千斤顶、钢管斜撑或缆风绳等校正。图 7-22、图 7-23 为千斤顶校正和钢管斜撑校正示意图。

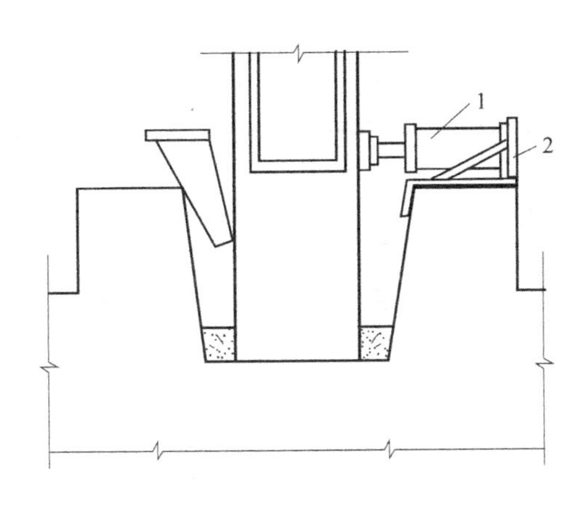

图 7-22 千斤顶校正
1—千斤顶；2—千斤顶支座

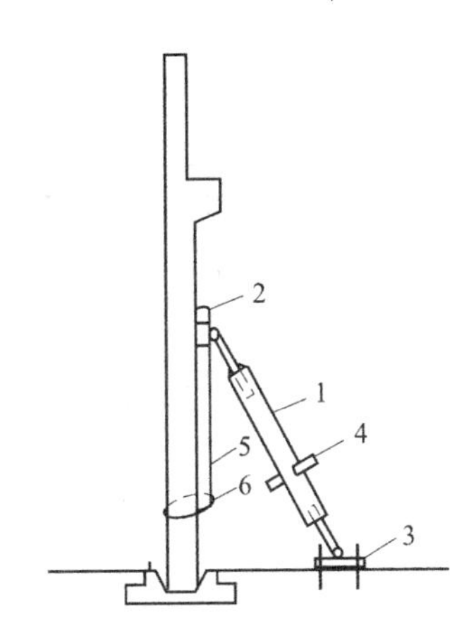

图 7-23 钢管斜撑校正
1—钢管；2—头部摩擦板；3—板底；
4—转动手柄；5—钢丝绳；6—卡环

柱校正后，应将楔块以每两个一组，对称、均匀、依次打紧，并立即进行最后固定。其方法是在柱脚与杯口的空隙中浇筑比柱混凝土强度高一级的细石混凝土。混凝土的浇筑分两次进行。第一次浇至楔块底面以下 50mm，待混凝土达到 25%的强度后，拔出楔块，再浇筑第二次混凝土至杯口顶面，并进行养护。待第二次浇筑的混凝土强度达到 70%设计强度后，方能安装上部构件。

（二）吊车梁的吊装

1. 绑扎、起吊、就位、临时固定

吊车梁绑扎时，两根吊索要长，绑扎点要对称设置，以便吊车梁起吊后能保持水平。吊车梁两头需用溜绳控制。就位时应缓慢落钩，采取一次对好纵轴线，避免在纵轴线方向撬动吊车梁而导致柱偏斜。临时固定一般在就位时用垫铁垫平即可，不须采取临时固定措施，但当梁的高宽比大于 4 时，可用 8 号铁丝将梁捆于柱上，以防倾倒。

2. 校正

中、小型吊车梁的校正工作宜在屋盖吊装后进行；重型吊车梁如在屋盖吊装后校正难度较大，常采用边吊边校正施工。

吊车梁的校正包括标高、垂直度和平面位置等内容。吊车梁的标高主要取决于牛腿的标高、在安装柱子时应已进行了控制，若还存在微小偏差，可待安装轨道时再调整。吊车梁垂直度和平面位置的校正可同时进行。

（1）垂直度校正。吊车梁的垂直度可用靠尺、线坠检查。T形吊车梁测其两端垂直度，鱼腹式吊车梁测其跨中两侧垂直度。稍有偏差，可在两端的支座面上加斜垫铁纠正。

（2）平面位置校正。主要内容包括直线度（使同一纵轴线上各吊车梁的中线在一条直线上）和跨距两项。一般吊车梁可用拉钢丝法和仪器放线法校正。拉钢丝法（即通线法，图7-24）是根据柱的定位轴线用经纬仪和钢尺准确地校正好一跨内两端的4根吊车梁的纵轴线和跨距，再依据校正好的两端吊车梁，沿其中线拉一根16～18号钢丝。钢丝中部用圆钢垫起，两端垫高20cm左右，并悬挂重物拉紧，依钢丝线逐根拨正吊车梁。仪器放线法（图7-25）是用经纬仪在各个柱侧面放一条与吊车梁中线距离相等的校正基准线进行校正。

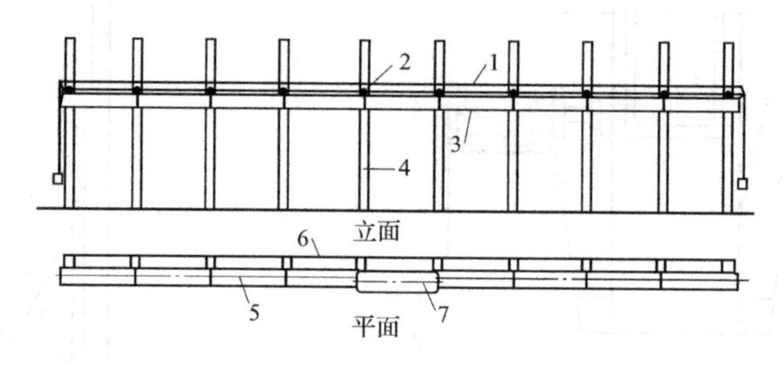

图7-24　拉钢丝法校正吊车梁的平面位置

1—钢丝；2—圆钢；3—吊车梁；4—柱；5—吊车梁设计中线；6—柱设计轴线；7—偏离中心线的吊车梁

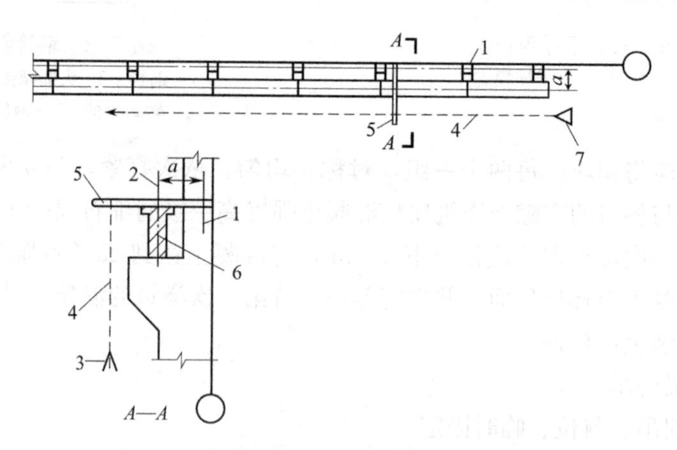

图7-25　仪器放线法校正吊车梁的平面位置

1—校正基准线；2—吊车梁中线；3—经纬仪；4—经纬仪视线；5—木尺；6—正吊装、校正的吊车梁；7—经纬仪

3. 最后固定

吊车梁校正完毕后，用连接钢板与柱侧面、吊车梁顶端的预埋铁件相焊接，并在接头处支模，浇灌细石混凝土。

（三）屋架的安装

钢筋混凝土屋架一般在现场平卧叠浇。吊装的顺序是：绑扎、扶直堆放、吊升、就位、临时固定、校正和最后固定。

1. 屋架绑扎

屋架的绑扎点应选在屋架上弦吊点处左右对称位置，绑扎中心（各支吊索内力的合力作用点）必须在屋架重心之上，以免屋架起吊后晃动和倾翻。起吊屋架时，吊索与水平线的夹角不宜小于45°，以免屋架上弦杆承受过大的横向压力。必要时为了减小绑扎高度及所受横向压力可采用横吊梁。吊点的数量及位置与屋架的形式和跨度有关，一般应经吊装验算确定。图7-26所示为屋架翻身和吊装的几种绑扎方法。当屋架跨度小于等于18m时，用两根吊索A、C、E三点绑扎（图7-26a）。当跨度为18～24m时，用两根吊索A、B、C、D四点绑扎（图7-26b）。当跨度为30～36m时，采用横吊梁，以降低吊装高度和确保吊索与水平线的夹角大于45°，以减小吊索对上弦杆的横向压力（图7-26c）。组合屋架吊装采用四点绑扎，下弦绑钢（木）杆加固（图7-26d）。

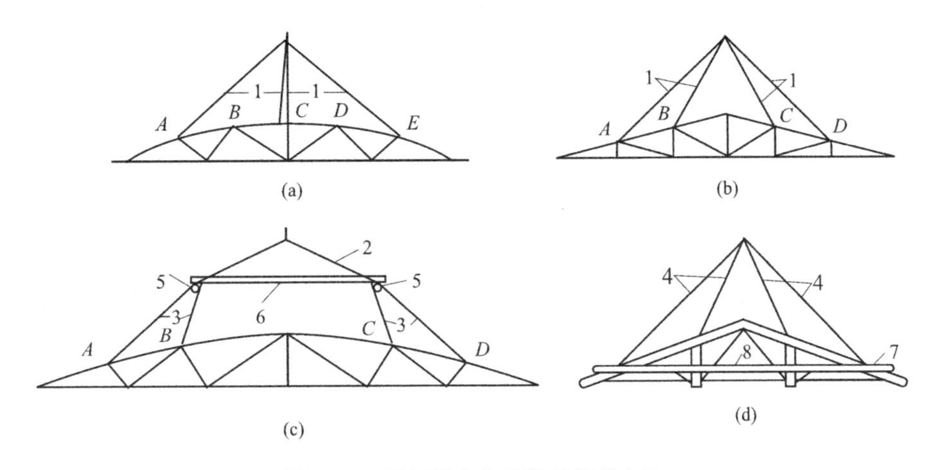

图7-26　屋架翻身和吊装的绑扎方法

1、2、3、4—吊索；5—滑轮；6—横吊梁；7、8—横吊木杆

2. 屋架的扶直、就位

（1）屋架的扶直

屋架都是平卧叠浇预制，运输或吊装时须先翻身扶直。由于屋架是平面受力构件，扶直时屋架承受自重作用下平面外的力，部分改变了原受力状况，特别是上弦杆易挠曲开裂。因此，在翻身、扶直时一般应事先进行吊装验算，以便采取有效措施，保证施工安全。

按照起重机与屋架相对位置不同，屋架扶直可分为正向扶直与反向扶直。

1）正向扶直。正向扶直时，起重机位于屋架下弦一边，首先以吊钩对准屋架上弦中心，收紧吊钩，然后略略起臂使屋架脱模，随即起重机升钩升臂使屋架以下弦为轴线缓缓转为直立状态（图7-27a）。

2）反向扶直。反向扶直时，起重机位于屋架上弦一边，首先以吊钩对准屋架上弦中心，接着升钩并降臂，使屋架以下弦为轴缓缓转为直立状态（图7-27b）。

正向扶直与反向扶直的最大区别在于扶直过程中，一为升钩，一为降臂。升臂比降臂易于操作且较安全，因此应尽可能采用正向扶直。

(2) 屋架就位

屋架扶直后立即进行就位。就位的位置与屋架安装方法、起重机的性能有关，应少占场地，便于吊装，且应考虑到屋架安装顺序、两端朝向等问题。一般靠柱边斜放或以3～5榀为一组平行柱边纵向就位。按就位位置分同侧就位和异侧就位。屋架就位位置应在预制时事先加以考虑，以便确定屋架的两端朝向及预埋件位置。当与屋架预制位置在起重机开行路线同一侧时，称为同侧就位（图7-27a）；当与屋架预制位置分别在起重机开行路线各一侧时，称为异侧就位（图7-27b）。采用哪种方法，应视施工现场条件而定。

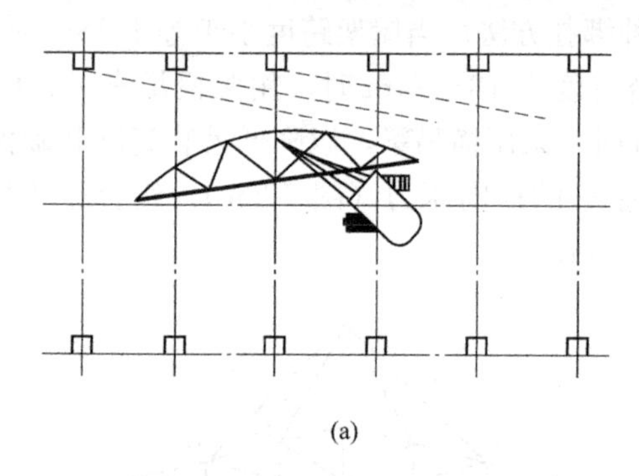
(a)

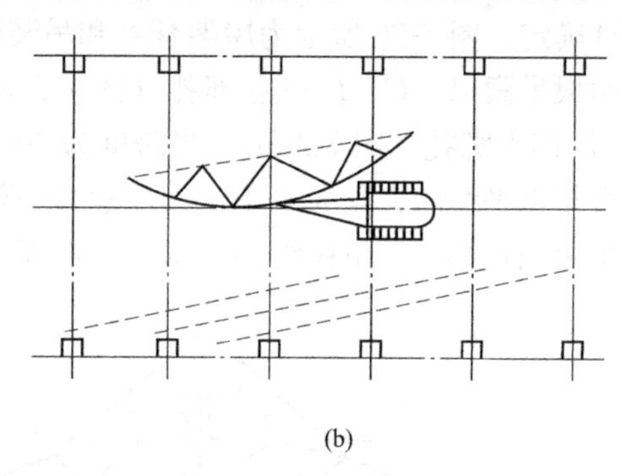
(b)

图7-27 屋架就位

(a) 正向扶直，同侧就位；(b) 反向扶直，异侧就位

屋架就位后，应用8号铁丝、支撑等与已安装的柱或已就位的屋架相互拉牢，以保持稳定。

3. 屋架吊升、对位、临时固定

屋架的吊升方法有单机吊装和双机抬吊，双机抬吊仅在屋架重量较大、一台起重机的吊装能力不能满足吊装要求的情况下采用。

单机吊装屋架时，先将屋架吊离地面500mm，然后将屋架吊至吊装位置的下方，升钩将屋架吊至超过柱顶300mm，然后将屋架缓降至柱顶，进行对位。屋架对位应以建筑物的定位轴线为准，对位前应事先将建筑物轴线用经纬仪投放在柱顶面上。对位以后立即随时固定。

4. 屋架校正和最后固定

屋架对位后是单片结构，侧向刚度较差，因此屋架的临时固定十分重要。第一榀屋架的临时固定，可用四根缆风绳从两边拉牢，若先吊装抗风柱时可将屋架与抗风柱连接。第二榀屋架以及其后各榀屋架可用屋架校正器（工具式支撑）临时固定在前一榀屋架上。图7-28为用屋架校正器临时固定和校正屋架示意图。每榀屋架至少用两个屋架校正器。屋架的垂直度可用经纬仪或线坠进行检查。用经纬仪检查时，将仪器安装在被检查屋架的跨外，观测屋架上弦所挑出的三个挂线木卡尺上的标志是否在同一垂直面上，如偏差超出规范规定数值，转动屋架校正器上的螺栓进行校正，并在屋架端部支承面垫入薄钢片。

屋架经校正后，就可旋紧锚栓或电焊作最后固定。用电焊进行最后固定时，应在屋架两端的不同侧面同时施焊，以防因焊缝收缩导致屋架倾斜。施焊后，即可卸钩。

（四）天窗架及屋面板的安装

天窗架可与屋架拼装组合成的整体一起吊装，亦可单独吊装，视起重机的起重能力和起吊高度而定。前者高空作业少，但对起重机要求较高，后者为常用方式。钢筋混凝土天窗架一般采用两点或四点绑扎（图 7-29）。单独吊装时，应待天窗架两侧的屋面板吊装后进行，吊装方法与屋架基本相同，屋面板均埋有吊环，用吊索钩住吊环即可起吊。为充分发挥起重机效率，一般采用叠吊的方法（图 7-30）。在屋架上安装屋面板时，应由屋架两边檐口左右对称地逐块向屋脊吊装，避免屋架承受半边荷载。屋面板就位后，应立即与屋架上弦焊牢，每块屋面板应焊三点。

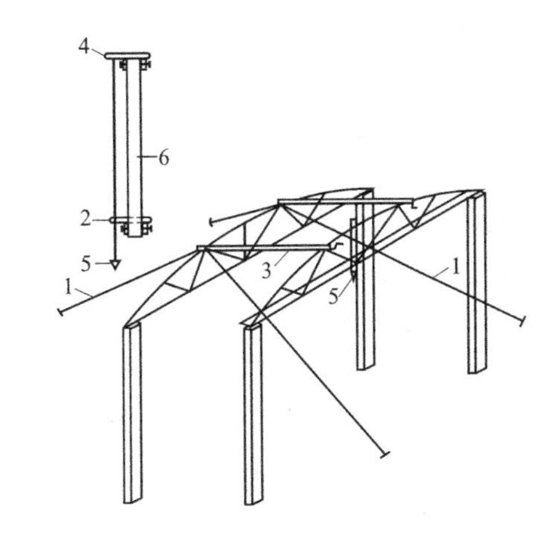

图 7-28 用屋架校正器临时固定和校正屋架

1—第一榀屋架上缆风绳；2—卡在屋架下弦的挂线卡子；3—校正器；4—卡在屋架上弦的挂线卡子；5—线坠；6—屋架

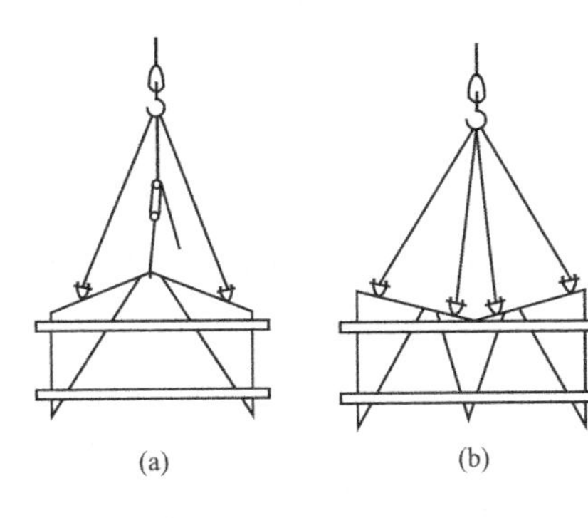

图 7-29 天窗架的绑扎

（a）两点绑扎；（b）四点绑扎

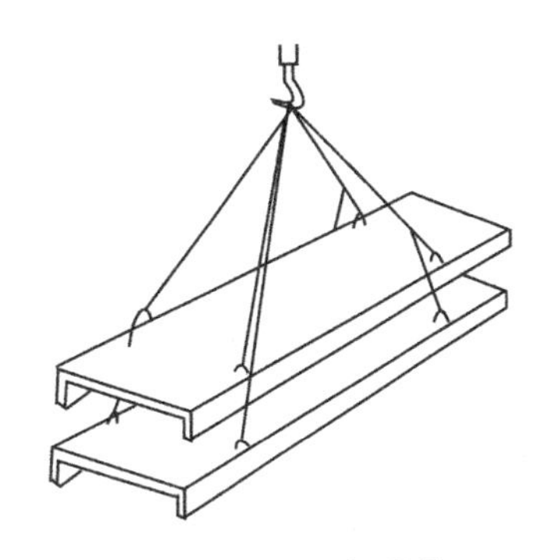

图 7-30 屋面板叠吊

三、结构吊装方案

单层工业厂房结构安装方案应根据厂房结构形式、跨度、构件重量、安装高度、安装工程量及工期要求，并结合施工现场条件及现有起重机械设备等因素综合考虑后确定。安装方案的主要内容包括：起重机的选择、结构安装方法、起重机开行路线与构件平面布置等问题。

（一）起重机型号的选择

单层工业厂房结构安装起重机的类型，应根据厂房的跨度、柱距、构件重量以及施工现场条件、施工单位机械设备供应情况等确定。对于一般中小型厂房，选用履带式起重机安装比较合理，若没有履带式起重机，可用桅杆式起重机（如独脚桅杆、悬臂桅杆、人字桅杆等）。对于较大跨度和高度的厂房，可选用塔式起重机。对于大跨度的重型工业厂房，可以选用重型塔式起重机、大型自行杆式起重机安装，也可以用牵缆桅杆起重机安装。

履带式起重机型号的选择，要确保它的起重量、起重高度、起重半径三个工作参数满足结构安装的要求。

1. 起重量

起重量应满足下式要求：

$$Q \geqslant Q_1 + Q_2 \tag{7-5}$$

式中 Q——起重机的起重量（t）；

Q_1——构件重量（t）；

Q_2——索具重量（t）。

2. 起重高度（图 7-31）

起重机的起重高度应满足下式要求：

$$H \geqslant H_1 + H_2 + H_3 + H_4 \tag{7-6}$$

式中 H——起重机的起重高度（m），停机面至吊钩的距离；

H_1——安装支座表面高度（m），停机面至安装支座表面的距离；

H_2——安装间隙，视具体情况而定，一般取 0.2～0.3m；

H_3——绑扎点至构件起吊后底面的距离（m）；

H_4——索具高度（m），绑扎点至吊钩的距离，视具体情况而定。

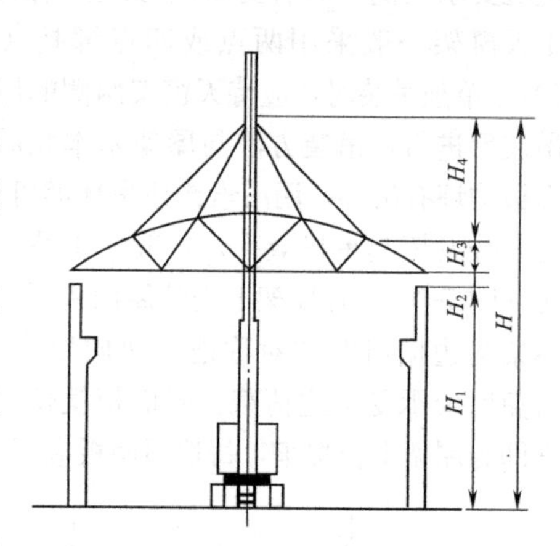

图 7-31 起重机的起重高度计算简图

3. 起重半径

起重机可以不受限制地开到构件安装位置附近去，此时安装构件时，对起重半径没有要求。只需计算出起重量 Q 和起重高度 H，便可查阅起重机工作性能表或性能曲线去选择起重机型号及起重臂长，并可查到相应的起重半径 R，作为确定起重机开行路线及停机位置时的参考。

某些情况下起重机不能直接开到构件安装位置附近去安装时，对起重半径就有一定要求。此时需根据起重量 Q、起重高度 H、起重半径 R 三个参数，查阅起重机工作性能表或性能曲线去选择起重机的型号及起重臂长。要注意由于同一种型号的起重机可能具有几种不同长度的起重臂，所以应选择既能满足三个工作参数（Q、H、R）的要求，长度又是最短的起重臂。若各种构件安装工作参数相差过大，也可以选择几种不同长度的起重臂。

由于起重机的起重臂需跨过已安装好的构件去安装其他构件（例如跨过已安装好的屋架安装屋面板），故需防止起重臂与已安装好的构件相碰；或者由于所安装构件尺寸（或宽度）大，易与起重机相碰，所以需计算出起重机的最小臂长。最小臂长确定一般用数解法（图 7-32），其方法如下：

$$L \geqslant l_1 + l_2 = h/\sin\alpha + (a+g)/\cos\alpha \tag{7-7}$$

式中 L——起重臂的长度（m）；

h——起重臂底铰至构件吊装支座底的距离（m），$h = h_1 - E$；

h_1——停机面至构件安装支座的距离（m）；

a——起重钩需跨过已安装结构的距离（m）；

g——起重臂轴线与已吊装好构件轴线的水平距离（m），至少取1m；

α——起重臂的仰角（°）；

E——起重杆底铰至停机面的距离（m）。

为求解最小起重臂长，需对式（7-7）进行微分，并令 $dL/d\alpha=0$，即

$$\frac{dL}{d\alpha}=\frac{-h\cos\alpha}{\sin^2\alpha}+\frac{(a+g)\sin\alpha}{\cos^2\alpha}=0$$

解上式得：

$$\alpha=\arctan\sqrt[3]{\frac{h}{a+g}}$$

将 α 代入式（7-7）即可求得最小起重臂长。

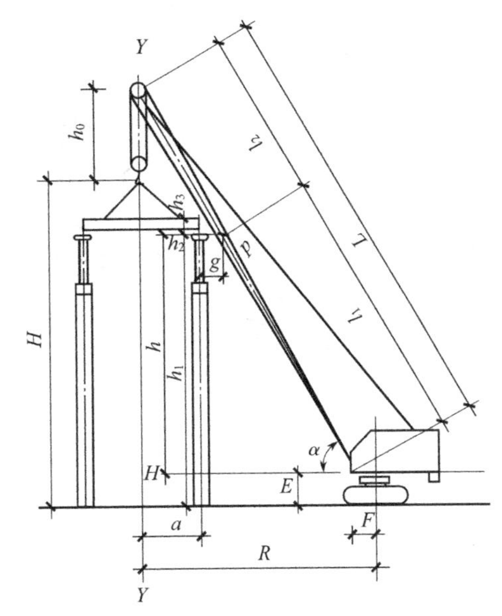

图7-32　吊装屋面板时最小臂长确定

（二）结构安装方法

单层工业厂房的结构安装方法，有分件安装法和综合安装法两种。

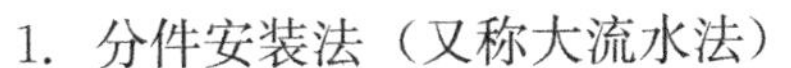

1. 分件安装法（又称大流水法）

分件安装法是指起重机每次开行只吊装一种或两种构件，通常起重机分三次开行安装完全部构件。

（1）第一次开行，安装全部柱子，并进行柱校正和最后固定；

（2）第二次开行，安装全部吊车梁、连系梁及柱间支撑梁等；

（3）第三次开行，分节间安装屋架、天窗架、屋面板及屋面支撑等。

分件安装法的优点：每次基本安装同类型的构件，索具不需经常更换，且操作方法基本相同，因而安装速度快，能充分发挥起重机的作用，提高其效率；构件的供应、堆放可分批进行，故现场平面布置比较简便；有足够的时间进行构件校正、固定。分件安装法的缺点是起重机开行线路长，停机点较多，不能为后续工序尽早提供工作面。

目前，我国装配式钢筋混凝土单层工业厂房，大多采用分件安装法。分件安装法安装顺序见图7-33。

2. 综合安装法（又称节间安装法）

综合安装是指起重机每开行一次就安装完所在节间的全部构件，即先安装完1～2个节间的4～6个柱子后，立即加以校正和最后固定，再安装此节间的吊车梁、连系梁、屋架和屋面板等构件。当全部安装完此节间的所有构件后，起重机再移至下一个节间进行安装。依此类推，直至整个厂房结构安装完毕。

综合安装法的优点是起重机开行路线较短，停机点较少，可为后续工作尽早提供工作面，可缩短工期。其缺点是因为起重机同时安装此节间内不同类型的构件，且操作方法不尽相同，故安装速度较慢，不能充分发挥起重机的工作效率；同时各种构件供应、堆放、平面布置复杂，不便组织与管理；构件的校正比较困难。目前，此法很少采用，只有某些特殊结构（如门式框架结构）或当采用桅杆式起重机移动不便时才采用。综合安装法的构件安装顺序见图7-34。

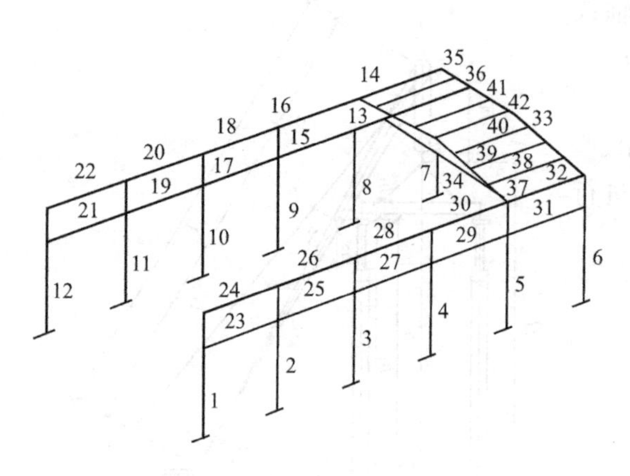

图 7-33　分件安装法安装顺序
（图中数字表示安装顺序）

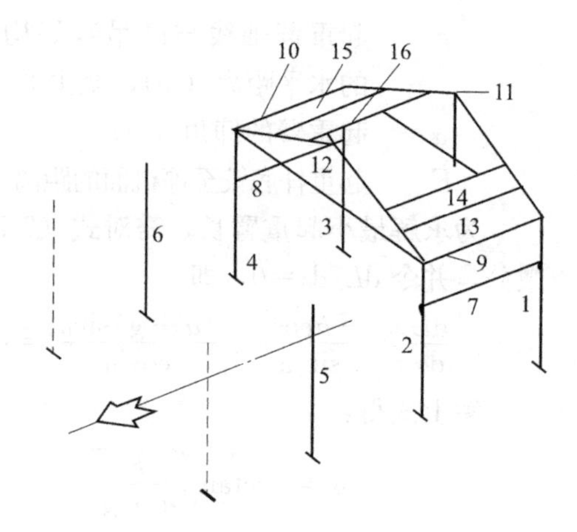

图 7-34　综合安装法的安装顺序
（图中数字表示安装顺序）

（三）构件的平面布置与运输堆放

单层工业厂房构件的平面布置是一件很重要的工作，其布置是否合理、妥当，对工程的进度和工程的施工效率有很大的影响。

1. 现场预制构件的平面布置

单层工业厂房在现场预制的构件主要有柱子和屋架，有时还有吊车梁。在确定好安装方法、选定起重机械后，根据施工现场的实际情况确定构件的平面布置，构件布置要求如下：

1）本跨构件宜布置在本跨内，如在本跨内预制确有困难，可考虑布置在跨外且便于吊装的地方；

2）构件布置尽可能布置在起重机起重半径内，满足安装工艺要求，并尽可能缩短起重机负荷行走的距离及升降起重臂的次数；

3）构件布置应便于支模和浇筑混凝土，若为预应力构件还应考虑预埋管的抽取和预应力筋的穿拔等工序所需的工作台面；

4）构件布置均应考虑力求占地最少，保证起重机和其他运输车辆的道路畅通，保证起重机回转时不与建筑物或构件相碰；

5）构件布置应方便后面的安装工作，故应注意安装时的朝向，避免在空中调头，尤其是屋架；

6）所有构件均应布置在坚实的地基上，新填土要加以处理，防止地基下沉；

7）构件布置时应首先考虑重型构件布置，并注意重近轻远。

2. 柱的布置

柱的布置按安装方法的不同、场地大小，常见的有斜向布置和纵向布置两种。

（1）柱的斜向布置

当柱采用旋转起吊时，柱的布置常用斜向布置，即预制的柱子与厂房纵轴线呈一倾角。常见的有三点共弧法，也可用两点共弧法。

1）三点共弧法。此时柱用旋转法起吊。按旋转法起吊工艺要求，确定起重机开行路线到柱基中心线的距离 a，a 须满足条件：$R_{min} \leqslant a \leqslant R_{max}$，$R$ 为起重机的起重半径。这样，能避免起重机离基坑太近而失稳，此外尽量避免起重机回转时，尾部与周围构件或建筑物相碰。按几何方法确定起重机的停机位置。再按旋转法吊装柱的平面布置要求，使柱吊点、柱脚和柱基中心三者都在以停机点为圆心，以起重半径 R_{max} 为半径的圆弧上，确定柱在地面上的预制位置，见图 7-35（a）。

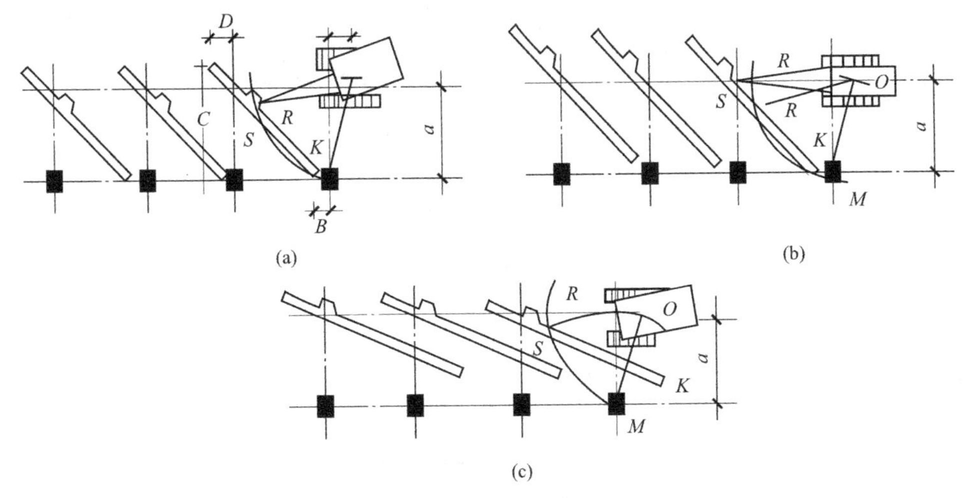

图 7-35 柱斜向布置

（a）三点共弧；（b）两点共弧——柱脚与柱基中心；（c）两点共弧——吊点与柱基中心

2）两点共弧。如果无法做到三点共弧（柱子太长或场地太小），可用两点共弧，将柱脚与柱基中心安排在起重半径 R 的圆弧上，而吊点在起重半径之外，或将吊点与柱基安排在起重半径 R 的圆弧上，柱脚可斜向任意方向，见图 7-35（b）、（c）。

在进行柱的布置时，还需注意牛腿的朝向问题，当柱布置在跨内，牛腿朝向起重机，当柱布置在跨外，牛腿则应背向起重机。这样，保证吊装时方便、安全，并且柱吊装后，使其牛腿的朝向符合设计要求。

（2）柱的纵向布置

当柱采用滑行法吊装时，柱的布置采用纵向布置，即预制的柱子与厂房的纵轴线平行。此时起重机常布置在两柱基中间，每停机一次可吊装两根柱子。柱子的吊点常布置在以起重机的起重半径 R 为半径的圆弧上，见图 7-36。

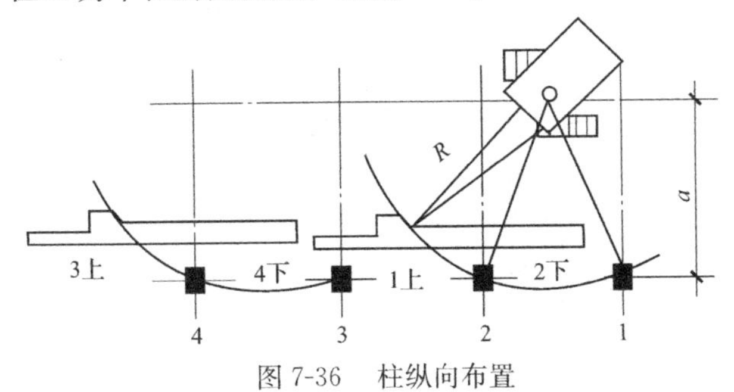

图 7-36 柱纵向布置

R—起重半径；a—起重机平行路线到柱基中心线距离

3. 屋架的布置

（1）屋架预制布置

在现场屋架一般在跨内平卧叠层预制，每叠 3～4 榀以节约场地。屋架的布置方式一般有三种：正面斜向布置、正反斜向布置和正反纵向布置，见图 7-37。一般情况下，常采用正面斜向布置，因为此种方式屋架便于扶直就位。其他两种布置方式只有当场地受限制时才考虑采用。

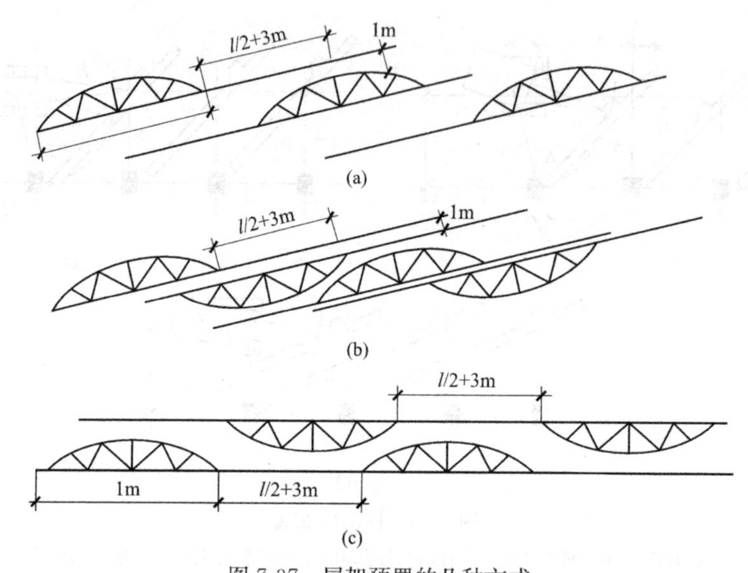

图 7-37　屋架预置的几种方式

(a) 正面斜向布置；(b) 正反斜向布置；(c) 正反纵向布置

在确定屋架的预制位置时，还应考虑到屋架扶直就位要求及屋架扶直的先后顺序。一般先扶直者预制时应放在上层（面）。因屋架跨度大，故同时还应注意屋架两端的朝向，以免吊装时不便。

（2）屋架就位位置

屋架扶直后，应立即将其吊起并转移到安装前的就位位置。屋架按就位方式的不同，可分为两种：一种是斜向就位，另一种是纵向就位。在预制屋架时，就应考虑安排好屋架就位的位置。

1）屋架的斜向就位

屋架的斜向就位用于重量较大的屋架，起重机定点吊装，见图 7-38。

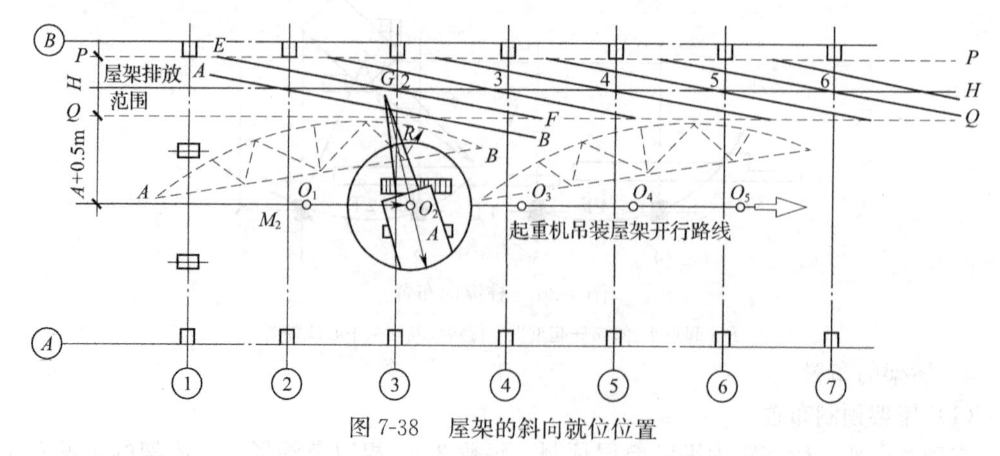

图 7-38　屋架的斜向就位位置

① 确定起重机开行路线及停机点。起重机跨中开行，在开行路线上定出吊装每榀屋架的停机点，即以屋架轴线中点为圆心，以 R [$R>L/4+(A-B)/2+150$] mm，A 为起重机机尾长，B 为柱宽，以 R 为半径画弧与开行路线交于 O 点，即为停机点。L 为屋架跨度。

② 确定屋架排放范围。先定出 $P—P$ 线，该线距柱边缘不小于 200mm；再定 $Q—Q$ 线，该线距开行路线不小于 $A+0.5$m；在 $P—P$ 线与 $Q—Q$ 线之间定出中线 $H—H$ 线；屋架在 $P—P$、$Q—Q$ 线之间排放，屋架中点均应在 $H—H$ 线上。

③ 确定屋架排放位置。一般从第二榀屋架开始，以停机点 O_2 为圆心，以 R 为半径画弧交 $H—H$ 于 G，G 即为屋架就位中心点。再以 G 为圆心，以 1/2 屋架跨度为半径画弧交 $P—P$、$Q—Q$ 于 E、F，连接 E、F 即为屋架吊装位置，依此类推。第一榀屋架因有抗风柱，可灵活布置。

2）屋架的纵向就位

屋架的纵向就位用于重量较轻的屋架，允许起重机吊装时负荷行驶。纵向排放一般以 4 榀为一组，靠柱边顺轴线排放，屋架之间的净距离不大于 200mm，相互之间用铁丝及支撑拉紧撑牢。每组屋架之间预留约 3m 间距作为横向通道。为防止在吊装过程与已安装屋架相碰，每组屋架的跨中要安排在该组屋架倒数第二榀安装轴线之后约 2m 处，见图 7-39。

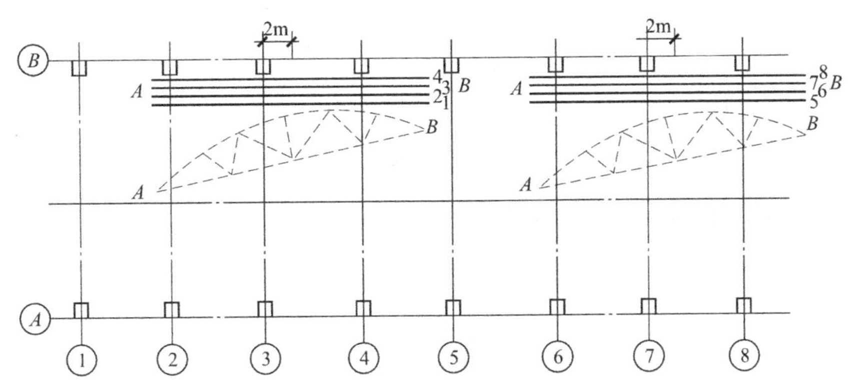

图 7-39 屋架的纵向就位位置

（虚线表示屋架预制位置）

4. 吊车梁的位置

吊车梁一般在场外集中预制。若运输条件限制，吊车梁在现场预制时，常以靠近柱基顺纵向轴线或略作倾斜布置，也可在柱子之间的空场地预制。

5. 构件安装前的堆放和就位

单层厂房吊车梁、连系梁、屋面板等预制构件运到施工现场后，按施工组织设计中施工平面图规定的位置，按其编号及构件安装顺序进行就位和集中堆放。

吊车梁、连系梁的就位位置一般在其安装位置的柱列附近，跨内跨外均可。有时当条件许可时，可以直接从运输车辆上吊至牛腿上。

屋面板常以 6～8 层为一叠靠柱边堆放。其就位位置根据起重机安装屋面板时所需的起重半径确定，可跨内或跨外布置。当屋面板跨内就位时，常退后 3～4 个节间沿柱边堆放；跨外就位时，常退后 1～2 个节间靠柱边堆放。

图 7-40 为某车间预制构件平面布置图。

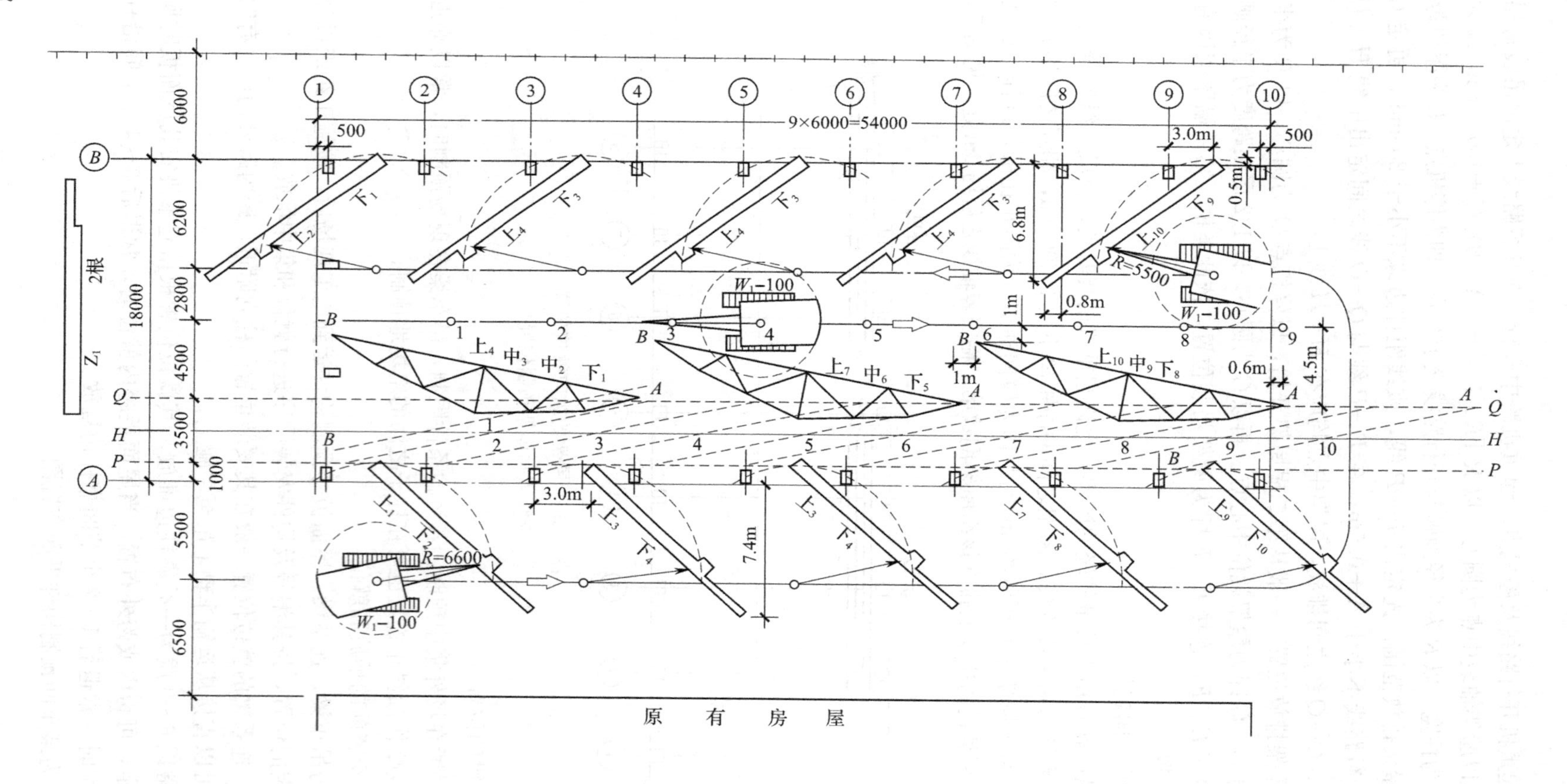

图7-40 某车间预制构件平面布置图

第三节　装配式框架混凝土结构安装

装配式框架混凝土结构构件一般在固定的工厂预制，然后运到现场进行安装。装配式框架结构的主要优点是构件质量好，施工速度快，生产效率高；自重轻，抗震性能好，现场湿作业少，受季节性影响小。但由于构件多，接头较复杂，所以需要配备相应的起重、运输和安装设备。

由于多层装配式框架结构的施工构件类型多，数量大，接头复杂，技术要求高。因此，此结构安装方案应着重解决起重机械的选择与布置，预制构件的供应，现场构件的布置及结构安装方法等。其中，吊装机械选择是主导的，由于选用的起重机械不同，结构吊装方案也各异。

一、起置机械的选择与布置

1. 起重机械的选择

目前，装配式框架结构安装常用的起重机械有三类：自行式起重机、轨道式塔式起重机和自升式塔式起重机。

五层以下的民用建筑和高度在 18m 以下的多层工业厂房及外形不规则的房屋，多采用自行式起重机。通常是跨内开行，用综合安装法进行安装。10 层以下或高度在 25m 以下，宽度在 15m 以内，构件重量在 2～3t 以内，一般可采用 QT_{1-6}型塔式起重机或具有相同性能的其他轻型塔式起重机。10 层以上的高层装配式结构，一般采用自升式塔式起重机。塔式起重机吊装效率高，不但能吊装所有的构件，同时还能吊运其他建筑材料；构件的现场布置亦较灵活等，但其缺点是拆装费工。

选择塔式起重机型号时，主要根据工程结构特点、平面尺寸、高度、构件重量和大小及现场实际条件、现有的技术力量和机械设备等选择。选择时，首先应分析结构情况，绘出剖面图，确定起重机的最高起升高度，在图上注明各种主要构件的重量 Q 及吊装时所需的起重半径 R（图 7-41）；然后根据起重机械性能，验算其起重量、起重高度和起重半径是否满足要求。

2. 起重机械的布置

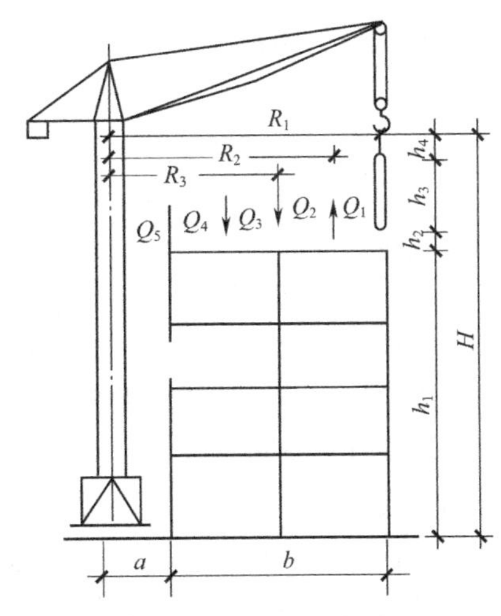

图 7-41　塔式起重机工作参数计算简图

塔式起重机的布置由建筑物的平面形状、构件重量、起重机工作性能及施工现场环境条件等因素确定。其布置方式有单侧布置、双侧布置、跨内单侧布置、跨内环形布置，见图 7-42。

（1）单侧布置

单侧布置是最常用的布置方案。该布置方案具有轨道长度较短，构件的堆放场地较宽等特点。当建筑物宽度小于 15m、构件重量小于 30kN 时，采用单侧布置较合适。此时，塔式起重机的起重半径应满足下式条件：

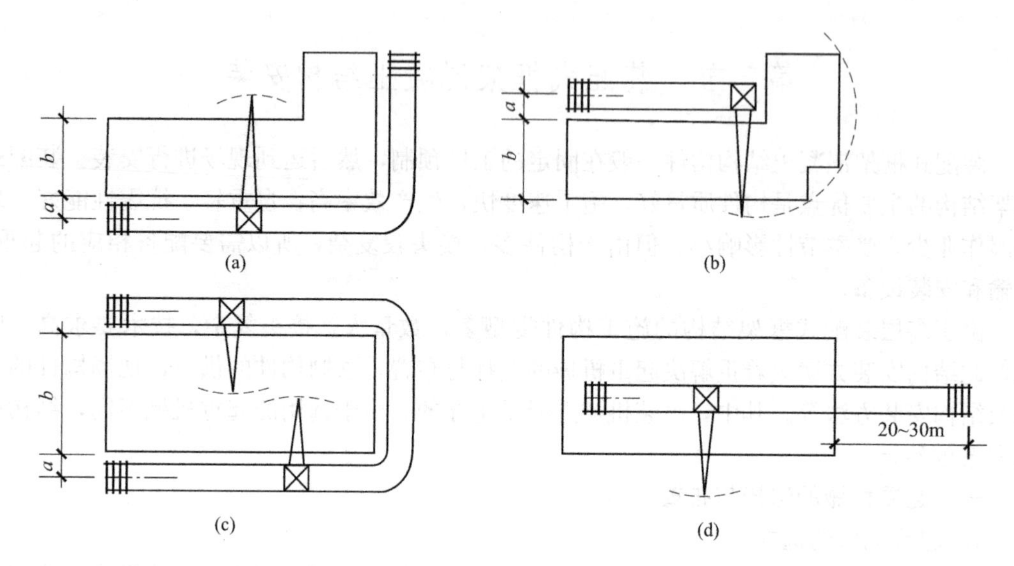

图 7-42　起重机械的布置

(a)、(b) 单侧布置；(c) 双侧布置；(d) 跨内单侧布置

$$R \geqslant a + b$$

式中　R——塔式起重机安装最远构件时的起重半径 (m)；

a——建筑物外侧至塔轨中心线的距离 (a=3～5m)；

b——建筑物宽度 (m)。

(2) 双侧布置 (或环形布置)

当单侧安装不能满足最远构件的安装要求，建筑物宽度大于 17m 或构件重量大于 30kN，此时采用双侧布置。其起重半径应满足下式条件：

$$R \geqslant a + \frac{b}{2}$$

式中　R、a、b 含义同上。

(3) 跨内单侧布置

这种方案往往是因场地狭窄，在房屋外侧不能布置起重机，或由于房屋宽度较大、构件较重时采用。其优点是可减少轨道长度，并节约施工用地。缺点是只能采用竖向综合安装，结构稳定性差；构件多布置在起重半径之外，增加二次搬运；对房屋外侧围护结构吊装也较困难；同时房屋的一端还应有 20～30m 的场地，作为塔吊装拆之用。

(4) 跨内环形布置

当房屋较宽、构件较重、起重机跨内单行布置不能起吊全部构件，而受场地限制又不可能跨外环形布置时，则宜采用跨内环形布置。

二、构件现场布置

构件现场布置是否合理，对提高吊装效率、保证吊装质量及减少二次搬运都有密切关系。因此构件现场布置是多层框架施工的重要环节之一。布置原则为：① 尽可能布置在起重半径的范围内，以免二次搬运；② 重型构件靠近起重机布置，中、小型则布置在重型构件外侧；③ 构件布置地点应与吊装就位布置相配合，尽量减少吊装时起重机的移动和变幅。

装配式钢筋混凝土框架结构柱一般需在现场就地预制外，其他构件一般都在工厂集中预制后运往施工现场安装。所以，装配式框架结构构件的平面布置着重考虑的是如何解决柱的现场预制位置和预制构件运到现场后的堆放问题。

装配式框架结构柱长度较长、重量较大，布置构件时应优先考虑柱。装配式框架结构柱的布置方式与工程结构特点、所选用的起重机的型号及起重机的布置方式有关。根据预制柱与起重机轨道相对位置的不同，其布置方式可分为平行布置、倾斜布置、垂直布置三种。平行布置是常用的布置方案。柱身与起重机轨道平行，柱可叠浇，为减少柱接头的偏差，可几层柱通长预制。倾斜布置适用于较长的柱。柱身与起重机轨道呈一角度，用旋转法起吊。垂直布置适用于柱的吊点在起重机起重半径内且起重机跨中开行，此时柱身与轨道垂直。

图 7-43 所示是塔式起重机跨外环形吊装一栋六层房屋框架结构的构件布置方案。其中，全部柱分别在房屋两侧预制，靠塔式起重机轨道外侧倾斜布置，采用两层叠浇；为了减少柱的接头和构件数量，将六层框架柱分两节预制。梁、板和其他构件由工厂预制，用汽车运入现场，并配一台汽车式起重机卸车和堆放在柱的外侧。该布置方案的特点是重构件（柱）布置靠近起重机，梁、板等轻型构件布置在外边，这样能充分发挥起重机的能力，柱的起重也较方便；全部构件均能位于起重机的有效工作范围内，房屋内部和塔式起重机轨道内均不布置构件，有利于文明施工。但该方案要求房屋两侧有较宽的场地。

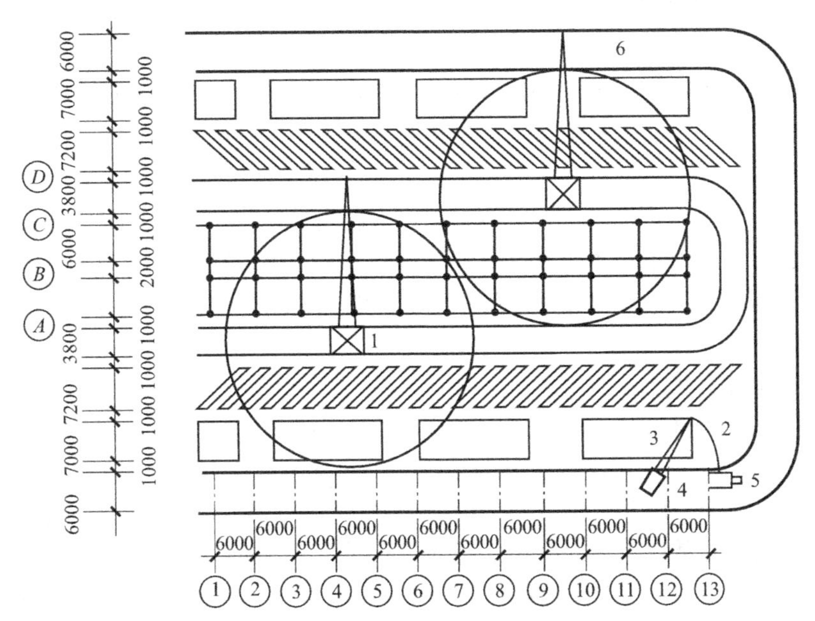

图 7-43　塔式起重机跨外环形构件布置

1—塔式起重机；2—柱预制场地；3—梁板堆放场地；4—汽车式起重机；5—载重汽车；6—临时道路

三、结构安装方案

装配式框架结构的安装方法，也可分为分件安装法和综合安装法两种。

1. 分件安装法

分件安装法是装配式框架结构最常用的方法。分件安装法根据流水方式的不同，又可分为分层分段流水安装法和分层大流水安装法。

（1）分层分段流水安装法

分层分段流水安装法是将建筑物划分为若干施工层，每个施工层再划分成若干个施工段。起重机在每个施工段内按柱、梁、板的顺序分次进行安装，将该施工段内构件全部安装完毕，再转至另一个施工段，待每一施工层各施工段构件全部安装完毕且固定后再安装上一层施工层构件。施工层的划分与预制柱的长度有关。预制柱是几个楼层一节，则以几个楼层为一个施工层（如柱是两个楼层一节，则以两个楼层为一施工层）。一般在起重机起重能力允许的情况下，应加大柱的预制长度，减少施工层数，从而减少柱的接头个数，加快工程进度，提高结构安装的稳定性。施工段的划分与建筑物平面形状和尺寸、起重机的性能及其开行路线、各工序完成所需时间和所需临时固定设备的数量等有关。框架结构一般是4～8个节间为一个施工段。大型墙板房屋一般是1～2个居住单元为一施工段。

（2）分层大流水安装法

分层大流水安装法是每个施工层不再划分施工段，而是按每个楼层组织各工序的流水。此方法的特点是需要很多临时固定支撑。此法适用于建筑物面积不大的工程。分件安装法优点是便于安排构件的供应和现场布置工作；由于每次安装同类型构件，减少了起重机变幅和索具更换的次数，提高了安装效率；各工序的操作比较方便和安全，容易组织安装、校正、焊接、灌浆等工序的流水作业。

2. 综合安装法

综合安装法是以一个或若干个柱网（节间）作为一个施工段，以建筑物的全高作为一个施工层来组织各工序的流水施工。起重机将一个施工段的所有构件安装后，再转移至下一个施工段进行构件安装。

综合安装法在工程结构施工中很少采用。只有当出现在建筑物外侧不能安装塔式起重机、起重机只有当跨内布置才能满足安装要求时采用。综合安装法劳动强度大，工人操作上下频繁；结构的稳定性难以保证，施工管理与结构安装效率低，现场构件的供应与布置要求高且复杂。

四、结构构件安装

1. 柱子的安装与校正

（1）柱子安装

框架结构柱截面一般为方形或矩形，为了预制和安装的方便，各层柱截面应尽量保持不变。而荷载的变化常以改变混凝土强度等级或配筋来协调。柱的预制长度常由所选起重机的型号而定。对于4～5层框架结构。一般采用履带式起重机进行安装，构件通常采用一节到顶的方案。此时，应注意柱与柱的接头宜设在弯矩较小的地方或柱节点处。当采用塔式起重机进行安装时，柱长以1～2层楼高为宜。

由于框架柱长细比过大，为防止安装过程中产生裂缝或断裂，所以安装时必须根据柱子的长度合理选择吊点位置和安装方法。当柱子长度小于12m时，常采用一点直吊绑扎，当柱子长度大于12m时，则可采用两点绑扎，并且必要时须进行吊装验算（吊装应力和抗裂度验算）；当柱子较长或重量较大时，可采用三点绑扎和起吊。柱子的起吊方法与单层工业厂房柱子的安装方法基本相同。

（2）柱子校正

柱子安装就位后需立即进行临时固定，目前工程上大多采用环式固定器或管式支撑进行临时固定。

柱的校正一般需要3次，第1次在脱钩后电焊前进行初校；第2次在接头电焊后进行校正，并观测由于钢筋电焊受热收缩不均匀而引起的偏差；第3次在梁和楼板安装后校正，以消除梁柱接头因电焊产生的偏差。

柱的校正包括垂直度校正和水平度校正。其垂直度的校正一般采用经纬仪、线坠进行。在柱的校正过程中，当垂直度和水平位移都有偏差，均需校正时，若垂直度偏差较大，则应先校正垂直度，然后校正水平位移，以减少柱顶倾覆的可能性。校正柱子时，应消除上、下节柱积累偏差。

2. 梁、板安装

框架结构的梁有普通梁和叠合梁两种。多层框架结构的楼板一般根据跨度和楼面荷载选择，可分为预应力空心板、预应力密肋楼板等。板一般都搁在梁上，用细石混凝土浇灌接缝以增强其结构的整体性。梁、板的安装方法与单层工业厂房基本相同。

3. 构件接头处理

在多层和高层装配式框架结构中，构件接头的形式和质量直接关系到整个结构的稳定性和刚度，因此选择构件接头形式，必须满足承载力和刚度的要求；在接头施工时，应保证钢筋焊接和一次灌浆质量。在多层框架结构中，主要是柱与柱的接头和梁与梁的接头。

（1）柱与柱的接头

柱与柱的接头应保证柱与柱之间纵轴压力、弯矩和剪力的相互传递。要确保柱接头及附近区段的强度高于或等于构件的强度。柱接头形式有榫接头、浆锚接头和插入式接头。其中，常用的是榫接头（图7-44）。

1）榫接头

榫接头是预制柱时，上下柱都向外伸出一定长度（>25d，d为钢筋直径）的钢筋，上节柱的下端做成突出的混凝土榫头状。安装柱子时，使上下柱伸出的钢筋对准，用剖口焊加以焊接。再用高强度等级水泥或微膨胀水泥拌制的细石混凝土（其强度比柱混凝土设计强度等级高25%）进行灌筑。上层构件的安装，必须在接头混凝土强度达到设计强度的75%后才能进行。为确保施工质量，提高接头的整体性，柱预制时最好用连续通长钢筋或适当增加钢筋的外伸长度，减少焊接应力。同时要选择合适的焊接位置。这种接头形式，耗钢量少，整体性好，安装、校正都方便。

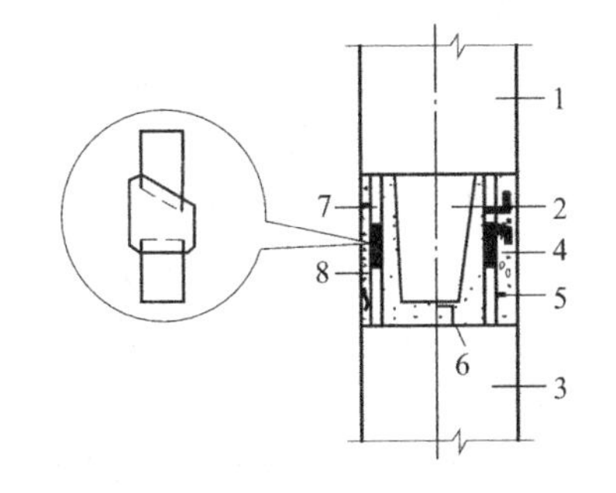

图7-44　榫式接头

1—上柱；2—上柱榫头；3—下柱；4—剖口焊；5—下柱外伸钢筋；6—砂浆；7—上柱外伸钢筋；8—后浇外接混凝土

2）浆锚接头

采用这种接头形式，柱的截面一般不小于400mm×400mm。其方法是预制柱时，下节柱顶部预留四个浆锚孔，孔径为 4.0d（d 为锚固钢筋直径），孔长 350～750mm；相对的，在上节柱底部外伸四根长为 300～700mm 的锚固钢筋。安装上节柱之前，先对下柱浆锚孔进行清理、疏通，灌入快凝砂浆，在其顶面满铺砂浆约 10mm 厚，再将上节柱的锚固钢筋插入柱内，使上下柱连成整体。在实际工程中，也采用后灌浆或压浆法。

3）插入式柱接头

同样在预制柱时，将上节柱底部做成榫头，而下节柱顶部做成杯口。安装上节柱时，将上节柱榫头插入下节柱杯口，然后用水泥砂浆灌注浇筑成整体。灌浆压力在 2～5kN/mm^2 之间。这种接头安装方便，不需电焊，适合于小偏心受压柱。若为大偏心受压柱，则必须采取相应的构造措施，防止受拉边产生裂缝。

（2）柱与梁的接头

框架结构中柱与梁的接头形式有明牛腿接头、暗牛腿接头、齿槽式接头和浇筑整体式等多种。其接头形式取决于结构受力情况，即由结构设计要求而定。最常用的接头形式为浇筑整体式。整体式接头将梁与柱、柱与柱节点整体浇筑在一起。预制柱时，柱须每层一节，与榫接头相似。梁搁在柱上，梁底钢筋按锚固要求上弯或焊接。绑扎好节点箍筋，浇筑混凝土至楼板面；安装上节柱时，上、下柱伸出钢筋搭接或单面焊接，再浇筑混凝土到上柱的榫头上方并留 35mm 的间隙，用1：1：1的细石混凝土填缝。

第四节　空间网架结构安装

空间网架结构适用于大跨度结构屋盖，如飞机库、体育馆、展览馆等屋盖。空间网架结构的施工特点是跨度大、构件重、安装位置高。因此，合理地选择施工方案是空间网架结构施工的重要环节。

空间网架结构根据其结构形式和施工条件的不同，可选用高空散装法、分条或分块安装法、整体安装法、高空滑移法等进行安装。

一、高空散装法

空间网架结构用高空拼装法进行安装，是先在设计位置处搭设拼装支架，然后用起重机把网架构件分件（或分块）吊至空中的设计位置，在支架上进行拼装。高空散装法适用于螺栓球节点或高强度螺栓连接的各种类型网架，并宜采用少支架的悬挑施工方法。因为焊接连接的网架采用高空散装法施工时，不易控制标高和轴线。高空拼装法不需大型起重设备，但拼装支架用量大，高空作业多。

用于高空散装法的拼装支架必须牢固，不宜采用竹、木材料，设计时应对单肢稳定、整体稳定进行验算，并估算其沉降量。沉降量不宜过大，并应采取措施，能在施工中随时进行调整。高空散装法要求支架沉降不超过 5mm。

螺栓球节点网架的安装精度由工厂保证，现场无法进行大量调整。高空拼装时，一般从一端开始，以一个网格为一排，逐排前进。拼装顺序为：下弦节点→下弦杆→腹杆及上弦节点→上弦杆→校正→全部拧紧螺栓。

网架结构总拼完成后及屋面工程完成后，应分别测量其挠度值，且所测的挠度值不应超过相应设计值的 1.15 倍。测量挠度时，跨度 24m 及以下的钢网架结构，用钢尺和水准仪测量下弦中央一点；跨度 24m 以上的钢网架结构测量下弦中央一点及各向下弦跨度的四等分点。

二、分条或分块安装法

分条（分块）吊装法是将网架从平面分割成若干条状或块状单元，每个条（块）状单元在地面拼装后，再由起重机吊装到设计位置总拼成整体。

条状单元一般沿长跨方向分割，其宽度约为1～3个网格，其长度为短跨跨距或短跨跨距的一半。块状单元一般沿网架平面纵横向分割成矩形或正方形单元，每个单元的重量以现有起重机能胜任为准。条（块）与条（块）之间可以直接拼装，也可空一网格在高空拼装。由于条（块）状单元是在地面拼装，因而高空作业量较高空散装法大为减少，拼装支架也减少很多，又能充分利用现有起重设备，故较经济。这种安装方法适用于分割后网架的刚度和受力状况改变较小的各类中小型网架，如两向正交正放四角锥，正放抽空四角锥等网架。

网架分割成条（块）状单元后，其自身应是几何不变体系，同时还应有足够的刚度，否则应采取临时加固措施。对于正放类网架，分成条（块）状单元后，一般不需要加固。但对于斜放类网架，分成条（块）状单元后，由于上（下）弦为棱形结构可变体系，必须加固后方可吊装。

条状单元在吊装就位过程中的受力状态属平面结构体系，而网架是按空间结构设计的，因此条状单元在总拼前的挠度比形成整体网架后的挠度大，固在合拢前必须在中部用支撑顶起，调整其挠度时其与整体网架挠度符合。块状单元在地面拼成后，应模拟高空支承条件，观察其挠度，以确定是否要调整。条（块）状单元尺寸、形状必须准确，以保证高空总拼时节点吻合及减少累积误差，可采取预拼装或在现场临时配杆等措施解决。

图7-45为某体育馆斜放四角锥网架采用分块吊装的实例。该网架平面尺寸为45m×36m，从中间十字对开分为四块（每块之间留出一节间），每个单元尺寸为15.75m×20.25m，重约12t，用一台悬臂式扒杆在跨外移动吊装就位。就位时，利用网架中央搭设的井字架作临时支撑。

图7-46为某体育馆双向正交方形网架采用分条吊装的实例。该网架平面尺寸为45m×45m，重52t，分割成三条吊装单元，就地错位拼装后，用两台40t汽车式起重机抬吊就位。

三、整体安装法

整体安装法就是先将网架在地面上拼装成整体，然后用起重设备或千斤顶将其整体提升到设计位置上加以固定的方法。

采用整体吊装法安装网架时，可以就地与柱错位总拼或在场外总拼，不需高大的拼装支架，高空作业少，易保证焊接质量，此法适用于焊接连接网架。但这种方法需要起重量大的起重设备，技术较复杂。根据所用设备的不同，整体安装法又分为多机抬吊法、拔杆提升法、千斤顶提升法与千斤顶顶升法等。

（一）多机抬吊法

此法适用于高度和重量都不大的中、小型网架结构。安装前先在地面上对网架进行错位拼装（即拼装位置与安装轴线错开一定距离，以避开柱子的位置）。然后用多台起重机（多为履带式起重机或汽车式起重机）将拼装好的网架整体提升到柱顶以上，在空中移位后落下就位固定。

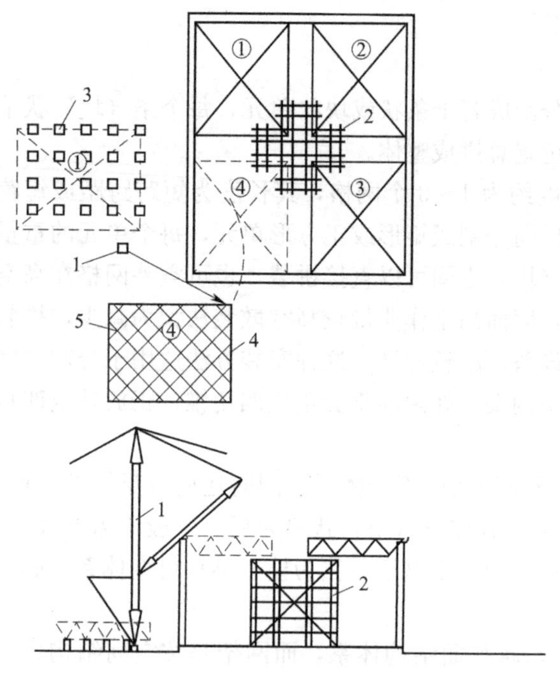

图 7-45　分块吊装

1—悬臂扒杆；2—井子架；3—拼装砖墩；
4—临时封闭杆；5—吊点
（①～④为屋面分块序号）

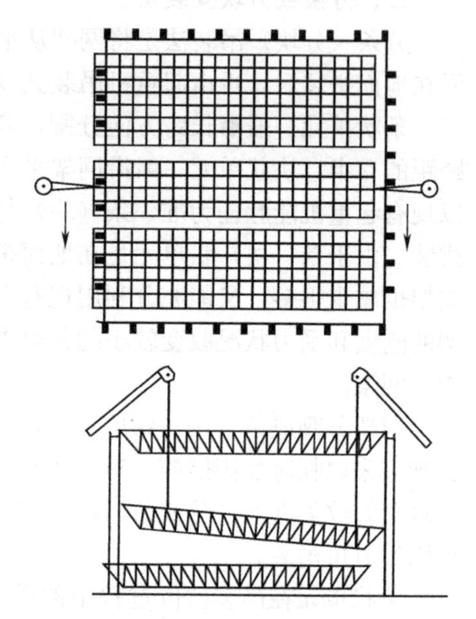

图 7-46　分条吊装

中、小型网架多用四台履带式起重机（或汽车式、轮胎式起重机）抬吊。如网架重量较小，或四台起重机的起重量都满足要求时，宜将四台起重机布置在网架两侧（图 7-47），这样只要四台起重机同时回转即完成网架空中移位。多机抬吊的关键是各台起重机的起吊速度一致，否则有的起重机会超负荷，网架受扭，焊缝开裂。为此，起吊前要测量各台起重机的起吊速度，以便起吊时掌握。当网架抬吊到比柱顶标高高出 30cm 左右时，进行空中移位，将网架移至柱顶之上。网架落位时，为使网架支座中线准确地与柱顶中线吻合，事先在网架四角各拴一根钢丝绳，利用倒链进行对线就位。

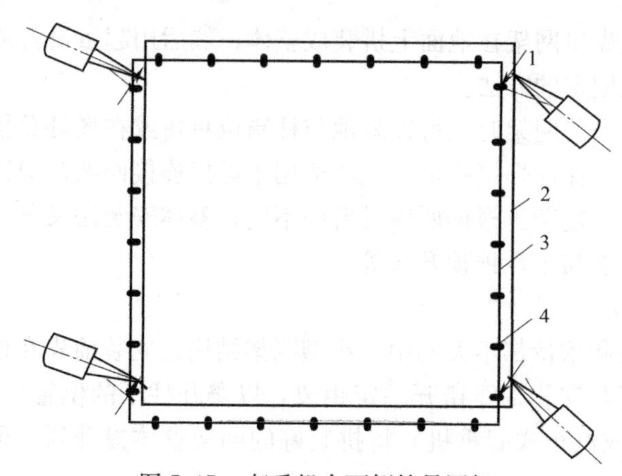

图 7-47　起重机在两侧抬吊网架

1—起重机；2—网架拼装位置；3—网架安装位置；4—柱子

（二）拔杆提升法

球节点的大型钢管网架的安装，可用拔杆提升法。采用拔杆提升法施工时，网架先在地面上拼装，然后用多根独脚拔杆将网架整体提升到柱顶以上，空中移位、落位安装。

起重设备的选择与布置是网架拔杆提升施工中的一个重要问题，包括拔杆选择与吊点布置、缆风绳与地锚布置、起重滑轮组与吊点索具的穿法、卷扬机布置等。图 7-48 所示为某体育馆圆形三向网架，直径为 124.6m，重 600t，支承在周边 36 根钢筋混凝土柱上，采用 6 根扒杆整体吊装时的起重设备布置情况。

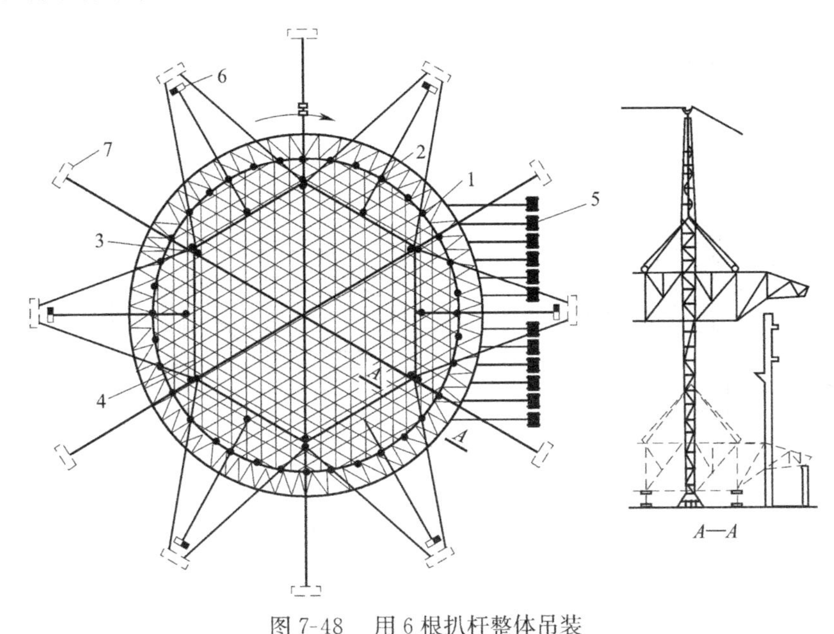

图 7-48　用 6 根扒杆整体吊装

1—柱；2—网架；3—扒杆；4—吊点；5—起重卷扬机；6—校正卷扬机；7—地锚

网架吊点的布置与吊装方案和提升时网架的受力性能有关。在网架提升过程中，某些杆件的内力可能会超过设计时的计算内力或可能出现内力符号改变而使杆件失稳。因此，应经过网架吊装验算来确定吊点的数量和位置。不过，在起重能力、吊装应力和网架刚度满足的前提下，应当尽量减少拔杆和吊点的数量。网架吊装后，拔杆被围在网架中，宜采用倒拆法拆除，即在网架上弦节点处挂两副起重滑轮组吊住拔杆，然后由最下一节开始一节节拆除拔杆。

（三）整体提升法

整体提升法是将网架在地面上拼装后，利用提升设备将其整体提升到设计标高安装就位。随着我国升板、滑模施工技术的发展，现已广泛采用升板机和液压千斤顶作为网架整体提升设备，并创造了升梁抬网、升网提模、滑模升网等新工艺，开拓了利用小型设备安装大型网架的新途径。

例如，某网架为 44m×60.5m 的斜放四角锥网架，重 116t，采用升梁抬网施工方案，该网架支承在 38 根钢筋混凝土柱的框架上，事先将框架梁按结构平面位置分布在地面架空预制、网架支承于梁的中央，每根梁的两端各设置一个提升吊点，梁与梁之间用 10 号槽钢横向拉接，升板机安放在柱顶，通常吊杆与梁端吊点连接，在升梁的同时，梁也抬着网架上升（图 7-49）。

图 7-50 是采用滑模升网的施工方法，网架支承在钢筋混凝土框架柱上，利用框架液压滑模同步、匀速、平稳的特点，作为整体提升网架的功能；利用网架的整体刚度和平面空间，作为框架滑模的操作平台。在完成框架滑模施工的同时，随之也就将网架提升就位。

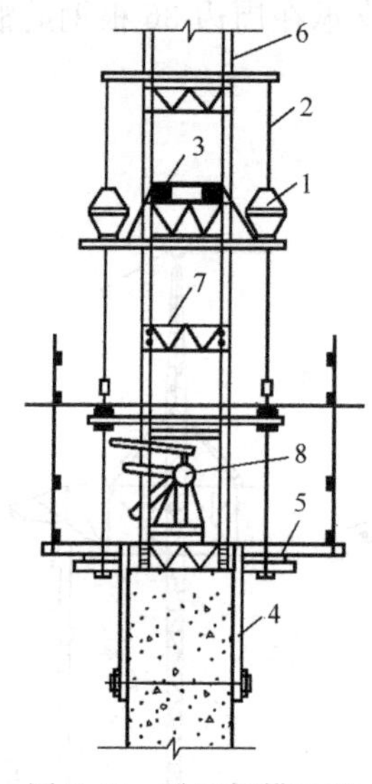

图 7-49　升网提模工艺

1—升板机；2—螺杆；3—承重销；4—柱子模板；5—操作平台；6—角钢柱肢；7—桁架式缀板；8—网架支座

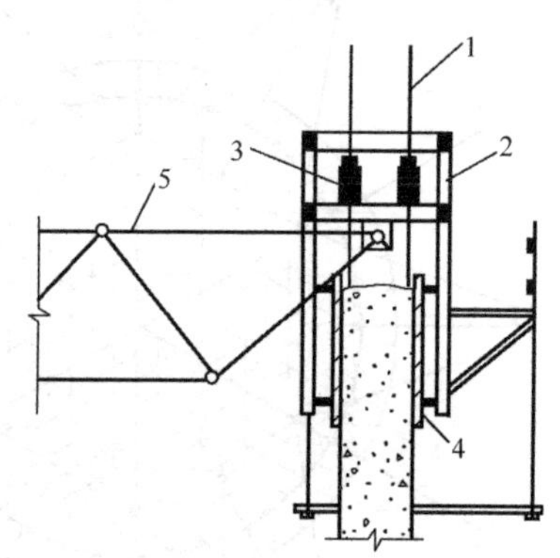

图 7-50　滑模升网法

1—支承杆；2—拉升架；3—液压千斤顶；4—模板；5—网架

（四）整体顶升法

整体顶升法是将网架在地面拼装后，用千斤顶整体顶升就位的施工方法。网架在顶升过程中，一般用结构柱作临时支承，但也有另设专门支架的。图 7-51 为用结构柱作临时支承的顶升顺序，用千斤顶顶起搁置于十字架的网架(图 7-51a)，移去十字架下的垫块(图 7-51b)，装上柱的缀板；将千斤顶及横梁移至柱的上层缀板(图 7-51c)，便可进行下一顶升循环。

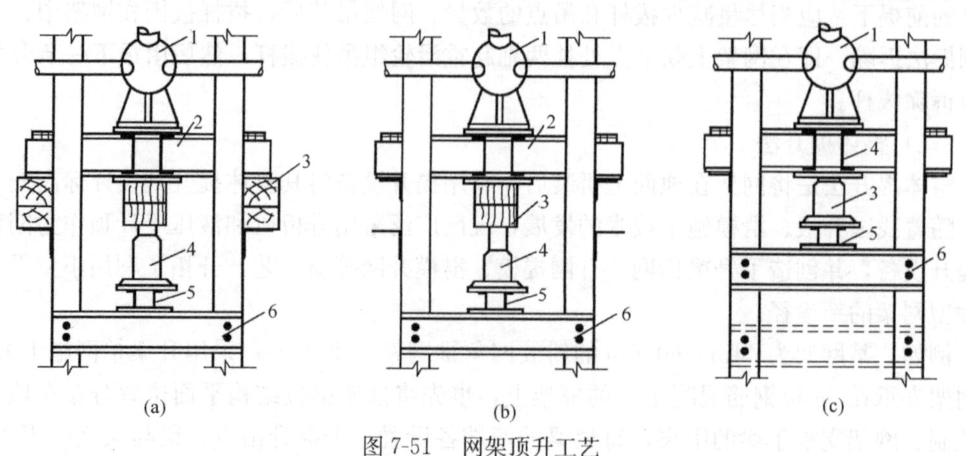

图 7-51　网架顶升工艺

1—网架；2—十字架；3—垫块；4—千斤顶；5—横梁；6—柱的缀板

四、高空滑移法

高空滑移法施工是网架在建筑物顶板上设拼装平台进行拼装，待第一个拼装单元（或第一段）拼装完毕，将其下落至滑移轨道上，用牵引设备（多用人力绞磨）通过滑轮组将拼装好的网架向前滑移一定距离。接下来在拼装平台上拼装第二个拼装单元（或第二段），拼好后向前滑移，如此逐段拼装不断向前滑移，直至整个网架拼装完毕并滑移至就位位置。高空滑移法按滑移方式分逐条滑移法和逐条积累滑移法两种；按摩擦方式，又分为滚动式滑移和滑动式滑移两类。

高空滑移法施工网架结构，由于网架拼装是在建筑顶板平台上进行，减少了高空作业的危险；与高空拼装法比较，拼装平台小，可节约材料，并能保证网架的拼装质量；由于网架拼装和滑移施工可以与土建施工平行流水和立体交叉，因而可以缩短整个工程的工期；高空滑移法施工设备简单，一般不需大型起重安装设备、成本低。特别在场地狭小或跨越其他结构、设备等而起重机无法进入时更为合适。

图 7-52 是某剧院舞台屋盖 31.51m×23.16m 的正方四角锥网架，采用 2 台履带式起重机，将在地面拼装的条状单元分别吊至特制的小车上，然后用人工撬动逐条滑移至设计位置。就位时，先用千斤顶顶起条状单元，撤出小车，随即下落就位。这是属逐条波动滑移的实例之一。

某体育馆斜放四角锥网架为 45m×45m，采用逐条积累滑移法施工，如图 7-53 所示。先在地面拼装成半跨的条状单元，然后用悬臂扒杆吊至拼装台上组成整跨的条状单元，再进行滑移。当前一单元滑出组装位置后，随即又拼装另一单元，再一起滑移，如此每拼装一个单元就滑移一次，直至滑移到设计位置为止。由于该网架是直接在支承结构的滑轨上滑移，故属逐条积累滑动式滑移。滑移动力可为卷扬机牵引，亦可用千斤顶。本例是采用 2 台同型号的 3t 卷扬机牵引。

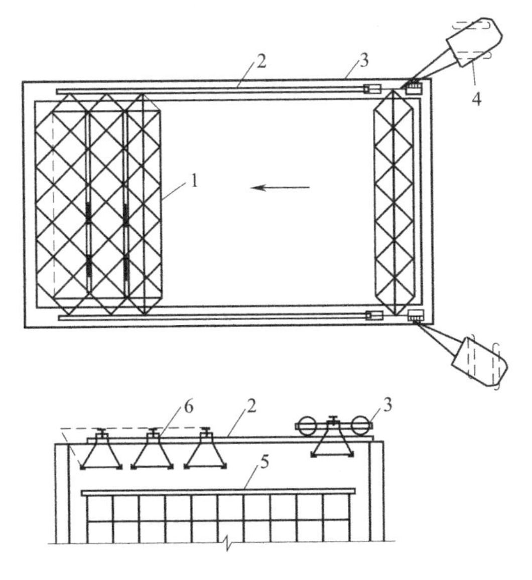

图 7-52　逐条滑移法

1—网架；2—轨道；3—小车；4—履带式起重机；5—脚手架；6—后装的杆件

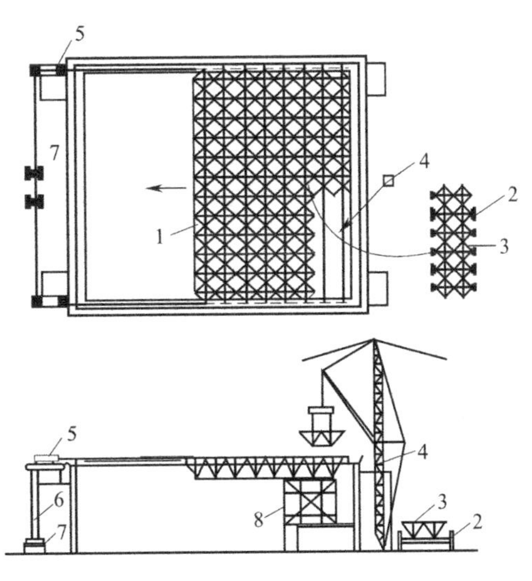

图 7-53　逐条积累滑移法

1—网架；2—拖拉机；3—网架分块单元；4—悬臂扒杆；5—牵引滑轮组；6—反力架；7—卷扬机；8—脚手架

复习思考题

1. 试述起重机有哪几类？各有何特点。
2. 试述履带式起重机的主要技术参数及其相互关系。如何使用起重机的特性曲线。
3. 塔式起重机有哪几种类型？试述其特点及适用范围。
4. 试述柱的吊升工艺及方法。比较旋转法和滑行法的优缺点及适用范围。
5. 试述屋架的吊升工艺及方法。
6. 单层工业厂房结构安装中起重机械如何选择？
7. 什么是分件安装法和综合安装法？各自有何优缺点。
8. 单层工业厂房中构件的平面布置应考虑哪些问题？
9. 柱的平面布置方式有哪几种。屋架的预制和安装就位有哪几种布置？
10. 装配式框架结构中起重机械如何选择。
11. 多层装配式框架结构吊装方案有哪几种？
12. 塔式起重机有哪几种平面布置？
13. 试述多层装配式框架柱的吊装、校正和接头方法。
14. 网架结构有哪几种安装方法？简述其施工工艺。

计算题

1. 某厂房柱的牛腿标高为7.6m，吊车梁长6m，高0.9m。当起重机停机面为−0.4m时，试计算安装吊车梁时的起重高度。

2. 某车间跨度27m，柱距6m，天窗架顶面标高为18m，屋面板厚0.26m。现用履带式起重机安装天窗屋面板，其停机面为−0.2m，起重臂距地面高$E=2.1$m，试用数解法确定起重机的最小臂长。

3. 某单层工业厂房跨度为24m，柱距为6m，9个节间，选用W_1-100型履带式起重机进行结构安装，试绘出屋架的纵向就位图和吊装开行路线图（安装屋架时起重半径$R=9$m）。

第八章　防　水　工　程

本章学习要点：

1. 了解屋面防水等级和设防要求，了解卷材防水屋面、涂膜防水屋面和刚性防水屋面材料，掌握其施工要点。

2. 了解地下工程防水方案；掌握地下工程防水混凝土、卷材防水层、水泥砂浆防水层和涂料防水层的构造及施工要点。

第一节　屋　面　防　水　工　程

屋面防水工程包括卷材防水屋面、涂膜防水屋面、刚性防水屋面、瓦屋面、金属防水屋面等，目前主要采用的是卷材防水屋面、涂膜防水屋面、刚性防水屋面及采用复合防水层的屋面。复合防水层是由彼此相容的卷材和涂料组合而成的防水层，使用过程中除要求两种材料材性相容外，同时要求两种材料不得相互腐蚀，施工过程中不得相互影响，这是屋面防水工程中积极推广的一种防水技术。

屋面工程应根据建筑物的类别、重要程度、使用功能要求，按不同等级进行设防，根据防水等级、防水层耐用年限来选用防水材料和进行结构设计，并应符合表 8-1 的要求。

屋面防水等级和设防要求　　**表 8-1**

屋面防水			
防水等级	建筑类别	设防要求	防水做法
Ⅰ级	重要建筑和高层建筑	二道防水设防	卷材防水层和卷材防水层、卷材防水层和涂膜防水层、复合防水层
Ⅱ级	一般建筑	一道防水设防	卷材防水层、涂膜防水层、复合防水层

注：在Ⅰ级屋面防水做法中，防水层仅作单层卷材时，应符合有关单层防水卷材屋面技术的规定。

复合防水层最小厚度应符合表 8-2 的规定。

复合防水层最小厚度（mm）　　**表 8-2**

防水等级	合成高分子防水卷材＋合成高分子防水涂膜	自粘聚合物改性沥青防水卷材（无胎）＋合成高分子防水涂膜	高聚物改性沥青防水卷材＋高聚物改性沥青防水涂膜	聚乙烯丙纶卷材＋聚合物水泥防水胶结材料
Ⅰ级	1.2＋1.5	1.5＋1.5	3.0＋2.0	(0.7＋1.3) ×2
Ⅱ级	1.0＋1.0	1.2＋1.0	3.0＋1.2	0.7＋1.3

在屋面工程中使用的防水、保温材料很多是属于可燃材料，如改性沥青防水卷材、合成高分子防水卷材、改性沥青防水涂料、合成高分子防水涂料以及有机保温材料等。屋面工程施工的防火安全应符合相关规定。

一、卷材防水屋面

卷材防水屋面是指利用胶粘剂粘贴卷材或利用带底面胶粘剂的卷材进行热熔或冷粘贴于屋面基层进行防水的屋面，适用广泛的防水屋面。卷材屋面构造层次如图 8-1 所示。施工方法有热施工、冷施工及机械固定等。

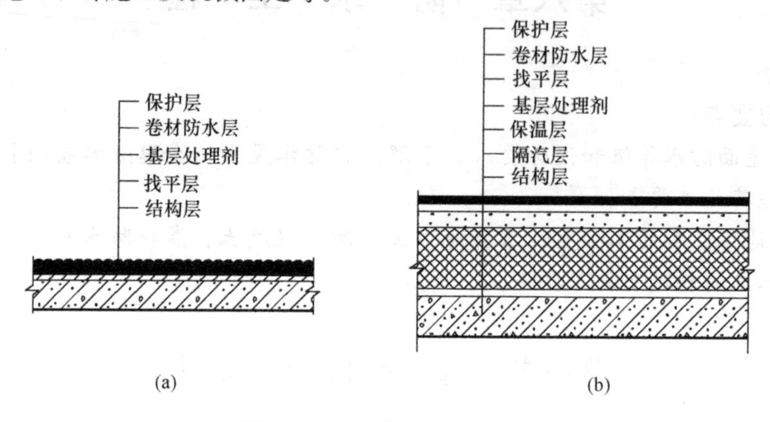

图 8-1 卷材屋面构造层次图

(a) 不保温卷材屋面；(b) 保温卷材屋面

(一) 防水材料

1. 卷材

防水卷材可分为合成高分子卷材、高聚物改性沥青卷材、沥青卷材、金属卷材、膨润土毯等，目前常用的有高聚物改性沥青防水卷材和合成高分子防水卷材。

(1) 高聚物改性沥青防水卷材

高聚物改性沥青防水卷材是指以合成高分子聚合物改性沥青为涂盖层，以纤维织物或纤维毡为胎体，以粉状、片状或薄膜材料为覆面材料制成的可卷曲的防水材料。该类卷材具有较好的低温柔性和延伸率，抗拉强度好，常见的品种、特点和适用范围如表 8-3 所示，适用于Ⅰ～Ⅱ级屋面防水。

高聚物改性沥青防水卷材的特点及适用范围 **表 8-3**

高聚物改性沥青防水卷材种类	特　点	适用范围	施工方法
SBS 型改性沥青防水卷材	耐高温、低温性能有明显提高，卷材的弹性和耐疲劳性明显改善	单层铺设的屋面防水工程或复合使用	冷施工或热熔铺贴
APP 型改性沥青防水卷材	具有良好的强度、延伸性、耐热性、耐紫外线照射及耐老化性能，耐低温性能稍低于 SBS 型改性沥青防水卷材	单层铺设适合于紫外线辐射强烈及炎热地区屋面使用	热熔法或冷粘法铺设
PVC 型改性焦油防水卷材	具有良好的耐热及耐低温性能，最低开卷温度为－18℃	有利于冬季负温下施工	可热作业也可冷作业
再生胶改性沥青防水卷材	具有一定的延伸性，且低温柔性较好，具有一定的防腐能力，价格低廉，属低档防水卷材	变形较大或档次较低的屋面防水工程	热沥青粘贴

（2）合成高分子防水卷材

合成高分子防水卷材是指以合成橡胶、合成树脂或两者的混合体为基料，加入适量的化学助剂和填充料，经混炼、压延或挤出等工序加工而成的可卷曲片状防水材料。此类卷材具有良好的低温柔性和适应基层变形的能力，耐久性好，使用年限较长，适用于防水等级为Ⅰ～Ⅱ级的屋面防水。合成高分子防水卷材一般采用单层铺设。合成高分子防水卷材的特点和适用范围见表 8-4。

合成高分子防水卷材的特点和适用范围　　表 8-4

卷材种类	特　点	适 用 范 围	施 工 方 法
三元乙丙橡胶防水材料	防水性能优异，耐候性好、耐腐蚀性强、弹性和抗拉强度大，对基层变形开裂的适应性强，重量轻，使用温度范围宽，寿命长，但价格高	单层或复合使用。适用于屋面防水技术要求较高，防水层耐用年限要求长的工业与民用建筑	冷粘法或自粘法
氯化聚乙烯防水卷材	具有良好的耐候、耐臭氧、耐热老化、耐油、耐化学腐蚀及抗撕裂的性能	单层或复合使用。适用于紫外线强的炎热地区	冷粘法施工
聚氯乙烯防水卷材	具有较高的抗拉伸和抗撕裂强度，延伸率较大，耐老化性能好，原材料丰富，价格便宜，容易粘结	单层或复合使用。适用于外漏或有保护层的屋面防水	冷粘法或热风焊接法施工
氯化聚乙烯一橡胶共混防水卷材	既具有氯化聚乙烯特有的高强度和优异的耐臭氧、耐老化性能，又具有橡胶特有的高弹性、高延伸性以及良好的低温柔性	单层或复合使用。尤其适用于寒冷地区或变形较大的屋面	冷粘法施工
氯硫化聚乙烯防水卷材	延伸率大，弹性较好，对基层变形开裂的适应性较强，耐高、低温性能好，耐腐蚀性能优良，难燃性好	适应于有腐蚀介质影响及在寒冷地区的屋面工程	冷粘法施工
三元乙丙橡胶一聚乙烯共混防水卷材	具有良好的耐臭氧和耐老化性能，使用寿命长，低温柔性好，可在负温条件下施工	单层或复合使用于外漏防水屋面，宜在寒冷地区使用	冷粘法施工
丁基橡胶防水卷材	具有较好的耐候性、抗拉强度和延伸率，耐低温性能稍低于三元乙丙橡胶防水材料	单层或复合使用。适用于要求较高的屋面防水工程	冷粘法施工

2. 基层处理剂

在防水层施工之前预先涂刷在基层上的涂料称为基层处理剂。不同种类的卷材应选用与其材性相容的基层处理剂。高聚物改性沥青防水卷材用的基层处理剂可选用氯丁胶沥青乳液、橡胶改性沥青溶液和冷底子油等；合成高分子防水卷材用的基层处理剂可选用聚氯酯二甲苯溶液、氯丁橡胶溶液和氯丁胶沥青乳液等。

3. 合成高分子胶粘剂

粘贴防水卷材用的胶粘剂品种多、性能差异大，选用时应与所用卷材的材性相容，才能很好地粘贴在一起，否则就会出现粘贴不牢，脱胶开口，甚至发生相互间的化学腐蚀，使防水层遭到破坏。

（1）粘贴高聚物改性沥青防水卷材时，可选用橡胶或再生橡胶改性沥青的汽油溶液或水乳液作胶粘剂。

（2）粘贴合成高分子防水卷材时，可选用以氯丁橡胶和丁酚醛树脂为主要成分的胶粘剂，或以氯丁橡胶乳液制成的胶粘剂。

合成高分子胶粘剂的粘结剥离强度不应小于15N/10mm，浸水168h后粘结剥离强度保持率不应小于70%。

（二）卷材防水层施工

卷材防水层的施工流程：基层表面清理、修整→喷、涂基层处理剂→节点附加层处理→定位、弹线、试铺→铺贴卷材→收头处理、节点密封→保护层施工。

1. 基层处理

基层处理的好坏，对保证屋面防水施工质量起很大的作用。要求基层有足够的强度和刚度，承受荷载时不致产生显著的变形。一般采用水泥砂浆、沥青砂浆和细石混凝土找平层作为基层，厚为15～35mm。找平层应留设分格缝，缝宽20mm，其留设位置应在预制板支承端的拼缝处。其纵横向最大间距，当找平层为水泥砂浆或细石混凝土时，不宜大于6m；为沥青砂浆时，则不宜大于4m。并于缝口上加铺200～300mm宽的油毡条，用沥青胶单边点贴，以防结构变形将防水层拉裂。在与突出屋面结构的连接处以及基层转角处，均应做成边长为100mm的钝角或半径为100～150mm的圆弧。找平层应平整坚实，无松动、翻砂和起壳现象，只有当找平层的强度达到设计要求，才允许在其上铺贴卷材。

2. 屋面卷材的铺贴

（1）屋面卷材的铺贴方向

在屋面工程中，卷材有平行屋脊和垂直屋脊铺贴两种铺贴方向。平行屋脊铺设时，卷材的长向搭接缝可以顺流水方向，易于保证防水质量，而且施工速度快、工效高，但在坡度较大的屋面上防水层易产生流淌、下滑现象。因此卷材的铺贴方向应根据屋面坡度和屋面是否有振动来确定。当屋面坡度小于3%时，卷材宜平行于屋脊铺贴；屋面坡度在3%～15%时，卷材可平行或垂直于屋脊铺贴；屋面坡度大于15%或受振动时，应垂直于屋脊铺贴。上下层卷材不得相互垂直铺贴。屋面坡度大于25%时，卷材宜垂直屋脊方向铺，并应采取固定措施。

（2）施工顺序

屋面工程应先做好排水比较集中部位（如屋面与水落口连接处等）的处理，然后由屋面最低标高处向上施工。铺贴天沟、檐沟卷材时，宜顺天沟、檐口方向，减少搭接。铺贴多跨和有高低跨的屋面时，应按先高后低、先远后近的顺序进行。

大面积施工时，可根据面积大小、基层形状、施工工艺顺序、人员数量等因素划分流水施工段，以提高工效和加强管理。施工段的界线宜设在屋脊、天沟、变形缝等处。

（3）卷材的铺贴方法

卷材的铺贴方法分为满粘法、空铺法、点粘法和条粘法等。① 满粘法也称全粘法，即铺贴卷材时，卷材与基层采用全部粘贴的方法；② 空铺法，即铺贴防水卷材时卷材与基层在四周一定宽度内粘结，其余部分不粘结的方法；③ 点粘法，即铺贴防水卷材时，卷材或打孔卷材与基层采用点状粘结，要求每平方米粘结 5 点，每点粘结面积为 100mm×100mm，卷材之间仍按满粘的施工方法；④ 条粘法，即铺贴防水卷材时，卷材与基层采用条状粘结。要求每幅卷材与基层粘结面不少于两条，每条宽度不小于 150mm，卷材之间仍按满粘的施工方法。

（4）卷材铺贴工艺

卷材铺贴时按其铺贴的施工工艺分为冷粘法、热熔法、自粘法和热风焊法等。冷粘法即在常温下采用胶粘剂等进行卷材与基层、卷材与卷材间进行粘结的施工方法；热熔法即采用火焰加热器熔化热熔型防水卷材底层的热熔胶进行粘结的施工方法；自粘法即采用带有自粘胶的防水卷材进行粘结的施工方法；热风焊法即采用热风焊枪进行防水卷材搭接粘合的施工方法。

1）热熔法施工

热熔法施工常用于 SBS 改性沥青防水卷材、APP 改性沥青防水卷材等与基层的粘结施工。采用该方法可节省冷粘剂，降低防水工程造价，特别是当气温较低时或屋面基层略有湿气时尤其适合。施工时火焰加热器的喷嘴应距卷材面 0.5m 左右，应加热均匀，不得过分加热或烧穿卷材，卷材厚度小于 3mm 时严禁采用热熔法。卷材表面热熔后应立即铺贴，应排除卷材下面的空气，使之平展不得有折皱，并辊压粘贴牢固，不得空鼓。辊压时，以卷材边缘溢出少量的热熔胶为宜，溢出的热熔胶应随即刮封接口。整个防水层粘贴完毕，所有搭接缝用密封材料予以严密封涂。高聚物改性沥青卷材严禁在雨天、雪天施工，五级风及其以上时不得施工，气温低于 0℃时不宜施工。

2）冷粘法施工

冷粘法施工常用于 SBS 改性沥青卷材、APP 改性沥青卷材、铝箔面性沥青卷材等与基层的粘结施工。胶粘剂涂刷应均匀，不露底，不堆积。根据胶粘剂的性能，合理控制涂刷与卷材铺贴的间隔时间。铺贴卷材时，应根据卷材的配置方案，在流水坡度的下坡开始弹出基准线，边涂刷胶粘剂边向前滚铺卷材，并及时辊压压实。滚铺时卷材下空气应排尽。平面与立面相连接处的卷材，应由下向上压缝铺贴，并使卷材紧贴阴角。当立面卷材超过 300mm 时，应用氯丁系胶粘剂进行粘贴或用木砖钉木压条与粘贴并用的方法处理，以达到粘贴牢固和封闭密实的目的。叠层粘贴时，上、下层及相邻两幅搭接均应错开，上、下层错开 1/3 幅，相邻两幅短边搭接错开不应小于 500mm。

3）热风焊接法施工

热风焊接法对于热塑性合成高分子较为适用，除搭接缝外的其他施工要求与冷粘法一致。接缝处采用热风焊接是为了确保防水层搭接缝的可靠性。接缝的接合面应清扫干净，确保无水珠、污垢、灰尘、砂粒等。搭接面处焊接前的卷材应铺放平整，不得有折皱，搭接部位按事先弹好的标准线对齐。焊接时，应先按长边搭接缝，后短边搭接缝。控制热风加热温度和时间，焊接处不得有漏焊、跳焊、焊焦或焊接不牢现象。焊接时不得损害非焊接部位的卷材。

（5）卷材搭接方法

铺贴卷材应采用搭接法，叠层铺设的卷材，上下层及相邻两幅卷材的搭接缝应错开。屋面工程中平行于屋脊的搭接缝应顺流水方向搭接；垂直于屋脊的搭接缝应顺年最大频率风向（主导风向）搭接。叠层铺设的各层卷材，在天沟与屋面的连接处应采用叉接法搭接，搭接缝应错开；接缝宜留在屋面或天沟侧面，不宜留在沟底。坡度超过25%的拱形屋面和天窗下的坡面上，应尽量避免短边搭接，如必须短边搭接时，在搭接处应采取防止卷材下滑的措施。如预留凹槽，卷材嵌入凹槽并用压条固定密封。屋面工程各种卷材的搭接长度应符合表 8-5 的要求。

屋面卷材搭接长度 **表 8-5**

卷材类别		搭接宽度（mm）
合成高分子防水卷材	胶粘剂	80
	胶粘带	50
	单缝焊	60，有效焊接宽度不小于 25
	双缝焊	80，有效焊接宽度 10×2＋空腔宽
高聚物改性沥青防水卷材	胶粘剂	100
	自粘	80

二、涂膜防水屋面

涂膜防水屋面是指在屋面基层表面涂刷以高分子合成材料为主的防水材料，经过固化后形成一定厚度和弹性的整体涂膜防水层，从而达到防水效果的屋面，适用于各种混凝土屋面的防水。

（一）材料

1. 防水涂料

（1）防水涂料根据涂料的成分可分为沥青基防水涂料、高聚物改性沥青防水涂料、合成高分子防水涂料。目前，应采用高聚物改性沥青防水涂料及合成高分子防水涂料。

1）高聚物改性沥青防水涂料。高聚物改性沥青防水涂料是指用合成高分子聚合物对沥青进行改性而配制成的水乳型或溶剂型防水涂料，属于薄质材料，与沥青基防水涂料相比，其抗裂性、气密性、耐化学腐蚀性、耐光性等各种性能比前者均有较大改善。

目前，我国使用的高聚物改性沥青防水涂料主要有 SBS 弹性沥青防水冷胶料、再生橡胶防水涂料、氯丁橡胶沥青涂料等。

2）合成高分子防水涂料。合成高分子防水涂料是指以合成橡胶或合成树脂为主要成膜物质配制成的单组分或多组分的防水涂料，也属于薄质材料。与前两类防水涂料相比，弹性、耐久性、耐高温性等性能都较好。适用于防水要求高的屋面。目前我国使用最多的合成高分子防水涂料主要有聚氨酯防水涂料和丙烯酸酯防水涂料等。

涂料防水层的厚度要求见表 8-6。

涂料防水层的厚度要求（mm） **表 8-6**

防水等级	合成高分子防水涂料	高聚物改性沥青防水涂料	聚合物水泥防水涂膜
Ⅰ级	1.5	2.0	1.5
Ⅱ级	2.0	3.0	2.0

（2）根据涂料形成液态的方式可分为溶剂型、反应型及水乳型。

1）溶剂型涂料。溶剂型涂料是以各种有机溶剂溶解高分子而成的液态涂料。其成膜迅速，生产工艺简单，储存稳定性好，但易燃易爆，储运和施工中要注意安全和防护。

2）反应型涂料。反应型涂料是主要成膜物质高分子预聚物与添加物质经化学反应而结膜形成的。可一次结成较厚的涂膜，涂膜致密且成膜时无体积收缩，但配制必须准确，搅拌均匀，才能保证质量，成本较高。

3）水乳型涂料。水乳型涂料是指高分子材料及沥青材料等在水中形成乳液状涂料。其无味、无毒、不燃，可在较潮湿的基层上施工，但涂膜干燥慢，成膜的致密性较低，不宜低温下施工。

2. 密封材料

密封材料是指充填于建筑物及构筑物的接缝、门窗框四周、玻璃镶嵌部位以及裂缝处，能起到水密、气密性作用的材料。目前，我国常用的屋面密封材料包括改性沥青密封材料和合成高分子密封材料两大类。

3. 胎体增强材料

胎体增强材料是指在涂膜防水层中增强用的聚酯无纺布、化纤无纺布、玻纤网格布等材料。

（二）涂料防水屋面施工

1. 施工程序

基层找平与清理→喷涂基层处理剂→特殊部位附加增强处理→涂布防水涂料及铺贴胎体增强材料→清理与检查修整→保护层施工。

2. 施工要点

（1）找平层施工

找平层的种类、质量要求及其施工同卷材防水屋面找平层施工。

（2）喷涂基层处理剂

待屋面基层干燥后，进行基层处理剂的涂刷，基层处理剂应充分搅拌，涂布应均匀，不得过厚或过薄。

（3）特殊部位附加增强处理

在屋面的水落管、檐沟、女儿墙根部、阴阳角等加铺附加层，先涂刷一遍涂料，待干燥后再涂刷一道防水涂料。水落管口处四周与檐沟交接处应先用密封材料密封，后加铺附加层，附加层涂膜伸入水落管杯的深度不少于 50mm。在板端设置缓冲层，缓冲层用 200～300mm 的聚乙烯薄膜空铺在板缝上，然后再增铺有胎体增强材料的空铺附加层。

（4）涂布防水涂料

涂膜应根据防水涂料的品种分层分遍进行，不得一次完成，待先涂的涂层干燥后方可涂后一遍涂料。天沟、檐口、檐沟、泛水等部位的收头应用防水涂料多遍涂刷或用密封材料封严。

(5) 铺贴胎体增强材料

屋面坡度小于15%时应平行于屋脊铺设，大于15%时应垂直于屋脊铺设。当采用二层胎体增强剂时，上下层不得相互垂直铺设，搭接缝应错开，间距不应小于幅宽的1/3。胎体长边搭接宽度不应小于50mm，短边搭接宽度不应小于70mm。

三、刚性防水屋面

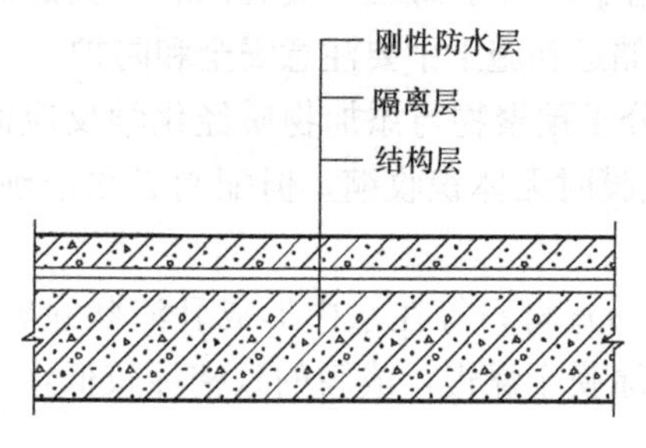

图8-2 刚性防水屋面构造层次图

刚性防水屋面包括细石混凝土屋面、补偿收缩混凝土屋面、块体刚性防水屋面等，一般应采用细石混凝土屋面，其主要适用于防水等级为Ⅱ级的屋面防水，也可作为Ⅰ级屋面多道防水设防中的一道防水层，刚性防水屋面构造层次如图8-2所示，因其具有优异的硬度、强度、厚度，抗穿刺能力强，而应用广泛，但它对地基不均匀沉降、温度变化、结构振动等因素均非常敏感，很少用于设有松散材料保温层以及受较大振动或冲击的建筑屋面，屋面坡度宜为2%～3%。

(一) 材料

1. 水泥

宜采用普通硅酸盐水泥，当采用矿渣硅酸盐水泥时应采取减小泌水性的措施。不得使用火山灰质材料，水泥的强度等级不低于42.5级，混凝土水灰比不应大于0.55，每立方米混凝土水泥最小用量不应小于330kg，混凝土的强度等级不应低于C20。

2. 粗骨料

宜采用质地坚硬，最大粒径不超过15mm，级配良好，含泥量不超过1%的碎石或砾石，否则应冲洗干净。

3. 细骨料

细骨料宜采用粒径为0.3～0.5mm的中砂或粗砂，含砂率宜为35%～40%；细骨料含泥量不应大于2%。

4. 外加剂

刚性防水层中使用的膨胀剂、减水剂、防水剂、引气剂等外加剂应根据不同品种的适用范围、技术要求来选择。

(二) 刚性防水屋面施工

1. 施工程序

清理板面、灌缝→找平层施工→隔离层施工→绑扎防水层钢筋网片→安装分格条和支边模→浇防水层混凝土并做留试块→振捣压实抹平→拆除分格条和支边模→二次收光→清扫分格缝→保护层施工及刷冷底子油→嵌填密封膏

2. 施工要点

(1) 隔离层施工。在防水层及基层间宜设置隔离层，以减少因结构变形使防水混凝土产生拉应力，减少刚性防水层的开裂，多采用低强度等级砂浆、卷材、塑料薄膜等材料。隔离层施工完后，应加强保护。

(2) 绑扎防水层钢筋网片。应配置双向网片于防水层的中部，钢筋网片在分隔缝处应断开，其保护层厚度不应小于 10mm。

(3) 安装分格条和支边模。分隔缝宜设在屋面板的支承端、屋面转折处、防水层与突出屋面结构的交接处，其纵横间距不宜大于 6m。用水泥素浆或水泥砂浆固定木条，尺寸、位置应正确。

(4) 浇防水层混凝土并做留试块。防水层的厚度不宜小于 40mm，混凝土按设计要求拌合，浇筑时按先远后近、先高后低的原则逐个分格进行，一个分格缝范围内的混凝土必须一次浇捣完成，不得留施工缝。

(5) 嵌填密封膏。防水层与立墙及突出屋面结构等交接处，均应做柔性密封处理；分格缝处必须有防水措施，通常采用油膏嵌缝，有的在缝口上再做覆盖保护层。

第二节 地下防水工程

根据建筑物的性质、重要程度、使用功能要求及防水层耐用年限等，地下工程的防水等级分为四级。现行规范规定地下工程防水等级及其相应的适用范围见表 8-7。

地下工程防水等级及其适用范围 **表 8-7**

防水等级	标准	适用范围
一级	不允许渗水，结构表面无湿渍	医院、餐厅、旅馆、影剧院、商场、冷库、粮库、金库、档案库、通信工程、计算机房、电站控制室、配电间等防水要求较高的生产车间；指挥工程、武器弹药库，防水要求较高的人员掩蔽部；铁路旅客站台、行李房、地下铁道车站、城市人行地道
二级	不允许漏水，结构表面可有少量湿渍。工业与民用建筑：总湿渍面积不应大于总防水面积（包括顶板、墙面、地面）的 1/1000；任意 100m^2 防水面积上的湿渍不超过 2 处，单个湿渍的最大面积不大于 0.1m^2。其他地下工程：总湿渍面积不应大于总防水面积的 2/1000；任意 100m^2 防水面积上的湿渍不超过 3 处，单个湿渍的最大面积不大于 0.2m^2，其中，隧道工程还要求平均渗水量不大于 0.05L/（m^2·d），任意 100m^2 防水面积上的渗水量不大于 0.15L/(m^2·d)	一般生产车间、空调机房、发电机房、燃料库；一般人员危险工程；电气化铁路隧道、寒冷地区铁路隧道、地铁运行区间隧道、城市公路隧道、水泵房
三级	有少量漏水点，不得有线流和漏泥砂，单个湿渍面积不大于 0.3m^2，单个漏水点的漏水量不大于 2.5L/d，任意 100m^2 防水面积不超过 7 处	电缆隧道；水下隧道、非电气化铁路隧道、一般公路隧道
四级	有漏水点，不得有线流和漏泥砂，整个工程平均漏水量不大于 2L/（m^2·d）；任意 100m^2 防水面积的平均漏水量不大于 4L/（m^2·d）	取水隧道、污水排放隧道；人防疏散干道；涵洞

在进行地下工程防水设计时，应遵循“防排结合，刚柔并用，多道防水，综合治理”原则，并根据建筑物的使用功能及使用要求，结合地下工程的防水等级，选择合理的防水方案。具体来讲，地下工程的防水方案有下列几种方案的组合：

(1) 采用混凝土自防水，它是利用提高混凝土结构本身的密实性来达到防水要求的。防水混凝土结构既能承重又能防水，应用较广泛。

(2) 排水方案，即利用盲沟、渗排水层等措施，把地下水排走，以达到防水要求，此法多用于重要的、面积较大的地下防水工程。

(3) 在地下结构表面设附加防水层，如在地下结构的表面抹水泥砂浆防水层、贴卷材防水层或刷涂料防水层等。

一、混凝土结构自防水

防水混凝土结构是以混凝土自身的密实性而具有一定防水能力的混凝土或钢筋混凝土结构形式，故又称之为混凝土结构自防水。因为其兼具承重、围护功能，可满足一定的耐冻融和耐侵蚀要求；且与卷材防水层等相比，防水混凝土结构具有材料来源广泛、工艺操作简便、改善劳动条件、缩短施工工期、节约工程造价、检查维修方便等优点。所以已成为地下防水工程首选的一种主要结构形式，广泛适用于一般工业与民用建筑地下工程的建（构）筑物。但混凝土结构自防水不适用于以下几种情况：允许裂缝开展宽度大于 0.2mm 的结构、遭受剧烈振动或冲击的结构、环境温度高于 80℃的结构，以及可致耐侵蚀系数小于 0.8 的侵蚀性介质中使用的结构。

混凝土结构自防水一般包括普通防水混凝土和外加剂防水混凝土两大类，且抗渗等级应符合表 8-8 要求。各种防水混凝土的特点及适用范围，见表 8-9。

防水混凝土设计抗渗等级 **表 8-8**

工程埋置深度 H（m）	设计抗渗等级
$H<10$	P6
$10\leqslant H<20$	P8
$20\leqslant H<30$	P10
$H\geqslant30$	P12

注：1. 本表适用于Ⅰ、Ⅱ、Ⅲ类围岩（土层及软弱围岩）；
2. 山岭隧道防水混凝土的抗渗等级可按国家现行有关标准执行。

防水混凝土的特点及适用范围 **表 8-9**

种类		特点	适用范围
普通防水混凝土		施工简单，材料来源广泛	适用于一般工业与民用建筑及公共建筑的地下防水工程
外加剂防水混凝土	引气剂防水混凝土	抗冻性好	适用于北方高寒地区抗冻性要求较高的防水工程及一般防水工程，不适用于抗压强度大于 20MPa 或耐磨性要求较高的防水工程

续表

种类		特点	适用范围
外加剂防水混凝土	减水剂防水混凝土	拌合物流动性好	适用于一般工业与民用建筑的地下防水结构、钢筋密集或捣固困难的薄壁型防水构筑物、大型设备基础等大体积混凝土，也适用于不同季节施工的防水工程和流动性有特殊要求的防水工程（如泵送混凝土）
	三乙醇胺防水混凝土	抗渗等级高，早期强度高	适用于工期紧迫，要求早强及抗渗性较高的防水工程及一般防水工程
	氯化铁防水混凝土	增强、早强、耐久及抗腐蚀性好	适用于水中结构的无筋、少筋厚大防水混凝土工程、长期贮水的构筑物及防水工程的治渗及维修，不适用于薄壁结构
	补偿收缩混凝土（膨胀剂或膨胀水泥防水混凝土）	密实及抗裂性好	适用于一般工业与民用建筑的地下防水结构，水池、水塔等构筑物，人防、洞库，以及修补堵漏、压力灌浆、混凝土后浇带
	自密实高性能防水混凝土	拌合物流动性好、高强度、耐久及工作性好	适用于浇筑量大、体积大、密筋、形状复杂或浇筑困难的地下防水工程
	E型高强防水剂混凝土	高工作性，早强、高强、抗裂、抗渗以及耐久性好	适用于预应力混凝土、大体积混凝土、防水功能要求较高的地下建（构）筑物以及水池、水塔、储油罐、大型设备基础、后浇缝
	聚合物水泥混凝土	适应变形能力强	适用于地下建（构）筑物防水、游泳池、水泥库、化粪池等防水工程；如直接接触饮用水，例如贮水池，应选用符合要求的聚合物

（一）防水混凝土材料

1. 水泥

(1) 水泥强度等级不应低于42.5级。

(2) 在不受侵蚀性介质和冻融作用的条件下，水泥品种宜采用硅酸盐水泥、普通硅酸盐水泥，使用其他品种水泥时应经试验确定；若选用矿渣硅酸盐水泥，则必须掺用高效减水剂。

(3) 在受侵蚀性介质作用的条件下，应按介质的性质选用相应的水泥。例如：在受硫酸盐侵蚀性介质作用的条件下，可采用火山灰质硅酸盐水泥、粉煤灰硅酸盐水泥或抗硫酸盐硅酸盐水泥。

(4) 在受冻融作用的条件下，应优先选用普通硅酸盐水泥，不宜采用火山灰质硅酸盐水泥和粉煤灰硅酸盐水泥。

(5) 不得使用过期、受潮结块的水泥；不得使用混入有害杂质的水泥；不得将不同品种或不同强度等级的水泥混合使用。

2. 石

石子最大粒径不宜大于40mm；石子吸水率不应大于1.5%；含泥量不得大于1%、泥块含量不得大于0.5%；不得使用碱活性骨料；其他要求应符合现行规范的规定。

3. 砂

宜采用中砂；含泥量不得大于3.0%，泥块含量不得大于1.0%；其他要求应符合现行规范的规定。

4. 掺合料

粉煤灰的级别不应低于二级，烧失量不应大于5%，用量宜为胶凝材料总量的20%～30%，当水胶比小于0.45时，粉煤灰用量可适当提高；硅粉的品质应符合表8-10的要求，用量宜为胶凝材料总量的2%～5%；其他掺合料的掺量应通过试验确定。

硅粉品质要求 **表8-10**

项目	指标	项目	指标
比表面积（m^2/kg）	≥15000	二氧化硅含量（%）	≥800

5. 外加剂

外加剂包括：引气剂、减水剂、三乙醇胺外加剂、氯化铁防水剂、膨胀剂、膨胀水泥、钢纤维与聚丙烯纤维等。外加剂的技术性能应符合国家或行业标准一等品以上的质量要求。

（二）防水混凝土的配制

1. 配制普通防水混凝土

普通防水混凝土是以调整配合比的方法，提高混凝土自身的密实性和抗渗性。试配要求的抗渗水压值应比设计值提高0.2MPa，其他技术要求见表8-11。

配置普通防水混凝土的技术要求 **表8-11**

项目	技术要求
水灰比	不得大于0.6
坍落度	30～50mm。防水混凝土采用预拌混凝土，其入泵坍落度宜控制为120～160mm；入泵前坍落度每小时损失值不应大于20mm，总损失值不应大于4mm
水泥量	配制防水混凝土时水泥用量不应小于260kg/m^3和胶凝材料的总用量不宜小于320kg/m^3
砂率	宜为35%～45%；泵送混凝土的砂率可为45%
灰砂比	宜为1∶2～1∶2.5
骨料	粗骨料最大粒径不宜大于40mm；泵送时其最大粒径不应大于输送管径的1/4；吸水率不应大于1.5%；不得使用碱活性骨料

2. 配制引气剂防水混凝土（表8-12）

配置引气剂防水混凝土的技术要求 **表8-12**

项目	技术要求
引气剂掺量	松香酸钠掺量约为0.3‰，松香热聚物掺量约为0.005%～0.015%
含气量	混凝土含气量应控制在3%～5%
坍落度	30～50mm
水泥用量	最少不得少于250kg/m^3，一般为250～300kg/m^3，当耐久性要较高时，可适当增加用量
水灰比	不得大于0.65，以0.5～0.6为宜，当抗冻性耐久性要求高时，可适当降低水灰比
砂率	28%～35%
灰砂比	1∶2～1∶2.5
集料	10～20∶20～40=30∶70～70∶30

3. 配制减水剂防水混凝土（表 8-13）

配制减水剂防水混凝土的技术要求　　表 8-13

项　　目		技术要求
水灰比		当工程需要混凝土坍落度 80～100mm 时，可不减少或稍减少拌合用水量；当要求坍落度 30～50mm 时，可大大减少拌合用水量
坍落度		坍落度可不受 50mm 的限制，但也不宜过大，以 50～100mm 为宜
适宜掺量（占水泥重量%）	木钙、糖蜜	0.2%～0.3%，不得大于 0.3%，否则使混凝土强度降低
	NNO、MF	0.5%～1.0%，在其范围内只稍微增加混凝土造价，对性能无大影响
	JN	0.5%
	UFN－5	0.5%，外加 0.5%三乙醇胺，抗渗性能好
	腐殖酸类	0.2%～0.35%
	三聚氰胺类	0.5%～2.0%

（三）防水混凝土的施工

施工工艺：作业准备→混凝土搅拌→运输→混凝土浇筑→养护。

施工要点：

1. 作业准备

防水混凝土工程的模板应平整且拼缝严密不漏浆，并有足够的强度和刚度，吸水率要小。一般不宜用螺栓或铁丝贯穿混凝土墙固定模板，当墙高需要用螺栓贯穿混凝土墙固定模板时，应采取止水措施。一般可在螺栓中间加焊一块 100mm×100mm 的止水钢板，阻止渗水通路。

为了阻止钢筋的引水作用，迎水面防水混凝土的钢筋保护层厚度不得小于 50mm，底板钢筋不能接触混凝土垫层。墙体的钢筋不能用铁钉或铁丝固定在模板上。严禁用钢筋充当保护层垫块，以防止水沿钢筋浸入。

2. 混凝土搅拌

（1）严格按照经试配选定的施工配合比计算原材料用量。

（2）所用各种材料的品种、规格和用量，每工作班检查不应少于两次。每盘混凝土各组成材料计量结果的偏差应符合规定。

（3）防水混凝土必须采用机械搅拌。搅拌时间不应小于 120s。掺外加剂时，应根据外加剂的技术要求确定搅拌时间。

3. 混凝土浇筑

（1）混凝土在浇筑地点须检查坍落度，每工作班至少检查两次。

（2）混凝土浇筑要控制自由落差小于 1.5m，若自由落差大于 1.5m，可采用溜槽或串筒浇筑，以防止混凝土产生分层离析现象。若钢筋较密，模板窄高不易浇筑时，可在模板侧面预留浇筑口处浇筑。

（3）防水混凝土应分层浇筑，一般每层厚度为 300～400mm。采用平板式振捣器振捣时，每层厚度不超过 200mm；采用插入式振捣器振捣时，每层厚度宜为 300～400mm。分层浇筑间歇时间不超过 2h，夏天可适当缩短。

(4) 防水混凝土必须采用机械振捣密实，振捣时间宜为 10～30s，以混凝土开始泛浆和不冒气泡为准，并应避免漏振、欠振和超振。

当采用加气剂或加气型减水剂时，应采用高频振捣器振捣，以排除气泡，提高混凝土的抗渗性和抗冻性。

4. 施工缝的处理

施工缝是防水薄弱部位之一，施工中应尽量不留或少留。底板的混凝土应连续浇筑，墙体不得留垂直施工缝。墙体水平施工缝不应留在剪力与弯矩最大处或底板与墙体交接处，最低水平施工缝距底板面不少于 200mm，距穿墙孔洞边缘不少于 300mm。施工缝的形式有平口缝、凸缝、高低缝、金属止水缝等，如图 8-3 所示。在施工缝上继续浇筑混凝土前，应将施工缝处松散的混凝土凿除，清除浮料和杂物，用水清洗干净，保持润湿，铺上 20～50mm 厚水泥砂浆，再浇筑上层混凝土。

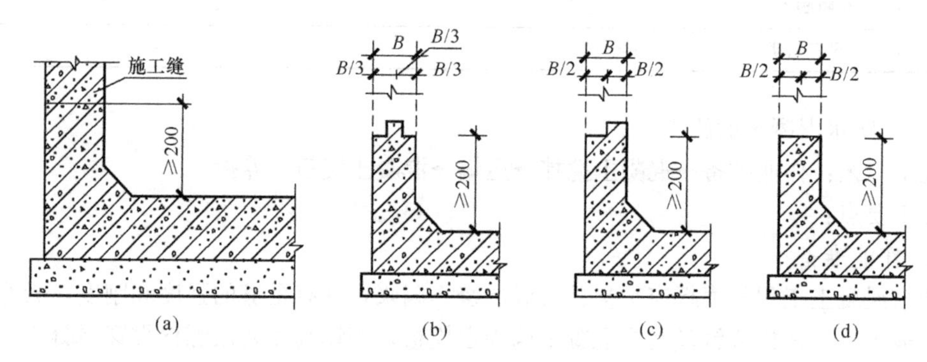

图 8-3 施工缝接缝形式

(a) 平口缝；(b) 凸缝；(c) 高低缝；(d) 金属止水缝

5. 泵送防水混凝土施工要求

配合比除参考普通防水混凝土配合比的技术参数之外，尚应考虑以下因素：

(1) 确定适宜的砂率。为获得良好的可泵性，要求较大的砂率，但不宜过大，以不超过 45%为宜，以防混凝土强度和抗渗等级的降低。

(2) 防水混凝土碎石最大粒径不超过 40mm，也适用于泵送工艺。但要注意碎石最大粒径与混凝土输送管道内径之比，宜小于或等于 1：3；卵石则宜小于或等于 1：2.5，且通过 0.315mm 筛孔的砂应不少于 15%，以减小摩阻力，延长混凝土输送泵及输送管道的寿命。

(3) 宜掺入适量外加剂及粉细料，从而获得较好的可泵性。

6. 防水混凝土的养护

防水混凝土的养护对其抗渗性能影响较大，特别要注意早期及时湿润养护，一般在混凝土进入终凝（浇筑后 4～6h）即应覆盖，浇水湿润养护不少于 14d。防水混凝土不宜用电热法养护。因为这种方法不易控制混凝土内部温度均匀，更难控制混凝土内部与外部之间的温差，因此很容易使混凝土产生温差裂缝，降低混凝土质量。

二、水泥砂浆抹面防水

水泥砂浆防水层是用水泥砂浆、素灰（纯水泥浆）交替抹压涂刷四层或五层的多层抹面的水泥砂浆防水层。其防水原理是分层闭合，构成一个多层整体防水层，各层的残留毛细孔道互相堵塞住，使水分不可能透过其毛细孔，从而具有较好的抗渗防水性能。

（一）材料要求

水泥砂浆防水层所用的水泥宜采用不低于 32.5 级普通硅酸盐水泥或膨胀水泥。砂浆用砂应控制其含泥量和杂质含量。

配合比按工程需要确定。水泥净浆的水灰比宜控制在 0.37～0.40 或 0.55～0.60 范围内。

水泥砂浆灰砂比宜用 1∶2.5，其水灰比为 0.6～0.65 之间，稠度宜控制在 7～8cm。

水泥防水砂浆包括普通防水砂浆、掺小分子的水泥防水砂浆、掺塑化膨胀剂防水砂浆、聚合物水泥防水砂浆等。水泥砂浆防水层系刚性防水材料，适应基层变形能力差，因此不适用于环境有侵蚀性、持续振动或温度大于 80℃的地下工程。各种水泥防水砂浆防水剂的化学组成、特点及适用范围，见表 8-14。

各种水泥防水砂浆防水剂的特点及适用范围　　表 8-14

防水砂浆种类	防水剂类别		特　　点	适 用 范 围
小分子防水剂砂浆	有机类	有机硅、脂肪酸	1. 提高了水密性和疏水性； 2. 价格便宜； 3. 与普通水泥砂浆比较，机械力学性能不提高； 4. 某些防水剂加入后，砂浆的抗压强度下降，干缩率上升	结构稳定，埋置深度不大，不会因温度、湿度变化，振动等产生有害裂缝的地上及地下防水工程
掺塑化膨胀剂防水砂浆	钙钡石膨胀源	硫铝酸盐、木钙萘系减水剂	1. 提高了水密性及抗渗性； 2. 对干、冷缩具有补偿收缩作用； 3. 可加大分格面积	用途同上，分格面积可比小分子防水剂砂浆加大
专用胶乳改性水泥类聚合物水泥砂浆	橡胶类	氯丁胶乳、羧基丁苯胶乳、丁苯胶乳	1. 提高了水密性、抗折、抗拉强度粘结性； 2. 初黏性、施工性能优异； 3. 早期强度低	用途同上，还可用于受冲击和有振动的防水工程
	橡塑类	丙烯酸酯乳液、环氧乳液		
专用胶乳加改性水泥面胶粉改性水泥胶粘剂配制的聚合物水泥砂浆	胶乳或粉状聚合物改性水硬性材料	丙烯酸酯胶乳＋改性水泥环氧乳液＋改性水泥粉状聚合物＋改性水泥	1. 提高了水密性、抗折强度、抗拉强度、粘结性； 2. 初黏性、施工性能优异； 3. 早期强度高、干缩率小、体积稳定性好	用途同上，还可用于受冲击和有振动的防水工程，可用于大面积的防水抹面工程

（二）水泥砂浆抹面防水层施工

1. 混凝土顶板与墙面防水层操作

(1) 素灰层。先抹一道 1mm 厚素灰，用铁抹子往返用力刮抹，使素灰填实基层表面的孔隙。随即在已刮抹过素灰的基层表面再抹一道厚 1mm 的素灰找平层，抹完后，用湿毛刷在素灰层表面按顺序涂刷一遍。

（2）第一层水泥砂浆层。在素灰层初凝时抹厚6～8mm水泥砂浆层，要使水泥砂浆薄薄压入素灰层厚度的1/4左右。抹完后，在水泥砂浆初凝时用扫帚按顺序向一个方向扫出横向条纹。

（3）第二层水泥砂浆层。按照第一层的操作方法将厚6～8mm的水泥砂浆抹在第一层上，在水泥砂浆凝固前水分蒸发过程中，分次用铁抹子压实，一般以抹压2～3次为宜，最后再压光。

2. 砖墙面和拱顶防水层的操作

第一层是刷水泥浆一道，厚度约为1mm，用毛刷往返涂刷均匀，涂刷后，可抹第二、三、四层等，其操作方法与混凝土基层防水相同。

3. 地面防水层的操作

地面防水层操作与墙面、顶板操作不同的地方是，素灰层（一、三层）不采用刮抹的方法，而是把拌合好的素灰倒在地面上，用棕刷往返用力涂刷均匀，第二层和第四层是在素灰层初凝前后把拌合好的水泥砂浆层按厚度要求均匀铺在素灰层上，按墙面、顶板操作要求抹压，各层厚度也均与墙面、顶板防水层相同。地面防水层在施工时要防止践踏，应由里向外顺序进行。

4. 特殊部位的施工

（1）结构阴阳角处的防水层，均需抹成圆角，阴角直径5cm，阳角直径1cm。

（2）防水层的施工缝需留斜坡阶梯形槎，槎子的搭接要依照层次操作顺序层层搭接。留槎的位置一般留在地面上，亦可留在墙面上，所留的槎子均需离阴阳角20cm以上。

三、地下卷材防水

（一）施工方法

地下卷材防水层一般采用外防外贴和外防内贴两种施工方法，由于外防外贴法的防水效果优于外防内贴法，所以在施工场地和条件不受限制时一般均采用外防外贴法。内贴法和外贴法相比，其优点是：卷材防水层施工较简便，地板与墙体防水层可一次铺贴完，不必留接槎，施工占地面积较小。但也存在着结构不均匀沉降，对防水层影响大，易出现漏水现象，竣工后出现漏水，修补较难等缺点。工程上只有当施工条件受限制时，才会采用内贴施工法。

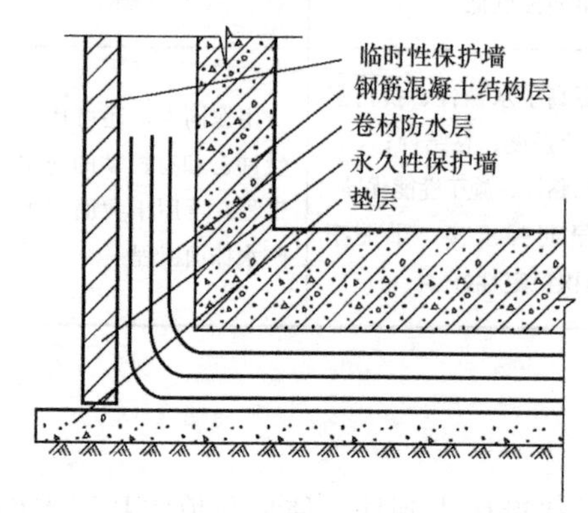

图8-4　外防外贴法示意图

1. 外防外贴法施工

外防外贴法（简称外贴法）如图8-4所示，待混凝土垫层及砂浆找平层施工完毕，在垫层四周砌保护墙的位置干铺油毡条一层，再砌半砖保护墙高不小于底板厚＋200mm，并在内侧抹找平层。干燥后，刷冷底子油1～2道，再铺贴底面及砌好保护墙部分的油毡防水层，在四周留出油毡接头，置于保护墙上，并用两块木板或其他合适材料将油毡接头压于其间，从而防止接头断裂、损伤、弄脏。然后在油毡层上做保护层。再进行钢筋混凝土底板及砌外墙等结构施工，并在墙的外边抹找平层，刷冷底子油。干燥后，铺贴油毡防水层。先贴留出的接头，将其表面清理干净，此处卷材应错槎接缝（图 8-4），再分层接铺到要求的高度。完成后，立即刷涂 1.5～3mm 厚的热沥青或加入填充料的沥青胶，以保护油毡。随即继续砌保护墙至油毡防水层稍高的地方。保护墙与防水层之间的空隙用砂浆随砌随填。

2. 外防内贴法施工

外防内贴法（简称内贴法）如图 8-5 所示。先做好混凝土垫层及找平层，在垫层四周干铺油毡一层并在其上砌一砖厚的保护墙，混凝土结构的保护墙内表面应抹厚度为 20mm 的 1∶3 水泥砂浆找平层，刷冷底子油 1～2 遍，然后铺贴油毡防水层，宜先铺立面，后铺平面；铺贴立面时，应先铺转角，后铺大面。完成后，表面涂刷 2～4mm 厚热沥青或加填充料的沥青胶，随即铺撒干净、预热过的绿豆砂，以保护油毡。接着进行钢筋混凝土底板及砌外墙等结构施工。

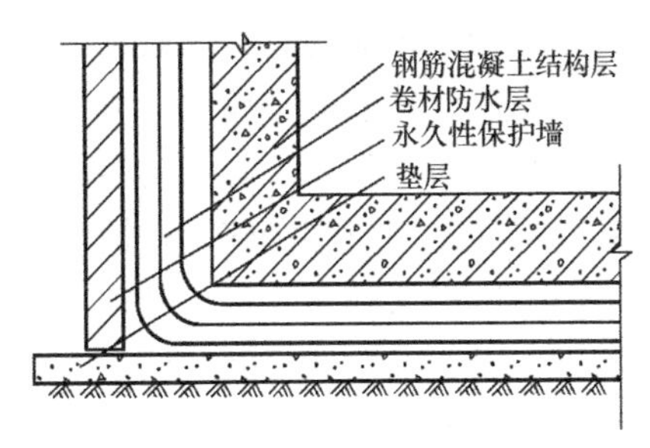

图 8-5　外防内贴法示意图

3. 卷材防水层施工中保护层的要求

卷材防水层经检查合格后，应及时做保护层，保护层应符合下列规定：(1) 顶板卷材防水层上的细石混凝土保护层，采用机械碾压回填土时，保护层厚度不宜小于 70mm；(2) 采用人工回填土时，保护层厚度不宜小于 50mm；(3) 防水层与保护层之间宜设置隔离层；(4) 底板卷材防水层上的细石混凝土保护层厚度不应小于 50mm；(5) 侧墙卷材防水层宜采用软质保护材料或铺抹 20mm 厚 1∶2.5 水泥砂浆层。

（二）材料

1. 卷材

适用于地下工程的高聚物改性沥青类防水卷材主要品种有：(1) 弹性体改性沥青防水卷材，以 SBS 改性沥青和聚酯毡或玻纤毡胎体制成；(2) 塑性体改性沥青防水卷材，以 APP 等改性沥青和聚酯毡或玻纤毡胎体制成；(3) 改性沥青聚乙烯胎防水卷材，以改性沥青为基料、高密度聚乙烯膜为胎体制成。

适用于地下工程的合成高分子卷材类型有：

(1) 硫化橡胶类，如 JL1 三元乙丙橡胶防水卷材、JL2 氯化聚乙烯一橡胶共混防水卷材等；(2) 非硫化橡胶类，如 JF3 氯化聚乙烯（CPE）防水卷材等；(3) 合成树脂类，如 JS1 聚氯乙烯（PVC）防水卷材等；(4) 纤维胎增强类，如丁基、氯丁橡胶、聚氯乙烯、聚乙烯等产品。

2. 胶粘剂

配套所用胶粘剂必须与选用卷材的材性相容。胶粘剂的质量应符合以下要求：高聚物改性沥青防水卷材之间的粘结剥离强度不应小于 15N/10mm 浸水 168h 后的粘结剥离强度保持率不应小于 70%；合成高分子防水卷材配套胶粘剂的粘结剥离强度不应小于 20N/10mm。

（三）地下卷材防水施工

1. 施工工艺

基层清理→涂刷基层处理剂→节点附加增强处理→定位弹线→铺贴卷材→卷材搭接粘

结处理→蓄水试验

2. 施工要点

(1) 铺贴防水卷材前，应将找平层清扫干净并在基面上涂刷基层处理剂；当基面较潮湿时，应涂刷湿固化型胶粘剂或潮湿界面隔离剂。基层处理剂配制与施工应符合下列规定：基层处理剂应与卷材及胶粘剂的材料相容；可采用喷涂或涂刷法施工，喷涂应均匀一致、不露底，待表面干燥后，方可铺贴卷材。

(2) 建筑工程地下防水的卷材铺贴方法，主要采用冷粘法和热熔法。铺贴高聚物改性沥青卷材应采用热熔法施工；铺贴合成高分子卷材采用冷粘法施工。

(3) 冷粘法铺贴卷材，胶粘剂涂刷应均匀，不露底，不堆积；铺贴卷材时应控制胶粘剂涂刷与卷材铺贴的间隔时间，并辊压粘结牢固，不得有空鼓；铺贴卷材应平整、顺直，搭接尺寸正确，不得有扭曲、皱折；接缝口应用密封材料封严，其宽度不应小于10mm。

(4) 热熔法铺贴卷材，火焰加热器加热卷材应均匀，不得过分加热或烧穿卷材；厚度小于3mm的高聚物改性沥青防水卷材，严禁采用热熔法施工；卷材表面热熔后应立即滚铺卷材，排除卷材下面的空气，并辊压粘结牢固，不得有空鼓、皱折；滚铺卷材时接缝部位必须溢出沥青热熔胶，并应随即刮封接使接缝粘结严密；铺贴后的卷材应平整、顺直，搭接尺寸正确，不得有扭曲。

四、涂料防水

(一) 材料

适用于地下工程的有机防水涂料主要包括：(1) 反应型：聚胺酯、硅橡胶、氯丁橡胶、丙烯酸酯等；(2) 水乳型：丙烯酸酯、聚氯乙烯、丙烯酸酯、丁苯、聚硫环氧等；(3) 聚合物型：阳离子氯丁橡胶沥青、羧基氯丁橡胶沥青、再生橡胶沥青；(4) 沥青类：石棉沥青、膨润土沥青。

适用于地下工程的无机防水涂料主要包括：(1) 水泥基：丙烯酸酯、醋酸乙烯一丙烯酸酯共聚物、乙烯一醋酸乙烯共聚物等聚合物水泥复合涂料；(2) 水泥基渗透结晶型：水泥基结晶渗透涂料（如XYPEX等）；(3) 水化反应涂层材料：水不漏、PYXON涂层材料、防水宝、确保时。

防水涂料厚度选用应符合表8-15的规定。

防水涂料厚度（mm）　　表8-15

防水等级	设防道数	有机涂料			无机涂料	
		反应型	水乳型	聚合物水泥	水泥基	水泥基渗透结晶型
1级	三道或三道以上设防	1.2～2.0	1.2～1.5	1.5～2.0	1.5～2.0	≥1.0
2级	二道设防	1.2～2.0	1.2～1.5	1.5～2.0	1.5～2.0	≥1.0
3级	一道设防	—	—	≥2.0	≥2.0	—
	复合设防	—	—	≥1.5	≥1.5	—

（二）涂料防水施工

1. 施工工艺

基层找平与清理→喷涂基层处理剂→特殊部位附加增强处理→涂布防水涂料及铺贴胎体增强材料→清理与检查修整

2. 施工要点

（1）涂料涂刷前应先在基面上涂一层与涂料相容的基层处理剂；

（2）涂膜应多遍完成，涂刷应待前遍涂层干燥成膜后进行；

（3）每遍涂刷时应交替改变涂刷方向，同层涂膜的先后搭槎宽度不应小于 100mm；

（4）涂料防水层的施工缝（甩槎）应注意保护，搭接缝宽度应大于 100mm，接涂前应将其甩槎表面处理干净；

（5）涂刷程序应先做转角处、穿墙管道、变形缝等部位的涂料加强层，后进行大面积涂刷；

（6）涂料防水层中铺贴的胎体增强材料，同层相邻的搭接宽度应大于 100mm，上、下层接缝应错开 1/3 幅宽。

复习思考题

1. 卷材防水屋面是如何构成的？防水卷材包括哪些品种？

2. 卷材防水屋面施工一般需经过哪些步骤？如何确定卷材的铺贴方向和铺贴厚度？卷材铺贴共有哪些方法？

3. 防水涂料的类别包括哪些？涂膜防水屋面施工应经过哪些步骤？如何进行防水涂料的涂布？

4. 刚性防水屋面包括哪些种类？

5. 如何进行普通细石防水混凝土施工？

6. 地下工程防水包括哪些方法？

7. 地下卷材的铺贴有哪两种方法？每一种方法的施工特点是什么？

8. 简述水泥砂浆防水层抹面法施工方法。

第九章 装 饰 工 程

本章学习要点：

1. 了解抹灰分类，熟悉一般抹灰的施工顺序和施工要点，熟悉装饰抹灰种类及其施工工艺和方法。

2. 了解饰面板的种类，熟悉大块饰面板安装方法和施工要点；了解内、外面砖种类，熟悉内、外面砖镶贴方法。

3. 了解建筑涂料的分类，熟悉涂料的主要施工方法和工艺。

4. 熟悉吊顶的主要形式和施工方法。

5. 了解玻璃幕墙、石材幕墙和金属幕墙的施工工艺。

6. 了解裱糊工程施工。

装饰工程具有保护主体、改善功能和美化空间三大作用。建筑装饰不仅能增加建筑物的美观和艺术形象，而且还能改善清洁卫生环境、保护结构构件并具有隔热和保温作用。

装饰工程包括抹灰工程、门窗工程、玻璃工程、吊顶工程、地面工程、隔断工程、饰面工程、涂饰工程、裱糊工程等。装饰工程项目繁多，涉及面广，工程量大，施工工期长，耗用劳动量多。因此，为加快工程进度，降低工程成本，应提高装饰工程工业化水平。

本章主要介绍抹灰工程、饰面板（砖）工程、涂饰工程、吊顶工程、幕墙工程、裱糊工程等施工。

第一节 抹 灰 工 程

一、抹灰的分类

抹灰工程按工程部位划分有外墙抹灰、内墙抹灰、顶棚抹灰、地面抹灰等。按装饰效果分为一般抹灰和装饰抹灰。抹灰工程的分类如图 9-1 所示。

二、一般抹灰

（一）一般抹灰分类及组成

1. 一般抹灰分类

一般抹灰按质量标准、使用要求和操作工序不同，分为普通抹灰和高级抹灰。

普通抹灰为一层底层，一层面层，两遍成活，主要工序有分层赶平、修整和表面压光等。

高级抹灰为一底层，几遍中层，一面层，多遍成活。要求阴阳角找方，设置标筋，分层赶平、修整和压光。

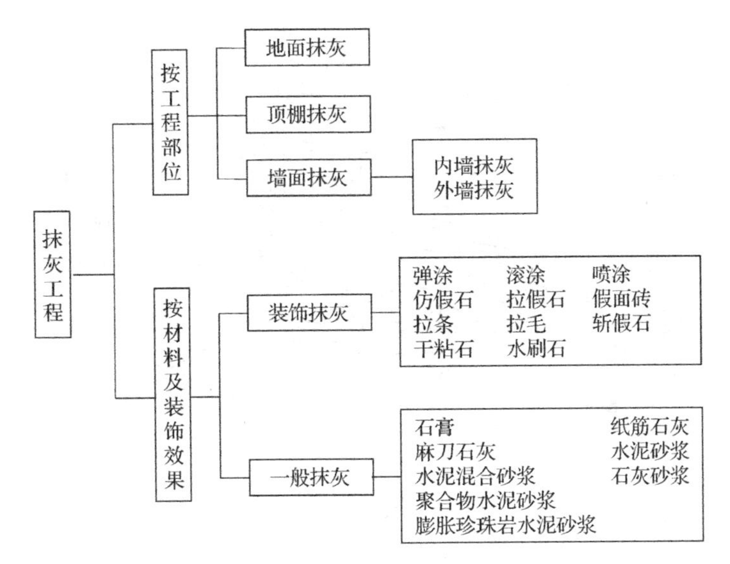

图 9-1 抹灰工程的分类

2. 一般抹灰组成

抹灰一般由底层、中层、面层组成，见图 9-2。

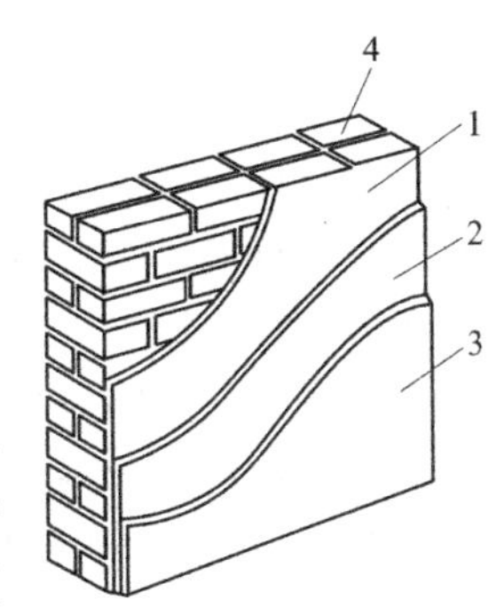

图 9-2 抹灰组成
1—底层；2—中层；3—面层；4—基层

(1) 底层。底层主要起粘结作用和初步找平作用，厚度为 1～10mm。底层所使用的材料随基层不同而异，若为砌体基层，可采用石灰砂浆或水泥砂浆；若为混凝土基层，可采用水泥混合砂浆或水泥砂浆；若为板条、苇箔基层，可采用麻刀石灰掺水泥或麻刀石灰水泥砂浆；若为金属网基层，可采用麻刀石灰砂浆。当有防水、防潮要求时，应采用水泥砂浆打底，使用砂浆的稠度为 10～12cm。

(2) 中层。中层主要起找平作用，厚度为 5～12mm，使用的砂浆种类基本上与底层相同，分层或一次抹成。

(3) 面层。面层主要起装饰效果，厚度一般为 2～5mm，要求表面光滑，无抹痕、无裂纹。

（二）一般抹灰的施工

(1) 基层处理。抹灰前应将基层表面凹凸不平的部位剔平或用 1：3 水泥砂浆补齐，表面太光的要凿毛，或用 1：1 水泥浆掺 108 胶薄薄地刷一层。基层表面的砂浆、污垢、尘土和油漆等均应清扫干净，浇水湿润基层。

(2) 找规矩。找规矩即四角规方，横线找平、立线吊直，弹出准线和墙裙、踢脚板线，并在墙面做灰饼、冲筋，以便找平。图 9-3 为灰饼与标筋示意图。

(3) 做护角。在室内的门窗洞口及墙面、柱子的阳角处应做护角，可使阳角线条清晰、挺直、防止碰坏。护角一般可用 1：2 水泥砂浆抹制，护角高度不应低于 2m，每侧宽度不小于 50mm。

(4) 抹底层灰。待标筋有了一定强度后，洒水湿润墙面，然后在两筋之间用力抹上底灰，底灰高度略低于标筋，约为标筋厚度的 2/3，由上往下抹，用木抹子压实搓毛。

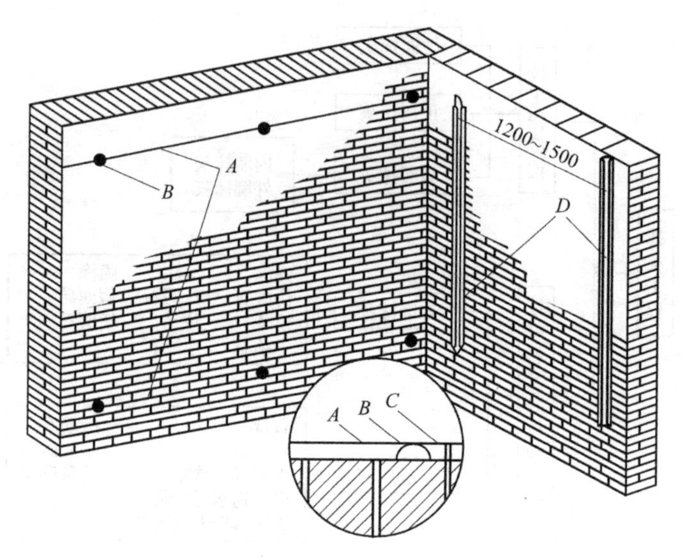

图 9-3　做灰饼与标筋示意图（单位：mm）

A—引线；B—灰饼；C—钉子；D—标筋

（5）抹中层灰。待底层灰干至 6～7 成后，即可抹中层灰，厚度以垫平标筋为准，并使其稍高于标筋。抹上砂浆后，再用木杠按标筋由下往上刮平，用木抹子搓平。局部低凹处，用砂浆填补搓平。中层抹灰后应检查表面平整度和垂直度，检查阴阳角是否方正和垂直，若发现质量缺陷应立即处理。

（6）抹窗台线、踢脚板（或墙裙）。窗台线应用 1∶3 水泥砂浆抹底层，稍干燥后表面划毛，隔 1d 后，刷素水泥浆一道，再用 1∶2.5 水泥砂浆抹面层。面层要原浆压光，上口做成小圆角，下口要求平直，不得有毛刺。浇水养护 4d。

抹踢脚板（或墙裙）时，先按设计要求弹出上口水平线，用 1∶3 水泥砂浆或水泥混合砂浆打底。隔 1d 后，用 1∶2 水泥砂浆抹面层，稍干收水后用铁抹子将表面压光。踢脚板（或墙裙）应比墙面的抹灰层高出 3～5mm，根据高度尺寸弹出上线，把八字靠尺靠在线上用铁抹子将上口切齐，修边清理。

（7）抹面层灰。待中层有 6～7 成干时，即可抹面层灰，俗称罩面。操作应以阴角开始，最好两人同时操作，一人在前面上灰，另一人紧跟在后找平整，并用铁抹子压实赶光。阴阳角处用阴阳角抹子捋光，并用毛刷蘸水将门窗圆角等处清理干净。

（8）清理。抹灰工作完毕后，应将粘在门窗框、墙面的灰浆及落地灰及时清除，打扫干净。

抹灰的常见做法见表 9-1。

抹灰常见做法　　**表 9-1**

名称	适用范围	分层做法	厚度(mm)	说明
水泥混合砂浆	砖墙基面	1.1∶0.3∶3 水泥混合砂浆打底； 2.1∶0.3∶2.5 水泥混合砂浆罩面压光	13 5	抹灰表面刷无光油漆，油漆的颜色按设计要求选配

续表

名称	适用范围	分层做法	厚度（mm）	说明
水泥混合砂浆	混凝土墙面	1. 刷一道素水泥浆（内掺水重3%～5%的108胶）； 2. 1∶0.3∶3水泥混合砂浆打底； 3. 1∶0.3∶2.5水泥混合砂浆罩面压光	 13 5	抹灰表面刷乳胶漆，油漆颜色应按设计要求选配
	加气混凝土墙面	1. 刷（喷）一道108胶水溶液（配合比为108胶∶水=1∶4）； 2. 2∶1∶8水泥混合砂浆打底； 3. 1∶1∶6水泥混合砂浆中层； 4. 1∶0.3∶2.5水泥混合砂浆罩面压光	 5 6 5	抹灰表面刷乳胶漆
水泥砂浆	砖墙面	1. 1∶3水泥砂浆打底； 2. 1∶2.5水泥砂浆罩面压光	13 5～9	底子分两遍成活，头遍要压紧，表面要扫毛；待5～6成干时抹第二遍
	混凝土墙面	1. 刷素水泥浆一道（内掺水重3%～5%的108胶）； 2. 1∶3水泥砂浆打底扫毛或划出纹道； 3. 1∶2.5水泥砂浆罩面压实赶光	 13 5	
	加气混凝土墙面	1. 刷（喷）一道108胶水溶液（配合比108胶∶水=1∶4）； 2. 2∶1∶8水泥混合砂浆打底； 3. 1∶1∶6水泥混合砂浆； 4. 1∶2.5水泥砂浆罩面赶光	 5 6 5	
纸筋石灰或麻刀石灰	砖墙基面	1. 1∶3石灰砂浆打底； 2. 1∶3石灰砂浆找平； 3. 纸筋石灰或麻刀石灰罩面	9 7 2	普通抹灰可喷（刷）大白浆
		1. 1∶3石灰砂浆打底； 2. 1∶3石灰砂浆找平； 3. 纸筋石灰或麻刀石灰罩面	13 8 2	高级抹灰可喷（刷）可赛银浆
	混凝土墙面	1. 刷素水泥浆一道（内掺水重3%～5%的108胶）； 2. 1∶3∶9水泥混合砂浆打底； 3. 1∶3∶9水泥混合砂浆找平； 4. 纸筋石灰或麻刀石灰罩面	 7 7 2	普通抹灰可喷（刷）大白浆
		1. 刷素水泥浆一道（内掺水重3%～5%的108胶）； 2. 1∶3∶9水泥混合砂浆打底； 3. 1∶3石灰砂浆找平； 4. 纸筋石灰或麻刀石灰罩面	 12 8 2	高级抹灰喷（刷）可赛银浆

续表

名称	适用范围	分层做法	厚度(mm)	说明
纸筋石灰或麻刀石灰	混凝土板顶棚	1. 刷一道素水泥浆（内掺水重3%～5%的108胶）； 2. 1∶3∶9水泥混合砂浆打底； 3. 用纸筋石灰或麻刀石灰罩面		抹灰表面可喷大白浆
石膏灰抹灰	高级装饰墙面	1. 1∶2～3麻刀石灰抹底层、中层； 2. 1∶6∶4（石膏粉∶水∶石灰膏）罩面分两遍成活，在一遍未收水时即进行第二遍抹灰，随即用铁抹子修补压光两遍，最后用铁抹子溜光至表面密实光滑为止	底层6 中层7 面层2～3	罩面石膏灰不得涂抹在水泥砂浆层上

（三）机械喷涂抹灰

机械喷涂抹灰是把配制好的砂浆，经振动筛后倾入灰浆输送泵，利用泵压通过管道，连续均匀地喷涂于墙面或顶棚上，再经过找平搓实，完成底子灰抹灰。机械喷涂抹灰具有砂浆与基层粘结牢固，生产效率高，劳动强度低等特点，是抹灰施工的发展方向。适用于大面积内外墙壁及顶棚石灰砂浆、混合砂浆、水泥砂浆抹灰。机械喷涂抹灰如图9-4所示。

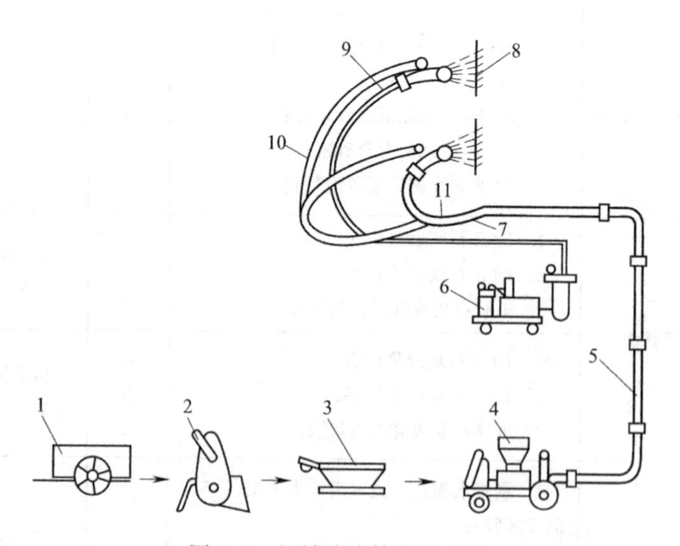

图9-4　机械喷涂抹灰示意图

1—手推车；2—砂浆搅拌机；3—振动筛；4—灰浆输送泵；5—输浆钢管；6—空气压缩机；7—输浆胶管；8—基层；9—喷枪头；10—输送压缩空气胶管；11—分叉管

喷涂抹灰必须分层连续进行，喷涂前应先进行运转、疏通和清洗管路，然后压入石灰膏润滑管道，避免堵塞。喷涂时喷枪口与墙面距离一般控制在10～30cm范围内，对于吸水性较强或干燥的墙面或灰层厚的墙面喷灰时，喷嘴和墙面保持10～25cm并呈90°角；对于较潮湿或吸水性弱的墙或者灰层较薄的墙，喷枪嘴距墙远一些，一般为15～30cm，并与墙呈65°角。喷灰路线，可按由下往上和由上往下的S形巡回进行。每次喷涂完毕，亦应将石灰膏通入管道，把残留的砂浆带出，再压送清水冲洗，最后送入气压为 0.4MPa 的压缩空气吹刷数分钟，以防砂浆在管路中结块，影响下次使用。

目前机械喷涂抹灰主要适用于底层和中层，而喷涂后的找平、搓毛、罩面等工序一般需用手工操作。但近年来的挤压泵等新型机械已开始用于喷涂罩面灰，为实现抹灰工程的全面机械化创造了条件。

三、装饰抹灰

装饰抹灰包括水刷石、水磨石、斩假石、干粘石、假面砖等多种施工工艺。这些工艺施工过程中均分层操作，底层和中层的做法与一般抹灰基本相同，只是面层材料和做法有所不同。装饰抹灰除了具有与一般抹灰的相同功能以外，还能呈现天然石粒的质感和色泽，丰富墙体的颜色与质感，而且线条美观，具有较强的装饰效果。

1. 水刷石

水刷石一般用于外墙装饰。面层材料的水泥可采用彩色水泥、白水泥或普通水泥。颜料应选耐碱、耐光、分散性好的矿物颜料。水刷石的骨料可选用中、小八厘石粒、玻璃碴、粒砂，骨料颗粒应坚硬、均匀、洁净、色泽一致。

施工程序：水泥砂浆中层验收→弹线、贴分格条→抹面层石子浆→刷洗面层→起分格条及浇水养护。

水刷石的分隔是为了避免施工接槎的一种措施，同时便于面层分块分段地进行操作。首先按照设计要求及施工分段的位置，在抹灰中层表面弹分格线，然后把浸透水的木分格条用水泥素浆粘贴在所弹分格线的位置上，两侧抹成八字形。分格条镶嵌应牢固、横平竖直，接缝严密。待中层砂浆初凝后，将中层抹灰层润湿，随即刮一层素水泥浆（内掺水重 5%的 108 胶），厚度在 1mm 左右。紧接着抹 1：0.5：3（水泥：白灰：小八厘）石渣浆，从下往上分两次抹平，并及时用直尺检查其是否平整，随后压平、压实，抹石渣面层应高于分格条 1mm。待水泥石渣浆稍收水后，用抹子拍平揉压，将其内水泥浆挤出，达到灰层密实。然后用刷子蘸水刷去表面浮浆，拍平压光一遍，再刷再压，反复进行 3～4 次。待面层开始初凝，指按无痕，用刷子刷石渣不掉时，一人用刷子蘸水刷去表面水泥浆，一人紧跟其后用喷雾器由上往下顺序喷水刷洗，喷头一般距墙面 10～20cm 为宜。将表面的水泥浆冲洗干净，露出石渣后，随即起出分格条，并用素浆将缝勾好。最后用水壶浇清水将墙面清洗干净，使其颜色一致。水刷石表面应石粒清晰、分布均匀、紧密平整、色泽一致，应无掉粒和接槎痕迹。水刷石抹完后第二天起经常洒水养护，养护时间不少于 7d。

2. 水磨石

水磨石面层是用天然石渣、水泥、颜料加水拌合，摊铺抹面，经磨光、打蜡而成的润滑细腻、花纹美观的饰面层。水磨石面层饰面美观大方，平整光滑，整体性好，坚固耐久，易于清洁。现浇水磨石施工时湿作业工序多，工期长且装饰效果不如预制水磨石。现浇水磨石适用于有防尘、保洁要求的工业与公共建筑的地面。

现浇水磨石工艺流程：基层清理，湿润→抹找平层、养护→弹线、嵌分格条→抹面层石碴浆→养护、试磨→磨光→擦草酸→上蜡。

底层和中层抹灰完成后，即可在其表面按设计要求弹线、贴嵌玻璃、铜或铝分格条，分格条两侧可用砂浆固定。砂浆凝固后（一般最少需要两天），先在中层灰面上抹一层水灰比为 0.4 的素水泥浆作为粘结层，再按设计要求的颜色和花纹，将不同颜色的水泥石子浆（1∶2.5 水泥 2 号或 3 号石子浆）填入分格网中，厚度与嵌条齐平，并摊平压实，随即用滚碾横竖碾压，并在低洼处用水泥石子浆找平，压至出浆为止，两小时后再用铁抹子将压出的浆抹平。待其半凝固（约 1～2d 后）时，开始试磨，以不掉石渣为准，经检查确认后方可正式开磨。开磨时首先用粒度 60～80 号粗的砂轮机磨第一遍，磨时使机头在地面上走横八字形，边磨边加水、加砂，随即用水冲洗检查，应达到石渣磨平无花纹道子、分格条全部露出、石子均匀光滑、发亮为止。每次磨光后，应用同色水泥浆填补砂眼，间隔 3～5d 再按同样方法磨第二遍和第三遍。最后进行草酸擦洗和打蜡。

3. 斩假石（垛斧石）

斩假石是一种在硬化后的水泥石子浆面层上用剁斧等专用工具斩琢所形成的有规律剁纹饰面层，成品的色泽和纹理与细琢面花岗石或白云石相似。

施工工艺：抹底层及中层砂浆→弹线、贴分格条→抹面层水泥石粒浆→斩剁面层。

先按照一般抹灰方法进行底层和中层抹灰，在已硬化的水泥砂浆中层上，洒水湿润，弹线并贴好分格条，在底灰上薄薄刮一道素水泥浆，随即抹面层。面层用水泥∶石渣＝1∶1.25～1.5 的水泥石渣浆，厚度一般为 10mm 左右，与分格条齐平，先用铁抹子将水泥石渣浆抹平，再用木抹子打磨拍实，要求表面无缺陷，阴阳角方正，表面平整。抹完用软毛刷将表面水泥浆刷掉，露出的石渣应均匀一致。面层抹完 24h 后应浇水养护，防止暴晒。

在正常温度下，面层养护 2～3d 后即可试剁，试剁时以石粒不脱掉，较易剁出斧迹为准。采用的斩剁工具有剁斧、多刃斧、花锤、扁凿、齿凿、尖锥等。斩剁的顺序一般为先上后下，由左至右，先剁转角和四周边缘，后剁大面。转角和四周剁水平纹，中间剁垂直纹，剁纹深度一般以将石渣剁掉 1/3 为宜。斩假石表面剁纹应均匀顺直、深浅一致，应无漏剁处。为了美观，一般在分格缝、阴阳角四周留出 15～20mm 边框线不剁。剁完后，墙面应用清水冲刷干净，起出分格条，用钢丝刷刷净分格缝处，按设计要求可在缝内做凹缝并上色。

4. 干粘石

干粘石是在水泥砂浆面上直接喷或撒粘石渣形成的饰面层。主要适用于建筑外部装饰。

施工工艺：水泥砂浆中层质量验收→弹线、粘分格条→抹粘结层砂浆→撒石粒压平→起分格条、修整。

（1）手工干粘石施工。施工时，先在已经硬化的水泥砂浆面层上浇水湿润，并刷水泥浆一道，水灰比为 0.4～0.5，再抹一层 5mm 的 1∶2～2.5 的水泥砂浆层，随即紧跟抹一层 2mm 厚粘结层，粘结层砂浆的配合比为水泥∶石灰膏∶砂：胶粘剂＝1∶1∶1∶2∶0.15，同时将配有不同颜色或同色的小八厘石子或色豆石及绿豆砂均匀甩粘到粘结层上，并拍平压实，但不能拍出灰浆，石子嵌入深度不小于石子粒径的 1/2，待有一定强度后洒水养护。甩石子时，应先上后下，先甩四周易干燥部分，后甩中间，使干粘石表面色泽一致、不露浆、不漏粘、石粒应粘结牢固、分布均匀，阳角处应无明显黑边。

（2）机喷干粘石。机喷干粘石是用喷枪将石渣在空气压力作用下均匀有力地喷射在粘结层上。喷枪要对准墙面，距离为 300～400mm，压力以 0.6～0.8MPa 为宜，随喷随用铁抹子轻压，使表面平整，同时回收散落下来的石渣。

第二节　饰面板（砖）工程

饰面板（砖）工程是将天然石饰面板、人造石饰面板、金属饰面板和饰面砖等安装或镶贴到墙面、柱面和地面上等，形成装饰面层的施工过程。饰面板包括：石材（花岗岩、大理石、青石板和人造石材等）、瓷板（抛光板、磨边板）、金属饰面板、木材饰面板。陶瓷面砖主要包括釉面瓷砖、外墙面砖、陶瓷锦砖、陶瓷壁画、劈裂砖等；玻璃面砖主要包括玻璃锦砖、彩色玻璃面砖、釉面玻璃等。

一、饰面板工程

（一）材料

（1）天然大理石

大理石属中硬石材，其质地均匀，色彩多变，纹理美观，是良好的饰面材料。但大理石表面硬度较低，不耐磨，抗侵蚀性能较差，主要用于建筑物的室内地面、墙面、柱面等部位的干燥环境中，一般不宜用于室外。大理石饰面板一般为抛光镜面板，有定型和不定型规格，其品种常以其磨抛光后的花纹、颜色特征及产地命名。用于装饰的大理石饰面板材应光洁度高，石质细密，色泽美观，棱角整齐，表面不得有隐伤、风化、腐蚀等缺陷。

（2）天然花岗石板材

天然花岗石板属于硬石材，其质地坚硬密实，具有良好的抗风化性、耐磨性、耐酸碱性，耐用年限75～200年。广泛用于室内外墙面、柱面、地面等部位。花岗石饰面板应表面平整、边缘整齐，棱角不得损坏，无隐伤、风化等缺陷。

（3）人造石饰面板

人造石饰面板材有聚酯型人造大理石饰面板、水磨石饰面板和水刷石饰面板等。人造石饰面板是用天然大理石、花岗石等碎石、石屑、石粉作为填充材料，用不饱和聚酯树脂为胶粘剂（或用水泥为胶粘剂），经搅拌成型、研磨、抛光等工序制成。人造石饰面板应表面平整、边缘整齐，棱角不得损坏，表面不得有隐伤等缺陷。

（二）饰面板安装

根据饰面板的规格一般可采用两种施工方法：（1）当板块边长大于40cm，或者安装高度超过1m时，应采用锚固灌浆或干挂法等安装方法。（2）当饰面板边长小于40cm，安装高度不超过1m时，通常采用与釉面砖相同的粘贴方法安装。下面介绍大块饰面板的安装。

大块饰面板的安装方法有湿作业法和干挂法。

1. 湿作业法

湿作业法有传统湿作业和改进湿作业法（楔固法），传统湿作业安装法工序多，操作较为复杂，饰面易反碱，且采用钢筋网连接，增加工程造价，目前采用较少，现在一般采用改进湿作业法（楔固法）。

改进湿作业法施工程序：选材→弹基准线→预拼选板编号→板材钻孔→基体钻孔→饰面板就位→U形钉固定→加楔校正→分层灌浆→嵌缝、清洁板面→抛光打蜡。

（1）选材。先按图挑出品种、规格、颜色一致的块料，校正尺寸及四角套方。

（2）弹线、预排。安装饰面板之前，用线坠从上至下在墙面上找出垂直线。在地面上弹好板块的外围尺寸线，以作为第一层饰面板的基准线。然后弹好水平线和垂直线。将选好的板材铺在地上进行预排，力求颜色基本一致，花纹近似协调，然后将板材进行编号。

（3）板块钻孔。用电钻在距板两端 1/4 处于板厚中心钻孔，孔径 6mm，深 35～40mm。板宽小于 500mm 打直孔两个，板宽大于 500mm 打直孔三个，板宽大于 800mm 打直孔四个。然后将板旋转 90°，在板两边分别各打直孔一个，孔位距板下端 100mm，孔径 6mm，深 35～40mm，直孔都需剔出 7mm 深小槽，以便安卧 U 形钉。

（4）基体钻斜孔。用冲击钻在基体上钻出与板材平面呈 45°的斜孔，孔径 6mm，孔深 40～50mm。

（5）板材安装与固定。用 U 形钉将板块与基体固定，校正板块平整度、垂直度符合要求后，楔紧板块，随后进行分层灌浆。

图 9-5 为改进湿作业法饰面板就位固定示意图。

2. 干挂法

干挂法是利用高强度螺栓和耐腐蚀、强度高的柔性连接件，将饰面石板挂于建筑物结构的外表面，石材与结构之间留有 40～50mm 的空隙。此法可免除灌浆湿作业，减轻建筑物自重，不受粘贴砂浆析碱的影响，提高装饰质量。

施工程序：清理结构表面、弹线→石料打孔→结构钻孔并插固定螺栓→镶不锈钢固定件→用胶粘剂灌下层墙板上孔→插入连接钢针→用胶粘剂灌上层墙板的下孔→临时固定上层墙板→钻孔插入膨胀螺栓→镶不锈钢固定件→镶顶层墙板→嵌板缝密封胶。

（1）板材钻孔、粘贴增强层。根据设计尺寸在石板上下侧边钻孔，孔径 6mm，孔深 20mm。在石板背面涂刷合成树脂胶粘剂，粘贴玻璃纤维网格布作增强层。

（2）石板就位、临时固定。在墙面上吊垂线及拉水平线，以控制饰面的垂直、平整。支底层石板托架，将底层石板就位并作临时固定。

（3）基体钻孔、安装饰面板。用冲击电钻在基体结构上钻孔，打入胀铆螺栓，同时镶装 L 形不锈钢连接件。用胶粘剂（可采用环氧树脂）灌入石板的孔眼，插入销钉，校正并临时固定板块。如此逐层操作直至镶装顶层板材。

（4）进行嵌缝，清理饰面，擦蜡出光或涂刷石材罩面涂料。

图 9-6 为干挂法饰面板固定示意图。

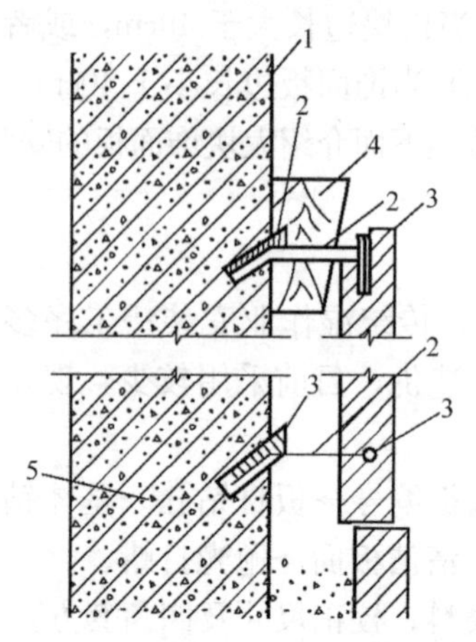

图 9-5　改进湿作业法饰面板固定示意图
1—基体；2—U 形钉；3—硬木小楔；
4—大头木楔；5—饰面板

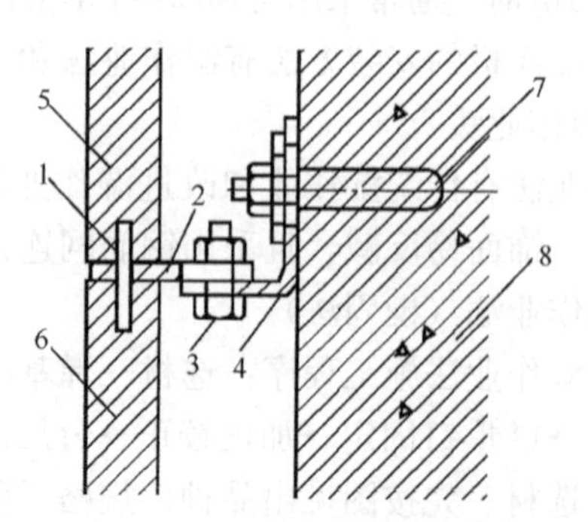

图 9-6　干挂法饰面板固定示意图
1—不锈钢销钉；2—舌板；3—连接螺栓；4—托板；
5—上饰面板；6—下饰面板；7—膨胀螺栓；8—混凝土基体

二、饰面砖工程

（一）概述

饰面砖主要包括室内釉面砖、外墙面砖、陶瓷锦砖和玻璃锦砖等。

（1）室内釉面砖。釉面砖是采用瓷土或优质陶土烧制而成表面为釉质的薄片状精陶制品，有单色釉面砖、装饰釉面砖、图案釉面砖等多个品种。釉面砖表面光滑，易于清洗，色泽多样，美观耐用。由于釉面砖为多孔精陶，易吸湿产生膨胀引起釉面开裂和剥落，因此一般只用于室内。其质量要求为吸水率小于21.0%，表面光洁，色泽一致，边缘整齐，无脱釉、缺釉、凸凹扭曲、暗痕、裂纹等缺陷。

（2）外墙面砖。外墙面砖是以陶土为主要原料，经煅烧而成。按外墙面砖的外观及使用功能，主要分为无釉砖、彩釉砖、金属釉砖及仿石砖等几种。质地坚实，吸水率较小，美观，耐水抗冻，经久耐用。其质量要求为表面光洁，质地坚固，尺寸、色泽一致，不得有暗痕和裂纹。

（3）陶瓷锦砖。陶瓷锦砖（俗称马赛克）是以优质瓷土烧制成片状小瓷砖再拼成各种图案反贴在底纸板上的饰面材料。其质地坚实，色泽多样，耐酸、耐碱、耐磨、不渗水、抗压等性能强，是传统的墙面装饰材料，广泛用于洁净车间、门厅、走廊、餐厅、盥洗室、浴室、工作间等处的内墙面装饰、地面和外墙饰面。其质量要求为质地坚硬，边棱整齐，尺寸正确，脱纸时间不得大于40min。

（4）玻璃锦砖。玻璃锦砖是用玻璃烧制而成的小块贴于纸板而成的材料。有乳白、珠光、蓝、紫、柄黄等多种花色。其特点是质地坚硬，性能稳定，表面光滑，耐大气腐蚀，耐热、耐冻、不龟裂，容易粘贴牢固。其质量要求为质地坚硬，边棱整齐，尺寸正确。

（二）镶贴外墙面砖

外墙饰面砖的镶贴工艺为：选砖→基层处理→设置标筋→抹底子灰→弹线分格排砖→浸砖→镶贴面砖→做滴水线和勾缝等。

（1）选砖。按砖的大小和颜色进行选砖。选出的砖应颜色均匀，无脱釉现象，平整方正，无缺棱掉角。

（2）弹线分格。基层处理、设置标筋、抹底子灰后弹线分格。基层处理、设置标筋、抹底子灰同一般抹灰。待底灰达6～7成干时，即可按图纸要求分段分格弹线，确定面层贴标准点，以控制面层的出墙尺寸及垂直、平整度。弹线时，纵向和横向每隔3～5块的距离弹水平线和垂直线，以控制线条的水平度和垂直度。设计复杂时，也可从上到下画出皮数杆和接缝，在墙上每隔1.5～2.0m的距离做出标记，以控制表面平整和灰缝的厚度。

（3）排砖。根据墙面尺寸进行横竖排砖，以保证面砖缝隙均匀。排砖时在同一墙面上不得有一行以上的非整砖，非整砖应排在次要部位，如窗间墙或阴角处。一般要求横缝与碹脸或与窗台取平，且砖缝均匀，窗台阳角一般要用整砖。当横向不是整块的面砖时，要用合金钢钻和砂轮切割整齐。外墙贴面砖的几种排法如图9-7所示。

（4）浸砖。釉面砖和外墙面砖镶贴前，首先应将面砖清扫干净，在清水中浸泡2～3h，表面晾干和擦净后备用。若采用胶粘剂镶贴，是否浸砖，应由胶粘剂的性能决定。

（5）镶贴面砖。镶贴面砖可用水泥砂浆、水泥混合砂浆、聚合物水泥砂浆或专用的胶粘剂等。使用水泥砂浆配合比宜为水泥∶砂＝1∶2～1∶1.5；使用水泥混合砂浆配合比宜为水泥∶石灰膏∶砂＝1∶0.3∶3。粘贴时，首先在砖背面满刮一层砂浆，厚度大约5～

6mm，砖的四角刮成斜面，粘贴后，用灰铲把轻轻敲击，使砂浆饱满和附线，再用钢片开刀调整竖缝，随时用靠尺找平找方。面砖之间的水平缝宽度用米厘条控制，米厘条贴在已镶贴好的面砖上口，为保证其平整，可临时加垫小木楔。夏季镶贴室外饰面板（砖）应防止暴晒；冬期施工，砂浆使用温度不低于5℃，砂浆硬化前，应采取防冻措施。

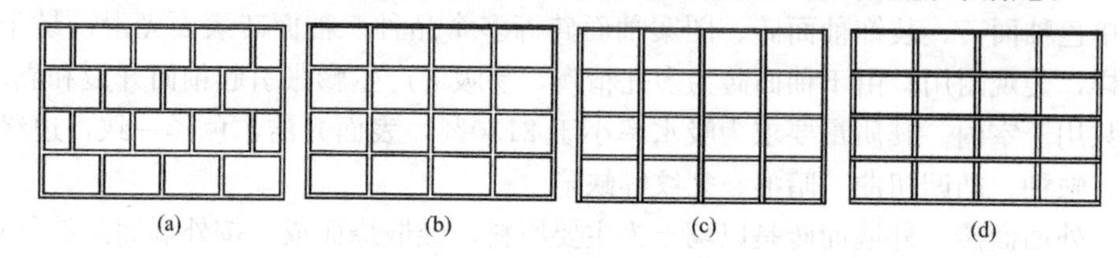

图9-7　外墙面砖排砖示意图

（a）错缝；（b）通缝；（c）竖通缝；（d）横通缝

（6）做滴水线。镶贴室外凸出的檐口、腰线、窗台、雨篷和女儿墙压顶等外墙面砖时，应按设计要求做出流水坡度，下面再做流水线或滴水槽，以免向内渗水。

（7）勾缝。勾缝前应检查面砖的质量，逐块敲试，若发现空鼓和粘结不牢，必须重贴。勾缝时可采用1∶1水泥砂浆进行勾缝，先勾横缝，后勾竖缝，严禁使用水泥砂浆进行刮抹填缝，否则勾缝不严，容易产生渗水现象。当勾缝材料硬化后，表面清洗干净。

（三）室内贴面砖

室内贴面砖的施工顺序为：选砖→基层处理→抹底子灰→排砖和弹线→贴灰饼→浸砖→垫平尺板→贴瓷砖和釉面砖→擦缝和清洁面层等。

其中选砖、基层处理、设置标筋、抹底子灰、浸砖与外墙面砖相同。

（1）排砖和弹线。待基层达6～7成干时，根据面砖规格和实际情况进行排砖、弹线。排砖时从上到下统一安排，当接缝宽度无要求时，按1～1.5mm安排，计算纵横两个方向的皮数，画出皮数杆，定出水平标准。或在底子灰上弹竖向和横向控制线，一般竖向间距为1m左右，横向一般根据面砖尺寸按每5～10块弹一水平控制线，有墙裙的要弹在墙裙上口。一般排砖从阳角开始，把非整砖行排在阴角部位或次要部位。对墙的上、下方向，上端排成整砖行，下边一行被地面压住。阴阳角等处应使用配件砖。常见室内面砖的排法如图9-8所示。

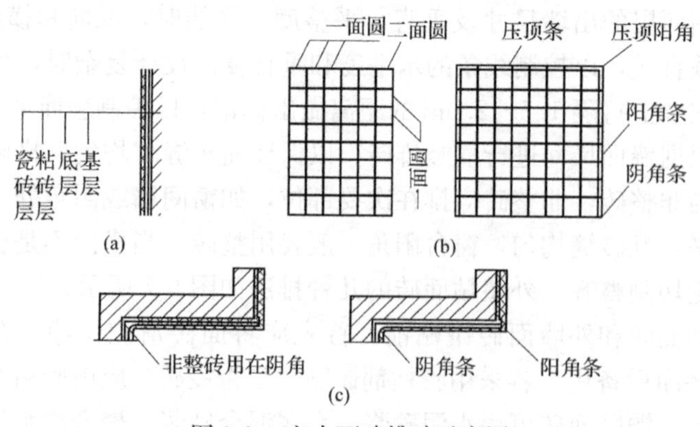

图9-8　室内面砖排砖示意图

（a）纵剖面；（b）立面；（c）横剖面

(2) 贴灰饼。用废面砖粘贴在底层砂浆上作为灰饼，粘结灰饼的砂浆可采用1：0.1：3的水泥混合砂浆，灰饼的间距一般为1.0～1.6m，上、下灰饼用靠尺找好垂直，横向几个灰饼拉线或用靠尺板找平，在灰饼面砖的楞角处拉立线，再于立线上拴活动的水平线，来控制水平面的平整。

(3) 垫底尺。按照计算好的下一皮砖的下口标高，垫放好平尺板作为第一皮砖下口的标准。垫平尺板要注意地漏标高和位置。平尺板的上皮一般要比地面低1cm左右，以便地面压住墙面砖。垫平尺板时一定要垫平垫稳，垫点的间距一般控制在40cm以内。

(4) 镶贴面砖。铺贴时应先贴面砖，后贴阴阳角等费工费时的地方。粘结砂浆可用1：0.1：2.5水泥石灰膏砂浆、1：2水泥砂浆中掺入约为水泥量2%～3%的108胶。铺贴时将浸泡过的面砖背面抹一层砂浆（注意边角满浆，亏灰时，要取下重粘），然后紧靠垫平尺的上皮将面砖贴在墙上，并用小铲的木把轻轻敲击，使灰浆饱满，上口要以水平线为标准。贴好一层后，用靠尺板横向靠水平，竖向靠垂直，不符合要求者，应取下面砖重新铺贴。铺贴时应先在门口、阳角以及长墙每隔2m左右均先竖向贴一排砖，作为墙面垂直、平整和砖层的标准，然后以此作为标准向两侧挂线，由下往上铺贴。

(5) 擦缝和清洁面层。墙面釉面砖用白色水泥浆擦缝，用布将缝内的素浆擦匀，砖面擦净。

第三节　涂　饰　工　程

建筑涂料是指涂敷于建筑构件的表面，并能与建筑构件表面材料很好地粘结，形成完整保护膜的材料。建筑涂饰具有保护建筑物、装饰与改善结构性能的作用，是一种很有发展前途的装饰方法。

一、建筑涂料

(一) 建筑涂料分类

建筑涂料分类见表9-2。

建筑涂料分类　　**表9-2**

序号	分类方法	涂料种类
1	按涂料的化学成分分	1. 有机涂料：如硅溶胶一苯丙外墙涂料； 2. 无机涂料：如硅酸钾水玻璃外墙涂料； 3. 有机无机复合涂料：如硅溶胶一苯丙外墙涂料
2	按涂料状态分	1. 溶剂型涂料：以高分子合成树脂为主要成膜物质，以溶剂为稀释剂，是一种挥发性涂料，如氧化橡胶外墙涂料； 2. 水溶性涂料：以水溶性合成树脂为主要成膜物质，以水为稀释剂，如聚乙烯醇水玻璃内墙涂料； 3. 乳液型涂料：乳液型外墙涂料是以高分子合成树脂乳液为主要成膜物质的涂料，如苯丙乳胶液； 4. 粉末涂料：如粉末内墙涂料

续表

序号	分类方法	涂料种类
3	按涂料的装饰质感分	1. 薄质涂料； 2. 厚质涂料； 3. 复层涂料
4	按建筑物涂刷部位分	1. 外墙涂料； 2. 内墙涂料； 3. 地面涂料； 4. 顶棚涂料； 5. 屋面涂料
5	按涂料的特殊功能分	1. 防火涂料； 2. 防水涂料； 3. 防结露涂料； 4. 防虫涂料； 5. 防霉涂料

（二）建筑涂料的选择

建筑涂料选用首先要考虑装饰效果，同时还要考虑涂料本身的性能、建筑物部位和基层类型、装饰周期等因素，以满足使用功能的要求，且粘结牢固。

（1）按建筑物的不同部位选用，内墙面优先选用苯乙烯涂料、聚乙烯醇系涂料；外墙面应优先选用氯化胶涂料、丙烯酸涂料、聚胺酯涂料、苯丙涂料、丙烯酸涂料等；屋面优先选用环氧树脂涂料；地面优先选用氯一偏涂料和聚合物水泥系涂料等。

（2）按基层的材质选用，若基层为混凝土和水泥基面，应选择耐碱性和遮盖性较好的涂料，如乙-丙乳胶漆、白色平光乳胶漆等；若基层为石灰和石膏墙面，可采用聚乙烯醇系涂料等；若基层为木质材料，应采用非碱性涂料，否则容易对木基而产生破坏，如乙-丙内墙乳胶漆、苯丙乳胶内墙涂料等。

（3）按装饰周期选用，内墙若间隔 5 年装修可选用油性漆、过氯乙烯涂料、聚醋酸乙烯涂料、苯丙涂料和丙烯酸酯涂料等，若间隔 10 年装修，可选用氯化橡胶涂料、丙烯酸涂料、聚胺酯类涂料等。外墙若间隔 5 年装修，可选用过氯乙烯涂料、苯乙烯涂料和聚乙烯醇缩丁醛涂料，若间隔 10 年装修，可选用氯化橡胶涂料、丙烯酸酯涂料、聚胺酯类涂料等。若地面间隔 1～2 年装修，可选用油性漆、过氯乙烯涂料和苯乙烯涂料，若间隔 10 年装修，可选用聚胺酯系涂料和环氧树脂涂料等。

二、涂饰工程施工

（一）基层处理

（1）混凝土基层。基层表面应平整，应彻底清除基层表面的油污、灰尘、溅沫和砂浆流痕等污染物。基层表面有凹凸不平处，应用凿子剔平或用水泥聚合物腻子进行修补处理。混凝土表面应干燥，一般要求含水率在 8%～10%以下，在混凝土或抹灰基层涂刷溶剂型涂料时，含水率不得大于 8%；涂刷乳液型涂料时，含水率不得大于 10%。混凝土的碱度 pH 值应在 9～10 以下。

（2）石灰浆基层。石灰浆碱性很强，可用3%磷酸水溶液或用5%草酸水溶液清洗，降低碱度。铲除表面浮灰，满刮腻子。

（3）木材基层。清除表面油污、污垢和灰尘，并用砂纸打磨平滑，钉眼应用腻子填平，打磨光滑。木材表面的树脂、色素等杂质必须清除干净。

（二）涂料施工

涂料饰面的施涂方法通常有：刷涂、滚涂、喷涂、抹涂、刮涂等，选择时应根据涂料的性质、被涂饰物的基层情况而定。

（1）刷涂。刷涂是人工用漆刷、排笔等工具在物体表面涂饰涂料的操作方法。适用于大部分薄质涂料或云母片状厚质涂料、油漆。少数流平性较差或干燥太快的涂料不宜采用刷涂，可用于建筑物内外墙及地面涂料的施工。刷涂法优点是工具简单、操作方便、适应性广、节省材料，不易污染环境及非涂饰部位。缺点是生产效率低，表面漆膜质量、外观不够良好，且主要取决于实际操作者的直接经验。刷涂的顺序是先上后下、先左后右、先难后易、先边后面。刷涂要求全部刷匀刷到，无流坠、桔皮或皱纹，边角处无积油，有问题应及时进行处理。

（2）滚涂。滚涂是用不同类型的辊具将涂料滚涂在建筑物的表面上。适用于油漆、内墙细料状或云母片状涂料工程。滚涂施工方法具有施工设备简单、操作方便、工效高、涂饰质量好及对环境无污染等优点。其缺点是不能用于几何图形复杂的物件和高装饰性物件。滚涂要求涂膜厚薄均匀，平整光滑，不流挂、不漏底。饰面式样花纹图案完整清晰、匀称一致，颜色协调。

（3）刮涂。刮涂是用刮板将涂料厚浆料均匀地批刮于饰涂面上，形成厚度为1～2mm的厚涂层。此方法多用于地面涂饰。为了增强装饰效果，刮涂法施工往往利用划刀或记号笔刻画有席纹、仿木纹等各种花纹。采用刮涂法施工时，刮刀与地面倾角一般要呈50°～60°夹角，只能来回刮涂1～2次，不能往返进行多次刮涂，否则容易出现“皮干里不干”的现象。

（4）喷涂。喷涂是使用空气压缩机通过喷嘴将涂料喷涂在建筑物的表面上。适用于油漆、粗填料或云母片的涂料工程。其特点是涂膜外观质感好、工效高、适于大面积施工，并可以通过调整涂料黏度、喷嘴大小及排气量，获得不同质感的装饰效果。喷涂施工一般可根据涂料的品种、稠度、最大粒径等，确定喷涂机械的种类，喷嘴的口径、喷涂压力、与基层之间的距离等。一般要求喷涂作业时手握喷枪要稳，喷嘴中心线与墙面垂直，喷嘴与被涂面的距离保持在40～60cm，喷枪移动时与喷涂面保持平行，喷枪的移动速度一般控制在40～60cm/mm。喷涂时一般两遍成活，先喷门窗口，后喷大面，先横向喷涂一遍，稍干后，再竖向喷涂一遍，两遍喷涂的时间间隔由喷涂的涂料品种和喷涂的厚度而定。喷涂施工要求涂膜应厚度均匀，颜色一致，平整光滑，不应有露底、皱纹、流挂、针孔、气泡、失光发花等缺陷。

第四节　吊　顶　工　程

吊顶又称顶棚、天棚、天花板，是室内装饰工程的一个重要组成部分，具有保温、隔热、隔声和吸声作用，又可以安装监控、空调、照明等设备，还可作为安装管线设备的隐蔽层。

一、吊顶的形式

吊顶按结构形式分为明龙骨吊顶、暗龙骨吊顶、开敞式吊顶等；按使用材料又分为板材吊顶、轻钢龙骨吊顶、铝合金吊顶等。

（一）明龙骨吊顶

明龙骨吊顶又称活动式装配吊顶，是将饰面板明摆浮搁在龙骨上，通常与铝合金龙骨配套使用，便于更换。龙骨可以是外露的，也可以是半露的。这种吊顶一般不上人，饰面板常采用矿棉板、玻璃纤维板、装饰石膏板、钙塑装饰板、泡沫塑料板等轻质板材；悬吊件比较简单，通常用镀锌铁丝悬吊、伸缩式吊杆悬吊等。这种吊顶的特点是，龙骨既是吊顶的承重构件，又是吊顶饰面的压条，将过去难以处理的密封吊顶、离缝吊顶和分格缝顺直等问题，用龙骨遮挡起来，这样既方便了施工，又产生了纵横分格的装饰效果。活动式装配吊顶的示意图如图 9-9 所示。

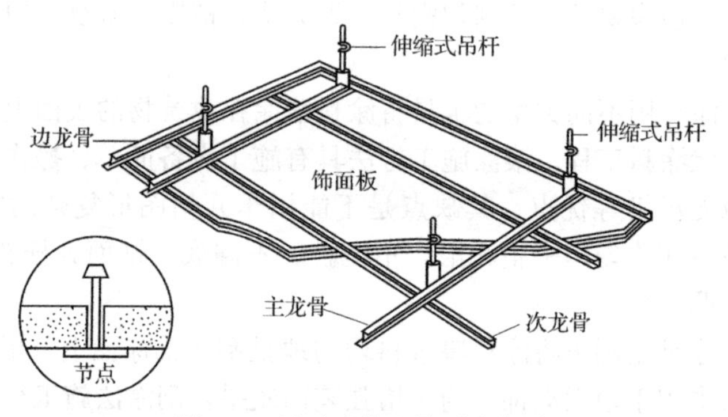

图 9-9　活动式装配吊顶示意图

（二）暗龙骨吊顶

暗龙骨吊顶又称隐蔽式吊顶，其龙骨不外露，罩面板固定在龙骨上且表面为整体。罩面板与龙骨固定有三种方式：用螺钉拧在龙骨上；用胶粘剂粘在龙骨上；将罩面板加工成企口形式，龙骨插入罩面板连成整体。龙骨一般采用薄壁型钢或镀锌铁皮挤压成型，有主龙骨、次龙骨及连接件等。隐蔽式装配吊顶的饰面板有：胶合板、铝合金板、穿孔石膏吸声板、矿棉板、防火纸面石膏板、钙塑泡沫装饰板等，也可在胶合板上刮灰饰面或裱糊壁纸饰面。暗龙骨吊顶如图 9-10 所示。

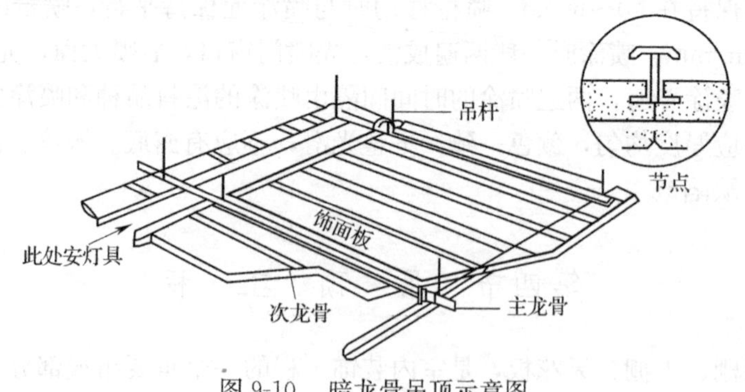

图 9-10　暗龙骨吊顶示意图

（三）开敞式吊顶

开敞式吊顶的饰面是敞开的，一般有金属装饰板式、木装饰板式等。这类吊顶主要通过特定形状的单元体及单元体组合和灯光的不同布置，营造出单体构成的韵律感，达到既遮又透的特殊艺术效果。开敞式吊顶的示意图如图 9-11 所示。

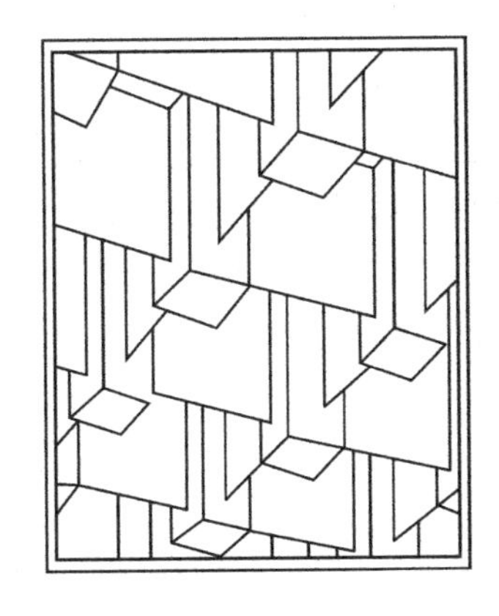
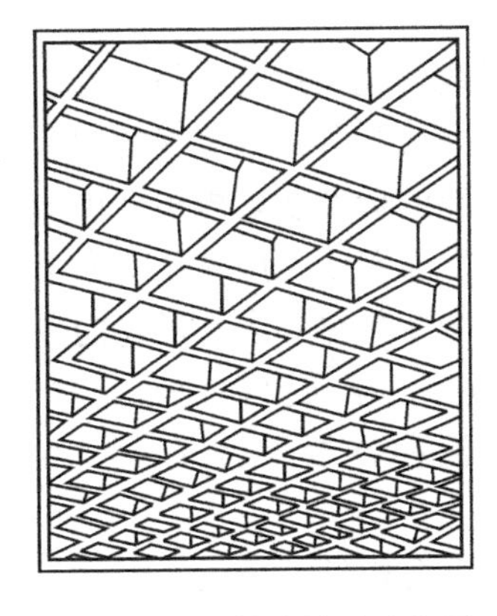
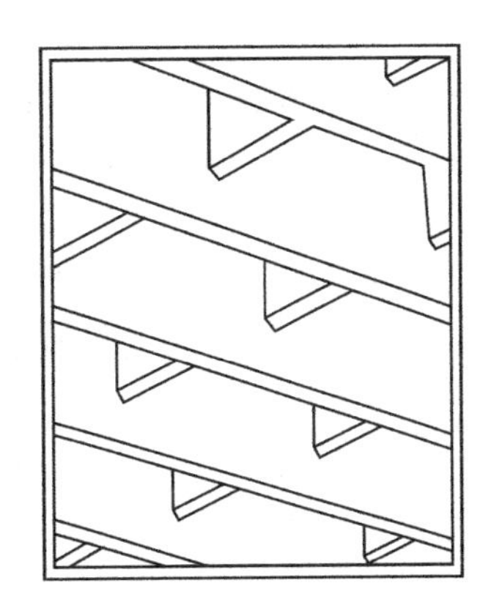

图 9-11　开敞式吊顶示意图

二、吊顶施工

（一）轻钢龙骨石膏装饰板吊顶（包括明龙骨吊顶、暗龙骨吊顶）施工

轻钢龙骨吊顶工程的施工顺序为：弹线→安装吊杆→安装龙骨和配件→安装罩面石膏板等。其具体施工方法为：

（1）施工准备。吊顶内的通风、水电管道及上人吊顶内的人行或安装通道，应安装完毕；消防管道安装并试压完毕。检查吊顶吊点，对于有附加荷载的重型吊顶（上人吊顶），必须有安全可靠的吊点紧固措施。

（2）测量、弹线。根据顶棚设计标高，沿墙面四周弹线定出顶棚安装的标准线，再根据大样图在顶棚上弹出吊点位置并复核吊点间距。吊点间距一般上人顶棚为 900～1200mm，不上人顶棚为 1200～1500mm。

（3）安装吊杆。吊杆一般可用钢筋制作。吊杆的上端与结构连接固定的方法有：与预埋件焊接、用预埋胀管螺栓连接或用射钉枪固定，下端需要套丝并配好螺母，安装后吊杆端头螺纹外露长度应不小于 3mm，以便于有较大的调节量。

（4）安装大、中龙骨。大龙骨可用吊挂件固定在吊杆上，将螺栓拧紧并调平，调平时顶棚的起拱高度应不小于房间短向跨度的 1/200；中龙骨一般用吊挂件固定在大龙骨下面，中龙骨的间距按安装的饰面板的板材尺寸确定，当板材的尺寸大于 800mm 时，中龙骨之间需要增加小龙骨，小龙骨与中龙骨平行布置，垂直方向用吊挂件与大龙骨连接固定。对于吊顶内的灯槽等，应根据工程情况适当布置。轻型灯具应吊在主龙骨或附加龙骨上，重型灯具或其他重型吊挂物不得与吊顶龙骨连接，应另设悬吊构造。

（5）安装石膏板。安装石膏板方法有搁置平放法、嵌装式安装法等。搁置平放法是采用 T 形铝合金龙骨或轻钢龙骨时，将装饰石膏板搁置在由 T 形龙骨组成的各格栅框内，即完成吊顶安装。嵌装式安装通常采用企口暗缝咬接安装法，即将石膏板加工成企口暗缝的形式，龙骨的两条肢插入暗缝内即可。

安装石膏板一般方法为：① 先从房间中心线部位开始往两边安装，大面积整块安装完毕后，再安墙边、灯孔、检修口等特殊部位。② 将石膏板侧面凹槽对准龙骨的翼缘轻轻插入，然后再安插片及另一块吸声板。在相邻次龙骨上的石膏板安完后，方能安第二根次龙骨，并依次顺序进行。

（二）开敞式吊顶的施工

开敞式吊顶施工顺序为：弹线→地面拼装→吊顶安装→饰面调整等。

（1）弹线。吊顶前，进行标高线和分片布置线的测量放线工作。首先根据顶棚设计标高，沿墙面四周弹线定出顶棚安装的标准线，再根据单体造型或单体组合构件在顶棚上定出分片布置线和吊挂布局线。分片布置线一般先从室内吊顶直角位置开始逐步展开；吊挂布局线应按分片布局线来确定，以使单体和多体吊顶的分片材料受力均匀。

（2）地面拼装。地面拼装是指根据需要在地面上对单体和多体组合构件完成拼装工作。多体组合构件常见有单条板和方板组台式、六角框与方框组合式、方圆体组合式等。

（3）吊顶安装。单体和多体组合构件、吊点紧固件一般采用射钉和膨胀螺栓固定角铁吊件的方式。

单体和多体组合构件的吊装方法分为直接固定法和间接固定法。① 直接固定法。将单体构件直接用吊杆悬挂固定；采用多体组合构件需要将多体的吊顶架与吊杆直接连接。② 间接固定法。单体与多体组合构件不与吊杆直接连接，而是通过卡具或连接件将单体或多体组合构件连成整体，然后再通过通长钢管与吊杆连接；或者采用带卡口的吊管将单体构件卡住，然后再将吊管用吊杆悬吊。采用这种方法可以减少吊杆的数量，加快施工进度，主要适应于结构刚度不够，容易产生变形的结构。

安装时，从一个墙角开始，将分片吊顶托起，高度略高于标高线，并临时固定该分片吊顶架。然后，用线沿标高线拉出交叉的吊顶平面基准线。根据基准线调平该吊顶分片。如果吊顶面积大于 $100m^2$ 时，可以使吊顶面有一定的起拱。起拱量一般为 1.5/2000 左右。将调平的吊顶分片固定，然后将分片间用连接件进行连接固定。

（4）饰面调整。饰面调整时首先应检查单体构件的安装与布局，对安装不稳、产生变形的部位进行加固和修正，然后再沿标高线拉出多条平行或垂直的基准线，根据基准线进行吊顶面的整体调整，保证吊顶面整齐，使其符合设计要求。

第五节　幕　墙　工　程

幕墙工程是金属构件与各种杆件组成的悬挂在主体结构上、不承担主体结构荷载与作用的建筑物外围护结构。按幕墙所采用的不同面板材料，主要分为玻璃幕墙、金属幕墙和石材幕墙。

一、玻璃幕墙

（一）玻璃幕墙分类

玻璃幕墙按结构及外观形式分有：明框玻璃幕墙、隐框玻璃幕墙、半隐框玻璃幕墙、全玻璃幕墙。

（1）明框玻璃幕墙。明框玻璃幕墙的玻璃板四边镶嵌在铝框内，横梁（杆）、立柱

（杆）均外露。明框玻璃幕墙是最传统的形式，应用广泛，工作性能可靠，使用寿命长，表面分格明显，容易满足施工技术水平要求。

（2）隐框玻璃幕墙。隐框玻璃幕墙是将玻璃用硅酮结构密封胶等固定在铝框上，铝框全部隐蔽在玻璃后面，形成大面积全玻璃镜面。玻璃与铝框之间完全靠结构胶粘结，结构胶要受玻璃自重和风荷载、地震等外力作用以及温度变化的影响，因而结构胶的性能及打胶质量是隐框玻璃幕墙安全性的关键环节之一。

（3）半隐框玻璃幕墙。半隐框玻璃幕墙是将玻璃两对边嵌在铝框内，两对边用结构胶粘结在铝框上，形成半隐框玻璃幕墙。有立柱外露横梁隐蔽和横梁外露立柱隐蔽两种。

（4）全玻璃幕墙。全玻璃幕墙是指整个幕墙面全部由玻璃组成，且支承结构都采用玻璃肋，或由骨架（无缝钢管、不锈钢拉杆）和不锈钢爪件组成，幕墙完全透明。

（二）玻璃幕墙的主要材料

（1）铝合金型材。玻璃幕墙采用的铝合金型材应符合现行国家标准的规定。铝合金型材的表面应清洁，不允许有裂纹、起皮、腐蚀和气泡存在。允许有轻微压坑、碰伤和划伤存在，但其深度不应超过规范的规定。经阳极氧化的型材的氧化膜的厚度应符合有关规范的要求，表面不允许有腐蚀点、电灼伤、黑斑、氧化膜脱落等缺陷存在。

（2）钢材。用于玻璃幕墙结构的钢材有不锈钢、碳素钢和低合金钢。截面形式有槽钢、工字钢、等边和不等边角钢等。钢材的力学性能和截面尺寸偏差应满足现行规范的有关规定。

（3）玻璃。玻璃幕墙常用的玻璃有：浮法玻璃、热反射镀膜玻璃、吸热玻璃、夹层玻璃和夹丝玻璃。为了避免玻璃幕墙的玻璃破碎飞溅，造成伤人事故，宜采用安全玻璃，如钢化玻璃、夹片玻璃和夹丝玻璃等。玻璃的透光度、尺寸、外观质量应满足现行规范的有关规定。

（4）密封胶。密封胶分建筑密封胶（耐候胶）和结构密封胶（结构胶）。耐候胶的耐大气变化、耐紫外线和耐老化性能较好，结构胶的强度、延性和粘结性能优越。玻璃幕墙使用的密封胶主要有：硅酮系列和改性硅酮系列密封胶、聚胺酯系列密封胶、丙烯酸系列密封胶等。密封胶的抗拉强度、剥离强度、撕裂强度、耐候性能等应符合现行规范的有关规定。

（三）玻璃幕墙施工

玻璃幕墙安装施工顺序为：测量放线→清理预埋件→安装连接件→安装骨架→安装玻璃→洁面处理。

（1）测量弹线。将骨架的位置弹到主体结构上。用测量工具在主体上定出幕墙平面、立柱、分格及转角等基准线，并复测。

（2）清理预埋件。一般在主体结构施工时，按照幕墙骨架设计图所规定的位置地设了预埋件。放线后，应逐个检查预埋件的位置，剔除铁件上的水泥砂浆，涂刷防锈涂料。

（3）骨架安装。进行骨架安装，一般先安装竖向杆件后安装横向杆件。骨架安装可采用 M14 和 M16 不锈钢螺栓连接。螺栓初拧后，进行骨架的垂直度、平整度复核，并做相应的调整使之满足设计和规范的要求后，再用测力扳手拧紧螺栓锚固。

（4）安装玻璃。高层建筑面积较大的玻璃，可配以专用玻璃起吊设备起吊。铝合金型材骨架框格，玻璃可直接安装在框格凹槽内；型钢骨架无嵌玻璃的凹槽时，先将玻璃安装在铝合金框上，再将框格与型钢骨架连接。玻璃与金属构件不得直接接触，应先垫橡胶垫块，橡胶条隙缝中均匀注入密封胶，并及时清理缝外多余粘胶。

隐框玻璃幕墙的玻璃安装，先按框格尺寸大小，在工厂内放样制作玻璃框，按所用玻璃选用硅酮系列结构胶，将玻璃粘贴在框上，包装后运至现场。然后将玻璃框依所弹墨线，安装在幕墙框格内，随即固定。玻璃之间的缝隙应用结构密封胶封严、以实、压光。半隐框幕墙的玻璃安装后，应在横框（竖隐横不隐）或竖框（横隐竖不隐）的分隔位置用铝合金扣板遮盖并锚固。

全玻璃幕墙的玻璃安装，用玻璃吸盘安装机将玻璃插入支承框内，往底框、顶框内玻璃两侧缝隙内填填充料，然后往缝内用注射枪注入密封胶，在设计的肋玻璃位置的幕墙玻璃上刷结构胶，然后将肋玻璃用人工放入相应的顶底框内，调节好位置后，粘结牢固。向肋玻璃两侧的缝隙内填填充料；注入密封胶。

（5）处理幕墙与主体结构之间的缝隙。幕墙与主体结构之间的缝隙应采用防火的保温材料堵塞；内外表面应采用密封胶连续封闭，接缝应严密不漏水。

（6）抗渗漏试验。幕墙施工中应分层进行抗雨水渗漏性能检查。

二、金属幕墙

金属幕墙适用于建筑高度不大于150m的建筑金属幕墙工程。金属板幕墙与玻璃幕墙在设计原理、安装方式等方面基本相似。大体可分为明框幕墙、隐框幕墙及半隐框幕墙。

（一）材料

金属板材、型钢、铝型材、建筑密封材料和硅酮结构密封胶、隔热保温材料等。

（二）施工

施工程序：测量放线→安装连接件→安装骨架→安装面板→处理板缝→处理幕墙收口→处理变形缝→清理板面。

（1）测量放线。根据主体结构上的轴线和标高线，按设计要求将支承骨架的安装位置线准确地弹到主体结构上。并将所有预埋件打出，并复测其位置尺寸。

（2）安装连接件。将连接件与主体结构上的预埋件焊接固定。当主体结构上没有埋设预埋铁件时，可在主体结构上打孔安设膨胀螺栓与连接铁件固定。

（3）安装骨架。按弹线位置准确无误地将经过防锈处理的立柱用焊接或螺栓固定在连接件上，安装中应随时检查标高和中心线位置。将横梁两端的连接件及垫片安装在立柱的预定位置，并应安装牢固，其接缝应严密。

（4）安装金属板材。按施工图用铆钉或螺栓将铝合金板饰面逐块固定在型钢骨架上。板与板之间留缝10～15mm，以便调整安装误差。

（5）处理板缝。用清洁剂将金属板及框表面清洁干净后，立即在金属板材之间的缝隙中先安放密封条或防风雨胶条，再注入硅酮耐候密封胶等材料，注胶要饱满，不能有空隙或气泡。

（6）处理幕墙收口。收口处理可利用金属板将墙板端部及龙骨部位封盖。

（7）处理变形缝。处理变形缝首先要满足建筑物伸缩、沉降的需要，同时也应达到装饰效果。通常采用异形金属板与氯丁橡胶带体系。

（8）清理板面。清除板面护胶纸，把板面清理干净。

三、石材幕墙

石材幕墙是由金属构件与石料板材（如花岗石板等）组成的建筑外装饰结构。石材幕墙适用于建筑高度不大于150m，抗震设防烈度不大于8度的建筑石材幕墙工程。

（一）材料

石材、建筑密封材料、金属骨架、金属挂件、隔热保温材料等。

（二）施工

施工程序：测量放线→安装金属骨架→安装石材板→处理板缝→清理板面。

（1）安装石板

1）按幕墙面基准线仔细安装好底层第一层石材。

2）板与板之间留缝10～15mm，以便调整安装误差。石板安装时，左右、上下的偏差不应大于1.5mm。注意安放每层金属挂件的标高，金属挂件应紧托上层饰面板，而与下层饰面板之间留有间隙。

3）安装时要在饰面板的销钉孔或切槽口内注入大理石胶，以保证饰面板与挂件的可靠连接。

4）安装时宜先完成窗洞口四周的石材，以免安装发生困难。

5）安装到每一楼层标高时，要注意调整垂直误差。

（2）处理板缝

在铝板之间的缝隙中注入硅酮耐候密封胶等材料。

（3）处理幕墙收口

收口处理可利用金属板将墙板端部及龙骨部位封盖。

（4）处理变形缝

处理变形缝首先要满足建筑物伸缩、沉降的需要，同时也应达到装饰效果。通常采用异形金属板与氯丁橡胶带体系。

第六节 裱糊工程

裱糊工程是我国的一种传统装饰工艺，是将在工厂采用现代化工业生产手段——套色印花、压纹轧花、复合、织造等工艺制成的一种卷材（包括各种壁纸和墙布），用胶粘剂粘贴于建筑室内，作为墙、柱等的表面装饰。

裱糊分壁纸裱糊和墙布裱糊。在室内墙、柱面及顶棚表面进行裱糊，具有吸声、耐水、防菌、防霉、易保养、装饰效果好、施工方便等优点。属于中高档建筑装饰。

（一）材料

裱糊材料主要有：壁纸、墙布、胶粘剂、腻子和涂料等。壁纸材料品种有：

（1）普通壁纸。纸面纸基壁纸，有大理石、各种木纹及其他印花等图案。早期产品，目前应用较少。价格低廉，但性能差，不耐水，不能擦洗。

（2）塑料壁纸（PVC壁纸）。以纸为基层、聚氯乙烯塑料薄膜为面层，经复合、印花、压花等工序而制成。有普通型、发泡型、特种型等品种。具有一定的伸缩性和耐裂强度，施工简单，易粘贴，易更换。花色图案丰富，装饰效果好，应用最广。

（3）复合纸质壁纸。用双层纸（表纸和底纸），通过施胶，层压复合到一起后，再经印刷、压花、涂布等工艺印制而成。色彩丰富，造价低，施工简便。

（4）纺织纤维壁纸。由棉、毛、麻、丝等天然纤维及化纤制成的各种色泽花式的粗细纱或织物再与基层纸贴合而成。也有用扁草竹丝或麻条与棉线交织后同纸基贴合制成的植物纤维壁纸。无毒、吸声、透气；视觉效果好；防污及可洗性能较差，保养要求高。

（5）金属壁纸。以铝箔为面层，纸为底层，面层也可印花、压花。表面有不锈钢、黄铜等金属质感与光泽；使用寿命长、不老化、耐擦洗、耐污染、易受机械损伤。

（6）墙布。墙布的品种有玻璃纤维墙布、无纺墙布、纯棉装饰墙布、化纤装饰墙布等。

（二）施工

壁纸裱糊施工工艺：基层处理→弹线→裁纸→润纸→刷胶粘剂→裱糊→清理修整。

（1）基层处理。基层表面应坚实、无毛刺、砂粒、凸起物、剥落和起鼓以及裂缝，色泽一致。将基层表面的污垢、尘土清除干净，混凝土、抹灰、木材等基层面满刮腻子一遍，腻子干后用砂纸打磨。有防潮要求的裱糊墙面，基层应进行防潮处理。

（2）弹线。在底胶干燥后弹划基准线，以保证壁纸裱糊后，横平竖直，图案端正。弹线时应从墙面阴角处开始，以壁纸宽度弹垂直线，将窄条纸的裁切边留在阴角处，阳角处不得有接缝。

（3）裁纸。按壁纸的品种、花色、规格进行选配、拼花、裁切、编号，以便按顺序粘贴，根据裱糊面尺寸和材料规格统筹规划，并考虑修剪量，两端各留出 30～50mm。裁边应平直整齐，不得有纸毛、飞刺等。裁好的壁纸要卷起平放，不得立放。

（4）润纸（闷水）。塑料壁纸遇水或胶水自由膨胀大，因此，刷胶前必须先将塑料壁纸在水槽中浸泡 2～3min 取出后抖掉余水，然后才能涂胶。复合纸质壁纸由于湿强度较差，禁止闷水润纸。纺织纤维壁纸也不宜闷水。金属壁纸裱糊前应浸水 1～2min，阴干5～8min，再在背面刷胶。对于待粘贴的壁纸，若不了解其遇水膨胀的情况，可取其一小条试贴，隔日观察纵、横向收缩情况以确定是否润纸。

（5）刷胶粘剂。基层表面与壁纸背面应同时涂胶。刷胶粘剂要求薄而均匀，不裹边，不得漏刷。基层表面的涂刷宽度要比预贴的壁纸宽 20～30mm。阴角处应增刷 1～2 遍胶。

塑料 PVC 壁纸裱糊墙面时，可只在基层表面涂刷胶粘剂；塑料 PVC 壁纸裱糊顶棚时，则基层和壁纸背面均应涂刷胶粘剂。裱糊顶棚时，带背胶的壁纸应涂刷一层稀释的胶粘剂。金属壁纸应使用壁纸粉一边刷胶、一边将刷过胶的部分向上卷在发泡壁纸卷上。

（6）裱糊。裱糊壁纸时，应先垂直面后水平面，先细部后大面。垂直面先上后下，水平面先高后低。拼贴时先对图案，后拼缝。从上至下图案吻合后，再用刮板斜向刮胶，将拼缝处赶密实，然后从拼缝处刮出多余胶液，赶压气泡，并用湿毛巾擦净。对于需重叠对花的各类壁纸，应先裱糊对花，然后再用钢尺对齐裁下余边。壁纸不得在阳角处拼缝，阴角壁纸搭缝时，并应顺光搭接。遇有基层卸不下来的设备或突出物件时，应将壁纸舒展地裱在基层上，然后剪去不需要部分，使突出物四周不留缝隙。壁纸与顶棚、挂镜线、踢脚线的交接处应严密顺直。裱糊后，将上下两端多余壁纸切齐，撕去余纸贴实端头。

（7）修整。壁纸裱糊后，如有局部翘边、气泡等，应及时修补。

复 习 思 考 题

1. 试述一般抹灰的分类、组成以及各层的作用。
2. 简述一般抹灰的施工顺序和施工要点。
3. 装饰抹灰有哪些种类？简述其施工工艺和方法。
4. 试简述大块饰面板安装方法。
5. 简述干挂法施工要点。
6. 内、外墙面砖分为哪几种？简述内、外面砖镶贴方法。
7. 简述建筑涂料的分类。简述涂料的主要施工方法和工艺。
8. 简述吊顶的主要形式和特点。
9. 简述暗龙骨吊顶和开敞式吊顶的施工方法。
10. 简述玻璃幕墙、石材幕墙和金属幕墙的施工过程。
11. 简述壁纸裱糊施工过程。

第十章 地 下 工 程

本章学习要点：

1. 熟悉盾构机的分类和选型，了解盾构机的构造和盾构基本参数的选择。掌握盾构施工工艺过程，掌握盾构进出洞、盾构推进、盾构衬砌施工要点。

2. 了解浅埋暗挖法施工基本要求和常用施工方法，掌握台阶法施工方法，熟悉全断面开挖法施工、分步开挖法和辅助工法。

3. 了解水下沉管隧道施工工艺过程。

城市建设的发展，人口的增加，带来了城市交通拥挤和地面用地短缺问题。为解决这些问题，城市地下空间的开发和利用越来越引起人们的关注，其相应的地下工程施工的一些新技术和新方法也越来越引起人们的重视。目前，我国地下工程建设进入迅猛发展时期，如北京、广州、上海、武汉、杭州等城市地下铁道的修建，今后相当长的一个时期内都将处于地下工程建设高峰期。

地铁隧道施工方法选择主要受工程地质、水文地质、地形地貌、沿线环境的要求，施工单位的技术水平、施工进度、经济条件等因素限制。地下工程施工工艺方案选择得当，施工机械配套合适，工程往往就成功了一半。目前国内外常用的区间隧道施工方法有盾构法、暗挖法、明挖法、盖挖法、沉管法等。目前常用的车站施工方法有盖挖法、明挖法、暗挖法等，在城市繁忙交通路段一般采用盖挖法。

（1）盾构法。盾构法是以盾构设备在地下掘进构筑隧道的施工方法。盾构法施工对地面影响小，机械化程度高，安全，工人劳动强度低，进度快。但机械设备复杂，价格高，施工需专业队伍。适用于城市软土地层、深埋隧道施工，在城市饱和软地层中修建隧道最好的选择应是盾构法。

（2）暗挖法。暗挖法是根据岩土的自稳性能在不破坏地表的情况下，在地下采用机械或人工掘进的施工方法。暗挖法施工对地面影响小，造价低。但机械化程度低，劳动强度大，作业环境差，风险大。适用于土质好、埋深较浅的区间隧道和车站施工。

（3）明挖法。明挖法是按施工围护结构、挖土、施工工程结构的顺序进行车站或区间隧道施工的方法，该施工方法与建筑工程深基坑施工相似。明挖法施工技术简单、快速、经济；但影响交通，带来尘土和噪声污染。适用于郊区施工场地开阔的区间隧道和车站施工。

（4）盖挖逆筑法。盖挖逆筑法是利用围护结构和支撑体系，在一些繁忙交通路段利用结构顶板或临时结构设施维持路面通行，在其下进行车站施工的工法，该施工方法与建筑工程深基坑逆筑法施工相似。按结构施工的顺序分盖挖逆筑工法和盖挖顺筑工法两种。盖挖逆筑工法一般都是对交通作短暂封锁，一年左右，将结构顶板施工结束，恢复道路交通，利用竖井作出入口进行内部暗挖逆筑。盖挖顺筑工法一般是利用临时性设施（钢结构）作辅助措施维持道路通行，在夜间将道路封锁，掀开盖板进行基坑土方开挖或结构施工。盖挖逆筑法占用场地时间短，对地面干扰小，安全。但施工工序复杂，交叉作业，施工条件差。盖挖逆筑法一般用于城市繁忙交通路段的车站施工。

（5）沉管法。沉管法是跨越江、河、湖、海水域修建隧道的方法之一。沉管隧道是由若干预制的管段，分别浮运到现场，一个接一个地沉放安装，并在水下相互连接而成。该方法造价低，进度快，隧道断面大。但影响江河通航，需专门的驳运、下沉工具，水下作业，风险大。适用于跨越江河的软土地基区间隧道施工。

本章主要介绍地铁的盾构施工方法、暗挖施工方法和沉管施工方法。

第一节　盾构工程施工

盾构法是以盾构设备在地下掘进，边稳定开挖面边在盾构内安全地进行开挖作业和衬砌作业，从而构筑隧道的施工方法。盾构法是在软土层中修建隧道的一种主要方法。用盾构法可以修建水底公路隧道、地下铁道、水工隧道等。目前我国很多城市地铁施工中主要采用盾构法施工。

盾构施工法之所以能在各国迅速发展，主要是它具有以下优点：（1）可在盾构支护下安全地开挖、衬砌。（2）掘进速度快。盾构的推进、出土、拼装衬砌等全过程可实现机械化、自动化作业，劳动强度低。（3）施工时不影响地面交通与设施，穿越河道时不影响航运。（4）施工中不受季节，风雨等气候条件影响。（5）施工中没有噪声和振动，对周围环境影响小。（6）在松软含水地层中修建埋深较大的长隧道往往具有技术和经济方面的优越性。

一、盾构的分类和选型

20世纪50年代以前，世界上主要使用手工掘进的闭胸、敞胸或者网格式盾构。20世纪60年代末，土压平衡盾构、泥水平衡盾构问世，在城市地铁、市政公用隧道施工中取得成功。20世纪80年代开始，日本、德国着手研制高精度全自动的现代化盾构，适合城市隧道需要的多样化。现已开发出适合于深层地下空间、特殊地质条件的双心圆、三心圆、复圆盾构、异形断面盾构、超大型断面盾构、球体盾构和微型盾构等应用技术。

（一）盾构分类

盾构按照开挖面挡土方式，可分为：敞开式和密闭式；按照盾构机挖土的方式，可分为：手工挖土、半机械开挖、全机械开挖三类；按工作面加压方式又分为泥水加压式盾构、气压式盾构、土压平衡式盾构、混合型支撑盾构等。按盾构断面形状可分为圆形、拱形、矩形和马蹄形四种，其中圆形又有单圆、双圆等，图10-1为盾构外形图。下面按敞开式和密闭式分类介绍盾构机，见图10-2。

1. 敞开式盾构

敞开式盾构是指开挖面与盾构内部没有形成完全封闭支护，开挖面敞开暴露的盾构。由于开挖面敞开，要求地层能够自稳，或采取注浆加固等辅助措施后能够自稳。对于含水地层，还需采取降水措施。这种盾构较难控制地面沉降。按其开挖方式还可分为：人工挖掘式、半机械式和机械式盾构。

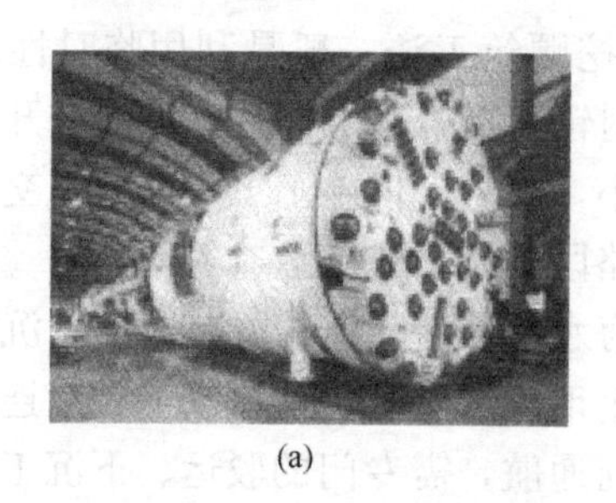

(a)　　(b)

图 10-1　盾构外形图

(a) 圆形盾构；(b) 矩形盾构

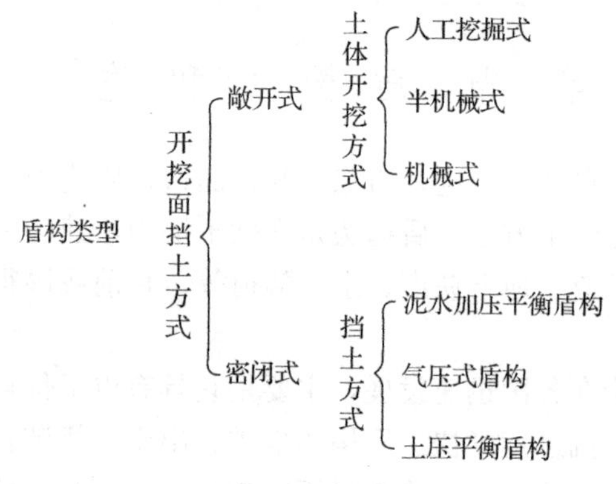

图 10-2　盾构分类

2. 密闭式盾构

密闭式盾构是通过各种方式在开挖面与盾构之间建立密闭压力平衡体，用于抵消土层压力和水压力，支护开挖面，在盾构内部形成密闭安全的施工作用空间。根据支护工作面的原理和方法可将密封型盾构分为：气压式、泥水加压平衡式、土压平衡式等几种形式。目前主要采用的是泥水加压平衡盾构和土压平衡盾构。

(1) 泥水加压平衡盾构

泥水盾构靠密封舱内的泥浆平衡开挖面的土体。对粉土、砂质粉土、砂土、粉砂、砂砾等粗颗粒土体，必须向开挖面注入添加膨润土、黏土的新鲜泥浆，在开挖面形成一个薄膜（对粉粒地层）或一个饱和区（粗粒地层），从而可以传递压力，保持开挖面平衡。开挖下来的渣土、混合泥浆和水自密封舱泵入地面渣土分离设备。渣土分离设备提取新鲜的膨润土泥浆，调制后循环进入开挖工作面。大部分泥渣沉淀后弃置到固定堆场。泥水加压平衡式盾构见图 10-3。

泥水加压盾构设有掘进管理、姿态自动计测系统、泥水输送、泥水分离和同步注浆等系统。掘进管理和姿态自动计测系统能及时反映盾构开挖面水压、送泥流量、排泥流量、送泥密度、排泥密度、千斤顶顶力和行程、刀盘扭矩、盾构姿态、注浆量和压力等参数，便于准确设定和调整各类参数。

我国广州地铁 1 号线工程于 1996 年引进两台 Φ6.14m 泥水加压平衡盾构。掘进地层为粉细砂、中砂、粗砂、粉质黏土和风化岩。

2006 年万里长江第一隧道——武汉长江隧道盾构隧道采用两台 Φ11.37m 的泥水加压

平衡盾构和复合式刀具，实现了长距离不换刀掘进。盾构法施工隧道总长 5049.2 单线米，其中左线长 2550m，右线长 2499.2m，2008 年实现国内第一个采用 10m 以上特大直径的复合式泥水平衡盾构贯通长江，标志着我国采用盾构法修建水下隧道的科研攻关已取得重大突破。

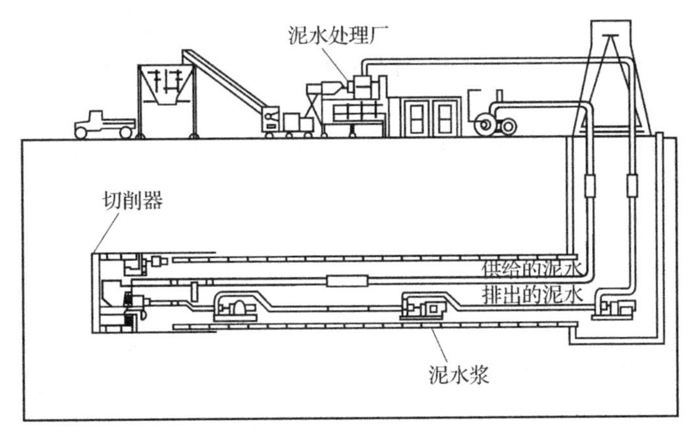

图 10-3　泥水加压平衡式盾构

(2) 土压平衡盾构

土压平衡盾构又称密闭式或泥土加压式盾构，是在局部气压盾构和泥水加压盾构的基础上发展起来的一种适应于含水饱和软弱地层中施工的新型盾构。其靠开挖后进入密封舱土体支撑开挖面，调节螺旋出土器的出土量，控制推进速度，可以达到开挖面土体侧压力和密封舱内土体压力动态平衡。土压平衡盾构见图 10-4。

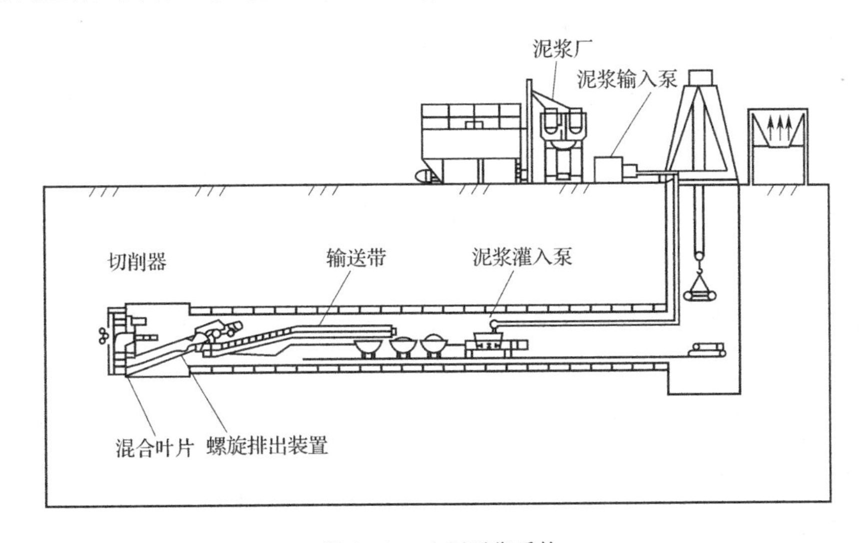

图 10-4　土压平衡盾构

2000 年开工兴建的上海地铁明珠线二期区间隧道使用了 10 台 Φ6.34m 土压平衡盾构施工。2000 年，广州地铁 2 号线工程海珠广场至江南新村 3423m 区间隧道选用 2 台 Φ6.14m 复合型土压盾构掘进施工。地铁隧道要从珠江底穿越，埋深 16～28m，掘进地层主要为全风化岩。

（3）气压盾构

气压盾构一般采用局部气压盾构。局部气压盾构是在开胸式盾构的切口环和支承环之间装一道密封金属隔板，使开挖面和切口环之间部分形成一个局部密封舱，开挖时密封舱内灌入压缩空气，使开挖面和开挖设备处于压缩空气之内，从而保持开挖面的稳定。这种方法的优点是工人不在压缩空气舱内工作，与整个隧道施工段内加压的全气压盾构法施工相比，消除了压缩空气对人体的危害，但这种局部气压盾构还存在以下问题需要解决：① 局部密封舱的体积小，压缩空气体积小，遇到透气性较大的地层，空气损失量大，难以保持开挖面气压的稳定；② 盾尾密封装置不严密，压缩空气从盾尾内大量泄漏，对开挖面的气压稳定不利；③ 从密封舱内连续出土装置还存在漏气与寿命不长的问题。

（二）盾构机选型

盾构机选型要考虑适应性、可靠性、经济性、技术先进性相统一。盾构机选型划分依据按重要程度排列如下：土质条件，岩性（抗压强度、粒径、成层等各参数）、开挖面稳定（自立性能），隧道埋深、地下水位，环境条件、沿线场地（附近管线和建构筑物及其结构特性），工期，造价，宜用的辅助工法，设计路线、线形、坡度，电气等其他设备条件。

目前泥水平衡盾构和土压平衡盾构是最先进和应用最多的盾构形式。国内地铁隧道盾构施工基本上都是采用这两种盾构机。

土压平衡盾构和泥水盾构在稳定开挖面、地质条件、抵抗水压、控制地表沉降、渣土处理、施工场地、工程成本等方面都有较大差异，有其独特的适应性，对两种盾构进行综合对比分析比较见表 10-1。

泥水平衡盾构和土压平衡盾构对比表 **表 10-1**

比较项目	土压平衡盾构		泥水平衡盾构	
	简要说明	评价	简要说明	评价
稳定开挖面	保持切削土舱压力支持开挖面土体稳定	良	有压泥水使开挖面地层保持稳定	优
地质条件适应性	在砂性土等透水性地层中要有特殊的措施	良	适应性较强	优
抵抗水压	靠土舱压力及泥土的不透水性能抵抗水压	良	靠泥水在开挖面形成的泥膜和泥水压力抵抗水压	优
控制地表沉降	保持土舱压力、控制推进速度、维持切削量与出土量相等	良	控制泥浆质量、压力及推进速度、保持进、排泥量的动态平衡	优
渣土处理	直接外运	简单	进行泥水分离处理	复杂
施工场地	占用施工场地较小	良	要有较大的泥水处理场地	差
设备费用		稍低		稍高
工程成本	减少了泥水处理设备，只需配置添加剂注入设备即可，设备及运行费用低	低	增加了泥水制作、输送及泥水分离设备，设备及运转费用高	高

二、盾构的构造

盾构是隧道施工时进行土方开挖和衬砌拼装时起保护作用的施工设备。盾构的基本构造主要由五部分组成：壳体、排土系统、推进系统、衬砌拼装系统和辅助注浆系统，如图 10-5 所示。

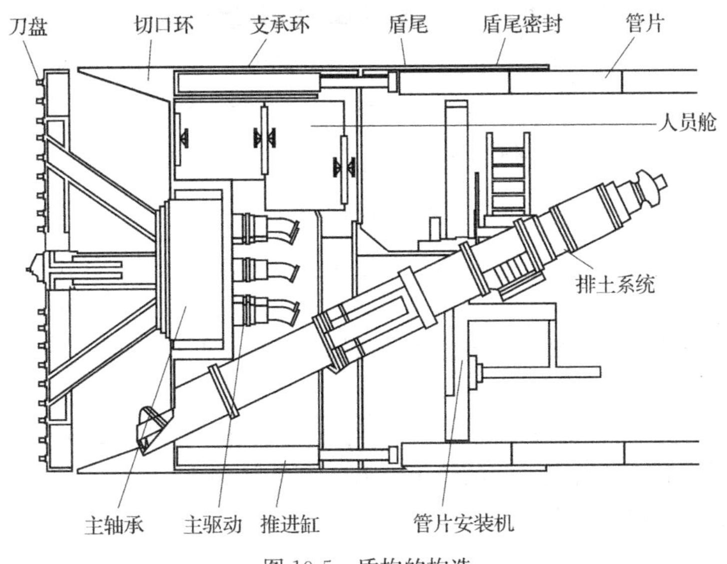

图 10-5 盾构的构造

1. 盾构壳体

盾构壳体由切口环、支承环和盾尾三部分组成，由外壳钢板将这三部分连接成整体。

（1）切口环部分。切口环部分位于盾构最前端，环内安装挖土设备，如泥水盾构中的切削刀盘、搅拌器及吸头。土压平衡式盾构的刀盘、搅土器和螺旋运土机的进口，水力机械化盾构中的冲水枪及吸泥口等。切口环又可作为保护罩，对工作面起支撑作用。

（2）支承环。支承环紧接于切口环后，处于盾构中部，系刚性较好的圆环结构。支承环为基本的承载结构，所有地层土压力、千斤顶顶力、切口、盾尾、衬砌拼装时传来的施工荷载等均由支承环承担。支承环的外沿要布置盾构液压推进千斤顶，如果盾构空间较大，所有液压、动力设备、操纵控制系统、衬砌拼装机等也要布置在支承环内；对中小型盾构，支承环内空间较小，可将部分设备放在盾构后面的车架上。当采用正面局部加压盾构时，由于切口环内压力高于常压，在支承环内还要布置人行加压与减压闸。

（3）盾尾部分。盾尾一般由盾构外壳钢板延伸而成，其主要作用是保护衬砌的拼装工作。为防止水、土和注浆材料从盾尾和衬砌之间的间隙进入盾构内，盾尾一般需要设置密封装置。盾尾密封装置如图 10-6 所示。

2. 推进系统

盾构推进系统由液压设备和液压千斤顶所组成。

3. 排土系统

主要由切削土体的刀盘、泥土仓、螺旋出土器、皮带传送机、泥浆运输电瓶车等部分组成；控制螺旋出土器排土的速度和盾构推进的速度，可以保持开挖面土体的平衡。

4. 衬砌拼装系统

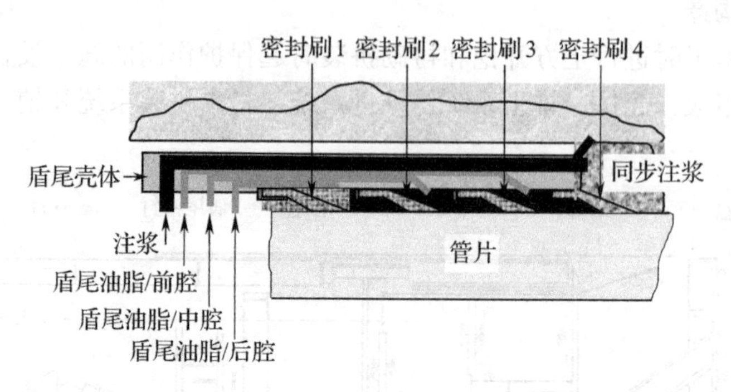

图 10-6　盾尾密封装置

衬砌拼装系统常采用杠杆式拼装器，常以油压系统为动力。杠杆式拼装器由举重臂和驱动器两部分组成。举重臂主要用于完成衬砌的拼装工作，一般安装在盾构支承环上，也有一些与盾构脱离安装在后部车架上。小型盾构甚至将举重臂安排在平板车上。举重臂安装位置主要与设备类型和施工布置有关，可按具体情况确定。

5. 辅助注浆系统。包括浆液搅拌机、注浆泵等设备。管片衬砌离开盾尾时，要及时压注浆液充填盾壳和环行衬砌之间的建筑间隙，以减少地面的沉降。

三、盾构基本参数的选定

1. 盾构外径

盾构的外径要稍大于隧道衬砌的外径，以便盾构开挖后在隧道衬砌的外径和隧道之间留有一定的空隙，其空隙大小取决于盾构制造及衬砌拼装的允许误差、方便盾构偏离设计轴线时进行水平和垂直方向的纠偏、方便衬砌工作的拼装进行。在满足上述条件时应尽量减小其空隙，以免过大的隧道超挖量给结构、施工带来不利和建筑材料的浪费。考虑以上因素，盾构的外径可按以下两式计算，如图 10-7 所示。

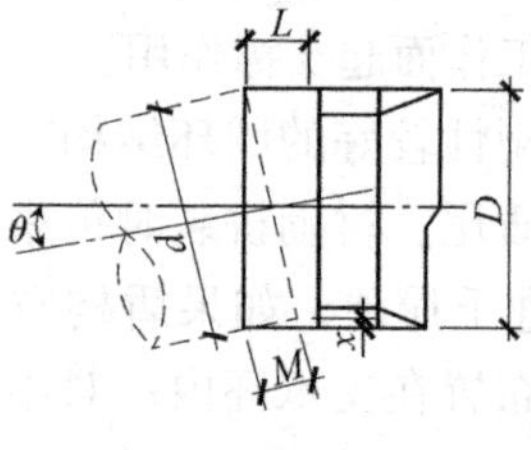

图 10-7　盾构直径计算简图

$$D = d + 2(x + \delta)$$

式中　D——盾构直径（mm）；

d——隧道外径（mm）；

x——盾尾空隙（mm）；根据实际经验，盾尾空隙一般取 20～30mm；

δ——盾尾钢板厚度（mm）。

$$D = d_{内} + 2(\delta + x + T + T' + e)$$

式中　$d_{内}$——隧道内径（mm）；

T——隧道衬砌厚度（mm）；

T'——双层衬砌时隧道内衬厚度（mm）；

e——预留施工误差（mm）；

D、δ、x 意义同前。

2. 盾构长度和灵敏度

盾构长度主要取决于地质条件、隧道的平面形状、开挖方式、运转操作、衬砌形式和盾构的灵敏度（盾壳总长 L 与盾构外径 D 之比）。一般在盾构直径确定后，灵敏度值有一些经验数据可参考：

小型盾构（D=2～3m），（L/D）=1.50

中型盾构（D=3～6m），（L/D）=1.00

大型盾构（D>6m），（L/D）=0.75

盾构总长度由切口环、支承环、盾尾三部分组成，它不包括盾构内设备超出盾尾的部分，如后方平台、螺旋输送机等。

盾构长度计算公式：

$$L = L_1 + L_2 + L_3$$

（1）切口环长度 L_1

机械化盾构仅考虑能容纳开挖机具即可；在手掘式盾构中要考虑到人工开挖的方便，L_1可以较长些。

（2）支承环长度 L_2

该部分长度取决于盾构千斤顶、切削刀盘的轴承和驱动装置、排土装置等空间。

$$L_2 = W_c + \iota_c$$

式中 W_c——最宽衬砌宽度，包括楔形环、加宽环；

ι_c——余量，一般取 200～300mm。

（3）盾尾长度 L_3

盾尾长度取决于管片的形状和宽度：

$$L_3 = KW_c + L_s + C$$

式中 K——常数，一般取 1.5～2.5，与是否需调换损坏的衬砌及盾尾密封装置有关；

W_c——衬砌环宽度（m）；

L_s——千斤顶顶块厚度（m）；

C——施工余量，一般取 80～200mm。

3. 盾构推力

（1）设计推力

盾构的总推进力必须大于各种推进阻力的总和，否则盾构无法向前推进。根据地层和盾构机的形状尺寸参数，按下式计算出的推力称为设计推力：

$$设计推力 \quad \Sigma F = F_1 + F_2 + F_3 + F_4 + F_5 + F_6$$

式中 F_1——盾构外壁周边与土体之间的摩擦力或粘结力；

F_2——推进中切口插入土中的贯入阻力；

F_3——工作面正面阻力；

F_4——管片与盾尾之间的摩擦力；

F_5——变向阻力（曲线施工/纠偏等因素的阻力）；

F_6——后方台车的牵引阻力。

以上 6 种阻力的计算方法随盾构机型号、贯入地层性质的不同而不同。从大量的实际计算结果发现，F_3～F_6的贡献极小，一般情况下，无论是砂层还是黏土层，前两项之和约占总推力的 95%～99%。因此，也可以用 F_1+F_2定义设计推力。

（2）装备推力

盾构机的推进是靠安装在支承环内侧的盾构千斤顶的推力作用在管片上，进而通过管片产生的反推力使盾构前进的。各盾构千斤顶顶力之和就是盾构的总推力，推进时的实际总推力可由推进千斤顶的油压读数求出。盾构的装备推力必须大于各种推进阻力的总和（设计推力），否则盾构无法向前推进。

1）由设计推力确定装备推力

盾构机的装备推力在考虑设计推力和安全系数的基础上，可按下式确定：

$$F_e = A \cdot \sum F$$

式中 F_e——装备推力（kN）；

A——安全系数，通常取2。

2）经验估算法

根据盾构机外径和经验推力的估算公式为：

$$F_e = P_j \pi D^2 / 4$$

式中 D——盾构的外径（m）；

P_j——开挖面单位截面积的经验推力（kN/m^2）；人工开挖、半机械化、机械化开挖盾构时，$P_j = 700 \sim 1100kN/m^2$；封闭式盾构、土压平衡式盾构、泥水加压式盾构时，$P_j = 1000 \sim 1300kN/m^2$。

四、盾构法施工

盾构法施工主要程序为：

（1）在盾构法隧道的起始端和终端各建一个工作井。

（2）盾构机在起始端工作井内安装就位。

（3）依靠盾构千斤顶推力（作用在已拼装好的衬砌环和工作井后壁上）将盾构机从起始井墙壁开孔处推出。

（4）盾构机在地层中沿着设计轴线推进，在推进的同时不断出土和安装衬砌管片。

（5）及时地向衬砌背后的空隙注浆，防止地层移动和固定衬砌环位置。

（6）施工过程中，适时施工衬砌防水。

（7）盾构机进入终端，工作井后拆除，如施工需要，也可穿越工作井再向前推进。

（一）建造盾构工作井

盾构工作井主要建在盾构施工段的始端和终端，用以完成盾构的安装和拆卸工作。若盾构推进长度较长时，还应设检修工作井。这些盾构工作井和检修工作井一般都应尽量结合盾构施工线路上的通风井、排水泵房、地铁车站以及立体交叉、平行交叉、施工方法转换处等来设置。

作为拼装和拆卸用的竖井，其尺寸应满足盾构装、拆的施工工艺要求，一般井宽应大于盾构直径1.6～2.0m，井的长度主要考虑盾构设备安装余地，以及盾构出洞施工所需最小尺寸。盾构拆卸井要满足起吊、拆卸工作的方便，其要求一般比拼装井稍低，但应考虑留有进行洞门与隧道外径间空隙充填工作的余地。

（二）盾构基座

盾构基座在井内主要的作用是放置盾构机和使盾构机通过其上设置的导轨在施工前获得正确的导向。基座可以采用钢筋混凝土浇筑或采用钢结构制作。导轨一般由两根或多根钢轨组成，其平面位置和高程应根据隧道设计、施工要求等进行测量定位。

（三）盾构进出洞

盾构工程的出洞始发与进洞到达施工，在盾构隧道施工中处于非常重要的位置，处理好盾构的进出洞，能减少很多后患，提高施工速度。

1. 盾构出洞始发

盾构出洞始发工作包括：始发端头地层加固→安装始发基座→盾构机组装、空载调试→安装反力架、洞口洞门密封→安负环管片、盾构机负载调试→盾尾通过洞口密封后进行注浆回填→盾构始发设施安装、盾构机组装与调试→盾构掘进与管片安装。

盾构出洞在可能产生流砂的地区，应在工作井外大约 20m 左右的区段内，对土质较差的地段采用降水、局部冻结或化学灌浆等方法改良土体。

应在始发井内按设计要求和推进方向预留出孔洞及临时封门，待盾构在井内安装就位，盾构调试完成，出洞口加固土体达到一定强度，井内的盾构后座混凝土浇筑（或后支撑安装）、洞口止水装置安装等所有工作准备就绪，拆除封门，在千斤顶的推力作用下靠后座管片的反作用力将盾构推入地层，如图 10-8 所示。

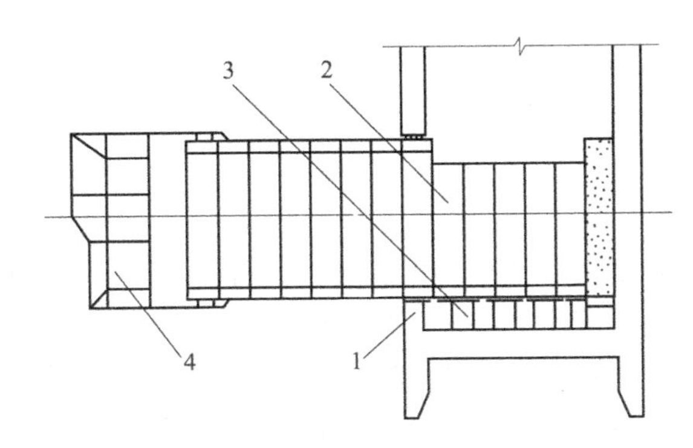

图 10-8　盾构出洞示意图

1—工作井；2—负环管片；3—盾构基座；4—盾构

2. 盾构进洞到达

盾构进洞到达工作内容包括：盾构机定位及接收洞门位置复核测量→端头地层加固→洞门处理和安装洞门圈临时密封装置→安装接收基座→盾构机步上安装接收基座→盾构洞门圈封堵等。

为防止地下水和流砂涌入工作井，应对土质较差的地段采用降水、局部冻结或化学灌浆等方法改良土体，以减少水、土压力和稳定洞口土体。改良土体方法同始发端头地层加固。

盾构接收井施工完成后，对洞门位置的中心坐标测量确认，安装盾构接收基座（参照出洞盾构基座安装形式），接收井内混凝土洞门凿除和洞门封堵材料等各项工作全部准备就绪。

盾构进洞前 100m 作隧道贯通测量，进洞口中心坐标测量，要求复测两次。根据测量数据及时调整盾构推进姿态，确保盾构顺利进洞。

当盾构逐渐靠近洞门时，要在洞门混凝土上开设观察孔，加强对其变形和土体的观测，并控制好推进时的土压值。在盾构切口距洞门 20～50cm 时，停止盾构推进，尽可能掏空平衡仓内的泥土，使正面的土压力降到最低值，以确保封门拆除的施工安全。封门拆除后，盾构应尽快连续推进并拼装管片，尽量缩短盾构进洞时间。洞圈特殊环管片脱出盾尾后，用弧形钢板与其焊接成一个整体，并用水硬性浆液将管片和洞圈的间隙进行充填，以防止水土流失。图10-9为盾构进洞及端头加固改良区示意图。

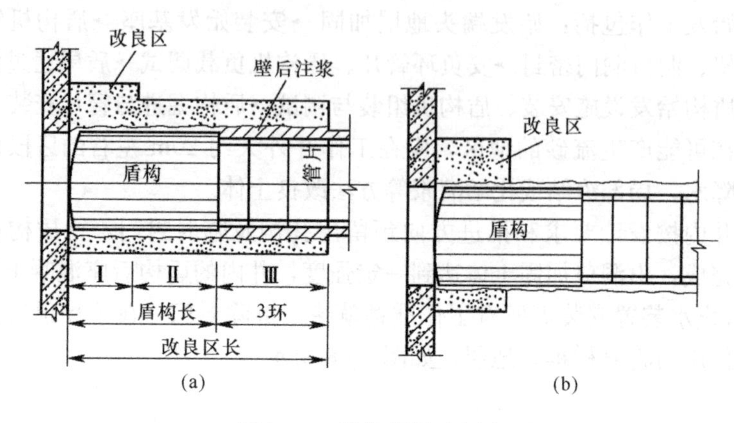

图10-9　盾构进洞示意图

(a) 砂土条件改良区；(b) 黏土条件改良区

（四）盾构推进

1. 盾构推进和纠偏

在盾构进入地层后，随着工作面的不断开挖，盾构不断向前推进。在盾构推进过程中，应保证其中心线与隧道设计中心线一致。在实际工程中，很多因素将导致盾构偏离隧道中心线，如由于土层不均匀、地层中有孤石等障碍物而造成开挖面四周阻力不一致，盾构千斤顶的顶力不一致，盾构重心偏于一侧，造成盾构隧道上浮或盾构下部土体流失过多发生盾构叩头等。盾构操作主要是使盾构运动轨迹始终在设计轴线容许偏差值范围内，使隧道衬砌拼装在理想的位置上。盾构的方向控制方法主要有：

(1) 采用隧道自动导向系统和人工测量辅助进行盾构姿态监测

如武汉长江隧道盾构施工系统配置了先进的导向、自动定位、掘进程序软件和显示器等，能够全天候在盾构机主控室动态显示盾构机当前位置与隧道设计轴线的偏差以及趋势。据此调整控制盾构机掘进方向，使其始终保持在允许的偏差范围内。随着盾构推进导向系统后视基准点需要前移，必须通过人工测量来进行精确定位，为保证推进方向的准确可靠性，还要每周进行两次人工测量，以校核自动导向系统的测量数据并复核盾构机的位置、姿态，确保盾构掘进方向的正确。

(2) 千斤顶工作组合的调整

盾构在土层中向前受到土的阻力，需借用布置在切口环四周的千斤顶顶力来克服。但两者的合力位置始终不在一条直线上，从而形成一力偶，导致盾构偏向。为使其千斤顶合力位置与外力合力位置组成一个有利于纠偏的力偶，一般应对千斤顶分组编号，进行工作组合。每次推进后应测量盾构的位置，并根据每次纠偏量的要求，决定下次推进时启动哪些编号的千斤顶，停止哪些编号的千斤顶，进行纠偏。

(3) 调整千斤顶区域油压

目前多数盾构将千斤顶分为上、下、左、右四个区域，每一区域为一个油压系统。通过区域油压调整，起到调整千斤顶合力位置的作用，使其合力与作用于盾构上阻力的合力形成一个有利于控制盾构轴线的力偶。

（4）控制盾构纵坡

控制纵坡的目的主要是调整盾构高程，还可调整盾构与已成管片端面间的间隙，以减少下一环拼装施工的困难。盾构推进时的纵坡也是依靠调整千斤顶的工作组合来控制的，一般要求每次推进结束时，盾构纵坡应尽量接近隧道纵坡。

2. 盾构推进时的壁后注浆

随着盾构的推进，在管片和土体之间会出现建筑空隙，必须采用水泥浆或化学浆液等进行壁后注浆及时填充这些空隙，从而避免地层出现变形、地表发生沉降，以稳定管片结构、控制盾构掘进方向。

压浆一般采用设置在盾构外壳上的注浆管随盾构推进同步注浆和二次注浆。

（1）注浆压力

注浆压力过大，隧道将会被浆液扰动而造成后期地层沉降及隧道本身的沉降，并易造成跑浆；而注浆压力过小，浆液填充速度过慢，填充不充足，会使地表变形增大。同步注浆时要求在地层中的浆液压力大于该点的静止水压及土压力之和，做到尽量填补而不易劈裂。

（2）注浆量

同步注浆量可为建筑间隙的150%～250%。

（3）注浆时间及速度

盾构机向前掘进的同时，进行同步注浆，同步注浆的速度与盾构机推进速度相匹配。

（4）注浆顺序

采用多个注浆孔同时压注，在注浆孔出口设置压力检测器，以便对各注浆孔的注浆压力和注浆量进行检测与控制，实现对管片背后的对称均匀压注。

（5）二次补强注浆

同步注浆后使管片背后环形空隙得到填充，多数地段的地层变形沉降得到控制。在局部地段，同步浆液凝固过程中，可能存在局部不均匀、浆液的凝固收缩和浆液的稀释流失，为提高背衬注浆层的防水性及密实度，并有效填充管片后的环形间隙，根据检测结果，必要时进行二次补强注浆。施工时可采用地表沉降监测信息反馈，结合洞内超声波探测背衬后有无空洞的方法，综合判断是否需要进行二次补强注浆。

（五）盾构衬砌

盾构顶进后应及时进行衬砌工作，衬砌作用是：在施工过程中，作为施工临时支撑，并承受盾构千斤顶后背的顶力；盾构结束后，作为永久性承载结构，承受周围的水、土压力；同时防止泥、水的渗入，满足盾构内部的设计使用要求。

1. 衬砌管片分类

盾构衬砌管片有如下三类：

（1）按材料分：按材料分有铸铁管片、钢管片、复合管片（外壳采用钢板制作、其内部浇筑钢筋混凝土）、钢筋混凝土管片。其中以装配式钢筋混凝土管片使用最广泛。

（2）按结构形式分：装配式钢筋混凝土管片按使用要求不同分为箱形管片、平板形管片等几种结构形式。

（3）按构造形式分：按构造形式分可分为单层衬砌和双层衬砌两种形式。

2. 管片拼装

隧道管片拼装按其整体组合，可分为通缝拼装和错缝拼装。

(1) 通缝拼装。各环管片的纵缝对齐的拼装，这种拼法在拼装时定位容易，纵向螺栓容易穿，拼装施工应力小，但容易产生环面不平，并有较大累计误差，而导致环向螺栓难穿，环缝压密量不够。

(2) 错缝拼装。即前后环管片的纵缝错开拼装，一般错开 1/3～1/2 块管片弧长。用此法建造的隧道整体性较好，环面较平整，环向螺栓比较容易穿。但施工应力大，容易使管片产生裂缝，纵向穿螺栓困难，纵缝压密差。

管片与管片之间一般采用螺栓连接（图 10-10），管片拼装后形成隧道。

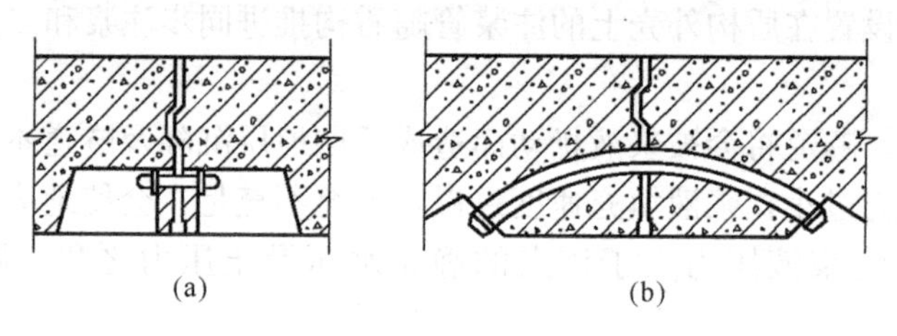

图 10-10　管片螺栓连接形式

(a) 直螺栓连接；(b) 弯螺栓连接

（六）衬砌防水

1. 衬砌管片自身防水

管片自身防水主要靠提高混凝土抗渗能力和管片制作精度实现。钢筋混凝土管片的抗渗等级应根据隧道埋深及地下水压力确定，一般要求达到 P4～P8，混凝土级配需选用干硬性密实级配，且可掺入塑化剂，调整级配，增加混凝土的和易性，严格控制水灰比，一般不大于 0.4。浇筑、养护、堆放和运输中应严格执行质量管理。管片制作时一般要求管片几何尺寸的误差不应大于±1mm。

2. 管片接缝防水

管片之间的接缝是隧道防水的薄弱环节。管片衬砌的接缝防水主要包括密封垫防水、嵌缝防水和螺栓孔防水（图 10-11）。

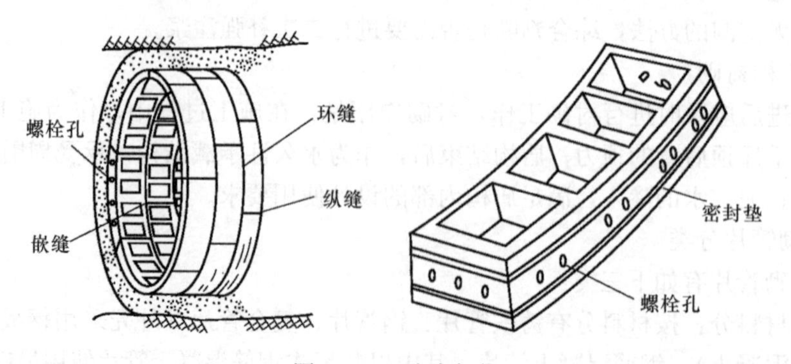

图 10-11　防水部位

(1) 密封垫防水。目前已普遍使用弹性密封橡胶条防水，并以粘结力强、延伸性好、耐久、能适应一定量变形的防水材料嵌缝。弹性密封垫防水条由天然橡胶、合成橡胶、遇水膨胀橡胶等制作。防水条在管片拼装前粘贴于接缝面的预留沟槽内。

（2）嵌缝防水。嵌缝防水作业一般在管片拼装完成和变形已达到相对稳定时进行，是以接缝密封垫防水作为主要防水措施的补充措施。管片内弧面边缘留有嵌缝槽，嵌缝材料可选用乳胶水泥、环氧树脂和焦油聚胺酯材料、遇水膨胀橡胶等。

（3）螺栓孔防水。管片上的螺栓孔易渗漏水，需要采取措施加以密封。常见的做法是在螺栓上穿上由合成树脂或合成橡胶类材料制作的圆环形密封垫，然后拧紧螺母，使其充填或覆盖螺孔壁与螺杆之间的空隙，堵塞漏水通道。

（七）冷冻法联络通道施工

盾构隧道其联络通道在地下水位以下时，施工难度大，易发生水砂突出，一般采用冷冻法施工。其施工步骤一般为：施工准备→冻结孔施工和冻结管路安装→积极冷冻，隧道管片加固保暖→钻孔检验冻结效果→在钢管片上安装防淹门→打开钢管片→通道开挖并实施临时支护，全过程维护冷冻→防水层施工联络通道内衬结构施工→停止冷冻、冻结孔封孔、地层跟踪注浆。

第二节　浅埋暗挖法施工

一、概述

（一）浅埋暗挖法施工基本要求

修建浅埋地段隧道时，往往因周围环境等要求必须采用暗挖法施工。浅埋暗挖法是一种综合施工技术，其特点是在开挖中采用多种辅助施工措施加固围岩，合理调动围岩的自承能力，开挖后即时支护，封闭成环，使其与围岩共同作用形成联合支护体系，有效地抑制围岩过大变形。

浅埋暗挖法施工要求：

（1）控制围岩变形波及地面。浅埋隧道施工中开挖的影响将波及地面。为了避免破坏地面建筑物及地层内埋设的线路管网，必须严格控制地中及地面的沉陷变形量。

（2）要求刚性支护或进行地层改良。施工为了抑制地中及地面的变形沉陷，浅埋暗挖法施工时，其支护时间必须尽可能提前，支护的刚度也应适当加大；必须选用适当的开挖方法、支护方式及施工工艺。另外，还应经常采用对前方围岩条件进行改良及超前支护等基本措施。

（3）针对特殊地段采用辅助工法施工。针对软弱不良地层、超浅埋段等施工中采用辅助施工工法。施工前需要根据围岩条件、施工方法、进度要求、机械配套和工程所处环境等情况。优先选择较简单的方法或同时采用几种综合辅助施工方法来加固地层，确保不塌方、少沉陷。辅助施工工法已作为地下工程，尤其是浅埋地下工程暗挖法施工的一个重要分支进行研究和应用。通常，辅助施工方法有洞内外降低地下水位、地面加固地层、洞内加固地层（或工作面）、洞内防排水等。

（4）通过试验段来指导设计和施工。由于周围环境及隧道所处地段地质的复杂性，在做出包括结构设计、施工方案、试验及量测计划的设计后，往往需要选取地质条件和结构情况有代表性的一段工程作为试验段，先期开工，施工过程中，对引起的地中及地面沉陷变形、支护结构及围岩应力状态、地面环境受影响程度等情况进行观察、量测、分析和研究。根据试验段施工中所取得的数据，还可以用反分析方法获得更符合实际的围岩力学参数，并在此基础上进行力学分析计算。

通过对试验段施工的研究分析，对整体施工方案进行优化设计，对量测数据管理标准进行验证。

（二）浅埋暗挖常用施工方法

采用浅埋暗挖法施工时，常见的典型施工方法是正台阶法以及适用于特殊地层条件的其他施工方法，如全断面法、单侧壁导坑超前正台阶法、双侧壁导坑正台阶法（眼镜工法）、中隔墙法等，常用施工方法及特点对比详见表 10-2，表中图上标注的数字表示开挖的顺序。

浅埋暗挖法修建隧道及地下工程主要开挖方法 **表 10-2**

施工方法	示意图	重要指标比较					
		适用条件	沉降	工期	防水	初期支护拆除量	造价
全断面法	1	地层好，跨度≤8m	一般	最短	好	无	低
正台阶法	1 2	地层较差，跨度≤12m	一般	短	好	无	低
上半断面临时封闭正台阶法	1 2	地层差，跨度≤12m	一般	短	好	小	低
正台阶环形开挖法	1 2 3	地层差，跨度≤12m	一般	短	好	无	低
单侧壁导坑正台阶法	1 2 3	地层差，跨度≤14m	较大	较短	好	小	低
中隔墙法（CD 工法）	1 3 2 4	地层差，跨度≤18m	较大	较短	好	小	偏高
交叉中隔墙法（CRD 工法）	1 3 2 4 5 6	地层差，跨度≤20m	较小	长	好	大	高
双侧壁导坑法（眼镜工法）		小跨度，连续使用可扩成大跨度	大	长	效果差	大	高

续表

施工方法	示意图	重要指标比较					
		适用条件	沉降	工期	防水	初期支护拆除量	造价
中洞法		小跨度，连续使用可扩成大跨度	小	长	效果差	大	较高
侧洞法	1 3 2	小跨度，连续使用可扩成大跨度	大	长	效果差	大	高
柱洞法		多层多跨	大	长	效果差	大	高
盖挖逆筑法		多跨	小	短	效果差	小	低

浅埋暗挖工程是在应力岩（土）体中开拓的地下空间施工，在选择施工方法时，应当根据具体地下工程的各方面条件综合考虑，选择最经济、最理想的设计和施工方案，甚至要综合多种方案，因而这是一个受多种因素影响的动态的择优过程。

浅埋暗挖工程施工中，应根据不同的围岩工程地质条件、水文地质条件、工程建筑要求、机具设备、施工技术条件、施工技术水平、施工经验等多种因素，选择行之有效的一种或多种施工方法，主要影响因素是围岩的地质条件。当围岩较稳定且岩体较坚硬时，施工中往往先把隧道坑道断面开挖好，然后修筑支护结构，并在有条件时争取一次把全断面挖成。当围岩稳定性较差时，则需要随开挖需要设支撑，防止围岩变形及产生坍塌。分块开挖后，应及时进行初期支护，在上部支护的保护下再开挖坑道下部断面。在二次模筑衬砌修筑中必须先修筑仰拱和边墙，再修筑拱圈。

二、台阶法施工

台阶法施工就是将结构断面分成两个或几个部分，即分成上下两个工作面或几个工作面，分步开挖。根据地层条件和机械配套情况，台阶法又可分为正台阶法、中隔墙台阶法等。该法在浅埋暗挖法中应用最广，可根据工程实际、地层条件和机械条件，选择适合的台阶方式。台阶法开挖顺序见图 10-12。

（一）正台阶法开挖

正台阶法能较早使支护闭合，有利于控制结构变形及地表沉降，上台阶长度（L）一般控制在 1～1.5 倍洞径（D），根据地层情况可选择两步或多步开挖。

1. 上下两部分开挖法

若地层较好，可将断面分成上下两个台阶开挖，上台阶一般控制在1～1.5倍洞径（D）以内，但应在地层失去自稳能力之前尽快开挖下台阶，支护后形成封闭结构，如图10-13所示。若地层稳定性较差，为了稳定工作面，可以采用小导管超前支护、增加临时仰拱、铺底等辅助措施，如图10-14所示。

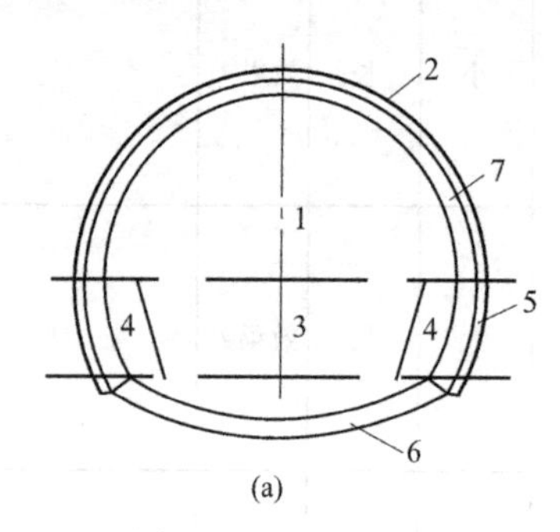

(a)

1—上半部开挖；2—拱部喷锚支护；
3—下半部中央部开挖；4—边墙部开挖；
5—边墙锚喷支护；6—二次衬砌抑拱；7—二次衬砌

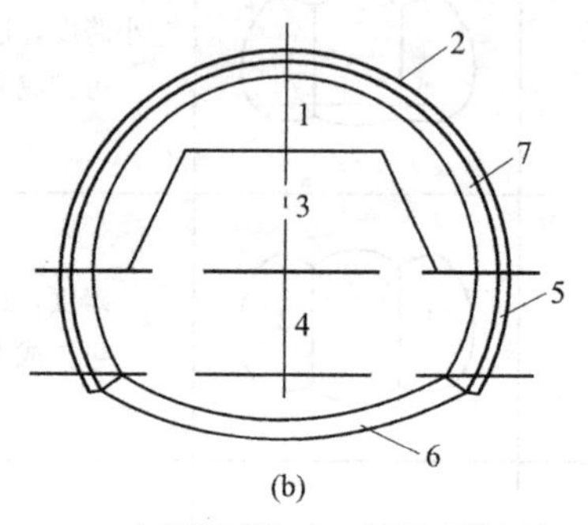

(b)

1—上导坑开挖；2—拱部喷锚支护；
3—中核开挖；4—下部开挖；5—边墙锚喷支护；
6—灌注二次衬砌抑拱；7—二次衬砌

图10-12　台阶法开挖顺序

（a）上台阶全开挖；（b）上台阶留核心土开挖

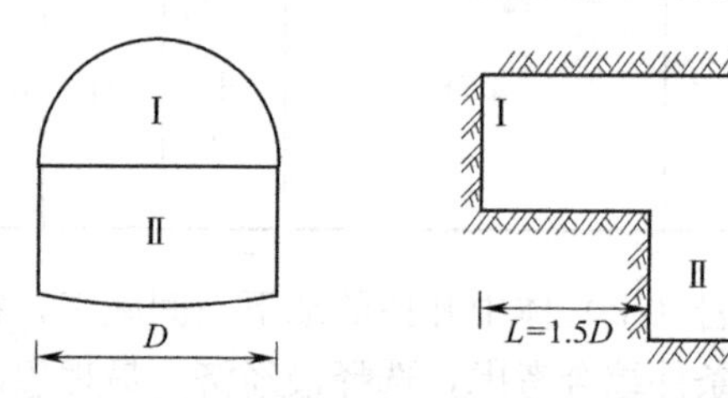

图10-13　上下两部分正台阶法开挖

Ⅰ—上台阶；Ⅱ—下台阶；D—洞径

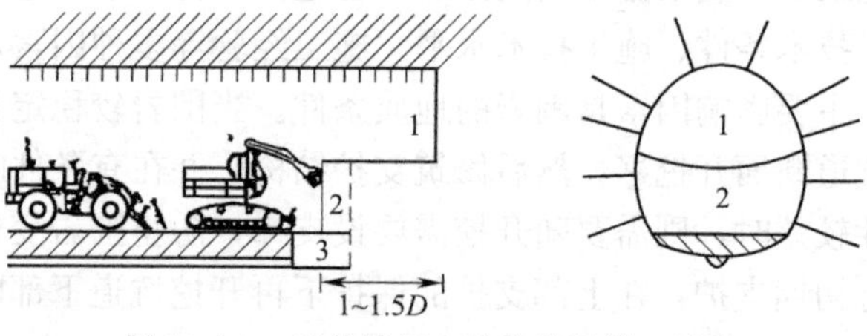

图10-14　超前锚杆、施作临时拱、铺底

1—上台阶；2—下台阶；3—铺底

上下两部分开挖法一般采用人工和机械混合开挖法，即上半断面采用人工开挖、机械出渣，下半断面采用机械开挖、机械出渣。有时为避免上半断面出渣对下半断面的影响，可用皮带运输机将上半断面的渣土送到下半断面的运输车中。

2. 多部分步开挖留核心土

在地层较差的情况下可以用此方法。上台阶取1倍洞径左右环形开挖留核心土，用格栅钢架作初期支护并在拱脚、墙脚设置锁脚锚杆。在施工中并辅以小导管超前支护、预注浆等措施稳定工作面。从断面开挖到初期支护、仰拱封闭一般不能超过10天，以确保地面沉陷控制在30mm以内。典型开挖方式见图10-15所示。

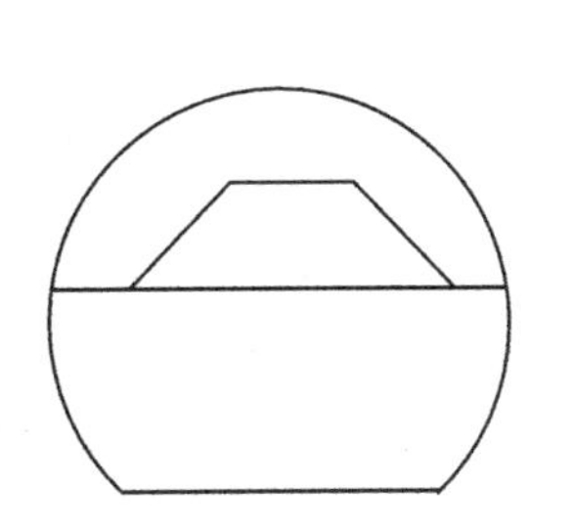
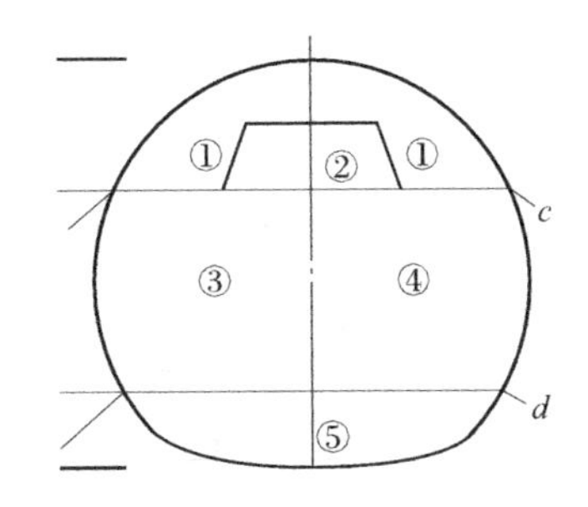

图 10-15　多部分步正台阶法开挖施工流程

①、②、③、④、⑤为开挖顺序

当隧道断面较高时，可以分多层台阶法开挖，但台阶长度不容许超过 1.5D，图 10-16 为某地铁折返线中双线隧道正台阶法开挖顺序。

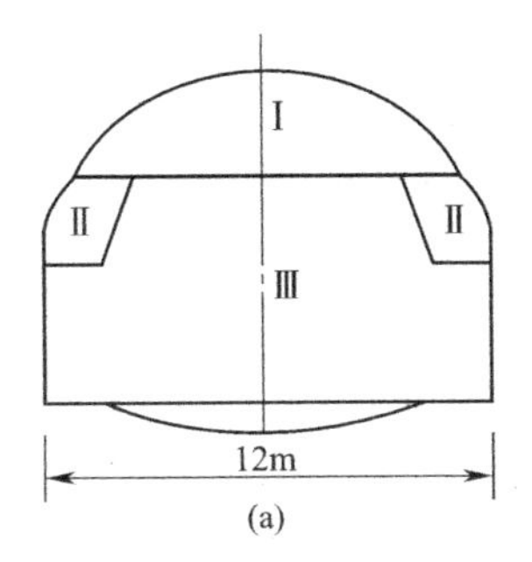

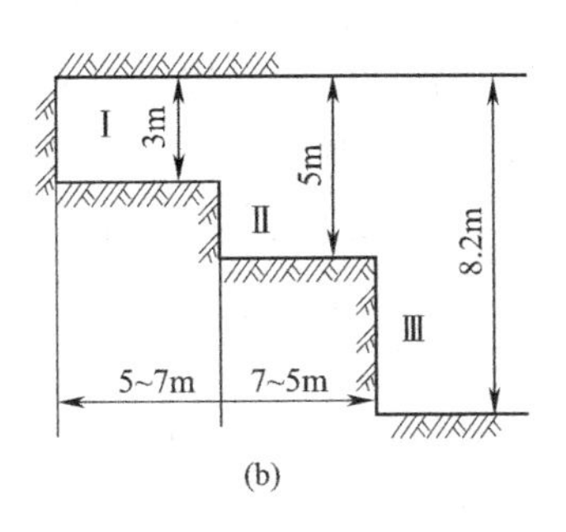

图 10-16　双线隧道正台阶法开挖顺序

(a) 横断面；(b) 纵断面

台阶长度之所以定为 1 倍洞径（1D），主要因为隧道在施工中纵向产生承载拱，承载拱的跨度约为 1 倍洞径，如图 10-17 所示。这样，在 1 倍洞径区段周围地层产生横向和纵向两个承载拱的作用，这对开挖是有利的，台阶长度超过 1 倍洞径将失去纵向承载拱受力结构，仅有横向平面承载拱受力结构。另外，上台阶若选用大于 1.5 倍洞径的长台阶，在开挖时纵向变位大，上台阶断面形状不利于受力，而且容易引起周围地层松动，塑性区增大，造成拱脚附近受力大而使其失稳，见图 10-18 所示；在下台阶开挖时，也容易产生变位叠加而使其失去稳定性，见图 10-19 所示。上台阶若过短，小于 1 倍洞径，因洞内纵向破裂面超过工作面，易造成洞顶土体下滑，引起工作面不稳定，所以软弱地层不能采用短台阶施工，如图 10-20 所示。但是，若用硬岩爆破法施工时，为了便于风钻打眼，可设置超短台阶。

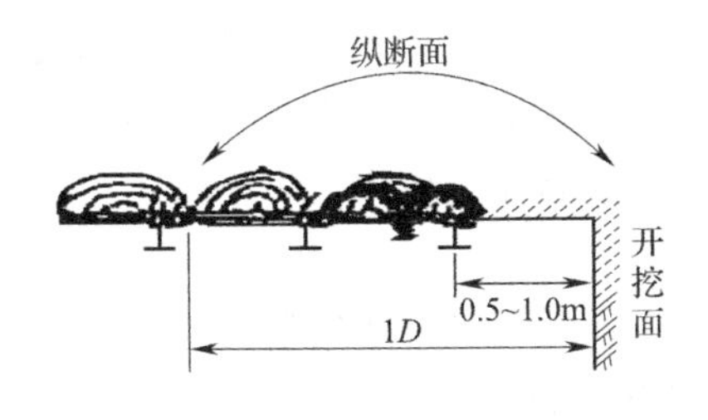

图 10-17　纵向承载拱的作用

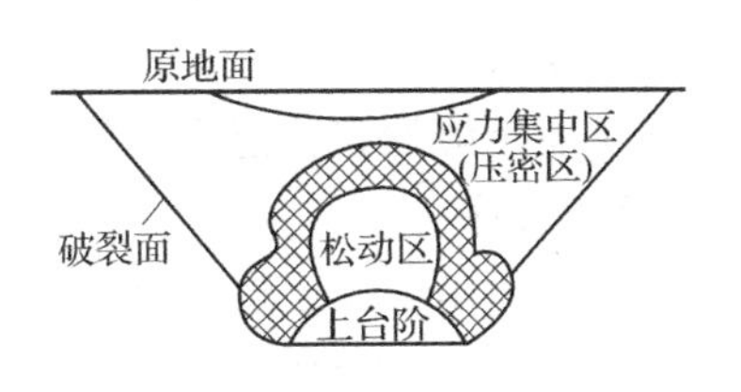

图 10-18　上台阶过长引起松动荷载

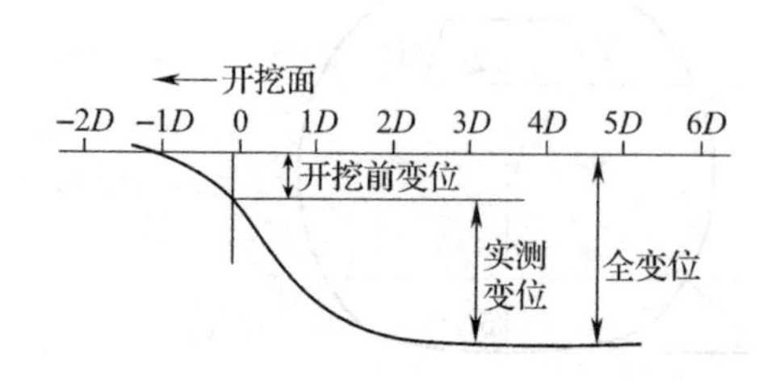

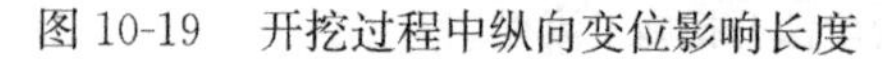
图 10-19　开挖过程中纵向变位影响长度

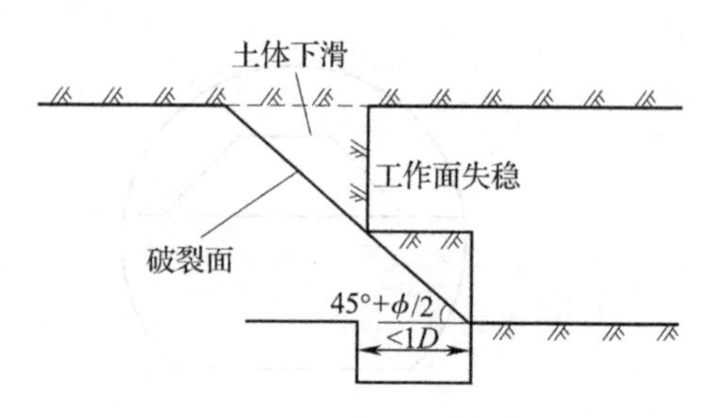

图 10-20　短台阶施工引起工作面失稳

（二）台阶法开挖特点

（1）灵活多变，适用性强。凡是软弱围岩、第四纪沉积地层，必须采用正台阶法，这是各种不同方法中的基本方法。而且，当遇到地层变化（变好或变坏），都能及时更改、变换成其他方法，所以被称为浅埋暗挖施工方法之母。

（2）具有足够的作业空间和较快的施工速度，台阶有利于开挖面的稳定性，尤其是上部开挖支护后，下部作业则较为安全，当地层无水、洞跨小于 10m 时，均可采用该方法。

（3）台阶法开挖的缺点是上下部作业相互干扰，应注意下部作业时对上部稳定性的影响，还应注意台阶开挖会增加围岩被扰动的次数等。

（三）台阶法开挖注意事项

（1）台阶数不宜过多，台阶长度要适当，一般以一个台阶垂直开挖到底，保持平台长 2.5～3m 为宜，这样也易于减少翻渣工作量，装渣机应紧跟开挖面，减少扒渣距离，从而提高装渣运输效率，应根据两个条件来确定台阶长度：一是初期支护形成闭合断面的时间要求，围岩的稳定性越差，要求闭合的时间越短；二是上半部断面施工时开挖、支护、出渣等机械设备所需的空间大小。

（2）台阶法开挖宜采用轻型凿岩机打眼施作小导管，当进行深孔注浆或设管棚时多采用跟管钻机，而不宜采用大型凿岩台车。

（3）个别破碎地段可配合喷锚支护和挂钢丝网施工，以防止落石和崩塌。

（4）要解决好上下部半断面作业的相互干扰的问题，做好作业施工组织、质量监控及安全管理工作。

（5）采用钻爆法开挖石质隧道时，应采用光面爆破技术和振动量测技术来控制振速，以减少扰动围岩的次数。

三、全断面开挖法施工

地下工程断面采用一次开挖成型（主要是爆破或机械开挖）的施工方法叫全断面开挖法。该法的优点是可以减少开挖对围岩的扰动次数，有利于围岩天然承载拱的形成；工序简单，便于组织大型机械化施工；施工速度快，防水处理简单。缺点是对地质条件要求严格，围岩必须有足够的自稳能力，另外，机械设备配套费用也较多。

（一）施工顺序

主要工序：使用移动式钻孔台车，首先全断面一次钻孔，并进行装药连线，然后将钻孔台车后退到 50m 以外的安全地点，再起爆，一次爆破成型，出渣后钻孔台车再推移至开挖面就位，开始下一个钻爆作业循环。同时，施作初期支护，铺设防水隔离层（或不铺设），进行二次模筑衬砌。

全断面施工中应注意两点：① 及时进行复喷作业，先初喷后复喷，以利于稳定地层和加快施工进度；② 铺底混凝土必须提前施作，且不滞后200m，当地层较差时铺底应紧跟。

（二）适应范围及特点

1. 适用范围

全断面法主要适用于Ⅰ～Ⅲ类围岩，当断面在50m²以下，隧道又处于Ⅵ类围岩地层时，为了减少对地层的扰动次数，在采取局部注浆等辅助施工措施加固地层后，也可采用全断面法施工。但在第四纪地层中采用此施工方法时，断面一般均在20m²以下，且施工中仍须特别注意。山岭隧道及小断面城市地下电力、热力、电信等管道工程施工多用此法。

2. 特点

全断面开挖法有较大的作业空间，有利于采用大型配套机械化作业，提高施工速度，且工序少，便于施工组织和管理。但是由于开挖面较大，围岩稳定性降低，且每个循环工作量较大，同时每次深孔爆破引起的振动较大，因此要求进行精心的钻爆设计，并严格控制爆破作业。

（三）施工注意事项

(1) 加强对开挖面前方的工程地质和水文地质的调查，对不良地质情况要及时预测预报、分析研究，随时准备采取应急措施（包括改变施工方法），以确保施工安全和工程进度。

(2) 各工序机械设备要配套，如钻眼、装渣、运输、模筑、衬砌支护等主要机械和相应的辅助机具（钻杆、钻头、调车设施、气腿、凿岩钻架、注油器、集尘器等），在尺寸、性能和生产能力上都要相互配合，各项工作要环环紧扣，不得彼此牵制而影响掘进，从而充分发挥机械设备的使用效率和各工序之间的协调作用，并注意经常维修设备，备存足够的易损零部件，以确保各项工作的顺利进行。

(3) 加强各种辅助作业和辅助施工方法的设计与施工检查，尤其在软弱破碎围岩中使用全断面法开挖时，应对支护后围岩变形进行动态量测与监控，并使各种辅助作业的三管两线（高压风管、高压水管、通风管、电线和运输路线）保持良好状态。

(4) 重视和加强对施工操作人员的技术培训，使其能熟练掌握各种机械和新技术，不断提高工效，改进施工管理，加快施工速度。

(5) 用全断面法开挖时，应优先考虑选择锚杆和锚喷混凝土、挂网、撑梁等支护形式。

四、分步开挖法

分步开挖法主要适用于地层较差的大断面地下工程，尤其是限制地面沉降的城市地下工程，包括单侧壁导坑超前台阶法、中隔墙法（CD、CRD工法）、双侧壁导坑超前中间台阶法（也称眼镜工法）和双隔墙中间预留核心土法等多种形式。

（一）单侧壁导坑超前台阶法

单侧壁导坑超前台阶法主要适用于地层较差、断面较大、采用台阶法开挖有困难的地层，采用该法可变大跨断面为小跨断面。大跨多不小于10m，可采用单侧壁导坑法，将导坑跨度定为 3～4m，这样就可将大跨度变成 3～4m 跨和 6～10m 跨。这种施工方法简单而可靠。

采用该法开挖时，单侧壁导坑超前的距离一般在 2 倍洞径以上，为稳定工作面，经常和超前小导管预注浆等辅助施工措施配合使用，一般采用人工开挖，人工和机械混合出渣，开挖方式见图 10-21 所示，图中罗马数字表示开挖顺序。

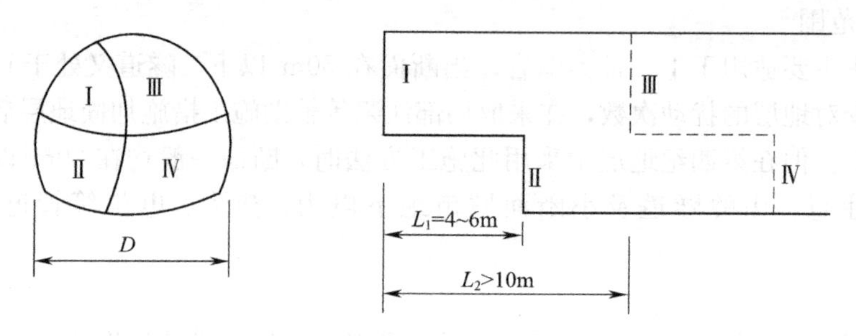

图 10-21　单侧壁导坑超前台阶法开挖方式

侧壁导坑尺寸通常根据机械设备和施工条件来确定，而侧壁导坑的正台阶高度，一般规定为台阶底部至起拱线的位置，这主要是为施工方便而确定的，范围在 2.5～3.5m。下台阶落底、封闭要及时，以减少地面沉降。

（二）中隔墙法（CD 工法）和交叉中隔墙法（CRD 工法）

1. 中隔墙法（CD 工法）

中隔墙法也称 CD 工法，主要适用于地层较差和不稳定岩体，且地面沉降要求严格的地下工程施工。中隔墙法是在原正台阶法的基础上发展起来的一种工法，它更有效地解决了将大、中跨的洞室开挖转变为中、小跨的洞室开挖问题。

2. 交叉中隔墙法（CRD 工法）

CRD 工法是将 CD 工法先挖中壁一侧改为两侧交叉开挖、步步封闭成环、改进发展的一种工法。其最大特点是将大断面施工化成小断面施工，各个局部封闭成环的时间短，控制早期沉降好，每个步序受力体系完整。因此，结构受力均匀，形变小。另外，由于支护刚度大，施工时隧道整体下沉微弱，地层沉降量不大，而且容易控制。

CRD 工法以台阶法为基础，将隧道断面从中间分成 4～6 部分，使上、下台阶左右各分成 2～3 部分，每一部分开挖并支持后形成独立的闭合单元。各部分开挖时，纵向间隔的距离可根据具体情况按台阶法确定。

大量施工实例资料的统计结果表明，CRD 工法优于 CD 工法（前者比后者减少地面沉降近 50%）。但 CRD 工法施工工序复杂，隔墙拆除困难，成本较高，进度较慢，一般在第四纪地层中修建大断面地下结构物（如停车场），且地面沉降要求严格时才使用。

3. CD 工法施工顺序

采用中隔墙法（CD 工法）施工时，应控制每步的台阶长度，一般为 5～7m。为稳定工作面，往往与预注浆等辅助施工措施配合使用，采用人工开挖、人工出渣方式。CD 工法的开挖方式与施工顺序分别见图 10-22 和图 10-23。先开挖图中数字 1 所示的位置，达到设计的开挖高度后立即施工中隔墙与初衬，依次施工 2、3 所示的位置并立即施工中隔墙与初衬，完成一侧后再施工另一侧。

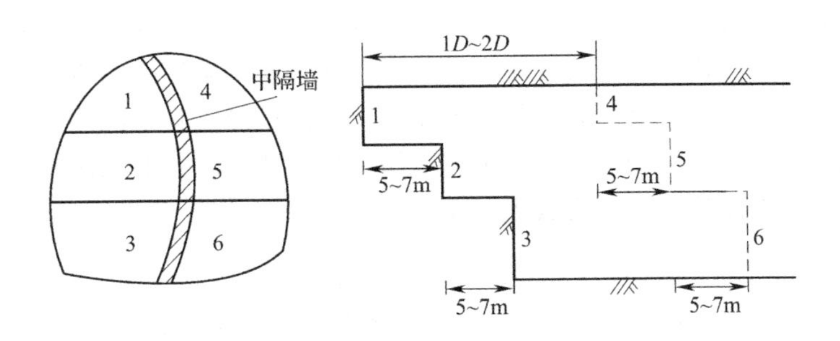

图 10-22　CD 工法开挖方式

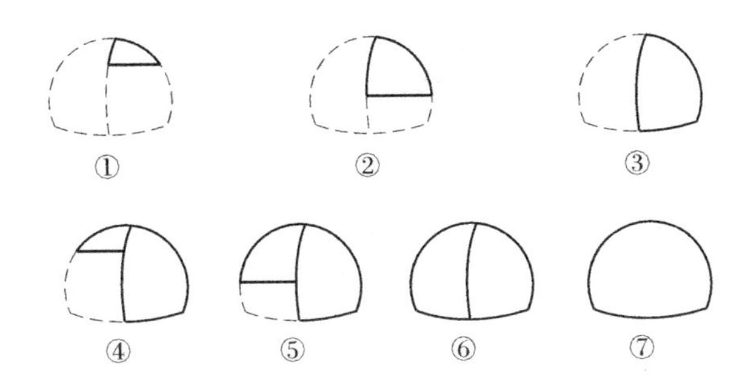

图 10-23　CD 工法施工顺序

4. CRD 工法施工顺序

CRD 工法的开挖方式见图 10-24 所示，先开挖图中左侧数字 1 所示的部分并立即施作初衬、中隔墙、横隔墙，依次施作 2—3—4—5—6 所示的部分，左右两侧掘进差控制在 1 倍洞径范围内，同侧上下台阶掘进差控制在 5～7m 左右。

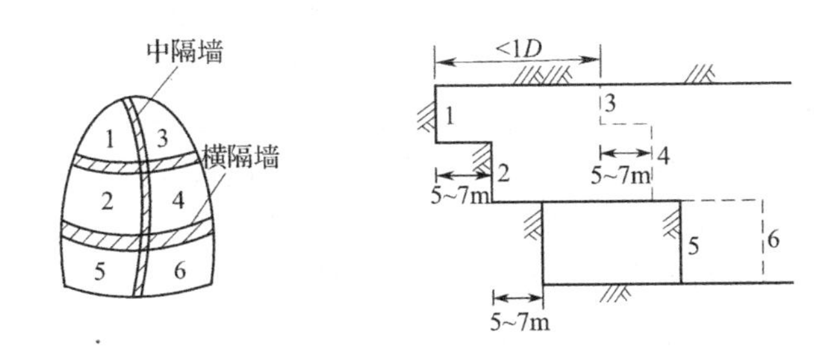

图 10-24　CRD 工法开挖方式

其详细施工工艺如图 10-25 所示。施工工序分为 8 步（即），按 6 个部分，即Ⅰ、Ⅱ、Ⅲ、Ⅳ、Ⅴ、Ⅵ部分进行开挖，做到步步封闭成环。其工序如下：Ⅰ部开挖支护→Ⅱ部开挖支护→Ⅲ部开挖支护→Ⅳ部开挖支护→Ⅴ部开挖支护→Ⅵ部开挖支护→拆除十字中隔墙→二次混凝土模筑。

（三）双侧壁导坑超前中间台阶法

双侧壁导坑超前中间台阶法也称眼镜工法，也是变大跨度为小跨度的施工方法，其实质是将大跨度（>20m）分成三个小跨度进行作业，主要适用于地层较差、断面很大、单侧壁导坑超前台阶法无法满足要求的三线或多线大断面铁路隧道及地铁工程。该法工序较复杂，导坑的支护拆除困难，有可能由于测量误差而引起钢架连接困难，从而加大了下沉值，而且成本较高，进度较慢。采用该法开挖时，双侧壁导坑超前的距离相等或不等，为了稳定工作面，经常和超前预注浆等辅助施工措施配合使用。一般采用人工和机械混合开挖，人工和机械混合出渣，开挖方式见图 10-26。

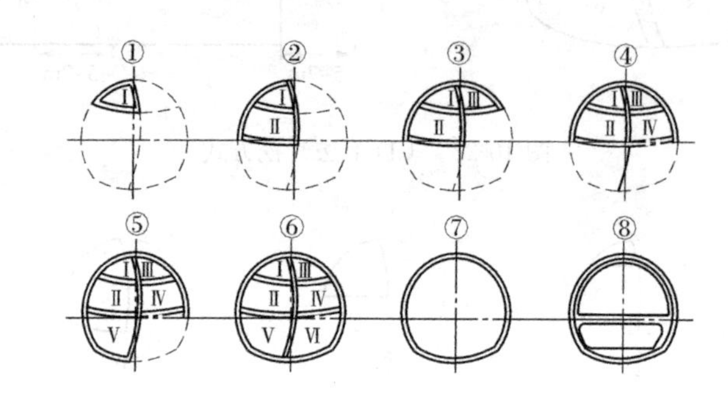

图 10-25　CRD 工法施工顺序

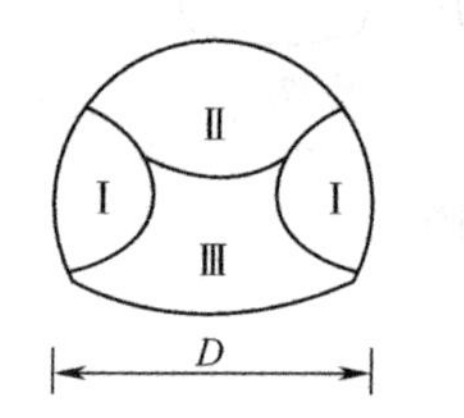

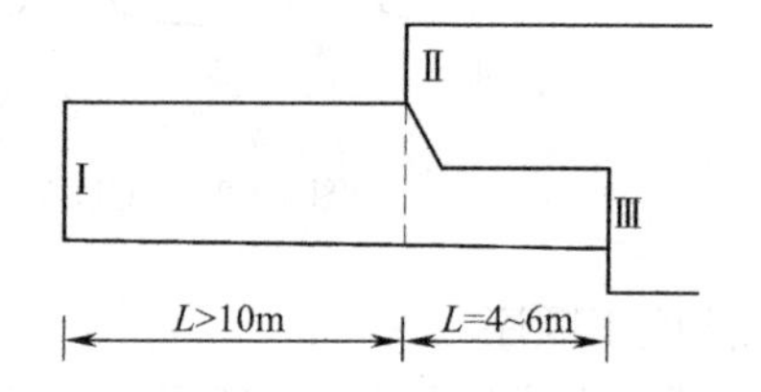

图 10-26　双侧壁导坑超前中间台阶法开挖方式

双侧壁导坑超前中间台阶法以台阶法为基础，将隧道断面分成三部分，即双侧壁导洞和中部，其双侧壁导洞尺寸以满足机械设备和施工条件为标准加以确定。

施工时，应先开挖两侧的侧壁导洞，在导洞内按正台阶法施工，当隧道跨度较大且地质情况较差时，上台阶也可采用中隔墙法或环形留核心土法开挖，并及时施作初期支护结构，在初期支护的保护下，逐层开挖下台阶至基底，并进行仰拱或底板的施工，如图 10-27 所示。施工过程中，左右侧壁导洞错开一定距离，确定错开距离应考虑在开挖中引起的导洞周边围岩的应力重新分布不影响已完成的导洞，实际中一般不小于 15m。关于上、下台阶之间的距离，可视具体情况，按台阶法确定。

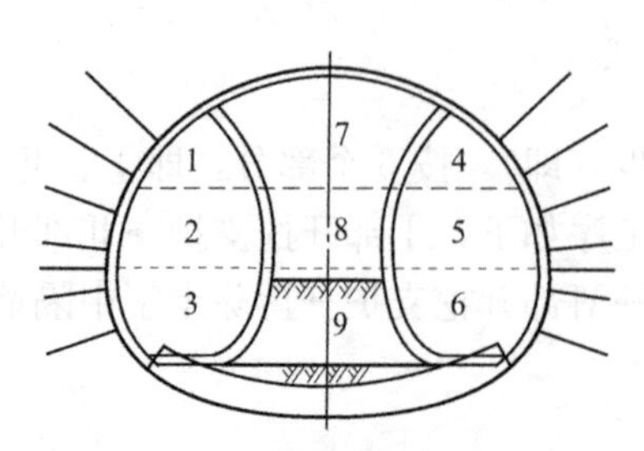

图 10-27　双侧壁导坑超前中间台阶法开挖顺序

（图中 1、2、3……为开挖顺序）

采用双侧壁导坑超前中间台阶法施作大跨度隧道，其机理是将大跨度洞室首先分割成几个小洞室分部施工，合理转化工序，图 10-28 是双侧壁导坑超前中间台阶法施工示意图。

（四）双隔墙中间预留核心土法

双隔墙中间预留核心土法也称为留土柱法，主要适用于地层较差、断面较大（跨度大于 10m），而且采用 CD 工法、CRD 工法和眼镜工法开挖有困难的地层，该法也是将大跨变为小跨的施工方法。

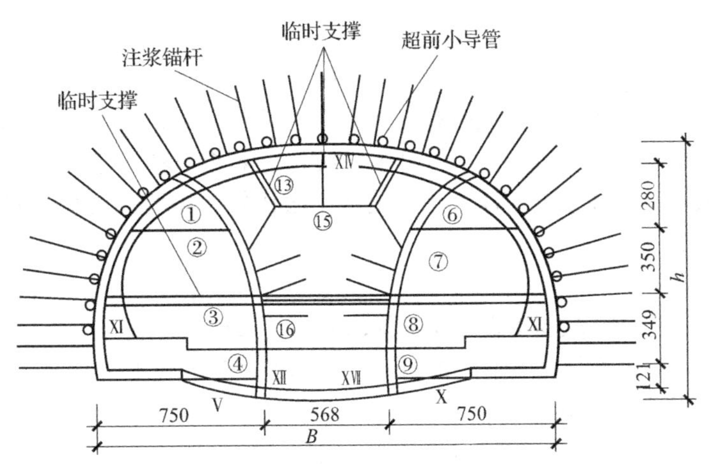

图 10-28　双侧壁导坑超前中间台阶法施工示意

（图中符号表示施工顺序）

图 10-28 的施工步骤为：（1）右导坑超前，先施作超前小导管并注浆，开挖①、②部，在②部底设置横向临时支撑；（2）开挖左导坑③、④部，使④部及时封闭成环；（3）灌注左导坑仰拱混凝土（V）；（4）待左导坑开挖 15～20m 后，进行右导坑开挖；⑥、⑦部施工同左导坑①、②部，⑧、⑨部施工同左导坑③、④部；（5）灌注右导坑仰拱混凝土（X）；（6）灌注左、右导坑边墙混凝土（XI）；（7）边墙钢筋混凝土施作完毕后开挖中洞并设置竖向临时支撑；（8）拆除导坑内壁上部临时支护钢架，灌注拱部混凝土（XIV）；（9）开挖中洞；（10）开挖中洞仰拱；（11）灌注仰拱混凝土（XII、XIII）。

该方法是以台阶为基础，用预留核心土将隧道断面从中间分成四部分，使上、下台阶左右各分成两部分，每一部分开挖并支护后形成独立的闭合单元，同时，中间预留土柱能支撑拱顶，有效减少拱顶下沉，充分发挥土体的支护作用。而且，该施工方该工法开挖时，双隔墙超前的距离相或不等。预留土柱的各部分开挖时，纵向间隔的距离可根据具体情况按台阶法确定。

采用双隔中间预留核心土法施工时，每步的台阶长度都应控制，一般为 5～7m，为稳定工作面，配合运用长期预注浆等辅助施工措施，并采用人工开挖、人工出渣方式，工艺流程见图 10-29 和图 10-30。

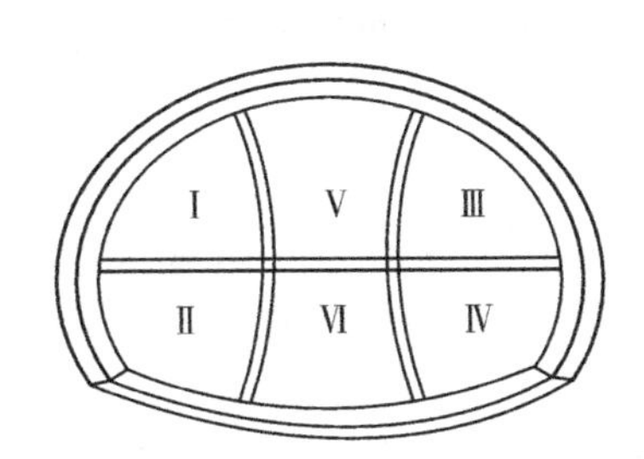

图 10-29　双隔墙中间预留核心土法开挖方式

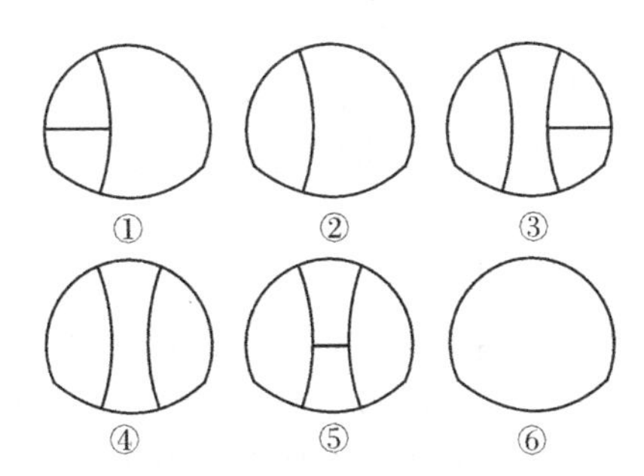

图 10-30　双隔墙中间预留核心土法开挖顺序

双隔墙中间预留核心土法施工特点是：

（1）适用范围广，适用于地层地质条件很差、跨度大、地面沉降要求严格的隧道开挖。

(2) 减小地面沉降，预留土柱起到支撑作用，当两侧封闭后，开挖中部可实现快速封闭，使得支护结构受力更合理，从而有效减小拱顶下沉，减少沉降曲线的叠加。

(3) 工艺简单，拆除临时支护工作量小，从而简化了工艺。

(4) 成本低，支护体系与 CD 工法、眼镜工法比较，需要的支护材料少，工作量小，因此施工成本较低。

五、辅助工法

辅助施工工法是针对软弱不良地层而提出的，其选择的正确与否直接关系到工程的成败和造价的高低，它是衡量施工应变能力的重要标志。辅助施工工法已作为地下工程，尤其是浅埋地下工程暗挖法施工的一个重要分支进行研究和应用。施工前需要根据围岩条件、施工方法、进度要求、机械配套和工程所处环境等情况，优先选择较简单的方法或同时采用几种综合辅助施工方法来加固地层，确保不塌方、少沉陷。通常，辅助施工方法有洞内外降低地下水位、地面加固地层、洞内加固地层（或工作面）、洞内防排水等。其中洞内外加固地层（或工作面）的辅助方法主要有以下 12 种：

1. 环形开挖留核心土

多用于台阶开挖施工中。此方法在围岩自稳时间达 24h 以上，开挖工作面稳定时才能采用。环形开挖循环进尺长度一般控制在 1.2m 以内，以 0.75～1m 为宜。核心土的断面面积超过开挖断面的 50%，核心土纵向长度应大于 3m，该方法是最简单易行的方法。

2. 喷射混凝土封闭开挖工作面

此方法多与环形开挖留核心土方法配合使用，在留核心土仍不能满足工作面稳定的要求时，可及时喷射混凝土封闭开挖工作面。喷射混凝土厚度一般为 5～10cm。这种方法可以大大提高工作面土体的稳定性，将工作面由二维受力状态变成三维受力状态。

以上两种方法是最简单的稳定开挖工作面的方法，也是行之有效的施工方法。如果这两种方法同时应用仍然不能有效控制地面沉降时，必须再采取以下辅助方法。

3. 超前锚杆或超前小导管支护

当围岩自稳时间在 12～14h 之间时，必须采用先超前支护、后开挖的施工方法（通常采用超前锚杆支护）。若开挖跨度较大或锚杆成孔困难而不易布设时，可采用超前小导管支护。

4. 超前小导管周边注浆加固地层

多用于自稳时间在 12h 以内，甚至没有自稳能力的围岩中。如果第四纪末胶结的砂卵石、粉细沙层中常用此法。该方法需要钢拱架支护配合使用。

5. 设置临时仰拱

在软弱地层中施工，及时封闭而使结构闭合是关键。当采用分部开挖法施工不能及时形成闭合结构时，应设置临时仰拱，以提高施工的安全度，有效地抑制结构及地面沉降。

6. 深孔围岩加固劈裂预注浆或堵水固结预注浆加固地层

多用于砂土、砂质黏土有水、大跨度、地面不容许有较大沉陷的各类地下工程中。该方法费工、费时、费料，施工难度大。仅在特殊情况下使用。

7. 长管棚超前支护加固地层

多用于钻机容易打入管棚的软弱地层和不能注浆或注浆效果不佳的黏性土层地段。采用短台阶法留核心土环向开挖施工时，辅助使用该施工方法，对于防塌和限沉效果较好，但钻孔的精度难以控制，施工工艺也较复杂，只在特殊条件下采用。

8. 冻结法固结地层

多用于降水效果不佳或不容降水施工的软弱富水地段。这是采用人工方法降低地层温度，使地层冻结后固结成整体，进而开挖支护的施工方法。该方法要求有专业设备，施工工艺复杂，造价高，我国目前很少使用。

9. 水平旋喷法超前支护

当遇到流砂、淤泥地层、工作面没有自稳能力，地面上又有房屋，不容许地面有较大沉降时采用。

10. 地面加固地层

这是一种地面加固地层的措施，包括地面锚杆加固和地面高压旋喷加固地层等。地面锚杆加固适用于浅埋洞口地段和某些偏压地层的加固，而高压旋喷加固则适用于洞内注浆效果不佳、粉细砂含量较高的地层。

11. 洞内、洞外降低地下水位法

多用于渗透性较好的富水地层地下工程施工。这种方法是通过降低工作面地下水位，在干燥或少水状态下施工。通常的降水方法为井点降水（包括地面深井降水及洞内轻型井点降水）。

12. 洞内施工水平降排水法

当地下工程处于富水地层，地面不容许采用降水措施或降水效果不佳时，应在施工期间采取适当的防排水，以保证施工顺利进行。常用的防排水措施包括超前钻孔降水和仰拱底部埋管排水等。

以上各种辅助施工措施中，环形开挖留核心土、喷射混凝土开挖工作面和设置临时仰拱等工艺比较简单，应作为首选方案。

第三节　水下沉管隧道施工

沉管法又称作预制管段沉放法。其施工方法是先在隧址以外的预制厂或临时干坞制作隧道管段，两端用临时封墙密封，制成后用拖轮拖运到隧址位置，在设计位置处已预先挖好的水底沟槽处待管段定位就绪后，下沉管段，然后将沉设完毕的管段在水下连接、接缝处作密封防水处理。再覆土回填，即完成了隧道施工。用这种沉管法施工的隧道，即称为沉管隧道，如图 10-31 所示。沉管法是跨越江、河、湖、海水域修建隧道的重要方法之一。

沉管隧道施工主要工序包括：预制厂（临时干坞）准备、地槽浚挖、管节制作、管节浮运、沉管段基槽开挖、临时支座及地垄设置、管节沉放等。

1. 临时干坞

钢筋混凝土预制管段一般是在临时干坞中制作的，因此在水底沉管隧道开工之时，就应在隧址附近建造一个预制管段专用的临时干坞。干坞应选在地质条件较好，场地地基土具有一定的承载力，在预制管段浇筑后不会产生过大的不均匀沉降，并在干坞附近的航道具备浮运条件的水域。临时干坞一般比较简单，其周边大多数是采用简单的、没有护坡的天然土坡，底板做得很薄，只有在个别情况下才采用钢板桩围堰，是一种临时性的工作土坑。

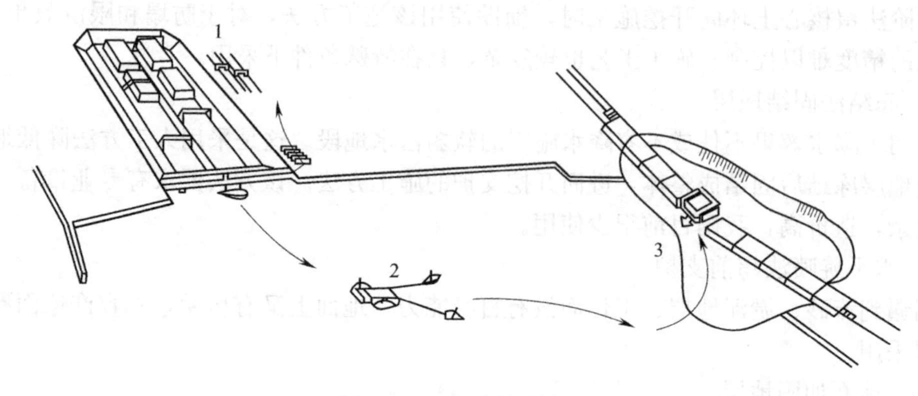

图 10-31 沉管隧道施工

1—管段制作；2—浮运；3—沉设

2. 地槽浚挖

地槽浚挖之前，要先对现场土的土工技术和土的质量、河流海洋的水力条件等资料进行广泛调查。对各种浚挖技术方案进行比较，确定基槽的断面和浚挖机械。

浚挖基槽最常用的设备有：吸扬式挖泥船、抓扬式挖泥船、链斗式挖泥船、铲扬式挖泥船。吸扬式挖泥船靠铰刀和泥耙把基槽的土体搅拌成泥浆，然后再由泥浆泵排泥管卸泥于水下或输送到陆地上。另外三种方法则靠铲斗、抓斗、链头把泥块挖起，装入驳船运走。

3. 管节制作

混凝土管段是在干船坞内或专门建造的内水湾中预先制作，有时也利用隧道岸边引道段围堰先作为管段制作场。钢筋混凝土管段通常为矩形，每节长 60～140m 左右，多数为 100m。管段的混凝土预制施工工艺大体上与地面浇筑混凝土结构相同，但由于管段要采取浮运沉放的施工方法，而且最终要埋设在河底，因此对混凝土匀质性与防水性要求特别高。预制大体积的混凝土管段，必须合理地组织施工，特别注意纵横向施工缝处理。加强混凝土的养护，防止因为混凝土的质量引起渗漏。此外，还要保证管段的模板尺寸准确，混凝土砂石骨料均匀，沉管管节各部分重力协调平衡。

4. 管节浮运

将管节从干坞拖运到沉放位置称浮运。管节浮运可采用拖轮拖运或岸上绞车拖运。当水域较宽、拖运距离较长时，一般采用拖轮拖运。拖轮大小和数量应根据管节尺寸、拖运速度和航运条件等，通过计算确定。

5. 管节沉放方法

预制管段的沉放工作是整个沉管式水底隧道施工中一个重要的环节。该项工作受到各种条件的制约，如气象、河流自然条件、航道自然条件等。在沉管隧道施工中，没有一套统一通用的管段沉放方法，一般要根据气象、河流、航道等综合条件考虑确定。

常用的管段沉放方法有两类：一类为吊沉法，另一类为拉沉法。吊沉法又分为：以起重船或浮箱为主要机具的分吊法；以方驳船为主的扛吊法和以水上作业平台为主的骑吊法。拉沉法是利用预先设置在沟槽中的地垄，通过架设在管段上面的钢骨架顶上的卷扬机牵拉扣在地垄上的钢索，将具有浮力的管段缓缓地拉下水。

(1) 分吊法

分吊法就是在管段沉放作业时分别用 2～4 艘起重船或浮箱，吊着预先在管段顶板上埋设的吊点（吊点一般在管段预制时埋设），逐渐将管段沉没到规定位置，如图10-32所示。

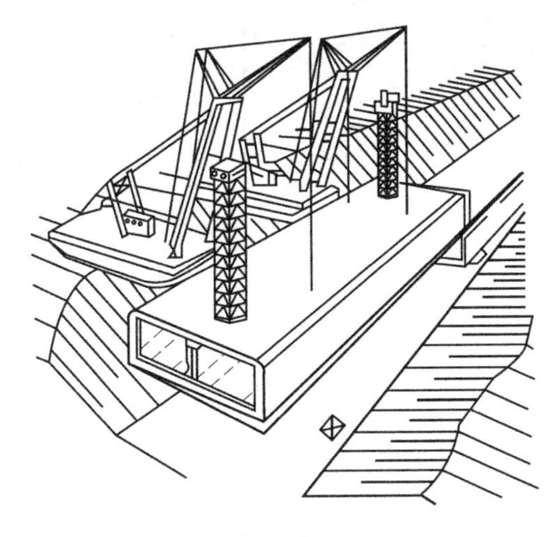

图 10-32　采用分吊法吊沉管节的悬吊系统图

(2) 扛吊法

扛吊法亦称为方驳扛吊法。即用“扛棒”和“方驳”等相互连接来完成管段的吊沉作业。扛吊法按使用方驳的多少，又分为“四驳扛吊法”和“双驳扛吊法”。“四驳扛吊法”吊沉时用两副“扛棒”来完成吊沉作业，每副“扛棒”的两个“肩”就是两艘方驳。左、右两艘方驳之间的“扛棒”采用型钢梁或钢板梁做成。前后两组方驳之间，用钢桁架相连接形成一个整体的驳船组。图 10-33 为双驳扛吊法示意图。

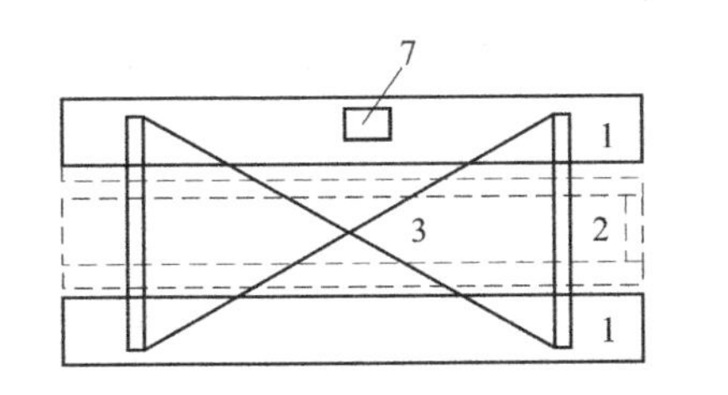

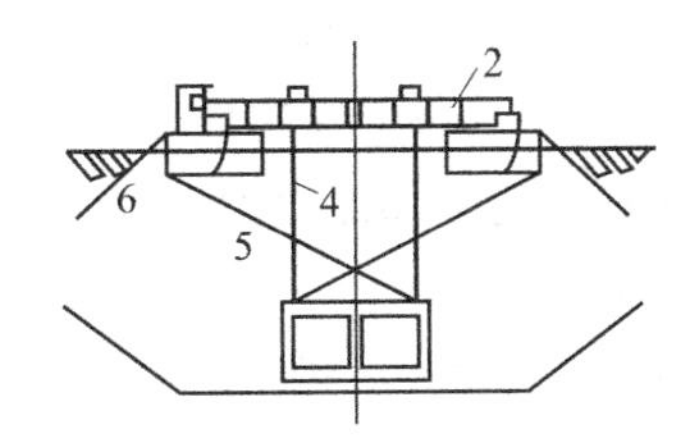

图 10-33　双驳扛吊法示意图

1—方驳；2—扛棒；3—绷索；4—吊索；5—斜索；6—方驳定位索；7—指挥室

(3) 骑吊法

骑吊法即水上作业平台“骑”在管段上方，完成管段吊放沉没，如图 10-34 所示。水上作业平台亦称自升式作业平台，其工作平台实际上是个钢浮箱（常是方环形）。就位时，向浮箱里灌水加载，使四条钢腿插入海底（或河底）。当需要移位时，可排出箱内贮水，使之上浮，将四条钢腿拔出。骑吊法优点是不需抛设锚索，作业时对航道干扰小。缺点是设备费用较大，因此一般不采用此方法施工。

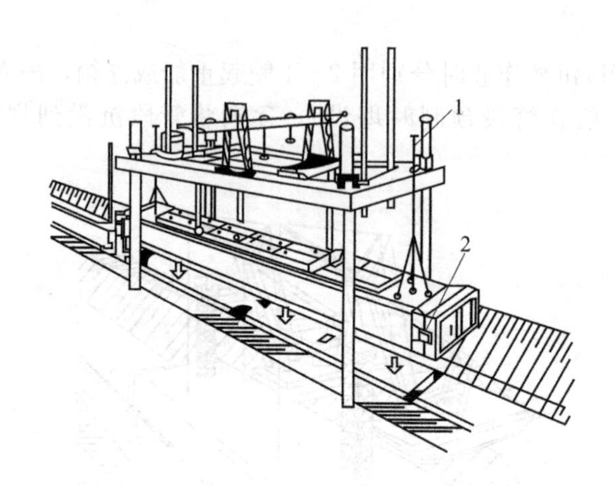

图 10-34　骑吊法管段沉放示意图

1—定位杆；2—拉合千斤顶

6. 管节沉放作业

(1) 准备工作

1) 在沉放开始前，应做好管节沉放点的基槽检查和基槽的清淤工作，同时还要检查临时支座的安放位置、标高。

2) 要通过气象部门了解管段浮运沉放日期前后 7～10d 的天气情况，避免在大风、大雨的天气施工，施工时一般要求最大风速要小于 10m/s。沉放时间确定后应及早通知有关方面。沉放前必须做好水上交通管制，必须抓紧时间设置好封锁线标志，包括浮标、灯号、球号等。

(2) 管段就位

在高潮平潮之前，将管段用浮箱或作业船组拖运到指定位置，并带好地锚，校正好前、后、左、右位置。一般管段要拖运到中线与隧道轴线基本重合，距规定沉设位置 10～20cm 处就位。同时管段的纵向坡度亦应调整到设计坡度。定位完毕后，可开始灌注压载水，直至消除管段的全部浮力为止。

(3) 管段下沉

管段下沉的全过程，一般需要 2～4h，因此应在潮位退到低潮平潮之前 1～2h 开始下沉。开始下沉时的水流速度，应小于 0.15m/s，若流速超过 0.5m/s，应采取一些辅助措施。

下沉作业一般分三个步骤进行，即初次下沉、靠拢下沉和着地下沉。

1) 初次下沉。先灌注压载水至规定下沉力的一半，随即进行对位校正。校正完毕，再继续灌水至规定下沉力值的 100%，然后开始按 40～50cm/min 速度将管段下沉，直至下沉到距设计高程 4～5m 为止。下沉时要随时校正管段位置。

2) 靠拢下沉。将管段向前节已安设管段方向平移，平移至距已安设管段端口 2m 左右处，随后再将管段沉到管底距设计高程 0.5～1m 左右，并校正好管段位置。

3) 着地下沉。先将管段继续前移至距前节已安设管段约 0.5m 处。经校正管段位置后，即开始着地下沉。下沉时要利用对接定位装置不断减少管节的横向摆幅，并自然对中。

7. 沉管隧道的水下连接

管段接头是沉管隧道的重要环节，其首先要满足水密性要求，即在施工阶段和日后运营阶段不渗漏；第二是具有抵抗各种外力的能力，这些外力包括地震作用、浮力、温度变形和地基变形等；第三是方便施工和保证施工质量。

管段在水下完成对接，一般采用水力压接法。用水力压接法进行连接的主要施工顺序为：对位、拉合、压接、拆除封堵。管段沉放到临时支承上后，操作钢缆绳进行初步定位，然后用临时支承上的垂直和水平千斤顶精确定位。达到定位精度之后，已设管段和新设管段仍有空隙，通常用带有锤状螺杆的专用千斤顶拉合，使胶垫的尖肋部分产生变形，具有初步止水作用。接着用水泵抽掉封在隔墙间的水，使新管段自由端受到侧向静水压力，胶垫的硬橡胶被压缩高度后，接头完全封住，此时可以拆除隔墙。要在最后一节管段两头端面都采用水力压接法是不可能的，最后一个端面的连接必须采用其他方法，如水中模板混凝土式、靠临时性封闭的干燥钢制镶板式。

8. 基础处理技术

沉管隧道的基础所承受的荷载通常较低，只作一般的处理，用砂和碎石作为垫层就能满足要求。地震时管段下砂垫层一旦出现液化，将产生向上浮力。因此要求铺设的砂垫层尽可能密实。

沉管隧道的基础处理，早期采用先铺法，在管节沉放之前用刮砂（石）法将基槽底整平。此法费时，整平度、密实度也不高，难以适应隧道宽度的不断增加。目前采用后填法，即管段沉放后，再在管段与基槽之间的空隙灌砂、喷砂或者压砂和压浆。

9. 防水

管段早期采用外包钢板的方法防水，但耗钢量大、焊接质量难以保证、锈蚀严重等，后来发展成沥青卷材或涂料防水。目前，采用严格控制混凝土的级配，振捣密实，加强养护，防止混凝土的干缩和温度应力。

管段伸缩缝、施工缝用橡胶止水带和钢边橡胶止水带组成，外缝加盖聚氨基甲酸酯油灰。管节间的防水主要靠橡胶止水垫环和 Ω 形止水胶带。

复习思考题

1. 简述地下工程施工常用方法、特点和适用范围。

2. 盾构有哪些分类方式？根据开挖面对土体开挖与支护方法的不同而划分的各种盾构的特点和开挖方法有什么不同？

3. 盾构的基本构造有哪些？

4. 泥水加压盾构与土压平衡盾构各自的作业原理是什么？

5. 简述盾构法施工的主要工艺。

6. 简述盾构的出洞、进洞技术。

7. 如何判定盾构在推进过程中发生了偏向？发生偏向后又如何进行纠偏？

8. 隧道衬砌壁后为什么要进行壁后注浆？通常选用何种注浆材料？

9. 隧道衬砌的作用是什么？它应满足哪些要求？

10. 浅埋暗挖常用的施工方法有哪些？各有什么特点？

11. 简述正台阶法施工过程及施工要点。
12. 简述CD工法、CRD工法的施工工艺过程及施工要点。
13. 简述浅埋暗挖施工辅助工法的种类及作用。
14. 简述沉管隧道的施工程序。

第十一章　道路与桥梁工程

本章学习要点：

1. 熟悉道路工程的组成结构及其施工方法。掌握沥青路面的分类和施工工艺流程。熟悉混凝土路面的分类和施工工艺流程。

2. 了解围堰施工方法，了解沉井施工工艺。熟悉装配梁式桥施工方法。熟悉预应力混凝土悬臂体系梁桥悬臂拼装法和悬臂浇筑法施工要点。熟悉预应力混凝土连续梁桥顶推法、移动式模架逐孔施工工艺。熟悉拱桥施工方法。了解斜拉桥、悬索桥施工工艺。

第一节　道 路 施 工

道路工程主要是由路基工程和路面工程组成，如图 11-1 所示。路基是路面的基础，由填筑或开挖而形成的道路主体结构；而路面工程依面层类型不同，有沥青路面、水泥混凝土路面和砂石路面等，其中沥青路面和水泥混凝土路面主要用于高等级公路和城市道路，砂石路面一般用于低等级公路。本节将介绍路基及路面的主要施工方法。

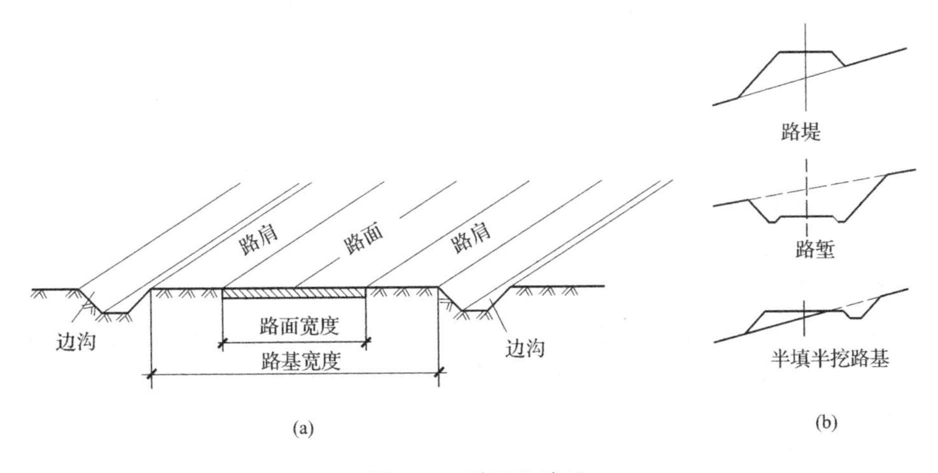

图 11-1　路面和路基

(a) 路面与路基；(b) 路基的形式

一、路基工程

路基指的是按照路线位置和一定技术要求修筑的作为路面基础的带状构造物，由填筑或开挖而形成的道路主体结构，也叫做线路下部结构。路基通常包括路肩、边坡、排水设施、挡土墙等。路基工程的特点是：工艺较简单，工程数量大，耗费劳力多，涉及面较广，耗资较多。路基施工改变了沿线原有自然状态，挖填及弃土石方涉及当地生态平衡、水土保持和农田水利。土石方相对集中或条件比较复杂的路段，路基工程往往是施工期限的关键之一。

1. 路基的类型

路基依其所处的地形条件不同，有两种基本形式：路堤和路堑，俗称填方和挖方。高于天然地面的填方路基称为路堤，低于天然地面的挖方路基称为路堑，介于两者之间的称为半堤半堑，见图 11-1。

2. 路基施工的基本方法

路基施工的基本方法按其技术特点大致可分为：人工加简易机械化、综合机械化和爆破等方法。施工方法的选择应根据工程性质、施工期限、现有条件等因素而定，而且应因地制宜地将各种方法综合使用。实现综合机械化施工，科学地组织施工是路基施工现代化的重要途径。

3. 施工准备

（1）施工测量

在开工前先进行施工测量，包括导线、中线及高程的复测，水准点的复查与增设，测量与绘制横断面。并将测量方法及成果资料签字后交送监理工程师。监理工程师批准后方可施工。

在开工之前在现场放出路基坡脚、路堑堑顶、截水沟、边沟、护坡道、取土坑、弃土场等具体位置，标明其轮廓，提请监理工程师检查批准。

（2）调查与试验

路基施工前对施工范围内的地质、水文、障碍物及各种管线等情况进行详细调查。对图纸所示的利用挖方、借土场的路堤填料取有代表性的土样进行试验。

（3）防水、排水

施工前做好路基各种防排水设施，挖设排水沟，并保持其处于良好的排水状态。

（4）清理场地

路基工程施工前，清除施工范围内的树木、灌木、原地面以下 100～300mm 内的草皮、农作物的根系和表土，且堆放在弃土场内或经监理工程师认可的地点。场地清理完成后，全面进行填前碾压，使其密实度达到规定要求。

（5）物资准备工作

包括各种材料与机具设备的购置、采集、加工、调运与贮存以及生活后勤供应等。为使供应工作能适应基本工作的要求，物资准备工作必须制定具体计划。

4. 路堑开挖

（1）路堑开挖方案

路堑开挖可采用横挖、纵挖或混合式开挖法。对于短而深的路堑一般采用横挖法施工，较长的路堑采用纵挖法施工。具体开挖方案的确定应考虑当地地形条件、工程量大小、施工工期以及能采用的机具，土层分布及其利用、废弃等情况。

1）横挖法

从路堑的一端或两端按横断面全宽向前开挖，称为横挖法，适用于较短的路堑。当路堑深度不深时，可以一次挖到设计标高，称为单层横挖法；路堑较深时，可分成几个台阶进行开挖，称为分层横挖法。分层开挖的台阶高度应视施工操作的方便和安全而定，一般为 2m 左右，各层要有独立的出土道和临时排水设施。分层横挖使得工作面纵向拉开，多层多向出土，可以容纳较多的施工机械，便于加快开挖进度，提高工作效率。

2）纵挖法

纵向开挖可分为分段纵挖法、分层纵挖法和通道纵挖法。

① 分段纵挖法适用于路堑较长，运距较远，但一侧路堑壁有条件挖穿，把长路堑分成几段同时开挖的路段。

② 分层纵挖法是沿线路全宽，以深度不大的纵向分层开挖。

③ 通道纵挖法是先沿纵向挖出通道，然后开挖两旁，若路堑较深，可分几次进行。在路幅较宽、开挖面较大的重点土石方工程量集中地段，这是加快施工进度的有效开挖方法。

3）混合法

混合式开挖法是将横挖法、通道纵挖法混合使用，即先顺路堑方向挖通通道，然后沿横向坡面挖掘，以增加开挖坡面。在较大的挖方地段，还可沿横向再开辟工作面。

路堑开挖以机械施工为主，靠近基床底层表面及边坡部分辅以人工开挖。石方开挖采用小型机械或松动爆破，岩石边坡采用光面爆破施工。土方调运近距离采用推土机推运，远距离采用挖掘机、装载机配合自卸汽车运输。

(2) 土方开挖

当开挖接近路基面标高时，核对土质状况，土质路堑要调查核对基床范围内土质是否满足技术要求，必要时进行补充勘探，检验基床范围地基允许承载力是否满足设计要求。路床顶面以下 30cm 的压实度，或路床顶面以下换土超过 30cm 时，其压实度均不小于 95%。按规范击实法进行检验，如满足设计要求，测设基床表层断面和高程，按每 10m 间距挂线，人工开挖基床表层，并按规范要求进行整修，同时考虑因压实而产生的下沉量，其值由试验确定；如不满足设计要求，对基床底层进行改良或加固处理后，再分层填筑到设计高程。

根据测设的边桩位置，当机械开挖至靠近边坡 0.3m 时，改为人工修坡。不设圬工防护的边坡，每 10m 边坡范围插杆挂线人工刷坡，有防护地段及时做好防护。

(3) 石方开挖

路基石方中软石的松软部分可用大马力推土机松动，或人力使用撬棍、十字镐、大锤松动开挖，软石的紧密部分及次坚石、坚石通常采用爆破法开挖。有条件时宜采用松土法开挖，局部情况亦可采用破碎法开挖。松土法及破碎法均属于非爆破开挖石方的施工方法。

1）爆破法

开挖路基石方采用的爆破方法，要根据石方的集中程度、地质、地形条件及路基断面形状等具体情况而定，一般可分为小炮和洞室炮两类。小炮指钢钎炮、葫芦炮、猫洞炮等；洞室炮则随药包性质、断面形状和地形的变化而不同。炸药用量在 1000kg 以上为大炮，以下为中小炮。应根据地形、地质、开挖断面及施工机械配置等情况，采用能保证边坡稳定的施工方法，应以小型及松动爆破为主，不允许过量爆破；对坡面 2m 范围内一般采用光面爆破和预裂爆破技术；未经批准，不得采用大、中型爆破。

爆破法施工工艺流程：爆破影响调查与评估→爆破设计与设计审批→配备专业施爆人员→爆区放样→用机械或人工清除施爆区覆盖层和强风化岩面→放样与布孔→钻孔→爆破

器材检查与测验→炮孔检查与废渣清除→装药→炮孔堵塞→爆破网路敷设→布置安全岗和撤出施爆区及飞石、强地震波影响区内的人、畜→起爆→清除瞎炮→解除警戒→测定爆破效果（包括飞石、地震波对施爆区内外构成损伤及损失）→装、运石方与整修边坡→落底至设计高程。

爆破法施工要点：

① 根据设计要求放出开轮廓线，各炮孔位，予以编号并插木牌，逐孔写明孔深、孔径、倾斜角方向及大小。此时，可同时施工防护用的直立式排架。

② 钻孔。钻孔是爆破质量好坏的重要一环，应严格按照爆破设计的位置、方向、角度进行钻孔，先慢后快。钻孔过程中，必须仔细操作，严防卡钻、超钻、漏钻和错钻；装药前必须检查孔位、深度、倾角是否符合设计要求，孔内有无堵塞、孔壁是否有掉块以及孔内有无积水。如发现孔位和深度不符合设计要求时，及时处理，进行补孔或透孔，严禁少打眼，多装药。孔口周围的碎石、杂物清除干净，对于孔口岩石破碎不稳固段，应进行维护，避免孔口形成喇叭状。钻孔结束后应封盖孔口或设立标志。

③ 装药。应严格按设计的炸药品种、规格及数量进行装药，不得欠装、超装而影响爆破效果。并按设计安装起爆装置。预裂炮眼为空气柱间隔装药，主炮眼药卷集中装在底部。

④ 炮孔堵塞。预裂炮孔堵塞长度一般为口部 1m 左右，主炮眼药卷上部孔眼全部填塞，堵塞材料采用黏土。

⑤ 爆破网路敷设。网路敷设前应检验起爆器材的质量、数量、段别，并编号、分类，严格按设计敷设网路。网路敷设严格遵守有关起爆方法的规定，网路经检查确认完好，具有安全起爆条件时方可起爆。起爆点设在安全地带。

⑥ 起爆。在网路检测无误，防护工程检查无误，各方警戒正常情况下，在规定时间，指挥员即可命令起爆。

⑦ 安全检查。爆破完成后，间隔规定时间后经安全检查无误，即可撤除警戒。

⑧ 总结分析。爆破后应对爆破效果进行全面检查，综合评定各项技术指标量是否合理，进一步确认已暴露岩石结构，产状、地质构造、判断岩石物理力学性质，综合分析岩石单位耗药量，作好爆破记录。

2）松土法

松土法是充分利用岩体自身存在的各种裂面和结构面，用推土机牵引的松土器将岩石翻碎，再用推土机或装载机与自卸汽车配合，将翻松的岩块搬运出去。松土法避免了爆破法所具有的危险性，而且有利于开挖边坡的稳定及附近建筑物的安全。随着推土机和松土器的大型化趋势，可采用松土法施工的范围将会逐步扩大。

5. 路基填方施工

路基填筑施工工艺是关系到整个路基质量的关键，施工前选择有代表性的一段路基作为试验段，进行压实工艺实验。通过土工试验和现场工艺试验，确定适于路基填筑的材料，选择合适的碾压机械，确定不同松铺厚度、最佳含水量、静压及振动碾压遍数、碾压速度等，从而确定一套合理的路堤填筑施工工艺参数。

（1）基底处理

路堤施工中的基底处理，按基底的土壤性质，基底地面所处的自然环境状态，同时结合设计对基底的稳定性要求等，采取相应的方法与措施予以处理。

1）首先进行地质调查，测定天然地基密实度和承载力。

2）基底土密实，且路堤高大于0.8m时，将路堤基底整平处理碾压，直接填筑。

3）路堤基底为耕地或松土时，先清除有机土、种植土，如松土厚度不大于300mm，将原地面夯压密实；当松土厚度大于300mm时，将松土翻挖，分层回填压实或采取其他土质加固措施。

4）对经过水田、水塘等松软地基，先进行排水，根据设计文件规定进行挖除清理，并按设计要求的宽度和高度分层回填压实加固，保证基底坚固。

5）地面自然横坡或纵坡陡于1：5或是半挖半填路基，将原地面挖成台阶，台阶的宽度不小于2m，台阶顶作面4%的内倾斜坡。砂类土不挖台阶，将原地面以下200～300mm的表土翻松、压实。

6）当填挖路床顶面以下0～0.3m范围内的压实度如不符合要求时，应翻松后再压实，使其压实度达到规定的要求。

（2）填料的选择

填料应按规范要求选用，严把填料质量关。

1）一般的土和石都可用做路基填料。卵石、碎石、砾石、粗砂等透水性良好的填料，只要能分层填筑、压实，可以不控制含水量。用黏性土等透水性不良的填料，应在接近最佳含水量的情况下分层填筑与压实。

2）泥炭、淤泥、沼泽土、冻结土及含残余树根和易于腐烂物质的土，易引起路基变化，不宜用做填筑路堤。

3）含盐量超过规定的强盐渍土和过盐渍土不能用做高等级公路路基填料，膨胀土除非表层用非膨胀土封闭，一般也不宜用做高等级公路路基填料。

4）工业废渣可用做路基填料，但应先进行试验与检验有害物质含量，以免污染环境。实际施工中，当有多种材料源可供选择时，应优先选用那些挖取方便、压实容易、强度高、水稳性好的填料。路基受水浸淹部分更应选用水稳性好的填料。路基填料的压实施工应在接近土的最佳含水量状态下进行。

（3）路基填筑

路基填筑一般采用分层填筑，填土方可利用推土机摊铺，平地机整平，重型压路机碾压，人工整刷边坡。

实际工程中，沿线土质经常发生变化，应避免不同性质的土任意混填而造成路基病害，正确的填筑方式应满足下列要求：

1）在纵向使用不同土质填筑相邻路堤时，为防止发生不均匀变形，应将交接处做成斜面。并将透水性差的土填在斜面下部。

2）以透水性较小的土填筑路堤下层时，应做成4%的双向横坡，若用于填筑上层，除干旱地区外，不应覆盖在由透水性较大的土所填筑的路堤边坡上。

3）不同性质的土应分别填筑，不得混填。每种填料层总厚度不小于500mm。黏土摊铺时的最大松铺厚度不大于300mm，也不得少于100mm。

4）根据强度和稳定性的要求，合理安排不同土层的层位。凡不因潮湿或冻融影响而增加其体积的优良土应填在上层，强度较小的土应填在下层。为保证水分的蒸发和排除，路堤不宜被透水性差的土层封闭。

5）碾压夯实。遵循“先轻后重、先慢后快、路线合理、均匀压实”的原则碾压。碾压时，横向接头轮迹重叠 50cm，做到无漏压、无死角和碾压均匀；在直线段先边缘后中间，曲线碾压顺序为先内侧后外侧；路肩两侧各超填 30cm，压后刷齐整平，以保证路基边缘有足够的压实度。

（4）填石路堤

填石路堤施工顺序：运料→堆料→摊铺→大粒径料破碎→人工局部找平→碾压→质量检查。

分层厚大于 50cm 的填石路堤，采用渐进式摊铺法施工，即填料的堆料和摊铺同步进行。自卸汽车在新的工作面上卸料，大功率推土机向前摊铺。

分层填筑时，石块最大尺寸应小于层厚的 2/3。当石块含量多于 75%时，将石大面向下，分开摆放平稳，缝隙内填以土或石屑，每层厚度不超过 50cm，大致平整后进行压实。当石块含量在 50%～75%之间时，石块仍应大面向下分开摆放平稳，每层厚度不得超过 30cm。当石块含量少于 50%时，可在卸土后随摆石块随匀土，整平成厚为 30cm 土层压实，若石块尺寸大于 30cm，可挖成洞穴将石块填入，以免妨碍碾压。

二、路面工程

（一）路面结构层次

一般根据使用要求、受力情况和自然因素等，把整个路面结构自上而下分成若干层次铺筑。

（1）面层。面层是直接同行车和大气接触的表面层次，面层承受行车荷载的垂直力、水平力和冲击力作用以及雨水和气温变化的不利影响最大。因此，面层应具备较高的结构强度、刚度和稳定性，而且应当耐磨、不透水；其表面还应有良好的抗滑性和平整度。修筑面层所用的材料主要有：水泥混凝土、沥青混凝土、沥青碎石混合料、砂砾或碎石掺土或不掺土的混合料以及块石等。

（2）基层。基层是设置在面层之下、并与面层一起将车轮荷载的反复作用传递到底基层、垫层、土基等起主要承重作用的层次。基层材料必须具有足够的强度、水稳性、扩散荷载的性能。修筑基层所用的材料主要有：各种结合料（如石灰、水泥和沥青等）、稳定土或稳定碎石（砾石）、混凝土、天然砂砾、各种碎石或砾石、片石、块石或圆石，各种工业废渣（如煤渣、粉煤灰、矿渣、石灰渣）等所组成的混合料，以及这些材料与土、砂、石所组成的混合料等。

（3）垫层。在路基土质较差、水温状况不好时，宜在基层（或底基层）之下设置垫层，起排水、隔水、防冻、防污或扩散荷载应力等作用。垫层常用材料有两类：一类是松散粒料，如砂、砾石、炉渣、片石或圆石等组成的透水性垫层；另一类是整体性材料，如石灰土或炉渣石灰土等组成的稳定性垫层。

（二）路面基层（底基层）施工

在路面结构中，将直接位于路面面层之下、用高质量材料铺筑的主要承重层称为基层；用质量较次材料铺筑在基层下的次要承重层称为底基层。基层、底基层可以是一层或两层以上，可以是一种或两种材料。

基层和底基层一般统称为基层。根据材料组成及使用性能的不同，可将基层分为有结合料稳定类（包括有机结合料类和无机结合料类）和无结合料的粒料类。

1. 无机结合料稳定类基层（半刚性基层）

（1）分类

无机结合料稳定类基层是半刚性基层。它是用由无机结合料与集料或土组成的混合料铺筑的、具有一定厚度的路面结构层。按结合料种类和强度形成机理的不同，半刚性基层分为石灰稳定土、水泥稳定土及石灰工业废渣稳定土 3 种。

1）石灰稳定土。石灰稳定土基层是在粉碎的或原来松散的集料或土中掺入适量的石灰和水，经拌合、压实及养护，当其抗压强度符合规定时得到的路面结构层。

2）水泥稳定土。在粉碎的或原来松散的土中掺入适量的水泥和水，经拌合后得到的混合料在压实和养护后，当其抗压强度符合规定的要求时所得到的结构层。

3）石灰工业废渣稳定土。用一定数量的石灰与粉煤灰或石灰与煤渣等混合料与其他集料或土配合，加入适量的水，经拌合、压实及养护后得到的混合料，当其抗压强度符合规定时即得到工业废渣稳定类基层。

（2）材料质量要求

1）集料和土：对集料和土的一般要求是能被经济地粉碎，满足一定级配要求，便于碾压成型。

2）无机结合料：常用的无机结合料为石灰、水泥、粉煤灰及煤渣等。

① 水泥。普通硅酸盐水泥、矿渣硅酸盐水泥和火山灰质硅酸盐水泥均可用于稳定集料和土。为了有充实的时间组织施工，不应使用快硬水泥、早强水泥或受潮变质的水泥，应选用终凝时间较长（6h 以上）的水泥。

② 石灰。石灰质量应符合三级以上消石灰或生石灰的质量要求。准备使用的石灰应尽量缩短存放时间，以免有效成分损失过多，若存放时间过长则应采取措施妥善保管。

③ 粉煤灰。粉煤灰的主要成分是 SiO_2、$A1_2O_3$、Fe_2O_3，三者总含量应超过 70%，烧失量不应超过 20%；若烧失量过大，则混合料强度将明显降低，甚至难以成型。

④ 煤渣。煤渣是煤燃烧后的残留物，主要成分是 SiO_2 和 $A1_2O_3$，其总含量一般要求超过 70%，最大粒径不应大于 31.5mm，颗粒组成以有一定级配为佳。

⑤ 水。一般人、畜饮用水均可使用。

（3）混合料组成设计

首先通过有关试验，检验拟采用的结合料、集料和土的各项技术指标，初步确定适宜的半刚性基层的原材料。然后确定混合料中各种原材料所占比例，制成混合料后通过击实试验测定最大干密度和最佳含水量，并在此基础上进行承载比试验和抗压强度试验，表 11-1 所列强度指标为龄期 7d 的无侧限抗压强度标准值（《公路路面基层施工技术细则》JTG/T F20—2015）。设计确定的参数和试验结果是检查和控制施工质量的重要依据。

无机结合料稳定类材料抗压强度标准（MPa）　　**表 11-1**

材料类型	结构层	公路等级	极重、特重交通	重交通	中、轻交通
水泥稳定类	基层	高速公路和一级公路	5.0～7.0	4.0～6.0	3.0～5.0
		二级及二级以下公路	4.0～6.0	3.0～5.0	2.0～4.0
	底基层	高速公路和一级公路	3.0～5.0	2.5～4.5	2.0～4.0
		二级及二级以下公路	2.5～4.5	2.0～4.0	1.0～3.0

续表

材料类型	结构层	公路等级	极重、特重交通	重交通	中、轻交通
石灰粉煤灰稳定类	基层	高速公路和一级公路	≥1.1	≥1.0	≥0.9
		二级及二级以下公路	≥0.9	≥0.8	≥0.7
	底基层	高速公路和一级公路	≥0.8	≥0.7	≥0.6
		二级及二级以下公路	≥0.7	≥0.6	≥0.5
水泥粉煤灰稳定类	基层	高速公路和一级公路	4.5～5.0	3.5～4.5	3.0～4.0
		二级及二级以下公路	3.5～4.5	3.0～4.0	2.5～3.5
	底基层	高速公路和一级公路	2.5～3.5	2.0～3.0	1.5～2.5
		二级及二级以下公路	2.0～3.0	1.5～2.5	1.0～2.0

（4）半刚性基层施工

1）厂拌法施工

厂拌法施工是在中心拌合厂（场）用拌合设备将原材料拌合成混合料，然后运至施工现场进行摊铺、碾压、养护等工序作业的施工方法。施工流程为：下承层准备→施工测量→摊铺→碾压→养护。

① 下承层准备。半刚性基层施工前应对下承层（底基层或土基）按施工质量验收标准进行检查验收，验收合格后方可进行基层施工。下承层应平整、密实、无松散、“弹簧”等不良现象，并符合设计标高、横断面宽度等几何尺寸等要求。注意采取措施做好基层施工的临时排水工作。基层和底基层正式施工前，均应铺筑试验段，试验段应设置在生产路段上，长度宜为200～300m，试验段各项指标合格后，方可正式施工。

② 施工放样。在下承层上恢复中线，直线段每隔20m、曲线段每隔10～15m设一中桩，并在两侧路肩边缘设置指示桩，在指示桩上明显标记出基层的边缘设计标高及松铺厚度的位置。

③ 摊铺。高速公路及一级公路的半刚性基层应用沥青混合料摊铺机、水泥混凝土摊铺机或专用稳定土摊铺机摊铺，这样可保证基层的强度及平整度、路拱横坡、标高等几何外形质量指标符合设计和施工规范要求。摊铺过程中应严格控制基层的厚度和高程，禁止用薄层贴补的办法找平，确保基层的整体承载能力。碾压成型后每层的摊铺厚度宜不小于160mm，最大厚度不宜大于200mm。

④ 碾压。摊铺整平的混合料应立即用振动压路机、三轮压路机或轮胎压路机碾压。碾压时应遵循先轻后重的次序安排各型压路机，以先慢后快的方法逐步碾压密实。在直线段由两侧向路中心碾压，在平曲线范围内由弯道内侧逐步向外侧碾压。碾压过程中若局部出现“弹簧”、松散、起皮等不良现象时，应将这些部位的混合料翻松，重新拌合均匀后再碾压密实。混合料碾压时应处于最佳含水率或略大于最佳含水率状态；碾压应达到要求的压实度，并没有明显的轮迹。半刚性基层的压实质量合格标准：对标准值，基层98%（97%），底基层96%（97%）；对极限低值，基层94%（95%），底基层92%（91%）。

水泥稳定类混合料从加水拌合开始到碾压完毕的时间称为延迟时间。混合料从开始拌合到碾压完毕的所有作业必须在延迟时间内完成，以免混合料的强度达不到设计要求。厂拌法施工的延迟时间为2～3h。

⑤ 养护与交通管制。半刚性基层碾压完毕，应进行保湿养护，养护期不少于 7d，养护期宜延长至上层结构开始施工的前 2d；养护期内应使基层表面保持湿润或潮湿，一般有洒水养护、薄膜覆盖养护、土工布覆盖养护、铺设湿砂养护、草帘覆盖养护、洒铺乳化沥青养护等方式。水泥稳定类混合料需分层铺筑时，下层碾压完毕，养护 1d 后即可铺筑上层；石灰或工业废渣稳定类混合料需分层铺筑时，下层碾压完即可进行铺筑。养护期间应尽量封闭交通，对高速公路和一级公路的基层、底基层，应在养护 7～10d 内检测弯沉。

2）路拌法施工

路拌法施工是将集料或土、结合料按一定顺序均匀平铺在施工作业面上，用路拌机械拌合均匀并使混合料含水量接近最佳含水量，随后进行碾压等工序的作业。路拌法施工的流程为：下承层准备→施工测量→备料→摊铺→碾压→养护。其中，下承层准备、施工测量、碾压及养护的施工方法和要求与厂拌法施工相同。备料要求原材料应符合质量要求，料场中的各种原材料应分别堆放，不得混杂。拌合时应按混合料配合比要求准确配料，使集料级配、结合料剂量等符合设计要求，并根据原材料实际含水量及时调整拌合加水量。

2. 粒料类基层

（1）粒料类基层分类

粒料类基层是由有一定级配的矿质集料经拌合、摊铺、碾压，当强度符合规定时得到的基层。这里主要介绍级配碎石、级配砾石和填隙碎石基层的施工。

1）级配碎石基层

级配碎石基层由粗、细碎石和石屑各占一定比例、级配符合要求的碎石混合料铺筑而成。级配碎石基层适用于各级公路的基层和底基层，还可用作较薄沥青面层与半刚性基层之间的中间层。

2）级配砾石基层

级配砾石基层是用粗、细砾石和砂按一定比例配制的混合料铺筑的、具有规定强度的路面结构层，适用于二级及二级以下公路的基层及各级公路的底基层。

3）填隙碎石基层

用单一粒径的粗碎石作主骨料，用石屑作填隙料铺筑而成的结构层。填隙碎石适用于各级公路的底基层和二级以下公路的基层。填隙碎石基层以粗碎石作嵌锁骨架，石屑填充粗碎石间的空隙，使密实度增加，从而提高强度和稳定性。

（2）粒料类基层施工

1）级配碎（砾）石基层（底基层）施工

① 准备下承层。下承层的平整度和压实度弯沉值应符合规范的规定，不论是路堑或路堤，必须用 12～15t 三轮压路机或等效的碾压机械进行碾压检验（压 3～4 遍），若发现问题，应及时采取相应措施进行处理。

② 施工放样：在下承层上恢复中线，直线段上每 10～20m 设一桩，曲线上每 10～15m 设一桩，并在两侧路肩边缘外 0.3～0.5m 设指示桩。进行水平测量，在两侧指示桩上用明显标记标出基层或底基层边缘的设计高程。

③ 计算材料用量。根据各路段基层或底基层的宽度、厚度及预定的干压实密度并按确定的配合比分别计算各种材料用量。

④ 运输和摊铺集料。集料装车时，应控制每车料的数量基本相等，卸料距离应严格

掌握，避免料不足或过多；人工摊铺时，松铺系数约为1.40～1.50；平地机摊铺时，松铺系数约为1.25～1.35。

⑤ 拌合及整形。当采用稳定土拌合机进行拌合时，应拌合两遍以上，拌合深度应直到级配碎石层底，在进行最后一遍拌合前，必要时先用多铧犁紧贴底面翻拌一遍；当采用平地机拌合时，用平地机将铺好的集料翻拌均匀，平地机拌合的作业长度，每段宜为300～500m，并拌合5～6遍。

⑥ 碾压。混合料整形完毕，含水量等于或略大于最佳含水量时，用12t以上三轮压路机或振动压路机碾压。在直线段，由路肩开始向路中心碾压；在平曲线段，由弯道内侧向外侧碾压，碾压轮重叠1/2轮宽，后轮超过施工段接缝。后轮压完路面全宽即为一遍，一般应碾压6～8遍，直到符合规定的密实度，表面无轮迹为止。压路机碾压头两遍的速度为1.5～1.7km/h，然后为2.0～2.5km/h。路面外侧应多压2～3遍。

2）填隙碎石基层（底基层）施工

填隙碎石基层施工的工序为：准备下承层→施工放样→运输和摊铺粗骨料→稳压→撒布石屑→振动压实→第二次撒布石屑→振动压实→局部补撒石屑并扫匀→振动压实，填满空隙→洒水饱和（湿法）或洒少量水（干法）→碾压→干燥。

3. 基层施工质量控制与检查验收

（1）施工质量控制

施工过程中各工序完成后应进行相应指标的检查验收，上一道工序完成且质量符合要求方可进入下一道工序的施工。施工质量控制的内容包括原材料与混合料技术指标的检验、试验路铺筑及施工过程中的质量控制与外形管理三大部分。

1）原材料与混合料质量技术指标试验：基层施工前及施工过程中原材料出现变化时，应对所采用的原材料进行规定项目的质量技术指标试验，以试验结果作为判定材料是否适用于基层的主要依据。

2）试验铺筑路：为了有一个标准的施工方法作指导，在正式施工前应铺筑一定长度的试验路，以便考查混合料的配合比是否适宜，确定混合料的松铺系数、标准施工方法及作业段的长度等，并根据试验铺筑路的实际过程优化基层的施工组织设计。

3）质量控制与外形管理：基层施工质量控制是在施工过程中对混合料的含水量、集料级配、结合料剂量、混合料抗压强度、拌合均匀性、压实度、表面回弹弯沉值等项目进行检查。外形管理包括基层的宽度、厚度、路拱横坡、平整度等，施工时应按规定的频度和质量标准进行检查。

（2）检查验收

基层施工完毕应进行竣工检查验收，内容包括竣工基层的外形、施工质量和材料质量等方面。判定路面结构层质量是否合格，是以1km长的路段为评定单位，当采用大流水作业时，也可以每天完成的段落为评定单位。检查验收过程中的试验、检验应做到原始记录齐全、数据真实可靠，为质量评定提供客观、准确的依据。

（三）沥青路面施工

1. 概述

在各类基层上铺筑沥青混合料面层后得到的路面结构称为沥青路面。沥青路面以其表面平整、坚实、无节缝、行车平稳、舒适、噪声小、施工期短等优点，在国内外得到广泛应用。

（1）材料

1）沥青

路用沥青材料包括道路石油沥青、煤沥青、乳化石油沥青、液体石油沥青等。

高速公路、一级公路的沥青路面，应选用符合“重交通道路石油沥青技术要求”的沥青以及改性沥青；二级及二级以下公路的沥青路面可采用符合“中、轻交通道路石油沥青技术要求”的沥青或改性沥青；乳化沥青应符合“道路乳化石油沥青技术要求”的规定；煤沥青不宜用于沥青面层，一般仅作为透层沥青使用。

2）矿料

沥青混合料的矿料包括粗集料、细集料及填料。粗、细集料形成沥青混合料的矿质骨架，填料与沥青组成的沥青胶浆填充于骨料间的空隙中并将矿料颗粒粘结在一起，使沥青混合料具有抵抗行车荷载和环境因素作用的能力。

① 粗集料。粗集料形成沥青混合料的主骨架，对沥青混合料的强度和高温稳定性影响很大。沥青混合料的粗集料有碎石、筛选砾石、破碎砾石、矿渣等。粗集料不仅应洁净、干燥、无风化、无杂质，还应具有足够的强度和耐磨耗能力以及良好的颗粒形状。

② 细集料。细集料指粒径小于5mm的天然砂、机制砂、石屑。热拌沥青混合料的细集料宜采用天然砂或机制砂，在缺少天然砂的地区，也可使用石屑，但高速公路和一级公路的沥青混凝土面层及抗滑表层的石屑用量不宜超过天然砂及机制砂的用量，以确保沥青混凝土混合料的施工和易性和压实性。细集料应洁净、干燥、无风化、无杂质并有一定级配，与沥青有良好的粘附能力。

③ 填料。沥青混合料的填料宜采用石灰岩或岩浆岩中的强基性岩石（憎水性石料）经磨细而得到的矿粉。由于填料的粒径很小，比表面积很大，使混合料中的结构沥青增加，从而提高沥青混合料的粘结力，因此填料是构成沥青混合料强度的重要组成部分。矿粉应干燥、洁净、无团粒。

（2）沥青路面类型

按施工工艺可将沥青路面分为以下几种类型：

1）层铺法施工的沥青路面

层铺法是指集料与结合料分层摊铺、洒布、压实的路面施工方法。沥青表面处治路面和沥青贯入式路面都是用层铺法修筑的沥青路面。

2）路拌法施工的沥青路面

路拌法是指在路上或沿线就地拌合混合料的摊铺、压实的路面的施工方法。该施工方法现正被淘汰。

3）厂拌法施工的沥青路面

厂拌法是指在固定的拌合工厂或移动式拌合站拌制混合料，经摊铺压实的路面的施工方法。拌制的混合料有厂拌沥青碎石、沥青混凝土。

集料中细颗粒含量少、不含或含少量矿粉，混合料为开级配配制的（空隙率在10%以上），称为厂拌沥青碎石。由其压实而成的路面叫作沥青碎石路面。

集料中含有矿粉，混合料是按最佳密实级配配制的（空隙率在10%以下），称为沥青混凝土。由其经摊铺、压实而成的路面叫做沥青混凝土路面。

厂拌法按混合料铺筑时按其温度不同又可分为：

① 热拌热铺，即混合料在专用设备中加热后立即趁热运到工地上摊铺压实。

② 热拌冷铺，即混合料加热拌合后，贮存一段时间，再在常温下运到路上摊铺压实。

2. 热拌沥青混合料路面施工

热拌沥青混合料包括沥青混凝土和热拌沥青碎石。高速公路和一级公路的上面层、中面层及下面层应采用沥青混凝土铺筑，沥青碎石混合料仅适用于过渡层及整平层。其他等级公路的沥青面层上面层宜采用沥青混凝土铺筑。

沥青混凝土混合料是指由适当比例的粗集料、细集料和填料组成的符合规定级配、符合技术标准的矿料与沥青拌合而成的沥青混合料，简称沥青混凝土。

沥青碎石混合料是由适当比例的粗集料、细集料及少量填料（或不加填料）与沥青拌合而成，压实后剩余孔隙率大于10%以上的半开级配沥青混合料。

热拌沥青混合料路面采用厂拌法施工，集料和沥青均在拌合机内进行加热与拌合，并在热的状态下摊铺碾压成型。施工按下列顺序进行：

（1）施工准备

1）原材料质量检查。沥青、矿料的质量应符合前述有关的技术要求。

2）施工机械的选型和配套。根据工程量大小、工期要求、施工现场条件、工程质量要求按施工机械应互相匹配的原则，确定合理的机械类型、数量及组合方式，使沥青路面的施工连续、均衡，施工质量高，经济效益好。施工前应检修各种施工机械，以便在施工时能正常运行。

3）拌合厂选址与备料。由于拌合机工作时会产生较大的粉尘、噪声等污染，再加上拌合厂内的各种油料及沥青为可燃物，因此拌合厂的设置应符合国家有关环境保护、消防安全等规定，一般应设置在空旷、干燥、运输条件良好的地方。拌合厂应配备实验室及足够的试验仪器和设备，并有可靠的电力供应。拌合厂内的沥青应分品种、分标号密闭储存。各种矿料应分别堆放，不得混杂，矿粉等填料不得受潮。

4）试验路铺筑。高速公路和一级公路沥青路面在大面积施工前应铺筑试验路；其他等级公路在缺乏施工经验或初次使用重要设备时，也应铺筑试验路段。通过铺筑试验路段，主要研究合适的拌合时间与温度；摊铺温度与速度；压实机械的合理组合、压实温度和压实方法；松铺系数；合适的作业段长度等，为大面积路面施工提供标准方法和质量检查标准。试验路的长度根据试验目的确定，通常为100～200m。

（2）沥青混合料拌合

热拌沥青混合料必须在沥青拌合厂（场、站）采用专用拌合机拌合。拌合机拌合沥青混合料时，先将矿料粗配、烘干、加热、筛分、精确计量，然后加入矿粉和热沥青，最后强制拌合成沥青混合料。

拌合时应严格控制各种材料的用量和拌合温度，确保沥青混合料的拌合质量。沥青与矿料的加热温度应调节到能使混合料出厂温度规定要求，超过规定加热温度的沥青混合料已部分老化，应禁止使用。沥青混合料的拌合时间以混合料拌合均匀、所有矿料颗粒全部被均匀裹覆沥青为度，拌合机拌合的沥青混合料应色泽均匀一致、无花白料、无结团块或严重粗细料离析现象，不符合要求的混合料应废弃并对拌合工艺进行调整。

（3）沥青混合料运输

热拌沥青混合料宜采用吨位较大的自卸汽车运输，汽车车厢应清扫干净并在内壁涂一薄层油水混合液。从拌合机向运料车上放料时应每放一料斗混合料挪动一下车位，以减小集料离析现象。运料车应用篷布覆盖以保温、防雨、防污染，夏季运输时间短于0.5h时可不覆盖。已结成团块、遭雨淋湿的混合料不得使用。

（4）沥青混合料摊铺

1）摊铺沥青混合料前应按要求在下承层上浇洒透层、粘层或铺筑下封层。基层表面应平整、密实，高程及路拱横坡符合要求且与沥青面层结合良好。

2）摊铺时应尽量采用全路幅铺筑，以避免出现纵向施工缝。通常采用两台以上摊铺机成梯队进行联合作业，相邻两幅摊铺带重叠5～10cm，相邻两台摊铺机相距10～30m，以免前面已摊铺的混合料冷却而形成冷接缝。摊铺机在开始受料前应在料斗内涂刷防止粘结的柴油，避免沥青混合料冷却后粘附在料斗上。

3）摊铺速度一般为2～6m/min，面层下层的摊铺速度可稍快，而面层上层的摊铺速度应稍慢。摊铺过程中应随时检查摊铺层厚度及路拱横坡，并及时进行调整。

4）在沥青混合料摊铺过程中，若出现横断面不符合设计要求、构造物接头部位缺料、摊铺带边缘局部缺料、表面明显不平整、局部混合料明显离析及摊铺机后有明显拖痕时可用人工局部找补或更换混合料，但不应由人工反复修整。

5）控制沥青混合料的摊铺温度是确保摊铺质量的关键之一。高速公路和一级公路的施工气温低于10℃、其他等级公路施工气温低于5℃时，不宜摊铺热拌沥青混合料，必须摊铺时，应提高沥青混合料拌合温度。运料车必须覆盖以保温，尽可能采用高密度摊铺机摊铺并在熨平板加热摊铺后紧接着碾压，缩短碾压长度。

（5）压实

混合料摊铺整平后，应在合适的温度下趁热及时进行碾压。碾压程序包括初压、复压和终压3道工序。

1）初压的目的是整平和稳定混合料，同时为复压制造有利条件，常用轻型钢筒压路机或关闭振动装置的振动压路机碾压两遍。碾压时必须将驱动轮朝向摊铺机，以免使温度较高处摊铺层产生推移和裂缝。压路机应从路面两侧向中间碾压，相邻碾压轮迹重叠1/3～1/2轮宽，最后碾压中心部分，压完全幅为一遍。初压后检查平整度、路拱，必要时予以修整。

2）复压的目的是使混合料密实、稳定、成型，是使混合料的密实度达到要求的关键。初压后紧接着进行复压，一般采用重型压路机，碾压遍数经试压确定，应不少于4～6遍，达到要求的压实度为止。用于复压的轮胎式压路机的压实质量应不小于15t，用于碾压较厚的沥青混合料时，总质量应不小于22t，轮胎充气压力不小于0.5MPa，相邻轮带重叠1/3～1/2的轮宽。当采用振动压路机时，振动频率宜取35～50Hz，振幅取0.3～0.8mm，碾压层较厚时选用较大的振幅和频率，碾压时相邻轮带重叠20cm宽。

3）终压的目的是消除碾压产生的轮迹，最后形成平整的路面。终压应紧接在复压后用6～8t的振动压路机（关闭振动装置）进行，碾压2～4遍，直至无轮迹为止。

3. 沥青表面处治路面施工

沥青表面处治也称沥青表处，是指用沥青和集料按拌合法或层铺法施工，厚度不大于3cm，适用于二级以下公路、高速公路和一级公路的施工便道的面层，也可作为旧沥青路面的罩面和防滑磨耗层。其主要作用是抵抗车轮磨耗，增强抗滑和防水能力，提高平整度，改善路面的行车条件。

沥青表面处治面层可采用道路石油沥青、煤沥青或乳化沥青作结合料。沥青用量根据气温、沥青标号、基层等情况确定。

沥青表面处治路面施工工序：

（1）层铺法

层铺法施工时一般采用先油后料法，单层式沥青表面处治层的施工在清理基层后可按下列工序进行：浇洒第一层沥青→撒布第一层集料→碾压。

双层式或三层式沥青表面处治层的施工方法即重复上述施工工序一遍或两遍。

（2）拌合法

拌合法是将沥青材料与集料按一定比例拌合摊铺、碾压的方法。

拌合法施工工序为：熬油→定量配料→机械（人工）拌合→运料→清扫放样→卸料→摊铺整形→碾压→初期养护。

4. 沥青贯入法施工

按沥青贯入法施工的路面，是指在初步压实的碎石上，分层浇筑沥青、撒布嵌缝料，或再在上部铺筑热拌沥青混合料封层，经压实而成的沥青面层。其厚度一般为4～8cm。

沥青贯入式路面可选用黏稠石油沥青、煤沥青或乳化沥青作结合料。沥青贯入式路面集料应选用有棱角、嵌挤性好的坚硬石料。

沥青贯入式路面应铺筑在已清扫干净并浇洒透层或粘层沥青的基层上，一般按以下工序进行：撒布主层集料→碾压主层集料→浇洒第一层沥青→撒布第一层嵌缝料→碾压→浇洒第二层沥青→撒布第二层嵌缝料→碾压→再浇洒第三层沥青→撒布封层料→终压。

5. 乳化沥青稀浆封层施工

乳化沥青是将热熔状态的沥青和含有乳化剂的水溶液混合，通过外加机械力的作用，使沥青以微粒状态均匀、稳定地分布在水溶液中而形成的一种乳状液（亦称沥青乳液）。

乳化沥青稀浆封层是指用适当级配的石屑或砂、填料（水泥、石灰、粉煤灰、石粉等）与乳化沥青、外加剂和水，按一定比例拌合而成的流动状态的沥青混合料，并将其均匀地摊铺在路面上的沥青封层。

稀浆可做上封层，亦可做下封层。对于空隙较大、透水严重、有裂缝的旧路面或旧沥青路面需要铺筑抗滑层，新建沥青路面需铺筑磨耗层或保护层时，稀浆封层可用做上封层。对于多雨地区沥青面层的孔隙较大，在铺筑基层后不能及时铺筑沥青面层且需要开放交通时，可用做下封层。封层的厚度宜为3～6mm。

乳化沥青稀浆封层的主要作用是：填充作用、防水作用、耐磨作用、抗滑作用、恢复路面使用品质和延长路面使用寿命作用。但是，稀浆封层不能控制路面反射裂缝，不能提高路面强度，亦不能解决温度稳定性问题。在泛油的路面上不能进行稀浆封层。

6. 沥青路面施工质量控制与验收

沥青路面施工过程中应进行全面质量管理，建立健全行之有效的质量保证体系。实行严格的目标管理、工序管理及岗位质量责任制度，对各施工阶段的工程质量进行检查、控制、评定，从制度上确保沥青路面的施工质量。沥青路面施工质量控制的内容包括材料的质量检验、铺筑试验路、施工过程的质量控制及工序间的检查验收。

（1）材料质量检验

沥青路面施工前应按规定对原材料的质量进行检验。在施工过程中逐班抽样检查时，对于沥青材料可根据实际情况只做针入度、软化点、延度的试验；检测粗集料的抗压强度、磨耗率、磨光值、压碎值、级配等指标和细集料的级配组成、含水量、含土量等指标；对于矿粉，应检验其相对密度和含水量并进行筛析。材料的质量以同一料源、同一次购入并运至生产现场为一“批”进行检查。材料质量检查的内容和标准应符合前述有关的要求。

（2）铺筑试验路

高速公路和一级公路在施工前应铺筑试验段。通过试拌、试铺为大面积施工提供标准方法和质量检查标准。

（3）施工过程中的质量管理与控制

在沥青路面施工过程中，施工单位应随时对施工质量进行抽检，工序间实行交接验收，前一工序质量符合要求方可进入下一工序的施工。施工过程中工程质量检查的内容、频度及质量标准应符合规定的要求。

（四）水泥混凝土路面施工

水泥混凝土路面是指以水泥混凝土面板与基、垫层所组成的路面。水泥混凝土路面与其他类型的路面相比具有刚度大、强度高、稳定性好、使用寿命长等优点；但也存在有接缝、开放交通迟、水泥用量大及损坏后修复困难等缺点。水泥混凝土路面一般在高等级路面中采用。

1. 材料要求

水泥混凝土面层所用的混合料，因其受到动荷载的冲击、摩擦和反复弯曲作用，同时还受到温度和湿度反复变化的影响，所以对其有较高的要求。一般要求面层混合料必须具有较高的抗弯、抗拉强度和抗磨性，良好的耐冻性以及尽可能低的膨胀系数和弹性模量。此外，湿混合料还应有适当的施工和易性。

组成水泥混凝土路面的原材料包括水泥、粗集料（碎石）、细集料（砂）、水、外加剂、接缝材料等。

（1）水泥。水泥是混凝土的胶结材料，混凝土的性能在很大程度上取决于水泥的质量。施工时应采用质量符合我国现行国家标准规定技术要求的水泥。通常应选用强度高、干缩性小、抗磨性能及耐久性能好的水泥。

（2）粗集料。为了保证水泥混凝土具有足够的强度、良好的抗磨耗、抗滑及耐久性能，应按规定选用质地坚硬、洁净、具有良好级配的粗集料。

（3）细集料。细集料应尽可能采用天然砂，无天然砂时也可用人工砂。要求颗粒坚硬耐磨，具有良好的级配，表面粗糙有棱角，清洁和有害杂质含量少。面层水泥混凝土使用的天然砂细度模数宜在2.0～3.7之间。

（4）水。用于清洗集料、拌合混凝土及养护用的水，不应含有影响混凝土质量的油、酸、碱、盐类及有机物等。

（5）外加剂。为了改善水泥混凝土的技术性能，可在混凝土拌合过程中加入适宜的外加剂。常用的外加剂有流变剂（改善流变性能）、调凝剂（调节凝结时间）及引气剂（提高抗冻、抗渗、抗蚀性能）3大类。

（6）接缝材料。接缝材料用于填塞混凝土路面板的各类接缝，按使用性能的不同，分为胀缝板和填缝料两类。

胀缝板应能适应混凝土路面板的膨胀与收缩，施工时不变形，耐久性良好。

填缝料应与混凝土路面板缝壁粘附力强，回弹性好，能适应混凝土路面的胀缩，不溶于水，高温不挤出，低温不脆裂，耐久性好。

此外，还有用于路面水泥混凝土的纤维（钢纤维、玄武岩纤维、合成纤维等），夹层与封层材料（沥青混凝土夹层用材料、热沥青表处与改性乳化沥青稀浆封层用材料等），混凝土面层养护材料。

2. 施工准备

(1) 进行材料试验和混凝土配合比设计

根据技术设计要求与当地材料供应情况，做好混凝土各组成材料的试验，进行混凝土各组成材料的配合比设计。

(2) 基层的检查与整修

基层的宽度、路拱与标高、表面平整度和压实度，均应检查其是否符合相关要求。若有不符之处，应予整修，否则，将使面层的厚度变化过大，而增加其造价或减少其使用寿命。半刚性基层的整修一定要及时，过迟则难以修整且很费工。当在旧砂石路面上铺筑混凝土路面时，所有旧路面的坑洞、松散等损坏，以及路拱横坡或宽度不符合相关要求之处，均应事先翻修调整压实。

混凝土摊铺前，基层表面应洒水润湿，以免混凝土底部的水分被干燥的基层吸去，变得疏松以致产生裂缝，有时也可在基层和混凝土之间铺设薄层沥青混合料或塑料薄膜。

3. 机械摊铺法施工

(1) 轨道式摊铺机施工

轨道式摊铺机施工是道路工程机械化施工中最普遍的一种方法。此外，还有滑模机械铺筑、三辊轴机组铺筑、碾压混凝土路面施工。

1) 轨道和模板的安装

轨道式摊铺机的整套机械在轨模上前后移动，并以轨模为基准控制路面的高程。摊铺机的轨道与模板同时进行安装，轨道固定在模板上，然后统一调整定位，形成的轨模既是路面边模又是摊铺机的行走轨道。轨道模板必须安装牢固，并校对高程，在摊铺机行驶过程中不得出现错位现象。

2) 摊铺及振捣

轨模式摊铺机有刮板式、箱式或螺旋式 3 种类型，摊铺时将卸在基层上或摊铺箱内的混凝土拌合物按摊铺厚度均匀地充满轨模范围内。

摊铺过程中应严格控制混凝土拌合物的松铺厚度，确保混凝土路面的厚度和标高符合设计要求。

摊铺机摊铺时，振捣机跟在摊铺机后面对拌合物作进一步的整平和捣实，见图 11-2，在振捣梁前方设置一道长度与铺筑宽度相同的复平梁，用于纠正摊铺机初平的缺陷并使松铺的拌合物在全宽范围内达到正确的高度，复平梁的工作质量对振捣密实度和路面平整度影响很大。复平梁后面是一道弧面振动梁，以表面平板式振动将振动力传到全宽范围内。振捣机械的工作行走速度一般控制在 0.8m/min，但随拌合物坍落度的增减可适当变化，混凝土拌合物坍落度较小时可适当放慢速度。

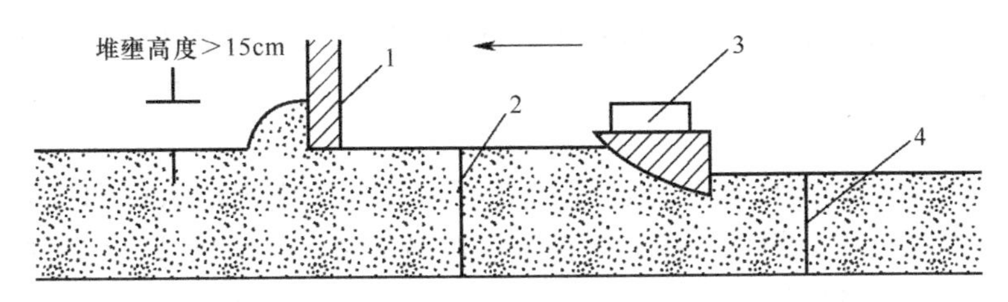

图 11-2　摊铺振捣示意图

1—复平梁；2—松铺高度；3—弧面振捣梁；4—面层厚度

3）表面整修

① 表面整平。振捣密实的混凝土表面用能纵向移动或斜向移动的表面整修机整平。纵向表面整修机工作时，整平梁在混凝土表面纵向往返移动，通过机身的移动将混凝土表面整平。斜向表面整修机通过一对与机械行走轴线呈 10°左右的整平梁作相对运动来完成整平作业，其中一根整平梁为振动梁。机械整平的速度决定于混凝土的易整修性和机械特性。机械行走的轨模顶面应保持平顺，以便整修机械能顺畅通行。整平时应使整平机械前保持高度为 10～15cm 的壅料，并使壅料向较高的一侧移动，以保证路面板的平整，防止出现麻面及空洞等缺陷。

② 精光及纹理制作。精光是对混凝土路面进行最后的精平，使混凝土表面更加致密、平整、美观，此工序是提高混凝土路面外观质量的关键工序之一。混凝土路面整修机配置有完善的精光机械，只要在施工过程中加强质量检查和校核，便可保证精光质量。

在混凝土表面制作纹理，是提高路面抗滑性能的有效措施之一。制作纹理时用纹理制作机在路面上拉毛、压槽或刻纹，纹理深度控制在 1～2mm 范围内；在不影响平整度的前提下提高混凝土路面的构造深度，可提高表面的抗滑性能。纹理应与行车方向垂直，相邻板的纹理应相互沟通以利排水。适宜的纹理制作时间以混凝土表面无波纹水迹开始，过早或过晚均会影响纹理制作质量

4）养护

混凝土表面整修完毕，应立即进行养护，以防止混凝土板水分蒸发或风干过快而产生缩裂，保证混凝土水化过程的顺利进行。在养护初期，可用活动三角形罩棚遮盖混凝土，以减少水分蒸发，避免阳光照晒，防止风吹、雨淋等。混凝土泌水消失后，在表面均匀喷洒薄膜养护剂。喷洒时在纵横方向各喷一次，养护剂用量应足够，一般为 0.33kg/m^{3}左右。在高温、干燥、大风时，喷洒后应及时用草帘、麻袋、塑料薄膜、湿砂等遮盖混凝土表面并适时均匀洒水。养护时间由试验确定，以混凝土达到 28d 强度的 80%以上为准。

5）接缝施工

混凝土面层是由一定厚度的混凝土板组成的，它具有热胀冷缩的特性，温度变化时，混凝土板会产生不同程度的膨胀和收缩，这些变形会受到板与基础之间的摩阻力和粘结力，以及板的自重和车轮荷载的约束，致使板内产生过大的应力，造成板的断裂或拱胀等破坏。为了避免这些缺陷，混凝土路面必须设置横向接缝和纵向接缝。横向接缝垂直于行车方向，共有 3 种：胀缝、缩缝和施工缝；纵向接缝平行于行车方向。

① 胀缝施工。胀缝应与混凝土路面中心线垂直，缝壁必须垂直于板面，缝隙宽度均匀一致，缝中心不得有粘浆、坚硬杂物，相邻板的胀缝应设在同一横断面上。缝隙上部

应灌填缝料，下部设置胀缝板。胀缝传力杆的准确定位是胀缝施工成败的关键，传力杆固定端可设在缝的一侧或交错布置。施工过程中固定传力杆位置的支架应准确、可靠地固定。

施工终了时设置胀缝的方法按如图 11-3 所示安装、固定传力杆和接缝板。先浇筑传力杆以下的混凝土拌合物，用插入式振捣器振捣密实，并注意校正传力杆的位置，然后再摊铺传力杆以上的混凝土拌合物。摊铺机摊铺胀缝另一侧的混凝土时，先拆除端头钢挡板及钢钎，然后按要求铺筑混凝土拌合物。填缝时必须将接缝板以上的临时插入物清除。

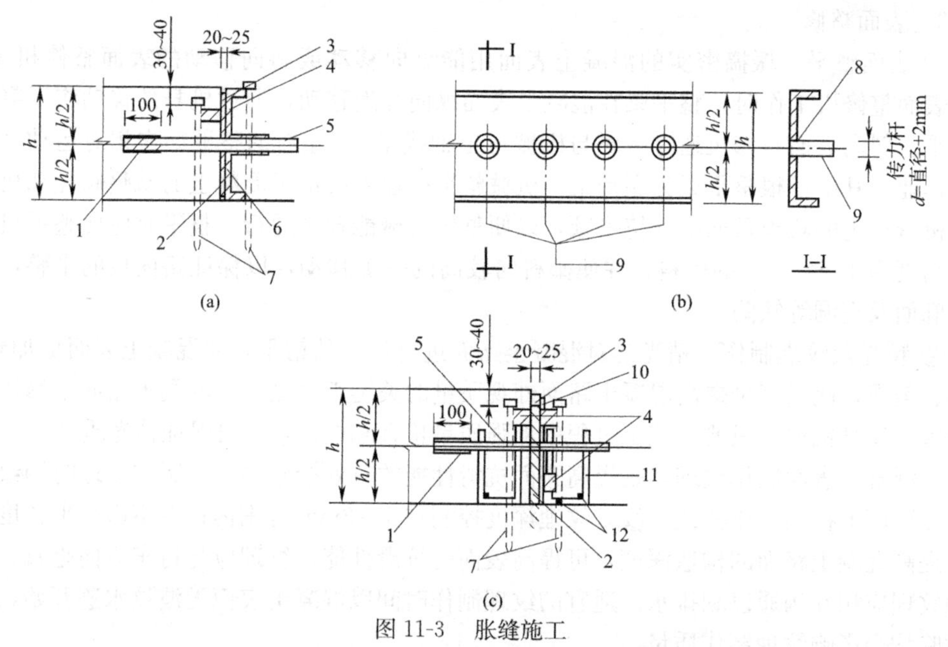

图 11-3 胀缝施工

(a) 传力杆固定装置；(b) 端头槽钢挡板；(c) 安装、固定传力杆和接缝板

1—套管；2—接缝板；3—临时插入物；4—方木；5—传力杆；

6—端头槽钢挡板；7—钢钎；8—焊缝；9—钢管；10—端头钢挡板；11—箍筋；12—架立筋

胀缝两侧相邻板的高差应符合如下要求：高速公路和一级公路应不大于 3mm，其他等级公路不大于 5mm。

② 横向缩缝施工。混凝土面板的横向缩缝一般采用锯缝的办法形成。当混凝土强度达到设计强度的 25%～30%时，用切缝机切割，缝的深度一般为板厚的 1/4～1/3。合适的锯缝时间应控制在混凝土已达到足够的强度，而收缩变形受到约束时产生的拉应力仍未将混凝土面板拉断的时间范围内。经验表明，锯缝时间以施工温度与施工后时间的乘积为 200～300 个温度小时（例：混凝土浇筑完后的养护温度为 20℃时，则锯缝的控制时间为 200/20～300/20＝10～15h）或混凝土抗压强度为 8～10MPa 较为合适。应注意的是锯缝时间不仅与施工温度有关，还与混凝土的组成和性质等因素有关。各地可根据实践经验确定。锯缝时应做到宁早不晚，宁深不浅。

③ 施工缝设置。施工中断形成的横向施工缝尽可能设置在胀缝或缩缝处，多车道路面的施工缝应避免设在同一横断面上。施工缝设在缩缝处应增设一半锚固、另一半涂刷沥

青的传力杆，传力杆必须垂直于缝壁、平行于板面。

④ 纵向接缝。纵缝一般做成平缝，施工时在已浇筑混凝土板的缝壁上涂刷沥青，并注意避免涂在拉杆上。然后浇筑相邻的混凝土板。在板缝上部应压成或锯成规定深度（3～4cm）的缝槽，并用填缝料灌缝。假缝型纵缝的施工应预先用门形支架将拉杆固定在基层上或用拉杆置放机在施工时置入。假缝顶面的缝槽采用锯缝机切割，深 6～7cm，使混凝土在收缩时能从切缝处规则开裂。

（2）滑模式摊铺机施工

滑模式摊铺机施工混凝土路面作业施工如图 11-4 所示。铺筑混凝土时，首先由螺旋式摊铺器 1 将堆积在基层上的混凝土拌合物横向铺开，刮平器 2 进行初步刮平，然后振捣器 3 进行捣实，随后刮平板 4 进行振捣后的整平，形成密实而平整的表面，再使用振动式振捣板 5 对拌合物进行振实和整平，最后用光面带 6 进行光面。其余工序作业与轨道式摊铺机施工基本相同，但轨道式摊铺机与之配套的施工机械较复杂，工序多，不仅费工，而且成本大。而滑模式摊铺机由于整机性能好，操纵采用电子液压系统控制，生产效率高。

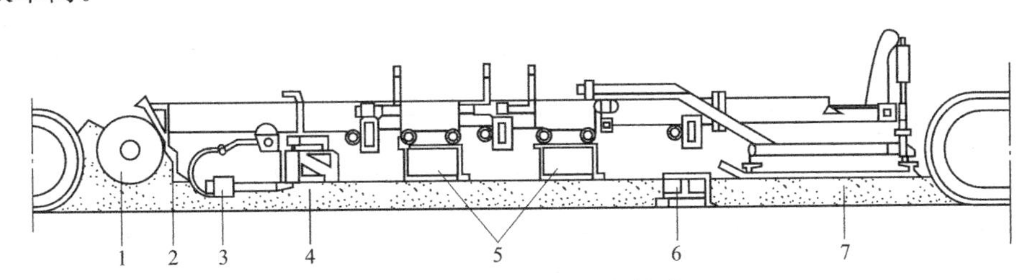

图 11-4　滑模式摊铺机摊铺施工

1—螺旋摊铺器；2—刮平器；3—振捣器；4—刮平板；5—振动振捣板；6—光面带；7—混凝土面层

第二节　桥　梁　施　工

一、概述

桥梁是跨越障碍的通道，是现代铁路、公路和城市道路等交通网络的重要组成部分。桥梁可分为各种不同形式，按结构体系分，有梁式桥、拱桥、刚构桥、斜拉桥、悬索桥、组合体系桥等；按桥梁的建筑材料分，可分为钢筋混凝土桥、预应力钢筋混凝土桥、圬工桥、钢桥、木桥等；按桥梁的用途分，可分为公路桥、铁路桥、人行桥、管线桥、运河桥等；按桥梁所跨越的障碍不同，可分为跨河桥、跨线桥、高架桥等。

桥梁的施工工序主要可分为下部结构的施工、上部结构的施工、附属结构的施工等。桥梁下部结构由桥墩、桥台及地基基础组成。桥梁的上部结构包括桥面结构和桥跨结构，桥面结构包括行车道铺装、排水系统、人行道（或安全带）、路缘石、栏杆、护栏、照明灯具和伸缩缝等。本节重点介绍不同类型桥梁结构的施工方法。

1. 桥梁施工的主要方法

常用桥梁上部结构的施工方法主要有：① 就地浇筑法；② 预制安装法；③ 悬臂施工法；④ 转体施工法；⑤ 顶推施工法；⑥ 移动模架逐孔施工法；⑦ 横移施工法；⑧ 提升与浮运施工法。

对于当前建造的特大桥梁，分主桥和引桥，有时主桥与引桥在结构体系、桥梁跨径、截面形式、桥梁高度、桥下环境等方面有较大差异，所以通常在一座大桥上采用两种或两种以上的组合施工方法。也有些桥型，如拱桥、斜拉桥、悬索桥等，其施工方法相对较复杂，很难将其归并在某一施工方法中，目前拱桥常用的结构形式为钢筋混凝土箱形拱桥、肋拱桥、预应力混凝土桁式组合拱桥、钢管混凝土拱桥，均可以采用无支架施工（缆索吊装、转体施工、悬臂浇筑和悬臂安装等）。

2. 施工方法的选择

选择确定桥梁的施工方法，需要充分考虑桥位的地形、环境、安装方法的安全性、经济性、施工速度、桥梁的类型、跨径、施工的技术水平、机具设备条件等。表 11-2 列出了各种桥型可供选择的施工方法。

各种类型桥梁可供选择的主要施工方法　　表 11-2

施工方法＼桥型	简支梁桥	悬臂梁桥 T形刚构	连续梁桥	刚架桥	拱桥	组合体系桥	斜拉桥	吊桥（悬索桥）
就地浇筑法	√	√	√	√	√	√	√	
预制安装法	√	√	√	√	√	√	√	√
悬臂施工法		√	√	√	√		√	√
转体施工法		√		√	√		√	
顶推施工法			√				√	
逐孔施工法		√	√	√	√			
横移施工法	√	√	√			√	√	
提升与浮运施工法	√	√	√			√		

桥梁施工方法的选定，可依据下列条件综合考虑：

（1）使用条件。桥梁的类型、使用跨径、墩高、梁下空间的限制、平面场地的限制、桥墩的形状等。

（2）施工条件。工期要求、起重能力和机具设备要求、架设时是否封闭交通、架设时所需的临时设施、材料可供情况、架设施工的经济核算等。

（3）自然环境条件。山区或平原、地质条件及软弱层状况、对河道的影响、运输线路的限制等。

（4）社会环境影响。对施工现场环境的影响，包括公害、景观、污染、架设孔下的障碍、道路交通的阻碍、公共道路的使用及建筑限界等。

二、墩台基础和桥梁墩台施工

（一）墩台基础施工

桥梁由于其结构形式多种多样，所处位置的地形、地质、水文情况千差万别，因此其基础的形式也种类繁多。桥梁常用基础形式有明挖重力式扩大基础、钢筋混凝土条形基础、桩基础、沉井基础、地下连续墙基础、组合式基础等，其中扩大基础、桩基础、组合式基础应用最为广泛。下面主要介绍墩台基础的围堰法施工和沉井法施工。

1. 围堰法施工

(1) 围堰

桥涵水中基础施工，首先应采用围堰或临时改河措施排除水流影响，同时在开挖过程中要采取措施排除坑外渗水和地下水，比旱地作业施工难度高，施工成本也增加很多。

围堰有土围堰、土袋围堰、钢围堰、钢筋混凝土桩围堰、竹（铅丝）笼围堰、套箱围堰等几种。一般要求围堰高度高出施工期间可能出现的最高水位，包括浪高，围堰外形应考虑河流断面被压缩后流速增大引起水流对围堰、河床的集中冲刷及影响通航、导流等因素；堰内面积应能满足基础施工的需要。围堰要力求防水严密、尽量减少渗漏，以减轻排水工作量。

图 11-5 为大型钢围堰联合基础构造示意图。大型钢围堰施工时，其一般施工程序为：钢围堰底节制作、平行进行底节以上围堰接高块件的制作→底节刃脚混凝土的浇筑→底节浮运、就位→底节以上围堰块件的拼装接高及下沉→围堰着床→堰内清淤下沉、接高并逐层浇筑堰壁混凝土，全部完成堰壁混凝土浇筑→堰内清基→堰顶平台搭设→堰内钻孔桩钢护筒定位及振动下沉→封底施工设施的布置→水下浇筑封底混凝土→钻孔成桩→堰内抽水→基桩桩头混凝土凿除→承台施工→墩、塔施工→切割线以上围堰的切割、回收。

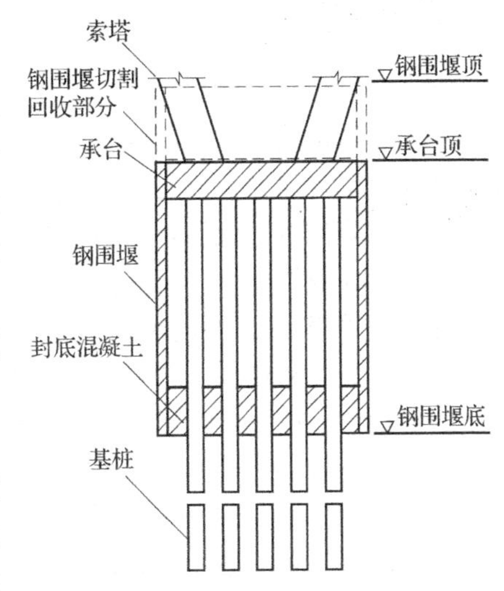

图 11-5　大型钢围堰联合基础构造示意图

(2) 基坑排水

围堰完工后，须将堰内积水排除，在开挖过程中，也可能有渗水出现，必须随挖随排，抽水设备的能力应大于渗水量的 1.5～2.0 倍。排水方法有集水坑、集水沟以及井点法排水等。集水坑、集水沟适用于粉细砂土质以外的各种地层基坑。井点法排水适用于粉、细砂或地下水位较高、挖基较深、坑壁不易稳定和普通排水方法难以解决的基坑。

(3) 基坑挖基

水中挖基采取围堰、井点降水等抽排水措施后，开挖方法及要求与旱地基坑开挖相同。对于排水挖基有困难或具有水中挖基的设备时，可采用水力吸泥机、空气吸泥机、挖掘机水中挖基等水中挖基方法施工。

2. 沉井法施工

沉井的施工方法与墩台基础所在地点的地质和水文情况有关。在水中修筑沉井时，应对河流汛期、通航、河床冲刷进行调查研究，尽量利用枯水季节进行施工。如施工期需要经过汛期时，应采取相应的措施。

沉井施工程序为：平整场地→测量放线→铺砂垫层和垫木或砌刃脚砖座→沉井浇筑→抽出垫木→沉井下沉→地基检验和处理→封底。

沉井施工顺序如图 11-6 所示。

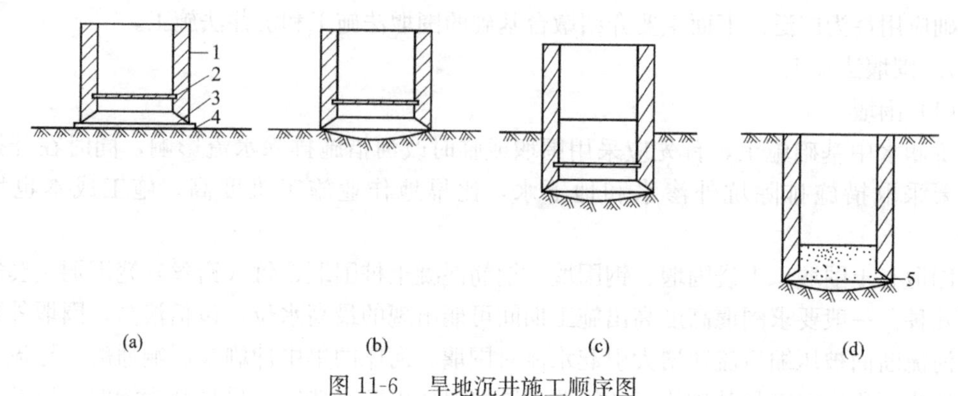

图 11-6　旱地沉井施工顺序图

（a）原地制作沉井；（b）筒内挖土；（c）沉井下沉；（d）沉井封底

1—井壁；2—凹槽；3—刃脚；4—承垫木；5—素混凝土封底

（1）制作第一节沉井。由于沉井自重大，刃脚踏面尺寸小，应力集中，在整平的场地上刃脚踏面位置处，应对称地铺设一层垫木，以加大支撑面积。然后在刃脚位置处放上刃脚角钢，竖立内模，绑扎钢筋，立外模，浇筑第一节沉井混凝土（图 11-6）。混凝土浇筑可用塔式起重机或履带式起重机吊运混凝土吊斗，沿沉井周围均匀、分层浇筑；亦可用混凝土泵车分层浇筑，每层厚不超过 300mm。沉井浇筑宜对称、均匀地分层浇筑，避免造成不均匀沉降使沉井倾斜，每节沉井应一次连续浇筑完成。

（2）拆模及抽垫木。沉井混凝土达到设计强度等级的 70%，即可拆除模板，当强度达到设计强度等级后，才能抽拆垫木。抽拆垫木时应分组、依次、对称、同步地进行，以免引起沉井开裂、移动和倾斜。抽除时先将枕木底部的土挖去，利用推土机等的牵引将枕木抽出。每抽出一根枕木，刃脚下应立即用砂填实。抽除时应加强观测，注意沉井下沉是否均匀。在整个拆除垫木的过程中，应每抽出一根垫木立即用砂进行回填并捣实。

（3）沉井下沉。沉井下沉施工可分为排水下沉和不排水下沉两种施工方法。一般应采用排水下沉。当土质条件较差，可能发生涌土、涌砂、冒水或沉井产生位移、倾斜时，才采用不排水下沉。排水下沉一般常采用人工挖土，不排水下沉常采用机械挖土（抓土斗或吸泥机）。挖土应分层、均匀、对称地进行，使沉井能均匀竖直下沉。

第一节沉井下沉至距地面还剩 1～2m 时，应停止挖土，浇筑第二节沉井。浇筑第二节沉井前，校正第一节沉井并凿毛顶面，然后立模浇筑混凝土，待混凝土达到设计强度等级后，再拆模继续挖土下沉。

（4）筑井顶围堰。如沉井顶面低于地面或水面时，应在沉井上面接筑围堰。围堰的平面尺寸略小于沉井尺寸，其下端与井顶预埋锚杆相连。围堰是临时性结构，待墩身出水后即拆除。

（5）地基检验和处理。沉井沉到设计标高后，应对基底进行检验。检验的内容包括地基土质和平整度。排水下沉的沉井，可直接进行检验；不排水下沉的沉井，可由潜水工进行检验或钻取土样鉴定。检验以后，应对基底进行必要的处理，以保证封底混凝土、沉井和地基之间紧密连接。

（6）封底。地基的检验以及处理符合设计要求后，应立即进行封底工作。如封底是在不排水的情况下进行时，应按浇筑水下混凝土的要求进行。

（二）桥梁墩台施工

桥梁墩台施工方法通常分为两大类：一类是现场就地浇筑与砌筑，另一类是拼装预制的混凝土砌块、钢筋混凝土或预应力混凝土构件。多数工程是采用前者，其优点是工序简便，机具较少，技术操作难度较小，但是施工期限较长，需耗费较多的劳力与物力。

1. 现浇混凝土墩台

现浇混凝土墩台施工，墩台模板一般宜优先使用胶合板和钢模板，高桥墩一般可采用滑动模板（滑动模板施工见本书第七章相应内容）。在计算荷载作用下，应对模板结构按受力程序分别验算其强度、刚度及稳定性；模板应结构简单，制作、拆装方便；模板板面之间应平整，接缝严密，不漏浆，保证结构物外露面美观，线条流畅，可设倒角。

墩台身钢筋的绑扎应和混凝土的灌注配合进行。在配置第一层垂直钢筋时，应有不同的长度，同一断面的钢筋接头应符合施工规范的规定。钢筋保护层的净厚度，应符合设计要求。

墩台身混凝土施工前，应将基础顶面冲洗干净，凿除表面浮浆，整修连接钢筋。灌注混凝土时，应经常检查模板、钢筋及预埋件的位置和保护层的尺寸，确保位置正确，不发生变形。混凝土施工中，应切实保证混凝土的配合比、水灰比和坍落度等技术性能指标满足规范要求。墩台身混凝土宜一次连续灌注，否则应按桥涵施工规范的要求，处理好连接缝。为保证灌注质量，混凝土的配制、输送及灌注的速度不得小于：

$$V \geqslant Sh/(t-t_0)$$

式中 V——混凝土配料、输送及灌注的容许最小速度（m^3/h）；

S——灌注的面积（m^2）；

h——灌注层的厚度（m）；

t——所用水泥的初凝时间（h）；

t_0——混凝土配制、输送及灌筑所消费的时间（h）。

2. 砌块墩台

砌块墩台包括石砌墩台和预制砌块墩台，砌块墩台具有经久耐用等优点。砌块墩台施工中将砌块吊运并安砌到正确位置是比较困难的工序。当质量小或距地面不高时，可用简单的马凳跳板直接运送；当质量较大或距地面较高时，可采用固定式动臂吊机或桅杆式吊机或井式吊机，将材料运到墩台上，然后再分运到安砌地点。用于砌筑脚手架应环绕墩台搭设，用以堆放材料，并支持施工人员砌筑镶面定位行列及勾缝。脚手架一般常用固定式轻型脚手架（适用于6m以下的墩台）、简易活动脚手架（能用在25m以下的墩台）以及悬吊式脚手架（用于较高的墩台）。

在砌筑前应按设计图放出实样，挂线砌筑。砌筑基础的第一层砌块时，如基底为土质，只在已砌块体的侧面铺上砂浆即可，不需坐浆；如基底为石质，应将其表面清洗、润湿后，先坐浆再砌筑。砌筑斜面墩台时，斜面应逐层放坡，以保证规定的坡度。

3. 装配式墩台

装配式墩台适用于山谷架桥或跨越平缓无漂流物的河沟、河滩等的桥梁，特别是在工地干扰多、施工场地狭窄，缺水与砂石供应困难地区，其效果更为显著。装配式墩台的优点是结构形式轻便，建桥速度快，圬工省，预制构件质量有保证等。

(1) 柱式墩

装配式柱式墩是将桥墩分解成若干轻型部件，在工厂或工地集中预制，再运送到现场装配桥梁。其形式有双柱式、排架式、板凳式和刚架式等。施工工序为构件预制、安装连接与混凝土养护等。其中拼装接头是关键工序，既要牢固、安全，又要结构简单便于施工。常用的拼装接头有承插式接头、钢筋锚固接头、焊接接头、扣环式接头、法兰盘接头等几种形式。

(2) 后张法预应力混凝土装配墩

装配式预应力钢筋混凝土墩分为基础、实体墩身和装配墩身三大部分。装配墩身由基本构件、隔板、顶板及顶帽四种不同形状的构件组成，用高强钢丝穿入预留的上下贯通的孔道内，张拉锚固而成。实体墩身是装配墩身与基础的连接段，其作用是锚固预应力钢筋，调节装配墩身高度及抵御洪水时漂流物的冲击等。

(3) 无承台大直径钻孔埋入空心桩墩

无承台大直径钻孔埋入空心桩墩系由预钻孔、预制大直径钢筋混凝土桩墩节、吊拼桩墩节并用预应力后张连接成整体、桩周填石压浆、桩底高压压浆、吊拼墩节、浇筑或组装盖梁等部分组成，它综合了预制桩质量的可靠性、钻孔成桩的工艺简单、成本低、适应性强等优越性；摒弃了管柱桩技术设备复杂、成本高、不易穿透砂砾层、桩易偏位及钻孔灌注桩桩身质量难以保证等缺陷。

三、装配梁式桥施工

(一) 预制梁的运输

装配式简支梁桥的主梁通常在施工现场的预制场内或在桥梁厂内预制。因此就要配合架梁的方法解决如何将预制梁运至桥头或桥孔下的问题。

从工地预制场至桥头的运输，称场内运输，通常需铺设钢轨便道，由预制场的龙门吊车或木扒杆将预制梁装上平车后用绞车牵引运抵桥头。对于小跨径梁或规模不大的工程，也可设置木板便道，利用钢管或硬圆木作滚子，使梁靠两端支承在几根滚子上用绞车拖曳，边前进边换滚子运至桥头。

当采用水上浮吊架梁而需要使预制梁上船时，运梁便道应延伸至河边能靠拢驳船的地方，为此需要修筑一段装船用的临时栈桥（码头）。

当预制工厂距桥工地甚远时，通常可用大型平板拖车、火车或驳船将梁运至工地存放，或直接运至桥头或桥孔下进行架设。

在场内运梁时，为平稳前进以确保安全，通常在用牵引绞车徐徐向前拖拉的同时，后面的制动索应跟着慢慢放松，以控制前进的速度。

梁在起吊和安放时，应按设计规定的位置布置吊点或支承点。

(二) 预制梁的安装

预制梁的安装是装配式桥梁施工中的关键性工序。应结合施工现场条件、桥梁跨径大小，设备能力等具体情况，从节省造价、加快施工速度和充分保证施工安全等方面来合理选择架梁的方法。简支式梁、板构件的架设一般包括起吊、纵移、横移、落梁等工序。从架梁的工艺类别来分，有陆地架设、浮吊架设和利用安装导梁或塔架、缆索的高空架设等，每一类架设工艺中，按起重、吊装等机具的不同，又可分成各种独具特色的架设方法。

1. 陆地架设法

(1) 自行式吊车架梁（图 11-7a）

在桥不高，场内又可设置行车便道的情况下，用自行式吊车（汽车吊车或履带吊车）架设中、小跨径的桥梁十分方便。此法视吊装重量不同，还可采用单吊（一台吊车）或双吊（两台吊车）两种。其特点是机动性好，不需要另外的动力设备，不需要准备作业，架梁速度快。

(2) 跨墩门式吊车架梁（图 11-7b）

对于桥不太高，架桥孔数又多，沿桥墩两侧铺设轨道不困难的情况，可以采用一台或两台跨墩门式吊车来架梁。此时，除了吊车行走轨道外，在其内侧尚应铺设运梁轨道，或者设便道用拖车运梁。梁运到后，用门式吊车起吊、横移，并安装在预定位置。当一孔架完后，吊车前移，再架设下一孔。

(3) 摆动排架架梁（图 11-7c）

用木排架或钢排架作为承力的摆动支点，由牵引绞车和制动绞车控制摆动速度。当预制梁就位后，再用千斤顶落梁就位。此法适用于小跨径桥梁。

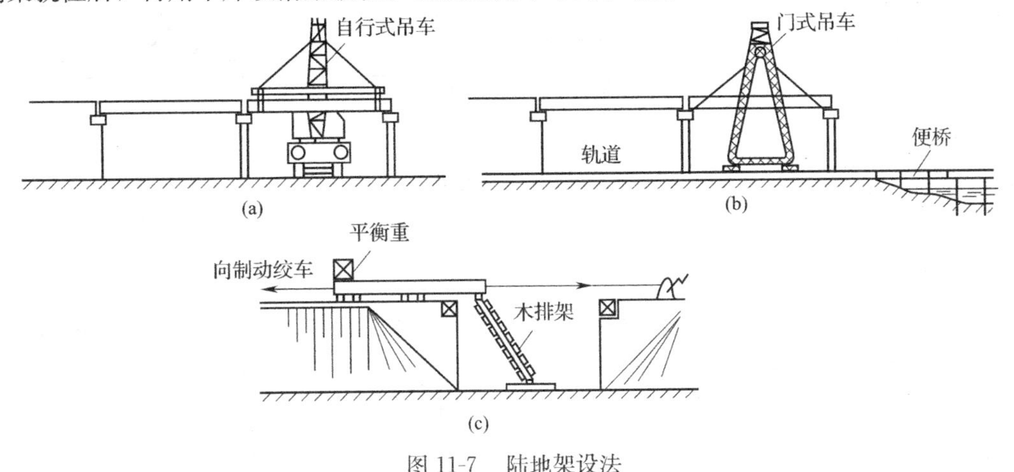

图 11-7 陆地架设法

(a) 自行式吊车架梁；(b) 跨墩门式吊车架梁；(c) 摆动排架架梁

2. 浮吊架设法

(1) 浮吊船架梁

在海上和深水大河上修建桥梁时，用可回转的伸臂式浮吊架梁比较方便（图 11-8a）。这种架梁方法，高空作业较少，施工比较安全，吊装能力大，工效高，但需要大型浮吊。鉴于浮吊船来回运梁航行时间长，要增加费用，故一般采取用装梁船储梁后成批一起架设的方法。

(2) 固定式悬臂浮吊架梁

在缺乏大型伸臂式浮吊时，也可用钢制万能杆件或贝雷钢架拼装固定式的悬臂浮吊进行架梁（图 11-8b）。架梁前，先从存梁场吊运预制梁至下河栈桥，再由固定式悬臂浮吊接运并安放稳妥，用拖轮将重载的浮吊拖运至待架桥孔处，并使浮吊初步就位。将船上的定位钢丝绳与桥墩锚系，慢慢调整定位，在对准梁位后就落梁就位。在流速不大、桥墩不高的情况下，用此法架设跨度 30m 的 T 形梁或 T 形刚构挂梁很方便。不足之处是每架一片梁都要将浮吊拖至河边栈桥处去取梁，这样不但影响架梁的速度，而且也增加了来回拖运浮吊的耗费。

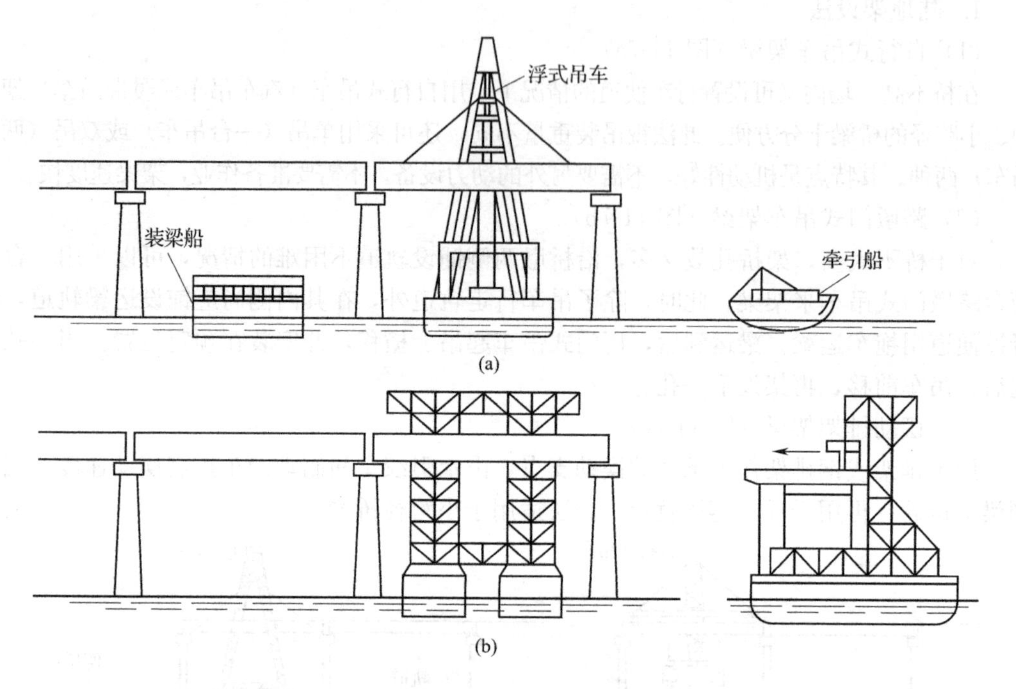

图 11-8　浮吊架梁

（a）浮吊船架梁；（b）固定式悬臂浮吊架梁

3. 高空架设法

高空架设法常见的是联合架桥机架梁法。此法适合于架设中、小跨径的多跨简支梁桥，其优点是不受水深和墩高的影响，并且在作业过程中不阻塞通航。

联合架桥机由一根两跨长的钢导梁、两套门式吊机和一个托架（又称蝴蝶架）三部分组成（图 11-9）。导梁顶面铺设运梁平车和托架行走的轨道。门式吊车顶横梁上设有吊梁

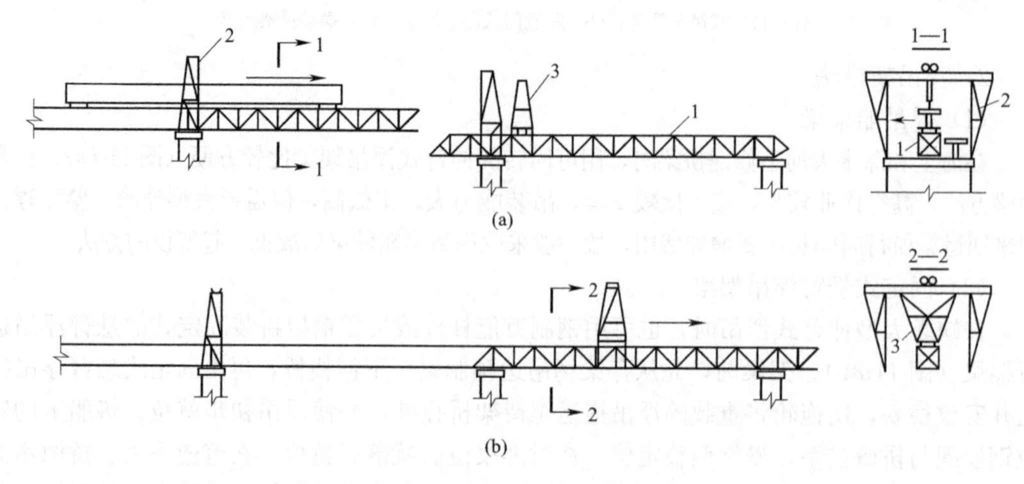

图 11-9　联合架桥机架设

（a）导梁就位；（b）梁架设完毕

1—钢导梁；2—门式吊机；3—托架

用的行走小车，为了不影响架梁的净空位置，其立柱底部还可做成在横向内倾斜的小斜腿，这样的吊车俗称拐脚龙门架。架梁施工工序为：① 在桥头拼装钢导梁，铺设钢轨，并用绞车纵向拖拉导梁就位。② 拼装蝴蝶架和门式吊机，用蝴蝶架将两个门式吊机移运至架梁孔的桥墩（台）上。③ 由平车轨道运送预制梁至架梁孔位，将导梁两侧可以安装的预制梁用两个门式吊机起吊、横移并落梁就位。④ 将导梁所占位置的预制梁临时安放在已架设的梁上。⑤ 用绞车纵向拖拉导梁至下一孔后，将临时安放的梁架设完毕。⑥ 在已架设的梁上铺接钢轨后，用蝴蝶架顺次将两个门式吊车托起并运至前一孔的桥墩上。如此反复，直至将各孔梁全部架设好为止。

四、预应力混凝土悬臂体系梁桥施工

预应力混凝土悬臂体系梁桥根据梁体的制作方式，常分为悬臂浇筑和悬臂拼装两类悬臂施工法。

悬臂施工法就是直接利用支承在桥墩上的悬出支架来进行浇筑混凝土、钢筋张拉等施工，并逐段向径跨方向延伸施工。悬臂施工法建造预应力混凝土梁桥时，不需要在河中搭设支架，而直接从已建墩台顶部逐段向跨径方向延伸施工，每延伸一段就施加预应力使其与已成部分连接成整体。如果将悬伸的梁体与墩柱做成刚性固接，就构成了能最大限度发挥悬臂施工优越性的预应力混凝土T形刚架桥。鉴于悬臂施工时梁体的受力状态与桥梁建成后使用荷载下的受力状态基本一致，即施工中所施加的预应力，也是使用荷载下所需预应力的一部分，这就既节省了施工中的额外耗费，又简化了工序，使得这类桥型在设计与施工上达到完满的协调和统一。鉴于悬臂施工法不受桥高、河深等影响，适应性强，目前不仅用于悬臂体系桥梁的施工，而且还广泛应用于大跨径预应力混凝土连续梁桥、斜拉桥以及钢筋混凝土拱桥的施工。

（一）悬臂拼装法

悬臂拼装法施工是在工厂或桥位附近将梁体沿轴线划分成适当长度的块件进行预制，然后用船或平车从水上或从已建成部分的桥上运至架设地点，并用活动吊机等起吊后向墩柱两侧对称均衡地拼装就位，张拉预应力筋。重复这些工序直至拼装完悬臂梁全部块件为止。

悬臂拼装法施工的主要优点是：梁体块件的预制和下部结构的施工可同时进行，拼装成桥的速度较现浇的快，可显著缩短工期，块件在预制场内集中制作，质量较易保证，梁体塑性变形小，可减少预应力损失，施工不受气候影响等。缺点是：需要占地较大的预制场地，为了移运和安装需要大型的机械设备，如不用湿接缝，则块件安装的位置不易调整等。

1. 块件预制

预制块件的长度取决于运输、吊装设备的能力，实践中已采用的块件长度为1.4～6.0m，块件重量为14～170t。但从桥跨结构和安装设备统一来考虑，块件的最佳尺寸为重量在35～60t范围内。预制块件要求尺寸准确，特别是拼装接缝要密贴，预留孔道的对接要顺畅。为此，通常采用间隔浇筑法来预制块件，使得先完成块件的端面成为浇筑相邻块件时的端模。在浇筑相邻块件之前，应在先浇块件端面上涂刷隔离剂，以便分离出坑。在预制好的块件上应精确测量各块件相对标高，在接缝处作出对准标志，以便拼装时易于控制块件位置，保证接缝密贴，外形准确。

2. 块件拼装

（1）施工方法

预制块件的悬臂拼装可根据现场布置和设备条件采用不同的方法来实现。当靠岸边的桥跨不高且可在陆地或便桥上施工时，可采用自行式吊车、门式吊车来拼装。对于河中桥孔，也可采用水上浮吊进行安装。如果桥墩很高或水流湍急而不便在陆上、水上施工时，就可利用各种吊机进行高空悬拼施工。

图 11-10（a）是用缆索起重机吊运和拼装块件的简图，该方法适用于起重机跨度不太大、块件质量也较轻的场合。图 11-10（b）是预制块件用船运至桥下，用沿轨道移动的伸臂吊机进行悬臂拼装。图 11-10（c）是用拼拆式活动吊机进行悬拼，吊机的承重结构与悬臂浇筑法中挂篮相仿。

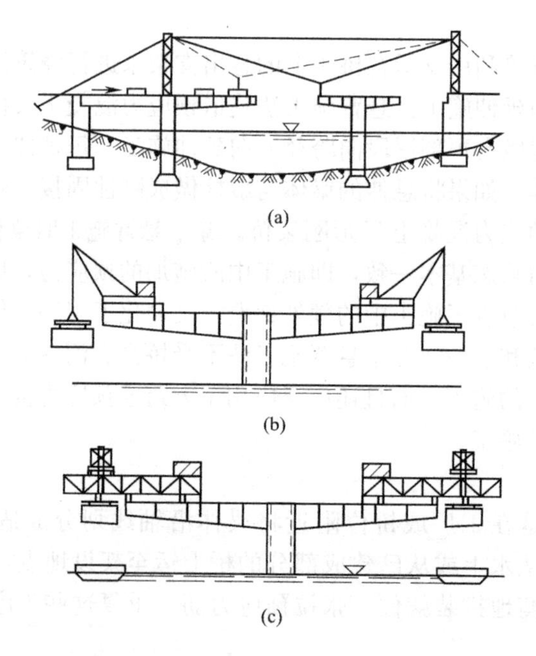

图 11-10　高空悬臂拼装示意图

（a）缆索起重机吊运和拼装；（b）伸臂吊机悬臂拼装；（c）拼拆式活动吊机悬拼

（2）接缝处理

悬臂拼装时，预制块件间接缝的处理分湿接缝、干接缝和半干接缝等几种形式。不同的施工阶段和不同的部位，将采用不同的接缝形式。图 11-11（a）为湿接缝即采用浇筑混凝土连接，这种方法施工费时，但能有利于调整块件的拼装位置和增强接头的整体性。图

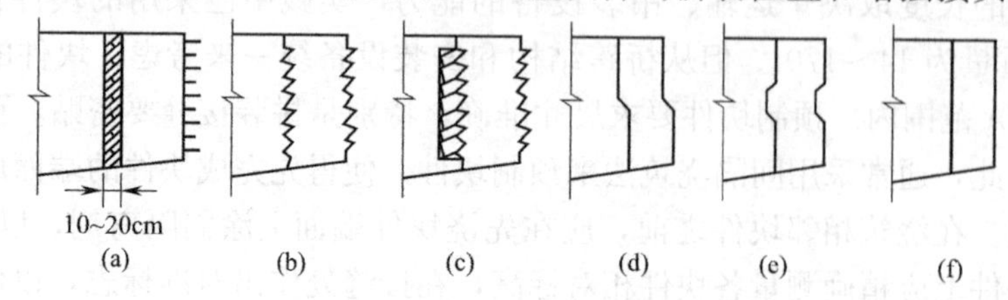

图 11-11　预制块件间接缝形式图

11-11（b）为齿形干接缝，该方法可简化拼装工作，但接缝渗水会降低结构的耐久性，现已很少应用。图 11-11（c）为半干接缝，这种接缝可用在拼装过程中调整悬臂的平面和主面的位置。图 11-11（d）、（e）、（f）为用环氧树脂等胶结材料使相邻块件粘结的胶结缝，这类接缝比干接缝抗剪能力强，能提高结构的耐久性，且拼接方便，在悬臂拼装中应用最为广泛。

3. 穿束与张拉

（1）穿束。60m 以下的钢丝束穿束一般均可采用人工推送。较长钢丝束穿入端，可点焊成箭头状缠裹黑胶布。60m 以上的钢丝束穿束时可先从孔道中插入一根钢丝与钢丝束引丝连接，然后一端以卷扬机牵引，一端以人工送入。

（2）张拉。钢丝束张拉前应首先确定合理的张拉次序，以保证箱梁在张拉过程中每批张拉合力都接近于该断面钢丝束总拉力重心处。

一般情况下，纵向钢丝束的张拉次序按下述原则确定：（1）对称于箱梁中轴线，钢丝束两端同时张拉；（2）先张拉肋束，后张拉板束；（3）肋束的张拉次序是先张拉边肋，后张拉中肋（若横断面为三根肋，仅有两对千斤顶时）；（4）同一肋上的钢丝束先张拉下边的，后张拉上边的；（5）板束的张拉次序是先张拉顶板中部的，后张拉顶板边部的。

（二）悬臂浇筑法

悬臂浇筑施工是利用悬吊式的活动脚手架（或称挂篮）在墩柱两侧对称平衡地浇筑梁段混凝土（每段长 2～5m），每浇筑完一对梁段，待达到规定强度后张拉预应力筋并锚固，然后向前移动挂篮，进行下一梁段的施工，直到悬臂端为止。

悬臂浇筑法施工是桥梁施工中难度较大的施工工艺，需要一定的施工设备及熟悉悬臂浇筑工艺的技术队伍。目前 80％左右的大跨径桥梁均采用悬臂浇筑法施工，通过大量实桥工程施工，悬臂浇筑施工工艺已日趋成熟。

悬臂浇筑法施工的主要优点是：不需要占用很大的预制场地；逐段浇筑，易于调整和控制梁段的位置，且整体性好；不需要大型机械设备；主要作业在设有顶棚、养护设备等的挂篮内进行，可以做到施工不受气候条件影响，各段施工属严密的重复作业，需要施工人员少，工作效率高等。主要缺点是：梁体部分不能与墩柱平行施工，施工周期较长，而且悬臂浇筑的混凝土加载龄期短，混凝土收缩和徐变影响较大。最常采用悬臂浇筑法施工的跨径为 50～120m。

1. 施工挂篮

施工挂篮是能够沿轨道行走的活动脚手架，悬挂在已经张拉锚固与墩身连成整体的箱梁节段上。挂篮由底模架、悬吊系统、承重结构、行走系统、平衡重及锚固系统、工作平台等部分组成。挂篮结构示意图见图 11-12。挂篮的承重结构可用万能杆件或贝雷钢架拼成，或采取专门设计的结构。它除了要能承受梁段自重和施工荷载外，还要求自重轻、刚度大、变形小，稳定性好、行走方便等。

用挂篮浇筑墩侧第一对梁段时，由于墩顶位置受限，往往需要将两侧挂篮的承重结构连在一起，如图 11-13（a）所示。待浇筑到一定长度后再将两侧承重结构分开。如果墩顶位置过小，开始用挂篮浇筑有困难时，可以设立局部支架来浇筑墩侧的头几对梁段，如图 11-13（b）所示，然后再安装挂篮。当挂篮安装就位后，即可在其上进行梁段悬臂浇筑的各项作业。

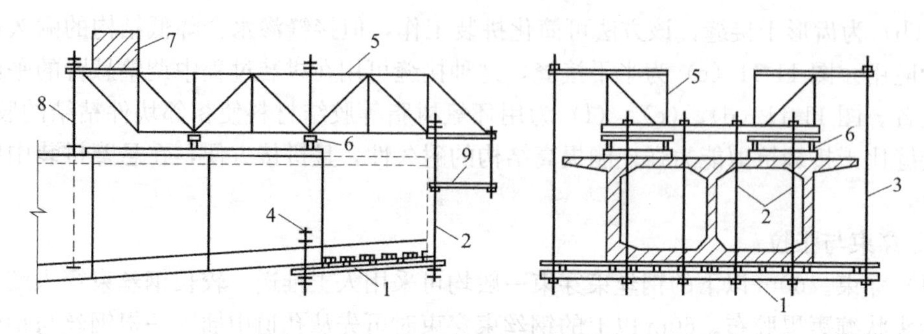

图 11-12　挂篮结构简图

1—底模架；2、3、4—悬吊系统；5—承重结构；6—行走系统；7—平衡重；8—锚固系统；9—工作平台

2. 悬浇施工工艺流程

每浇一个箱形梁段的工艺流程为：安装挂篮→移挂篮→装底、侧模→装底、肋板钢筋和预留管道→装内模→装顶板钢筋和预留管道→浇筑混凝土→养护→穿预应力钢筋、张拉和锚固→管道压浆。

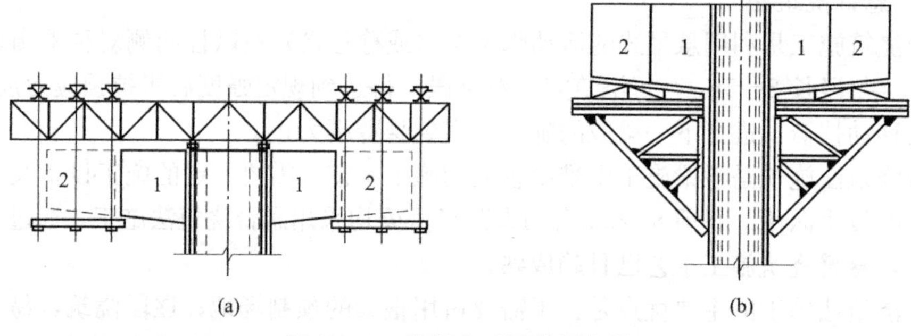

图 11-13　墩侧几对梁段的浇筑

1—第一对梁段；2—第二对梁段

(1) 挂篮就位后，安装并校正模板吊架，此时应对浇筑预留梁段混凝土进行抛高，以使施工完成的桥梁符合设计标高。

(2) 模板安装应核准中心位置及标高，模板与前一段混凝土面应平整密贴。如上一节段施工后出现中线或高程误差需要调整时，应在模板安装时予以调整。

(3) 安装预应力预留管道时，应与前一段预留管道接头严密对准，并用胶布包贴，防止灰浆渗入管道。管道四周应布置足够定位钢筋，确保预留管道位置正确，线形和顺。

(4) 悬臂浇筑一般采用由快凝水泥配制的 C40～C60 混凝土。在自然条件下，浇筑后 30～36h，混凝土强度就可达到 30MPa 左右（接近标准强度的 70%），这样可以加快挂篮的移位。目前每段施工周期约为 7～10d，视工作量、设备、气温等条件而异。为提高混凝土早期强度，以加快施工速度，在设计混凝土配合比时，一般加入早强剂或减水剂。为防止混凝土出现过大的收缩、徐变，应在配合比设计时按规范要求控制水泥用量。

(5) 浇筑混凝土时，可以从前端开始，应尽量对称平衡浇筑。浇筑时应加强振捣，并注意对预应力预留管道的保护。

(6) 箱梁梁段混凝土浇筑，一般采用一次浇筑法，在箱梁顶板中部留一窗口，混凝土由窗口注入箱内，再分布到底模上。当箱梁断面较大时，考虑梁段混凝土数量较多，每个节段可分二次浇筑，先浇筑底板到肋板倒角以上，待底板混凝土达到一定强度后，再支内模，浇筑肋板上段和顶板。其接缝按施工缝要求进行处理。

（7）箱梁梁段分次浇筑混凝土时，为了不使后浇混凝土的重力引起挂篮变形，导致先浇混凝土开裂，要有消除后浇混凝土引起挂篮变形的措施。一般可采取下列方法：

① 水箱法：浇筑混凝土前先在水箱中注入相当于混凝土重量的水，在混凝土浇筑中逐渐放水，使挂篮负荷和挠度基本不变。

② 浇筑混凝土时根据混凝土重量变化，随时调整吊带高度。

③ 将底模梁支承在千斤顶上，浇筑混凝土时，随混凝土重量的变化，随时调整底模梁下的千斤顶，抵消挠度变形。

（8）梁段拆模后，应对梁端的混凝土表面进行凿毛处理，以加强接头混凝土的连接。

五、预应力混凝土连续梁桥施工

预应力混凝土连续梁桥由于跨越能力大，施工方法灵活、适应性强、结构刚度大、抗地震能力强、通车平顺性好以及造型美观等特点，目前已得到广泛应用。

预应力混凝土连续梁桥的施工方法很多，有悬臂法施工、顶推法施工和移动式模架逐孔施工等。

（一）悬臂施工法

用悬臂施工法建造预应力混凝土连续梁桥，也分悬浇和悬拼两种，其施工程序和特点，与悬臂施工法建造预应力混凝土悬臂梁桥基本相同。在悬浇或悬拼过程中，也要采取使上、下部结构临时固结的措施，待悬臂施工结束、相邻悬臂端连接成整体并张拉了承受正弯矩的下缘预应力筋后，再卸除固结措施，使施工中的悬臂体系换成连续体系。

下面以三孔连续梁悬臂施工为例来说明其体系转换的过程。如图 11-14（a）所示为从桥墩两侧用对称平衡的悬臂施工法建造双悬臂梁，此时结构体系如同 T 形刚架。图 11-14（b）为在临时支架上浇筑（或拼装）不平衡的边孔边段，安装端支座，拆除临时固结措施，使墩上永久支座进入工作，此时结构属单悬臂体系。如图 11-14（c）所示为继续浇筑（或拼装）中跨中央段，使体系转换成三跨连续梁。采用这种体系转换方式，只有小部分后加恒载（桥面铺装及人行道）以及活载引起连续梁的受力效果，因此梁体内的预应力筋大部分按悬臂梁弯矩图布置，体系连续后再在跨中区段张拉承受正弯矩的预应力筋。

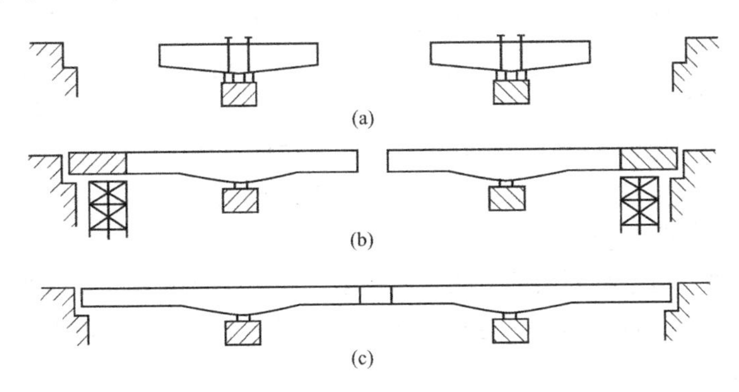

图 11-14　悬臂法建造连续梁桥的体系转换

（a）双悬臂梁；（b）单悬臂体系；（c）三跨连续梁

目前国内外在应用悬臂施工法建造大跨径连续梁桥方面已取得丰富的经验。我国已用悬臂拼装法建成5跨（47m+3×70m+47m）一联的预应力混凝土连续梁桥——兰州黄河大桥。用悬臂浇筑法施工的湖北沙阳大桥，为8孔（62.4m+6×111m+62.4m）一联的连续梁，全长达792m。

（二）顶推法施工

顶推法施工是沿桥轴方向，在台后开辟预制场地，分节段预制梁身，并用纵向预应力筋将各节段连成整体，然后通过水平液压千斤顶施力，借助不锈钢板与聚四氟乙烯模压板组成的滑动装置，将梁段向对岸推进。这样分段预制，逐段顶推，待全部顶推就位后，落梁、更换正式支座，完成桥梁施工。因此，在水深、桥高以及高架道路等情况下，可省去大量的施工脚手架，不中断桥下现有交通，可集中管理和指挥，高空作业少，施工安全可靠，同时可以使用简单的设备建造多跨长桥。目前，顶推法施工已作为架设连续梁桥的先进工艺，在世界各国得到了广泛的应用。

预应力混凝土连续梁顶推法施工具有如下特点：① 梁段集中在桥台后机械化程度较高的小型预制场内制作，占用场地小，不受气候影响，施工质量易保证。② 用现浇法制作梁段时，非预应力钢筋连续通过接缝，结构整体性好。③ 顶推设备简单，不需要大型起重机械就能无支架建造大跨径连续梁桥，桥愈长经济效益愈好。④ 施工平稳、安全、无噪声、需用劳动力少、劳动强度轻。⑤ 施工是周期性重复作业，操作技术易于熟练掌握，施工管理方便，工程进度易于控制。采用顶推法施工的不足之处是：一般采用等高度连续梁，会增加结构耗用材料的数量，梁高较大会增加桥头引道土方量，且不利于美观。此外，顶推法施工的连续梁跨度也受到一定的限制。

顶推法施工工序为：在桥台后面的引道上或在刚性好的临时支架上设置制梁场，集中制作（现浇或预制装配）一般为等高度的箱形梁段（约10～30m一段），待制成2～3段后，在上、下翼板内施加能承受施工中变号内力的预应力，然后用水平千斤顶等顶推设备将支承在塑料板与不锈钢板滑道上的箱梁向前推移，推出一段再接长一段，这样周期性地反复操作直至最终位置，进而调整预应力（通常是卸除支点区段底部和跨中区段顶部的部分预应力筋，并且增加和张拉一部分支点区段顶部和跨中区段底部的预应力筋），使满足后加恒载和活载内力的需要，最后，将滑道支承移置成永久支座。

顶推法施工可分为单向顶推和双向顶推以及单点顶推和多点顶推等。

（1）单向顶推。图11-15（a）为单向单点顶推。单向单点顶推的顶推设备只设在一岸桥台处，在顶推中为了减少悬臂负弯矩，一般要在梁的前端安装一节长度约为顶推跨径0.6～0.7倍的钢导梁，导梁应自重轻而刚度大。单向顶推最宜于建造跨度为40～60m的多跨连续梁桥。当跨度更大时，就需在桥墩间设置临时支墩。国外已用顶推法修建了跨度达168m的桥梁。对于顶推速度，当水平千斤顶行程为1m时，一个顶推循环需10～15min。国外最大速度已达到16m/h。

（2）多点顶推。对于特别长的多联多跨桥梁，也可以应用多点顶推的方式使每联单独顶推就位，如图11-15（b）所示。这种情况下，在墩顶上均可设置顶推装置，且梁的前后端都应安装导梁。

（3）双向顶推。图11-15（c）为三跨不等跨连续梁采用从两岸双向顶推施工的方式。用该方法可以不设临时墩而修建中跨跨径更大的连续梁桥。

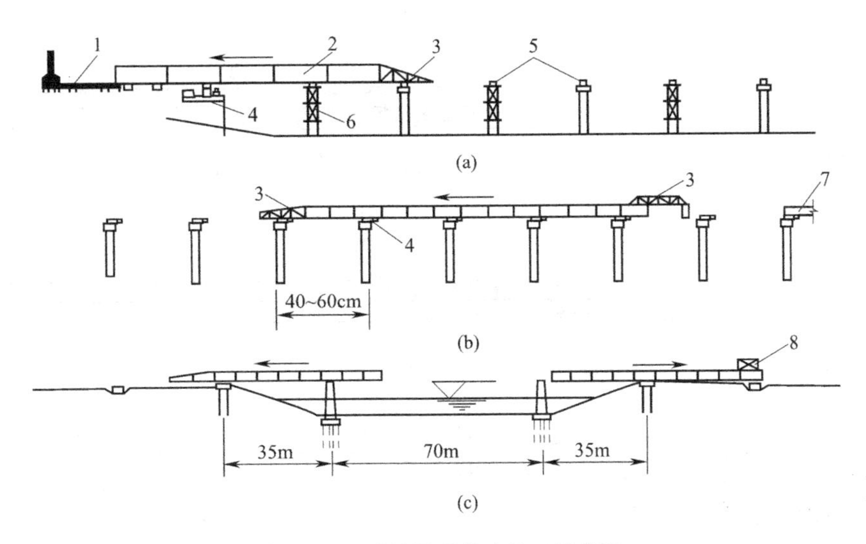

图 11-15 连续梁顶推法施工示意图

（a）单向单点顶推法；（b）多点顶推法；（c）双向顶推法

1—制梁场；2—梁段；3—导梁；4—千斤顶装置；5—滑道支承；6—临时墩；7—已架完的梁；8—平衡重

（三）移动式模架逐孔施工法（逐孔施工法）

移动式模架逐孔施工法是从桥梁的一端开始，采用一套施工设备或一、二跨施工支架，在桥跨内进行现浇施工，待混凝土达到一定强度后就脱模，并将整孔模架移至下一浇筑桥孔，逐孔施工，周期循环，直到全部完成。移动式模架逐孔施工法，是近年来为了适应中等跨径长桥建设需要，以现浇预应力混凝土桥梁施工的快速化和省力化为目的发展起来的。此法适用于跨径达 20～50m 的等跨和等高度连续梁桥施工，平均的推进速度约为每昼夜 3m。鉴于整套施工设备需要较大投资，故所建桥梁孔数愈多、桥愈长、模架周转次数愈多，则经济效益就愈佳。

移动模架逐孔施工法具有以下特点：① 完全不需设置地面支架，施工不受河流、道路、桥下净空和地基等条件的影响。② 机械化程度高，劳动力少，质量好，施工速度快而且安全可靠。③ 只要下部结构稍提前施工，之后上下部结构可同时平行施工，可缩短工期。而且施工从一端推进，梁一建成就可用作运输便道。④ 模板支架周转率高，工程规模愈大经济效益愈好。显然，这种施工方法所用的整套装置，设备投资较大，准备工作较复杂，要求施工人员具有较熟练的操作技术。

采用此法施工时，通常将现浇梁段的起迄点设在连续梁弯矩最小的截面处（约为由支点向前 5～6m 处），预应力筋锚固在浇筑缝处，当浇筑下一孔梁段前再用连接器将预应力筋接长。

图 11-16 所示为支承式移动模架逐孔施工的推进图。整套施工设备由承载梁（其前端为导梁）、模架梁、模架、前端横梁和支承平车、后端横梁和悬吊平车以及模架梁支承托架等组成。梁的外模架设置在承载梁和模架梁上。前端平车在导梁上行走，此时梁体新浇混凝土的重量传至承载梁和模架梁，后者通过前、后端的平车分别支承在承载梁和已连同模架前移至新的浇筑孔。模架梁到位后，用设置在模架梁上的托架将模架梁临时支承在桥墩两侧，用牵引绞车将导梁移至前孔并使承载梁就位，最后松去托架，使前端平车承重并

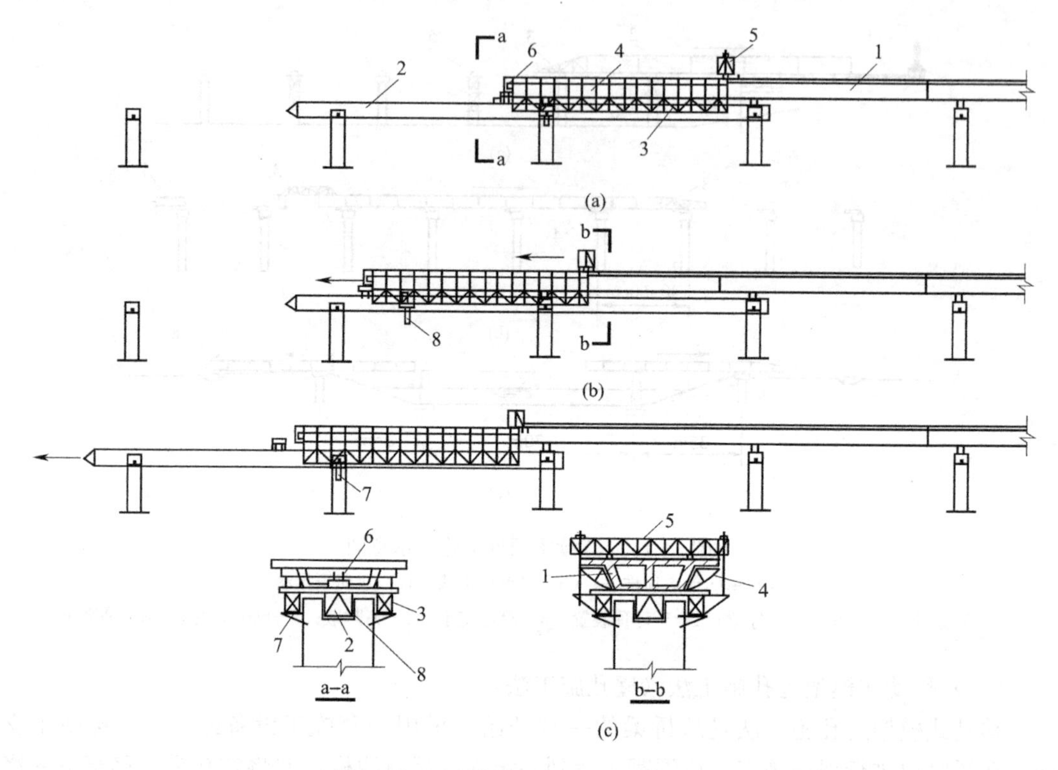

图 11-16　支撑式移动模架逐孔施工法

(a) 浇筑混凝土，施加预应力；(b) 脱模移动模架梁；(c) 模架梁就位后，移动导梁浇筑混凝土前准备工作
1—已完成的梁；2—导梁；3—模架梁；4—模架；5—后端横梁和悬吊平车；
6—前端横梁和支承平车；7—模架梁支承托架；8—墩台留槽

固定位置后，就开始新的浇筑循环。

支承式移动模架特别适用于具有柱式墩的场合，在此情况下，移动模架时模架梁可利用足够的空间前移而不需增加拆、拼工序。当采用支承式装置有困难时，也可以用悬吊式移动模架来施工。此时承载梁与导梁将设置在桥高以上，将模架梁和模架悬吊在承载梁上进行浇筑制梁。移动模架逐孔施工法不仅用来建造连续梁桥，同样也往往用来修建多孔简支梁桥。

六、拱桥施工

拱桥是一种能充分发挥圬工及钢筋混凝土材料抗压性能、外形美观、维修管理费用少的合理桥型，拱桥是我国公路上使用较广泛的一种桥型。拱桥的类型多样，构造各异，但最基本的组成仍为基础、桥墩台、拱圈及拱上建筑。

在允许设置拱架的情况下，各种拱桥施工均可采用在拱架上现浇或组拼拱圈的拱架施工法；为了节省拱架材料，使上、下部结构同时施工，可采用无支架（或少支架）施工法；根据两岸地形及施工现场的具体情况，可采用转体施工法；对于大跨径拱桥还可以采用悬臂施工法。桁架拱桥、桁式组合拱桥一般采用预制拼装施工法，对于小跨径桁架拱桥可采用有支架施工法，对于不能采用有支架施工的大跨径桁架拱桥则采用无支架施工法，如缆索吊装法、悬臂安装法、转体施工法等。刚架拱桥可以采用有支架施工法、少支架施工法或无支架施工法。

（一）拱桥有支架施工

1. 拱架

砌筑石拱桥或混凝土预制块拱桥，以及现浇钢筋混凝土拱圈时，需要搭设拱架，以承受全部或部分主拱圈和拱上建筑的重量，保证拱圈的形状符合设计要求。拱架主要有工字梁钢拱架、钢桁架拱架、扣件式钢管拱架等。

图 11-17 为立柱式拱架的结构形式，它的上部是由斜梁、立柱、斜撑和拉杆等组成的拱形桁架，下部是由立柱及横向联系组成的支架，上、下部之间放置卸架设备。图 11-18 是一种能在桥孔下留出适当空间，以便通航和减少洪水及漂流物威胁的撑架式拱架。图 11-19 是拱式拱架，拱式拱架适用于墩高、水深、流急或要求通航的河流。

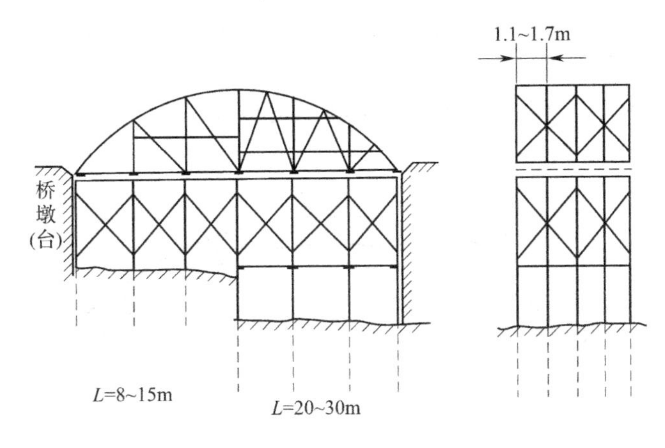

图 11-17　立柱式拱架

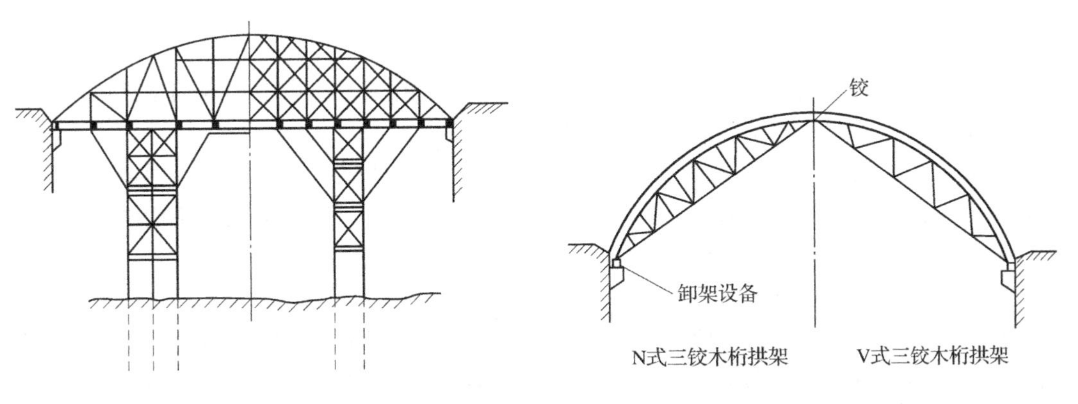

图 11-18　撑架式拱架

图 11-19　拱式拱架

拱架在施工中可能出现变形，拱架可能出现的变形有以下几种：拱圈自重产生的拱顶弹性下沉；拱圈由于温度降低与混凝土收缩产生的拱顶弹性下沉；墩台水平位移产生的拱顶下沉；拱架在承重后的弹性及非弹性变形；拱架基础受载后的非弹性压缩；梁式及拱式拱架的跨中挠度。为了避免变形过大，拱架在施工时需设置预拱度，拱架在拱顶处的总预拱度，可根据实际情况进行组合计算。在一般情况下，拱顶预拱度可在 $L/800$～$L/400$范围内。预拱度的设置如图 11-20 所示，在拱顶外的其余各点可近似地按二次抛物线分配。

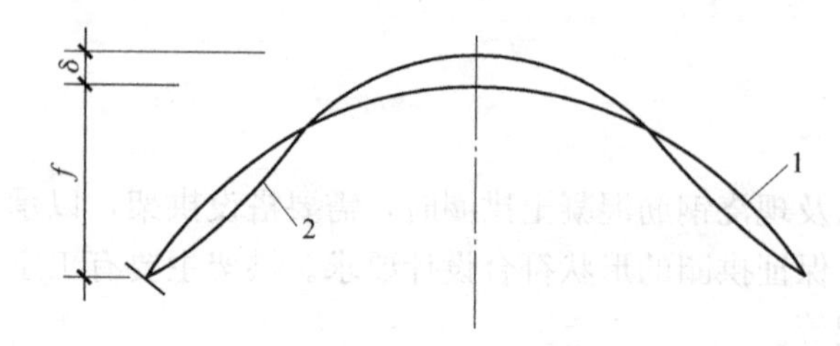

图 11-20　拱桥施工的预拱度设置
1—设计拱轴线；2—施工拱抽线

2. 钢筋混凝土拱圈施工

浇筑拱桥施工顺序一般是依次浇筑主拱圈或拱肋混凝土，浇筑拱上立柱、连系梁及横梁等，浇筑桥面系。施工时，后一阶段混凝土浇筑应在前一阶段混凝土强度达到设计要求后进行。在浇筑主拱圈混凝土时，立柱的底座应与拱圈或拱肋同时浇筑，钢筋混凝土拱桥应预留与立柱的连系钢筋。主拱圈混凝土的浇筑如可分为连续浇筑法、分段浇筑法和分环、分段浇筑法。大、中跨径的拱桥，一般采用分段施工或分环（分层）与分段相结合的施工方法。分段施工可使拱架变形比较均匀，并可避免拱圈的反复变形，如图 11-21 所示。拱圈或拱肋的施工拱架，可在拱圈混凝土强度达到设计强度的 70%以上时，在拱上建筑施工前拆除，但应对拆架后的拱圈进行稳定性验算。

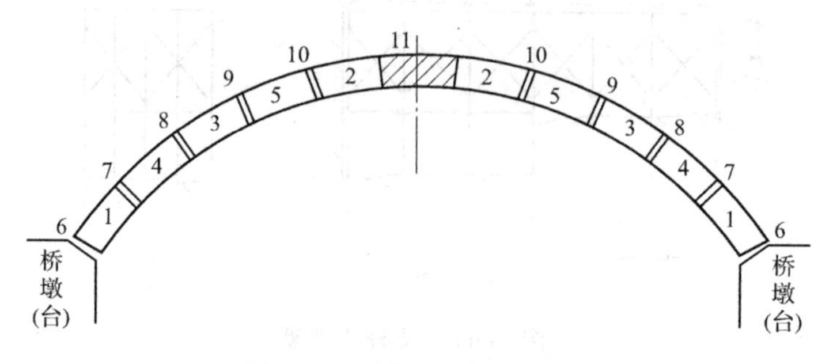

图 11-21　拱圈分段施工顺序

3. 拱上建筑施工

当主拱圈达到一定设计强度后，即可进行拱上建筑的施工。拱上建筑的施工，应掌握对称均衡地进行，避免使主拱圈产生过大的不均匀变形。

实腹式拱上建筑，应从拱脚向拱顶对称地进行。空腹式拱一般是在腹拱墩或立柱完成后，卸落主拱圈的拱架，然后，对称均衡地进行腹拱或横梁、连系梁以及桥面的施工。较大跨径拱桥的拱上建筑砌筑程序，应按设计文件规定进行。

（二）拱桥缆索吊装施工法

在峡谷或水深、流急的河段上，或在有通航要求的河流上，缆索吊装由于具有跨越能力大、水平和垂直运输机动灵活、不需要架设拱架、适应性广、施工较稳妥方便等优点，在拱桥施工中被广泛采用。

采用缆索吊装施工装配式钢筋混凝土肋拱桥的施工工序为：在预制场预制拱肋（箱）和拱上结构；将预制拱肋和拱上结构通过平车等运输设备移运至缆索吊装位置；将分段预制的拱肋吊运至安装位置，利用扣索对分段拱肋进行临时固定；吊运合龙段拱肋，对各段拱肋进行轴线调整，主拱圈合龙；拱上结构施工。可以看出，除缆索吊装设备，以及拱肋（箱）的预制、移运和吊装、拱圈的拼装、合拢等几项工序外，其余工序都与有支架施工方法相同（或相近）。图 11-22 为缆索吊装施工布置。下面主要介绍拱桥的安装与合龙。

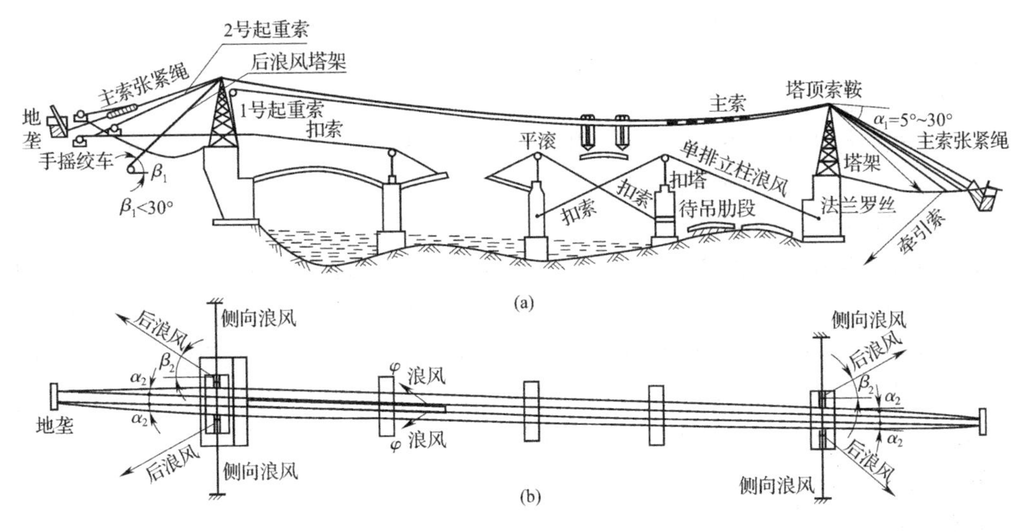

图 11-22　缆索吊装施工布置

(a) 立面图；(b) 俯视图

1. 拱肋的安装

在合理安排拱肋的吊装顺序方面，需考虑按下列原则进行：① 单孔桥跨常由拱肋合龙的横向稳定方案决定吊装拱肋顺序。② 多孔桥跨，应尽可能在每孔内多合龙几片拱肋后再推进，一般不少于两片拱肋。但合龙的拱肋片数不能超过桥墩强度和稳定性所允许的单向推力。③ 对于高桥墩，还应以桥墩的墩顶位移值来控制单向推力，位移值应不大于$L/600$～$L/400$。④ 在设有制动墩的桥跨，可以制动墩为界分孔吊装，先合龙的拱肋可提前进行拱肋接头、横系梁等的安装工作。⑤ 采用缆索吊装时，为便于拱肋的起吊，对应拱肋起吊位置的桥孔，一般安排在最后吊装；必要时，该孔最后几根拱肋可在两肋之间用“穿孔”的方法起吊。用缆索吊装时，为减少主索的横向移动次数，可将每个主索位置下的拱肋全部吊装完毕后再移动主索。⑥ 为减少扣索往返拖拉次数，可按吊装推进方向，顺序地进行吊装。拱肋安装的一般顺序为：边段拱肋吊装及悬挂；次边段拱肋吊装及悬挂；中段拱肋吊装及拱肋合龙。在边段、次边段拱肋吊运就位后，需施加扣索进行临时固定。

2. 拱肋的合龙

拱肋的合龙方式有单基合龙、双基肋合龙、留索单肋合龙等。当拱肋跨度大于 80m 或横向稳定安全系数小于 4 时，应采用双基肋合龙松索成拱的方式，即当第一根拱肋合龙并校正拱轴线，楔紧拱肋接头缝后，稍松扣索和起重索，压紧接头缝，但不卸掉扣索，待第二根拱肋合龙并将两根拱肋横向连接、固定和拉好风缆后。再同时松卸两根拱肋的扣索和起重索。

拱肋合龙后的松索过程必须注意下列事项：松索前应校正拱轴线及各接头高程，使之符合要求；每次松索均应采用仪器观测，控制各接头高程，防止拱肋各接头高程发生非对称变形而导致拱肋失稳或开裂；松索应按照拱脚段扣索、次段扣索、起重索的先后顺序进行，并按比例定长、对称、均匀松卸；每次松索量宜小，各接头高程变化不宜超过 1cm。松索至扣索和起重索基本不受力时，用钢板嵌塞接头缝隙，压紧接头缝，拧紧接头螺栓，同时，用风缆调整拱肋轴线。调整拱肋轴线时，除应观测各接头高程外，还应监测拱顶及 1/8 跨点处的高程，使其在允许偏差之内；待接头处部件电焊后，方可松索成拱。

3. 稳定措施

在缆索吊装施工的拱桥中，为保证拱肋有足够的纵、横向稳定性，除要满足计算要求外，在构造、施工上都必须采取一些措施。

（三）钢管混凝土拱桥施工

钢管混凝土拱桥是以钢管为拱圈外壁，在钢管内浇筑混凝土，使其形成由钢管和混凝土组成的拱圈结构。由于管壁内填满混凝土，提高了钢管壁受压的稳定性，钢管内的混凝土受钢管的约束，提高了混凝土的抗压强度和延性。在施工时，由于钢管的质量轻，刚度大，吊装方便，钢管的较大刚度可以作为拱圈施工的劲性骨架，钢管本身就是模板，这些优点给大跨度拱桥施工创造了十分有利的条件。图 11-23 为某中承式系杆拱桥。

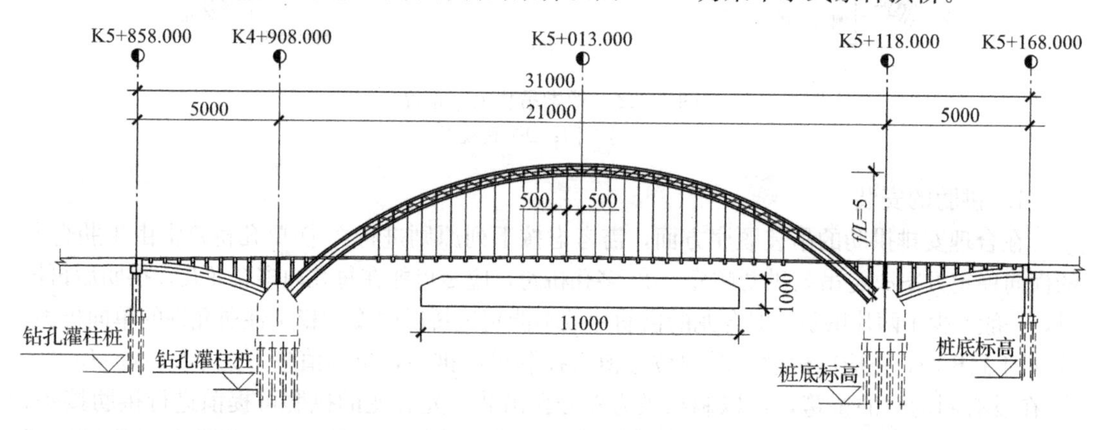

图 11-23　某中承式系杆拱桥

钢管混凝土拱桥施工时，首先分段制作钢管及加工腹杆、横撑等，然后，在样台上拼接钢管拱肋，应先端段，后顶段逐段进行；接着吊装钢管拱肋就位，合龙，从拱顶向拱脚对称施焊，封拱脚使钢管拱肋转为无铰拱，同时，从拱顶向拱脚对称安装肋撑及间横梁、撑等结构；第三步可按设计程序浇筑钢管内混凝土；最后，安装吊杆、拱上立柱及纵横梁和桥面板，浇筑桥面混凝土。

（四）劲性骨架施工法

劲性骨架施工法是利用先安装的拱形劲性钢桁架（骨架）作为拱圈的施工支架，并将劲性骨架各片竖、横桁架包以外浇混凝土，形成拱圈整个截面构造的施工方法。劲性骨架不仅在施工中起到支架作用，同时，它又是主拱圈结构的组成部分。

1. 劲性骨架的施工

图 11-24 所示为某桥的劲性骨架。劲性骨架分为若干节段，由桁片组成，劲性骨架桁段啮合加工顺序为：精确放样→绘制加工大样图→组焊桁片→检查验收。

劲性骨架安装的实质是用缆索吊机悬拼一座由一系列桁段组成的拱形斜拉桥。

劲性骨架的安装分为 3 个阶段：拱脚定位段、中间段和拱顶段。其中拱脚定位段和拱顶合龙段最关键，施工难度较大。安装程序为：① 按工厂加工好的第一段劲性骨架的各弦管几何尺寸精确测量放样，在主拱座预留孔内埋设起始段定位钢管座；② 起吊第 1 段

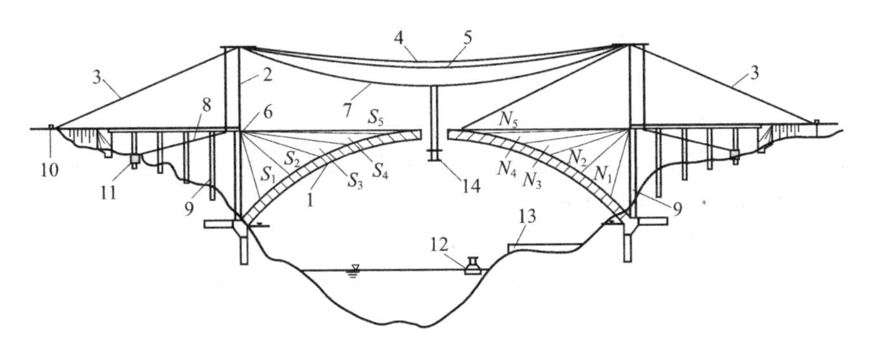

图 11-24 劲性骨架吊装与扣、锚体系

1—劲性骨架；2—缆索吊机；3—索塔后锚索；4—压塔索；5—工作索；6—墩顶锚梁；
7—承重索；8—锚索；9—桥墩；10—主缆地锚；11—锚锭与锚梁；
12—骨架运输驳船；13—骨架临时存放场；14—骨架起吊节段

骨架，将各弦管嵌入拱座定位钢管座，安装临时扣索；③ 起吊第 2 段骨架，与第 1 段骨架精确对中，钢销定位，法兰盘螺栓连接，安装临时扣索，初调高程；④ 第 3 段骨架吊装就位，安装第 1 组扣、锚索，拆除临时扣索，调整高程和轴线；⑤ 悬臂安装第 4 段骨架，第 5 段骨架就位后安装临时扣索；⑥ 吊装第 6 段骨架，安装第 2 组扣索，拆除临时扣索，调整高程和轴线，观测索力和骨架应力；⑦ 同法安装两岸第 7～8 段骨架及第 3～6 组扣索；⑧ 精确丈量拱顶合龙间隙，据以加工合龙段嵌填钢板，安装拱顶合龙“抱箍”，实现劲性骨架合龙；⑨ 拆除扣、锚索，劲性骨架安装完成。

2. 主拱圈混凝土施工

主拱圈混凝土浇筑施工过程，对劲性骨架而言，实际上是在一钢管桁架拱桥上进行加载的过程。对于大跨度拱桥的就地浇筑施工方案，一般都遵循分环、分段、均衡对称加载的总原则进行纵向加载设计。

七、斜拉桥施工

斜拉桥是一种桥面体系以主梁受轴力（密索体系）或受弯（稀索体系）为主，支承体系以拉索受拉和索塔受压为主的组合体系桥梁。

近代第一座斜拉桥是 1955 年建成的瑞典斯特姆松特桥，它是一座稀索辐射式的钢斜拉桥。从 20 世纪 80 年代开始，斜拉桥以其独特优美的造型及优越的跨越能力在我国迅速推广，特别在城市桥梁和公路桥梁中被广泛采用。

斜拉桥的施工，一般可分为基础、墩塔、梁、索等四部分。其中基础施工与其他类型的桥梁的施工方法相同；斜拉桥主梁的施工在前面已经介绍了有关施工方法，即悬臂施工法。悬臂施工法是目前混凝土斜拉桥主梁施工的主要方法，适用于净高很大的大跨径斜拉桥主梁的施工。

（一）索塔施工

1. 起重机

索塔施工属于高空作业，工作面狭小，其施工工期影响着全桥的总工期，起重设备是索塔施工的关键。起重设备的选择随索塔的结构形式、规模、桥位地形等条件确定，必须满足索塔施工的垂直运输、起吊荷载、吊装高度、起吊范围的要求。起重设备目前一般采用塔吊辅以人货两用电梯，也可以采用万能杆件或贝雷架等通用杆件配备卷扬机、电动葫芦装配的提升吊机等。

2. 模板和混凝土浇筑

施工索塔混凝土的模板按结构形式不同可采用提升模板和滑升模板。提升模板按其吊点的不同，可分为依靠外部吊点的单节整体模板逐段提升、多节模板交替提升（简称翻模）以及本身带爬架的爬升模板；滑升模板只适用于等截面的垂直塔柱。

在高空中进行大跨度、大断面现浇高强度预应力混凝土难度很大。施工时要考虑到模板及支撑系统的连接间隙变形、弹性变形、支承不均匀沉降变形、日照温差对构件的产生的不均匀变形的影响，并采取相应的变形调节措施。每次浇筑混凝土的供应量应保证在混凝土初凝前完成浇筑，并且采取有效措施防止在早期养护期间及每次浇筑过程中由于支架的变形影响而造成混凝土梁开裂。当主塔高度较高时，用吊斗提送混凝土速度难以满足设计及施工的要求，此时应采用商品混凝土泵送施工工艺。

3. 拉索锚固区塔柱施工

当索塔为钢筋混凝土时，拉索在塔顶部的锚固形式主要有交叉锚固、钢梁锚固、箱形锚固、固定型锚固、铸钢索鞍等形式。

（1）交叉锚固型塔柱。中、小跨径斜拉桥的拉索多采用交叉锚固形式，如图 11-25 所示。交叉锚固型塔柱的施工过程为：立劲性骨架、钢筋绑扎、拉索套筒的制作及定位、立模、浇筑混凝土等。

（2）拉索钢梁锚固型塔柱的施工。大跨径斜拉桥多采用对称拉索锚固，一般方法是采用拉索钢横梁锚固构造，如图 11-26 所示。施工程序为：立劲性骨架、钢筋绑扎、套筒定位、装外侧模、混凝土浇筑、横梁安装。

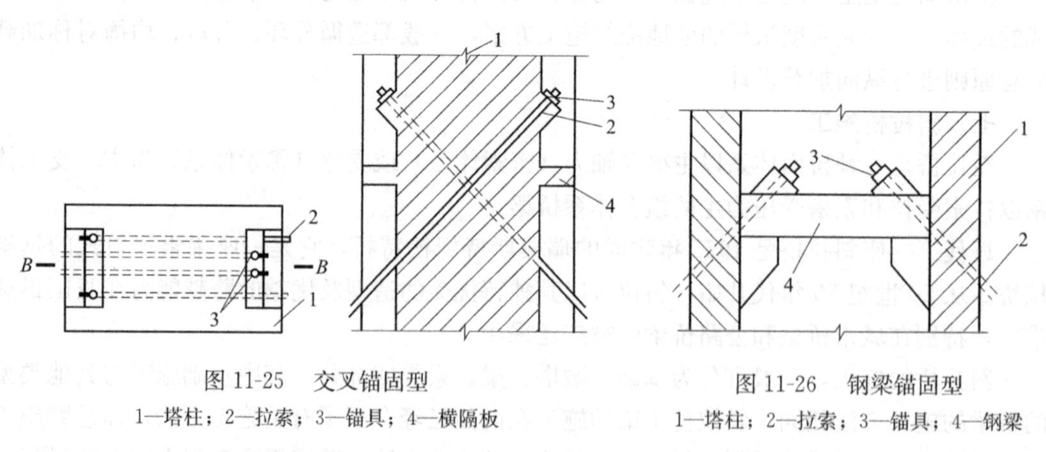

图 11-25　交叉锚固型

1—塔柱；2—拉索；3—锚具；4—横隔板

图 11-26　钢梁锚固型

1—塔柱；2—拉索；3—锚具；4—钢梁

（3）预应力箱形锚固。拉索平面预应力箱形锚固段为空心柱。其施工程序为：立劲性骨架；绑扎钢筋；套筒安装；套筒定位；安装预应力管道及钢束；模板安装；混凝土浇筑养护；施加预应力；灌浆。

（二）斜拉桥主梁施工

斜拉桥主梁的施工可采用支架法、顶推法、转体法、悬臂施工法等来进行，其中以悬臂法最常用。

悬臂法可以是在支架上修建边跨，然后中跨采用悬臂拼装法和悬臂施工的单悬臂法；也可以是对称平衡方式的双悬臂法。悬臂施工法分为悬臂拼装法和悬臂浇筑法两种。悬臂拼装法，一般是先在塔柱区现浇一段放置起吊设备的起始梁段，然后用各种起吊设备从塔柱两侧依次对称安装节段，使悬臂不断伸长直至合龙。悬臂浇筑法，是从塔柱两侧用挂篮对称逐段就地浇筑混凝土。在实际施工中，混凝土斜拉桥多采用悬臂浇筑法，而结合梁斜拉桥和钢斜拉桥多采用悬臂拼装法。我国大部分混凝土斜拉桥主梁都采用悬臂浇筑法施工。

对于自锚式的斜拉桥，常用从塔柱处开始向两侧的平衡悬臂法进行悬浇施工，图 11-27为从塔柱开始用平衡悬臂法架设斜拉桥施工示意图。其架设步骤为四阶段，阶段 1：在主墩上安装塔柱和主梁的零号段，当主梁与塔墩为非固结结构时，并需加以临时固结；阶段 2：利用桥面上操作的动臂吊机起吊并拼装梁段，或通过挂篮悬浇主梁梁段，进行平衡悬臂施工；阶段 3：随着悬臂的伸展，安装斜拉索，并经初步张拉以降低梁内弯矩；阶段 4：桥梁在主跨中央合龙，再铺设桥面、栏杆等附加荷载，进行索力调整。

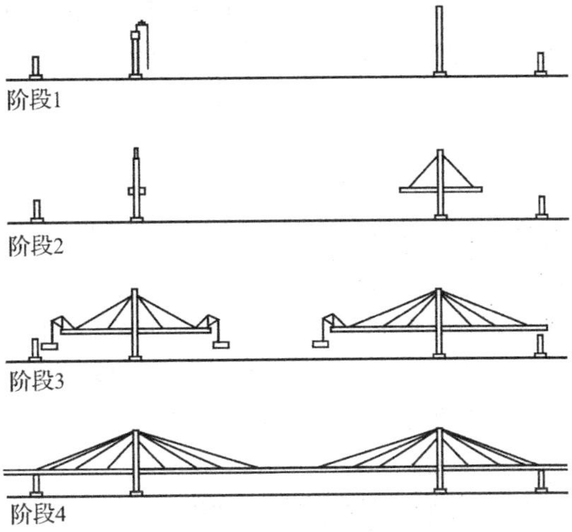

阶段1

阶段2

阶段3

阶段4

图 11-27　从塔柱开始用平衡悬臂法架设斜拉桥施工示意图

（三）斜拉索施工

1. 斜拉索制作

为保证钢丝索能顺利通过各个工艺流程，一般将钢丝索的断面排列成正六边形或缺角六边形，进行大捻距同心左转扭绞，同时缠包一层或两层纤维增强聚酯带，以减少拉索松散的可能性、顺利通过挤塑。

斜拉桥的拉索一般都在工厂内按不同截面和长度精确地整根预制成圆形钢丝束。拉索两端设有锚具，并常用热挤法做成高密度的聚乙烯护套。制成的拉索可卷在卷轴上运输至工地。为了消解在卷索时聚乙烯护套内不可避免的塑性变形，拉索在安装前最好应拉直放置一些时间。拉索在施工中应注意保护，以免聚乙烯防（PE）护套局部损坏。

2. 拉索安装

拉索可以直接用吊车将一端提升至桥塔锚固点进行穿索安装。对于很长的拉索，除吊车外，往往需要借助手链葫芦施加一定的水平拉力才能将拉索安装就位。

拉索安装完成后，即可用具有较大行程的穿心式千斤顶在塔柱上（或在主梁下）进行张拉并锚固。对于千吨以上的大型拉索，为了避免安装和张拉整根拉索的困难性，目前还开发了用多根带聚乙烯护套的钢绞线组成的拉索，只要使用很轻型的千斤顶逐根张拉钢绞线，拉索张拉完毕并锚固后，整索再加护套防护。

拉索安装程序为：挂索机具安装→梁端锚具安装→塔端内钢管安装→钢绞线下料→单根钢绞线逐根挂设张拉→素箍安装、紧索→整索张拉→塔端锚固段安装→压注环氧砂浆→减振器安装→拉索锚具防护，安装防水罩、锚头防护罩。

3. 拉索防护设施的安装

防护设施包括索箍、减振器、防水罩、锚头防护罩、鞍座处注环氧砂浆、锚具注环氧砂浆或注油。防护设施的安装顺序是：索夹安装→紧索→安装减振器→锚头密封→压注环氧砂浆→管口防水罩安装→锚具外防护罩安装。

八、悬索桥施工

悬索桥的构造方式是 19 世纪初被发明的，现在许多桥梁使用这种结构方式。现代悬索桥是由索桥演变而来。适用范围以大跨度及特大跨度公路桥为主。

悬索桥是以通过索塔悬挂并锚固于两岸（或桥两端）的缆索（或钢链）作为上部结构主要承重构件的桥梁。其缆索几何形状由力的平衡条件决定，一般接近抛物线。从缆索垂下许多吊杆，把桥面吊住，在桥面和吊杆之间常设置加劲梁，同缆索形成组合体系，以减小活载所引起的挠度变形。悬索桥由悬索、索塔、锚碇、吊杆、桥面系等部分组成。悬索桥的主要承重构件是悬索，它主要承受拉力，一般用抗拉强度高的钢材（钢丝、钢绞线、钢缆等）制作。由于悬索桥可以充分利用材料的强度，并具有用料省、自重轻的特点，因此悬索桥在各种体系桥梁中的跨越能力最大，跨径可以达到 1000m 以上。1998 年建成的日本明石海峡桥的跨径为 1991m，是目前世界上跨径最大的桥梁。悬索桥的主要缺点是刚度小，在荷载作用下容易产生较大的挠度和振动，需注意采取相应的措施。

悬索桥的施工主要包括：锚碇、桥塔、主缆、吊索等的制作和安装。

（一）锚碇

锚碇是支承主缆的重要结构之一。大跨悬索桥的锚碇由锚块、锚块基础、主缆的锚碇架及固定装置等组成；在小跨径悬索桥中，除了锚块外其他部分也可作简化。锚块分为重力式和岩洞式。重力式锚块混凝土的浇筑应按大体积混凝土浇筑的注意事项进行、锚块与基础应形成整体。对于岩洞式锚块，在开挖岩石过程中本质采用大药量的爆破，应尽量保护岩石的整体性。岩洞内的岩面，开挖到设计截面后，应迅速加设衬砌，避免岩面风化，影响锚块质量。锚板混凝土浇筑应注意水化热影响，防止锚板产生裂缝。岩洞式锚块应注意岩洞中排水和防水措施，对于岩洞周围裂缝较多的岩石应加以处理。

（二）悬索桥桥塔和主梁施工

桥塔可采用钢桥塔和钢筋混凝土桥塔，其施工法均与斜拉桥的桥塔基本相同。悬索桥主梁混凝土的浇筑同普通桥一样，首先，梁体标高的控制必须准确，要通过精确的计算预留支架的沉降变形；其次，梁体预埋件的预埋要求有较高的精度，特别是拉杆的预留孔道要有准确的位置及良好的垂直度，以保证在正常的张拉过程中拉杆始终位于孔道的正中心。主梁浇筑顺序应从两端对称向中间施工，防止偏载产生的支架偏移，施工时以水准仪观测支架沉降值，并详细记录。待成型后立即复测梁体线型，将实际线型与设计线型进行比较，及时反馈信息，以调整下一步施工。

（三）悬索桥索部施工

缆索工程施工如图 11-28 所示。

1. 主缆架设

根据结构特点，主缆架设可以采取在便桥或已浇筑桥面外侧直接展开，用卷扬机配合长臂汽车吊从主梁的侧面起吊安装就位。

（1）缆索的支撑。为避免形成绞，将成圈索放在可以旋转的支架上。在桥面每 4～5m 设置索托辊（或敷设草包等柔性材料），以保证索纵向移动时不会与桥面直接摩擦造成索

(1)导索渡海

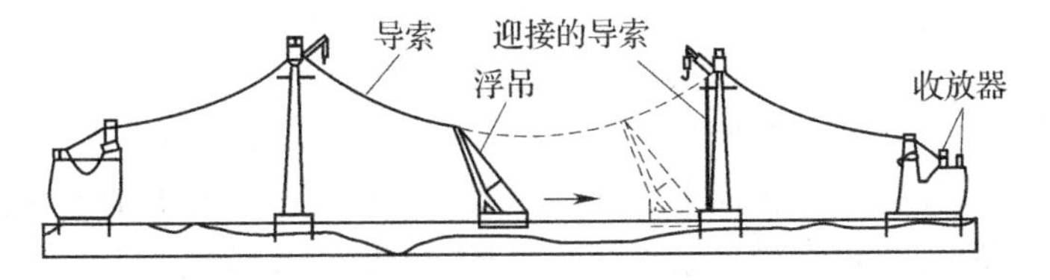

(2)猫道索架设

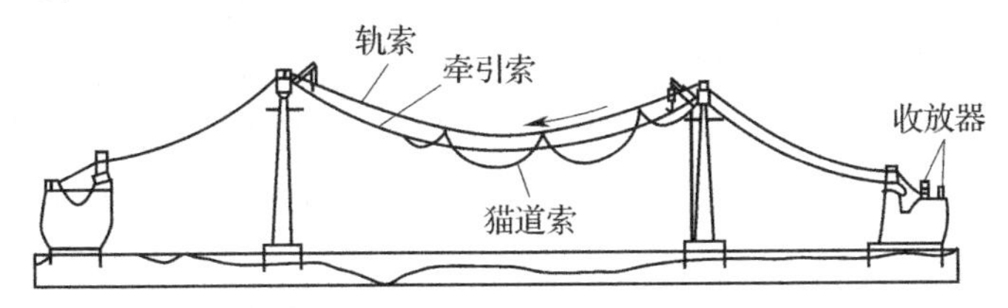

(3)猫道床组架设

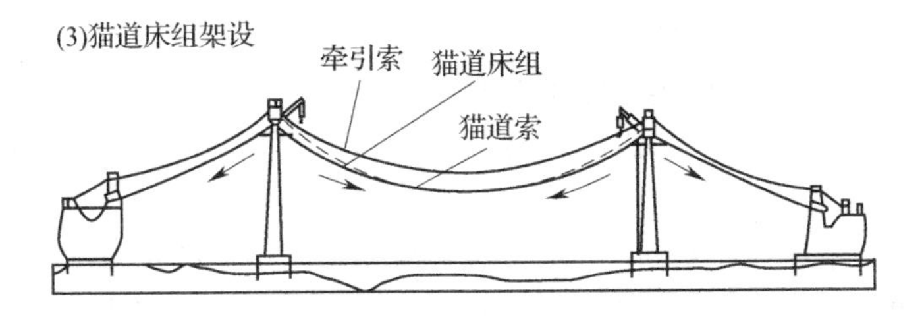

(4)防风索架设及缆索钢丝束铺设

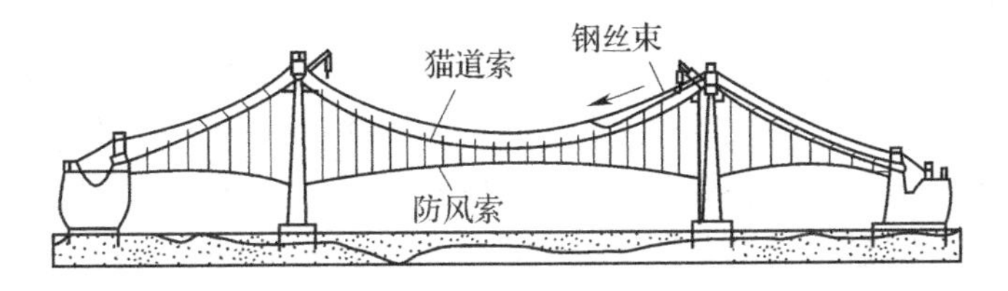

(5)索夹安装

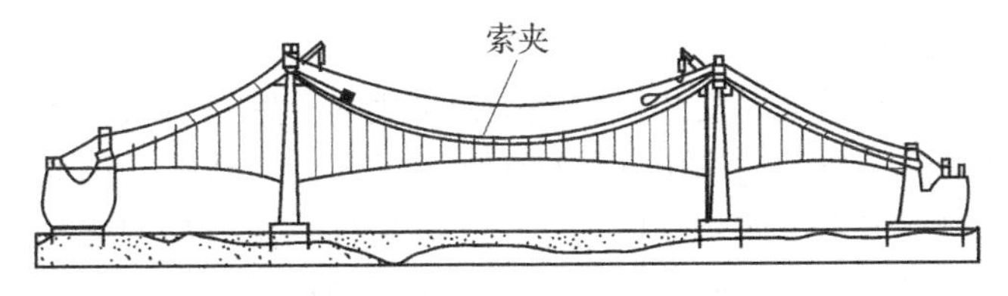

(6)防风索撤除、安装吊索

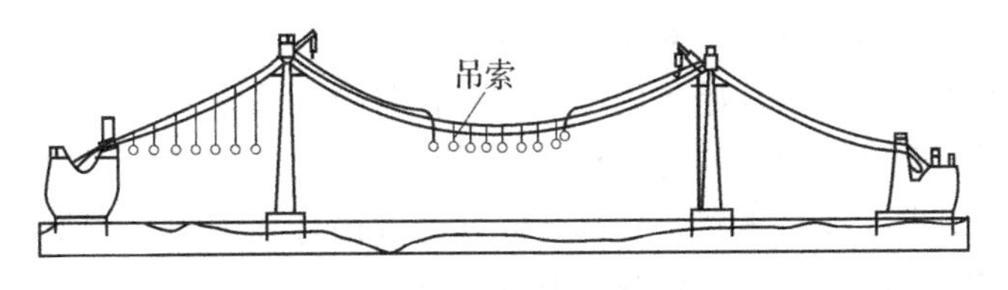

图 11-28　缆索工程施工示意图

护套损坏。因锚端重量较大，在牵引过程中采用小车承载索锚端。

(2) 缆索的牵引。牵引采用卷扬机，为避免牵钢丝绳过长，索的纵向移动可分段进行，索的移动分三段，分别在二桥塔和索终点共设卷扬机。

(3) 缆索的起吊。在塔的两侧设置导向滑车，卷扬机固定在引桥桥面上主桥索塔附近，卷扬机配合放索器将索在桥面上展开。主要用吊车起吊，提升时避免索与桥塔侧面相摩擦。当索提升到塔尖时将索吊人索鞍。在主索安装时，在桥侧配置台吊机，包括锚固区提升吊机、主索塔顶就位吊机和提升倒链。

当拉索锚固端牵引到位时，用锚固区提升吊机安装主索锚具，并一次锚固到设计位置；主索塔顶就位吊机是在两座塔的两侧安置吊车，用于将主索直接吊上塔顶索鞍就位，在吊装过程中为避免索的损伤，索上吊点采用专用索夹保护；主索在提升到塔顶时，由于主跨的索段比较长，为确保吊机稳定，可在适当的时候用塔上提升倒链协助吊装。

2. 主缆调整

在制作过程中要在缆上进行准确标记。标记点包括锚固点、索夹、索鞍及跨中位置等。安装前按设计要求核对各项控制值，经设计单位同意后进行调整，按照调整后的控制值进行安装，调整一般在夜间温度比较稳定的时间进行。调整工作包括测定跨长、索鞍标高、索鞍预偏量、主索垂直度标高、索鞍位移量以及外界温度，然后计算出各控制点标高。

主缆的调整采用千斤顶在锚固区张拉。先调整主跨跨中缆的垂直标高，完成索鞍处固定。调整时应参照主缆上的标记以保证索的调整范围。主跨调整完毕后，边跨根据设计提供的索力将主缆张拉到位。

3. 索夹安装

为避免索夹的扭转，索夹在主索安装完成后进行。首先复核工厂所标示的索夹安装位置，确认后将该处的 PE 护套剥除。索夹安装采用工作篮作为工作平台，将工作篮安装在主缆上（或同普通悬索桥一样搭设猫道），承载安装人员在其上进行操作。索夹起吊采用汽吊，索夹安装的关键是螺栓的坚固（要分两次进行）索夹安装就位时用扳手预紧，然后用扭力扳手第一次紧固，吊杆索力加载完毕后用扭力扳手第二次紧固。索夹安装顺序是中跨从跨中向塔顶进行，边跨从锚固点附近向塔顶进行。

4. 吊杆安装及加载

吊杆在索夹安装完成后立即安装。小型吊杆采用人工安装，大型吊杆采用吊车配合安装。由于自锚式悬索桥在荷载的作用下呈现出明显的几何非线性，因此吊杆的加载是一个复杂的过程。主缆相对于主梁而言刚度很小，如果吊杆一次直接锚固到位，无论是张拉设备的行程或者张拉力都很难控制而全桥吊杆同时张拉调整在经济上是不可行的。为了解决这个问题，就必须根据主梁和主缆的刚度、自重采用计算机模拟的办法，得出最佳加载程序。并在施工过程中，通过观测，对张拉力加以修正。

吊索张拉自塔柱和锚头处开始使用千斤顶对称张拉。吊索底端冷铸锚具其锚杯铸有内外螺纹，内螺纹用于连接张拉时的连接杆以便千斤顶作用，外螺纹用螺母连接后将吊杆固定于锚垫板上。由于主缆在自重状态标高较高，导致吊杆在加载之前下锚头处于主梁梁体之内，因此在张拉时需配备临时工作撑脚和连接杆。

第一次张拉施加 1/4 的设计力将每一根吊杆临时锁定，第二次顺序与第一次相同，按设计力张拉完，然后检测每一根吊杆的实际荷载，最后根据设计力具体对每一根吊杆进行微调。在吊索的张拉过程中，塔顶与鞍座一起发生位移，塔根承受弯矩，这样有可能产生塔根应力超限的危险，为了不让塔根应力超限，张拉一定程度后，根据实际观测及计算分析，进行索鞍顶推，使塔顶回到原来无水平位移时的状态，如此反复后，将每根吊索的张拉力调整至设计值。

施工过程的控制对于自锚式混凝土悬索桥每一道工序的施工均非常重要，尤其在索部施工过程中每一阶段每一根吊索的索力都要及时准确的反馈。吊索张拉时千斤顶的油表读数是一个直观反映，另外利用智能信号采集处理分析仪通过对吊索的振动测出其所受的拉力，两种方法互相检验，确保张拉时每一根吊索的索力与设计相吻合。

复习思考题

1. 道路基层分哪几类？各类基层常采用哪些施工方法？
2. 沥青路面分哪几种类型？各类沥青路面的施工工序是什么？
3. 水泥混凝土路面常采用哪些施工方法？
4. 简述各种常用架梁方法的工艺特点。
5. 简述悬臂施工法的分类和各自的特点。
6. 简述悬臂浇筑法施工过程。
7. 简述悬臂拼装施工连续梁桥的工序特点。
8. 悬臂法施工中悬臂挠度如何控制？
9. 什么是顶推施工法？有哪几种类型？
10. 简述顶推施工法的工艺流程的要点。
11. 简述拱桥常用的施工方法。
12. 简述斜拉桥、悬索桥施工过程。

第十二章 施工组织概论

本章学习要点：

1. 熟悉建筑产品及其生产的特点；了解施工组织设计的概念及作用，掌握施工组织设计分类和施工组织设计的基本内容。

2. 了解组织施工的原则；熟悉施工准备工作；熟悉施工现场原始资料的调查内容。

第一节 建筑产品及其生产的特点

建筑产品是建筑施工的最终成果，由于建筑产品的使用功能、平面与空间组合、结构与构造形式、采用材料等特殊性，决定了建筑产品的特殊性、建筑产品生产与一般的工业产品生产的不同，只有掌握了建筑产品及其生产的特点，才能更好地组织建筑产品的生产，保证产品的质量。

一、建筑产品的特点

1. 建筑产品空间位置的固定性

任何建筑产品都是在选定的地点上建造使用，建筑产品的基础与作为地基的土地直接联系，因而建筑产品在建造中和建成后一般不能移动，建筑产品建在哪里就在哪里发挥作用，所以，建筑产品的建筑和使用地点在空间上是固定的。固定性是建筑产品与一般工业产品的最大区别。

2. 建筑产品的多样性

建筑产品一般是由设计和施工部门根据建设单位（业主）的委托，按特定的要求进行设计和施工的。由于对建筑产品的功能要求多种多样，因而对每一建筑产品的结构、造型、空间分割、设备配置、内外装饰都有具体要求。即使功能要求相同，建筑类型相同，但由于地形、地质等自然条件不同以及交通运输、材料供应等社会条件不同，在建造时施工组织、施工方法也存在差异。建筑产品的这种多样性特点决定了建筑产品不能像一般工业产品那样进行批量生产。

3. 建筑产品体形庞大

建筑产品是生产与生活的场所，要在其内部布置各种生产与生活必需的设备与用具，因而与其他工业产品相比，建筑产品体形庞大，占有广阔的空间，排他性很强。因其体积庞大，建筑产品对城市的形成影响很大，城市必须控制建筑区位、面积、层高、层数、密度等，建筑必须服从城市规划的要求。

4. 建筑产品的高值性

能够发挥投资效用的任一项建筑产品，在其生产过程中耗用了大量的材料、人力、机械及其他资源，不仅实物形体庞大，而且造价高昂，动辄数百万、数千万、数亿，特大的工程项目其工程造价可达数十亿、百亿人民币。建筑产品的高值性也使其工程造价关系到各方面的重大经济利益，同时也会对宏观经济产生重大影响。

二、建筑产品生产的特点

1. 建筑产品生产的流动性

建筑产品的固定性决定了生产的流动性。

一方面，由于建筑产品是在固定地点建造的，生产者和生产设备要随着建筑物建造地点的变更而流动，相应材料、附属生产加工企业、生产和生活设施也经常迁移，使建筑生产费用增加。同时，由于建筑产品生产现场和规模都不固定，需求变化大，要求建筑产品生产者在生产时遵循弹性组织原则。

另一方面由于建筑产品固定在土地上，与土地相连，在生产过程中，产品固定不动，人、材料、机械设备围绕着建筑产品移动，要从一个施工段移到另一个施工段，从房屋的一个部位转移到另一个部位。许多不同的工种，在同一对象上进行作业，不可避免地会产生施工空间和时间上的矛盾。这就要求有一个周密的施工组织设计，使流动的人、机、物等互相协调配合，做到连续、均衡施工。

2. 建筑产品生产的单件性

建筑产品的多样性决定了建筑产品生产的单件性。每项建筑产品都是按照建设单位的要求进行设计与施工的，都有其相应的功能、规模和结构特点，所以工程内容和实物形态都具有个别性、差异性。而工程所处的地区、地段不同更增强了建筑产品的差异性，同一类型工程或标准设计，在不同的地区、季节及现场条件下，施工准备工作、施工工艺和施工方法不尽相同，所以建筑产品只能是单件生产，而不能按通用定型的施工方案重复生产。这一特点就要求施工组织设计编制者考虑设计要求、工程特点、工程条件等因素，制定出可行的施工组织方案。

3. 建筑产品的生产过程具有综合性

建筑产品的生产首先由勘察单位进行勘测，设计单位设计，建设单位进行施工准备，建安工程施工单位进行施工，最后经过竣工验收交付使用。所以建安工程施工单位在生产过程中，要和业主、金融机构、设计单位、监理单位、材料供应部门、分包等单位配合协作。由于生产过程复杂，协作单位多，是一个特殊的生产过程，这就决定了其生产过程具有很强的综合性。

4. 建筑产品生产受外部环境影响较大

建筑产品体积庞大，使建筑产品不具备在室内生产的条件，一般都要求露天作业，其生产受到风、霜、雨、雪、温度等气候条件的影响；建筑产品的固定性决定了其生产过程会受到工程地质、水文条件变化的影响，以及地理条件和地域资源的影响。这些外部影响对工程进度、工程质量、建造成本等都有很大影响。这一特点要求建筑产品生产者提前进行原始资料调查，制订合理的季节性施工措施、质量保证措施、安全保证措施等，科学组织施工，使生产有序进行。

5. 建筑产品生产过程具有连续性

建筑产品不能像其他许多工业产品一样可以分解为若干部分同时生产，而必须在同一固定场地上按严格程序连续生产，上一道工序不完成，下一道工序不能进行。建筑产品是持续不断的劳动过程的成果，只有生产过程完成，才能发挥其生产能力或使用价值。一个建设工程项目从立项到投产使用要经历五个阶段，即设计前的准备阶段（包括项目的可行性研究和立项)、设计阶段、施工阶段、使用前准备阶段(包括竣工验收和试运行)和保修阶段。这是一个不可间断的、完整的周期性生产过程,它要求在生产过程中各阶段、各环节、各项工作必须有条不紊地组织起来,在时间上不间断,空间上不脱节。要求生产过程的各项工作必须合理组织、统筹安排,遵守施工程序,按照合理的施工顺序科学地组织施工。

6. 建筑产品的生产周期长

建筑产品的体积庞大决定了建筑产品生产周期长,有的建筑项目,少则1~2年,多则3~4年、5~6年,甚至10年以上。因此它必须长期大量占用和消耗人力、物力和财力,要到整个生产周期完结,才能出产品。故应科学地组织建筑生产,不断缩短生产周期,尽快提高投资效果。

由上可知,建筑产品与其他工业产品相比,有其独具的一系列技术经济特点,现代建筑施工已成为一项十分复杂的生产活动,这就对施工组织与管理工作提出了更高的要求,表现在以下方面:

其一,建筑产品的固定性和其生产的流动性,构成了建筑施工中空间上的分布与时间上的排列的主要矛盾。建筑产品具有体积庞大和高值性的特点,这就决定了在建筑施工中要投入大量的生产要素(劳动力、材料、机具等),同时为了迅速完成施工任务,在保证材料、物资供应的前提下,最好有尽可能多的工人和机具同时进行生产。而建筑产品的固定性又决定了在建筑生产过程中,各种工人和机具,只能在同一场所的不同时间,或在同一时间的不同场所进行生产活动。要顺利进行施工,就必须正确处理这一主要矛盾。在编制施工组织设计时要通盘考虑,优化施工组织,合理组织平行、交叉、流水作业,使生产要素按一定的顺序、数量和比例投入,使所有的工人、机具各得其所,各尽其能,实现时间、空间的最佳利用,以达到连续、均衡施工。

其二,建筑产品具有多样性和复杂性,每一个建筑物或建筑群的施工准备工作、施工工艺方法、施工现场布置等均不相同。因此在编制施工组织设计时必须根据施工对象的特点和规模、地质水文、气候、机械设备、材料供应等客观条件,从运用先进技术、提高经济效益出发,做到技术和经济统一,选择合理的施工方案。

其三,建筑施工具有生产周期长、综合性强、技术间歇性强、露天作业多、受自然条件影响大、工程性质复杂等特点,进一步增加了建筑施工中矛盾的复杂性,这就要求施工组织设计要考虑全面,事先制订相应的技术、质量、安全、节约等保证措施,避免质量安全事故,确保安全生产。

另外,在建筑施工中,需要组织各种专业的建筑施工单位和不同工种的工人,组织数量众多的各类建筑材料、制品和构配件的生产、运输、储存和供应工作,组织各种施工机械设备的供应、维修和保养工作。同时,还要组织好施工临时供水、供电、供热、供气以及安排生产和生活所需的各种临时设施。其间的协作配合关系十分复杂。这要求在编制施工组织设计时要照顾施工的各个方面和各个阶段的联系配合问题,合理安排资源供应,精心规划施工平面布置,合理部署施工现场,实现文明施工,降低工程成本,发挥投资效益。

总之,由于建筑产品及其生产的特点,要求每个工程开工之前,根据工程的特点和要求,结合工程施工的条件和程序,编制出拟建工程的施工组织设计。建筑施工组织设计应按照基本建设程序和客观的施工规律的要求，从施工全局出发，研究施工过程中带有全局性的问题。施工组织设计包括确定开工前的各项准备工作，选择施工方案，安排劳动力和各种技术物资的组织与供应，安排施工进度以及规划和布置现场等。施工组织设计用以全面安排和正确指导施工的顺利进行，达到工期短、质量优、成本低和施工安全的目标。

第二节　施 工 组 织 设 计

一、施工组织设计的概念及作用

1. 施工组织设计的概念

施工组织是根据施工对象的特点对投入到施工中的各种资源（如人力、机械、施工技术、材料等）并考虑施工环境的影响进行合理安排。

施工组织设计是规划和指导拟建工程施工准备到竣工验收全过程的一个综合性的技术经济文件，是对拟建工程在人力和物力、时间和空间、技术和组织等方面所作的全面合理的安排而形成的一份指导施工的技术经济文件，是沟通工程设计和施工之间的桥梁。作为指导拟建工程项目的全局性文件，施工组织既要体现拟建工程的设计和使用要求，又要符合建筑施工的客观规律。它应尽量适应施工过程的复杂性和具体施工项目的特殊性，通过科学、经济、合理的规划安排，使工程项目能够连续、均衡、协调地进行施工，满足工程项目对工期、质量、投资方面的各项要求。

2. 施工组织设计的作用

施工组织设计是用以指导施工组织与管理、施工准备与实施、施工控制与协调、资源的配置与使用等全面性的技术经济文件，是对施工活动的全过程进行科学管理的重要手段。其作用具体表现在以下方面：

（1）施工组织设计是施工准备工作的重要组成部分，同时又是做好施工准备工作的依据和保证。

（2）施工组织设计是根据工程各种具体条件拟定的施工方案、施工顺序、劳动组织和技术组织措施等，是指导开展紧凑、有序施工活动的技术依据。

（3）施工组织设计所提出的各项资源需要量计划，直接为组织材料、机具、设备、劳动力需要量的供应和使用提供数据。

（4）通过编制施工组织设计，可以合理利用和安排为施工服务的各项临时设施，可以合理地部署施工现场，确保文明施工、安全施工。

（5）通过编制施工组织设计，可以将工程的设计与施工、技术与经济、施工全局性规律和局部性规律、土建施工与设备安装、各部门之间、各专业之间有机结合，统一协调。

（6）通过编制施工组织设计，可分析施工中的风险和矛盾，及时研究解决问题的对策、措施，从而提高了施工的预见性，减少了盲目性。

（7）施工组织设计是统筹安排施工企业生产的投入与产出过程的关键和依据。工程产品的生产和其他工业产品的生产一样，都是按要求投入生产要素，通过一定的生产过程，而后生产出成品，而中间转换的过程离不开管理。施工企业也是如此，从承接工程任务开始到竣工验收交付使用为止的全部施工过程的计划、组织和控制的基础就是科学的施工组织设计。

(8) 施工组织设计可以指导投标与签订工程承包合同，并作为投标书的内容和合同文件的一部分。

二、施工组织设计分类

施工组织设计是一个总的概念，根据工程项目的类别、工程规模、编制阶段、编制对象和范围的不同，在编制的深度和广度上也有所不同。

（一）按施工组织设计编制时间不同分类

根据工程施工组织设计编制时间和作用的不同，工程施工组织设计可以划分为两类：一类是投标前编制的施工组织设计（简称标前设计），另一类是签订工程承包合同后编制的施工组织设计（简称标后设计），其特点和区别见表12-1。

不同时间编制的施工组织设计比较 **表12-1**

种　类	服务范围	编制时间	编制者	主要特征	追求主要目标
标前设计	投标与签约	投标书编制前	经营管理层	规划性	中标和经济效益
标后设计	施工准备至验收	签约后开工前	项目管理层	作业性	施工效率和效益

实践证明，在工程投标阶段编好施工组织设计，能充分反映施工企业的综合实力，是实现中标、提高市场竞争力的重要途径；在施工阶段编好施工组织设计，是实现科学管理、提高工程质量、降低工程成本、加速工程进度、预防安全事故的可靠保证。

（二）按施工组织设计的工程对象分类

按施工组织设计的工程对象范围分类，可分为施工组织总设计、单位工程施工组织设计及分部（分项）工程施工组织设计。

1. 施工组织总设计

施工组织总设计是以整个建设项目或民用建筑群为对象编制的，用以指导整个工程项目施工全过程的各项施工活动的全局性、控制性文件。它是对整个建设项目的全面规划，涉及范围较广，内容比较概括。施工组织总设计一般在初步设计或扩大初步设计被批准之后，由总承包企业的总工程师负责，会同建设、设计和分包单位的工程师共同编制。

施工组织总设计用于确定建设总工期、各单位工程开展的顺序及工期、主要工程的施工方案、各种物资的供需计划、全工地性暂设工程及准备工作、施工现场的布置等工作，同时它也是施工单位编制年度施工计划和单位工程施工组织设计的依据。由此可见，施工组织总设计是总的战略部署，是指导全局性施工的技术、经济纲要。

2. 单位工程施工组织设计

单位工程施工组织设计是以一个单位工程（一个建筑物或构筑物，一个交工系统）为编制对象，用以指导其施工全过程的各项施工活动的局部性、指导性文件。它是施工单位年度施工计划和施工组织总设计的具体化，用以直接指导单位工程的施工活动，是施工单位编制作业计划和制定季、月、旬施工计划的依据。单位工程施工组织设计一般在施工图设计完成后，在拟建工程开工之前，由工程项目的技术负责人负责编制。单位工程施工组织设计，根据工程规模、技术复杂程度不同，其编制内容的深度和广度亦有所不同。一般来说，单位工程施工组织设计包括以下几部分内容：

（1）工程概况；

(2) 施工部署；

(3) 施工进度计划；

(4) 施工准备与资源配置计划；

(5) 主要施工方案；

(6) 施工现场平面布置。

单位工程施工组织设计的主要内容可以概括为“一案、一图、一表”，即施工方案、施工进度计划表和施工现场平面布置图。

3. 分部（分项）工程施工组织设计

分部（分项）工程施工组织设计也叫分部（分项）工程施工作业设计。它是以分部（分项）工程为编制对象，用以具体实施其分部（分项）工程施工全过程的各项施工活动的技术、经济和组织的实施性文件。一般对于工程规模大、技术复杂、施工难度大或采用新工艺、新技术施工的建筑物或构筑物，在编制单位工程施工组织设计之后，常需对某些重要的又缺乏经验的分部（分项）工程再深入编制专业工程的具体施工设计。例如深基础工程、大型结构安装工程、高层钢筋混凝土主体结构工程、无粘结预应力混凝土工程、定向爆破、冬雨期施工、地下防水工程等。分部（分项）工程作业设计一般在单位工程施工组织设计确定了施工方案后，由施工队（组）技术人员负责编制，其内容具体、详细、可操作性强，是直接指导分部（分项）工程施工的依据。

施工组织总设计、单位工程施工组织设计和分部（分项）工程施工组织设计，是同一工程项目，不同广度、深度和作用的三个层次。

三、施工组织设计的基本内容

施工组织设计的基本内容，要结合工程的特点、施工条件和技术水平进行综合考虑。做到切实可行、简明易懂。主要内容有：

1. 编制依据

施工组织设计的编制要遵循相关的法律法规及规定，同时考虑施工现场的相关环境、资源供应情况及企业生产能力等条件。

2. 工程概况

在工程概况中应概要说明工程的性质、规模、建设地点、建筑面积、结构形式等，施工工期，合同要求；本地区的地形、地貌、水文和气象条件；当地劳动力、材料及半成品的供应情况；施工环境及施工条件等。

3. 施工部署

对项目实施过程做出统筹规划和全面安排，全面部署施工任务，合理安排施工顺序，确定主要的施工方案。

4. 施工进度计划

施工进度计划反映确定的最佳施工方案在时间上的安排。计划应进行优化，使工期、成本、质量达到合理统一。计划的形式可以是流水施工计划或网络计划。

5. 施工准备与资源配置计划

拟建工程项目不仅在开工之前要做好一切人力、物力和财力的准备，而且在施工不同阶段也要做好相应的准备。根据施工方案和进度计划安排劳动力和施工物资供应计划。计划安排应满足施工要求，最好做到按天安排物资计划。

6. 主要施工方案

施工组织设计应对项目涉及的单位（子单位）工程和主要分部（分项）工程所采用的施工方案进行简要说明。对脚手架工程、起重吊装工程、临时用水用电工程、季节性施工等专项工程所采用的施工方案应进行简要说明。

7. 施工现场平面布置图

施工现场平面布置图是施工方案和进度计划在空间上的全面安排。它是把投入到施工中的各种资源，如材料、机械、构件、道路、水电管网和生产、生活临时设施等，合理地布置在施工现场，使整个现场能进行有组织、有计划地文明施工。

8. 主要施工管理计划

管理水平是决定施工组织计划顺利执行与否的重要因素，科学健全的管理对于维持生产秩序，保证工程质量，提高劳动生产率有着重要影响。各项管理计划的制定，应根据项目的特点有所侧重。

第三节　组织施工的原则

1. 贯彻执行基本建设各项制度，坚持基本建设程序

我国关于基本建设的制度有：对基本建设项目必须实行严格的审批制度；施工许可制度；从业资格管理制度；招标投标制度；总承包制度；发承包合同制度；工程监理制度；建筑安全生产管理制度；工程质量责任制度；竣工验收制度等。这些制度为建立和完善建筑市场的运行机制、加强建筑活动的实施与管理，提供了重要的法律依据，必须认真贯彻执行。

建设程序，是指建设项目从决策、设计、施工到竣工验收整个建设过程中各个阶段及其先后顺序。各个阶段有着不容分割的联系，但不同的阶段有不同的内容，既不能相互代替，也不许颠倒或跳跃。实践证明，凡是坚持建设程序，基本建设就能顺利进行，就能充分发挥投资的经济效益；反之，违背了建设程序，就会造成施工混乱，影响质量、进度和成本，甚至对建设工作带来严重的危害。因此，坚持建设程序，是工程建设顺利进行的有力保证。

2. 严格遵守国家和合同规定的工程竣工及交付使用期限

对总工期较长的大型建设项目，应根据生产或使用的需要，安排分期分批建设、投产或交付使用，以期早日发挥建设投资的经济效益。在确定分期分批施工的项目时，必须注意使每期交工的项目可以独立地发挥效用，即主要项目同有关的辅助项目应同时完工，可以立即交付使用。

3. 合理安排施工程序和顺序

建筑产品的特点之一是产品的固定性，这使得建筑施工各阶段工作始终在同一场地上进行。没有前一段的工作，后一段就不可能进行，即使它们之间交叉搭接地进行，也必须严格遵守一定的程序和顺序。施工程序和顺序反映客观规律的要求，其安排应符合施工工艺，满足技术要求，有利于组织立体交叉、平行流水作业，有利于对后续工程施工创造良好的条件，有利于充分利用空间、争取时间。

4. 尽量采用国内外先进施工技术，科学地确定施工方案

先进的施工技术是提高劳动生产率、改善工程质量、加快施工进度、降低工程成本的主要途径。在选择施工方案时，要积极采用新材料、新设备、新工艺和新技术，努力为新结构的推行创造条件；要注意结合工程特点和现场条件，使技术的先进适用性和经济合理性相结合，还要符合施工验收规范、操作规程的要求和遵守有关防火、保安及环卫等规定，确保工程质量和施工安全。

5. 采用流水施工方法和网络计划技术安排进度计划

在编制施工进度计划时，应从实际出发，采用流水施工方法组织均衡施工，以达到合理使用资源、充分利用空间、争取时间的目的。

网络计划技术是当代计划管理的有效方法，采用网络计划技术编制施工进度计划，可使计划逻辑严密、层次清晰、关键问题明确，同时便于对计划方案进行优化、控制和调整，并有利于电子计算机在计划管理中的应用。

6. 贯彻工厂预制和现场预制相结合的方针，提高建筑工业化程度

建筑技术进步的重要标志之一是建筑工业化，在制订施工方案时必须注意根据地区条件和构件性质，通过技术经济比较，恰当地选择预制方案或现场浇筑方案。确定预制方案时，应贯彻工厂预制与现场预制相结合的方针，努力提高建筑工业化程度，但不能盲目追求装配化程度的提高。

7. 充分发挥机械效能，提高机械化程度

机械化施工可加快工程进度，减轻劳动强度，提高劳动生产率。为此，在选择施工机械时，应充分发挥机械的效能，并使主导工程的大型机械如土方机械、吊装机械能连续作业，以减少机械台班费用；同时，还应使大型机械与中、小型机械相结合，机械化与半机械化相结合，扩大机械化施工范围，实现施工综合机械化，以提高机械化施工程度。

8. 加强季节性施工措施，确保全年连续施工

为了确保全年连续施工，减少季节性施工的技术措施费用，在组织施工时，应充分了解当地的气象条件和水文地质条件。尽量避免把土方工程、地下工程、水下工程安排在雨期和洪水期施工，把混凝土现浇结构安排在冬期施工；高空作业、结构吊装则应避免在风季施工。对那些必须在冬、雨期施工的项目，则应采用相应的技术措施，既要确保全年连续施工、均衡施工，更要确保工程质量和施工安全。

9. 合理地部署施工现场，尽可能地减少暂设工程

在编制施工组织设计及现场组织施工时，应精心地进行施工总平面图的规划，合理地部署施工现场，节约施工用地；尽量利用正式工程、原有建筑物及已有设施，以减少各种临时设施；尽量利用当地资源，合理安排运输、装卸与储存作业，减少物资运输量，避免二次搬运。

第四节　施工准备工作

施工准备工作是为拟建工程的施工创造必要的技术、物资条件，统筹安排施工力量和部署施工现场，确保工程施工顺利进行。它是建设程序中的重要环节，不仅存在于开工之前，而且贯穿在整个施工过程之中。

现代的建筑施工是一项十分复杂的生产活动，它不但需要耗用大量人力物力，还要处理各种复杂的技术问题，也需要协调各种协作配合关系。如果事先缺乏统筹安排和准备，势必会造成某种混乱，使施工无法正常进行。而全面细致地做好施工准备工作，则对于调动各方面的积极因素，合理组织人力、物力，加快施工进度，提高工程质量，节约建设资金，提高经济效益，都会起着重要的作用。

一、施工准备工作的分类

（一）按准备工作范围分类

按准备工作范围分类，施工准备可分为全场性施工准备、单位工程施工条件准备、分部（分项）工程作业条件准备。

1. 全场性施工准备

是以整个建设项目或建筑群为对象所进行的统一部署的施工准备工作。它不仅要为全场性的施工活动创造有利条件，而且要兼顾单位工程施工条件的准备。

2. 单位工程施工条件准备

是以一个建筑物或构筑物为施工对象而进行的施工条件准备，不仅为该单位工程在开工前做好一切准备，而且也要为分部（分项）工程的作业条件做好施工准备工作。

当单位工程的施工准备工作完成，具备开工条件后，项目经理部应申请开工，递交开工报告，报企业领导审批后方可开工。实行建设监理的工程，企业还应将开工报告送监理工程师审批，由监理工程师签发开工通知书，在限定时间内开工，不得拖延。

单位工程应具备的开工条件如下：

（1）施工图纸已经会审并有记录。

（2）施工组织设计已经审核批准并已进行交底。

（3）施工图预算和施工预算已经编制并审定。

（4）施工合同已签订，施工执照已经审批办好。

（5）现场障碍物已清除。

（6）场地已平整，施工道路、水源、电源已接通，排水沟渠畅通，能满足施工需要。

（7）材料、构件、半成品和生产设备等已经落实并能陆续进场，保证连续施工的需要。

（8）各种临时设施已经搭设，能满足施工和生活的需要。

（9）施工机械、设备的安排已落实，先期使用的已运入现场、已试运转并能正常使用。

（10）劳动力安排已经落实，可以按时进场。

（11）现场安全守则、安全宣传牌已建立，安全、防火的必要设施已具备。

3. 分部（分项）工程作业条件准备

是以一个分部（分项）工程为施工对象而进行的作业条件准备。由于对某些施工难度大、技术复杂的分部（分项）工程，需要单独编制施工作业设计，应对其所采用的施工工艺、材料、机具、设备及安全防护设施等分别进行准备。

（二）按工程所处施工阶段分类

按工程所处施工阶段分类，施工准备可分为开工前的施工准备和各施工阶段前的施工准备。

1. 开工前的施工准备

指在拟建工程正式开工前所进行的一切施工准备，目的是为工程正式开工创造必要的施工条件。它带有全局性和总体性。没有这个阶段则工程不能顺利开工，更不能连续施工。

2. 各施工阶段前的施工准备

指拟建工程开工后，每个施工阶段正式开工之前所进行的一切施工准备工作，为正式开工创造必要的施工条件。

二、施工准备工作的内容

一般工程的准备工作包括：技术准备、现场准备和资金准备。

（一）技术准备

技术准备是施工准备工作的核心，任何技术的差错或隐患都可能引起人身安全和质量事故，造成生命、财产和经济的巨大损失。因此必须认真地做好技术准备工作。技术准备具体内容包括：熟悉和审查设计资料，调查分析原始资料、编制施工图预算，编制施工组织设计。

1. 熟悉和审查设计资料

(1) 审查拟建工程的地点、建筑总平面图同国家、城市或地区规划是否一致，以及建筑物或构筑物的设计功能与使用要求是否符合卫生、防火及美化城市方面的要求；

(2) 审查设计图纸是否完整、齐全，以及设计图纸和资料是否符合国家有关工程建设的设计、施工方面的方针和政策；

(3) 审查设计图纸与说明书在内容上是否一致，以及设计图纸与其各组成部分之间有无矛盾和错误；

(4) 审查建筑总平面图与其他结构图在几何尺寸、坐标、标高、说明等方面是否一致，技术要求是否正确；

(5) 审查工业项目的生产工艺流程和技术要求，掌握配套投产的先后次序和相互关系，以及设备安装图纸与其相配合的土建施工图纸在坐标、标高上是否一致，掌握土建施工质量是否满足设备安装的要求；

(6) 审查地基处理与基础设计同拟建工程地点的工程水文、地质等条件是否一致，以及建筑物或构筑物与地下建筑物或构筑物、管线之间的关系；

(7) 明确拟建工程的结构形式和特点，复核主要承重结构的强度、刚度和稳定性是否满足要求，审查设计图纸中的工程复杂、施工难度大和技术要求高的分部分项工程或新结构、新材料、新工艺，检查现有施工技术水平和管理水平能否满足工期和质量要求，并采取可行的技术措施加以保证；

(8) 明确建设期限、分期分批投产或交付使用的顺序和时间，以及工程所需主要材料、设备的数量、规格、来源和供货日期；

(9) 明确建设、设计和施工等单位之间的协作、配合关系，以及建设单位可以提供的施工条件。

2. 调查分析原始资料

为了做好施工准备工作，除了要掌握有关拟建工程的书面资料外，还应该进行拟建工程的实地勘测和调查，获得有关数据的第一手资料。

（1）自然条件的调查分析。建设地区自然条件调查分析的主要内容包括：地区水准点和绝对标高等情况；地质构造、土的性质和类别、地基土的承载力、地震级别和裂度等情况；河流流量和水质、最高洪水和枯水期的水位等情况；地下水位的高低变化情况，含水层的厚度、流向、流量和水质等情况；气温、雨、雪、风和雷电等情况；土的冻结深度和冬、雨期的期限等情况。

（2）技术经济条件的调查分析。建设地区技术经济条件调查分析的主要内容包括：地方建筑施工企业的状况；施工现场的动迁状况；当地可利用的地方材料状况；地方能源和交通运输状况；地方劳动力和技术水平状况；当地生活供应、教育和医疗卫生状况；当地消防、治安状况和参加施工单位的力量状况等。

3. 编制施工预算

施工预算是根据中标后的合同价、施工图纸、施工组织设计或施工方案、施工定额等文件进行编制的，它直接受中标后合同价的控制。它是施工企业内部控制各项成本支出、考核用工、"两价"对比、签发施工任务单、限额领料、基层进行经济核算的依据。

4. 编制中标后的施工组织设计

中标后的施工组织设计是施工准备工作的重要组成部分，也是指导施工现场全部生产活动的技术经济文件。建筑施工生产活动的全过程是非常复杂的物质财富再创造的过程，为了正确处理人与物、主体与辅助、工艺与设备、专业与协作、供应与消耗、生产与储存、使用与维修以及它们在空间布置、时间排列之间的关系，必须根据拟建工程的规模、结构特点和建设单位的要求，在原始资料调查分析的基础上，编制出一份能切实指导该工程全部施工活动的科学方案（施工组织设计）。

（二）资金准备

资金准备应根据施工进度计划编制资金使用计划。

（三）物资准备

物资准备主要内容包括：建筑材料的准备，构（配）件和制品的加工准备，建筑安装机具的准备和生产工艺设备的准备。

1. 建筑材料准备

建筑材料准备主要是根据施工预算进行分析，按照施工进度计划要求，按材料名称、规格、使用时间、材料储备定额和消耗定额进行汇总，编制出材料需要量计划，为组织备料、确定仓库、场地堆放所需的面积和组织运输等提供依据。

2. 构（配）件、制品加工准备

根据施工预算提供的构（配）件、制品的名称、规格、质量和消耗量，确定加工方案、供应渠道及进场后的储存地点和方式，编制其需要量计划，为组织运输、确定堆场面积等提供依据。

3. 建筑安装机具准备

根据制定的施工方案、施工进度，确定施工机械的类型、数量和进场时间，确定施工机具的供应办法和进场后的存放地点和方式，编制建筑安装机具的需要量计划，为组织运输、确定堆场面积等提供依据。

4. 生产工艺设备准备

按照拟建工程生产工艺流程及工艺设备的布置图，提出工艺设备的名称、型号、生产能力和需要量，确定分期分批进场时间和保管方式，编制工艺设备需要量计划，为组织运输、确定堆场面积提供依据。

（四）劳动组织准备

工程项目的劳动组织准备主要内容包括：确定项目组织管理模式，组建项目经理部；集结施工力量、组织劳动力进场；建立、健全各项管理制度。

1. 确定项目组织管理模式、组建项目经理部

根据拟建工程项目的规模、结构特点和复杂程度，确定工程项目施工的领导机构人选和名额，坚持合理分工与密切协作相结合，因职选人。

2. 集结施工力量、组织劳动力进场

施工队组的建立要认真考虑专业、工种的合理配合，技工、普工的比例要满足合理的劳动组织，确定建立施工队组合理、精干，制定工程劳动力需要量计划。按照开工日期和劳动力需要量计划，组织劳动力进场。同时要进行安全、防火和文明施工等方面的教育，并安排好职工的生活。

3. 建立健全各项管理制度

必须建立、健全工地的各项管理制度，保证各项施工活动的顺利进行。其内容包括：工程质量检验与验收制度；工程技术档案管理制度；建筑材料（构件、配件、制品）的检查验收制度；技术责任制度；施工图纸学习与会审制度；技术交底制度；职工考勤、考核制度；工地及班组经济核算制度；材料出入库制度；安全操作制度；机具使用保养制度等。

（五）施工现场准备

施工现场准备主要内容包括：

1. 做好施工场地的控制网测量

按照设计单位提供的建筑总平面图及给定的永久性经纬坐标控制网和水准控制基桩，进行厂区施工测量，设置厂区的永久性经纬坐标桩、水准基桩和建立厂区工程测量控制网。

2. 做好"三通一平"

"三通一平"是指路通、水通、电通和平整场地。

（1）路通。施工现场的道路是组织物资运输的动脉。开工前，必须按照施工总平面图的要求，修好施工现场的永久性道路（包括厂区铁路、公路）以及必要的临时性道路，形成畅通的运输网络，为建筑材料进场、堆放创造有利条件。

（2）水通。水是施工现场的生产和生活不可缺少的。开工之前，必须按照施工总平面图的要求，接通施工用水和生活用水的管线，使其尽可能与永久性的给水系统结合起来，做好地面排水系统，为施工创造良好的环境。

（3）电通。电是施工现场的主要动力来源。开工前，要按照施工组织设计的要求，接通电力和电信设施，做好其他能源（如蒸汽、压缩空气）的供应，确保施工现场动力设备和通信设备的正常运行。

（4）平整场地。按照建筑施工总平面图的要求，首先拆除场地上妨碍施工的建筑物或构筑物，然后根据建筑总平面图规定的标高和土方竖向设计图纸，进行挖（填）土方的工程量计算，确定平整场地的施工方案，进行平整场地的工作。

3. 做好施工现场的补充勘探

对施工现场做补充勘探是为了进一步寻找枯井、防空洞、古墓、地下管道、暗沟和枯树根等隐蔽物，以便及时拟定处理隐蔽物的方案，并实施，为基础工程施工创造有利条件。

4. 建造临时设施

按照施工总平面图的布置，建造临时设施，为正式开工准备好生产、办公、生活、居住和储存等临时用房。

5. 安装、调试施工机具

6. 做好建筑构（配）件、制品和材料的储存和堆放

7. 及时提供建筑材料的试验申请计划

8. 做好冬、雨期施工安排

9. 进行新技术项目的试制和试验

10. 设置消防、保安设施

（六）施工的场外准备

施工现场外部的准备工作，其具体内容包括：

（1）材料的加工和订货；

（2）做好分包工作和签订分包合同；

（3）向上级提交开工申请报告。

第五节　施工现场原始资料的调查

原始资料是工程设计及施工组织设计的重要依据之一。原始资料的调查主要是对工程条件、工程环境特点和施工条件等施工技术与组织的基础资料进行调查，以此作为施工准备工作的依据。原始资料调查工作应有计划、有目的地进行，且事先要拟定明确、详细的调查提纲。调查的范围、内容、要求等，应根据拟建工程的规模、性质、复杂程度、工期及对当地熟悉了解程度而定。

原始资料调查内容一般包括建设场址的勘察和技术经济资料的调查。

（一）建设场址勘察

建设场址勘察主要是了解建设地点的地形、地貌、地质、水文、气象以及场址周围环境和障碍物情况等，勘察结果一般可作为确定施工方法和技术措施的依据。

1. 地形、地貌勘察

这项调查要求提供工程的建设规划图、区域地形图（1/25000～1/10000）、工程位置地形图（1/2000～1/1000）、该地区城市规划图、水准点及控制桩的位置、现场地形地貌特征、勘察高程及高差等。对地形简单的施工现场，一般采用目测和步测；对场地地形复杂的，可用测量仪器进行观测，也可向规划部门、建设单位、勘察单位等进行调查。这些资料可作为选择施工用地、布置施工总平面图、场地平整及土方量计算、了解障碍物及其数量的依据。

2. 工程地质勘察

工程地质勘察的目的是为了查明建设地区的工程地质条件和特征，包括地层构造、土

层的类别及厚度、土的性质、承载力及地震级别等。应提供的资料有：钻孔布置图；工程地质剖面图；土层类别、厚度；土的物理力学指标，包括天然含水量、孔隙比、塑性指数、渗透系数、压缩试验及地基土强度等；地层的稳定性、断层滑块、流砂；最大冻结深度；地基土破坏情况等。工程地质勘察资料可为选择土方工程施工方法、地基土的处理方法以及基础施工方法提供依据。

3. 水文地质勘察

水文地质勘察所提供的资料主要有以下两方面：

（1）地下水文资料：地下水最高、最低水位及时间，包括水的流速、流向、流量；地下水的水质分析及化学成分分析；地下水对基础有无冲刷、侵蚀影响等。所提供资料有助于选择基础施工方案、选择降水方法以及拟定防止侵蚀性介质的措施。

（2）地面水文资料：临近江河湖泊距工地的距离；洪水、平水、枯水期的水位、流量及航道深度；水质分析；最大、最小冻结深度及结冻时间等。调查目的在于为确定临时给水方案、施工运输方式提供依据。

4. 气象资料的调查

气象资料一般可向当地气象部门进行调查，调查资料作为确定冬、雨期施工措施的依据。气象资料包括如下几方面：

（1）降雨、降水资料：全年降雨量、降雪量；一日最大降雨量；雨期起止日期；年雷暴日数等。

（2）气温资料：年平均、最高、最低气温；最冷、最热月的逐月平均温度。

（3）风向资料：主导风向、风速、风的频率；大于或等于 8 级风全年天数，并应将风向资料绘成风玫瑰图。

5. 周围环境及障碍物的调查

这项调查包括施工区域现有建筑物、构筑物、沟渠、水井、树木、土堆、电力架空线路、地下沟道、人防工程、上下水管道、埋地电缆、煤气及天然气管道、地下杂填垒积坑、枯井等。

这些资料要通过实地踏勘，并向建设单位、设计单位等调查取得，可作为布置现场施工平面的依据。

（二）技术经济资料调查

技术经济调查的目的，是为了查明建设地区地方工业、资源、交通运输、动力资源、生活福利设施等地区经济因素，获取建设地区技术经济条件资料，以便在施工组织中尽可能利用地方资源为工程建设服务，同时也可作为选择施工方法和确定费用的依据。

1. 建设地区的能源调查

能源一般指水源、电源、气源等。能源资料可向当地城建、电力、电信部门及建设单位等进行调查，主要用作选择施工用临时供水、供电和供气的方式，提供经济分析比较的依据。调查内容主要有：施工现场用水与当地水源连接的可能性、供水距离、接管距离、地点、水压、水质及水费等资料；利用当地排水设施排水的可能性、排水距离、去向等；可供施工使用的电源位置、引入工地的路径和条件，可以满足的容量、电压及电费；建设单位、施工单位自有的发变电设备、供电能力；冬期施工时附近蒸汽的供应量、接管条件和价格；建设单位自有的供热能力；当地或建设单位可以提供的燃气、压缩空气、氧气的能力和它们至工地的距离等。

2. 建设地区的交通调查

交通运输方式一般有铁路、公路、水路、航空等。交通资料可向当地铁路、交通运输和民航等管理局的业务部门进行调查。收集交通运输资料是调查主要材料及构件运输通道的情况，包括道路、街巷、途经的桥涵宽度、高度、允许载重量和转弯半径限制等资料。有超长、超高、超宽或超重的大型构件、大型起重机械和生产工艺设备需整体运输时还要调查沿途架空电线、天桥的高度，并与有关部门商议避免大件运输对正常交通产生干扰的路线、时间及解决措施。所收集资料主要用作组织施工运输业务、选择运输方式、提供经济分析比较的依据。

3. 主要材料及地方资源情况调查

这项调查的内容包括三大材料（钢材、木材和水泥）的供应能力、质量、价格、运费情况；地方资源如石灰石、石膏石、碎石、卵石、河砂、矿渣、粉煤灰等能否满足建筑施工的要求；开采、运输和利用的可能性及经济合理性。这些资料可向当地计划、经济等部门进行调查，作为确定材料的供应计划、加工方式、储存和堆放场地及建造临时设施的依据。

4. 建筑基地情况

主要调查建设地区附近有无建筑机械化基地、机械租赁站及修配厂；有无金属结构及配件加工厂；有无商品混凝土搅拌站和预制构件厂等。这些资料可用作确定构配件、半成品及成品等货源的加工供应方式、运输计划和规划临时设施。

5. 社会劳动力和生活设施情况

包括当地能提供的劳动力人数、技术水平、来源和生活安排；建设地区已有的可供施工期间使用的房屋情况；当地主副食、日用品供应、文化教育、消防治安、医疗单位的基本情况以及能为施工提供的支援能力。这些资料是制定劳动力安排计划、建立职工生活基地、确定临时设施的依据。

6. 参加施工的各单位能力调查

主要调查施工企业的资质等级、技术装备、管理水平、施工经验、社会信誉等有关情况。这些可作为了解总包、分包单位的技术及管理水平、选择分包单位的依据。

在编制施工组织设计时，为弥补原始资料的不足，有时还可借助一些相关的参考资料来作为编制依据，如冬、雨期参考资料、机械台班产量参考指标、施工工期参考指标等。这些参考资料可利用现有的施工定额、施工手册、施工组织设计实例或通过平时施工实践活动来获得。

复习思考题

1. 建筑产品及其生产具有哪些特点？
2. 试述组织施工的基本原则。
3. 编制施工组织设计需要哪些原始资料？在组织施工中如何利用这些资料？
4. 施工组织设计有几种类型？其基本内容有哪些？
5. 如何使施工组织设计起到组织和指导施工全过程的作用？

6. 施工准备工作如何分类?
7. 施工准备工作的主要内容有哪些?
8. 简述技术准备工作的内容。
9. 施工现场原始资料调查的主要内容有哪些?

第十三章　流水施工原理

本章学习要点：

1. 熟悉流水施工的概念及特点，了解流水施工的分类，熟悉流水图表的绘制方法。

2. 掌握流水施工的主要参数及其确定方法；了解流水施工的组织形式，掌握固定节拍流水、成倍节拍流水和分别流水的组织方法。

第一节　流水施工的基本概念

流水施工是工程施工十分有效的组织方法，是实际组织施工中常用的一种方式。这种方法可以充分利用工作时间和操作空间，使生产过程连续、均衡、有节奏地进行，能提高劳动生产率，缩短工期，节约施工费用。

一、组织施工的基本方式

建设项目组织施工的基本方式有依次施工、平行施工和流水施工三种，这三种方式各有特点，适用的范围各异。下面以一个具体工程为例说明这三种组织方式的基本概念和特点。

如有四幢同类型建筑工程施工，每一幢的各分部工程工作时间如表 13-1 所示，若按依次施工、平行施工、流水施工组织生产，其进度和资源消耗如图 13-1 所示。

各分部工程工作时间　　**表 13-1**

序　号	施工对象	工作时间（d）
1	基础工程	30
2	主体工程	30
3	装饰	30

（一）依次施工

依次施工是第一个施工过程结束后才开始第二个施工过程的施工，即按施工顺序依次进行各个施工过程的施工。依次施工不考虑施工过程在时间上和空间上的相互搭接。

从图 13-1 可以看出，依次施工组织方式具有以下特点：

（1）同时投入的劳动资源和劳动力较少；

（2）施工现场的组织、管理较简单；

（3）各专业队不能连续作业，产生窝工现象；

（4）不能充分利用工作面进行施工，工期长；

（5）难以在短期内提供较多的产品，不能适应大型工程的施工。

（二）平行施工

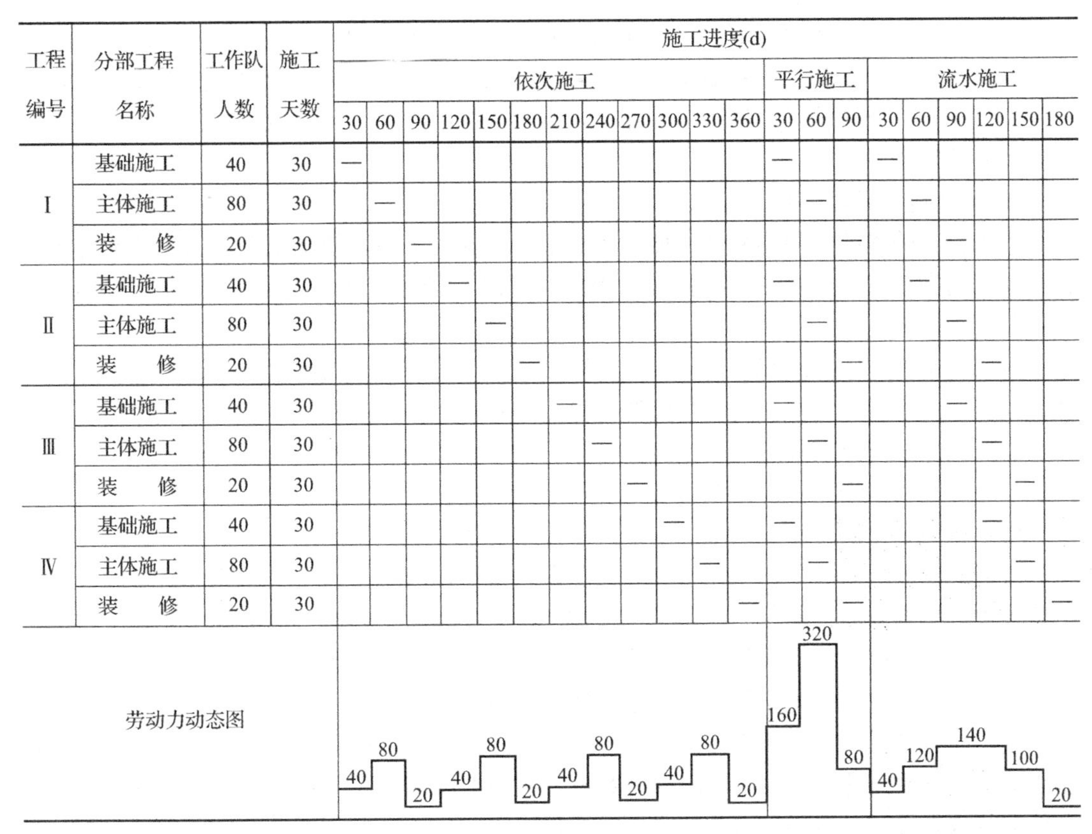

图 13-1　不同施工组织方式的进度与劳动力动态图

平行施工是指相同的施工过程同时开工，同时竣工，完成以后再同时进行下一个施工过程的施工方式。

从图 13-1 可以看出，平行施工组织方式具有以下特点：

（1）充分利用工作面进行施工，工期最短；

（2）各专业工作队数量增加，但仍不能连续作业；

（3）同时投入的劳动力和劳动资源消耗集中，现场临时设施也相应增加；

（4）施工现场的组织、管理较复杂；

（5）适用于工程任务十分紧迫、工作面允许以及资源能保证供应的工程项目的施工。

（三）流水施工

流水施工是把工程项目的全部建造过程，根据其工程特点和结构特征，在工艺上划分为若干个施工过程，在平面上划分为若干个施工段，在竖向上划分为若干个施工层，组织各专业队（班组）沿着一定的工艺顺序，依次连续地在各施工段上完成各个工序，使施工连续、均衡、有节奏地进行。

从图 13-1 可以看出，流水施工综合了顺序施工和平行施工的优点，避免了它们的缺点，是建筑施工中最合理、最科学的一种组织方式。

1. 流水施工组织方式的特点

（1）尽可能地利用工作面进行施工，工期较为合理；

（2）各工作队能够连续作业，避免了窝工现象；

（3）与依次施工相比，消除了工作间歇时间，缩短了工期；

（4）与平行施工相比，克服了同工种高峰现象，劳动力和劳动资源的投入较为均衡；

（5）实行专业队施工，使生产专业化，有利于提高技术水平和改进操作方法，促进劳动生产率的提高。

2. 流水施工的经济性

流水施工的连续性和均衡性方便了各种生产资源的组织，使施工企业的生产能力可以得到充分的发挥，使劳动力、机械设备得到合理的安排和使用，提高了生产的经济效果，具体归纳为以下几点：

（1）便于施工中的组织与管理。由于流水施工的均衡性，因而避免了施工期间劳动力和其他资源使用过分集中，有利于资源的组织。

（2）施工工期比较理想。由于流水施工的连续性，保证各专业队伍连续施工，减少了间歇，充分利用工作面，可以缩短工期。

（3）有利于提高劳动生产率。由于流水施工实现了专业化的生产，为工人提高技术水平、改进操作方法以及革新生产工具创造了有利条件，因而改善了工作的劳动条件，促进了劳动生产率的不断提高。

（4）有利于提高工程质量。专业化的施工提高了工人的专业技术水平和熟练程度，为全面推行质量管理创造了条件，有利于保证和提高工程质量。

（5）能有效降低工程成本。由于工期缩短、劳动生产率提高、资源供应均衡，各专业施工队连续均衡作业，减少了临时设施数量，从而可以节约人工费、机械使用费、材料费和施工管理费等相关费用，有效地降低了工程成本。

二、流水施工表达方式

流水施工的表达方法，一般有横道图、垂直图和网络图三种，其中最直观且易于接受的是横道图，这里介绍横道图，网络图见网络计划部分。

横道图即甘特图，是建筑工程中安排施工进度计划和组织流水施工时常用的一种表达方式，横道图形式如前述图 13-1 所示。

1. 横道图的形式

横道图中的横向表示时间进度，纵向表示施工过程或专业施工队编号。图中的横道线条的长度表示计划中的各项工作（施工过程、工序或分部工程、工程项目等）的作业持续时间，图中的横道线条所处的位置则表示各项工作的作业开始和结束时刻以及它们之间相互配合的关系，横道线上的序号如Ⅰ、Ⅱ、Ⅲ等表示施工项目或施工段号。

2. 横道图的特点

（1）能够清楚地表达各项工作的开始时间、结束时间和持续时间，计划内容排列整齐有序，形象直观。

（2）能够按计划和单位时间统计各种资源的需求量。

（3）使用方便，制作简单，易于掌握。

（4）不容易分辨计划内部工作之间的逻辑关系，一项工作的变动对其他工作或整个计划的影响不能清晰地反映出来。

（5）不能表达各项工作间的重要性，计划任务的内在矛盾和关键工作不能直接从图中反映出来。

第二节　流水施工的基本参数

流水施工参数是影响流水施工组织节奏和效果的重要因素，是用以表示流水施工在工艺流程、时间安排及空间布局方面开展状态的参数。在施工组织设计中，一般把流水施工参数分为三类，即工艺参数、空间参数和时间参数。具体分类如图 13-2 所示。

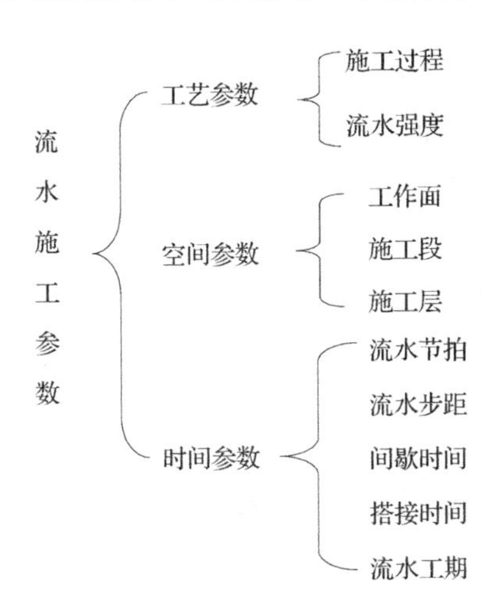

图 13-2　流水参数分类

一、工艺参数

工艺参数是用以表达流水施工在施工工艺上的开展顺序及其特性的参数，包括施工过程数和流水强度。

1. 施工过程数 n

在组织流水施工时，用以表达流水施工在工艺上开展的有关过程，统称为施工过程。任何一个建筑工程都由许多施工过程组成。施工过程的范围可大可小，可以是分项工程、分部工程，也可以是单位工程、单项工程。如某一现浇钢筋混凝土的房屋，其施工过程可以划分为基础工程、主体结构工程、屋面工程和装修过程等，而其中的主体结构工程又可以划分为模板工程、钢筋工程和混凝土工程等施工过程。而房屋本身在一个群体项目中也可作为一个施工过程。

施工过程的数目用 n 表示。某一单项工程施工过程数 n 的决定，与该单项工程的复杂程度、施工方法等有关。如一般混合结构多层房屋的施工过程数。大致可取 20～30 个，对于工业建筑，施工过程数要多些。施工过程数 n 要取得适当，不能过多过细，给计算增添麻烦，也不能太粗、太笼统，失去指导施工的意义。

在组织施工现场流水施工时，混凝土浇筑、墙体砌筑、构建安装类型施工过程占主要地位，直接影响工期的长短，因此必须列入施工进度计划表。而制备类施工过程和运输类施工过程一般不占有施工对象的工作面，不影响工期，因而一般不列入流水施工进度计划表。

2. 流水强度 V

在组织流水施工时，某一施工过程在单位时间内所完成的工程量，称为该施工过程的流水强度，或称为流水能力、生产能力，一般用V表示。

（1）机械施工过程的流水强度按下式计算：

$$V=\sum_{i=1}^{b} R_i S_i \tag{13-1}$$

式中　V——某施工过程的流水强度；

R_i——第i种施工机械台数；

S_i——第i种施工机械台班生产率；

b——用于同一施工过程的主导施工机械总数。

（2）手工操作过程的流水强度按下式计算：

$$V=R\cdot S \tag{13-2}$$

式中　V——某施工过程的流水强度；

R——每一工作队工人人数（应小于工作面上允许容纳的最多人数）；

S——每一工人每班产量。

二、空间参数

空间参数是指在组织流水施工时，用以表达流水施工在空间上开展状态的参数，主要包括：工作面、施工段和施工层。

1. 工作面

工作面是指安排专业工人进行操作或者布置机械设备进行施工所需的活动空间。工作面根据专业工种的计划产量定额和安全施工技术规程确定，反映了工人操作、机械运转在空间布置上的具体要求。

在施工作业时，无论是人工还是机械都需有一个最佳的工作面，才能发挥其最佳效率。最小工作面对应安排的施工人数和机械数是最多的。它决定了某个专业队伍的人数及机械数的上限，直接影响到某个工序的作业时间，因而工作面确定是否合理直接关系到作业效率和作业时间。表13-2列出了主要专业工种的工作面参考数据。

主要专业工种工作面参考数据　　**表13-2**

工作项目	每个技工的工作面	说明
砖基础	7.6m/人	以1砖半计，2砖乘以0.8，3砖乘以0.5
砌砖墙	8.5m/人	以1砖半计，2砖乘以0.71，3砖乘以0.57
砌毛石墙基	3m/人	以60cm计
砌毛石墙	3.3m/人	以60cm计
浇筑混凝土柱、墙基础	$8m^3$/人	机拌、机捣
浇筑混凝土设备基础	$7m^3$/人	机拌、机捣
现浇钢筋混凝土柱	$2.5m^3$/人	机拌、机捣
现浇钢筋混凝土梁	$3.20m^3$/人	机拌、机捣

续表

工 作 项 目	每个技工的工作面	说　　明
现浇钢筋混凝土墙	$5m^3$/人	机拌、机捣
现浇钢筋混凝土楼板	$5.3m^3$/人	机拌、机捣
预制钢筋混凝土柱	$3.6m^3$/人	机拌、机捣
预制钢筋混凝土梁	$3.6m^3$/人	机拌、机捣
预制钢筋混凝土屋架	$2.7m^3$/人	机拌、机捣
预制钢筋混凝土平板、空心板	$1.91m^3$/人	机拌、机捣
预制钢筋混凝土大型屋面板	$2.62m^3$/人	机拌、机捣
浇筑混凝土地坪及面层	$40m^2$/人	机拌、机捣
外墙抹灰	$16m^2$/人	
内墙抹灰	$18.5m^2$/人	
作卷材屋面	$18.5m^2$/人	
作防水水泥砂浆屋面	$16m^2$/人	
门窗安装	$11m^2$/人	

2. 施工段（m）

（1）施工段的概念

施工段是指将施工对象在平面上划分为若干个劳动量大致相等的施工区段，这些区段就称为施工段，其数目以 m 表示。每一个施工段在某一时间内只供一个施工过程的工作队使用。

（2）划分施工段的原则

划分施工段是为组织流水施工提供必要的空间条件。其作用在于某一施工过程能集中施工力量，迅速完成一个施工段上的工作内容，及早空出工作面为下一施工过程提前施工创造条件，从而保证不同的施工过程能同时在不同的工作面上进行施工。

在同一时间内，一个施工段只容纳一个专业施工队施工，不同的专业施工队在不同的施工段上平行作业，所以，施工段数量的多少，将直接影响流水施工的效果。合理划分施工段，一般应遵循以下原则：

1）各施工段的劳动量基本相等，以保证流水施工的连续性、均衡性和有节奏性，各施工段劳动量相差不宜超过 10%～15%。

2）应满足专业工种对工作面的空间要求，以发挥人工、机械的生产作业效率，因而施工段不宜过多，最理想的情况是平面上的施工段数与施工过程相等。

3）有利于结构的整体性，施工段的界限应尽量与结构的变形缝一致。

4）当施工对象有层间关系且分层又分段时，划分施工段数尽量满足下式要求：

$$m \geqslant n \tag{13-3}$$

式中　m——施工段数；

n——参加流水施工的施工过程数或作业班组总数。

当 $m=n$ 时，此时每一施工过程或作业班组既能保证连续施工，又能使所划分的施工段不至空闲，是最理想的情况，有条件时应尽量采用。

当 $m>n$ 时，此时每一施工过程或作业班组能保证连续施工，但所划分的施工段会出现空闲，这种情况也是允许的。实际施工时有时为满足某些施工过程技术间歇的要求，有意让工作面空闲一段时间反而更趋合理。

当 $m<n$ 时，此时每一施工段有作业班组作业，但施工过程或作业班组不能连续施工而会出现窝工现象，一般情况下应力求避免。但有时当施工对象规模较小，确实不可能划分较多的施工段时，可与同工地或同一部门内的其他相似的工程组织成大流水，以保证施工队伍连续作业，不出现窝工现象。

3. 施工层（r）

对于多层的建筑物、构筑物，应既分施工段，又分施工层。

施工层是指为组织多层建筑物的竖向流水施工，将建筑物划分为在垂直方向上的若干区段，用 r 来表示施工层的数目。通常以建筑物的结构层作为施工层，有时为方便施工，也可以按一定高度划分一个施工层，例如单层工业厂房砌筑工程一般按 1.2～1.4m（即一步脚手架的高度）划分为一个施工层。

三、时间参数

1. 流水节拍（t）

流水节拍是指一个施工过程（或作业队伍）在一个施工段上作业持续的时间，用 t 表示，其大小受到投入的劳动力、机械及供应量的影响，也受到施工段大小的影响。

流水节拍的确定方式有两种：一种是根据现有能够投入的资源（劳动力、机械台数、材料量）来确定，另一种是根据工期要求来确定。

（1）根据资源的实际投入量计算

其计算式如下：

$$t_i=\frac{Q_i}{S_i\cdot R_i\cdot a}=\frac{Q_i\cdot Z_i}{R_i\cdot a}=\frac{P_i}{R_i\cdot a} \tag{13-4}$$

式中　t_i——流水节拍；

Q_i——施工过程在一个施工段上的工程量；

S_i——完成该施工过程的产量定额；

Z_i——完成该施工过程的时间定额；

R_i——参与该施工过程的工人数或施工机械台数；

P_i——该施工过程在一个施工段上的劳动量；

a——每天工作班次。

【例 13-1】 某土方工程施工，工程量为 352.94m^3，分三个施工段，采用人工开挖，每段的工程量相等，每班工人数为 15 人，一个工作班次挖土，已知劳动定额为 0.51 工日/m^3，试求该土方施工的流水节拍。

【解】 由 $t=\frac{Q\cdot Z}{a\cdot R\cdot m}$ 得，$t=\frac{352.94\times 0.51}{1\times 15\times 3}=4$ 天，该土方施工的流水节拍为 4 天。

（2）根据施工工期确定流水节拍

流水节拍的大小对工期有直接影响，通常在施工段数不变的情况下，流水节拍越小，工期就越短。当施工工期受到限制时，就应从工期要求反求流水节拍，然后用式（13-4）求得所需的人数或机械数，同时检查最小工作面是否满足要求及人工机械供应的可行性。若检查发现按某一流水节拍计算的人工数或机械数不能满足要求，供应不足，则可采取延长工期从而增加大流水节拍以减少人工、机械的需求量，以满足实际的资源限制条件。若工期不能延长则可增加资源供应量或采取一天多班次（最多三次）作业以满足要求。

2. 流水步距（k）

指相邻两施工过程（或作业队伍）先后投入流水施工的时间间隔，一般用 k 表示。

流水步距应根据施工工艺、流水形式和施工条件来确定，在确定流水步距时应尽量满足以下要求：

（1）始终保持两施工过程间的顺序施工，即在一个施工段上，前一施工过程完成后，下一施工过程方能开始。

（2）任何作业班组在各施工段上必须保持连续施工。

（3）前后两施工过程的施工作业应能最大限度地组织平行施工。

3. 间歇时间

（1）技术间歇（t_g）

在流水施工中，除了考虑两相邻施工过程间的正常流水步距外，有时应根据施工工艺的要求考虑工艺间合理的技术间歇时间（t_g）。如混凝土浇筑完成后应进行养护一段时间后才能进行下一道工艺，这段养护时间即为技术问题，它的存在会使工期延长。

（2）组织间歇（t_z）

组织间歇时间（t_z）是指施工中由于考虑施工组织的要求，两相邻的施工过程在规定的流水步距以外增加必要的时间间隔，以便施工人员对前一施工过程进行检查验收，并为后续施工过程作出必要的技术准备工作等，如基础混凝土浇筑并养护后，施工人员必须进行主体结构轴线位置的弹线等。

4. 组织搭接时间（t_d）

组织搭接时间（t_d）是指施工中由于考虑组织措施等原因，在可能的情况下，后续施工过程在规定的流水步距以内提前进入该施工段进行施工，这样工期可进一步缩短，施工更趋合理。

5. 流水工期（T）

流水工期（T）是指一个流水施工中，从第一个施工过程（或作业班组）开始进入流水施工，到最后一个施工过程（或作业班组）施工结束所需的全部时间。

第三节　流水施工的基本组织方式

为了适应不同施工项目施工组织的特点和进度计划安排的要求，根据流水施工的特点可以将流水施工分成不同的种类进行分析和研究。

一、流水施工分类

1. 按流水施工的组织范围划分

按照流水施工组织的范围不同，流水施工可划分为：

（1）分项工程流水

分项工程流水又称为细部流水，是指一个专业队利用同一生产工具依次连续不断地在各个区段完成同一施工过程的工作，如模板工作队依次在各施工段上连续完成模板支设任务，即称为细部流水。

（2）分部工程流水

分部工程流水也称为专业流水，是在一个分部工程的内部中各分项工程之间组织的流水施工。该施工方式是各个专业队共同围绕完成一个分部工程的流水，如基础工程流水、主体结构工程流水、装修过程流水等。

（3）单位工程流水

单位工程流水又称为综合流水，是在一个单位工程内部各分部工程之间的流水施工，即为完成单位工程而组织起来的全部专业流水的总和，其进度计划即为单位工程进度计划。

（4）群体工程流水

群体工程流水施工又称为大流水施工，是指群体工程中各单项工程或单位工程之间的流水施工，其进度计划即为工程项目的施工总进度计划。

2. 按照流水施工的节奏特征划分

根据流水施工的节奏特征，流水施工可划分为有节奏流水施工和无节奏流水施工，有节奏流水施工又可分为等节拍流水施工和异节拍流水施工，其分类关系及组织流水方式如图 13-3 所示。

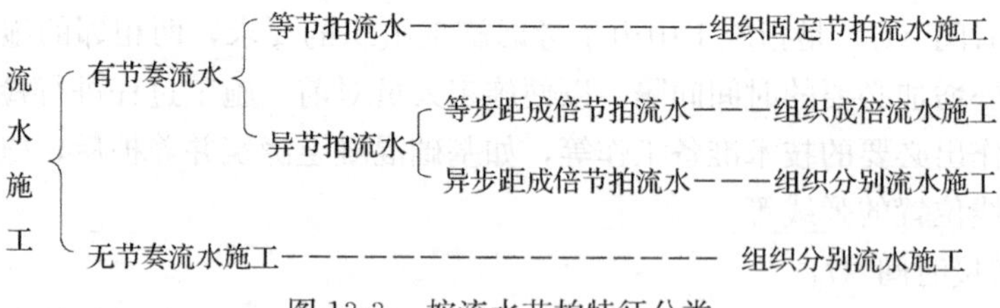

图 13-3　按流水节拍特征分类

二、固定节拍流水施工组织

固定节拍流水是指参与流水施工的施工过程流水节拍彼此相等的流水施工组织方式，即同一施工过程在不同的施工段上流水节拍相等，不同的施工过程在同一施工段上的流水节拍也相等的流水施工方式。

（一）固定节拍流水的特点

（1）各个施工过程在各个施工段上的流水节拍彼此相等。

（2）各施工过程之间的流水步距彼此相等，且等于流水节拍，即 $k=t$。

（3）每个施工过程在每个施工段上均由一个专业施工队独立完成作业，即专业施工队数目 n' 等于施工过程数 n。

（4）各个施工过程的施工速度相等，均等于 $m\times t$。

（二）组织固定节拍流水的步骤

1. 确定施工段数 m

（1）无技术间歇时间和组织间歇时间时，可按划分施工段的原则，结合工程项目的实际情况确定施工段数 m，$m_{min}=n$ 。

（2）有技术间歇和组织间歇时间时，为保证专业施工队连续施工，应取 $m>n$，此时，每层施工段空闲数为 $m-n$，每层空闲时间为（$m-n$）$\times t=$（$m-n$）$\times k$。

若一个楼层内各施工过程的技术间歇时间和组织间歇时间之和为 Z，楼层间的技术间歇时间和组织间歇时间之和为 C，当为保证专业施工队连续施工，则：

$$(m-n)\times k=Z+C$$

由此，可得出每层的施工段数目 m_{min}应满足：

$$m_{min}=n+\frac{Z+C-\Sigma t_d}{k} \tag{13-5}$$

式中　k——流水步距；

Z——施工层内各施工过程间的技术间歇和组织间歇时间之和，即 $Z=\Sigma t_g+\Sigma t_z$；

C——施工层间的技术间歇时间和组织间歇时间之和；

Σt_g、Σt_z、Σt_d——技术间歇、组织间歇、组织搭接时间之和。

如果每层的 Z 并不均等，各层间的 C 也不均等时，应取各层中最大的 Z 和 C，式（13-5）改为：

$$m_{min}=n+\frac{Z_{max}+C_{max}-\Sigma t_d}{k} \tag{13-6}$$

2. 计算流水施工工期

流水施工工期是指从第一个施工过程开始施工到最后一个施工过程完工的全部时间。

（1）不分层施工情况

图 13-4 是某实际固定节拍流水进度计划图。

施工过程(n)	流水节拍	施工进度(d)											
		1	2	3	4	5	6	7	8	9	10	11	12
A	2	Ⅰ		Ⅱ			Ⅲ						
B	2			Ⅰ		Ⅱ			Ⅲ				
C	2					Ⅰ		Ⅱ			Ⅲ		
D	2							Ⅰ		Ⅱ			Ⅲ

$T=\sum k$　　t_n

$T=\sum k+t_n$

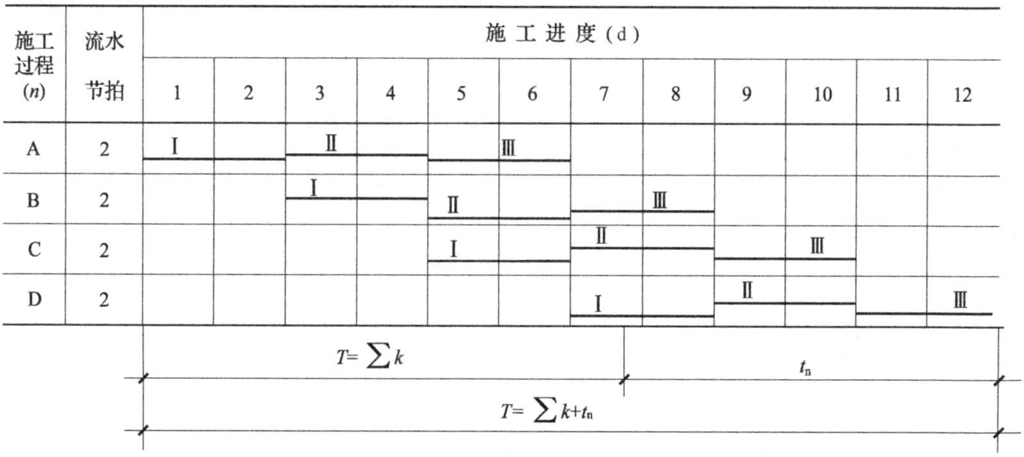

图 13-4　某实际固定节拍流水进度计划图

由图 13-4 可以看出，流水施工总工期的计算公式为：

$$T=\sum k_{ij}+t_n \tag{13-7}$$

式中　T——流水工期；

$\sum k_{ij}$——参加流水的各施工过程（或作业班组）流水步距之和，且$\sum k_{ij}=(n-1)k$；

t_n——最后一个施工过程作业持续时间，$t_n=mt$。

根据固定节拍流水施工的特征，并考虑施工中的间歇及搭接情况，可以将式（13-7）改写成一般形式：

$$T=\sum k_{ij}+t_n+\sum t_g+\sum t_z-\sum t_d=(n-1)k+mt+\sum t_g+\sum t_z-\sum t_d$$

即
$$T=(m+n-1)k+\sum t_g+\sum t_z-\sum t_d \tag{13-8}$$

式中　T——不分层施工时固定节拍流水施工的工期；

m——施工段数；

k——流水步距；

$\sum t_g$、$\sum t_z$、$\sum t_d$——技术间歇、组织间歇、组织搭接时间之和。

（2）分层施工情况

当分层进行流水施工时，为了保证在跨越施工层时，专业施工队能连续施工而不产生窝工现象，施工段数目的最小值m_{min}应满足以下要求：

分施工层组织固定节拍流水施工时，其流水施工工期可按式（13-9）计算：

$$T=(A\cdot r\cdot m+n-1)t+\sum t_g+\sum t_z-\sum t_d \tag{13-9}$$

式中　A——参加流水施工的同类型建筑的幢数；

r——每幢建筑的施工层数；

m——每幢建筑每一层划分的施工段数；

n——参加流水的施工过程（或作业班组）数；

t_i——流水节拍，$t_i=k$；

k——流水步距。

其他符号含义同式（13-7）。

3. 绘制流水施工进度表

采取横道图表达流水施工进度，当某施工过程要求有技术间歇或组织间歇时，应将施工过程与其紧后施工过程的流水步距再加上相应的间歇时间，作为开工的时间间隔而进行绘制。若有平行搭接时间，则从流水步距中扣除。

【例 13-2】 某一基础施工的有关参数如表 13-3 所示，划分成四个施工段，试组织固定节拍流水施工（要求以劳动量最大的施工过程来确定流水节拍）。

某基础工程有关参数　　　　**表 13-3**

序号	施工过程	总工程量	劳动定额	说　明
1	挖土垫层	460m^3	0.51 工日/m^3	1. 基础总长度为 370m 左右； 2. 砌砖的技工与普工的比例为2∶1，技工所需的最小工作面为 7.6m/人
2	绑扎钢筋	10.5t	7.8 工日/t	
3	浇基础混凝土	150m^3	0.83 工日/m^3	
4	砖基础、回填土	180m^3	1.45 工日/m^3	

【解】

（1）计算各施工过程的劳动量

劳动量按下式计算：

$$p_i = \frac{Q_i}{S_i} = Q \cdot Z_i \qquad (13\text{-}10)$$

式中各参数的意义同式（13-4）。

挖土及垫层施工过程在一个工段上的劳动量为：$p_1 = \frac{Q_1}{m} \cdot Z_1 = \frac{460}{4} \times 0.51 = 59$ 工日，其他各施工过程在一个施工段上的劳动量见图 13-5。

序号	施工过程	劳动量（工日）	工人数（人）	流水节拍（d）	施工进度(d)						
					4	8	12	16	20	24	28
1	挖土、垫层	50	15	4	一	二	三	四			
2	绑扎钢筋	20	5	4		一	二	三	四		
3	浇筑混凝土	31	8	4			一	二	三	四	
4	基础及回填土	65	18	4				一	二	三	四

图 13-5　某基础工程等节拍流水施工图

（2）确定主要施工过程的工人数和流水节拍

从计算可知，“砖基础及回填土”这一施工过程的劳动量最大，应按该施工过程确定流水节拍。由于基础的总长度决定了所能安排技术工人的最多人数，根据已知条件可求出该施工过程可安排的最多工人数。

$$R_4 = \frac{L}{ml} \times \frac{3}{2} = \frac{370}{4 \times 7.6} \times \frac{3}{2} = 18 \text{ 人}$$

这里 L 表示施工基础长度；m 表示施工段数；l 表示最小工作面；$\frac{3}{2}$ 表示砖基础及回填土施工时技工与普工的搭配关系，其技工与普工的人数比为 2∶1，即总人数为技工人数的 $\frac{3}{2}$。

由此即可求得该施工过程的流水节拍：

$$t_4 = \frac{P_4}{R_4} = \frac{65}{18} = 3.6\text{d}$$

流水节拍应尽量取整数，为使实际安排的劳动量与计算所得出劳动量误差最小，最后应根据实际安排的流水节拍 4d 来求得相应的工人数，同时应检查最小工作面的要求。

（3）确定其他施工过程的工人数

根据等节拍流水的特点可知其他施工过程的流水节拍也应等于4d，由此可得其他施工过程所需的工人数，如“挖土、垫层”的人工数为：

$$R_1 = \frac{P_1}{t_i} = \frac{59}{4} = 15\text{ 人}$$

其他施工过程的工人数见图 13-5。

(4) 求工期

$$T = (m + n - 1)k = (4 + 4 - 1) \times 4 = 28\text{d}$$

(5) 检查各施工过程的最小劳动组合或最小工作面要求

绘出流水施工进度表如图 13-5 所示，图中一、二、三、四表示的是四个施工段。

三、成倍数节拍流水施工

在异节奏流水施工中，当同一施工过程在各个施工段上的流水节拍不相等但它们间有最大公约数，即为某一数的不同整数倍时，每个施工过程均按其节拍的倍数关系，组织相应数目的专业队伍，充分利用工作面即可组织等步距成倍数节拍流水施工。

(一) 成倍数节拍流水施工特点

(1) 同一施工过程在各个施工段上的流水节拍彼此相等，不同施工过程在同一施工段上的流水节拍之间存在一个最大公约数。

(2) 各专业施工队之间的流水步距彼此相等，且等于流水节拍的最大公约数 k。

(3) 专业施工队总数目 n' 大于施工过程数 n。

(二) 成倍数节拍流水组织

(1) 确定流水步距

成倍数节拍流水施工，各专业队之间的流水步距相等，且等于各流水节拍的最大公约数，即 $k = t_i$ 的最大公约数。

(2) 确定各施工过程专业队伍数

$$b_i = \frac{t_i}{k} \tag{13-11}$$

式中 t_i——第 i 施工过程的流水节拍；

k——流水步距（最大公约数）；

b_i——第 i 个施工过程的专业队伍数。

专业队伍总数

$$n' = \Sigma b_i$$

(3) 确定施工段数

施工段划分按施工段划分原则进行，当有施工层时，应注意最小施工段数能满足专业施工队连续施工的需要。

(4) 确定流水施工工期

1) 不分层施工

不分层施工时，成倍节拍流水施工的工期计算式为：

$$T = \Sigma k + t_{\text{n}} \tag{13-12}$$

式中 T——流水工期；

$\sum k$——各流水施工的队伍的流水步距之和，$\Sigma k=(n'-1)k$，n' 为流水施工队伍数，k 为流水步距的最大公约数；

t_n——最后一个投入到施工的作业队伍完成任务持续时间，$t_n=m\cdot k$。

考虑到成倍节拍流水施工的特点及施工中可能有技术、组织间歇和组织搭接，将式（13-12）改写成：

$$T=(m+n'-1)k+\Sigma t_z+\Sigma t_g-\Sigma t_d \tag{13-13}$$

式中　Σt_z——组织间歇时间之和；

Σt_g——技术间歇时间之和；

Σt_d——组织搭接时间之和；

其他符号含义同式（13-12）。

2）分层施工

将式（13-13）改写成：

$$T=(A\cdot m\cdot r+n'-1)k+\Sigma t_j+\Sigma t_z-\Sigma t_g \tag{13-14}$$

式中　A——参与流水的房屋幢数；

r——某幢的施工层数；

n'——参与流水的施工队伍数；

其他符号含义同式（13-13）。

（5）绘制流水施工进度表

【例 13-3】 某工程施工（不分层），分三个施工段即 $m=3$，有三个施工过程即 $n=3$，其顺序为 A→B→C，每个工序的流水节拍为 $t_A=2d$，t_B-4d，$t_C=2d$，试组织该工程施工并求工期。

【解】 由 $t_A=2$，$t_B=4$，$t_C=2$ 知，各施工过程的流水节拍不完全相等，但有最大公约数 2，故可以组织成倍节拍流水施工。

（1）求 k

k=最大公约数，由已知条件求得最大公约数为 2，即 $k=2d$。

（2）求各专业队伍数

根据公式（13-11）：$b_i=\frac{t_i}{k}$，得

$$b_A=\frac{2}{2}=1\text{ 个}$$

$$b_B=\frac{4}{2}=2\text{ 个}$$

$$b_C=\frac{2}{2}=1\text{ 个}$$

专业队伍总数

$$n'=\Sigma b_i=1+2+1=4$$

（3）按照有四个队伍参与流水其步距均为 2d 组织施工，画进度如图 13-6 所示。

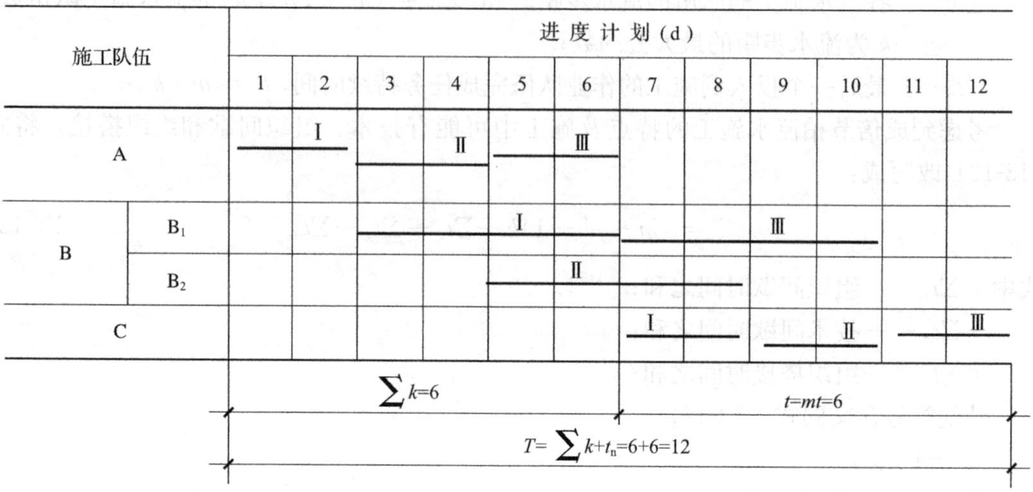

施工队伍		进度计划(d)											
		1	2	3	4	5	6	7	8	9	10	11	12
A			Ⅰ		Ⅱ		Ⅲ						
B	B_1					Ⅰ				Ⅲ			
	B_2						Ⅱ						
C								Ⅰ			Ⅱ		Ⅲ

$\sum k=6$　　$t=mt=6$

$T=\sum k+t_n=6+6=12$

图 13-6　成倍流水施工计划图

由图 13-6 可知，总工期为 12d，由两个部分构成，一部分为各专业队伍的流水步距之和，即$\sum k=2+2+2=6$d；另一部分为最后一个作业队伍持续的时间 $t_n=3\times2=6$d，两部分之和即 $T=\sum k+t_n=6+6=12$d，即为该成倍节拍流水施工的工期。

【例 13-4】 某两层现浇筑钢筋混凝土工程，施工分为安装模板、绑扎钢筋和浇筑混凝土三个施工过程。已知每个施工过程在每层每个施工段上的流水节拍分别为：$t_{模}=2$d，$t_{扎}=2$d，$t_{浇}=1$d。当安装模板施工队转移到第二结构层的第一施工段时，需待第一层第一施工段的混凝土养护一天后才能进行施工。在保证各施工队连续施工的条件下，试安排流水施工，并绘制流水施工进度计划表。

【解】 根据工程特点，按成倍节拍流水施工方式组织流水施工。

(1) 确定流水步距

$$k=最大公约数\{2,2,1\}=1\text{d}$$

(2) 计算专业施工队数目

$b_{模}=2/1=2$ 个；　　$b_{扎}=2/1=2$ 个；　　$b_{浇}=1/1=1$ 个

计算专业施工队总数目 n'

$$n'=\sum_{i=1}^{3}b_i=2+2+1=5\ 个$$

(3) 确定每层的施工段数目

$$m_{min}=n'+\frac{Z_{max}+C_{max}-\sum t_d}{k}$$
$$=5+1/1=6\ 段$$

(4) 计算工期

$$T=(m\times r+n'-1)\times k=(6\times2+5-1)\times1=16\text{d}$$

(5) 绘制流水施工进度计划表

流水施工进度计划表如图 13-7 所示。

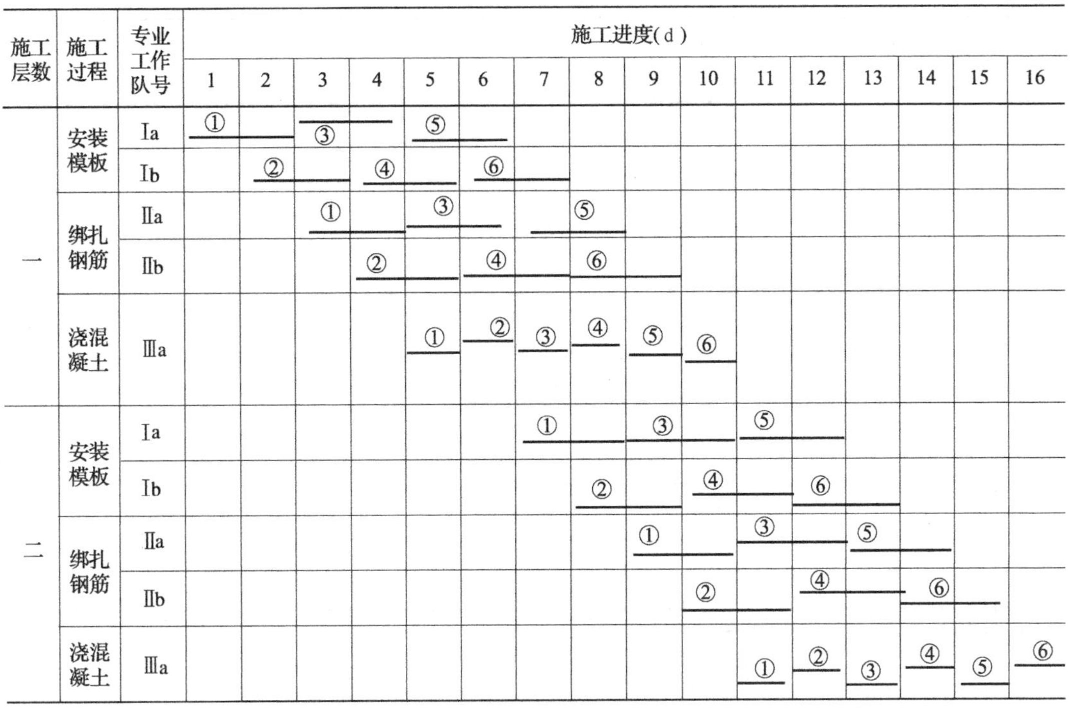

施工层数	施工过程	专业工作队号	施工进度(d)															
			1	2	3	4	5	6	7	8	9	10	11	12	13	14	15	16
一	安装模板	Ⅰa	①		③		⑤											
		Ⅰb		②		④		⑥										
	绑扎钢筋	Ⅱa			①		③		⑤									
		Ⅱb				②		④		⑥								
	浇混凝土	Ⅲa					①	②	③	④	⑤	⑥						
二	安装模板	Ⅰa							①		③		⑤					
		Ⅰb								②		④		⑥				
	绑扎钢筋	Ⅱa									①		③		⑤			
		Ⅱb										②		④		⑥		
	浇混凝土	Ⅲa											①	②	③	④	⑤	⑥

图 13-7 成倍节拍流水进度计划表

四、分别流水施工

分别流水是指同一施工过程在各施工段上的流水节拍不全相等，不同的施工过程之间流水节拍也不相等，在这样的条件下组织施工的方式称为分别流水施工，也称为无节奏流水施工。这种组织施工的方式，在进度安排上比较自由、灵活，是实际工程组织施工最普遍、最常用的一种方法。

（一）分别流水的特点

（1）各个施工过程在各个施工段上的流水节拍彼此不等，也无特定规律。

（2）所有施工过程之间的流水步距彼此不全等，流水步距与流水节拍的大小及相邻施工过程的相应施工段节拍差有关。

（3）每个施工过程在每个施工段上均由一个专业施工队独立完成作业，即专业施工队数目 n' 等于施工过程数 n。

（4）为了满足流水施工中作业队伍的连续性，因而在组织施工时，确定流水步距是关键。

（二）分别流水施工的组织

组织分别流水施工包括：① 确定流水步距；② 确定施工段数；③ 确定流水施工工期；④ 绘制进度计划表。下面以一个例子说明组织过程。

【例 13-5】 某项目施工（不分层），分三个施工段，四个施工过程，施工顺序为 A→B→C→D，每个施工过程在不同的施工段上的流水节拍见表 13-4，试组织流水施工。

流水节拍资料 **表 13-4**

施工过程 \ 节拍 \ 施工段	Ⅰ	Ⅱ	Ⅲ
A	1	2	1
B	2	3	3
C	2	2	3
D	1	3	2

【解】根据所给资料知：各施工过程在不同的施工段上流水节拍不相等，故可组织分别流水施工。在满足组织流水施工时施工队伍连续施工，不同的施工队伍尽量平行搭接施工的原则下，绘制进度如图 13-8 所示。

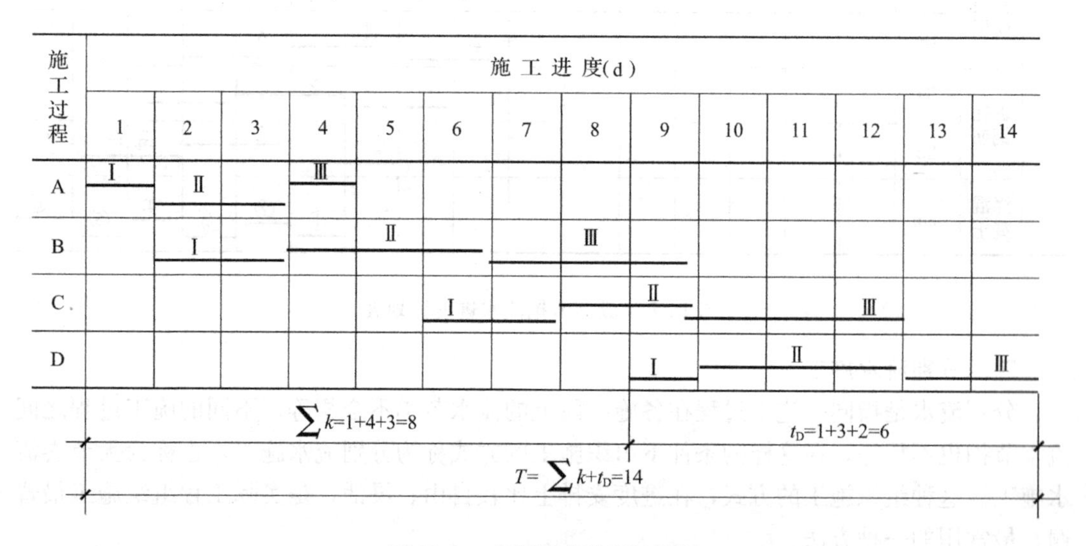

图 13-8 分别流水进度计划图

由图 13-8 可知，满足了各类专业施工队伍连续作业没有窝工现象发生，其工期可分为两个部分，第一部分是各施工过程间流水步距之和，即：

$$\sum k = k_{AB} + k_{BC} + k_{CD} = 1 + 4 + 3 = 8\text{d}$$

另一部分为最后一个施工过程的作业队伍作业持续时间 $t_D = 1 + 3 + 2 = 6\text{d}$，工期为 14d，由此可见组织分别流水的最关键的一步是确定各施工过程（作业队伍）间的流水步距。

1. 流水步距的确定

在组织分别流水施工中确定流水步距最简单、最常用的方法就是用潘特考夫斯基法，此法又称为“累加数列、错位相减、取最大差法”，具体步骤如下：

(1) 将各施工过程在不同施工段上的流水节拍进行累加，形成数列。

(2) 将相邻的两施工过程形成的数列的错位相减形成差数列。

(3) 取相减差数列的最大值，即为相邻两施工过程的流水步距。

【例 13-6】 求【例 13-5】中 k_{AB}、k_{BC}、k_{CD}。

【解】求 k_{AB}：

$$\begin{array}{rrrrr} & 1, & 3, & 4 & \\ - & & 2, & 5, & 8 \\ \hline & 1, & 1, & -1, & -8 \end{array} \quad k_{AB}=\max\{1,1,-1,-8\}=1$$

求 k_{BC}：

$$\begin{array}{rrrrr} & 2, & 5, & 8 & \\ - & & 2, & 4, & 7 \\ \hline & 2, & 3, & 4, & -7 \end{array} \quad k_{BC}=\max\{2,3,4,-7\}=4$$

求 k_{CD}：

$$\begin{array}{rrrrr} & 2, & 4, & 7 & \\ - & & 1, & 4, & 6 \\ \hline & 2, & 3, & 3, & -6 \end{array} \quad k_{CD}=\max\{2,3,3,-6\}=3$$

用这种方法计算的各施工过程间的流水步距与图 13-8 中尝试安排得到的流水步距是一致的。

2. 确定施工段数

施工段数 m，按施工段划分的原则确定。

3. 工期计算

由例 13-5 分析知，分别流水施工的工期公式为：

$$T=\sum k+t_n+\sum t_g+\sum t_z-\sum t_d \tag{13-15}$$

式中 T——分别流水施工工期；

$\sum k$——各流水步距之和；

t_n——最后一个作业队伍持续时间；

其他符号含义同式（13-13）。

【例 13-7】 某项目施工（不分层），分三个施工段落 $m=3$，四个施工过程，工艺顺序为 A→B→C→D，流水节拍见表 13-5，B 与 C 间有技术间歇 $t_{B-C}=2\text{d}$，试组织该流水施工，并求工期。

流水节拍 **表 13-5**

施工段 / 节拍 / 施工过程	Ⅰ	Ⅱ	Ⅲ
A	2	3	2
B	2	1	2
C	3	2	2
D	1	3	1

【解】根据流水节拍的特点可能以组织分别流水施工。

（1）求流水步距 k

k_{AB}

$$\begin{array}{rrrrr} & 2, & 5, & 7 & \\ - & & 2, & 3, & 5 \\ \hline & 2, & 3, & 4, & -5 \end{array}$$

$$k_{AB}=4$$

k_{BC}

$$\begin{array}{r} 2,\ 3,\ 5\qquad \\ -\qquad 3,\ 5,\ 7 \\ \hline 2,\ 0,\ 0,\ -7 \end{array}$$

$$k_{BC}=2$$

k_{CD}

$$\begin{array}{r} 3,\ 5,\ 7\qquad \\ -\qquad 1,\ 4,\ 5 \\ \hline 3,\ 4,\ 3,\ -5 \end{array}$$

$$k_{CD}=4$$

（2）求工期 T

$$T=\sum k+t_n+t_g=(4+2+4)+5+2=17\text{d}$$

（3）绘制流水进度计划如图 13-9 所示。

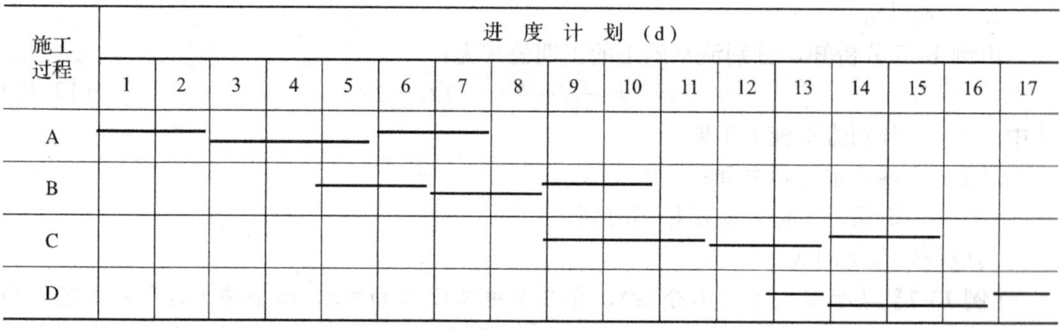

施工过程	进度计划（d）																
	1	2	3	4	5	6	7	8	9	10	11	12	13	14	15	16	17
A																	
B																	
C																	
D																	

图 13-9　流水进度计划图

第四节　流水施工组织实例

（一）工程概况及施工条件

某三层工业厂房，其主体结构为现浇钢筋混凝土框架。框架全部由 6m×6m 的单元构成。横向为 3 个单元，纵向为 21 个单元，划分为 3 个温度区段。

施工工期：两个半月，施工时平均气温 15℃。劳动力：木工不得超过 25 人，混凝土工与钢筋工可以根据计划要求配备。机械设备：400L 混凝土搅拌机两台，混凝土振捣器、卷扬机可以根据计划要求配备。

（二）施工方案

模板采用定型钢模板，常规支模方法，混凝土为半干硬性，坍落度为 1～3cm，采用 400L 混凝土搅拌机搅拌，振捣器捣固，双轮车运输，垂直运输采用钢管井架。楼梯部分与框架配合，同时施工。

（三）流水施工组织

1. 计算工程量与劳动量

本工程每层、每个温度区段的模板、钢筋、混凝土的工程量根据施工图计算；采用定额根据劳动定额手册及本工地工人实际生产率确定，劳动量由确定的时间定额和计算的工程量进行计算。时间定额、计算的工程量和劳动量汇总列表，见表13-6。

某厂钢筋混凝土框架工程量与劳动量 **表13-6**

结构部位	分项工程名称		单位	采用时间定额（工日/产品单位）	每层、每个温度区段的工程量与劳动量					
					工程量			劳动量（工日）		
					一层	二层	三层	一层	二层	三层
框架	支模板	柱	m^2	0.0833	332	311	311	27.7	25.9	25.9
		梁	m^2	0.08	698	698	720	55.8	55.8	57.6
		板	m^2	0.04	554	554	528	22.2	22.2	23.3
	绑扎钢筋	柱	t	2.38	5.45	5.15	5.15	13.0	12.3	12.3
		梁	t	2.86	9.80	9.80	10.10	28.0	28.0	28.9
		板	t	4.00	6.40	6.40	6.73	25.6	25.6	26.6
	浇筑混凝土	柱	m^3	1.47	46.1	43.1	43.1	67.8	63.4	63.4
		梁、板	m^3	0.78	156.2	156.2	156.2	12.24	122.4	124.0
楼梯	支模板		m^2	0.16	34.8	34.8		5.1	5.1	
	绑扎钢筋		t	5.56	0.45	0.45		2.5	2.5	
	浇筑混凝土		m^3	2.21	6.6	6.6		14.6	14.6	

2. 划分施工过程

本工程框架部分采用以下施工顺序：

绑扎柱钢筋→支柱模板→支主梁模板→支次梁模板→支板模板→绑扎梁钢筋→绑扎板钢筋→浇筑混凝土→浇筑梁、板混凝土

根据施工顺序，按专业工作队的组织进行合并，划分为以下四个施工过程：

（1）绑扎钢筋；

（2）支模板；

（3）绑扎梁、板钢筋；

（4）浇筑混凝土。

各施工过程中均包括楼梯间部分。

3. 划分施工段及确定流水节拍

由于本工程三个温度区段大小一致，各层构造基本相同，各施工过程劳动量相差均在15%以内，所以首先考虑采用全等节拍或成倍节拍流水方式来组织。（读者可以用其他方案组织）

（1）划分施工段

考虑到有利于结构的整体性，利用温度缝作为分界线，最理想的情况是每层划分为3

段，但是，为了保证各工人队组在各层连续施工，按全等节拍组织流水作业，每层最少段数应按式（13-5）计算：

$$m = n + \frac{Z + C - \Sigma t_d}{k}$$

上式中，$n=4$；$k=t$；$c=1.5\text{d}$（根据气温条件，混凝土强度达 12kN/cm^2，需要 36h）；$Z=0$；$\Sigma t_d = t$（只考虑绑扎柱钢筋和支模板之间可以搭接施工，其他工序因为要保证施工时不相互干扰，所以不能搭接。取最大搭接时为 t）。

代入上述有关数据得：

$$m = 4 + \frac{0 + 1.5 - t}{t} = 3 + \frac{1.5}{t}$$

则 $m>3 \quad \left(\frac{1.5}{t}>0\right)$

所以，每层划分为 3 个施工段不能保证工人队组在层间连续施工。根据该工程的结构特征，确定每层划分为 6 个施工段，将每个温度区段分为两段。

（2）确定流水节拍

第一步根据要求，按固定节拍流水工期公式，粗略地估算流水节拍。

$$t = \frac{T}{n + r_{m-1}} = \frac{60}{4 + 3 \times 6 - 1} = 2.86\text{d}$$

上式中 $T=60\text{d}$，规定工期为两个半月，每月按 25 个工作日计算，工期为 62.5 个工作日，考虑留有调整余地，因此，该分部工程工期定为 60d（工作日）。取半班的倍数，流水节拍可选用 3d 或 2.5d。

表 13-6 中各分项工程所对应的每个温度区段的劳动量按施工过程汇总，并将每层每个施工段的劳动量列于表 13-7 中。

各施工过程每段需要劳动量　　表 13-7

施工过程	需要劳动量（工日）			附注
	一层	二层	三层	
绑扎柱钢筋	6.5	6.2	6.2	
支模板	55.4	54.5	53.4	包括楼梯
绑扎梁板钢筋	28.1	28.1	27.9	包括楼梯
浇筑混凝土	102.4	100.2	93.7	包括楼梯

第二步，资源供应校核。

从表 13-7 中看出，浇筑混凝土和支模板两个施工过程用工最大，应着重考虑。

（1）浇筑混凝土的校核

根据表 13-6 中工程量的数据，浇筑混凝土量最多的施工段的工程量为（46.1+156.2+6.6）/2=104.45m^3，而每台 400L 混凝土搅拌机搅拌半干硬性混凝土的生产率为 36m^3/台班，故需要台班数为：

$$P=\frac{Q}{S}=\frac{104.45}{36}=2.9\text{ 台班}$$

选用两台混凝土搅拌机，取流水节拍为 2.5d，则实有能力为 5 台班，满足要求。

需要工人人数：表 13-7 中浇筑混凝土需要劳动量最大的施工段的劳动量为 102.4 工日，则每天工人人数为：

$$R=\frac{P}{t}=\frac{102.4}{2.5}=40.96\text{ 人}$$

根据劳动定额知现浇混凝土采用机械搅拌、机械捣固的方式，混凝土工中包括原材料及混凝土运输工人在内，小组人数 20 人左右。本方案混凝土工取 40 人，分两个小组，可以满足要求。

(2) 支模板的校核

由表 13-7 中支模板的劳动量计算木工人数，流水节拍仍取 2.5d (框架结构支模板包括柱、梁、板模板，根据经验一般需要 2～3d)，则支模板的人数为：

$$R=\frac{P}{t}=\frac{55.4}{2.5}=22.2\text{ 人}$$

由劳动定额知，支模板工作要求工人小组一般为 5～6 人。本方案木工工作队取 24 人，分 4 个小组进行施工。满足规定的木工人数条件。

(3) 绑扎钢筋校核

绑扎梁板钢筋的钢筋工人数，由表 13-7 中劳动量计算，流水节拍也取 2.5d。则人数为：

$$R=\frac{P}{t}=\frac{28.1}{2.5}=11.2\text{ 人}$$

由劳动定额知，绑扎梁板钢筋工作要求工人小组一般为 3～4 人。本方案钢筋工工作队 12 人，分 3 个小组进行施工。

由表 13-7 知绑扎柱钢筋所需劳动量为 6.5 个工日，但是由劳动定额知，绑扎柱钢筋工作要求工人小组至少需要 5 人。若流水节拍仍取 2.5d，则每班只需 2.6 人，无法完成绑扎柱钢筋工作。若每天工人人数取 5 人，则实际需要的时间为：

$$R=\frac{P}{t}=\frac{6.5}{5}=1.3\text{d}$$

取绑扎柱钢筋流水节拍为 1.5d。显然，此方案已不是全等节拍流水。在实际设计中，个别施工过程不满足是常见的，在这种情况下，技术人员应该根据实际情况进行调整。

第三步，工作面校核。

本工程各施工过程的工人队组在施工段上无过分拥挤情况，校核从略。

第四步，绘制流水进度图，如图 13-10 所示。

层次	工序	工程量 单位	工程量 数量	采用时间定额	需要劳动量(工日)	流水节拍(天)	工人人数
第一层	扎柱钢筋	t	16.35	2.38	39	1.5	5
	支模板	m^2	4856.4	0.0685	332.4	2.5	22
	扎绑板钢筋	t	40.95	3.38	168.6	2.5	12
	浇筑混凝土	m^3	626.7	0.97	614.4	2.5	40
第二层	扎柱钢筋	t	15.45	2.38	37.2	1.5	5
	支模板	m^2	4793.4	0.0685	327	2.5	22
	扎梁板的钢筋	t	49.95	3.38	168.6	2.5	12
	浇筑混凝土	m^3	617.7	0.97	601.2	2.5	40
第三层	扎柱钢筋	t	15.45	2.38	37.2	1.5	5
	支模板	m^2	4839	0.0664	320.4	2.5	22
	扎梁板钢筋	t	50.49	3.38	167.4	2.5	12
	浇筑混凝土	m^3	603.9	0.93	562.2	2.5	40

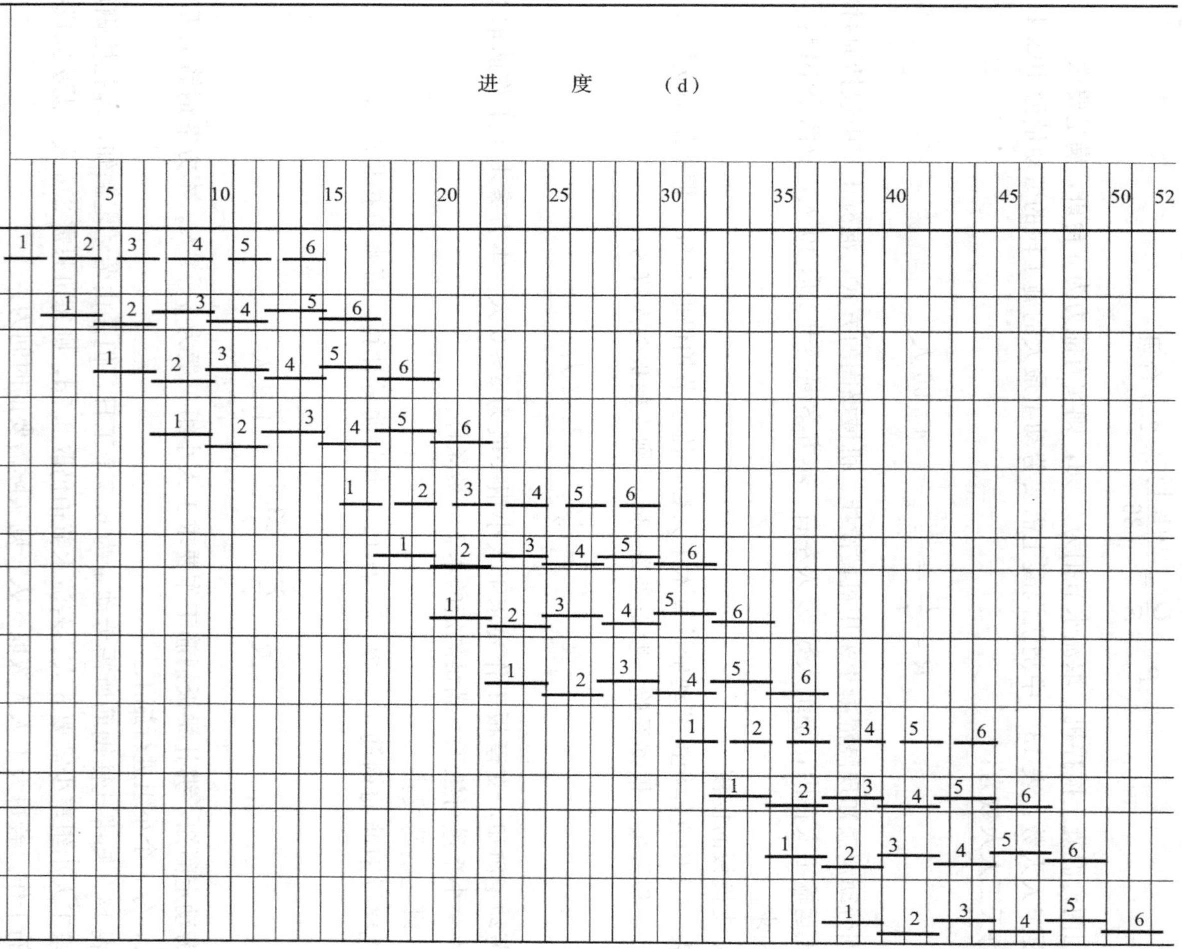

进度 (d)：5 10 15 20 25 30 35 40 45 50 52

图13-10　流水进度图

复习思考题

1. 组织施工的方式有哪几种？各有什么特点？
2. 什么是流水施工？如何组织？
3. 流水施工有哪几种基本形式？
4. 流水施工有哪些主要参数？如何确定这些参数？
5. 试述固定节拍流水施工的特点及其计算方法。
6. 试述成倍节拍流水施工的特点及其计算方法。
7. 什么是分别流水法？试述分别流水法组织流水施工的步骤。

计算题

1. 试组织某分部工程的流水施工、划分施工段、绘制进度图并确定工期。已知各施工过程的流水节拍为：

（1）$t_1=t_2=t_3=3$d；（2）$t_1=2$d，$t_2=4$d，$t_3=2$d；

（3）$t_1=2$d，$t_2=3$d，$t_3=5$d。

2. 有两幢同类型的建筑基础施工，每幢有三个主导施工过程，即挖土 $t_1=3$d，砖基础 $t_2=6$d，回填土 $t_3=3$d。

（1）试组织两幢建筑基础施工阶段的流水施工，确定每幢基础最少划分的施工段数并说明原因。

（2）试计算流水工期，绘出流水施工进度计划。

3. 某工程项目由挖基槽、做垫层、砌砖基和回填土 4 个施工过程组成，该工程在平面上划分 4 个施工段。各施工过程的流水节拍如表 13-8 所示。垫层施工完成后应养护 2 天。试编制该工程的流水施工方案并绘制进度图。

施工过程流水节拍表　　表 13-8

施工过程	流水节拍			
	Ⅰ	Ⅱ	Ⅲ	Ⅳ
挖基槽	3	4	3	4
做垫层	2	1	2	1
砌砖基	3	2	2	3
回填土	2	2	1	2

4. 试绘制某二层现浇混凝土楼盖的流水施工进度图。已知框架平面尺寸为 18m×144m，沿长度方向每隔 48m 设一道伸缩缝。各施工过程的流水节拍为：支模板 4d，扎钢筋 2d，浇筑混凝土 2d，层间技术间歇 2d。

第十四章 网络计划技术

本章学习要点：

1. 了解网络计划的基本原理及分类，熟悉双代号网络图的构成、工作之间常见的逻辑关系，掌握双代号网络图的绘制。

2. 掌握双代号网络计划中工作计算法、标号法和时标网络计划，熟悉双代号网络计划的节点计算法。

3. 熟悉单代号网络计划时间参数的计算；熟悉单代号搭接网络计划的基本概念。

4. 熟悉工期优化和费用优化；熟悉双代号网络的前锋线检查法，了解进度调整措施，熟悉网络计划在施工中的应用。

网络计划技术是20世纪50年代后期发展起来的一种科学管理方法。它最早是1957年美国杜邦公司在计划与管理化工厂的建设与维修以及1958年美国海军在规划和研制从核潜艇上发射中程弹道式导弹的计划中，提出的控制工作进度的先进方法。20世纪60年代，华罗庚教授把这种方法引入我国，称为“统筹法”。目前网络计划管理方法已广泛应用于我国工业、国防、邮电、土木工程等行业项目的组织和管理工作中，取得了较好的经济效益。

网络计划技术是应用网络图形来表达一项工程计划中各项工作的先后顺序和逻辑关系，通过对网络图进行时间参数的计算，找出关键工作和关键线路，按照一定的目标对网络计划进行优化，以选择最优方案；在计划执行过程中对计划进行有效的控制与调整，保证合理地使用人力、物力和财力。

网络计划技术具有逻辑严密、关键突出、便于优化的特点。网络计划技术的应用使建筑施工企业计划的编制、组织、管理有了一个可供遵循的科学基础，对缩短工期、提高效益、降低成本都具有显著意义。它既是一种编制计划的方法，又是一种科学的管理方法。它有助于管理人员全面了解、重点掌握、灵活安排、合理组织、多快好省地完成计划任务，不断提高管理水平。

网络计划技术种类很多。根据工作与工作之间的逻辑关系以及工作持续时间是否确定的性质，网络计划可分为肯定型网络计划（关键线路法CPM、搭接网络计划法）、非肯定型网络计划（计划评审技术PERT、图示评审技术GERT、决策网络计划DN、风险评审技术VERT等）。根据网络计划的工程对象不同和使用范围大小，网络计划可分为分级网络计划、总网络计划和局部网络计划。

我国从20世纪60年代初，开始在生产管理中研究推广应用网络计划技术，40多年来，网络计划技术作为一门现代管理技术已逐渐被各级领导和广大科技人员所重视，我国于1992年颁布了《工程网络计划技术规程》JGJ/T 1001—91，1999年重新修订和颁布了《工程网络计划技术规程》JGJ/T 121—99。使工程网络计划技术在编制与控制管理的实际应用中，有了一个可以遵循的、统一的技术标准。

第一节　双代号网络计划

一、双代号网络图的组成

1. 工作

工作就是将计划任务按需要的粗细程度划分成的一个子项目或子任务。在双代号网络图中，一项工作由一条箭线与其两端的节点表示，箭尾表示工作的开始，箭头表示工作的结束。在无时间坐标的网络图中，箭线的长度不代表时间的长短，箭线可以画成直线、折线或斜线，工作名称或代号写在箭线上方，完成该工作的持续时间写在箭线的下方，如图14-1所示。由于是由两个代号表示一项工作，故称为双代号表示法。双代号网络计划在工程中应用最广泛。

工作一般需要同时消耗时间和资源，如混凝土浇筑，既需要消耗时间，也需要消耗混凝土、劳动力等，也有只消耗时间不消耗资源的工作，如混凝土养护、抹灰面干燥等。

工作可以分为三种：需要消耗时间和资源的工作（如混凝土浇筑，既需要消耗时间，也需要消耗混凝土、劳动力等），只消耗时间而不消耗资源的工作（如混凝土养护、抹灰面干燥等）；既不消耗时间，也不消耗资源的工作。前两种是实际存在的工作，后一种是人为的虚设工作，只表示相邻前后工作之间的逻辑关系，通常称其为“虚工作”以虚箭线表示，如图14-2所示。

图14-1　双代号网络图工作表示方法　　　图14-2　虚工作的表示方法

由双代号表示法构成的网络图称为双代号网络图，如图14-3所示。

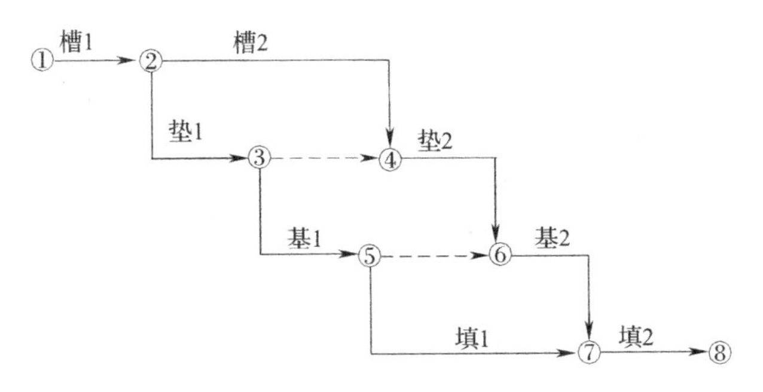

图14-3　双代号网络图

2. 节点（事件）

双代号网络图中，节点表示前面工作结束和后面工作开始的瞬间，它不需要消耗时间和资源。节点用圆圈表示，圆圈中编整数编号，如图14-3中的①、②……

根据节点在网络图中的位置不同可以分为起点节点、中间节点和终点节点。起点节点是网络图的第一个节点，表示一项任务的开始，双代号网络图中，起点节点没有指向该节点的内向箭线；终点节点是网络图的最后一个节点，表示一项任务的完成，终点节点没有从该节点出发的外向箭线；除起点节点和终点节点以外的节点称为中间节点，中间节点具有双重的含义，既是前面工作的箭头节点，也是后面工作的箭尾节点。

3. 线路

网络图中从起始节点开始，沿箭线方向连续通过一系列箭线和节点，最后到达终点节点的通路称为线路，如图 14-3 所示的网络计划中线路有：①→②→③→⑤→⑦→⑧、①→②→④→⑥→⑦→⑧、①→②→③→④→⑥→⑦→⑧、①→②→③→⑤→⑥→⑦→⑧等 4 条线路。

二、网络图的绘制

（一）网络图的逻辑关系

逻辑关系是指工作进行时客观上存在的一种相互制约或者相互依赖的关系，也就是工作之间的先后顺序关系。在表示工程施工计划的网络图中，根据施工工艺和施工组织的要求，逻辑关系包括工艺逻辑关系和组织逻辑关系。

（1）工艺逻辑关系（Process relations）

工艺逻辑关系是生产性工作之间由工艺技术决定的，非生产性工作之间由程序决定的先后顺序关系。如图 14-3 所示，槽 1→垫 1→基 1→填 1；槽 2→垫 2→基 2→填 2 为工艺逻辑关系。

（2）组织逻辑关系

组织逻辑关系是工作之间由于组织安排需要或资源调配需要而规定的先后顺序关系。

如图 14-3 所示，槽 1→槽 2，垫 1→垫 2；基 1→基 2；填 1→填 2 为组织逻辑关系。

网络图中逻辑关系确定了工作的先后关系，工作的先后关系有：紧前工作、紧后工作、平行工作等。

（二）绘制双代号网络图的基本原则

（1）网络图应正确反映各工作之间的逻辑关系。

绘制网络图中常见的逻辑关系及其表达方式见表 14-1。

网络图中常见的各种工作逻辑关系的表示方法　　表 14-1

序号	工作之间的逻辑关系	网络图中的表示方法
1	*A* 完成后进行 *B* 和 *C*	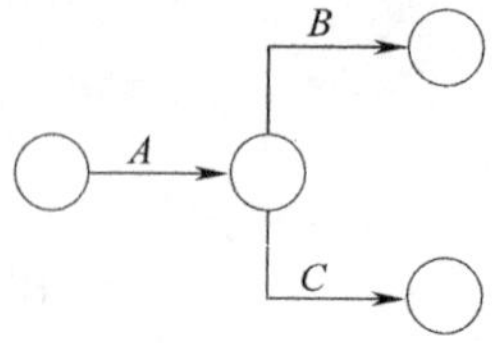 A B C
2	*A*、*B* 均完成后进行 *C*	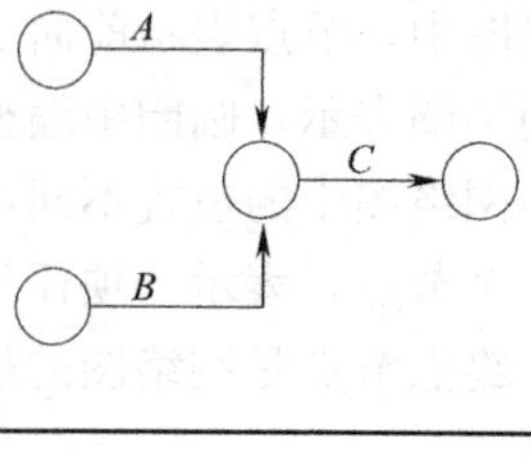 A B C

续表

序号	工作之间的逻辑关系	网络图中的表示方法
3	A、B 均完成后同时进行 C 和 D	
4	A 完成后进行 C A、B 均完成后进行 D	
5	A 完成后进行 C，A、B 均完成后进行 D，B 完成后进行 E	
6	A、B 两项工作分成三个施工段，分段流水施工： A_1 完成后进行 A_2、B_1，A_2 完成后进行 A_3、B_2，A_2、B_1 完成后进行 B_2、A_3、B_2 完成后进行 B_3	有两种表示方法

(2) 网络图严禁出现循环回路。如图 14-4 所示，②→③→⑤→④→②为循环回路。如果出现循环回路，会造成逻辑关系混乱。

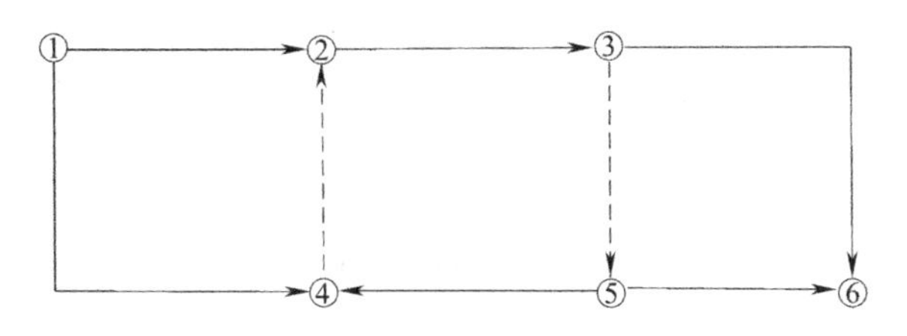

图 14-4　有循环回路的错误网络

(3) 网络图严禁出现双向箭头或无向箭头的连线，如图 14-5 所示。

(4) 网络图严禁出现没有箭头或箭尾节点的箭线，如图 14-5 所示。

(5) 双代号网络图中，一项工作只能有唯一的一条箭线和相应的一对节点编号，不允许出现代号相同的箭线。图 14-6(a) 是错误的画法，①→②工作既代表 A 工作，又代表 B 工作，为了区分 A 工作和 B 工作，采用虚工作，分别表示 A 工作和 B 工作，图 14-6(b) 是正确的画法。

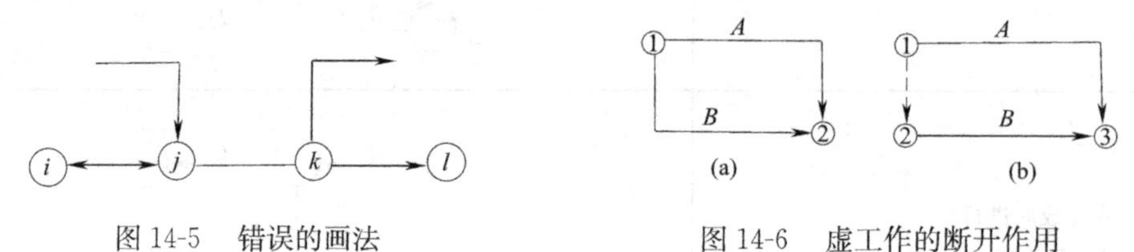

图 14-5　错误的画法

图 14-6　虚工作的断开作用

(a) 错误画法；(b) 正确画法

(6) 网络图中，只允许有一个起始节点和一个终点节点。

(7) 一条箭线上箭尾节点编号小于箭头节点编号。

(8) 在绘制网络图时，应尽可能地避免箭线交叉，如不可能避免时，应采用过桥法或指向法，如图 14-7 所示。

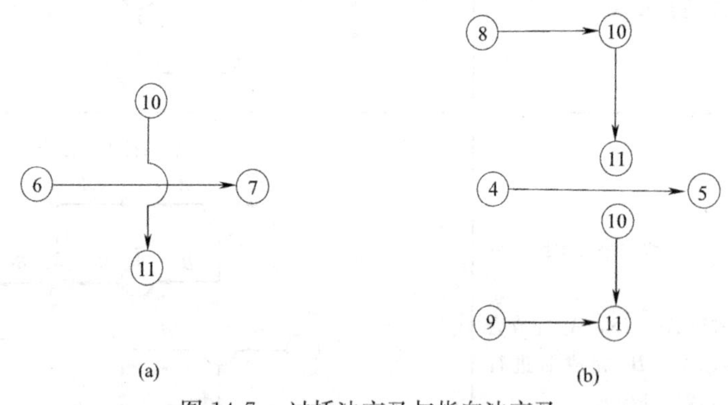

图 14-7　过桥法交叉与指向法交叉

(a) 过桥法交叉；(b) 指向法交叉

(9) 双代号网络图中的某些节点有多条外向箭线或多条内向箭线时，为使图面清楚，可采用母线法，如图 14-8 所示。

图 14-8　母线法表示

双代号网络图绘制步骤包括：编制各工作之间的逻辑关系表；按逻辑关系表连接各工作之间的箭线，绘制网络图的草图；整理成正式网络图，注意布局条理清楚，重点突出。

【例 14-1】已知某工程各项工作及相互关系如表 14-2 所示，试绘制双代号网络图。

某工程各项工作逻辑关系表　　表 14-2

工作代号	紧前工作	持续时间（周）	紧后工作
A	—	3	*B*、*C*、*D*
B	*A*	2	*E*
C	*A*	6	*F*
D	*A*	5	*G*
E	*B*	3	*H*
F	*C*	2	*H*
G	*D*	7	*J*
H	*E*、*F*	4	*I*
I	*H*	5	*K*
J	*G*	4	*K*
K	*I*、*J*	7	—

【解】根据逻辑关系绘制网络图，如图 14-9 所示。

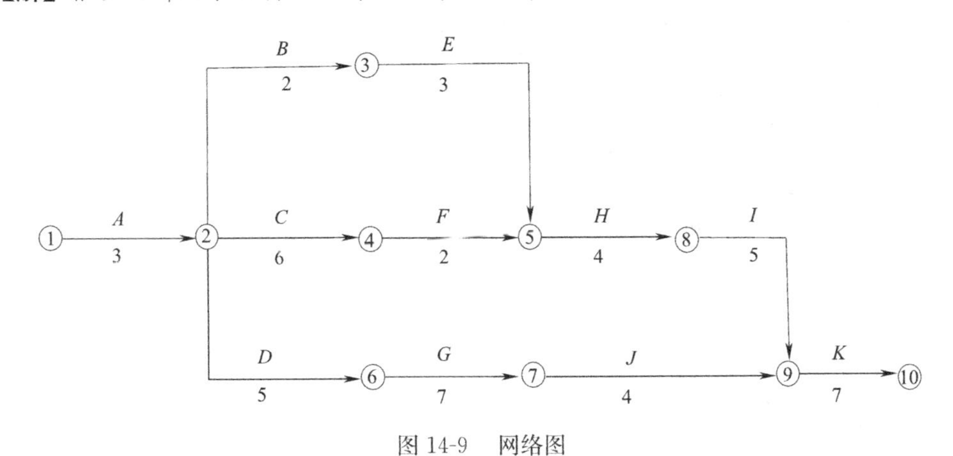

图 14-9　网络图

三、双代号网络图计算

网络计划时间参数计算的目的在于通过计算各项工作和各节点的时间参数，确定网络计划的关键工作和关键线路；确定计算工期；确定非关键线路和非关键工作及其机动时间（时差），为网络计划的优化、调整和执行提供明确的时间参数。

网络计划时间参数计算方法一般常用的有分析计算法、图上计算法、表上计算法、矩阵计算法和电算法，其计算原理完全相同，只是表达形式不同。本节只讲述图上计算法。

图上计算法方法有工作计算法、节点计算法、标号法等。

（一）工作计算法

工作计算法是以网络计划中的工作为对象，直接计算各项工作的时间参数。

1. 网络计划的时间参数

（1）工作最早可能开始时间：在紧前工作全部完成后，工作有可能开始的最早时刻。

（2）工作最早可能完成时间：在紧前工作全部完成后，工作有可能完成的最早时刻。

（3）工作最迟必须开始时间：在不影响任务按期完成或要求的条件下，工作最迟必须开始的时刻。

（4）工作最迟必须结束时间：在不影响任务按期完成或要求的条件下，工作最迟必须完成的时刻。

（5）总时差。总时差是指不影响紧后工作最迟开始时间所具有的机动时间，或不影响工期前提下的机动时间。

（6）自由时差。自由时差是指在不影响紧后工作最早开始时间的前提下工作所具有的机动时间。

（7）工期。

工期是指完成一项任务所需要的时间，在网络计划中工期一般有以下三种：

1）计算工期 T_c：计算工期是根据网络计划计算而得的工期，用 T_c 表示。

2）要求工期 T_r：要求工期是根据上级主管部门或建设单位的要求而定的工期，用 T_r 表示。

3）计划工期 T_p：计划工期是根据要求工期和计算工期所确定的作为实施目标的工期，用 T_p 表示。

① 当规定了要求工期时，计划工期不应超过要求工期，即

$$T_p \leqslant T_r \tag{14-1}$$

② 当未规定要求工期时，可令计划工期等于计算工期，即

$$T_p = T_c \tag{14-2}$$

2. 工作时间参数的表示

（1）最早可能开始时间：ES_{i-j}

（2）最早可能完成时间：EF_{i-j}

（3）最迟必须开始时间：LS_{i-j}

（4）最迟必须完成时间：LF_{i-j}

（5）总时差：TF_{i-j}

（6）自由时差：FF_{i-j}

（7）工作持续的时间：D_{i-j}

如图 14-10 所示，反映$i-j$工作的时间参数。

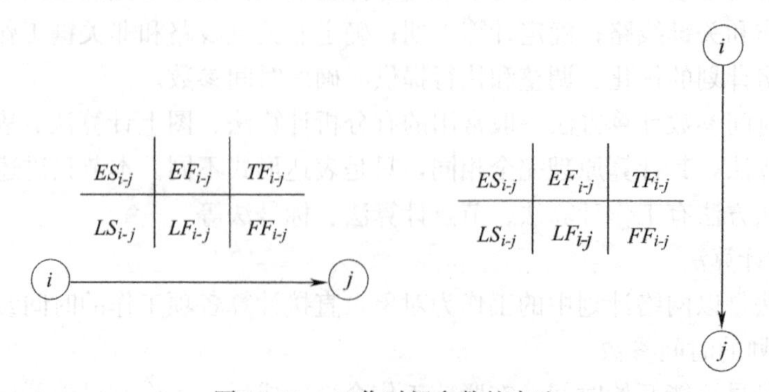

图 14-10　工作时间参数的表达

采用图上计算时间参数的方法主要有两种：工作计算法和节点计算法。工作计算法就是以网络计划中的工作为对象，直接计算各项工作的时间参数。节点计算法是先计算网络计划中各个节点的时间参数，然后再据此计算各项工作的时间参数。

3. 时间参数计算

下面以图 14-11 所示的网络图为例说明其各项工作时间参数的具体计算步骤。

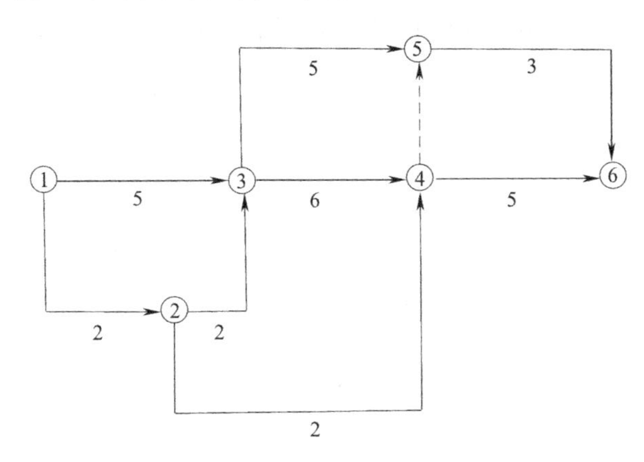

图 14-11　双代号网络图

(1) 计算各工作的最早开始时间和最早完成时间 ES_{i-j} 和 EF_{i-j}

最早时间参数计算顺序为由起始节点开始顺着箭线方向算至终点节点，采用加法计算。

1) 计算各工作的最早时间 ES_{i-j} 有三种情况：

① 从起点节点出发（无紧前）的工作：其最早开始时间为零，即：

$$ES_{i-j} = 0 \tag{14-3}$$

② 当工作只有一项紧前工作时，该工作最早开始时间应为其紧前工作的最早完成时间，即：

$$ES_{ij} = ES_{h-i} \tag{14-4}$$

式中，工作 $h-i$ 为工作 $i-j$ 的紧前工作。

③ 有若干项紧前工作时：该工作的最早开始时间应为其所有紧前工作的最早完成时间的最大值，即：

$$ES_{ij} = \max[EF_{a-i}, EF_{b-i}, EF_{c-j}] \tag{14-5}$$

式中，工作 $a-i$、$b-i$、$c-i$ 均为工作 $i-j$ 的紧前工作。

2) 计算各工作最早完成时间

工作最早完成时间为工作 $i-j$ 的最早开始时间加其作业时间，即：

$$EF_{i-j} = ES_{i-j} + D_{i-j} \tag{14-6}$$

如图 14-11 所示的网络图中，各工作最早开始时间和最早完成时间计算如下：

$ES_{1-2} = ES_{1-3} = 0$，　$EF_{1-2} = ES_{1-2} + D_{1-2} = 0 + 2 = 2$

$EF_{1-3} = ES_{1-3} + D_{1-3} = 0 + 5 = 5$，　$EF_{2-3} = ES_{1-2} = 2, EF_{2-3} = EF_{1-2} = 2$

$EF_{2-3} = ES_{2-3} + D_{2-3} = 2 + 2 = 4$，　$EF_{2-4} = ES_{2-4} + D_{2-4} = 2 + 2 = 4$

$ES_{3-4} = ES_{3-5} = \max[EF_{1-3}, EF_{2-3}] = \max[5, 4] = 5$

$$EF_{3-4} = ES_{3-4} + D_{3-4} = 5 + 6 = 11, \quad EF_{3-5} = ES_{3-5} + D_{3-5} = 5 + 5 = 10$$

$$ES_{4-5} = ES_{4-6} = \max[EF_{3-4}, EF_{2-4}] = \max[11, 4] = 11$$

$$EF_{4-5} = ES_{4-5} + D_{4-5} = 11 + 0 = 11, \quad EF_{4-6} = ES_{4-6} + D_{4-6} = 11 + 5 = 16$$

$$ES_{5-6} = \max[EF_{3-5}, EF_{4-5}] = \max[10, 11] = 11, \quad EF_{5-6} = ES_{5-6} + D_{5-6} = 11 + 3 = 14$$

各工作最早开始时间和最早完成时间的计算结果如图 14-12 所示。

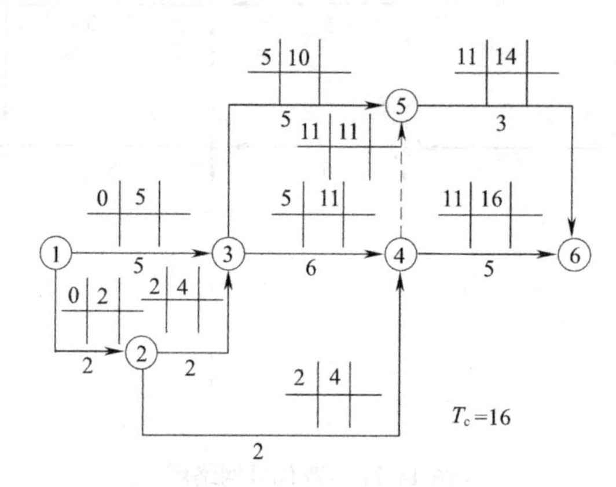

图 14-12　某网络计划最早时间的计算

(2) 确定网络计划的计划工期

网络计划的计划工期应按式（14-1）或式（14-2）确定。在本例中，假设未规定要求工期时，网络计划的计划工期应等于计算工期，即以网络计划的终点节点为完成节点的各个工作的最早完成时间的最大值。如图 14-12 所示，网络计划的计划工期为：

$$T_c = T_c = \max[EF_{5-6}, EF_{4-6}] = \max[14, 16] = 16$$

(3) 计算最迟时间参数：LF_{i-j} 和 LS_{i-j}

最迟时间参数受到紧后工作和结束节点的制约，计算顺序为：由终点节点开始逆着箭线方向算至起点节点，用减法。

1）计算各工作最迟完成时间 LF_{i-j} 有三种情况

① 对所有进入终点节点的没有紧后工作的工作，最迟完成时间为：

$$LF_{i-n} = T_p \tag{14-7}$$

② 当工作只有一项紧后工作时，该工作最迟完成时间应当为其紧后工作的最迟开始时间。

$$LF_{i-j} = LS_{j-k} \tag{14-8}$$

式中，工作 $j-k$ 为工作 $i-j$ 的紧后工作。

③ 当工作有若干项紧后工作时：

$$LF_{i-j} = \min[LS_{j-k}, LS_{j-l}, LS_{j-m}] \tag{14-9}$$

式中，工作 $j-k$、$j-l$、$j-m$ 均为工作 $i-j$ 的紧后工作。

2）计算各工作的最迟开始时间 LS_{i-j}

$$LS_{i-j} = LF_{i-j} - D_{i-j} \tag{14-10}$$

如图 14-11 所示的网络图中，各工作的最迟完成时间和最迟开始时间计算如下：

$$LF_{4-6} = LF_{5-6} = T_c = 16, LS_{4-6} = LF_{4-6} - D_{4-6} = 16 - 5 = 11$$

$$LS_{5-6} = LF_{5-6} - D_{5-6} = 16 - 3 = 13$$

$$LF_{3-5} = LF_{4-5} = LS_{5-6} = 13, \quad LS_{3-5} = LF_{3-5} - D_{3-5} = 13 - 5 = 8$$

$$LS_{4-5} = LF_{4-5} - D_{4-5} = 13 - 0 = 13$$

$$LF_{3-4} = \min[LS_{4-5}, LS_{4-6}] = \min[13, 11] = 11$$

$$LS_{3-4} = LF_{3-4} - D_{3-4} = 11 - 6 = 5$$

$$LF_{2-3} = \min\{LS_{3-4}, LS_{3-5}\} = \min\{5, 8\} = 5$$

$$LF_{2-3} = LF_{2-3} - D_{2-3} = 5 - 2 = 3$$

$$LF_{2-4} = \min\{LS_{4-5}, LS_{4-6}\} = \min\{13, 11\} = 11$$

$$LS_{2-4} = LF_{2-4} - D_{2-4} = 11 - 2 = 9$$

$$LF_{1-3} = \min\{LS_{3-4}, LS_{3-5}\} = \min\{5, 8\} = 5$$

$$LS_{1-3} = LF_{1-3} - D_{1-3} = 5 - 5 = 0$$

$$LF_{1-2} = \min\{LS_{2-3}, LS_{2-4}\} = \min\{3, 9\} = 3$$

$$LS_{1-2} = LF_{1-2} - D_{1-2} = 3 - 2 = 1$$

各工作的最迟完成时间和最迟开始时间的计算结果如图 14-13 所示。

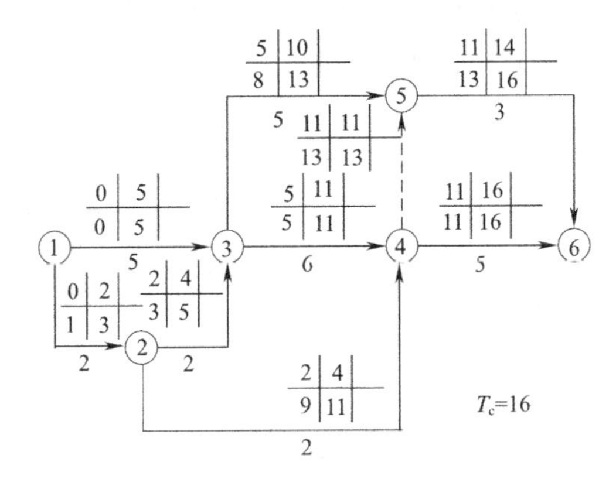

图 14-13　某网络图最迟时间的计算

(4) 各工作总时差的计算

1) 总时差的计算方法

在图 14-14 中，工作 $i-j$ 的工作范围为：$LF_{i-j} - ES_{i-j}$，则，总时差的计算公式为：

$$TF_{i-j} = \text{工作范围} - D_{i-j} = LF_{i-j} - ES_{i-j} - D_{i-j} = LF_{i-j} - EF_{i-j} \tag{14-11}$$

$$\text{或 } TF_{i-j} = LS_{i-j} - ES_{i-j} \tag{14-12}$$

图 14-11 中，部分工作的总时差计算如下，总时差计算结果见如图 14-15 所示。

$$TF_{1-2} = LS_{1-2} - ES_{1-2} = LF_{1-2} - EF_{1-2} = 1$$

$$TF_{1-3} = LS_{1-3} - ES_{1-3} = LF_{1-3} - EF_{1-3} = 0$$

$$TF_{4-5} = LS_{4-5} - ES_{4-5} = LF_{4-5} - EF_{4-5} = 2$$

2) 关于总时差的结论

① 关键工作的确定

根据 T_p 与 T_c 的大小关系，关键工作的总时差可能出现三种情况：

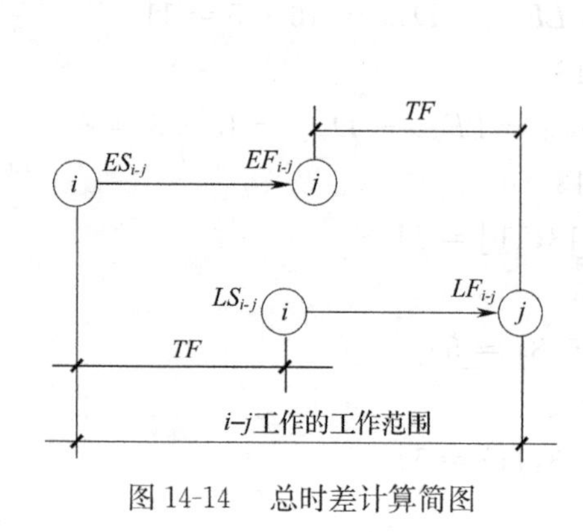

图 14-14　总时差计算简图

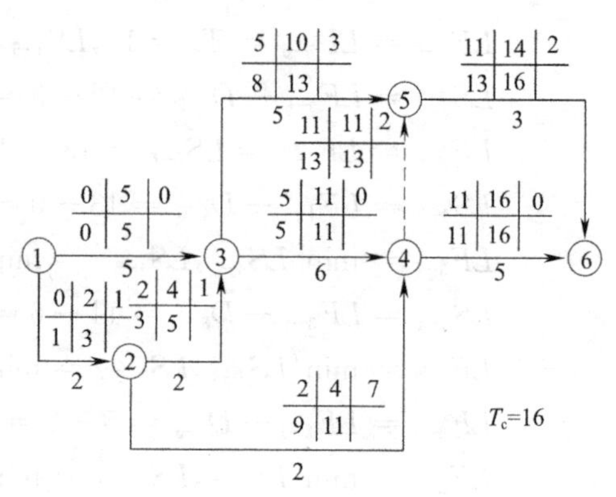

图 14-15　总时差的计算

当 $T_p=T_c$时，关键工作的 $TF=0$；

当 $T_p>T_c$时，关键工作的 TF 均大于 0；

当 $T_p<T_c$时，关键工作的 TF 有可能出现负值。

关键工作是施工过程中重点控制对象，根据 T_p与 T_c的大小关系及总时差的计算公式，总时差最小的工作为关键工作，因此关键工作的说法有四种：总时差最小的工作；当$T_p=T_c$ 时，$TF=0$ 的工作；$LF-EF$ 差值最小的工作；$LS-ES$ 差值最小的工作。

图 14-15 中，当 $T_p=T_c$ 时，关键工作的 $TF=0$，即工作①→③、工作③→④、工作④→⑥等是关键工作。

② 关键线路的确定

在双代号网络图中，关键工作的连线为关键线路；

在双代号网络图中，当 $T_p=T_c$时，$TF=0$ 的工作相连的线路为关键线路；

在双代号网络图中，总时间持续最长的线路是关键线路，其数值为计算工期。

图 14-15 中，关键线路为①→③→④→⑥。

③ 关键线路随着条件变化会转移

关键工作拖延，则工期拖延。因此，关键工作是重点控制对象。

关键工作拖延时间即为工期拖延时间，但关键工作提前，则工期提前时间不大于该提前值。如关键工作拖延 10 天，则工期延长 10 天；关键工作提前 10 天，则工期提前不大于 10 天。

关键线路的条数：网络计划至少有一条关键线路，也可能有多条关键线路。随着工作时间的变化，关键线路也会发生变化。

（5）自由时差的计算

1）自由时差计算公式

根据自由时差概念，不影响紧后工作最早开始的前提下，工作 $i-j$ 的工作范围如图 14-16 所示。

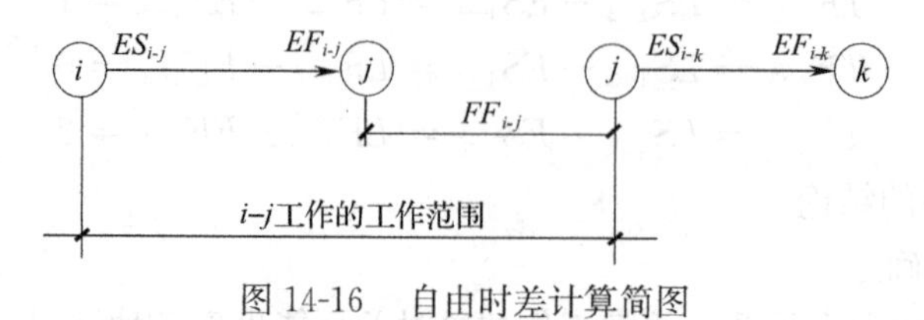

图 14-16　自由时差计算简图

因此，自由时差的计算公式为：

$$FF_{i-j} = ES_{j-k} - EF_{i-j} \tag{14-13}$$

（当无紧后工作时 $FF_{i-n} = T_p - EF_{i-n}$）

$$FF_{1-2} = ES_{2-3} - EF_{1-2} = 2 - 2 = 0$$

$$FF_{1-3} = ES_{3-4} - EF_{1-3} = 5 - 5 = 0$$

$$FF_{2-3} = ES_{3-4} - EF_{2-3} = 5 - 4 = 1$$

$$FF_{4-5} = ES_{5-6} - EF_{4-5} = 11 - 11 = 0$$

$$FF_{4-6} = T_p - EF_{4-6} = T_c - EF_{4-6} = 16 - 16 = 0$$

$$FF_{5-6} = T_p - EF_{5-6} = T_c - EF_{5-6} = 16 - 14 = 2$$

各工作自由时差的计算结果如图 14-17 所示。

2）自由时差的性质

① 自由时差是线路总时差的分配，一般自由时差小于等于总时差，即：

$$FF_{i-j} \leqslant TF_{i-j} \tag{14-14}$$

② 在一般情况下，非关键线路上诸工作的自由时差之和等于该线路上可供利用的总时差的最大值。如图 14-17 所示，非关键线路①→②→④→⑥上可供利用的总时差为 7，被 1-2 工作利用为 0，被 2-4 工作利用 7。

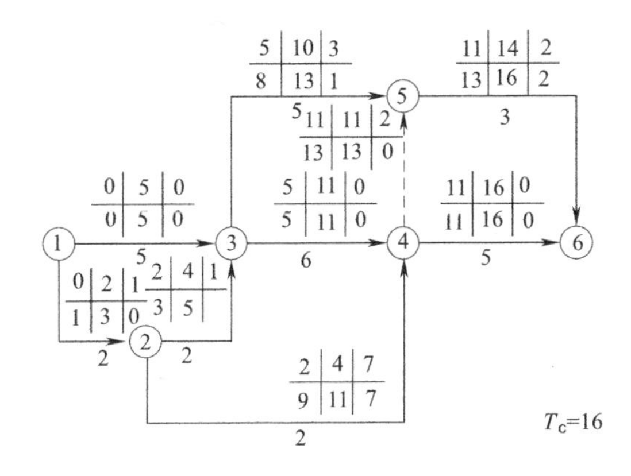

图 14-17　自由时差计算

③ 自由时差本工作可以利用，不属于线路所共有。

（二）节点计算法

节点计算法先计算网络计划中各个节点的最早时间和最迟时间，然后再据此计算各项工作的时间参数和网络计划的计算工期。计算中，一般用 ET_i 表示 i 节点的最早时间，用 ET_i 表示 i 节点的最迟时间，标注方法如图 14-18(a) 所示。

1. 计算步骤

(1) 计算节点的最早时间

节点最早时间的计算应从网络计划的起点节点开始，顺着箭线方向依次进行，其计算步骤如下：

1）网络计划起点节点，如未规定最早时间时，其值等于零，即

$$ET_1 = 0 \tag{14-15}$$

2）其他节点的最早时间等于所有箭头指向该节点工作的始节点最早时间加上其作业时间的最大值，即

$$ET_j = \max\{ET_i + D_{i-j}\} \tag{14-16}$$

如图 14-18(b) 所示的网络计划中各节点最早时间计算如下：

$$ET_1 = 0$$

$$ET_2 = ET_1 + D_{1-2} = 0 + 2 = 2$$

$$ET_3 = \max\begin{bmatrix} ET_1 + D_{1-3} \\ ET_2 + D_{2-3} \end{bmatrix} = \max\begin{bmatrix} 0+5 \\ 2+2 \end{bmatrix} = 5$$

$$ET_4 = \max\begin{bmatrix} ET_3 + D_{3-4} \\ ET_2 + D_{2-4} \end{bmatrix} = \max\begin{bmatrix} 5+6 \\ 2+2 \end{bmatrix} = 11$$

$$ET_5 = \max\begin{bmatrix} ET_3 + D_{3-5} \\ ET_4 + D_{4-5} \end{bmatrix} = \max\begin{bmatrix} 5+5 \\ 11+0 \end{bmatrix} = 11$$

$$ET_6 = \max\begin{bmatrix} ET_4 + D_{4-6} \\ ET_5 + D_{5-6} \end{bmatrix} = \max\begin{bmatrix} 11+5 \\ 11+3 \end{bmatrix} = 16$$

（2）确定计算工期与计划工期

网络计划的计算工期等于网络计划终点节点的最早时间，若未规定要求工期，网络计划的计划工期应等于计算工期，即

$$T_p = T_c = ET_n \tag{14-17}$$

如图 14-18(b) 所示，$T_p = T_c = ET_n = 16$。

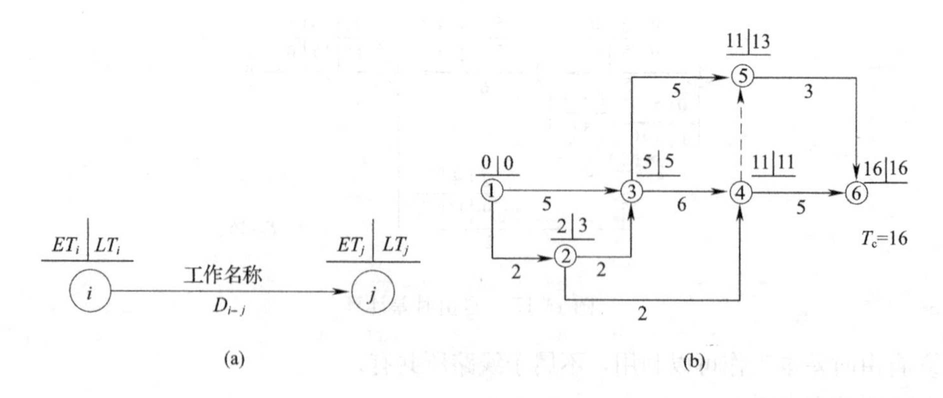

图 14-18　双代号网络计划节点计算法

（3）计算节点的最迟时间

1）网络计划终点节点的最迟时间等于网络计划的计划工期，即：

$$LT_n = T_p \tag{14-18}$$

2）其他节点的最迟时间，即：

$$LT_i = \min\{LT_j - D_{i-j}\} \tag{14-19}$$

如图 14-18 所示的网络计划中各节点最迟时间计算如下：

$$LT_6 = T_p = T_c = 16$$

$$LT_5 = LT_6 - D_{5-6} = 16 - 3 = 13$$

$$LT_4 = \min\begin{bmatrix} LT_6 - D_{4-6} \\ LT_5 - D_{4-5} \end{bmatrix} = \min\begin{bmatrix} 16-5 \\ 13-0 \end{bmatrix} = 11$$

$$LT_3 = \min\begin{bmatrix} LT_4 - D_{3-4} \\ LT_5 - D_{3-5} \end{bmatrix} = \min\begin{bmatrix} 11-6 \\ 13-5 \end{bmatrix} = 11$$

$$LT_2 = \min\begin{bmatrix} LT_3 - D_{2-3} \\ LT_4 - D_{2-4} \end{bmatrix} = \min\begin{bmatrix} 5-2 \\ 11-2 \end{bmatrix} = 3$$

$$LT_1 = \min\begin{bmatrix} LT_2 - D_{1-2} \\ LT_3 - D_{1-3} \end{bmatrix} = \min\begin{bmatrix} 3-2 \\ 5-5 \end{bmatrix} = 0$$

2. 关键节点与关键线路

(1) 关键节点

在双代号网络计划中，关键线路上的节点称为关键节点。关键节点的最迟时间与最早时间的差值最小。当计划工期与计算工期相等时，关键节点的最迟时间必然等于最早时间。

如图 14-18 所示，关键节点有①、③、④和⑥四个节点，它们的最迟时间必然等于最早时间。

(2) 关键工作

关键工作两端的节点必为关键节点，但两端为关键节点的工作不一定是关键工作。当计划工期与计算工期相等时，利用关键节点判别关键工作时，必须满足 $ET_i + D_{i,j} = ET_j$ 或 $LT_i + D_{i,j} = LT_j$，否则该工作就不是关键工作。

图 14-18 中，工作①→③、工作③→④、工作④→⑥等均是关键工作。

(3) 关键线路

双代号网络计划中，由关键工作组成的线路一定为关键线路，如图 14 18 所示，线路①→③→④→⑥为关键线路。

由关键节点连成的线路不一定是关键线路，但关键线路上的节点必然为关键节点。如图 14-19 所示某工程网络节点法，关键节点有①、③、④和⑥四个节点，关键工作有工作 1—3、工作 3—4、工作 4—6，关键线路为①→③→④→⑥。工作 3—6 的两个节点均为关键节点，但工作 3—6 不是关键工作，线路①→③→⑥（由关键节点组成的线路）也不是关键线路。

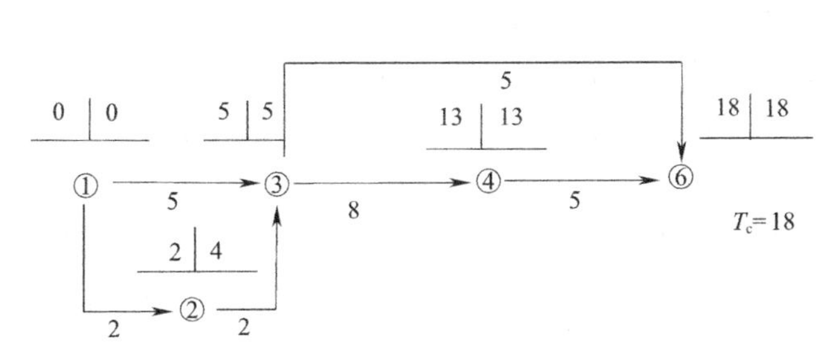

图 14-19 某工程网络计划节点法

3. 工作时间参数的计算

工作计算法能够表明各项工作的六个时间参数，节点计算法能够表明各节点的最早时间和最迟时间。各项工作的六个时间参数与节点的最早时间、最迟时间以及工作的持续时间有关。根据节点的最早时间和最迟时间能够判定工作的六个时间参数。

（1）工作的最早开始时间等于该工作开始节点的最早时间，即：

$$ES_{i-j} = ET_i \tag{14-20}$$

图 14-18 中，工作 1—2 和工作 4—6 的最早时间分别为：

$$ES_{1-2} = ET_1 = 0, ES_{4-6} = ET_4 = 11$$

（2）工作的最早完成时间等于该工作开始节点的最早时间与其持续时间之和，即：

$$EF_{i-j} = ET_i + D_{i-j} \tag{14-21}$$

图 14-18 中，工作 1—2 和工作 4—6 的最早时间分别为：

$$EF_{1-2} = ET_1 + D_{1-2} = 0 + 2 = 2$$

$$EF_{4-6} = ET_4 + D_{4-6} = 11 + 5 = 16$$

（3）工作的最迟完成时间等于该工作完成节点的最迟时间，即：

$$EF_{i-j} = LT_j \tag{14-22}$$

图 14-18 中，工作 1—2 和工作 4—6 的最迟完成时间分别为：

$$LF_{1-2} = LT_2 = 3$$

$$LF_{4-6} = LT_6 = 16$$

（4）工作的最迟开始时间等于该工作完成节点的最迟时间与其持续时间之差，即：

$$LS_{i-j} = LT_j - D_{i-j} \tag{14-23}$$

图 14-18 中，工作 1—2 和工作 4—6 的最迟开始时间分别为：

$$LS_{1-2} = LT_2 - D_{1-2} = 3 - 2 = 1$$

$$LS_{4-6} = LT_6 - D_{4-6} = 16 - 5 = 11$$

（5）工作的总时差等于其工作时间范围减去其作业时间，即：

$$TF_{i-j} = LT_j - ET_i - D_{i-j} \tag{14-24}$$

图 14-18 中，工作 1—2 和工作 4—6 的总时差分别为：

$$TF_{1-2} = LT_2 - ET_1 - D_{1-2} = 3 - 0 - 2 = 1$$

$$TF_{4-6} = LT_6 - ET_4 - D_{4-6} = 16 - 11 - 5 = 0$$

（6）工作的自由时差等于其终节点与始节点最早时间差值减去其作业时间，即：

$$FF_{i-j} = ET_j - ET_i - D_{i-j} \tag{14-25}$$

图 14-18 中，工作 1—2 和工作 4—6 的自由时差分别为：

$$FF_{1-2} = ET_2 - ET_1 - D_{1-2} = 2 - 0 - 2 = 0$$

$$FF_{4-6} = ET_6 - ET_4 - D_{4-6} = 16 - 11 - 5 = 0$$

（三）标号法

标号法是一种可以快速确定计算工期和关键线路的方法，是工程中应用非常广泛的一种方法。它利用节点计算法的基本原理，对网络计划中的每一个节点进行标号，然后利用标号值（节点的最早时间）确定网络计划的计算工期和关键线路。

标号法工作的步骤如下：

（1）从开始节点出发，顺着箭线用加法计算节点的最早时间，并标明节点时间的计算值及其来源节点号。

（2）终点节点最早时间值为计算工期。

（3）从终点节点出发，依源节点号反跟踪到开始节点的线路为关键线路。

【例 14-2】如图 14-20 所示网络计划，请用标号法计算各个节点时间参数。

【解】

节点的标号值计算如下：

$$ET_1=0, ET_2=ET_1+D_{1-2}=0+5=5, ET_3=\max\begin{bmatrix}ET_1+D_{1-3}\\ET_2+D_{2-3}\end{bmatrix}=\max\begin{bmatrix}0+4\\5+3\end{bmatrix}=8$$

依次类推 $ET_6=23$，则计算工期 $T_c=ET_6=23$

图 14-20 中，②节点的最早时间为 5，其计算来源为①节点，因而标号为［①，5］；④节点的最早时间为 15，其计算来源为③节点，因而标为［③，5］，其他类推。

确定关键线路：从终点节点出发，依源节点号反跟踪到开始节点的线路为关键线路，如图 14-20 所示，①→②→③→④→⑥为关键线路。

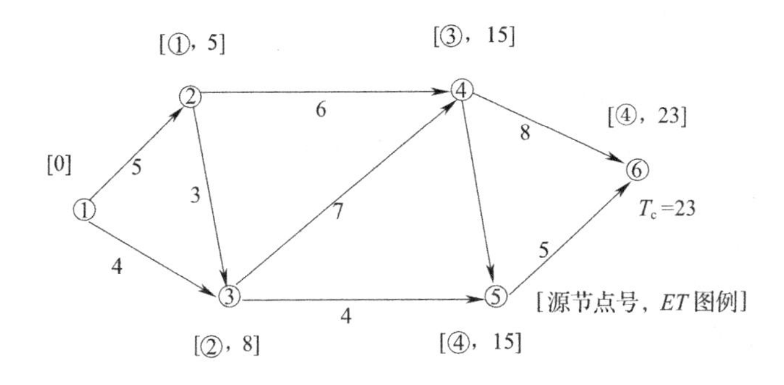

图 14-20　双代号网络计划标号法

（四）时标网络计划

双代号时标网络计划（简称时标网络计划）是以时间坐标为尺度编制的网络计划，该网络计划既具有一般网络计划的优点，又具有横道图计划直观易懂的优点，在网络计划基础上引入横道图，它清晰地把时间参数直观地表达出来，同时表明网络计划中各工作之间的逻辑关系。

1. 时标网络计划绘制的一般规定

（1）双代号时标网络计划必须以水平时间坐标为尺度表示工作时间。时标的时间单位应根据需要在编制网络计划之前确定，可为小时、天、周、月或季等。

（2）时标网络计划应以实箭线表示工作，以虚线表示虚工作，以波形线表示工作的自由时差。

（3）时标网络计划中所有符号在时间坐标上的水平投影位置，都必须与其时间参数相对应。节点中心必须对应相应的时标位置。虚工作必须以垂直方向的虚箭线表示，自由时差采用波形线表示。

2. 时标网络计划的绘制

时标网络计划一般按最早时间编制，其绘制方法有间接绘制法和直接绘制法。

（1）时标网络计划的间接绘制法

所谓间接绘制法，是指先根据无时标的网络计划草图计算其时间参数并确定关键线路，然后在时标网络计划表中进行绘制。在绘制时应先将所有节点按其最早时间定位在时标网络计划表中的相应位置，然后再用规定线型（实箭线和虚箭线）按比例绘出工作和虚工作。当某些工作箭线的长度不足以到达该工作的完成节点时，须用波形线补足，箭头应画在与该工作完成节点的连接处。

（2）时标网络计划的直接绘制法

直接绘制法是不计算网络计划时间参数，直接在时间坐标上进行绘制的方法。其绘制步骤和方法可归为如下绘图口诀："时间长短坐标限，曲直斜平利相连，画完箭线画节点，节点画完补波线。"

1）时间长短坐标限：箭线的长度代表着具体的施工持续时间，受到时间坐标的制约。

2）曲直斜平利相连：箭线的表达方式可以是直线、折线或斜线等，但布图应合理，直观清晰，尽量横平竖直。

3）画完箭线画节点：工作的开始节点必须在该工作的全部紧前工作都画完后，定位在这些紧前工作全部完成的时间刻度上。

4）节点画完补波线：某些工作的箭线长度不足以达到其完成节点时，用波形线补足，箭头指向与位置不变。

如图 14-21 所示的一般网络计划，根据绘图口诀及绘制要求，按最早时间参数不经计算直接绘制的时标网络计划如图 14-21 所示。

3. 时标网络计划的识读

（1）最早时间参数

1）最早开始时间

$$ES_{i-j}=ET_i \tag{14-26}$$

开始节点或箭尾节点（左端节点）所在位置对应的坐标值，表示最早开始时间。

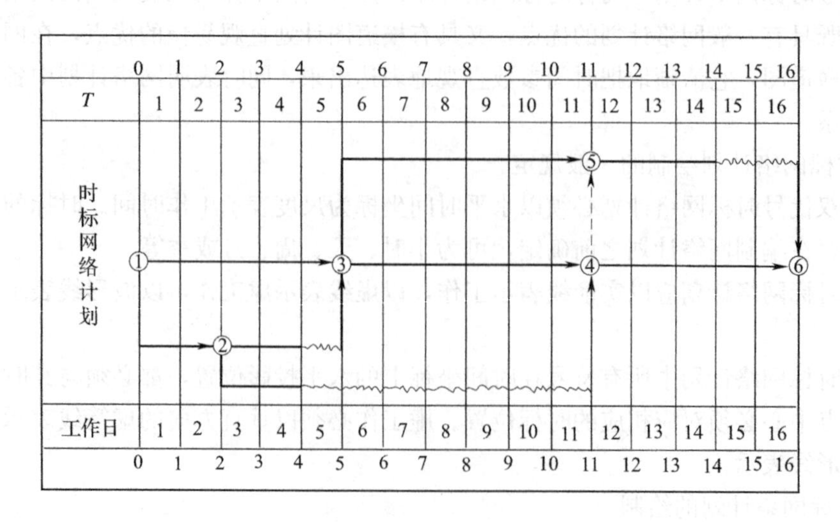

图 14-21　时标网络计划

2）最早完成时间

$$EF_{i-j}=E_{i-j}S+D_{i-j} \tag{14-27}$$

用实线右端坐标值表示最早完成时间。若实箭线抵达箭头节点（右端节点），则最早完成时间就是箭头节点（右端节点）中心的时标值；若实箭线达不到箭头节点（右端节点），则其最早完成时间就是实箭线右端末端所对应的时标值。

（2）计算工期

$$T_c = ET_n \tag{14-28}$$

终节点所在位置与起点节点所在位置的时标值之差表示计算工期。

（3）自由时差 FF_{i-j}

波形线的水平投影长度表示自由时差的数值。

（4）总时差

总时差识读从右向左，逆着箭线，其值等于本工作的自由时差加上其各紧后工作的总时差的最小值。计算公式如下：

$$TF_{i-j} = FF_{i-j} + \min[TF_{j-k}, TF_{j-l}, TF_{j-m}] \tag{14-29}$$

式中，TF_{j-k}、TF_{j-l}、TF_{j-m} 表示工作 $i-j$ 的各紧后工作的总时差。

各工作的总时差如图 14-22 所示。

（5）关键线路

自终点节点逆着箭线方向朝起点箭线方向观察，自始至终不出现波形线的线路为关键线路，图 14-22 中，关键线路为①→③→④→⑥。

（6）最迟时间参数

1）最迟开始时间

$$LS_{i-j} = ES_{i-j} + TF_{i-j} \tag{14-30}$$

2）最迟完成时间

$$LF_{i-j} = EF_{i-j} + TF_{i-j} = LS_{i-j} + D_{i-j} \tag{14-31}$$

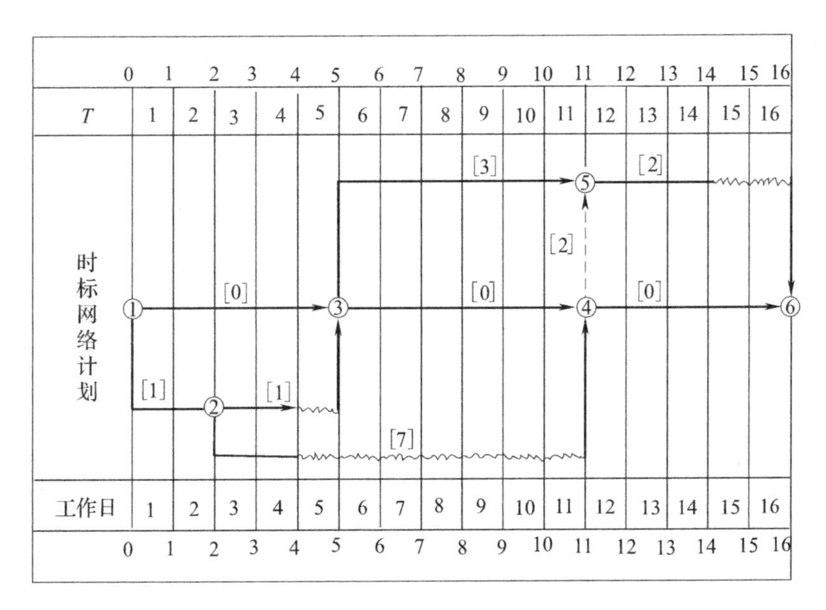

图 14-22　时标网络计划识读

图 14-21 所示的时标网络计划各参数的识读结果见表 14-3。

时标网络计划各参数　　表 14-3

工作＼参数	*ES*	*EF*	*FF*	*TF*	*LS*	*LF*
1—3	0	5	0	0	0	5
1—2	0	2	0	1	1	3
2—3	2	4	1	1	3	5
2—4	2	4	7	7	9	11
11—4	5	11	0	0	5	11
11—5	5	10	1	3	8	13
4—5	11	11	0	2	13	13
4—6	11	16	0	0	11	16
5—6	11	14	2	2	13	13

第二节　单代号网络计划

单代号网络计划是以节点及其编号表示工作的一种网络计划，单代号网络计划在工程中应用较为广泛。

一、单代号网络图的绘制

1. 单代号网络图的基本概念

单代号网络图是以节点及其编号表示工作，以箭线表示工作之间逻辑关系的网络图（比如，图 14-23 即为单代号网络图）。它是网络计划的另一种表达方法，包括的要素有：

（1）箭线

单代号网络图中，箭线表示紧邻工作之间的逻辑关系。单代号网络图中不设虚箭线，箭线的箭尾节点编号应小于箭头节点的编号。箭线水平投影的方向应自左向右，表达工作的进行方向，如图 14-23(a) 所示。

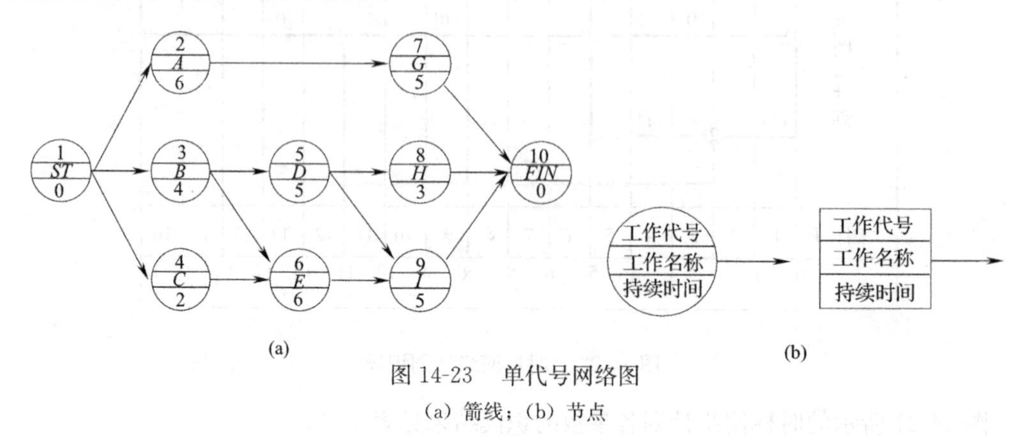

图 14-23　单代号网络图

（a）箭线；（b）节点

（2）节点

单代号网络图中每一个节点表示一项工作，用圆圈或矩形表示。节点所表示的工作名称、持续时间和工作代号等应标注在节点内，如图 14-23(b) 所示。节点必须编号，此编号即该工作的代号，由于代号只有一个，故称“单代号”。节点编号严禁重复，一项工作只能有唯一的一个节点和唯一的一个编号。

2. 单代号网络图的绘制

绘制单代号网络图需遵循以下规则：

（1）单代号网络图必须正确表述已定的逻辑关系。

（2）单代号网络图中，严禁出现循环回路。

（3）单代号网络图中，严禁出现双向箭头或无箭头的连线。

（4）单代号网络图中，严禁出现没有箭尾节点的箭线和没有箭头节点的箭线。

（5）绘制网络图时，箭线不宜交叉，当交叉不可避免时，可采用过桥法和指向法绘制。

（6）单代号网络图只应有一个起点节点和一个终点节点。当网络图中有多项起点节点或多项终点节点时，应在网络图的两端分别设置一项虚工作，作为该网络图的起点节点和终点节点。

二、单代号网络计划时间参数的计算

1. 单代号网络计划时间参数的计算步骤

单代号网络计划与双代号网络计划只是表现形式不同，它们所表达的内容则完全一样。工作的各时间参数表达如图 14-24 所示。

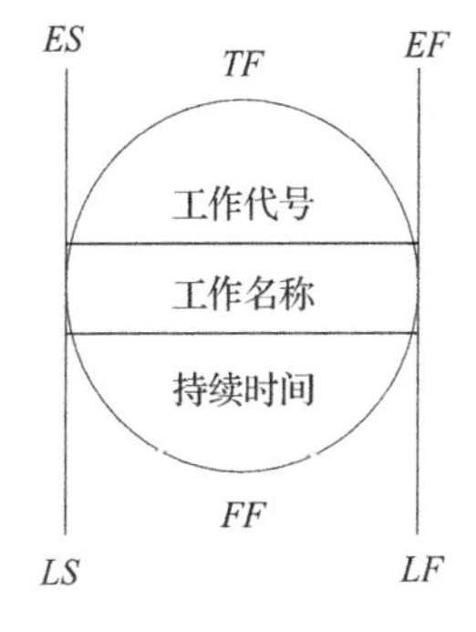

图 14-24　时间参数表示

（1）计算工作的最早开始时间和最早完成时间

工作最早开始时间和最早完成时间的计算应从网络计划的起点节点开始，顺着箭线方向按节点编号从小到大的顺序依次进行。

1）网络计划起点节点所代表的工作，其最早开始时间未规定时取值为零。

$$ES_1 = 0$$

2）工作的最早完成时间应等于本工作的最早开始时间与其持续时间之和，即：

$$EF_i = ES_i + D_i \tag{14-32}$$

式中　EF_i——工作 i 的最早完成时间；

ES_i——工作 i 的最早开始时间；

D_i——工作 i 的持续时间。

3）其他工作的最早开始时间应等于其紧前工作最早完成时间的最大值，即：

$$ES_j = \max\{EF_j\} \tag{14-33}$$

式中　EF_j——工作 j 的最早开始时间；

ES_j——工作 j 的紧前工作 i 的最早完成时间。

4）网络计划的计算工期等于其终点节点所代表的工作的最早完成时间。

$$T_c = EF_n \tag{14-34}$$

式中　EF_n——终点节点 n 的最早完成时间。

（2）计算相邻两项工作之间的时间间隔

相邻两项工作之间的时间间隔是指其紧后工作的最早开始时间与本工作最早完成时间的差值，即：

$$LAG_{i,j} = ES_j - EF_i \tag{14-35}$$

式中　$LAG_{i,j}$——工作 i 与其紧后工作 j 之间的时间间隔；

ES_j——工作 i 的紧后工作 j 的最早开始时间；

EF_i——工作 i 的最早完成时间。

(3) 确定网络计划的计划工期

网络计划的计算工期 $T_c = EF_n$。假设未规定要求工期，则其计划工期就等于计算工期。

(4) 计算工作的总时差

工作总时差的计算应从网络计划的终点节点开始，逆着箭线方向按节点编号从大到小的顺序依次进行。

1) 网络计划终点节点 n 所代表的工作的总时差应等于计划工期与计算工期之差，即：

$$TF_n = T_p - T_c \tag{14-36}$$

当计划工期等于计算工期时，该工作的总时差为零。

2) 其他工作的总时差应等于本工作与其各紧后工作之间的时间间隔加该紧后工作的总时差所得之和的最小值，即：

$$TF_i = \min\{LAG_{i,j} + TF_j\} \tag{14-37}$$

式中　TF_i——工作 i 的总时差；

$LAG_{i,j}$——工作 i 与其紧后工作 j 之间的时间间隔；

TF_j——工作 i 的紧后工作 j 的总时差。

(5) 计算工作的自由时差

1) 网络计划终点节点 n 所代表工作的自由时差等于计划工期与本工作的最早完成时间之差，即：

$$FF_n = T_p - EF_n \tag{14-38}$$

式中　FF_n——终点节点 n 所代表的工作的自由时差；

T_p——网络计划的计划工期；

EF_n——终点节点 n 所代表的工作的最早完成时间。

2) 其他工作的自由时差等于本工作与其紧后工作之间时间间隔的最小值。即：

$$FF_i = \min\{LAG_{i,j}\} \tag{14-39}$$

(6) 计算工作的最迟完成时间和最迟开始时间

工作的最迟完成时间和最迟开始时间的计算根据总时差计算。

1) 工作的最迟完成时间等于本工作的最早完成时间与其总时差之和，即：

$$LF_i = EF_i + TF_i \tag{14-40}$$

2) 工作的最迟开始时间等于本工作最早开始时间与其总时差之和，即：

$$LS_i = ES_i + TF_i \tag{14-41}$$

2. 单代号网络计划关键线路的确定

(1) 利用关键工作确定关键线路

如前所述，总时差最小的工作为关键工作。将这些关键工作相连，并保证相邻两项关键工作之间的时间间隔为零而构成的线路就是关键线路。

（2）利用相邻两项工作之间的时间间隔确定关键线路

从网络计划的终点节点开始，逆着箭线方向依次找出相邻两项工作之间时间间隔为零的线路就是关键线路。

（3）利用总持续时间确定关键线路

在肯定型网络计划中，线路上工作总持续时间最长的线路为关键线路。

【例 14-3】 试计算图 14-25 所示单代号网络计划的时间参数。

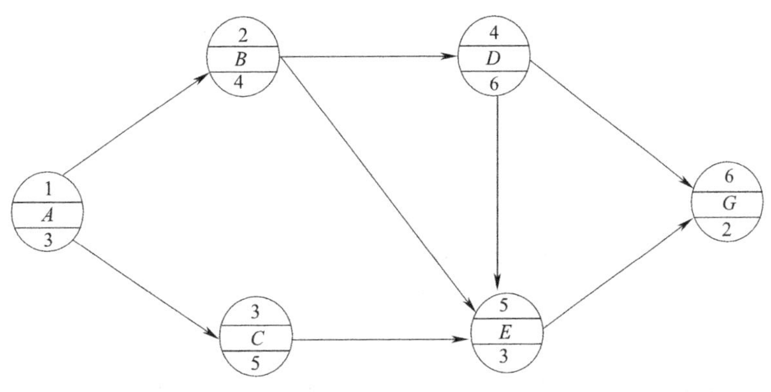

图 14-25　单代号网络图

【解】

计算结果如图 14-26 所示，现对其计算步骤及具体方法说明如下：

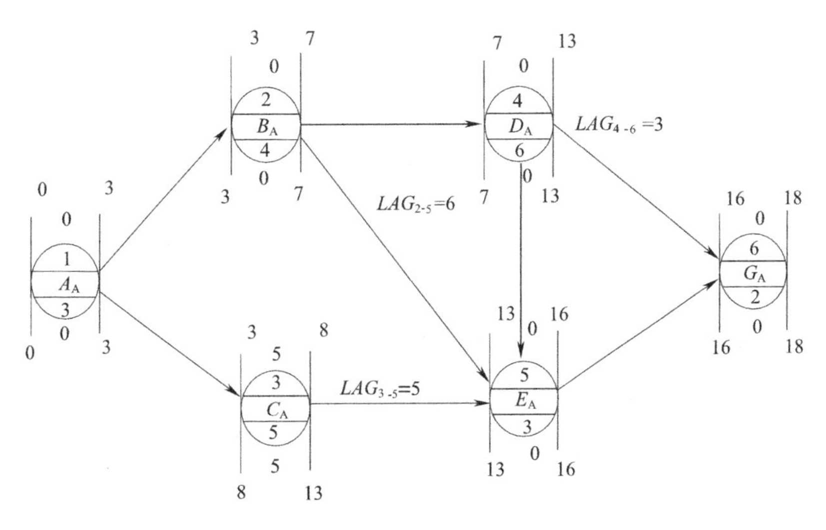

图 14-26　单代号网络计划

（1）工作最早开始时间和最早完成时间的计算

工作的最早开始时间从网络图的起点节点开始，顺着箭线，用加法。因起点节点的最早开始时间未规定，故 $ES_1=0$。

工作的最早完成时间应等于本工作的最早开始时间与其持续时间之和，因此 $EF_1=ES_1+D_1=0+3=3$。

其他工作最早开始时间是其各紧前工作的最早完成时间的最大值。

(2) 计算网络计划的工期

按 $T_c = EF_n$ 计算，计算工期 $T_c = EF_6 = 18$。

(3) 计算各工作之间的时间间隔

按 $LAG_{i,j} = ES_j - EF_i$ 计算，如图 14-26 所示，未标注的工作之间的时间间隔为 0，计算过程如下：

$$LAG_{1,2} = ES_2 - EF_1 = 3 - 3 = 0$$
$$LAG_{1,3} = ES_3 - EF_1 = 3 - 3 = 0$$
$$LAG_{2,4} = ES_4 - EF_2 = 7 - 7 = 0$$
$$LAG_{2,5} = ES_5 - EF_2 = 13 - 7 = 6$$
$$LAG_{3,5} = ES_5 - EF_3 = 13 - 8 = 5$$
$$LAG_{4,5} = ES_5 - EF_4 = 13 - 13 = 0$$
$$LAG_{4,6} = ES_6 - EF_4 = 16 - 13 = 3$$
$$LAG_{5,6} = ES_6 - EF_5 = 16 - 16 = 0$$

(4) 计算总时差

终点节点所代表的工作的总时差按 $TF_n = T_P - T_c$ 考虑，没有规定，认为 $T_p = T_c = 18$，则 $TF_6 = 0$。其他工作总时差按公式 $TF_i = \min\{LAG_{i,j} + TF_j\}$ 计算，其结果如下：

$$TF_5 = LAG_{5,6} + TF_6 = 0 + 0 = 0$$
$$TF_4 = \min\begin{bmatrix} LAG_{4,5} + TF_5 \\ LAG_{4,6} + TF_6 \end{bmatrix} = \min\begin{bmatrix} 0+0 \\ 3+0 \end{bmatrix} = 0$$
$$TF_3 = LAG_{3,5} + TF_5 = 5 + 0 = 5$$
$$TF_2 = \min\begin{bmatrix} LAG_{2,4} + TF_4 \\ LAG_{2,5} + TF_5 \end{bmatrix} = \min\begin{bmatrix} 0+0 \\ 6+0 \end{bmatrix} = 0$$
$$TF_1 = \min\begin{bmatrix} LAG_{1,2} + TF_2 \\ LAG_{1,3} + TF_3 \end{bmatrix} = \min\begin{bmatrix} 0+0 \\ 0+5 \end{bmatrix} = 0$$

(5) 计算自由时差

最后节点自由时差按 $FF_n = T_p - EF_n$ 得 $FF_6 = 0$

其他工作自由时差按 $TF_i = \min\{LAG_{i,j}\}$ 计算，其结果如下：

$$FF_1 = \min\begin{bmatrix} LAG_{1,2} \\ LAG_{1,3} \end{bmatrix} = \min\begin{bmatrix} 0 \\ 0 \end{bmatrix} = 0$$
$$FF_2 = \min\begin{bmatrix} LAG_{2,4} \\ LAG_{2,5} \end{bmatrix} = \min\begin{bmatrix} 0 \\ 6 \end{bmatrix} = 0$$
$$FF_3 = LAG_{3,5} = 5$$
$$FF_4 = \min\begin{bmatrix} LAG_{4,5} \\ LAG_{4,6} \end{bmatrix} = \min\begin{bmatrix} 0 \\ 3 \end{bmatrix} = 0$$
$$FF_5 = LAG_{5,6} = 0$$

(6) 工作最迟开始和最迟完成时间的计算

$$ES_1 = 0, LS_1 = ES_1 + TF_1 = 0 + 0 = 0$$
$$EF_1 = 3, LF_1 = EF_1 + TF_1 = 3 + 0 = 3$$
$$ES_2 = 3, LS_2 = ES_2 + TF_2 = 3 + 0 = 3$$
$$EF_2 = 7, LF_2 = 7$$
$$ES_3 = 3, LS_3 = ES_3 + TF_3 = 3 + 5 = 8$$
$$EF_3 = 8, LF_3 = 13$$
$$ES_4 = 7, LS_4 = ES_4 + TF_4 = 7 + 0 = 7$$
$$EF_4 = 13, LF_4 = 13$$
$$ES_5 = 13, LS_5 = ES_5 + TF_5 = 13 + 0 = 13$$
$$EF_5 = 16, LF_5 = 16$$
$$ES_6 = 16, LS_6 = ES_6 + TF_6 = 16 + 0 = 16$$
$$EF_6 = 18, LF_6 = 18$$

(7) 关键工作和关键线路的确定

当无规定时，认为网络计算工期与计划工期相等，这样总时差为零的工作为关键工作。如图 14-26 所示关键工作有：A、B、D、E、G 工作。将这些关键工作相连，并保证相邻两项关键工作之间的时间间隔为零而构成的线路就是关键线路，即线路Ⓐ→Ⓑ→Ⓓ→Ⓔ→Ⓖ为关键线路。本例关键线路用黑粗线表示。仅仅由这些关键工作相连的线路，不保证相邻两项关键工作之间的时间间隔为零，不一定是关键线路，如线路Ⓐ→Ⓑ→Ⓓ→Ⓖ和线路Ⓐ→Ⓑ→Ⓔ→Ⓖ均不是关键线路。因此，在单代号网络计划中，关键工作相连的线路并不一定是关键线路。

关键线路按相邻工作之间时间间隔为零的连线确定，则关键线路为：Ⓐ→Ⓑ→Ⓓ→Ⓔ→Ⓖ。

在单代号网络计划中，线路上工作总持续时间最长的线路为关键线路，即其总持续时间为 18，即网络计算工期。

三、单代号搭接网络计划

为了简单、直接地表达工作之间的搭接关系，使网络计划的编制得到简化，便出现了搭接网络计划。搭接网络计划一般都采用单代号网络图的表示方法，即以节点表示工作，以节点之间的箭线表示工作之间的逻辑关系和搭接关系。

在搭接网络计划中，工作之间的搭接关系是由相邻两项工作之间的不同时距决定的。所谓时距，就是在搭接网络计划中相邻两项工作之间的时间差值。包括：

1. 结束到开始（FTS）的搭接关系

它是指相邻两工作，前项工作结束后，经过时间间隔 FTS，后面工作才能开始的搭接关系。例如在修堤坝时，一定要等土堤自然沉降后才能护坡，筑土堤与修护坡之间的等待自然沉降时间就是 FTS 时距。

当 FTS 时距为零时，就说明本工作与其紧后工作之间紧密衔接。当网络计划中所有相邻工作只有 FTS 一种搭接关系且其时距均为零时，整个搭接网络计划就成为单代号网络计划。

2. 开始到开始（STS）搭接关系

它是指相邻两工作，前项工作开始后，经过时距 STS，后面工作才能开始的搭接关系。例如在道路工程中，当路基铺设工作开始一段时间为路面浇筑工作创造一定条件之后，路面浇筑工作即开始，路基铺设工作的开始时间与路面浇筑工作的开始时间之间的差值就是 STS 时距。

3. 结束到结束（FTF）的搭接关系

它是指相邻两工作，前项工作结束后，经过时距 FTF，后面工作才能结束的搭接关系。例如在前述道路工程中，如果路基铺设工作的进展速度小于路面浇筑工作的进展速度时，须考虑为路面浇筑工作留有充分的工作面；否则，路面浇筑工作就将因没有工作面而无法进行。路基铺设工作的完成时间与路面浇筑的完成时间的差值就是 FTF 时距。

4. 开始到结束（STF）的搭接关系

它是指相邻两工作，前项工作开始后，经过时距 STF，后面工作才能结束的搭接关系。

5. 混合搭接关系

在搭接网络计划中，除上述四种基本搭接关系外，相邻两项工作之间有时还会同时出现两种以上的基本搭接关系。例如工作 i 和工作 j 之间可能同时存在 STS 时距和 FTF 时距等。

图 14-27 为单代号搭接网络计划。单代号搭接网络计划时间参数的计算与单代号网络计划时间参数的计算原理基本相同。

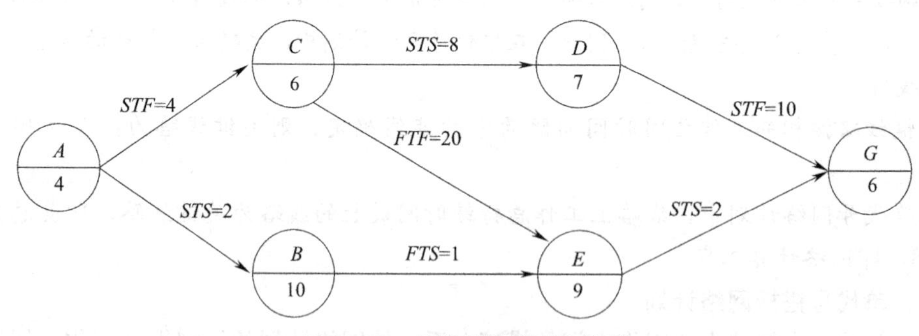

图 14-27　单代号搭接网络计划

第三节　网络计划的优化

网络计划优化，就是在满足既定的约束条件下，按某一目标，通过不断调整寻求最优网络计划方案的过程。网络计划优化包括工期优化、费用优化和资源优化。

一、工期优化

所谓工期优化是指网络计划的计算工期不满足要求工期时，通过压缩关键工作的持续时间以满足要求工期的过程，若仍不能满足要求，需调整方案或重新审定要求工期。

1. 压缩关键工作考虑的因素

（1）压缩对质量、安全影响不大的工作。

（2）压缩有充足备用资源的工作。

（3）压缩增加费用最少的工作，即压缩直接费费率或赶工费费率或优选系数最小的工作。

2. 压缩方法

（1）当只有一条关键线路时，在其他情况均能保证的条件下，压缩直接费费率或赶工费费率或优选系数最小的关键工作。

（2）当有多条关键线路时，应同时压缩各条关键线路相同的数值，压缩直接费费率或赶工费费率或优选系数组合最小者。

（3）由于压缩过程中非关键线路可能转为关键线路，切忌压缩“一步到位”。

【例 14-4】 某施工网络计划在⑤节点之前已延迟 15d，施工网络计划如图 14-28 所示。为保证原工期，试进行工期优化（图中箭线上部的数字表示压缩一天增加的费率：元/d；下部括号外的数字表示工作正常作业时间；括号内的数字表示工作极限作业时间）。

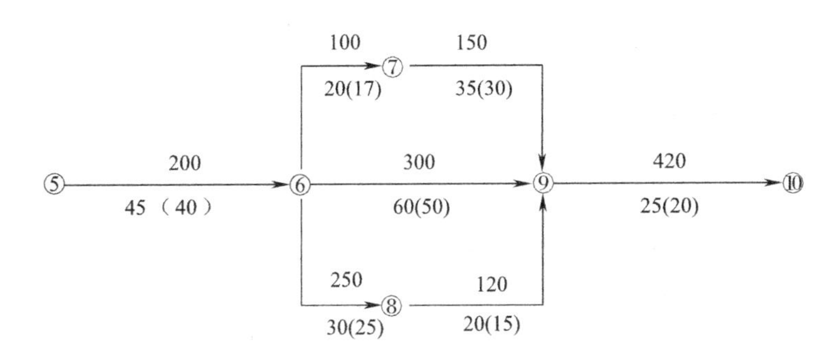

图 14-28　某施工网络计划

【解】

（1）找关键线路

在原正常持续时间状态下关键线路如图 14-29 双线表示。

（2）压缩关键线路上关键工作持续时间

图 14-38 网络计划只有一条关键线路时，应压缩直接费费率最小的工作。

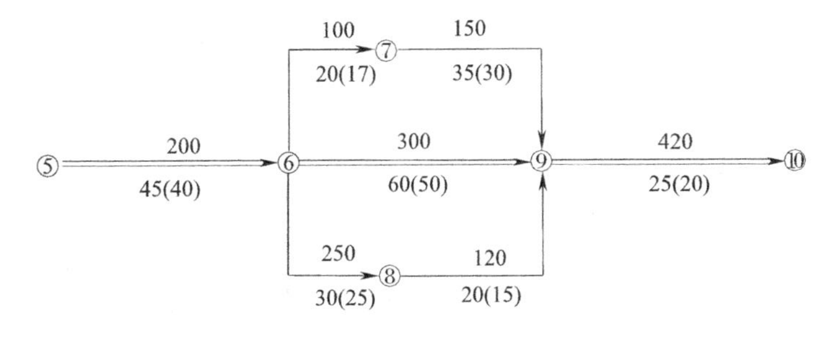

图 14-29　正常持续时间的网络计划

第一次压缩：压缩⑤→⑥工作 5d，由于考虑压缩的关键工作⑤→⑥、⑥→⑨、⑨→⑩直接费费率分别为 200 元/d、300 元/d、420 元/d，所以选择压缩⑤→⑥工作直接费增加 200×5＝1000 元，得到如图 14-30 所示的新计划，有一条关键线路，工期仍拖延 10d，故应进一步压缩。

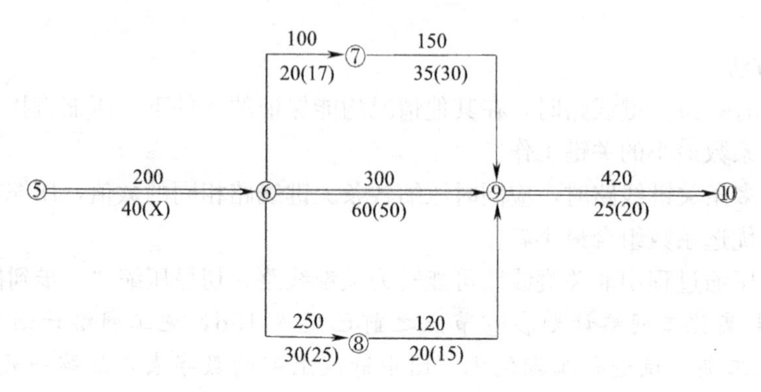

图 14-30　第一次压缩后的网络计划

第二次压缩：关键线路为⑤→⑥→⑨→⑩，由于⑤→⑥工作不能再压缩，只能选择压缩关键工作⑥→⑨工作或⑨→⑩工作。压缩⑥→⑨工作和⑨→⑩工作的直接费费率分别为 300 元/d、420 元/d，所以应压缩⑥→⑨工作 5d，直接费增加 300×5＝1500 元。得到如图 14-31 所示的网络计划，有两条关键线路，此时工期仍拖延 5d，故应进一步压缩。

第三次压缩：当第二次压缩后计划变成⑤→⑥→⑦→⑨→⑩、⑤→⑥→⑨→⑩两条关键线路，应同时压缩组合直接费率最小的工作。所以，应在同时压缩⑥→⑦和⑥→⑨、同时压缩⑦→⑨和⑥→⑨与压缩⑨→⑩工作三种方案中选择。上述三种方案压缩时组合直接费率分别为 400 元/d、450 元/d 和 420 元/d，因而第三次压缩选择同时压缩⑥→⑦和⑥→⑨的工作 3d，直接费增加 400×3＝1200 元。如图 14-32 所示，网络计划仍有两条关键线路不变。工期仍拖延 2d，需继续压缩。

第四次压缩：由于⑥→⑦工作不能再压缩，所以选择同时压缩⑦→⑨和⑥→⑨与仅压缩⑨→⑩两种情况，同时压缩⑦→⑨和⑥→⑨工作，直接费率为 450 元/d，仅压缩⑨→⑩直接费率为 420 元/d，所以选择压缩⑨→⑩工作 2d，如图 14-33 所示，共赶工 15d，可以保证原工期。直接费增加 420×2＝840 元，为保证原工期，直接费共增加 4540 元。

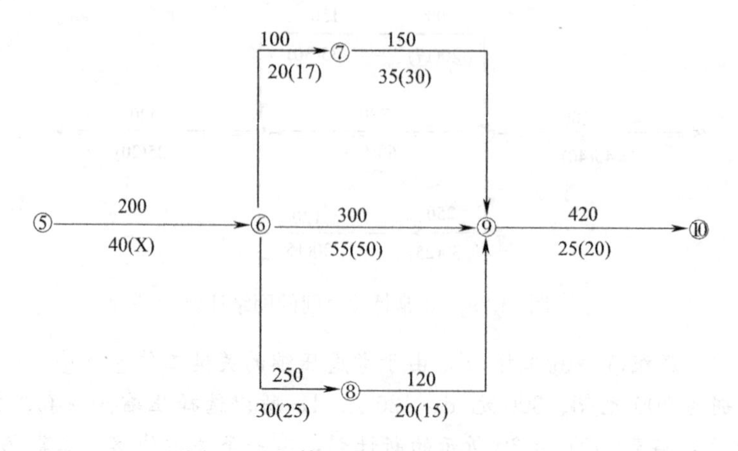

图 14-31　第二次压缩后的网络计划

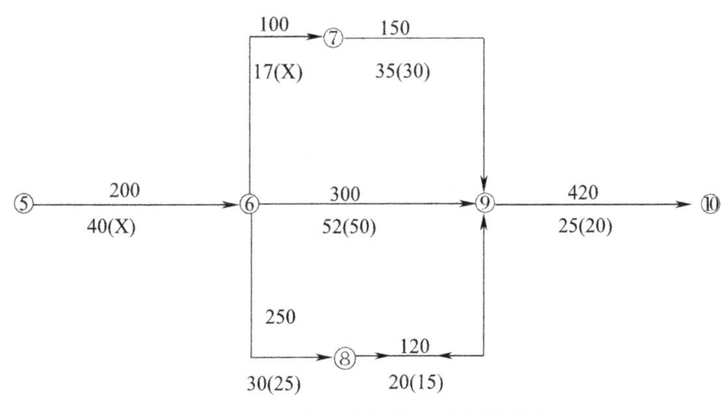

图 14-32　第三次压缩后的网络计划

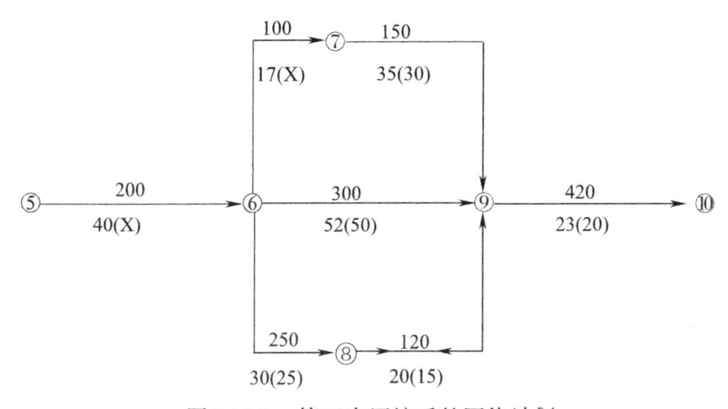

图 14-33　第四次压缩后的网络计划

二、费用优化

费用优化又称工期成本优化，是指寻求工程总成本最低时的工期安排，或按要求工期寻求最低成本的计划安排的过程。

1. 工程费用与时间的关系

（1）工程费用与工期的关系

工程总费用由直接费和间接费组成。直接费由人工费、材料费、机械费、措施费等组成。施工方案不同，直接费也就不同。如果施工方案一定，工期不同，直接费也不同。直接费会随着工期的缩短而增加。间接费包括管理费等内容，它一般随着工期的缩短而减少。工程费用与工期的关系如图 14-34 所示，由图 14-35 可知：当确定一个合理的工期，就能使总费用达到最小，这也是费用优化的目标。

（2）工作直接费与持续时间的关系

由于网络计划的工期取决于关键工作的持续时间，为了进行工期优化必须分析网络计划中各项工作的直接费与持续时间的关系，它是网络计划工期成本优化的基础。

工作的直接费随着持续时间的缩短而增加，如图 14-34 所示。

为简化计算，工作的直接费与持续时间之间的关系被近似地认为是一条直线关系。工作的持续时间每缩短单位时间而增加的直接费称为直接费用率，直接费用率可按公式（14-42）计算：

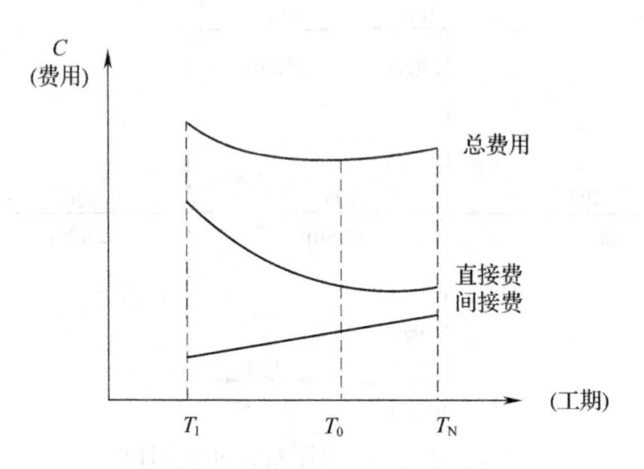

图 14-34 费用—工期曲线

T_1—最短工期；T_0—最优工期；T_N—正常工期

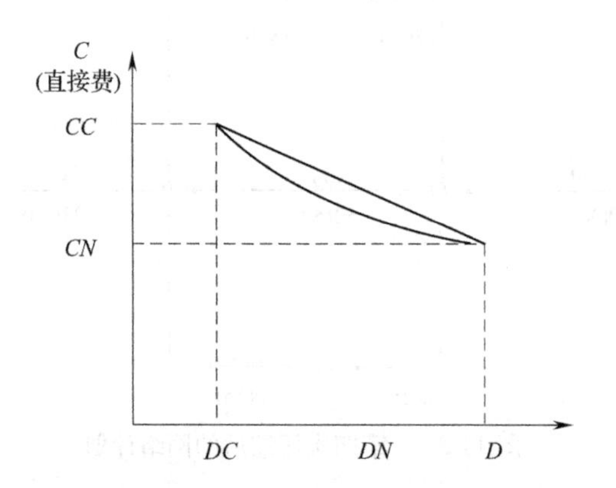

图 14-35 工作直接费与持续时间的关系曲线

CC—按最短（极限）持续时间完成工作时所需的直接费；

CN—按正常持续时间完成工作时所需的直接费

$$\Delta C_{i-j}=\frac{CC_{i-j}-CN_{i-j}}{DN_{i-j}-DC_{i-j}} \tag{14-42}$$

式中 ΔC_{i-j} ——工作 $i-j$ 的直接费用率；

CC_{i-j} ——按最短（极限）持续时间完成工作 $i-j$ 时所需的直接费；

CN_{i-j} ——按正常持续时间完成工作 $i-j$ 时所需的直接费；

DN_{i-j} ——工作 $i-j$ 的正常持续时间；

DC_{i-j} ——工作 $i-j$ 的最短（极限）持续时间。

2. 费用优化方法

费用优化的基本思路：不断地在网络计划中找出直接费用率（或组合直接费用率）最小的关键工作，缩短其持续时间，同时考虑间接费用随工期缩短而减少的数值，最后求得工程总成本最低时的最优工期安排或按要求工期求得最低成本的计划安排。

按照上述基本思路，费用优化可按以下步骤进行：

（1）按工作的正常持续时间确定计算工期和关键线路。

（2）计算各项工作的直接费用率。

(3) 当只有一条关键线路时，应找出组合直接费用率最小的一项关键工作，作为缩短持续时间的对象；当有多条关键线路时，应找出组合直接费用率最小的一组关键工作，作为缩短持续时间的对象。

(4) 对于选定的压缩对象（一项关键工作或一组关键工作），首先要比较其直接费用率或组合直接费用率与工程间接费用率的大小，然后再进行压缩。压缩方法有：

① 如果被压缩对象的直接费用率或组合直接费用率大于工程间接费用率，说明压缩关键工作的持续时间会使工程总费用增加，此时应停止缩短关键工作的持续时间，在此之前的方案即为优化方案。

② 如果被压缩对象的直接费用率或组合直接费用率等于工程间接费用率，说明压缩关键工作的持续时间不会使工程总费用增加，故应缩短关键工作的持续时间。

③ 如果被压缩对象的直接费用率或组合直接费用率小于工程间接费用率，说明压缩关键工作的持续时间会使工程总费用减少，故应缩短关键工作的持续时间。

(5) 当需要缩短关键工作的持续时间时，其缩短值的确定必须符合下列两条原则：

① 缩短后工作的持续时间不能小于其最短持续时间。

② 缩短持续时间的工作不能变成非关键工作。

(6) 计算关键工作持续时间缩短后相应的总费用。

$$优化后工程总费用＝初始网络计划的费用＋直接费增加费－间接费减少费用 \tag{14-43}$$

(7) 重复上述 (3) ～ (6) 步，直至计算工期满足要求工期或被压缩对象的直接费用率或组合直接费用率大于工程间接费用率为止。

(8) 计算优化后的工程总费用。

【例 14-5】 某网络计划，其各工作的持续时间如图 14-36 所示，直接费见表 14-4 所示。已知间接费费率为 120 元/d，试进行费用优化。

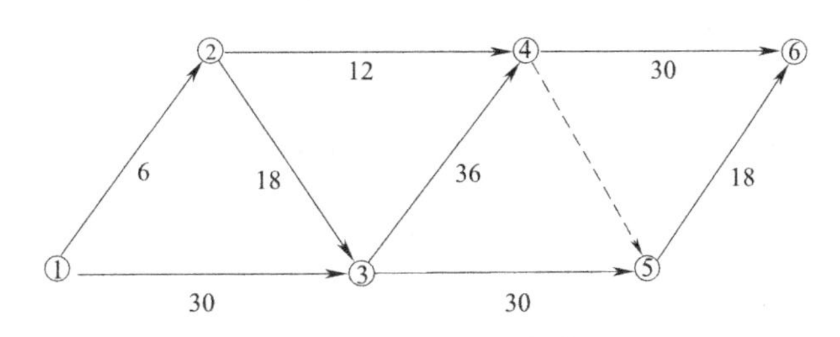

图 14-36 某施工网络计划

各工作持续时间及直接费用率 表 14-4

工作	正常时间		极限时间		直接费用率
	时间	费用（元）	时间	费用（元）	
1—2	6	1500	4	2000	250
1—3	30	7500	20	8500	100
2—3	18	5000	10	6000	125

续表

工作	正常时间		极限时间		费率
	时间	费用（元）	时间	费用（元）	
2—4	12	4000	8	4500	125
3—4	36	12000	22	14000	143
3—5	30	8500	18	9200	58
4—6	30	9500	16	10300	57
5—6	18	4500	10	5000	62

【解】

(1) 按工作的正常持续时间确定计算工期和关键线路

计算工期和关键线路如图 14-37 所示。

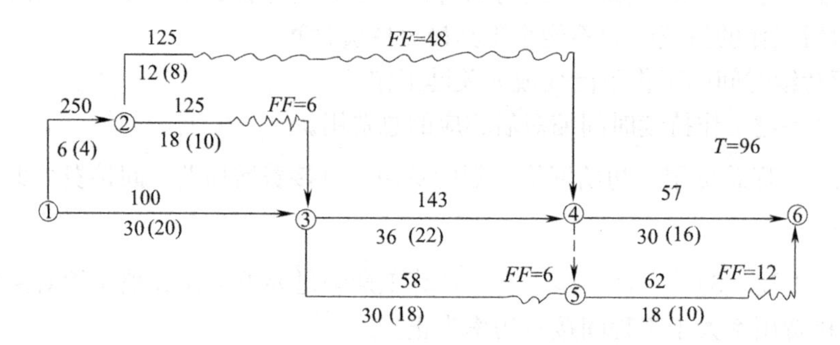

图 14-37　正常持续时间的网络计划

计算工期 $T=96$d，关键线路为①→③→④→⑥。此时初始网络计划的费用为 52500 元，由各工作作业时间乘以其直接费率加上初始工期乘以间接费率得到。

(2) 根据关键线路上各关键工作直接费费率压缩工期

由于①→③，③→④，④→⑥工作的直接费费率分别为 100 元/d，143 元/d 和 57 元/d，首先压缩关键工作④→⑥工作 12d，如图 14-38 所示第一次压缩后的网络计划。

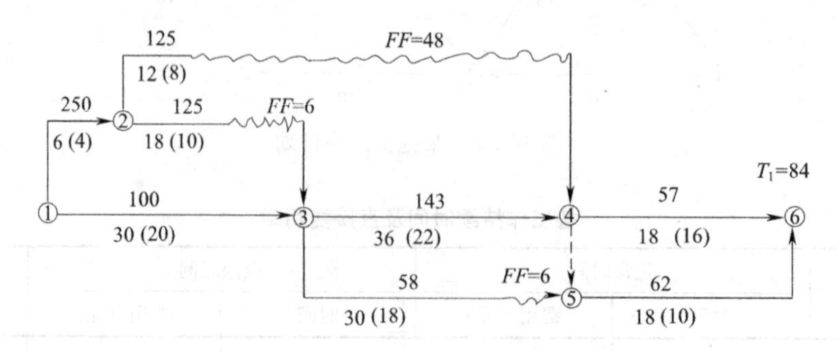

图 14-38　第一次压缩后的网络计划

这样网络有两条关键线路①→③→④→⑥和①→③→④→⑤→⑥。

增加直接费用 57×12=684 元。

(3) 第二次压缩

选取压缩①→③工作、压缩③→④工作、同时压缩④→⑥和⑤→⑥三种情况，压缩这三种情况的直接费增加分别为 100 元/d、143 元/d、119 元/d。①→③工作直接费 100 元/d 相比最小，所以应压缩①→③工作 6d，如图 14-39 所示第二次压缩后的网络计划。增加直接费用 100×6=600 元。

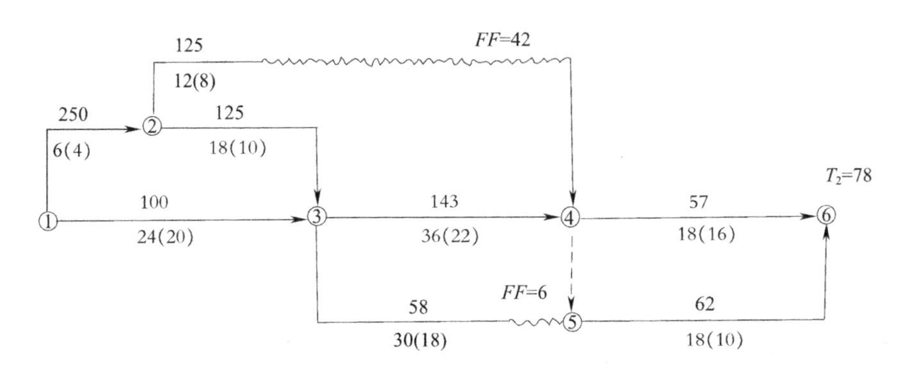

图 14-39　第二次压缩后的网络计划

(4) 第三次压缩

由于有同时压缩①→③工作和①→②工作、同时压缩①→③工作和②→③工作、压缩③→④工作、同时压缩④→⑥工作和⑤→⑥工作四种情况，这四种情况的直接费费率分别为 350 元/d、225 元/d、143 元/d、119 元/d，四种情况直接费费率（或组合直接费费率）最小的是同时压缩④→⑥工作和⑤→⑥工作。因此，应选取同时压缩④→⑥工作和⑤→⑥工作 2d，如图 14-40 所示第三次压缩后的网络计划。

增加直接费用 119×2=238 元。

若再压缩，关键工作直接费费率（组合直接费费率）均大于间接费费率 120 元/d，因此当工期 T_3 =76d 时，费用最优。

最优费用为：52500+684+600+238−120×20=51622 元。

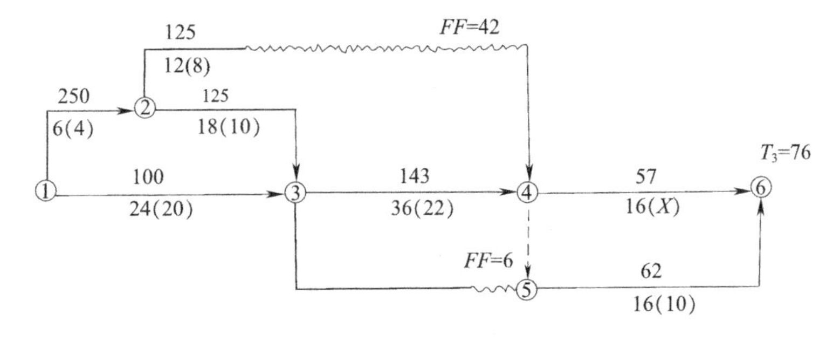

图 14-40　第三次压缩后的网络计划

三、资源优化

资源是指完成一项计划任务所需投入的人力、材料、机械设备和资金等。完成一项工程任务所需要的资源量基本上是不变的，不可能通过资源优化将其减少。资源优化的目的是通过改变工作的开始时间和完成时间，使资源按照时间分布符合优化目标。

在通常情况下，网络计划的资源优化分为两种，即“资源有限，工期最短”的优化和“工期固定、资源均衡”的优化。前者是通过调整计划安排，在满足资源限制条件下，使工期延长最小的过程，而后者是通过调整计划安排，在工期保持不变的条件下，使资源需用量尽可能均衡的过程。资源优化计算繁琐，适合于采用计算机进行优化，在此不详细介绍。

第四节　网络计划的检查与调整

一、进度检查

在进度计划的执行过程中，必须要建立相应的检查制度，定时定期对项目计划的实际执行情况进行跟踪检查。

进度计划的检查方法主要是对比法，即实际进度与计划进度进行对比，从而发现偏差，以便调整或修改计划，一般主要使用图上对比，所以根据进度的计划图形的不同，产生多种实际进度与进度计划的检查方法，主要有前锋线检查法。

前锋线比较法主要适用于时标网络图计划及横道图进度计划。该方法是从检查时刻的时间标点出发，用点画线依次连接各工作任务的实际进度点（前锋），最后到计划检查的时点为止，形成实际进度前锋线，按前锋线判定工程项目进度偏差，如图 14-41 所示。

前锋线可以直观地反映出检查日期有关工作实际进度与计划进度之间的关系。从图 14-41 所示的前锋线可以看出，在项目进行到第 5 天进行进度检查的时候，工作 B、D 拖后，工作 C 与计划进度一致，工作 B 实际进度拖后 1 天，将使其后续工作 E 的最早开始时间推迟 1 天，并使总工期延长 1 天工作 D 的实际进度拖后 1 天，既不影响总工期，也不影响其后续工作的正常进行。综上所述，如果不采取措施加快进度，该工程项目的总工期将延长 1 天。

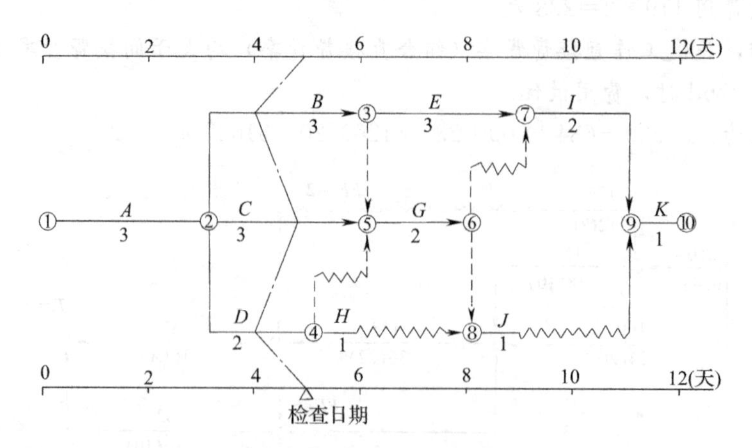

图 14-41　时标网络计划前锋线检查

二、进度调整

1. 进度偏差的原因

在定期对进度的实施进行检查时，由于实施情况的不确定性，使得实际进度与计划进度存在偏差，一旦出现进度拖延，可能影响项目的进度目标的实现。所以应该结合相关的实际工程信息，分析并确定工期拖延的根本原因，为进度计划的调整提供依据。进度拖延是工程项目实施过程中经常发生的现象，进度拖延的原因，一般有以下几个方面：

（1）工期及相关计划的失误

计划失误是常见的现象。包括：计划时遗漏部分必需的功能或工作；计划值（例如计划工作量、持续时间）估算不足；资源或供应能力不足，没有考虑资源的限制或缺陷；出现了计划中未能考虑到的风险和状况，没能使工程实施达到预定的效率。

（2）边界条件的变化

边界条件的变化是实际工程中经常出现的，如工作量的变化（可能是由于设计的修改、设计的错误、业主新的要求等造成）。环境条件的变化（不利的施工条件不仅对工程实施过程造成干扰，有时还需调整原来已确定的计划）。发生不可抗力事件（如地震、台风、动乱、战争）等。

（3）管理过程中的失误

管理过程中的失误包括：计划部门与实施者之间、总分包商之间、业主与承包商之间缺少沟通；项目管理者缺乏工期意识，拖延了工程活动；承包商没有集中力量施工，材料供应拖延，资金缺乏，工期控制不紧；业主没有集中资金的供应，拖欠工程款，或业主的材料、设备供应不及时等。

2. 进度调整的措施

当项目的实际进度与计划进度产生偏差，对于进度出现拖延，会影响到工程项目进度目标的实现的情况，应采取调整措施。

（1）增加资源投入，例如增加劳动力、机械和材料的投入量，压缩关键线路的工作工期，这是最常用的办法。要有选择地压缩关键工作的时间，即优先选择因压缩时间对费用增加、质量、资源需求增加等影响小的关键工作的持续时间。

（2）改变网络计划中工程活动的逻辑关系，如将前后顺序工作改为平行工作。但一般说来，只能调整组织关系，而工艺关系不宜调整，以免打乱原计划。

（3）减少工作范围，包括减少工程量或删去一些工作包（或分项工程）。

（4）修改施工方案；提高劳动生产率。

（5）将部分任务分包、委托给另外的单位，将原计划由自己生产的结构构件改为外购等。

（6）将一些工作包合并，特别是在关键线路上按先后顺序实施的工作包合并，与实施者一道研究，通过局部地调整实施过程和人力、物力的分配，达到缩短工期的目的。

第五节　网络计划在施工中的应用

一、工期索赔

在建设工程施工过程中，其工期的延长分为工程延误和工程延期两种。虽然它们都是使工程拖期，但由于性质不同，因而业主与承包单位所承担的责任也就不同。如果工期的延长是由于承包商的原因或承担责任的拖延，则是属于工程延误，则由此造成的一切损失由承包单位承担，承担单位需承担赶工的全部额外费用。同时，业主还有权对承包单位施行误期违约罚款。而如果工期的延长是非承包商应承担的责任，应属于工程延期，则承包单位不仅有权要求延长工期，而且可能还有权向业主提出赔偿费用的要求，以弥补由此造成的额外损失，即可以进行工期索赔。因此，监理工程师是否将施工过程中工期的延长批准为工程延期，是否给予工期索赔或工期与费用同时索赔对业主和承包单位都十分重要。

1. 工程延期的可能因素

（1）不可抗力。指合同当事人不能预见、不能避免并且不能克服的客观情况，如异常恶劣的气候、地震、洪水、爆炸、空中飞行物坠落等。

（2）监理工程师发出工程变更指令导致工程量增加。

（3）业主的要求、业主应承担的工作如场地、资料等提供延期以及业主提供的材料、设备有问题。

（4）不利的自然条件如地质条件的变化。

（5）文物及地下障碍物。

（6）合同所涉及的任何可能造成工程延期的原因，如延期交图、设计变更、工程暂停、对合格工程的剥离（或破坏）检查等。

2. 工程延期索赔成立的条件

（1）合同条件。工程延期成立必须符合合同条件。导致工程拖延的原因确实属于非承包商责任，否则不能认为是工程延期，这是工程延期成立的一条根本原则。

（2）影响工期。发生工程延期的事件，还要考虑是否造成实际损失，是否影响工期。当这些工程延期事件处在施工进度计划的关键线路上，必将影响工期。当这些工程延期事件发生在非关键线路上，且延长的时间并未超过其总时差时，即使符合合同条件，也不能批准工程延期成立；若延长的时间超过总时差，则必将影响工期，应批准工程延期成立，工程延期的时间根据某项拖延时间与其总时差的差值考虑。

（3）及时性原则。发生工程延期事件后，承包商应对延期事件发生后的各类有关细节进行记录，并按合同约定及时向监理工程师提交工程延期申请及相关资料，以便为合理确定工程延期时间提供可靠依据。

3. 工期索赔案例

【例 14-6】某施工网络计划如图 14-42 所示，在施工过程中发生以下的事件：

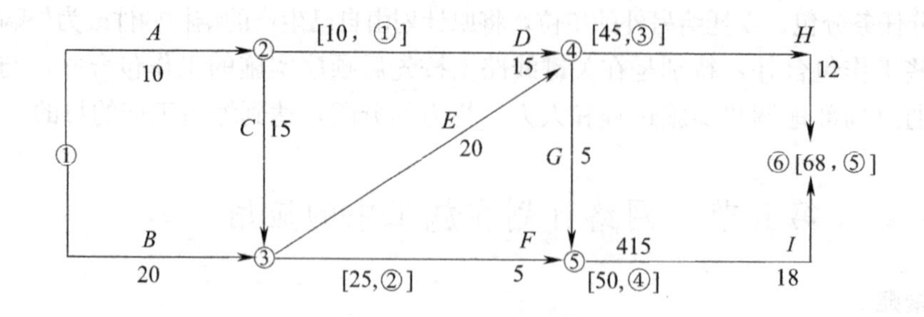

图 14-42 某工程施工计划

A 工作因业主原因晚开工 2d；

B 工作承包商只用 18d 便完成；

H 工作由于不可抗力影响晚开工 3d；

G 工作由于工程师指令晚开工 5d。

试问，承包商可索赔的工期为多少天？

【解】

(1) 求合同状态下的工期 T_c

利用网络计划的标号法可求得 T_c=68d，如图 14-42 所示。

(2) 求可能状态下的工期 T_k

即求非承包商应承担责任干扰事件影响下的工期，如图 14-43 所示。

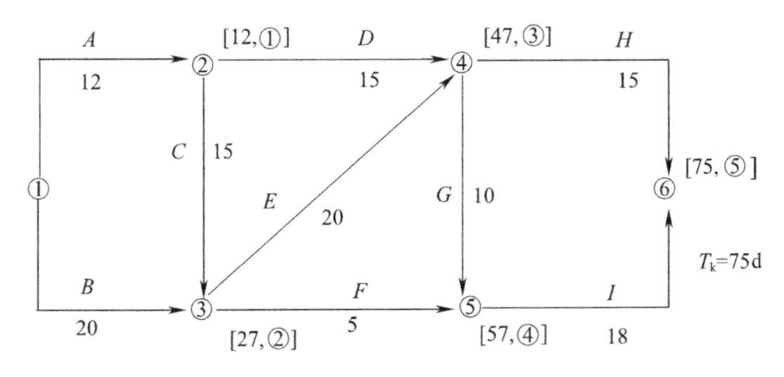

图 14-43　可能状态工期计算

由图上计算知，T_k=75d

(3) 求 ΔT

$$\Delta T = T_k - T_c = 75 - 68 = 7\text{d}$$

即承包商可索赔的工期为 7d。

二、工期费用综合索赔

在施工管理过程中，承包商不仅可以利用进度计划进行工期索赔，而且可以利用进度计划进行费用索赔及要求业主给予提前竣工奖等的补偿。利用进度计划进行工期费用综合索赔的具体方法及步骤可以参考以下的示例。

【例 14-7】 某施工单位与业主按 GF—1999—0201 合同签订施工承包工程合同，施工进度计划得到监理工程师的批准，如图 14-44 所示（单位：d）。

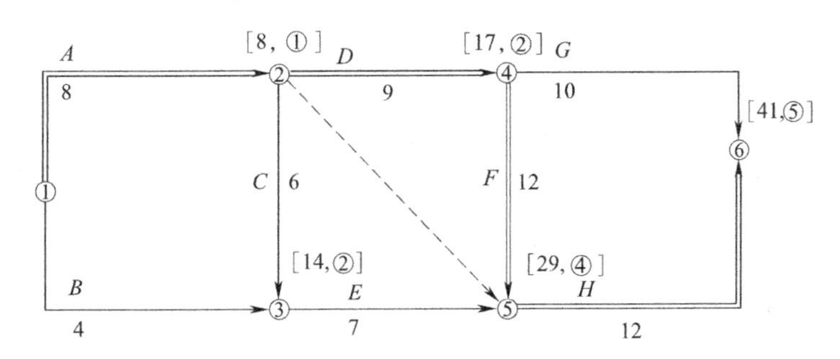

图 14-44　施工进度计划

施工中，A、E 使用同一种机械，其台班费为 500 元/台班，折旧（租赁）费为 300 元/台班，假设人工工资 40 元/工日，窝工费为 20 元/工日。合同规定提前竣工奖为 1000

元/d，延误工期罚款 1500 元/d（各工作均按最早时间开工）。

施工中发生了以下的情况：

（1）A 工作由于业主原因晚开工 2d，致使 11 人在现场停工待命，其中 1 人是机械司机。

（2）C 工作原工程量为 100 个单位，相应合同价为 2000 元，后设计变更工程量增加了 100 个单位。

（3）D 工作承包商只用了 7d 时间。

（4）G 工作由于承包商原因晚开工 1d。

（5）H 工作由于不可抗力发生增了 4d 作业时间，场地清理用了 20 工日，问在此计划执行中，承包商可索赔的工期和费用各为多少？

【解】

（1）工期顺延计算

① 合同工期

计算结果如图 14-44 所示 $T_c=41\text{d}$

② 可能状态下的工期

A 作业持续时间：8＋2＝10d

C 工作持续时间：6＋6＝12d

H 工作持续时间：12＋4＝16d

计算结果如图 14-45 所示，可能状态下工期为：$T_k=47\text{d}$

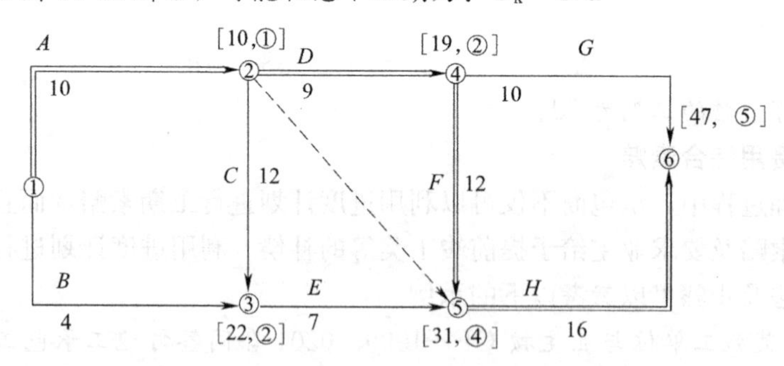

图 14-45　可能状态下的工期计算

③ 可索赔工期为：47－41＝6d

（2）费用索赔（或补偿）的计算

① A 工作：（11－1）×20×2＋2×300＝1000 元

② C 工作：$2000\times\frac{100}{100}=2000$ 元

③ 清场费：20×40＝800 元

④ 机械闲置的增加

按原合同计划，闲置时间：14－8＝6d

考虑了非承包商的原因闲置时间：22－10＝12d

增加闲置时间：12－6＝6d

费用补偿：6×300＝1800 元

⑤ 奖励或罚款

(3) 实际状态的工期计算如图 14-46 所示。

实际状态工期为：$t=45\text{d}$

$\Delta t=t-T_{\text{k}}=45-47=-2$，小于零，说明工期提前。

提前奖：$2\times1000=2000$ 元

所以，可索赔及奖励的费用补偿为：$1000+2000+800+1800+2000=7600$ 元

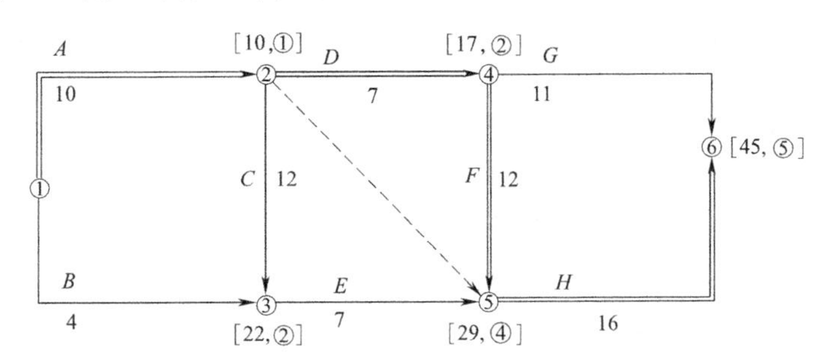

图 14-46 实际状态下的工期计算

复习思考题

1. 何谓网络图？何谓工作？何谓虚工作？

2. 何谓工艺关系和组织关系？试举例说明。

3. 简述网络图的绘制规则。

4. 何谓工作的总时差和自由时差？关键线路和关键工作的确定方法有哪些？

5. 双代号时标网络计划的特点有哪些？

6. 工期优化和费用优化的区别是什么？

7. 在费用优化过程中，如果拟缩短持续时间的关键工作（或关键工作组合）的直接费用率（或组合直接费用率）大于工程间接费用率时，即可判定此时已达优化点，为什么？

8. 何谓搭接网络计划？试举例说明工作之间的各种搭接关系。

计 算 题

1. 单选题

(1) 某工程双代号网络计划如图 14-47 所示，其关键线路有（　　）条。

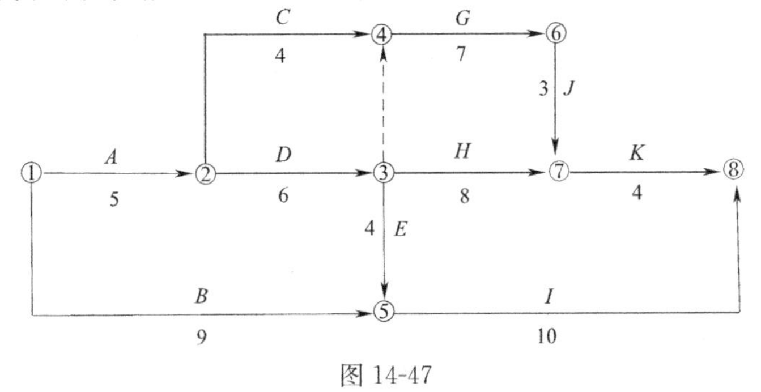

图 14-47

A. 1　　　　　B. 2　　　　　C. 3　　　　　D. 4

(2) 在工程网络计划中，关键线路是指（　　）的线路。

A. 单代号网络计划中时间间隔全部为零

B. 单代号搭接网络计划中时距总和最大

C. 双代号网络计划中由关键节点组成

D. 双代号时标网络计划中无虚箭线

(3) 在工程网络计划中，关键线路是指（　　）的线路。

A. 单代号网格计划中由关键工作组成

B. 双代号网络计划无虚箭线

C. 双代号时标网络计划中无波形线

D. 单代号搭接网络计划中时距总和最小

(4) 某工程单代号网络计划如图 14-48 所示，其关键线路有（　　）条。

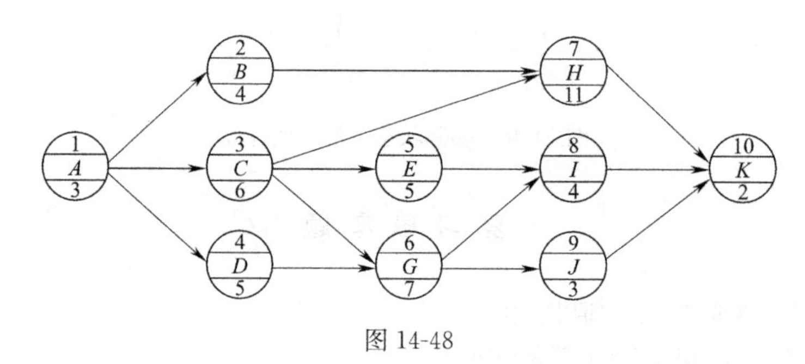

图 14-48

A. 4　　　　　B. 3　　　　　C. 2　　　　　D. 1

(5) 某工程单代号搭接网络计划如图 14-49 所示，节点中下方数字为该工作的持续时间，其中关键工作是（　　）。

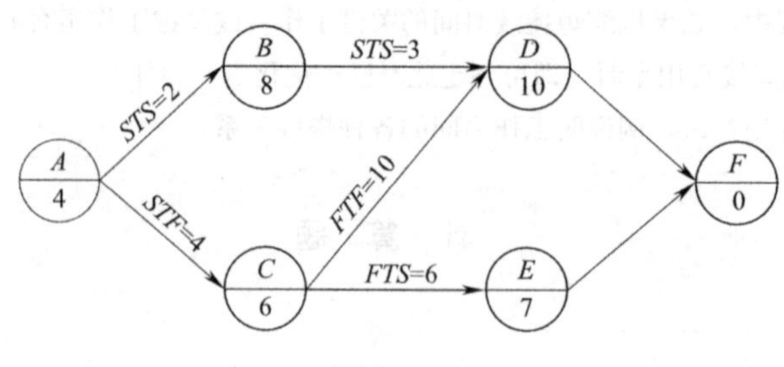

图 14-49

A. 工作 A 和工作 B　　　　　B. 工作 C 和工作 D

C. 工作 B 和工作 E　　　　　D. 工作 C 和工作 E

2. 多选题

(1) 在工程网络计划中，判别关键工作的条件是该工作（　　）。

A. 总时差最小

B. 自由时差最小

C. 最迟完成时间与最早完成时间的差值最小

D. 当计算工期与计划工期相等时，总时差为 0

E. 最迟开始时间与最早开始时间的差值最小

(2) 某分部工程双代号网络计划如图 14-50 所示（时间单位：d），图中已标出每个节点的最早时间和最迟时间，该计划表明（　　）。

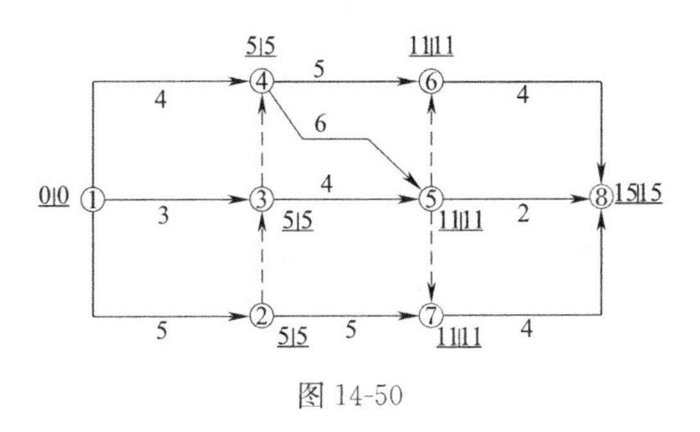

图 14-50

A. 所有节点均为关键节点

B. 所有工作均为关键工作

C. 计算工期为 15d 且关键线路有两条

D. 工作 1-3 与工作 1-4 的总时差相等

E. 工作 2—7 的总时差和自由时差相等

(3) 在某工程网络计划中，已知工作 P 的总时差和自由时差分别为 5d 和 2d，检查进度时，发现该工作的持续时间延长了 6d，说明此时工作 P 的实际进度（　　）。

A. 既不影响总工期，也不影响其后续工作的正常进行

B. 不影响总工期，但将其紧后工作最早开始时间推迟 4d

C. 将其紧后工作最早开始时间推迟 4d，并使总工期延长 1d

D. 将其紧后工作最早开始时间推迟 1d，并使总工期延长 1d

E. 将其紧后工作最迟开始时间推迟 1d，并使总工期延长 1d

3. 已知工作之间的逻辑关系如下列各表所示，试分别绘制双代号网络图和单代号网络图。

(1)

工作	A	B	C	D	E	G	H
紧前工作	C、D	E、H	—	—	—	D、H	—

(2)

工作	A	B	C	D	E	G
紧前工作	—	—	—	—	B、C、D	A、B、C

(3)

工作	A	B	C	D	E	G	H	I	J
紧前工作	E	H、A	J、G	H、I、A	—	H、A	—	—	E

4. 某土建基础工程，施工过程按挖槽（A）→垫层（B）→墙基（C）→回填土（D），施工段 $m=4$（Ⅰ，Ⅱ，Ⅲ，Ⅳ），其施工过程在各施工段上的流水节拍或持续时间见表 14-5 所示，试绘制网络进度计划，并计算各项工作的六个时间参数，用双箭线标明关键线路。

施工过程的流水节拍（持续时间）单位：d　　　表 14-5

施工过程	施工段Ⅰ	施工段Ⅱ	施工段Ⅲ	施工段Ⅳ
挖槽 A	5	6	5	6
垫层 B	2	1	2	1
墙基 C	4	3	5	4
回填土 D	2	2	4	2

5. 某网络计划的有关资料如表 14-6 所示，试绘制双代号时标网络计划，并计算时间参数，用双箭线标明关键线路。

逻辑关系　　　表 14-6

工作	A	B	C	D	E	F	G	H	I	J	K
持续时间	2	1	3	3	2	4	2	1	2	5	2
紧前工作	—	—	B、E	A、C、H	—	B、E	E	F、G	F、G	A、C、I、H	F、G

6. 某网络计划的有关资料如表 14-7 所示，试绘制单代号网络计划，并计算时间参数，用双箭线标明关键线路。

逻辑关系　　　表 14-7

工作	A	B	C	D	E	G	H	I
紧前工作	—	—	—	—	A，B	B，C，D	C，D	E，G，H

7. 某网络计划中各工作持续时间、直接费用见表 14-8，已知间接费率为 1 万元/d，试求出工程成本数低时的工期及相应的网络计划。

表 14-8

工作	正常情况		极限情况	
	持续时间（d）	费用（万元）	持续时间（d）	费用（万元）
1—2	40	120	34	144
1—3	50	40	50	40
2—3	20	60	16	88
2—4	24	80	12	140
3—4	10	60	4	84
4—5	20	60	10	120

8. 某工程项目时标网络计划如图 14-51 所示。该计划执行到第 35d 检查实际进度时，发现工作 A、B 和 C 已经全部完成，D 尚需 4 天完成，E 尚需 16d 完成，试用前锋线法进行实际进度与计划的比较。

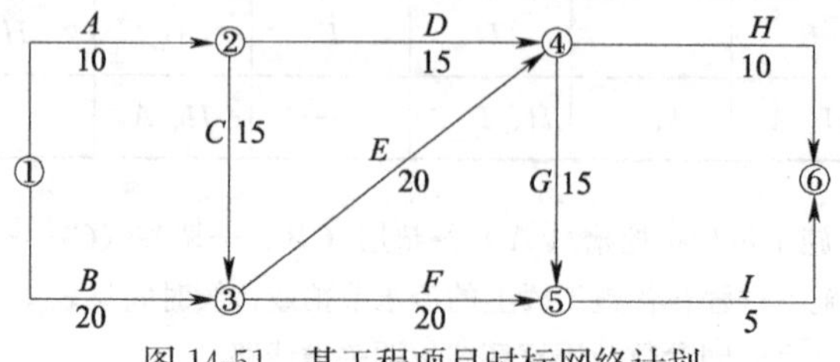

图 14-51　某工程项目时标网络计划

第十五章　单位工程施工组织设计

本章学习要点：

1. 了解单位工程施工组织设计的编制依据和编制程序，掌握单位工程施工组织设计的主要内容。

2. 熟悉施工方案、施工进度计划、施工现场平面图布置的编制，针对具体单位工程，在调查研究的基础上能够编制单位工程施工组织设计。

第一节　概　　述

单位工程施工组织设计是以单位工程为对象，根据拟建工程的特点和施工规律，确定施工方案，并在施工进度、施工平面布置、人力、材料、机械和资金等方面作出科学合理的安排，形成指导施工活动的技术经济文件。施工组织设计从其用途上看总体分两大类，一类是施工企业在投标时所编写的投标施工组织设计，另一类是中标后编写的用于指导整个施工用的实施性施工组织设计。这两类施工组织设计的侧重点不同，前一类的主要目的是为了中标获取工程，是对招标的响应与承诺，是投标文件的基本要素和技术保证，是投标单位技术水平及整体实力的体现；后一类是中标以后，依据投标施工组织设计和施工合同及后续补充条件，在前者基础上进行的充实和完善，用于具体指导施工单位施工活动的文件。两者在内容上基本一致，具有先后次序关系。本章主要介绍的是后一类。

一、单位工程施工组织设计的编制依据

单位工程施工组织设计编制的主要依据包括：

（1）与建设单位签订的工程承包合同。特别是施工合同中有关工期、工程质量标准要求等，对施工方案的选择和进度计划的安排有重要影响。

（2）施工图及设计单位对施工的要求。其中包括：单位工程的全部施工图样、会审记录和相关标准图等有关设计资料。

（3）施工组织总设计。当单位工程为建筑群的一个组成部分时，则该建筑物的施工组织设计必须按照施工组织总设计的各项指标和任务要求来编制，如进度计划的安排应符合总设计的要求等。

（4）建设单位可能提供的条件。如现场“三通一平”情况，临时设施以及合同中约定的建设单位供应的材料、设备的时间等。

（5）施工企业年度生产计划对该工程项目的安排和规定的有关指标。如开工、竣工时间及其他项目穿插施工的要求等。

（6）施工现场的自然条件。① 施工现场条件和地质勘察资料，如施工现场的地形、地貌、地上与地下障碍物以及水文地质、交通运输道路、施工现场可占用的场地面积等。② 工程所在地的气象资料，如施工期间的最低、最高气温及延续时间，雨期、雨量等。

（7）技术经济条件资料。① 材料、预制构件及半成品供应情况，主要包括工程所在地的主要建筑材料、构配件、半成品的供货来源，供应方式及运距和运输条件等。② 施工机械设备的供应情况。③ 劳动力配备情况，主要有两个方面的资料：一方面是企业能提供的劳动力总量和各专业工种的劳动人数，另一方面是工程所在地的劳动力市场情况。

（8）预算文件提供的有关数据。预算文件提供了工程量报价清单和预算成本。相关现行规范、规程等资料和相关定额是编制进度计划的主要依据。

二、单位工程施工组织设计的内容和编制程序

1. 单位工程施工组织设计的主要内容

在施工之前，对拟建单位工程从人力、施工方法、材料、机械、资金 5M 方面在时间、空间上作科学合理的安排，安全生产、文明施工，以期能建成优质、低耗、高速的土木工程产品。

单位工程施工组织设计较完整的内容一般包括：

（1）工程概况及施工条件分析。

（2）施工方案的拟定。

（3）施工进度计划。

（4）劳动力、材料、构件和机构设备等资源需要量计划。

（5）施工准备工作计划。

（6）施工现场平面布置图。

（7）保证质量、安全、降低成本等技术措施。

（8）安全生产、文明施工。

（9）季节性施工。

（10）现场环境保护。

（11）各项技术经济指标。

单位工程施工组织设计各项内容中，施工方案和进度计划主要是指导施工过程的进行，规划整个施工活动。各项各种资源的供应计划、施工平面图的分期布置等必须以施工进度计划为依据。因此，在编制时，应抓住关键环节，同时处理好各方面的相互关系，重点编好施工方案、施工进度计划和施工平面布置图，即常称的“一图一案一表”。抓住三个重点，突出技术、时间和空间三大要素。

2. 单位工程施工组织设计的编制程序

单位工程施工组织设计编制的一般程序如图 15-1 所示。

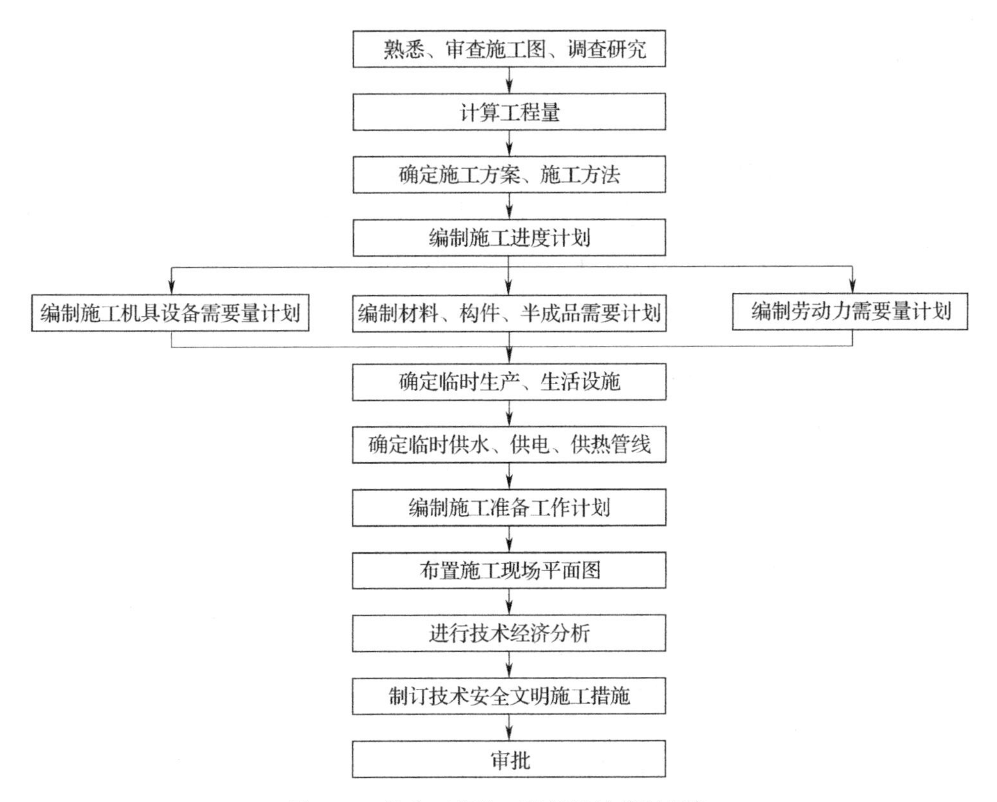

图 15-1　单位工程施工组织设计编制程序

第二节　施　工　方　案

施工方案设计是编制单位工程施工组织设计的重点，是整个单位工程施工组织设计的核心内容。施工方案是否恰当合理直接影响工程施工的质量、工期和经济效益，因而，施工方案的设计是非常重要的工作。一个工程的施工方案往往有多种选择，确定施工方案必须从施工项目的特点和施工条件出发，拟定出各种可行的施工方案，进行技术经济分析比较，选择技术可行、工艺先进、经济合理的施工方案。

施工方案主要包括确定施工程序、施工起点流向和施工顺序，确定主要的分部分项工程施工方法，选择施工机械及确定施工组织方式等内容。

一、确定施工程序

施工程序是指单位工程中各分部工程之间的先后顺序。单位工程应遵循的一般程序原则为：

（1）遵守先地下、后地上的原则。先地下、后地上指的是在地上工程施工之前，尽量把管道、线路等地下设施和土方工程、基础工程完成或基本完成，以免对地上部分产生干扰。但采用逆作法施工时除外。

（2）先土建后设备。先土建后设备指的是无论工业建筑还是民用建筑，都要处理好土建与水、暖、电、卫等设备的施工顺序；工业建筑的土建与设备安装的施工顺序与厂房的性质有关，如精密仪器厂房，一般要求土建、装饰工程完工之后安装工艺设备；重型工业厂房则有可能先安装设备，后建厂房或设备安装与土建同时进行，以避免设备体积大，若厂房建好以后，设备无法进入和安装。这是施工顺序问题，并不影响总体施工程序。

（3）先主体后围护。在施工中应注意主体与围护在总的程序上有合理的搭接。一般来说，高层建筑则应尽量搭接施工，以便有效地节约时间。

（4）先结构后装饰。先结构后装饰主要指先进行主体结构施工，后进行装饰工程施工，是就一般情况而言的。有时为了节约时间，也可以部分搭接施工。且随着新建筑体系的不断涌现和建筑工业化水平的提高，某些装饰与结构构件均在工厂完成。

二、确定施工流向

施工流向是指单位工程在平面上或竖向上施工开始的部位和进展的方向。在确定施工流向时应考虑以下因素：生产使用的先后，施工区段的划分，与材料、构件、土方的运输方向不发生矛盾，适应主导工程（工程量大、技术复杂、占用时间长的施工过程）的合理施工顺序。具体应注意以下几点：

（1）工业厂房的生产工艺往往是确定施工流向的关键因素，故影响试车投产的工段应先施工。

（2）建设单位对生产或使用要求在先的部位应先施工。

（3）技术复杂、工期长的区段或部位应先施工。另外，对于关系密切的分部分项工程，若紧前工作的起点流向已确定，后续工作的流向应与之一致。

（4）当有高、低跨并列时，应从并列处开始，如柱子的吊装；屋面防水施工应按先低后高顺序施工，当基础埋深不同时应先深后浅。

（5）根据施工现场条件确定，如土方工程边开挖边余土外运，施工的起点一般应选定在离道路远的部位，由远而近的流向进行。

（6）根据分部分项工程的特点及其相互关系确定。

例如多层建筑的室内装饰工程竖向流向，可以采取自上而下进行，也可以采取自下而上进行。

（1）室内装饰工程自上而下流向，通常是指主体结构工程封顶、做好屋面防水层后，从顶层开始，逐层往下进行，如图 15-2 所示。此种起点流向的优点是：主体结构完成后，有一定的沉降时间，能保证装饰工程的质量；做好屋面防水层后，可防止在雨期施工时因雨水渗漏而影响装饰工程的质量。并且，自上而下的流水施工，各工序之间交叉少，便于组织施工，保证施工安全，方便从上往下清理垃圾。其缺点是不能与主体施工搭接，因而工期较长，适用于工期不紧的情况。

（2）室内装饰工程自下而上流向，是指当主体结构工程施工到 2～3 层以上时，装饰工程从一层开始，逐层向上进行，如图 15-3 所示。此种起点流向的优点是：可以和主体砌墙工程进行交叉施工，使工期缩短。其缺点是：工序之间交叉多，需要很好地组织施工并采取安全措施。当采用预制楼板时，由于板缝填灌不严密，以及靠墙边处较易渗漏雨水和施工用水，影响装饰工程质量，为此在上下两相邻楼层中，应首先抹好上层地面，再做下层顶棚抹灰，适用于工期紧的情况。

（3）自中而下再自上而中的起点流向，综合了上述两者的优缺点，适用于中、高层建筑的装饰工程。

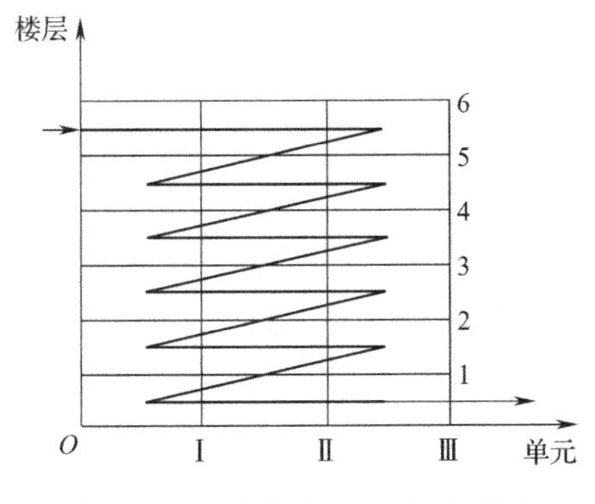

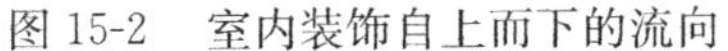
图 15-2　室内装饰自上而下的流向

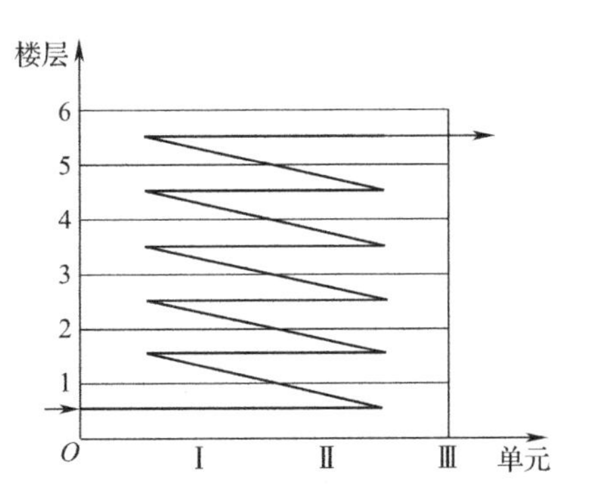

图 15-3　室内装饰自下而上的流向

室外装饰通常是自上而下进行，以便保证质量。当然有特殊情况，如商业性建筑为满足业主营业的要求，也可采取自中而下的顺序进行，保证营业部分的外装饰先完成。这样不足之处是在上部进行外装饰时，易损坏污染下部的装饰。

三、确定施工顺序

（一）确定施工顺序考虑的因素

施工顺序是指分项工程或施工过程之间的先后次序。合理确定施工顺序是充分利用好空间和时间，做好工序之间的搭接，以及缩短工期的需要。

施工顺序应根据实际的工程施工条件和采用的施工方法来确定，没有一种固定不变的顺序，但这并不是说施工顺序是可以随意改变的，也就是说建筑施工的顺序有其一般性，也有其特殊性。确定施工顺序应考虑以下因素：

（1）符合施工程序和工艺。施工顺序应不违背施工程序和施工工艺，如现浇钢筋混凝土连梁的施工顺序为：支模板→绑扎钢筋→浇混凝土→养护→拆模板。

（2）有利于保证质量和成品保护。比如，室内装饰宜自上而下，先做湿作业，后做干作业，并便于后续工程插入施工，反之则会影响施工质量。

（3）与施工方法和施工机械的要求相一致，不同的施工方法和施工机械会使施工过程的先后顺序有所不同。如建造装配式单层厂房，采用分件吊装法的施工顺序是先吊装全部柱子再吊装全部吊车梁，最后吊装所有屋架和屋面板。采用综合吊装法的顺序是吊装完一个节间的柱子、吊车梁、屋架和屋面板之后，再吊装另一个节间的构件。

（4）有利于缩短工期。如装饰工程可以在主体结构施工完毕从上到下进行，但工期较长；若与主体交叉施工，则将有利于缩短工期。

现在以多层混合结构建筑、钢筋混凝土结构建筑以及装配式工业厂房为例分别介绍不同结构形式的施工顺序。

（二）多层混合结构建筑施工顺序

多层混合结构房屋的施工，一般可划分为：基础工程施工，主体结构工程施工，屋面和装饰工程施工，水、暖、电、卫等工程施工，其一般的施工顺序如图 15-4 所示。

1. 基础施工顺序

基础工程是指室内地坪（±0.000）以下的工程。其施工顺序一般是：挖槽（坑）→混凝土垫层→基础施工→作防潮层→回填土。若有桩基础，则在开挖前应施工桩基础，若

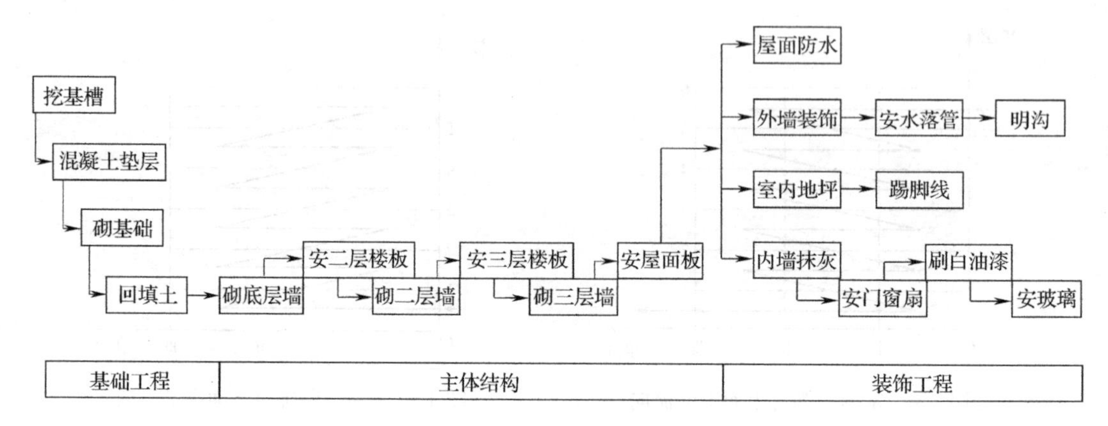

图 15-4　混合结构房屋施工顺序

有地下室，则基础工程中应包括地下室的施工。

挖槽（坑）完成后，立即验槽做垫层，其间时间间隔不能太长，以防止地基土长期暴露，被雨水浸泡而影响其承载力，即所谓的"抢基础"。在实际施工中，若由于技术或组织上的原因不能立即验槽做垫层和基础，则在开挖时可留 20～30cm 至设计标高，以保护地基土，待有条件施工下一步时，再挖去预留的土层。

垫层施工完成后要留有一定的技术间歇时间，使其具有一定强度后，再进行下一道工序。各种管沟的挖土、做管沟垫层、砌管沟墙、管道铺设等应尽可能与基础工程施工配合，平行搭接进行。

对于回填土，由于回填土对后续工序的施工影响不大，可视施工条件灵活安排；原则上是在基础工程完工之后一次性分层夯填完毕，可以为主体结构工程阶段施工创造良好的工作条件，例如为搭外脚手架及底层砌墙创造了比较平整的工作面。特别是当基础比较深，回填土量较大的情况下，回填土最好在砌墙以前填完，在工期紧张的情况下，也可以与砌墙平行施工。

2. 主体结构工程施工顺序

混合结构主体施工过程主要有：搭脚手架、砌墙、安装门窗框、吊装预制门窗过梁或浇筑钢筋混凝土圈梁、浇筑或吊装楼板和楼梯、浇筑雨篷、阳台及吊装屋面等。

若多层砖混结构房屋的圈梁、楼板、楼梯均为现浇，主导工程是：砌墙、现浇构造柱、楼板、圈梁和雨篷、屋面板等分项工程。其施工顺序为立柱筋→砌墙→安装柱模→浇筑混凝土→安装梁、板、楼梯模板→安装梁、板、楼梯钢筋→浇梁、板、楼梯混凝土。

若楼板为预制时，砌筑墙体和安装预制楼板工程量较大，为主导施工过程，它们在各楼层之间的施工是交替进行的。在组织工程施工时应尽量使砌墙连续施工；在浇筑构造柱、圈梁的同时浇筑厨房、卫生间楼板。各层预制楼梯段的吊装应在砌墙、安装楼板的同时完成。

主体结构施工时应尽量组织流水施工，可将每幢房屋划分为 2～3 个施工段，便于主导工程施工能够连续进行。

3. 屋面和装饰工程施工顺序

该阶段具有施工任务多、劳动消耗量大、手工操作多、需要时间长的特点，因而必须确定合理的施工顺序与方法来组织施工。

主体工程完工后，首先进行屋面防水工程的施工，以保证室内装饰的顺利进行。卷材防水屋面工程的施工顺序一般为：找平层→隔气层→保温层→找平层→冷底子油结合层→防水层→保护层。对于刚性防水屋面的现浇钢筋混凝土防水层，应在主体结构完成后开始，并尽快完成，以便为室内装饰创造条件。一般情况下，屋面工程可以和装饰工程搭接或平行施工。

装饰工程可分为室内装饰（顶棚、墙面、楼地面、楼梯等抹灰，门窗扇安装，门窗油漆、安装玻璃，墙裙油漆，做踢脚线等）和室外装饰（外墙抹灰、勒脚、散水、台阶、明沟、水落管等）。其中主导工程是抹灰工程，安排施工顺序应以抹灰工程为主导，其余工程是交叉、平行穿插进行。

室内外装饰工程的施工顺序通常有先内后外、先外后内、内外同时进行三种顺序。具体确定为哪种顺序应视施工条件和气候条件而定。通常室外装饰应避开冬期或雨期；当室内为水磨石楼面，为防止楼面施工时水的渗漏对外墙面的影响，应先完成水磨石的施工；如果为了加速脚手架的周转或要赶在冬、雨期到来之前完成室外装修，则应采取先外后内的顺序。

同一层的室内抹灰施工顺序有两种：一种是楼地面→顶棚→墙面；另一种是顶棚→墙面→楼地面。前一种顺序便于清理地面，地面质量易于保证，且便于收集墙面和顶棚的落地灰，节省材料。但由于地面需要留养护时间及采取保护措施，使墙面和顶棚抹灰时间推迟，影响工期。后一种顺序在做地面前必须将顶棚和墙面上的落地灰和杂物扫清洗净后再做面层，否则会影响楼面面层同预制楼板间的粘结，引起地面起鼓。底层地面一般是在各层顶棚、墙面、楼面做好之后进行。

楼梯和过道是施工时运输材料的主要通道，楼梯间和踏步抹面，由于其在施工期间易损坏，通常是在其他抹灰工程完成后，自上而下统一施工。

门窗扇安装可在抹灰之前或之后进行，视气候和施工条件而定，例如，室内装饰工程若是在冬期施工，为防止抹灰层冻结和加速干燥，门窗扇和玻璃均应在抹灰前安装完毕。门窗玻璃安装一般在门窗扇油漆之后进行。

室外装饰工程的施工顺序一般为：一般外墙抹灰（或其他饰面）→勒脚→散水→明沟→台阶。外墙装饰一般采取自上而下，同时安装落水管和拆除脚手架。

4. 水、暖、电、卫等工程施工顺序

水、暖、电、卫等工程一般与土建工程中有关的分部分项工程进行交叉施工，紧密配合。

（1）在基础工程施工时，在回填土之前，应完成给排水、暖气等相应的管道沟的垫层和地沟墙。

（2）在主体结构施工时，应在砌砖墙和现浇钢筋混凝土楼板的同时，预留出给排水管和暖气立管的孔洞、电线孔槽或预埋木砖和其他预埋件。但抗震房屋应按有关规范进行。

（3）在装饰工程施工前，安设相应的各种管道和电器照明用的附墙暗管、接线盒等。水、暖、电、卫安装一般在楼地面和墙面抹灰前（或后）穿插施工。若电线采用明线，则应在室内粉刷后进行安装。

（三）钢筋混凝土结构工程施工顺序

现浇钢筋混凝土结构建筑是目前应用最广泛的建筑形式，其总体施工仍可分为：基础工程施工、主体工程施工、围护工程施工、装饰工程施工及设备安装工程施工，如图 15-5 所示。

1. 基础工程施工顺序

多层全现浇钢筋混凝土框架结构房屋的基础一般可分为有地下室和无地下室两种情况。

若有地下室，且设有桩基时，基础工程的施工顺序一般为：桩基→土方开挖→垫层→地下室底板→地下室墙、柱（防水处理）→地下室顶板→回填土。

若无地下室，采用柱下独立基础工程的施工顺序为：挖基槽（基坑）→做垫层→基础（绑扎钢筋、支模、浇筑混凝土、养护、拆模）→回填土。

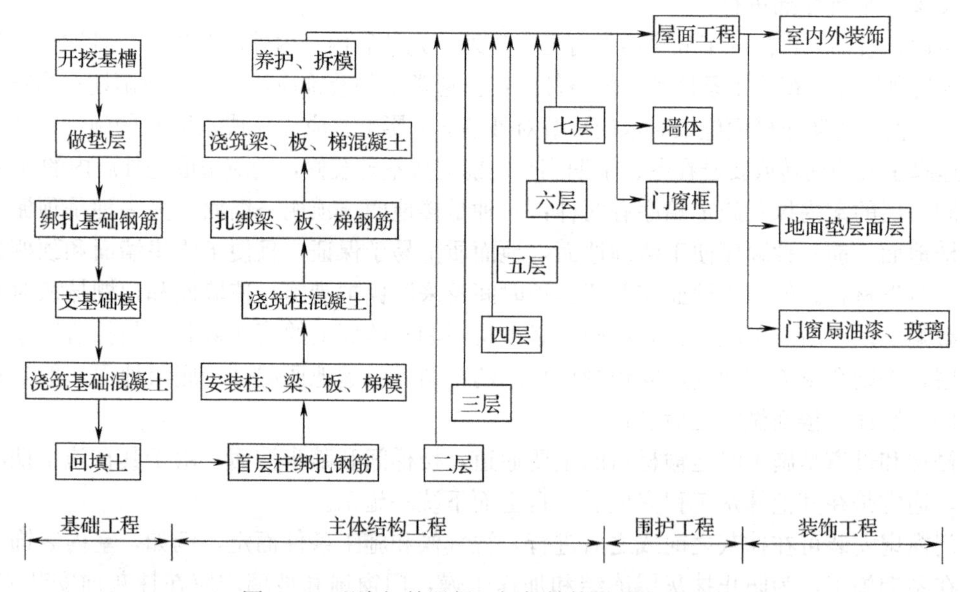

图 15-5　现浇钢筋混凝土框架结构房屋施工顺序

2. 主体工程施工顺序

对于钢筋混凝土结构施工，总体上可以分为两大类构件。一类是竖向构件，如墙、柱等，另一类是水平构件，如梁、板等。现在，随着商品混凝土的广泛应用，一般同一楼层的竖向构件与水平构件混凝土同时浇筑。

全现浇钢筋混凝土框架的施工顺序一般为：绑扎柱钢筋→安装柱、梁、板模板→绑扎梁、板钢筋→浇筑柱、梁、板混凝土。也可为绑扎柱钢筋→安装柱、梁、板模板→浇筑柱混凝土→绑扎梁、板钢筋→浇筑梁、板混凝土。

柱、梁、板的支模、绑扎钢筋、浇筑混凝土等施工过程的工程量大，耗用的劳动力和材料多，对工程质量和工期也起着决定性作用，是主导施工工序。通常尽可能地将多层框架结构的房屋分成若干个施工段，组织平面上和竖向上的流水施工。

3. 围护工程施工顺序

围护工程的施工包括墙体工程、安装门窗框和屋面工程。墙体工程包括砌筑用的脚手架的搭设，内、外墙砌筑等分项工程。不同的分项工程之间可组织平行、搭接、立体交叉等流水施工。屋面工程、墙体工程应密切配合，在主体结构工程结束之后，先进行屋面保温层、找平层施工，待外墙砌筑到顶后，再进行屋面油毡防水层的施工。脚手架应配合砌筑工程搭设，在室外装饰之后、做散水坡之前拆除。

4. 装饰与设备安装工程施工顺序

对于装饰工程，总体施工顺序与混合结构装饰工程施工顺序相同，即一般先外后内，室外是由上到下，而室内可以由上向下，也可以由下向上进行。对于多层、小高层或高层钢筋混凝土结构建筑，特别是高层建筑，为了缩短工期，其装饰和水、电、暖设备是与主体结构施工搭接进行的。一般主体结构完成几层后随即开始。装饰和水、电、暖设备安装阶段的分项工程很多，各分项工程之间，一个分项工程中的各个工序之间，均须按一定的施工顺序进行。由于有许多楼层的工作面，可组织立体交叉作业，基本要求与混合结构的装修工程相同，但高层建筑的内部管线多，施工复杂，组织交叉作业尤其要注意相互关系的协调以及质量和安全问题。

（四）装配式单层工业厂房施工顺序

装配式钢筋混凝土单层厂房施工共分基础工程、预制工程、结构安装工程与围护及装饰工程几个主要阶段。各施工阶段的工作内容与施工顺序如图 15-6 所示。

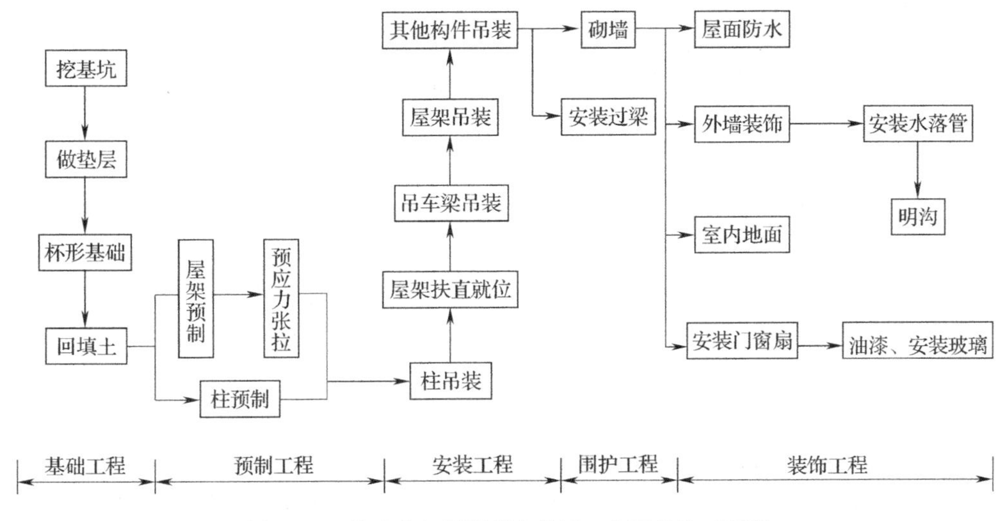

图 15-6　装配式钢筋混凝土单层工业厂房施工顺序

1. 基础工程顺序

装配式钢筋混凝土单层厂房的基础一般为现浇杯形基础。基本施工顺序是：土方开挖→做垫层→浇筑杯形基础混凝土→回填土。若是重型工业厂房基础，对土质较差的工程则需打桩或其他人工地基；如遇深基础或地下水位较高的工程则须采取人工降低地下水位。

大多数单层工业厂房都有设备基础，特别是重型机械厂房，设备基础既深又大，其施工难度大，技术要求高，工期也较长。设备基础的施工顺序如何安排，会影响到主体结构的安装方法和设备安装的进度。若工业厂房内有大型设备基础时，其施工有两种方案：

（1）开敞式施工。即设备基础与厂房基础的土方同时开挖。开敞式施工工作面大，施工方便，并为设备提前安装创造条件。其缺点是对主体结构安装和构件的现场预制带来不便。当设备基础较复杂，埋置深度大于厂房柱基础的埋置深度并且工程量大时，开敞式施工方法较适用。

（2）封闭式。就是设备基础施工在主体厂房结构完成以后进行。这种施工顺序是先建厂房，后做设备基础。其优点是厂房基础和预制构件施工的工作面较大，有利于重型构件现场预制、拼装、预应力张拉和就位；便于各种类型的起重机开行路线的布置；可加速厂房主体结构施工。由于设备基础是厂房建成后施工，因此可利用厂房内的桥式吊车作为设备基础施工中的运输工具，并且不受气候的影响。其缺点是部分柱基础回填土在设备基础施工时会被重新挖空出现重复劳动，设备基础的土方工程施工条件差，因此，只有当设备基础的工作量不大且埋置深度不超厂房桩基础的埋置深度时，才能采用封闭式施工。

2. 预制工程的施工顺序

单层工业厂房的预制构件有现场预制和工厂预制两大类。首先确定哪些构件在现场预制，哪些构件在构件厂预制。一般来说，像单层工业厂房的牛腿柱、屋架等大型不方便运输的构件在现场预制；屋面板、天窗、吊车梁、支撑、腹杆及连系梁等在工厂预制。

现场预制工程的一般施工顺序为：构件支模（侧模等）→绑扎钢筋（预埋件）→浇筑混凝土→养护。若是预应力构件，则应加上预应力钢筋的制作→预应力筋预拉锚固→灌浆。

一般只要基础回填土、场地平整完成一部分以后，且安装方案已定，构件平面布置图已绘出，就可以开始制作。实际中，现场内部就地预制构件的预制位置和流向，是与吊装机械、吊装方法同时考虑的。制作的起点流向和先后次序，应与基础工程的施工流向一致。这样能使构件早日开始制作，并能及早让出工作面，为后续结构安装工程提早开始创造条件。

3. 结构安装工程施工顺序

装配式单层工业厂房的结构安装是整个厂房施工的主导施工过程，一般的安装顺序为：柱子安装校正固定→连系梁的安装→吊车梁安装→屋盖结构安装（包括屋架、屋面板、天窗等）。在编制施工组织计划时，应绘制构件现场吊装就位图和起吊机的开行路线图，包括每次开行吊装的构件及构件编号图。

安装前应做好其他准备工作，包括构件强度核算、基础杯底抄平、杯口弹线、构件的吊装验算和加固、起重机稳定性及起重能力核算、起吊各种构件的索具准备等。

单层厂房安装方法有两种：一种是分件吊装法，即先依次安装和校正全部柱子，然后安装屋盖系统等，这种方式起重机在同一时间安装同一类型构件，包括就位、绑扎、临时固定、校正等工序并且使用同一种索具，劳动组织不变，可提高安装效率，缺点是增加起重机开行路线；另一种是综合吊装法，即逐个节间安装，连续向前推进，方法是先安装四根柱子，立即校正后安装吊车梁与屋盖系统，一次性安装好纵向一个柱距的节间。这种方式可缩短起重机的开行路线，并且可为后续工序提前创造工作面，实现最大搭接施工，缺点是安装索具和劳动力组织有周期性变化而影响生产率，一般实践中，综合吊装法应用相对较少。

对于厂房两端山墙的抗风性，其安装通常也有两种方法。一种是随一端柱一起安装，即起重机从厂房一端开始，首先安装抗风柱，安装就位后立即校正固定。另一种方法是待单层厂房的其他构件全部安装完毕后，安装抗风柱，校正后并立即与屋盖连接。

4. 围护、屋面及其他工程施工

主要包括砌墙、屋面防水、地坪、装饰工程等，可以组织平行作业，尽量利用工作面安排施工。

一般当屋盖安装后先进行屋面灌缝，随即进行地坪施工，并同时进行砌墙，砌墙结束后跟着进行内外粉刷。

屋面防水工程一般应在屋面板安装后马上进行，屋面板吊装固定之后随即可进行灌缝及抹水泥砂浆，做找平层，若做柔性防水层面，则应等找平层干燥后再开始做防水层，在做防水层之前应将天窗扇和玻璃安装好并油漆完毕，还要避免在刚做好防水层的屋面上行走和堆放材料、工具等物，以防损坏防水层。

单层厂房的门窗油漆可以在内墙刷白以后马上进行，也可以与设备安装同时进行。地坪应在地下管道、电缆完成后进行，以免凿开嵌补。

以上是混合结构、钢筋混凝土结构及装配式单层工业厂房的一般施工顺序。在实践中，由于施工受到影响因素多，各具体的施工项目其施工条件各不相同，因而，在组织施工时应结合具体情况、本企业的施工经验，因地制宜地确定施工顺序组织施工。

四、确定施工方法和施工机械

施工方法和施工机械是紧密联系的，施工机械和施工方法在施工方案中具有决定性作用，施工机械的选择是确定施工方法的中心环节。

（一）确定施工方法

施工方法确定要体现安全性、先进性、适用性、经济性。确定施工方法时，首先应考虑该方法在工程上是否切实可行，是否符合国家相关技术政策，经济上是否合算。其次，必须考虑是否满足工期（工程合同）要求，确保工程按期交付使用。

施工方法确定还要具有针对性。选择施工方法时，应重点考察工程量大的、对整个单位工程影响大以及施工技术复杂或采用新技术新材料的分部分项工程的施工方法。必要时编制单独的分部分项的施工作业设计，提出质量要求及达到这些质量要求的技术措施。

在确定施工方法时，要注意施工的技术质量要求以及相应的安全技术要求，应力求进行方案比较，在满足工期和质量的同时，选择较优的方案，力求降低施工成本。以下介绍常见的主要分部分项工程施工方法的选择。

1. 土石方工程

确定土方工程施工方法时主要考虑以下几点：

（1）采用机械开挖还是采用人工开挖。

（2）当基坑较深时，应根据土的类别确定边坡坡度、土壁支护方法，确保安全施工。

（3）当采用机械开挖时，应选择挖土、填土、余土外运所需机械的型号及数量、机械行走线路，以充分利用机械能力，达到最高的挖土效率。

（4）基坑深度低于地下水位时，应选择降低地下水位的方法，确定降低地下水所需设备的型号及数量。

（5）大型土方工程土方调配方案的选择。

2. 钢筋混凝土工程

（1）模板工程：模板的类型和支模方法是根据不同的结构类型、现场条件确定现浇和预制用的各种类型模板（如工具式钢模板、木模板，翻转模板，土、砖、混凝土胎模，钢丝网水泥、竹、纤维板模板等）及各种支承方法（如钢、木立柱、桁架、钢制托具等），重点应考虑提高模板周转利用次数，节约人力和降低成本，对于复杂工程还需进行模板设计和绘制模板放样图或排列图。

(2) 钢筋工程：选择恰当的加工、绑扎和焊接方法，钢筋运输及安装方法，如钢筋做现场预应力张拉时，应确定预应力混凝土的施工方法、控制应力和张拉设备。

(3) 混凝土工程：选择混凝土的制备方案，如采用商品混凝土，还是现场制备混凝土；确定运输及浇筑方法，选择泵送混凝土和普通垂直运输混凝土机械；确定浇筑顺序，分层浇筑厚度，振捣方法，施工缝的位置，养护制度等。

3. 结构吊装工程

(1) 选用吊装机械型号及吊装方法，回转半径的要求，吊装机械的位置或开行路线，确定吊装顺序。

(2) 确定构件的运输、装卸、堆放方法，所需的机具、设备的型号、数量和对运输道路的要求。

4. 垂直及水平运输

(1) 确定垂直运输方式及其型号、数量、布置、服务范围、穿插班次。通常垂直运输设备选用井架、门架、塔吊等。

(2) 确定水平运输方式及设备的型号及数量，通常水平运输设备选用各种运输车（如手推车、机动小翻斗车、架子车、构件安装小车等）和输送泵。

(3) 确定地面及楼面水平运输设备的行驶路线。

5. 装饰工程

(1) 确定室内外装饰抹灰工艺。

(2) 确定工艺流程，组织流水施工。

(3) 确定所需机械设备，确定材料堆放、平面布置和储存要求。

（二）施工机械选择

施工机械的选择是确定施工方法的核心。选择施工机械时应着重考虑以下几点：

(1) 首先选择主导施工机械，如地下工程的土石方机械、打桩机械、主体结构工程的垂直或水平运输机械、结构工程的吊装机械等。

(2) 所选机械的类型及型号必须满足施工要求，此外，为发挥主导施工机械的效率，应同时选择与主机配套的辅助机械的类型、型号和台数，如土方工程中自卸汽车的载重量应为挖掘机斗容量的整数倍，汽车的数量应保证挖掘机连续工作，使挖掘机的效率充分发挥。

(3) 尽量选用本单位的现有机械，以减少施工的投资额，提高现有机械的利用率，降低成本。当本单位现有施工机械不能满足工程需要时，则购置或租赁所需新型机械。

(4) 为便于管理，选择机械时应尽可能减少机械类型，做到实用性与多样性的统一，以方便机械的现场管理和维修工作。当工程量大而且集中时，应选用专业化施工机械；当工程量小而分散时，可选择多用途施工机械。

(5) 充分发挥本单位现有机械能力，尽量选择本单位现有的或可能获得的机械，以降低成本。当施工单位的机械不能满足工程需要时，则应购买或租赁所需的机械。

五、施工方案的评价

工程项目施工方案选择的目的是要求适合本工程的最佳方案，即方案在技术上可行，经济上合理，做到技术与经济相统一。对施工方案进行技术经济分析，就是为了避免施工方案的盲目性、片面性，在方案付诸实施之前就能分析出其经济效益，保证所选方案的科学性、有效性和经济性，达到提高质量、缩短工期、降低成本的目的，进而提高工程施工的经济效益。

1. 评价方法

施工方案技术经济分析方法可分为定性分析和定量分析两大类。

定性分析是分析各方案的优缺点，如施工操作上的难易和安全与否；可否为后续工序提供有利条件；冬期或雨期对施工影响大小；是否可利用某些现有的机械和设备；能否一机多用；能否给现场文明施工创造条件等。评价时受评价人的主观因素影响大，故只用于方案初步评价。

定量分析法是对各方案的投入与产出进行计算，如工期、成本、劳动力、材料及机械台班消耗等直接进行计算、比较，比较客观，定量分析是方案评价的主要方法。

2. 评价指标

（1）技术指标。技术指标一般用各种技术参数表示，如深基坑支护中若选用板桩支护，则指标有板桩的最小入土深度、桩间距、桩的截面尺寸等；大体积混凝土施工时为了防止裂缝的出现，体现浇筑方案的指标有：浇筑速度、浇筑厚度、水泥用量等；模板方案中的模板面积、型号、支撑间距等。这些都是属于技术指标，技术指标应结合具体的施工对象来确定。

（2）经济性指标。主要反映为完成任务必须消耗的资源量。由一系列价值指标及劳动指标组成，如工程施工成本，消耗的机械台班台数，用工量及钢材、木材、水泥（混凝土）等材料消耗量等，这些指标可评价方案是否经济合理。

（3）效果指标。主要反映采用该施工方案后预期达到的效果。效果指标有两大类：一类是工程效果指标，如工程工期、工程效率等，另一类是经济效果指标，如成本降低额或降低率、材料的节约量或节约率等。

第三节　单位工程施工进度计划

一、概述

1. 施工进度计划的作用

单位工程施工进度计划是施工方案在时间上的具体反映，是指导单位工程施工的基本文件之一。它的主要任务是以施工方案为依据，安排单位工程中各施工过程的施工顺序和施工时间，使单位工程在规定的时间内，有条不紊地完成符合质量要求的施工任务。

施工进度计划的主要作用是为编制企业季度、月度生产计划提供依据，也为平衡劳动力、调配和供应各种施工机械和各种物资资源提供计划依据，同时也为确定施工现场的临时设施数量和动力配备等提供依据。

2. 施工进度计划的类别

根据其对施工的指导作用的不同，可分为控制性施工计划和实施性（详细）施工进度计划两类。

（1）控制性施工计划。控制性施工进度计划工程项目的划分比较粗略，可按分部工程来划分，主要用于控制各分部工程的施工时间及相互搭接配合关系。控制性施工进度计划一般在工程的施工工期较长、结构比较复杂、资源供应暂无法全部落实的情况下采用，或者工程的工作内容可能发生变化和某些构件（结构）的施工方法暂还不能全部确定的情况下采用。这时不可能也没有必要编制较详细的施工进度计划，往往就编制以分部工程项目为划分对象的施工进度计划，以便控制各分部工程的施工进度。编制控制性施工进度计划的单位工程，在各分部分项工程的施工条件基本落实后，在施工前还应编制各分部工程的指导性施工进度计划，以保证控制性计划的按时实施。

（2）实施性施工进度计划（或称指导性计划）。实施性施工进度计划的项目划分较细，一般按分项工程来划分施工项目，用于确定各分项工程或施工过程（工序）的施工时间及相互搭接配合关系，用于施工任务具体而明确、施工条件基本落实、各资源供应正常、施工工期不太长的工程的施工进度计划编制。实施性施工进度计划是控制性施工进度计划的补充，对于比较简单的单位工程，一般可以直接编制出单位工程施工进度计划。

这两种计划形式是相互联系互为依据。在实践中可以结合具体情况来编制。若工程规模大，而且复杂，可以先编制控制性的计划，接着针对每个分部工程来编详细的实施性计划。

3. 进度计划的表达形式

根据进度计划的表达形式，可以分为横道计划、网络计划和时标网络计划。横道图计划形象直观，能直观知道工作的开始和结束日期，能按天统计资源消耗，但不能抓住工作间的主次关系、逻辑关系不明确；网络计划能反映各工作间的逻辑关系，利于重点控制，但工作的开始与结束时间不直观，也不能按天统计资源；时标网络计划结合了横道计划和普通网络计划的优点，是实践中应用较普遍的一种进度计划表达形式。

4. 施工进度计划编制依据

编制施工进度计划的主要依据有：

（1）工程承包合同要求的施工总工期及开、竣工日期。

（2）经过审批的图纸及技术资料。

（3）主要分部分项工程的施工方案，包括施工顺序、施工段的划分、施工流程、施工方法、技术及组织措施等。

（4）施工组织总设计对本单位工程的有关规定。

（5）施工条件、劳动力、材料、构件及机械供应条件，分包单位情况等。

（6）劳动定额、机械台班定额及本企业施工水平。

（7）其他有关资料，如当地的气象资料等。

二、施工进度计划的编制程序与步骤

（一）单位工程施工进度计划编制程序

单位工程施工进度计划编制的一般程序如图 15-7 所示。

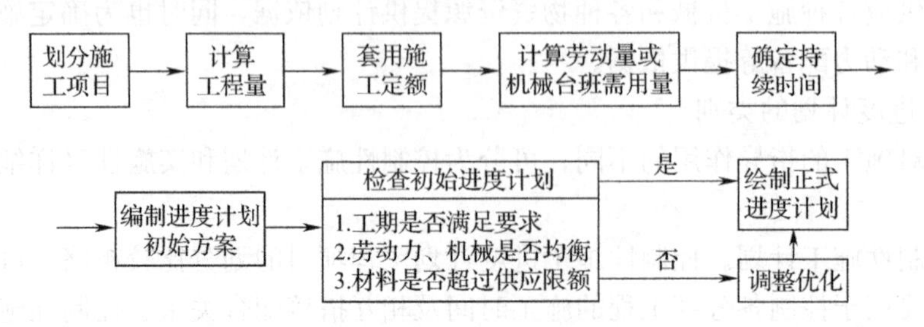

图 15-7　单位工程施工进度计划编制程序

（二）单位工程施工进度计划的编制

1. 划分施工项目（施工过程）

施工项目是进度计划的基本组成单元，编制进度计划首先必须对管理的工程对象进行项目分解。通常根据工程性质，按照部位或功能的不同划分为若干分部分项工程，如一般的土建项目可以划分为：土方工程、基础工程、砌体工程、钢筋混凝土工程、脚手架工程、屋面工程、装饰工程等分部工程。每一个分部工程又可以划分为若干分项工程，如独立柱基础工程，可以按施工顺序划分为挖基槽、做垫层、做基础、回填土等较细的分项工程。

在确定施工项目时，应注意以下几个问题：

（1）施工项目划分可粗可细，其粗细程度主要取决于实际需要。对控制进度计划，施工项目可以划分得粗些，列出分部工程中的主导工程就可以了。对实施性进度计划，工程项目划分必须详细、具体，以便于指导施工。如框架结构工程施工，除要列出各分部工程外，还应列出分项工程，如现浇混凝土工程，可先分为柱的浇筑、梁的浇筑等项目，然后再将其细分为（柱、梁、板的）支模、绑扎钢筋、浇筑混凝土、养护、拆模等项目。

（2）工程项目的划分还要结合施工条件、施工方法和施工组织等因素。

（3）适当简化施工进度计划内容，避免工程项目划分过细、重点不突出。编制时可考虑将某些穿插性分项工程合并到主要分项工程中去，如安装门窗框可以并入砌墙工程；对于在同一时间内，由同一工程队施工的过程可以合并为一个施工过程，而对于次要的零星分项工程，可合并为“其他工程”一项。

（4）水、暖、电、卫工程和设备安装工程通常由专业施工队负责施工，因此，在施工进度计划中只要反映出这些工程与土建工程如何配合即可，不必细分，一般将此项目穿插进行。

（5）所有施工项目应大致按施工顺序先后排列，所采用的施工项目名称可参考现行定额手册上的项目名称。

总之，划分施工项目要粗细得当，最后根据划分的施工项目列出施工项目一览表以供使用。

2. 计算工程量

工程量计算应严格按照施工图纸和工程量计算规划进行。当编制施工进度计划时如已经有了预算文件，则可直接利用预算文件中有关的工程量。但若有某些项目与实际情况不一致，则应根据实际情况加以调整或补充，甚至重新计算。如计算柱基础土方工程时，应根据土的级别和采用的施工方法按实际情况（单独基坑开挖，或者是柱基础与设备基础一起开挖，是放坡还是加支撑等）进行计算。计算工程量时应注意以下几个问题：

（1）各分部分项工程的计量单位必须与现行施工定额的计量单位一致，以便计算劳动量、材料、机械台班消耗量时直接套用。

（2）结合分部分项工程的施工方法和技术安全的要求计算工程量，例如，土方开挖应考虑土的类别、挖土的方法、边坡护坡处理和地下水的情况。

（3）结合施工组织的要求分层、分段计算工程量。

（4）计算工程量时，尽量考虑编制其他计划时使用工程量数据的方便，做到一次计算，多次使用。

3. 计算劳动量和机械台班数

计算完每个施工段各施工过程的工程量后，可以根据现行的劳动定额，计算相应的劳动量和机械台班数，可按下式计算：

$$P_i=\frac{Q_i}{S_i}=Q_iZ_i \tag{15-1}$$

式中 P_i——第 i 个施工过程的劳动量或机械台班数量；

Q_i——第 i 个施工过程的工程量；

S_i——产量定额（m^3，m^2，t，……/工日或台班）；

Z_i——时间定额（工日或台班/m^3，m^2，t，……）。

当某一分项工程是由若干具有同一性质而不同类型的分项工程合并而成时，应根据各个不同分项工程的劳动定额和工程量，按合并前后总劳动量不变的原则计算合并后的综合劳动定额。计算公式如下：

$$\overline{S}=\frac{\sum\limits_{i=1}^{n}Q_i}{\frac{Q_1}{S_1}+\frac{Q_2}{S_2}+\cdots\cdots+\frac{Q_n}{S_n}} \quad 或 \quad \overline{Z}=\frac{Q_1Z_1+Q_2Z_2+\cdots\cdots+Q_nZ_n}{\sum\limits_{i=1}^{n}Q_i} \tag{15-2}$$

式中 $\overline{S}$——综合产量定额；

$\overline{Z}$——综合时间定额；

Q_1，Q_2，……Q_n——合并前各分项工程的工程量；

S_1，S_2，……S_n——合并前各项工程的产量定额。

实际应用时应特别注意合并前各分项工程工作内容和工程量的单位。当合并前各分项工程的工作内容和工程量单位完全一致时，公式中$\sum Q_i$应等于各分项工程工程量之和，反之应取与综合劳动定额单位一致且工作内容也基本一致的各分项工程的工程量之和。综合劳动定额单位总是与合并前各分项工程之一的劳动定额单位一致，最终选取哪一单位，应视使用方便而定。

4. 确定各施工过程的持续时间（t）

计算出各施工过程的劳动量（或机械台班）后，可以根据现有的劳动力或机械来确定各施工过程的作业时间，也可根据要求工期倒推。

根据劳动力或机械限额确定：

$$t=\frac{P}{Rb} \tag{15-3}$$

式中 P——完成某工作需要的劳动量（工日）或机械台班数（台班）；

R——每班安排在某分部分项工程上的劳动人数或施工机械台数；

b——每天安排的工作班组数。

根据要求工期倒推，然后再计算完成该工作所需的劳动力限额或机械台数：

$$R=\frac{P}{tb} \tag{15-4}$$

在一般情况下，每天宜采用一班制，只有在特殊情况下才可采用二班制或三班制。在确定劳动力限额，特别是一些技术工种工人时，必须根据公司的调度会议确定。在劳动力供应无限制时，还须考虑最小工作面的要求。在选择施工机械时，还须考虑机械供应的可能性。

5. 编制初始进度计划方案

各施工过程的施工顺序和施工天数确定后，将其相互搭接、配合、协调成单位工程施工进度计划。安排时，先考虑主导施工过程的进度，最后再将其他施工过程插入、配合主导施工过程的施工，绘制初始的横道图或网络计划，形成初始方案。

当采用横道图施工进度计划时，应尽可能地组织流水施工。但将整个单位工程一起安排流水施工是不可能的，可以分两步进行：首先将单位工程分成基础、主体、装饰三个分部工程，分别确定各分部工程的流水施工进度计划（横道图），然后将三个分部工程的横道图，相互协调、搭接成单位工程的施工进度计划。

采用网络计划时，当单位工程规模较小时，先绘制各分部工程的子网络计划，再用节点或虚工作将各分部工程的子网络计划连接成单位工程网络计划。当单位工程规模较大时，若绘制一个详细的网络计划，可能太复杂，图也太大，不利于施工管理。此时，可绘制分级网络计划。先绘制整个单位工程的控制性网络计划，在此网络计划中，施工过程的内容较粗，例如，在高层建筑施工中，一根箭线可能就代表整个基础工程或一层框架结构的施工，控制性网络计划主要用于对整个单位工程作宏观的控制，图 15-8 为工程控制性网络计划。在具体指导施工时，再编制详细的实施性网络计划，例如主体结构标准层实施性网络计划（图 15-9）。

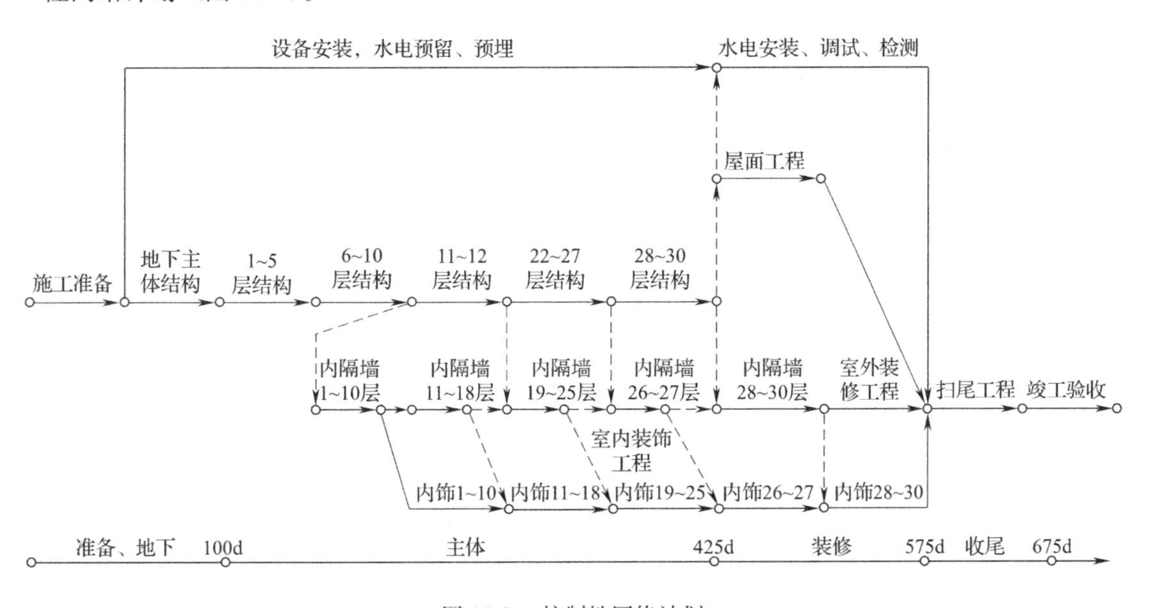

图 15-8　控制性网络计划

6. 施工进度计划的检查与调整

编制施工进度计划时，需考虑的因素很多，初步编制时往往会出现各种问题，难以统筹全局。因此，初步进度计划完成后，还必须进行检查、调整。一般从以下几个方面进行检查、调整和优化：

（1）各施工过程的施工顺序、平行搭接和技术间歇问题是否合理。

（2）编制的计划工期能否满足合同规定的工期要求。

（3）主要工种的工人是否能满足连续、均衡施工的要求。

（4）主要机械、设备、材料的供应能否满足需要，且是否均衡，施工机械是否充分利用。

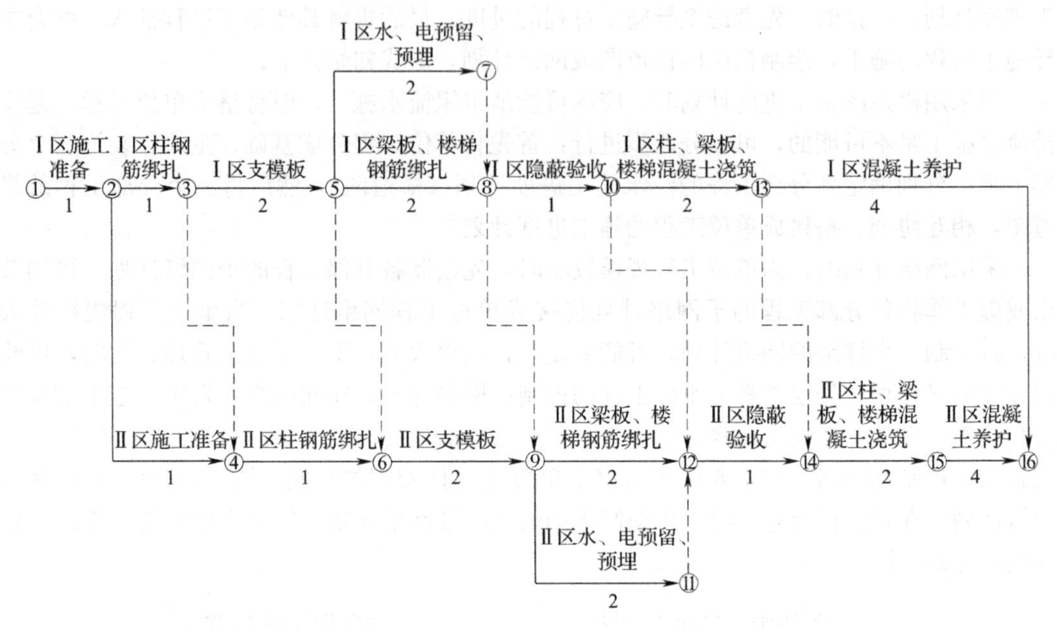

图 15-9　标准层实施性网络计划

资源消耗的均衡情况，通常采用资源不均衡系数 K 和资源消耗动态曲线来表示。资源不均衡系数 K 可按下式计算：

$$K = \frac{R_{\max}}{R} \tag{15-5}$$

式中　$R_{\max}$——单位时间内资源消耗的最大值；

R——该施工期内资源消耗的平均值。

劳动力不均衡系数在 1.5 以内为最佳。

根据检查结果，对不满足要求的进行调整，如增加或缩短某施工过程的持续时间；调整施工方法或施工技术、组织措施等。总之通过调整，在满足工期的条件下，达到使劳动力、材料、设备需要趋于均衡，主要施工机械利用合理的目的。

最后绘制正式的进度计划。图 15-10 为某工程的施工进度计划与劳动力消耗的动态曲线图。

（三）进度计划的评价

编制的施工进度计划是否合理不仅直接影响工期的长短、施工成本的高低，而且还可能影响到施工的质量和安全，因此，对工程施工进度计划进行评价是非常必要的。

评价单位工程施工进度计划的优劣，实质上是评价施工进度计划对工期目标、工程质量、施工安全及工期费用等方面的影响。

具体评价施工进度计划的指标主要有：

（1）工期，包括总工期、主要施工阶段的工期、计划工期、定额工期或合同工期或期望工期。

（2）施工资源的均衡性。施工资源是指劳动力、施工机具、周转材料、建筑材料及施工所需要的人、财、物。

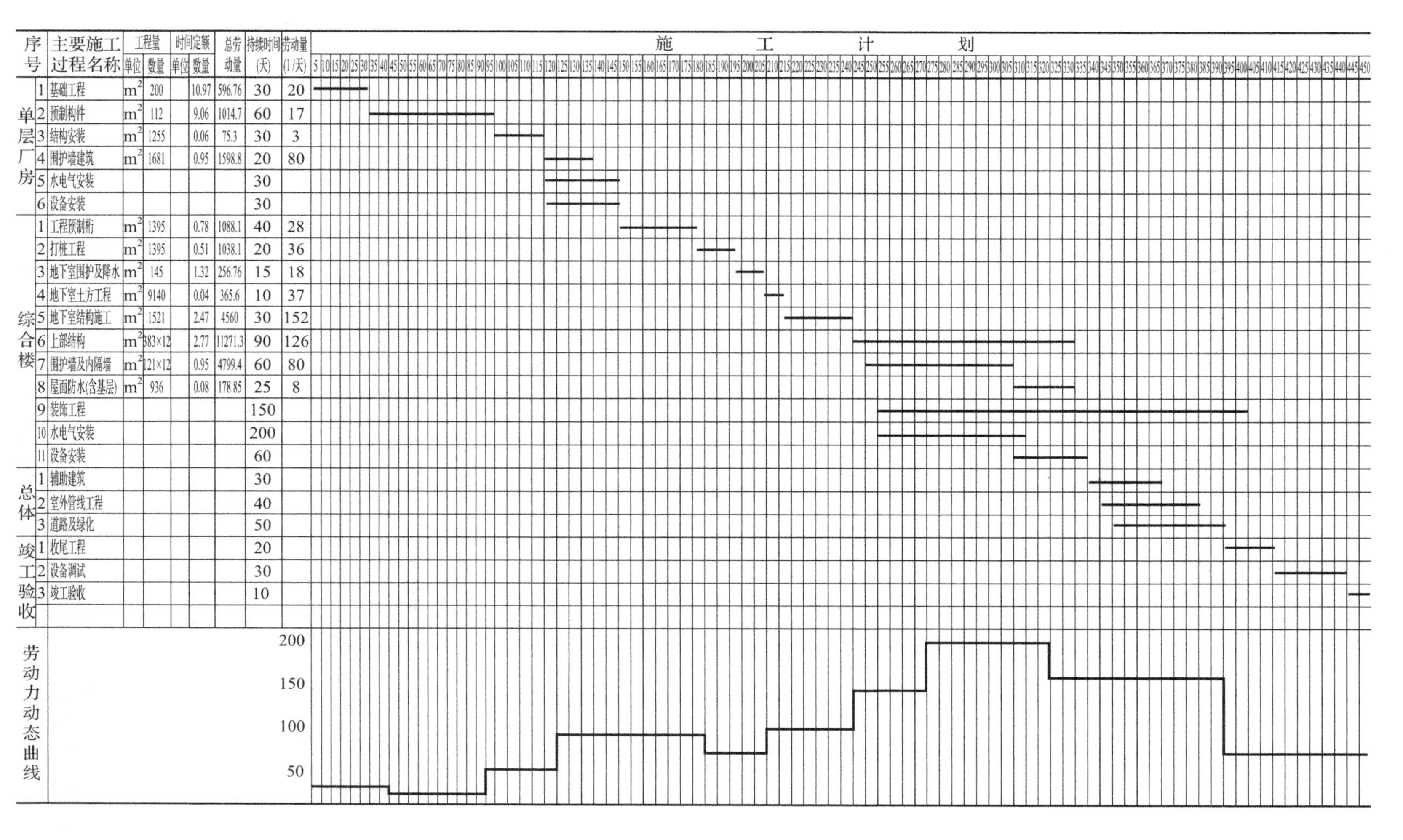

序号		主要施工过程名称	工程量 单位	工程量 数量	时间定额 单位	时间定额 数量	总劳动量	持续时间(天)	劳动量(1/天)
单层厂房	1	基础工程	m^2	200		10.97	596.76	30	20
	2	预制构件	m^2	112		9.06	1014.7	60	17
	3	结构安装	m^2	1255		0.06	75.3	30	3
	4	围护墙建筑	m^2	1681		0.95	1598.8	20	80
	5	水电气安装						30	
	6	设备安装						30	
综合楼	1	工程预制桁	m^2	1395		0.78	1088.1	40	28
	2	打桩工程	m^2	1395		0.51	1038.1	20	36
	3	地下室围护及降水	m^2	145		1.32	256.76	15	18
	4	地下室土方工程	m^2	9140		0.04	365.6	10	37
	5	地下室结构施工	m^2	1521		2.47	4560	30	152
	6	上部结构	m^2	383×12		2.77	11271.3	90	126
	7	围护墙及内隔墙	m^2	121×12		0.95	4799.4	60	80
	8	屋面防水(含基层)	m^2	936		0.08	178.85	25	8
	9	装饰工程						150	
	10	水电气安装						200	
	11	设备安装						60	
总体	1	辅助建筑						30	
	2	室外管线工程						40	
	3	道路及绿化						50	
竣工验收	1	收尾工程						20	
	2	设备调试						30	
	3	竣工验收						10	

图15-10　施工进度计划与劳动力消耗的动态曲线图

第四节 资源供应计划

施工进度计划确定之后，可根据各工序及持续期间所需资源编制出材料、劳动力、构件、半成品、施工机具等资源需要量计划，作为有关职能部门按计划调配的依据，以利于及时组织劳动力和物资的供应，确定工地临时设施，保证施工顺利进行。

一、劳动力需求量计划

劳动力需要量计划是安排劳动力、调配和衡量劳动力消耗指标，安排生活及福利设施等的依据，其编制方法是将各施工过程所需要的主要工种劳动力，根据施工进度的安排进行统计，汇总得到主要工种劳动力需要计划，如表 15-1 所示。

劳动力需要量计划 **表 15-1**

序号	工种名称	总劳动量（工日）	人数	每月需要量（工日）					
				1	2	3	4	5	6

二、主要材料需求量计划

材料需求量计划主要为组织备料、确定仓库或堆场面积及组织运输之用。其编制方法是根据施工预算的工料分析表、施工进度计划表、材料的储备和消耗定额等，将施工中所需材料按品种、规格、数量、使用时间等进行计算汇总，如表 15-2 所示。

主要材料需要量计划 **表 15-2**

序号	材料名称	规格	需要量		供应时间	备注
			单位	数量		

三、构件和半成品需要量计划

建筑结构构件、配件和其他加工半成品的需要量计划主要用于落实加工订货单位，并按照所需规格、数量、时间，组织加工、运输和确定仓库或堆场，可根据施工图和施工进度计划编制，其表格形式如表 15-3 所示。

构件和半成品需要量计划 **表 15-3**

序号	构件、配件及半成品名称	规格	图号	需要量		使用部位	加工单位	供应日期	备注
				单位	数量				

四、施工机具需要量计划

施工机具需要计划主要用于确定施工机具类型、数量、进场时间等。其编制方法是将单位工程施工进度计划表中的每一个施工过程，每天所需的机具类型、数量和施工时间进行汇总，便得到施工机具需要量计划表，如表 15-4 所示。

施工机具需要量计划　　表 15-4

序号	机械名称	类型、型号	需要量		货源	使用起止时间	备注
			单位	数量			

第五节　单位工程施工现场平面图

单位工程施工现场平面图是用以指导单位工程施工的现场平面布置图，它涉及与单位工程有关的空间问题，是施工总平面图的组成部分。单位工程施工平面图设计的主要依据是单位工程的施工方案和施工进度计划，一般按 1：100～1：500 的比例绘制。

一、施工现场平面布置图的内容

一般施工现场平面布置图应包括以下的内容：

（1）建筑总平面图上已建和拟建的地上和地下的一切房屋、构筑物以及其他设施的位置和尺寸。

（2）测量放线标桩位置，地形等高线和土方取弃场地。

（3）垂直运输设施的布置，如塔式起重机、施工电梯或井架的位置。

（4）各种材料、加工半成品、构件和机具的仓库或堆场。

（5）各种加工车间的位置，如钢筋棚、木工棚等。

（6）行政和生活用的临时设施，如办公室、食堂、宿舍、门卫等。

（7）场地内临时道路以及与场外交通的连接，可利用的永久性道路。

（8）临时给水排水管线、供电管线、供气供热管道及通信线路布置。

（9）一切安全及防火设施的位置。

（10）必要的图例、比例尺、方向及风向标记。

上述内容可根据建筑总平面图、施工图、现场地形图、现有水源、场地大小、可利用的已有房屋和设施、施工组织总设计、施工方案、进度计划等进行科学的计算、设计。

二、施工现场平面图布置的原则

施工现场平面布置图在布置设计时，应满足以下原则：

（1）在满足现场施工要求的前提下，布置紧凑，便于管理，尽可能减少施工用地。

（2）在确保施工顺利进行的前提下，尽可能减少临时设施，减少施工用的管线，尽可能利用施工现场附近的原有建筑作为施工临时用房，并利用永久性道路供施工使用。

（3）最大限度地减少场内运输，减少场内材料、构件的二次搬运；各种材料按计划分期分批进场，充分利用场地；各种材料堆放的位置，根据使用时间的要求，尽量靠近使用地点，节约搬运劳动力和减少材料多次转运中的消耗。

（4）临时设施的布置，应便利施工管理及工人生产和生活。办公用房应靠近施工现场，福利设施应在生活区范围之内。

(5) 生产、生活设施应尽量分区，以减少生产与生活的相互干扰，保证现场施工生产安全进行。

(6) 施工平面布置要符合劳动保护、保安、防火的要求。

施工现场的一切设施都要利于生产，保证安全施工。要求场内道路畅通，机械设备的钢丝绳、电缆、缆绳等不能妨碍交通，如必须横过道路时，应采取措施。有碍工人健康的设施（如熬沥青、化石灰）及易燃烧的设施（如木工棚、易燃物品仓库）应布置在下风向，距离生活区远一些。工地内应布置消防设备，出入口设门卫。山区建设还要考虑防洪、山体滑坡等特殊要求。

根据以上基本原则并结合现场实际情况，施工平面图可布置几个方案，选取其技术上最合理、费用上最经济的方案。可以从如下几个方面进行定量比较：施工用地面积、施工用临时道路、管线长度、场内材料搬运量和临时用房面积等。

三、施工现场平面图的设计步骤

单位工程施工平面图的设计步骤一般是：确定起重机的位置→确定搅拌站、仓库、材料和构件堆场、加工厂的位置→布置运输道路→布置行政管理、生活福利用临时设施→布置水电管线→计算技术经济指标。

(一) 垂直运输机械的布置

垂直运输机械的位置直接影响仓库、搅拌站、各种材料和构件等的位置及道路和水电线路的布置等，因此它是施工现场布置的核心，必须首先确定。

由于各种起重机械的性能不同，其布置方式也不相同。

1. 固定式垂直运输机械

布置固定垂直运输机械（如井架、桅杆式和定点式塔式起重机等），主要应根据机械的运输能力、建筑物的平面形状、施工段划分情况、最大起升载荷和运输道路等情况来确定。其目的是充分发挥起重机械的工作能力，并使地面和楼面的运输量最小且施工方便。同时，在布置时，还应注意以下几点：

(1) 当建筑物的各部位高度相同时，应布置在施工段的分界线附近。

(2) 当建筑物各部位高度不同时，应布置在高低分界线较高部位一侧。

(3) 井架、龙门架的位置以布置在窗口处为宜，以避免砌墙留槎和减少井架拆除后的修补工作。

(4) 井架、龙门架的数量要根据施工进度、垂直提升的构件和材料数量、台班工作效率等因素计算确定。

(5) 卷扬机的位置不应距离提升机太近，以便操作者的视线能够看到整个升降过程，一般要求此距离大于或等于建筑物的高度，水平距离应距离外脚手架 3m 以上。

(6) 当建筑物为点式高层时，固定的塔式起重机可以布置在建筑物中间，或布置在建筑物的转角处。

2. 有轨式起重机械

有轨道的塔式起重机械布置时主要取决于建筑物的平面形状、大小和周围场地的具体情况。应尽量使起重机在工作幅度内能将建筑材料和构件直接运到建筑物的任何施工地点，尽量避免出现运输死角。其布置方式有：单侧布置、双侧布置和环形布置等。

3. 自行式无轨起重机械

这类起重机有履带式、轮胎式和汽车式三种。它们一般用作构件装卸的起吊构件之用，还适用于装配式单层工业厂房主体结构的吊装，其吊装的开行路线及停机位置主要取决于建筑物的平面布置、构件重量、吊装高度和吊装方法，一般不用作垂直和水平运输。

4. 外用施工电梯

外用施工电梯又称人货两用电梯，是安装在建筑物外部，施工期间用于运送施工人员及建筑材料的垂直提升机械。外用施工电梯是高层建筑施工中不可缺少的关键设备之一。在施工时应根据建筑体形、建筑面积、运输量、工期及电梯价格、供货条件等选择外用电梯，其布置的位置应方便人员上下和物料集散，且便于安装附墙装置等。

5. 混凝土泵

在使用中，混凝土泵设置处应场地平整，道路畅通，供料方便，距离浇筑地点近，便于配管、排水、供水、供电，在混凝土泵作用范围内不得有高压线等。

（二）混凝土搅拌站布置

对于现浇混凝土结构施工，为了减少现场的二次搬运，因而现场混凝土搅拌站应布置在起重机的服务范围内，与垂直运输机械的工作能力相协调，以提高机械的利用效率。

目前，很多工程施工都采用商品混凝土，现场搅拌混凝土使用越来越少，若施工项目使用商品混凝土，则可以不考虑混凝土搅拌站布置的问题。

（三）堆场和仓库的布置

仓库和堆场布置时总的要求是：尽量方便施工，运输距离较短，避免二次搬运，以求提高生产效率和节约成本，为此，应根据施工阶段、施工位置的标高和使用时间的先后确定布置位置。一般有以下几种布置：

（1）建筑物在基础和第一层施工时所用的材料应尽量布置在建筑物的附近，并根据基槽（坑）的深度、宽度和放坡坡度确定堆放地点，与基槽（坑）边缘保持一定的安全距离，以免造成土壁塌方事故。

（2）第二层以上施工用材料、构件等应布置在垂直运输机械附近。

（3）砂、石等大宗材料应布置在搅拌机附近且靠近道路。

（4）当多种材料同时布置时，对大宗的、重量较大的和先期使用的材料，应尽量靠近使用地点或垂直运输机械；少量的、较轻的和后期使用的则可布置得稍远；对于易受潮、易燃和易损材料则应布置在仓库内。

（5）在同一位置上按不同施工阶段先后可堆放不同的材料，例如，混合结构基础施工阶段，建筑物周围可堆放毛石，而在主体结构施工阶段时可在建筑物四周堆放标准砖等。

（四）布置现场运输道路

施工场内的道路布置应满足以下要求：

（1）现场运输道路应尽可能利用永久性道路，或先修好永久性道路的路基，在土建工程结束之前再铺路面。

（2）按材料、构件等运输需要，沿仓库和堆场布置。场内尽量布置呈环形道路，方便材料运输车辆的进出。

(3) 宽度要求：单行道不小于 3～5m，双行道不小于 5.5～6m。

(4) 路基应坚实、转弯半径应符合要求，道路两侧最好设排水沟。

(五) 现场作业车间确定

单位工程现场作业车间主要包括钢筋加工车间、木工车间等，这些车间宜布置在建筑物四周稍远位置，且有一定的材料、成品堆放场地。

(六) 办公生活宿舍等设施布置

办公、生活设施的布置应尽量与生产性的设施分开，应遵循使用方便、有利于施工管理的原则，且符合防水要求。一般情况下，办公室应靠近施工现场，设于工地入口处，亦可根据现场实际情况选择合适的地点设置。工人休息室应设在工人作业区，宿舍应布置在安全的上风向一侧，收发室宜布置在入口处等。若现场有可利用的建筑物应尽量利用。

(七) 现场水、电管网的布置

1. 施工水网布置

(1) 施工现场临时供水包括生产、生活、消防等用水。通常，施工现场临时用水应尽量利用工程的永久性供水系统，减少临时供水费用。施工用的临时给水管，一般由建设单位的干管或自行布置的干管接到用水地点。布置时应力求管网总长度短，管径的大小和水龙头数量须视工程规模大小通过计算确定，其布置形式有环形、枝形、混合式三种。

(2) 供水管网应按防火要求布置室外消火栓，消火栓应沿道路设置，距道路边不大于 2m，距建筑物外墙不应小于 5m，也不应大于 25m，消火栓的间距不应大于 120m，工地消火栓应设有明显的标志，且周围 3m 以内不准堆放建筑材料。

(3) 临时供水管的铺设最好采用暗铺法，即埋置在地面以下，防止机械在其上行走时将其压坏。临时管线不应布置在将要修建的建筑物或室外管沟处，以免这些项目开工时，切断水源影响施工用水。施工用水的水龙头位置，通常由用水地点的位置来确定，例如搅拌站、淋灰池、浇砖处等，此外，还应考虑方便室内外装修工程用水。

(4) 为了排除地面水和地下水，应及时修通永久性下水道，并结合现场地形在建筑物周围设置排泄地面水集水坑等设施。

2. 临时供电设施

(1) 为了维修方便，施工现场一般采用架空配电线路，且要求现场架空线与施工建筑物水平距离不小于 10m，架空线与地面距离不小于 6m，跨越建筑物或临时设施时，垂直距离不小于 2m。

(2) 现场线路应尽量架设在道路的一侧，且尽量保持线路水平，在低压线路中，电杆间距应为 25～40m，分支线及引入线均应由电杆处接出，不得由两杆之间接线。

(3) 单位工程施工用电应在全工地性施工总平面图中统筹考虑，包括用电量计算、电源选择、电力系统选择和配置。若为独立的单位工程应根据计算的有用电量和建设单位可提供电量决定是否选用变压器，变压器的设置应将施工期与以后长期使用结合考虑，其位置应远离交通道口处，布置在现场边缘高压线接入处，在 2m 以外四周用高度大于 1.7m 铁丝网围住，以保安全。

图 15-11 为某工程结构施工阶段施工平面布置图。

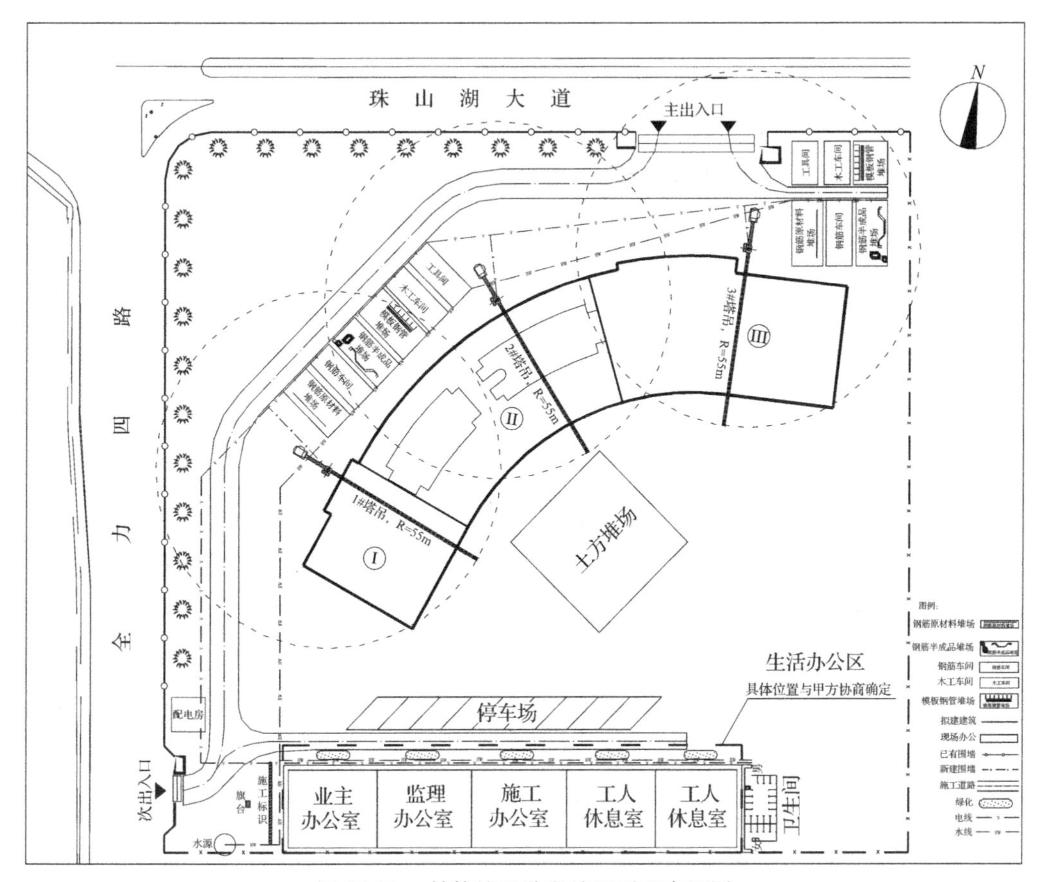

图 15-11 结构施工阶段施工平面布置图

复习思考题

1. 单位工程施工组织设计的主要内容有哪些？

2. 简述单位工程施工组织设计的编制程序。

3. 什么是施工方案？如何衡量施工方案的优劣？

4. 试简述各主要工种的施工基本方法及施工要点。

5. 简述单位工程施工程序确定原则。

6. 试分别简述混合结构、框架结构、单层工业厂房房屋一般分为哪几个施工阶段？各施工阶段的施工顺序如何安排？

7. 什么是“开敞式”施工？什么是“封闭式”施工？各有何特点？

8. 试简述施工进度计划编制的步骤、内容和方法。

9. 施工进度计划与资源有什么关系？如何计算资源消耗不均衡系数？如何绘制资源消耗动态图？

10. 什么是单位工程施工平面图？施工平面图设计的内容有哪些？

11. 设计施工平面图应遵循哪些主要原则？如何进行施工平面布置？

12. 施工平面图中主要应考虑哪些施工机械的布置？如何进行布置？

第十六章　施工组织总设计

本章学习要点：

1. 了解施工组织总设计的编制原则、依据；熟悉施工组织总设计的内容。

2. 熟悉施工组织总部署；熟悉施工总进度计划的编制步骤；了解资源总需求计划；熟悉施工总平面布置图的内容及编制步骤。

施工组织总设计是以若干个单位工程、群体工程或整个建设项目为对象，在初步设计阶段编制的，用以指导全工地各项施工准备和施工活动的技术经济文件。一般由建设总承包单位为主负责编制。当施工项目有多个单位工程或为群体工程时，一般应编制施工组织总设计。

第一节　编制原则、依据和内容

一、施工组织总设计的编制依据

为了保证施工组织总设计的编制工作顺利进行和提高其编制水平及质量，使施工组织总设计更能结合实际、切实可行，并能更好地发挥其指导施工安排、控制施工进度的作用，应以如下资料作为编制依据。

1. 计划文件

计划文件一般有国家批准的基本建设计划的文件，工程项目一览表，分期分批投产期限的要求，投资指标和工程所需设备材料的订货指标，建设地点所在地区主管部门的批件，施工单位主管上级下达的施工任务书等。

2. 设计文件及有关规定

设计文件包括批准的初步设计（或扩大初步设计）、设计说明、总概算和已批准的计划任务书等。

3. 施工条件

施工条件指有关建设地区的自然条件和技术经济条件等资料，如气候、地质、水文、地理环境、附近管线和建筑情况，地方资源供应和有关运输能力等，施工中可能配备的主要施工机械和机具装备，劳动力队伍，主要建筑材料的供应概况，施工企业的生产能力、机具设备状态、技术水平等。

4. 上级有关部门的要求

上级部门一般有对建设工程施工期的要求，资金使用要求，环境保护，对推广应用新结构、新材料、新技术、新工艺的要求及有关的技术经济指标。

5. 现行的规范、标准及有关部门的规定

主要包括国家现行的施工验收规范、概算指标、扩大结构定额、万元指标、工期定额、合同协议及施工企业积累的同类型建筑的统计资料和数据。当为引进工程时，还需收集设计规定的有关资料和验收规范等。

6. 类似工程项目建设的资料

二、施工组织总设计的内容和程序

1. 施工组织总设计的内容

根据工程性质、规模、建筑结构的特点、施工的复杂程度和施工条件的不同，其内容也有所不同，但一般应包括以下主要内容：

（1）工程概况。

（2）总体施工部署。

（3）施工总进度计划。

（4）总体施工准备与主要资源配置计划。

（5）主要施工方法。

（6）施工总平面布置。

2. 施工组织总设计编制程序

施工组织总设计是整个工程项目或群体建筑全面性和全局性的指导施工准备和组织施工的技术文件，通常应该遵循如图 16-1 所示的编制程序。

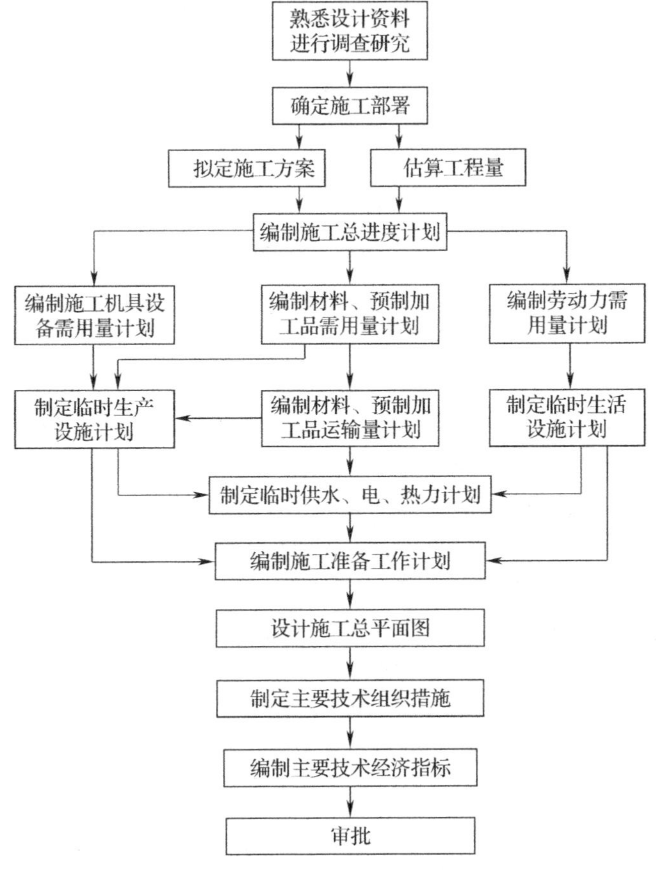

图 16-1　施工组织总设计编制程序框图

第二节 总 体 施 工 部 署

总体施工部署是在充分了解工程情况、施工条件和建设要求的基础上，对整个建设工程进行全面安排和解决工程施工中的重大问题的方案，是指导整个项目施工的技术经济文件。

总体施工部署的内容和侧重点，根据建设项目的性质、规模和客观条件不同而有所不同。一般包括以下内容：

一、明确施工任务分工和组织安排

施工部署应首先明确施工项目的管理模式，划分各参与施工单位的任务，明确各承包单位之间的关系，确定综合的和专业的施工队伍，划分施工阶段，确定各单位分期分批的主攻项目和穿插项目，提出质量、工期、成本等控制目标及要求。

二、确定工程开展程序

根据建设项目总目标的要求，确定合理的工程建设项目开展程序，主要考虑以下几个方面：

（1）在保证工期的前提下，实行分期分批建设。这样，既可以使每一具体项目迅速建成，尽早投入使用，又可在全局上取得施工的连续性和均衡性，以减少暂设工程数量，降低工程成本，充分发挥项目建设投资的效果。

（2）各类项目的施工应统筹安排，保证重点，确保工程项目按期投产。一般情况下，应优先考虑的项目是：

1）按生产工艺要求，须先期投入生产或起主导作用的工程项目；

2）工程量大，施工难度大，需要工期长的项目；

3）运输系统、动力系统，如厂内外道路、铁路和变电站；

4）供施工使用的工程项目，如各种加工厂、搅拌站等附属企业和其他为施工服务的临时设施；

5）生产上优先使用的机修、车库、办公及家属宿舍等生活设施。

（3）一般工程项目均应按先地下后地上、先深后浅、先干线后支线的原则进行安排。如地下管线和筑路的程序，应先铺管线，后筑路。

（4）应考虑季节对施工的影响，如：大规模土方和深基础土方施工一般要避开雨期，寒冷地区应尽量使房屋在入冬前封闭；而在冬期转入室内作业和设备安装。

三、拟定主要项目施工方案

施工组织总设计中要拟定一些主要工程项目和特殊的分项工程项目的施工方案。这些项目通常是建设项目中工程量大、施工难度大、工期长、在整个建设项目中起关键作用的单位工程项目以及影响全局的特殊分项工程，其目的是为了进行技术和资源的准备工作，同时也为了施工进程的顺利开展和现场的合理布置，其内容应包括：

（1）施工方法，要求兼顾技术的先进性和经济的合理性。

（2）工程量，对资源的合理安排。

（3）施工工艺流程，要求兼顾各工种、各施工段的合理搭接。

（4）施工机械设备，能使主导机械满足工程需要，又能发挥其效能。使各大型机械在各工程上进行综合流水作业，减少装、拆、运的次数，对辅助配套机械的性能，应与主导机械相适应。

其中，施工方法和施工机械设备应重点组织安排。

四、编制全场性施工准备工作计划

施工准备工作是顺利完成项目建设任务的一个重要阶段，必须从思想上、组织上、技术上和物资供应等方面做好充分准备，并做好施工准备工作计划，其主要内容有：

（1）安排好场内外运输，施工用主干道、水、电来源及其引入方案。

（2）安排好场地平整方案和全场性的排水、防洪。

（3）安排好生产、生活基地。在充分掌握该地区情况和施工单位情况的基础上，规划混凝土构件预制，钢、木结构制品及其他构配件的加工，仓库及职工生活设施等。

（4）安排好各种材料的库房、堆场用地和材料货源供应及运输。

（5）安排好场区内的永久性测量标志，为测量放线做准备。

（6）编制新技术、新材料、新工艺、新结构的试制试验计划和职工技术培训计划。

（7）安排好冬、雨期施工的准备。

第三节　施工总进度计划

施工总进度计划是以拟建项目交付使用时间为目标而确定的控制性施工进度计划，它是控制整个建设项目的施工工期及其各单位工程施工期限和相互搭接关系的依据。正确地编制施工总进度计划，是保证各个系统以及整个建设项目如期交付使用、充分发挥投资效果、降低建筑成本的重要条件。

施工总进度计划一般包括：估算主要项目的工程量，确定各单位工程的施工期限，确定开工、竣工日期和相互搭接关系，编制施工总进度计划表等。

施工总进度计划编制步骤一般包括：列出工程项目一览表并计算工程量，确定各单位工程的施工期限，确定单位工程的开工、竣工时间和相互搭接关系，编制施工总进度计划。

一、列出工程项目一览表并计算工程量

施工总进度计划主要起控制总工期的作用，因此在列工程项目一览表时，项目划分不宜过细。通常按分期分批投产顺序和工程开展顺序列出工程项目，并突出每个交工系统中的主要工程项目。

计算工程量，可按初步（或扩大初步）设计图纸并根据各种定额手册进行计算。常用的定额、资料有：

（1）万元、10万元投资工程量、劳动力及材料消耗扩大指标。这种定额规定了某一种结构类型建筑，每万元或10万元投资中劳动力消耗数量、主要材料消耗量。根据图纸中的结构类型，即可估算出拟建工程分项需要的劳动力和主要材料消耗量。

（2）概算指标和扩大结构定额。这两种定额都是预计定额的进一步扩大（概算指标是以建筑物的每$100m^3$体积为单位；扩大结构定额是以每$100m^2$建筑面积为单位）。

查定额时，分别按建筑物的结构类型、跨度、高度分类，查出这种建筑物按拟定单位所需的劳动力和各项主要材料消耗量，从而推出拟计算项目所需要的劳动力和材料的消耗量。

(3) 已建房屋、构筑物的资料。在缺少定额手册的情况下，可采用已建类似工程实际材料、劳动力消耗量，按比例估算。但是，由于和拟建工程完全相同的已建工程是比较少见的，因此在利用已建工程的资料时，一般都应进行必要的调整。

按上述方法计算出的工程量填入统一的工程项目一览表，如表 16-1 所示。

工程项目一览表 **表 16-1**

工程分类	工程项目名称	结构类型	建筑面积	幢数	概算投资	主要实物工程量								
						场地平整	土方工程	铁路铺设	……	砖石工程	钢筋混凝土工程	……	装饰工程	……
			m^2	幢	万元	m^2	m^3	km		m^3	m^3		m^2	
全工地性工程														
主体项目														
辅助项目														
永久住宅														
临时建筑														
合计														

二、确定各单位工程的施工期限

单位工程的工期可参阅工期定额（指标）予以确定。工期定额是根据我国各部门多年来的经验，经分析汇总而成。单位工程的施工期限与建筑类型、结构特征、施工方法、施工技术和管理水平，以及现场的施工条件等因素有关，故确定工期时应予以综合考虑。

三、确定单位工程的开工、竣工时间和相互搭接关系

在施工部署中已确定了总的施工程序和各系统的控制期限及搭接时间，但对每一建筑物何时开工、何时竣工尚未确定。在解决这一问题时，主要考虑下述诸因素：

(1) 保证重点，兼顾一般。既要保证在规定的工期内能配套投产使用，同时在同一时期的开工项目不宜过多，以免人力物力分散。

(2) 做到土建施工、设备安装和试生产之间在时间的综合安排上以及每个项目和整个建设项目的安排上比较合理。

(3) 尽量使劳动力和技术物资消耗量在全工程上均衡；既要考虑冬、雨期施工的影响，又要做到全年均衡施工，使劳动力、材料和机械设备在全工地内均衡使用。

(4) 应使主要工种工程能流水施工，充分发挥大型机械设备的效能。

(5) 应使准备工程或全场性工程先行，充分利用永久性工程和设施为施工服务。

(6) 确定一些次要工程作为后备项目，用以调剂主要项目的施工进度。

四、绘制施工总进度计划

施工总进度计划可以用横道图表达，也可以用网络图表达。由于施工总进度计划只是起控制各单位工程或各分部工程的开工、竣工时间的作用，因此不必过细，以施工总体方案所确定的工程作为施工项目名称即可。表 16-2 是某群体工程施工总进度计划。

某群体工程施工总进度计划 **表 16-2**

区域及单位工程		第一年				第二年				第三年				第四年			
		1	2	3	4	1	2	3	4	1	2	3	4	1	2	3	4
A区会议厅	土方、基础、结构		━	━	━	━	━	━	━								
	机电、管线安装								━	━	━	━	━	━	━	━	
	装修									━	━	━	━	━	━	━	
B区宾馆	地下室、结构	━	━	━	━	━	━	━	━	━	━						
	机电、管线安装					━	━	━	━	━	━	━	━	━	━	━	
	装修							━	━	━	━	━	━	━	━	━	
C区中展厅	土方、基础、结构	━	━	━	━	━	━	━	━								
	机电、管线安装							━	━	━	━	━	━				
	装修								━	━	━	━					
D区办公塔楼	地下室、结构	━	━	━	━	━	━	━	━								
	钢结构、防火喷涂			━	━	━	━	━									
	玻璃幕墙					━	━	━	━								
	机电、管线安装					━	━	━	━	━	━	━	━				
	装修								━	━	━	━	━				
E区花园	基础、地下室结构			━	━	━	━	━									
	机电、管线安装					━	━	━	━	━	━	━	━	━	━		
	装修						━	━	━	━	━	━	━	━	━		
F区大展厅	地下室、结构		━	━	━	━	━	━	━	━	━						
	机电、管线安装								━	━	━	━	━				
	装修									━	━	━	━	━			
锅炉房	土方、结构、装修					━	━										
	机电安装						━	━	━	━	━	━	━	━	━	━	
室外工程	地下管线、竖井						━	━	━	━	━						
	道路、室外、围墙							━	━	━	━	━	━	━	━		

五、总进度计划的调整与修正

施工总进度计划表绘制完后，需要调整一些单位工程的施工速度或开工、竣工时间，以便消除高峰或低谷，使各个时期的工作量尽可能达到均衡。

在编制了各个单位工程的施工进度以后，有时需对施工总进度计划进行必要的调整。在实施过程中，也应随着施工的进展及时做出必要的调整，对于跨年度的建设项目，还应根据年度国家基本建设投资情况，对施工进度计划予以调整。

第四节　主要资源配置计划

施工总进度计划编制好以后，就可以编制各种主要资源的配置计划，其主要内容有劳动力配置计划和物资配置计划等。

一、劳动力配置计划

根据施工方案、施工总进度计划、概（预）算定额和有关经验资料，分别确定出每个单项工程专业工种、进场时间、劳动量和工人数，然后逐项汇总直至确定出整个建设项目劳动力配置计划，如表16-3所示，作为安排劳动力的平衡、调配和衡量劳动力耗用指标、安排生活福利设施的依据。

劳动力需要量计划 **表16-3**

序号	工种名称	工程类别				高峰期需用人数	20××年				20××年				附注
		主要	辅助	附属	……		×月	×月	×月	×月	×月	×月	×月	×月	
1	土工														
2	钢筋工														
……	……														

二、物资配置计划

1. 主要建筑材料、构件和半成品配置计划

根据工种工程量汇总表和总进度计划的要求，查概算指标计算得出各单位工程所需的物资需要量，按材料名称、规格、数量和进场时间汇集成表格，如表16-4所示，作为组织材料、构件和半成品的使用、储备动态、确定仓库堆场面积和组织材料运输的依据。

各种物资需要量计划 **表16-4**

序号	材料名称及规格		单位	数量	20××年				20××年				附注
					×月	×月	×月	×月	×月	×月	×月	×月	
1	钢材	型钢											
		……											
2	水泥	42.5普通硅酸盐水泥											
		……											
……	……												

2. 施工机具和设备需要量计划

主要施工机具的需要量，根据施工进度计划，主要建筑物施工方案和工程量，套用机械产量定额，即可得到主要机具需要量，辅助机具可根据安装工程概算指标求得，从而编制出机具需要量计划，作为落实施工机具进场和生产设备订货、组织运输和进场后存放的依据。主要施工及运输机械需要量汇总见表16-5。

主要施工及运输机械需要量汇总表　　**表 16-5**

序号	机械名称	简要说明（型号、生产率等）	电动机功率（kW）	数量	需要量计划															
					年								年							
					5	6	7	8	9	10	11	12	1	2	3	4	5	6	7	8

第五节　施　工　总　平　面　图

施工总平面图是在拟建项目施工场地范围内，按照施工布置和施工总进度计划的要求，将各项生产、生活设施（包括房屋建筑、临时加工预制场、材料仓库、堆场、水源、电源、动力管线和运输道路等）在现场平面上进行周密规划和布置，从而正确处理全工地施工期间所需各项设施和永久性建筑以及拟建工程之间的空间关系。土木工程施工过程是一个变化的过程，工地上的实际情况随时在改变。因此，对于大型土木工程或施工期限较长或场地狭窄的工程，施工总平面图还应按照施工阶段分别进行布置，或者根据工地的变化情况及时对施工总平面图进行调整和修正，以便适应不同时期的需要。施工总平面图绘图的比例一般为 1∶1000 或 1∶2 000。

一、施工总平面图设计的内容

施工总平面图一般含有以下内容：

（1）项目施工用地范围内的地形状况；

（2）全部拟建的建（构）筑物和其他基础设施的位置；

（3）项目施工用地范围内的加工设施、运输设施、存贮设施、供电设施、供水供热设施、排水排污设施、临时施工道路和办公、生活用房等；

（4）施工现场必备的安全、消防、保卫和环境保护等设施；

（5）相邻的地上、地下既有建（构）筑物及相关环境。

二、施工总平面图设计的原则

施工总平面图设计的原则是平面紧凑合理，方便施工，运输方便通畅，降低临建费用，便于生产生活，保护生态环境，保证安全可靠。

（1）平面紧凑合理。少占农田、减少施工用地，充分调配各方面的布置位置，使其合理有序。

（2）方便施工。施工区域的划分应尽量减少各工种之间的相互干扰，充分调配人力、物力和场地，保持施工均衡、连续、有序。

（3）运输方便畅通。合理组织运输，减少二次搬运，减少运输费用，保证水平运输、垂直运输畅通无阻，保证不间断施工。

（4）降低临建费用。充分利用现有建筑物作为办公、生活福利等用房，尽量少建临时性设施。

（5）便于生产生活。尽量为生产工人提供方便的生产生活条件。

（6）保护生态环境。施工现场及周围环境需要注意保护，如能保留的树木应保护，对文物及有价值的物品应采取保护措施，对周围的水源不应造成污染，垃圾、废土、废料不随便乱堆乱放等，做到文明施工。

（7）保证安全可靠。满足安全防火和劳动保护的要求。

三、施工总平面图设计的依据

（1）设计资料。包括建筑总平面图、地形地貌图、区域规划图、建设项目范围内有关的一切已有的和拟建的各种地上、地下设施及位置图。

（2）建设地区资料。包括当地的自然条件和经济技术条件，当地的资源供应状况和运输条件等。

（3）建设项目的建设概况。包括施工方案、施工进度计划，以便了解各施工阶段情况，合理规划施工现场。

（4）物资需求资料。包括建筑材料、构件、加工品、施工机械、运输工具等物资的需要量表，以规划现场内部的运输线路和材料堆场等位置。

（5）各构件加工厂、仓库、临时性建筑的规模、位置和尺寸。

四、施工总平面图的设计步骤

（一）确定大宗材料、成品、半成品等进场问题

设计全工地性的施工总平面图，首先应确定大宗材料进入工地的运输方式。大宗材料、成品、半成品等进入工地的方式有铁路、公路和水运等。

（1）当大宗施工物资由铁路运输时，应根据永久性铁路专业线布置主要运输干线，解决如何引入铁路专用线问题。

（2）当由水路运输时，考虑码头的吞吐能力，解决如何利用原有码头和是否要增设新码头，以及大型仓库和加工场同码头关系问题。

（3）当由公路运输时，因为汽车线路可以灵活布置，因此应先布置场内仓库和加工厂，然后再布置场内外交通道路。

（二）布置仓库与材料堆场

通常考虑设置在运输方便、位置适中、运距较短并且安全防火的地方，并应区别不同材料、设备和运输方式来设置。

（1）仓库和材料堆场的布置应考虑的因素

1）尽量利用永久性仓储库房，以便于节约成本。

2）仓库和堆场位置距离使用地应尽量接近，以减少二次搬运的工作。

3）当有铁路时，尽量布置在铁路线旁边，并且留够装卸前线，而且应设在靠工地一侧，避免内部运输跨越铁路。

4）根据材料用途设置仓库和材料堆场。

砂、石、水泥等应布置在搅拌站附近；钢筋、木材、金属结构等布置在相应加工厂附近；油库、氧气库等布置在相对僻静、安全的地方；设备尤其是笨重设备应尽量布置在车间附近；砖、瓦和预制构件等直接使用材料应布置在施工现场，吊车控制半径范围之内。

（2）仓库面积计算

1）按材料储备量计算仓库面积

仓库面积按材料储备量计算可按式（16-1）计算：

$$F=\frac{P}{qk_2} \tag{16-1}$$

式中 F——材料仓库总面积（m^2）；

P——材料储备量（m^3、t 等）；

q——仓库每平方米面积内能存放的材料数量，参见表 16-6；

k_2——仓库面积利用系数，参见表 16-6。

每平方米仓库有效面积材料存放定额及面积有效利用系数　　表 16-6

序号	材料名称	单位	每平方米的数量 q	堆放高度（m）	面积利用系数 k_2	保管方式
1	砂、石	m^3	1.2	1.2～1.5	0.7	露天
2	石灰	t	1.5	1.2	0.7	库棚
3	砖	千块	0.3	1.5	0.6	露天
4	瓦	千块	0.4	1	0.6	露天
5	块石	m^3	0.8	1	0.7	露天
6	水泥	t	2.0	1.5～2.0	0.65	密闭
7	型钢、钢板	t	2～2.4	0.8～2.0	0.6	露天
8	钢筋	t	1.2～2.0	0.6～0.7	0.6	露天
9	原木	m^3	0.9～1.0	2～3	0.6	露天
10	成材	m^3	1.4	2.5	0.5	露天
11	卷材	卷	3.0	1.8	0.8	库棚
12	耐火砖	t	2.2	1.5	0.6	露天
13	钢门窗	t	1.2	2	0.6	露天
14	木门窗	m^3	4.5	2～2.5	0.6	库棚
15	钢结构	t	0.4	2	0.6	露天
16	混凝土板	m^3	0.4	2～2.5	0.4	露天
17	混凝土梁	m^3	0.3	1.0～1.2	0.4	露天

2）按经验系数计算仓库面积

按经验系数计算仓库面积，适合于规划估算，其仓库面积可按式（16-2）计算：

$$F=\varphi m \tag{16-2}$$

式中 F——材料仓库总面积（m^2）；

φ——系数，参见表 16-7；

m——计算基数，参见表 16-7。

按系数计算仓库面积参考资料　　表 16-7

序号	名称	计算基数 m	单位	系数 φ
1	仓库（综合）	按年平均全员人数（工地）	m^2/人	0.7～0.8
2	水泥库	按当年水泥用量的 40%～50%	m^2/t	0.7
3	其他仓库	按当年工作量	m^2/万元	2～3
4	五金杂品库	按年建安工作量计算	m^2/万元	0.2～0.3
		按年平均在建建筑面积计算	$m^2/100m^2$	0.5～1

续表

序号	名称	计算基数 m	单位	系数 ϕ
5	土建工具库	按高峰年（季）平均全员人数	m^2/人	0.1～0.2
6	水暖器材库	按年平均在建建筑面积	$m^2/100m^2$	0.2～0.4
7	电器器材库	按年平均在建建筑面积	$m^2/100m^2$	0.3～0.5
8	化工油漆危险品仓库	按年建安工作量	m^2/万元	0.1～0.15
9	三大工具堆场（脚手、跳板、模板）	按年建安工作量	m^2/万元	0.5～1

（三）布置加工厂

加工厂一般包括：混凝土搅拌站、构件预制厂、钢筋加工厂、木材加工厂、金属结构加工厂等。布置这些加工厂时主要考虑的问题是：来料加工和成品、半成品运往需要地点的总运输费用最小；加工厂的生产和工程项目的施工互不干扰。

(1) 搅拌站布置。根据工程的具体情况可采用集中、分散或集中与分散相结合三种方式布置。当现浇混凝土量大时，宜在工地设置现场混凝土搅拌站；当运输条件好时，采用集中搅拌最有利；当运输条件较差时，则宜采用分散搅拌。

(2) 预制构件加工厂布置。一般建在空闲区域，既能安全生产，又不影响现场施工。

(3) 木结构加工厂。根据木结构加工的性质和加工的数量，采用集中或分散布置。一般原木加工批量生产的产品等加工量大的应集中布置在铁路、公路附近，简单的小型加工件可分散布置在施工现场搭设几个临时加工棚。且设置在施工区的下风向。

(4) 钢筋加工厂。根据不同情况，采用集中或分散布置。对于冷加工、对焊、点焊的钢筋网等宜集中布置；设置中心加工厂，其位置应靠近构件加工厂；对于小型加工件，利用简单机具即可加工的钢筋，可在靠近使用地分散设置加工棚。

(5) 金属结构、焊接、机修等车间的布置，由于相互之间生产上联系密切，应尽量集中布置在一起。

各类临时加工厂、现场作业棚所需面积参见表 16-8 和表 16-9。

临时加工厂所需面积参考指标　　表 16-8

序号	加工厂名称	年产量		单位产量所需建筑面积	占地总面积（m^2）	备注
		单位	数量			
1	混凝土搅拌站	m^3 m^3 m^3	3200 4800 6400	0.022（m^2/m^3） 0.021（m^2/m^3） 0.020（m^2/m^3）	按砂石堆场考虑	400L 搅拌机 2 台 400L 搅拌机 3 台 400L 搅拌机 4 台
2	临时性混凝土预制厂	m^3 m^3 m^3	1000 2000 3000 5000	0.25（m^2/m^3） 0.20（m^2/m^3） 0.15（m^2/m^3） 0.135（m^2/m^3）	2000 3000 4000 小于 6000	生产屋面板和中小型梁柱、板等，配有蒸养设施

续表

序号	加工厂名称	年产量		单位产量所需建筑面积	占地总面积（m^2）	备注
		单位	数量			
3	半永久性 混凝土预制厂	m^3 m^3 m^3	3000 5000 10000	0.6（m^2/m^3） 0.4（m^2/m^3） 0.3（m^2/m^3）	9000～13000 13000～15000 15000～20000	
4	木材加工厂	m^3 m^3 m^3	15000 24000 30000	0.0244（m^2/m^3） 0.0199（m^2/m^3） 0.0181（m^2/m^3）	1800～3600 2200～4800 3000～5500	进行原木、大方加工
	综合木工加工厂	m^3 m^3 m^3 m^3	200 500 1000 2000	0.30（m^2/m^3） 0.25（m^2/m^3） 0.20（m^2/m^3） 0.15（m^2/m^3）	100 200 300 420	加工门窗、模板、地板、屋架等
	粗木加工厂	m^3 m^3 m^3 m^3	5000 10000 15000 20000	0.13（m^2/m^3） 0.10（m^2/m^3） 0.09（m^2/m^3） 0.08（m^2/m^3）	1350 2500 3750 4800	加工屋架、模板
	细木加工厂	万 m^2 万 m^2 万 m^2	5 10 15	0.0140（m^2/m^3） 0.0114（m^2/m^3） 0.0106（m^2/m^3）	7000 10000 14300	加工门窗、地板
5	钢筋加工厂	t t t t	200 500 1000 2000	0.35（m^2/t） 0.25（m^2/t） 0.20（m^2/t） 0.15（m^2/t）	280～560 380～750 400～800 450～900	加工、成型、焊接
	现场钢筋调直或冷拉 拉直场 卷扬机棚 冷拉场 时效场	所需场地（长×宽） （70～80）m×（3～4）m 15～20m^2 （40～60）m×（3～4）m （30～40）m×（6～8）m				包括材料及成品堆放 3～5t 电动卷扬机一台 包括材料及成品堆放 包括材料及成品堆放
	钢筋对焊 对焊场地 对焊棚	所需场地（长×宽） （30～40）m×（4～5）m 15～24m^2				包括材料及成品堆放，寒冷地区应适当增加
	钢筋冷加工 冷拔、冷轧机 剪断机 弯曲机 $\phi12$ 以上 弯曲机 $\phi12$ 以下	所需场地（m^2/台） 40～50 30～50 50～60 60～70				

续表

序号	加工厂名称	年产量		单位产量所需建筑面积	占地总面积（m^2）	备注
		单位	数量			
6	金属结构加工（包括一般铁件）	所需场地（m^2/t） 年产 500t 为 10 年产 1000t 为 8 年产 2000t 为 6 年产 3000t 为 5				按一批加工数量计算
7	石灰消化{贮灰池 淋灰池 淋灰槽	$5\times3=15m^2$ $4\times3=12m^2$ $3\times2=6m^2$				每两个贮灰池配一套淋灰池和淋灰槽，每 600kg 石灰可消化 $1m^3$ 石灰膏
8	沥青锅场地	$20\sim24m^2$				台班产量 1～1.5t/台

现场作业棚所需面积参考指标 **表 16-9**

序号	名称	单位	面积（m^2）
1	木工作业棚	m^2/人	2
2	电锯房	m^2	80
3	钢筋作业棚	m^2/人	3
4	搅拌棚	m^2/台	10～18
5	卷扬机棚	m^2/台	6～13
6	烘炉房	m^2	30～40
7	焊工房	m^2	20～40
8	电工房	m^2	15
9	白铁工房	m^2	20
10	油漆工房	m^2	20
11	机修、钳工修理房	m^2	20
12	立式锅炉房	m^2/台	5～10
13	发电机房	m^2/kW	0.2～0.3
14	水泵房	m^2/台	3～8
15	空压机房（移动式）	m^2/台	18～30
16	空压机房（固定式）	m^2/台	9～15

（四）布置内部运输道路

根据各加工厂、仓库及各施工对象的相对位置，对货物周转运行图进行反复研究，区分主要道路和次要道路，进行道路的整体规划，以保证运输畅通，车辆行驶安全，节省造价。在内部运输道路布置时应考虑：

（1）尽量利用拟建的永久性道路，将它们提前修建，或先修路基，铺设简易路面，项目完成后再铺路面。

(2) 保证运输畅通，道路应设两个以上的进出口，避免与铁路交叉，一般厂内主干道应设成环形，其主干道应为双车道，宽度不小于 6m，次要道路为单车道，宽度不小于 3.5m。

(3) 合理规划拟建道路与地下管网的施工顺序。在修建拟建永久性道路时，应考虑道路下的地下管网，避免将来重复开挖，尽量做到一次性到位，节约投资。

（五）行政与生活临时设施设置

临时性房屋一般有：办公室、汽车库、职工休息室、开水房、浴室、食堂、商店、俱乐部等。布置时应考虑：

(1) 生产区与生活区应分开布置。

(2) 全工地性管理用房（办公室、门卫等）应设在工地入口处。

(3) 工人生活福利设施（商店、俱乐部、浴室等）应设在工人较集中的地方，尽量缩短工人上下班的路程。食堂可布置在工地内部或工地与生活区之间。

(4) 尽可能利用已建的永久性房屋为施工服务，不足时再修建临时房屋。

工程项目建设中，办公及福利设施的规划应根据工程项目建设中的用人情况、经验数据来确定。表 16-10 为临时建筑面积参考指标。

临时建筑面积参考指标（m^2/人） **表 16-10**

序号	临时建筑名称	指标使用方法	参考指标	序号	临时建筑名称	指标使用方法	参考指标
1	办公室	按使用人数	3～4	(3)	理发室	按高峰年平均人数	0.01～0.03
2	宿舍	按高峰年（季）平均人数	2.5～3.5	(4)	俱乐部	按高峰年平均人数	0.1
(1)	单层通铺	按高峰年（季）平均人数	2.5～3.0	(5)	小卖部	按高峰年平均人数	0.03
(2)	双层床	（扣除不在工地住人数）	2.0～2.5	(6)	招待所	按高峰年平均人数	0.06
(3)	单层床	（扣除不在工地住人数）	3.5～4.0	(7)	托儿所	按高峰年平均人数	0.03～0.06
3	家属宿舍	m^2/户	16～25	(8)	子弟校	按高峰年平均人数	0.06～0.08
4	食堂	按高峰年平均人数	0.5～0.8	(9)	其他公用	按高峰年平均人数	0.05～0.10
	食堂兼礼堂	按高峰年平均人数	0.6～0.9	6	小型	按高峰年平均人数	
5	其他合计	按高峰年平均人数	0.5～0.6	(1)	开水房	建筑面积	10～40
(1)	医务所	按高峰年平均人数	0.05～0.07	(2)	厕所	按工地平均人数	0.02～0.07
(2)	浴室	按高峰年平均人数	0.07～0.1	(3)	工人休息室	按工地平均人数	0.15

（六）工地临时水电管网系统的设置

设置临时性水电管网时，应尽量利用可用的水源、电源。一般排水干管和输电线沿主干道布置；水池、水塔等储水设施应设在地势较高处；总变电站应设在高压电入口处；消防站应布置在工地出入口附近，消火栓沿道路布置；过冬的管网要采取保温措施。

工地供水主要有三种类型：生活用水、生产用水和消防用水。

工地供水的主要内容有：确定用水量、选择水源、设计配水管网。

1. 确定用水量

(1) 生产用水

生产用水包括：工程施工用水和施工机械用水。

1) 施工工程用水量：

$$q_1 = K_1 \Sigma \frac{Q_1 \times N_1}{T_1 \times b} \times \frac{K_2}{8 \times 3600} \tag{16-3}$$

式中 q_1——施工工程用水量（L/s）；

K_1——未预见的施工用水系数（1.05～1.15）；

Q_1——年（季）度工程量（以实物计量单位表示）；

N_1——施工用水定额；

T_1——年（季）度有效工作日（d）；

b——每天工作班数（次）；

K_2——用水不均衡系数。

2) 施工机械用水量：

$$q_2 = K_1 \Sigma Q_2 \times N_2 \times \frac{K_3}{8 \times 3600} \tag{16-4}$$

式中 q_2——施工机械用水量（L/s）；

K_1——未预见施工用水系数（1.05～1.15）；

Q_2——同种机械台数（台）；

N_2——用水定额；

K_3——用水不均衡系数。

(2) 生活用水量

生活用水量包括：现场生活用水和生活区生活用水。

1) 施工现场生活用水量：

$$q_3 = \frac{P_1 \times N_3 \times K_4}{b \times 8 \times 3600} \tag{16-5}$$

式中 q_3——生活用水量（L/s）；

P_1——高峰人数（人）；

N_3——生活用水定额，视当地气候、工种而定，一般取100～130L/（人·d）；

K_4——生活用水不均衡系数；

b——每天工作班数（次）。

2) 生活区生活用水量：

$$q_4 = \frac{P_2 \times N_4 \times K_5}{24 \times 3600} \tag{16-6}$$

式中 q_4——生活区生活用水量（L/s）；

P_2——居民人数（人）；

N_4——生活用水定额；

K_5——用水不均衡系数。

(3) 消防用水量

消防用水量 q_5 包括：居民生活区消防用水和施工现场消防用水，应根据工程项目大小及居住人数的多少来确定。可参考表 16-11 取定。

消防用水量表 **表 16-11**

序号	用水名称	火灾同时发生次数	单位	用水量
1	居民区消防用水			
	5000 人以内	一次	L/s	10
	10000 人以内	二次	L/s	10～15
	25000 人以内	二次	L/s	15～20
2	施工现场消防用水			
	施工现场在 $25hm^2$ 以内	一次	L/s	10～15
	每增加 $25hm^2$ 递增	一次	L/s	5

（4）总用水量

由于生产用水、生活用水和消防用水不同时使用，在日常只有生产用水和生活用水，消防用水是在特殊情况下产生的，故总用水量不能简单地几项相加，而应考虑有效组合，既满足生产用水和生活用水，又考虑消防要求。一般可分为以下三种组合：

当 $q_1+q_2+q_3+q_4 \leqslant q_5$ 时，取 $Q=q_5+\frac{1}{2}(q_1+q_2+q_3+q_4)$

当 $q_1+q_2+q_3+q_4>q_5$ 时，取 $Q=q_1+q_2+q_3+q_4$

当工地面积小于 $5hm^2$，并且当 $q_1+q_2+q_3+q_4 \leqslant q_5$ 时，取 $Q=q_5$

当总用水量 Q 确定后，还应增加 10%，以补偿不可避免的水管漏水等损失，即

$$Q_{总}=1.1Q \tag{16-7}$$

2. 确定供水管径

$$D=\sqrt{\frac{4Q\times 1000}{\pi \times v}} \tag{16-8}$$

式中 D——供水管内径；

Q——用水量（L/s）；

v——管网中水流速度（m/s）。

（七）工地临时供电系统的布置

工地临时供电的组织包括：用电量的计算、电源的选择、确定变压器、配电线路设置和导线截面面积的确定。

1. 工地总用电量的计算

施工现场用电一般可分为动力用电和照明用电。在计算用电量时，应考虑以下因素：

（1）全工地动力用电功率；全工地照明用电功率；

（2）各种机械设备在工作中需用的情况；

（3）施工高峰用电量。

2. 电源选择的几种方案

（1）完全由工地附近的电力系统供电；

（2）如果工地附近的电力系统不够，工地需增设临时电站以补充不足部分；

（3）如果工地属于新开发地区，附近没有供电系统，电力则应由工地自备临时动力设施供电。

根据实际情况确定供电方案。一般情况下是将工地附近的高压电网，引入工地的变压器进行调配。

3. 选择导线截面

选择导线应考虑如下因素：

（1）按机械强度选择

导线在各种敷设方式下，应按其强度需要，保证必需的最小截面，以防拉断、折断，可根据有关资料进行选择。

（2）按照允许电压降选择

导线满足所需要的允许电压，其本身引起的电压降必须限制在一定范围内，导线承受负荷电流长时间通过所引起的温升，其自身电阻越小越好，使电流通畅，温度则会降低，因此，导线的截面是关键因素。

（3）按照允许负荷电流选择

导线制造厂家根据导线的容许温升，制定了各类导线在不同敷设条件下的持续容许电流值，在选择导线时，导线中的电流不得超过此值。

以上三个条件选择的导线，取截面面积最大的作为现场使用的导线，通常导线的选取先根据计算负荷电流的大小来确定，而后根据其机械强度和允许电压损失值进行复核。一般在小负荷的架空线路中，导线截面往往以机械强度选定；在道路工地和给水排水工地作业线比较长，导线截面由允许电压降选择；在建筑工地配电线比较短，导线截面由允许电流选择。

（八）消防要求

根据工程防火要求，应设立消防站，一般设置在易燃建筑物（木材、仓库等）附近，并须有通畅的出口和消防车道，其宽度不宜小于 6m，与拟建房屋的距离不得大于 25m，也不得小于 5m；沿道路布置消火栓时，其间距不得大于 120m，消火栓到路边的距离不得大于 2m。

复习思考题

1. 简述施工组织总设计的编制原则、依据及程序。
2. 简述施工组织总设计的内容。
3. 施工部署包括哪些内容？
4. 简述施工总进度计划的编制步骤。
5. 如何根据施工总进度计划编制各种资源供应计划？
6. 简述施工总平面布置图的编制步骤。

参 考 文 献

[1] 中华人民共和国国家标准. 建筑工程施工质量验收统一标准 GB 50300—2013[S]. 北京：中国建筑工业出版社，2014.

[2] 中华人民共和国国家标准. 建筑地基基础工程施工质量验收规范 GB 50202—2018[S]. 北京：中国建筑工业出版社，2018.

[3] 中华人民共和国国家标准. 混凝土结构工程施工质量验收规范 GB 50204—2015[S]. 北京：中国建筑工业出版社，2015.

[4] 中华人民共和国国家标准. 建筑基坑支护技术规程 JGJ 120—2012[S]. 北京：中国建筑工业出版社，2012.

[5] 中华人民共和国国家标准. 混凝土结构工程施工规范 GB 50204—2011[S]. 北京：中国建筑工业出版社，2012.

[6] 重庆大学，同济大学，哈尔滨工业大学合编. 土木工程施工(第三版)[M]. 北京：中国建筑工业出版社，2016.

[7] 应惠清. 土木工程施工[M]. 上海：同济大学出版社，2018.

[8] 毛鹤琴. 土木工程施工[M]. 武汉：武汉理工大学出版社，2018.

[9] 王利文. 土木工程施工技术[M]. 北京：中国建筑工业出版社，2017.

[10] 周晓军. 城市地下铁道与轻轨交通[M]. 成都：西南交通大学出版社，2016.

[11] 陈健等. 大直径水下盾构隧道施工技术[M]. 上海：上海科学技术出版社，2019.

[12] 陈馈等. 盾构设计与施工[M]. 北京：人民交通出版社，2019.

[13] 凌天清. 道路工程[M]. 北京：人民交通出版社，2019.

[14] 中华人民共和国国家标准. 盾构法隧道施工与验收规范 GB 50446—2017[S]. 北京：中国建筑工业出版社，2017.

[15] 姚谨英. 建筑施工技术[M]. 北京：中国建筑工业出版社，2017.

[16] 余群舟，宋协清. 建筑工程施工组织与管理(第二版)[M]. 北京：北京大学出版社，2012.

[17] 中华人民共和国国家标准. 屋面工程质量验收标准 GB 50207—2012[S]. 北京：中国建筑工业出版社，2012.

[18] 中华人民共和国国家标准. 地下防水工程质量验收规范 GB 50208—2011[S]. 北京：中国建筑工业出版社，2012.

[19] 中华人民共和国国家标准. 地下铁道工程施工质量验收规范 GB/T 50299—2018[S]. 北京：中国建筑工业出版社，2018.

[20] 杨嗣信，高玉亭，程峰等. 高层建筑施工手册(第三版)[M]. 北京：中国建筑工业出版社，2017.

[21] 龚晓南. 深基坑工程设计施工手册[M]. 北京：中国建筑工业出版社，2018.

[22] 叶林标等. 建筑防水工程施工新技术手册[M]. 北京：中国建筑工业出版社，2018.

[23] 邵旭东. 桥梁工程[M]. 北京：人民交通出版社，2019.

[24] 李继业等. 建筑装饰装修工程施工技术手册[M]. 北京：化学工业出版社，2017.

[25] 中华人民共和国国家标准. 建筑施工组织设计规范 GB/T 50502—2009[S]. 北京：中国建筑工业出版社，2009.